高等学校教材

近代化学实验

（第二版）

主　编　杨世珑

副主编　贾朝霞　陈　集　饶小桐

方景毅　杨　林　段文猛

石油工业出版社

内 容 提 要

本书主要介绍了化学实验的基本知识及常用仪器的基本操作，实验内容以“物质制备—分离分析—性质与结构表征”为主线进行整合，将化学实验的基本操作技能训练、合成制备、现代仪器分析等各种实验方法融合在新实验体系中。全书内容丰富，叙述简练，可供综合性大学、师范院校及工科院校的化学、生物类等相关专业学生和教师使用。

图书在版编目(CIP)数据

近代化学实验/杨世珖主编. —2 版
北京:石油工业出版社,2010. 8
高等学校教材
ISBN 978 - 7 - 5021 - 7896 - 3

Ⅰ. 近…
Ⅱ. 杨…
Ⅲ. 化学实验 - 高等学校 - 教材
Ⅳ. 06 - 3

中国版本图书馆 CIP 数据核字(2010)第 133296 号

出版发行:石油工业出版社
(北京安定门外安华里 2 区 1 号　100011)
网　址:http://pip.cnpc.com.cn
编辑部:(010)64523580　发行部:(010)64523620
经　　销:全国新华书店
印　　刷:北京华正印刷有限公司

2010 年 8 月第 2 版　2012 年 7 月第 4 次印刷
787 × 1092 毫米　开本:1/16　印张:30. 25
字数:753 千字

定价:46. 00 元
(如出现印装质量问题,我社发行部负责调换)

编写人员名单

主　编　杨世玭

副主编　贾朝霞　陈　集　饶小桐

方景毅　杨　林　段文猛

参加编写人员（以姓氏笔画顺序排列）

马丽华　尹　中　方景毅　王　煦　王卫星

王顺慧　冯　英　朱元强　李述辉　李建波

张世红　杨　林　杨世玭　邱海燕　陈　集

陈远东　罗米娜　柯　强　段文猛　饶小桐

贾朝霞　郭川梅　郭成义　梁发书　黄　英

温良富　粟松涛　蒲华英

第二版前言

化学是一门以实践为基础的科学。化学实验教学是化学教育过程中不可或缺的重要环节,在培养工科学生的化学基础知识、实践能力和科学素质等方面起着不可替代的作用。因此,加强实践教学环节,提高学生的动手能力和创新意识,已经成为21世纪教学改革的主导潮流。毫无疑问,必须把化学实验作为训练学生基本操作技能、巩固化学理论知识、掌握科学研究方法、培养优良素质和创新能力的重要手段,并认真地予以实施。

本教材正是秉承上述宗旨,同时按照"四川省普通高校基础化学教学实验示范中心建设"项目的要求而编写的。该教材突破了化学化工类专业原四大化学的实验课程依附于理论教学的传统框架和陈旧模式,将各基础课程的实验教学剥离出来,严格遵循实验科学自身的内在联系和发展规律,精选内容,独立设课,组织教学。全书分为十章,另加"重要理化数据"和"常用实验仪器简介"两个附录,使《近代化学实验》这门课程从内容到体系都更趋合理、完善:不仅避免了以往化学实验条块分割、内容重复、反映现代实验技术较为薄弱等弊端,而且增编了不少具有石油、天然气特色,反映化学实验技术进步和增强环保意识的"绿色化学"实验;在教学安排上注意循序渐进、由易到难,始终注重实验基本操作和技能的训练;在教学内容上,既有足够数量的规定性、验证型实验供教学选用,同时还选编了一定数量的综合型、设计型实验,吸引各层次学生度身选用,努力提高自己的综合素质和创新能力。

本教材力求体现如下目标与特色:

(1)实验内容的选择和编排先进合理。教材既要面向21世纪,也要结合现状与实际;既要体现实验科学自身的独立性、系统性和科学性,又要照顾到与各相关课程的联系与衔接。希望通过本课程的学习和实践,能让学生获得更加巩固的化学基础知识和更为扎实的实验操作技能。

(2)对单纯训练化学实验基本操作和验证化学基本原理的实验进行改革。实验内容以"物质制备—分离分析—性质与结构表征"为主线重新整合,将化学实验的基本操作技能训练、合成制备、现代仪器分析等各种实验方法融合在新实验体系中,使工科学生时刻感受到化学与生产、生活的关系,以提高学习兴趣,优化实验效果,突出工科特色。

(3)在选材上注重实际应用。重点选取与工业生产、材料科学、环境保护、生活实践等密切相关的题材作为实验素材,如"压差法测定液体的摩尔质量"、"粘土阳离子交换量的测定"、"碘与健康——加碘食盐中碘含量的测定"、"三甲基苄基氯化铵的合成"、"H_2-O_2燃料电池催化剂的研制与活性评价"、"石油裂解气 C_1 ~ C_3的分析"、"轻质油的分析——色质联用法"、"磷化液的制备及钢铁表面的磷化"、"无铅汽油抗震剂甲基叔丁基醚的合成"、"红辣椒中红色素的提取及分离"、"新颖食品抗氧剂 TBHQ 的合成"等实验,充分展现化学在各学科及日常生活中的应用,让学生亲身体验到"化学是一门中心的、实用的和创造性的科学"("Chemistry——The Central, Useful and Creative Science",美国化学会会长 R. Ronald Breslow 语),激发其求知欲望和探索精神,让学生处于实验教学的主体地位。

(4)第十章"综合实验、研究实验及设计实验"中的综合性实验、研究性实验有较为详细的实验原理和操作步骤,让学生能够综合运用自己已掌握的基本实验技术和测试方法,独立进行实验,培养自己分析和解决较复杂问题的能力;而设计性实验仅提供实验背景、实验要求、操作要点和参考文献,让学生在查阅文献资料的基础上拟定实验步骤,在教师指导下独立完成,以进一步培养学生的探索意识和创新能力。

(5)本教材的实验操作中采用了先进的制备和检测方法,如用电子天平代替光电分析天平,数字式压差测量仪代替水银压力计,微波辐射加热代替传统加热,用计算机在线控制代替人工读数记录等,让学生尽可能使用较先进的仪器设备,掌握现代实验手段,以适应新世纪化学实验的发展趋势。

(6)结合我校教师的科研和教学,编入了部分反映石油、天然气开发,新能源探索,天然化合物的提取与改性,环境污染治理,以及"绿色化学"等方面内容的实验,以增强学生的现代化学意识。

本书实验内容的编选主要参考了清华大学、北京大学、四川大学、浙江大学、华东理工大学、山东大学、河北农业大学等校的相关教材和教学研究成果,在此向他们深致谢忱。本书的再版既是我校化学化工学科教学改革与实践的总结,也是借鉴兄弟院校教学教改经验的结果,并且必将随着新世纪教学内容和方法的深入改革而不断发展和完善。

本教材由西南石油大学基础化学教学实验中心组织编写,杨世珖主编。参编人员在第一版基础上认真作了增删修订。各章编写人员如下:方景毅、杨林(第1、3、4章,10.1,10.2及附录Ⅱ.1);贾朝霞(第2、5章,1.14~1.17,3.11,10.3,10.4及附录Ⅰ部分);饶小桐(第6章);陈集(第8章,9.1~9.5及附录Ⅱ.12、附录Ⅱ.13);段文猛(第7章,6.9,9.6~9.9及附录Ⅰ、附录Ⅱ其余部分);温良富(4.13及10.11)。全书由主编通读定稿。

在本书编写过程中,得到了西南石油大学化学化工学院、实验教学管理处和学校教学指导委员会的亲切关怀和大力支持。四川大学王世华和西南石油大学黄志宇审阅了书稿并提出宝贵意见,在此一并向他们表示衷心的感谢。

由于编者水平有限,不当和疏漏之处在所难免,恳请读者批评指正。

编者

2009年6月

目　　录

第 1 章

近代化学实验基础知识和基本操作

1.1 实验室注意事项及意外事故处理

一、实验室注意事项

(1)遵守实验室各项制度,尊重教师的指导及实验室工作人员的职权和劳动。

(2)保持实验室的整洁和安静,注意桌面和仪器的整洁。

(3)保持水槽干净,切勿把固体物品投入水槽中,废纸和废屑应投入废纸箱内,废酸和废碱液应小心倒入废液缸内,切勿倒入水槽,以免腐蚀下水管。

(4)爱护仪器,节约试剂、水和电等。

(5)实验时,未经教师许可,不得擅自离开实验室。

(6)避免浓酸、浓碱等腐蚀性试剂溅在皮肤、衣服或鞋袜上。用 HNO_3、HCl、$HClO_4$、H_2SO_4 等溶样时,操作应在通风橱中进行。通常应把浓酸加入水中,而不要把水加入浓酸中。

(7)汞盐、氰化物、As_2O_3、钡盐、重铬酸盐等试剂有毒,使用时要特别小心。氰化物与酸作用放出剧毒的 HCN!严禁在酸性介质中加入氰化物。

(8)使用 CCl_4、乙醚、苯、丙酮、三氯甲烷等有毒或易燃有机溶剂时要远离火源和热源,用过的试剂倒入回收瓶中,不要倒入水槽中。

(9)试剂严禁入口。实验器皿严禁用作餐具。离开实验室时要仔细洗手,若曾使用过毒物,还应漱口。

(10)每个实验人员都必须知道实验室内电闸、水阀和煤气阀的位置,实验完毕离开实验室时,应把这些闸、阀关闭。

二、实验室意外事故的处理

(1)被玻璃割伤,伤口内若有玻璃碎片,需先挑出碎片,然后涂上红药水并包扎好。

(2)若遇有烫伤,可用高锰酸钾或苦味酸溶液揩洗灼伤处,再抹上烫伤油膏。

(3)若在眼睛或皮肤上溅有强酸或强碱,应立即用大量清水冲洗,然后相应地分别用 5%

碳酸氢钠溶液或3%硼酸溶液冲洗，最后再用水冲洗。

(4)若吸入氯气或氯化氢气体，可吸入少量酒精或乙醚的混合蒸气进行解毒；吸入硫化氢气体而感到不适或头晕时，应立即到室外呼吸新鲜空气。

(5)遇有触电事故，首先应切断电源，必要时应进行人工呼吸。

(6)如遇起火，要立即灭火。首先移走易燃药品并切断电源，再根据着火情况选择用湿布或砂土灭火，或用二氧化碳或四氯化碳灭火器灭火。

1.2 常用仪器及用具介绍

化学实验常用仪器及用具见表1-1。

表1-1 化学实验常用仪器及用具

仪器	规格	用途	注意事项
试管刷	以大小和用途表示	洗涤试管及其他相关仪器	洗涤试管时，要把前部的毛捏住放入试管，以免铁丝顶端将试管底捅破
石棉网	以铁丝网边长表示，如12cm×12cm等	加热玻璃反应容器时垫在容器的底部，使容器受热均匀	不要与水接触，以免铁丝锈蚀，石棉脱离
药匙	塑料、牛角或不锈钢制成	取固体试剂	取少量固体时用小的一端；药匙大小的选择应以量取试剂后能放进容器口为宜；用时只能取一种药品，不能混用
滴瓶	有无色和棕色之分，以容积表示	盛放每次使用只需数滴的液体试剂	见光易分解的试剂用棕色瓶盛放；碱性试剂用带橡皮塞的滴瓶盛放；使用时切忌“张冠李戴”；其他注意事项同胶头滴管
三脚架	铁制品	放置较重或较大的加热容器	放置容器对应先放石棉网

续表

仪器	规格	用途	注意事项
离心试管	有刻度和无刻度之分，以容积表示，如10mL、20mL等	少量沉淀的分离和辨认	不能直接用火加热
试管架及试管	试管架：塑料、不锈钢或木质制品 试管：以管口直径×管长表示，如20mm×120mm等	试管架：盛放试管 试管：少量液体间的反应容器	试管可以直接用火加热，加热时要用试管夹夹持，管口不要对人，而且要不断移动，使其受热均匀，管内的液体不能超过试管容积的1/3
表面皿	以直径表示，如10cm、12cm等	盖在蒸发皿或烧杯上以免液体溅出	不能用火直接加热
蒸发皿	有柄和无柄之分，以容积表示，如100mL、150mL等	用于蒸发、浓缩	可以用火直接加热，高温时不能骤冷
布氏漏斗和吸滤瓶	布氏漏斗以直径表示，如6cm、8cm、10cm等；吸滤瓶以容积表示，如250mL、500 mL等	用于减压过滤	不能用火直接加热
漏斗	以口径和漏斗颈长短表示，如4cm短颈漏斗，8cm长颈漏斗等	用于过滤或倾注液体	不能用火直接加热
分液漏斗	以容积和漏斗的形状（筒形、球形、梨形等）表示，如50mL球形分液漏斗	用于互不相溶的液—液分离；或往反应体系中滴加较多的液体	旋塞应用橡皮圈系于漏斗颈上，防止滑出摔碎

续表

仪　器	规　格	用　途	注意事项
量筒　量杯	以量度的最大容积表示 量筒：10mL、20mL、50mL、100mL等； 量杯：10mL、20mL、50mL、100mL等	用于量取一定体积的液体	不能直接用火加热
洗瓶	一般为塑料制品，以容积表示，如500mL	内装蒸馏水或去离子水。用于洗涤沉淀、定容、酸碱滴定冲洗等	
(a)　(b) 滴定管和滴定管架	分碱式(a)和酸式(b)，无色和棕色；以容积表示，如25 mL、50mL等	滴定管用于精确量取一定体积的液体或酸碱滴定操作；滴定管架用于夹持酸碱滴定管	碱式滴定管只能盛装碱性溶液；酸式滴定管能盛装酸性溶液或氧化性溶液；见光易分解的滴定液应用棕色滴定管盛装；酸式滴定管的旋塞应用橡皮筋固定，防止滑出摔碎或溶液渗漏
锥形瓶	以容积表示，如100mL、125mL、250 mL、500 mL等	主要用于滴定操作	能用火加热(垫上石棉网)，较高温度时不能骤冷
容量瓶	以容积表示，如50mL、100mL、125mL、250mL、500 mL等	配制准确浓度的液体用	不能用火直接加热，也不能在其中溶解固体

续表

仪　　器	规　　格	用　　途	注意事项
烧瓶	有圆底和平底之分，以容积表示，如 50 mL、100mL、125mL、250 mL、500 mL 等	用作反应物较多且不需长时间加热的反应容器	能用火加热(垫上石棉网)，较高温度时不能骤冷
干燥器	有无色和棕色之分；按内径大小表示，如 10cm、20cm 等	存放试样；定量分析时，将灼烧过的坩埚放入其中冷却	使用前检查干燥剂是否失效；灼烧过的物品稍冷后才能放入，放入的物品未完全冷却前要每隔一定时间打开盖子，以调节干燥器内的气压
干燥管	玻璃制品，有直形、弯形、普通、磨口之分	干燥气体及防止湿气侵入	干燥剂颗粒大小适中，并放入球形部分，且不与待干燥气体反应；两端用棉花团塞好；干燥剂变潮后立即更换；使用时大头进气，小头出气
试管夹	由木质、金属丝或塑料制成；形状大小各不相同	用于夹持试管	不能用火烧烤
泥三角	由铁丝拧成，套有瓷管，有大小之分	用于盛放加热的坩埚或小蒸发皿	灼烧过的坩埚不要与水接触，以免瓷管破裂；选择泥三角时，要使放在上面的坩埚所露出的上部不超过本身高度的 1/3
烧杯	以容积表示，如 50mL、100mL、150mL、250mL、400mL、500mL、1000mL 等	用于较大量试剂的反应容器；配制溶液；代替水浴用	加热时应垫上石棉网；反应液体为烧杯容积的 1/3 ~ 1/2；标出的体积刻度不代表该烧杯的容积
点滴板	瓷质，有黑色、白色之分；按凹穴数目分 2 穴、6 穴、9 穴、12 穴等	用于点滴反应，尤其是显色反应	白色沉淀用黑色板，有色沉淀用白色板；不能加热，不能用于含氢氟酸或浓碱溶液的反应

续表

仪　器	规　格	用　途	注意事项
碘量瓶	以容积表示，有50mL、100mL、250mL、500mL等	用于碘量法实验	注意保护塞子和瓶口的磨砂部分，否则会泄漏；滴定时，打开塞子，用蒸馏水将瓶口及塞子上的碘液洗入瓶中
坩埚	瓷质，也有石英、石墨、铁、镍、氧化锆、铂制品，以容积表示，如10mL、15mL、25mL、40mL等	用于灼烧固体	放在泥三角上直接强热或放在马弗炉中煅烧；加热或反应完毕时，用预热过的坩埚钳取下坩埚，并放在石棉网上；灼烧过的坩埚不能骤冷；随固体性质不同，可以选用不同材质的坩埚
称量瓶	分扁形和高形，以外径×高表示	准确称取一定量的固体试样	不能直接用火加热；盖与瓶配套，不能互换
吸量管　移液管	有多刻度管型和单刻度大肚型两种；按刻度最大标度有1mL、2mL、5mL、10mL、25mL、50mL等	用于精确量取一定体积的液体	不能用火烧烤；使用前要用自来水、蒸馏水、待取液分别洗三次；一般移液管内残留的最后一滴液体不要吹出，刻有“吹”字的则要吹出
胶头滴管	由尖嘴玻璃管与橡皮乳头构成	吸取或滴加少量（数滴或1～2 mL）液体；吸取沉淀的上层清液以分离沉淀	滴加时注意手握的规范性，保持垂直，避免倾斜，尤其不能倒立；管尖不可以接触其他物体，以免污染
广口　细口 试剂瓶	由玻璃或塑料制成；有广口、细口及无色、棕色之分；以容积表示，如60 mL、100mL、125 mL、250mL、500 mL、1000mL等	广口瓶储存固体药品；细口瓶储存液体药品	不能直接用火加热；取用试剂时瓶盖应倒放在桌面上；盛碱性物质要用橡皮塞或塑料瓶；见光易分解的物质用棕色试剂瓶

续表

仪　　器	规　　格	用　　途	注 意 事 项
坩埚钳	铁或铜合金制成,表面常镀有镍、铬	夹持坩埚和坩埚盖	不要和化学药品接触,以免腐蚀;放置时,应令其头部朝上,避免污染;夹持高温坩埚时,钳尖要预热
水浴锅	由铝或铜制成,有大、中、小之分,还有电热控温的	用于间接加热及粗略控温实验	加热容器没入锅中2/3;常加水,防止烧干;用后洗净
研钵	有瓷、玻璃、玛瑙及铁质的,规格以口径大小表示	研碎固体及混合固体物质	按固体的性质和硬度选用不同材质的研钵;固体放入量不能超过研钵容积的1/3;易爆物品只可轻轻压碎,不得研磨

1.3　常用仪器的洗涤和干燥

一、仪器的洗涤

实验室中常用的洁净剂是肥皂、肥皂液、洗衣粉、去污粉、各种洗涤液和有机溶剂等。

一般的器皿如烧杯、锥形瓶、试剂瓶、表面皿等,可用刷子蘸取去污粉、洗衣粉、肥皂液等直接刷洗其内外表面。滴定管、容量瓶和吸量管等量器,为了避免内壁受机械磨损而影响容积测量的准确度,一般不用刷子洗,如果其内壁沾有油脂性污物,用自来水不能洗去时,则选用合适的洗涤剂淌洗,必要时把洗涤剂先加热,并浸泡一段时间。各种常用的洗涤剂性能和配法见实验室手册。铬酸洗液,因其具有很强的氧化能力而对玻璃的腐蚀作用又极小,曾经使用得很广泛。现考虑到六价铬对人体有害的问题,在可能情况下,应尽可能少用;必须使用时,注意不要让它溅到身上(它会“烧”破衣服和侵蚀皮肤)。最好在容器内壁干燥的情况下将洗液倒入(因经水稀释后去污能力降低),用过的洗液仍倒回原瓶中;经洗涤剂淌洗过的器皿,第一次用少量自来水冲洗,此少量水应倒在废液缸中,以免腐蚀水槽和下水道。

滴定管等量器,不宜用强碱性的洗涤剂清洗,以免因玻璃腐蚀而影响容积测量的准确性。

用纯水冲洗仪器时,采用顺壁冲洗并加摇荡以及每次少量多洗几次的办法,达到清洗好、快、省的目的。

一般洗涤方法介绍如下。

(1)水洗和刷洗:

①振荡水洗。在玻璃仪器内,倒入约占容量1/3的自来水,稍用力振摇片刻。如此连洗数次。

②毛刷刷洗。水洗不能洗净时,可用毛刷刷洗仪器(从外到里),每次刷洗用水不必太多。

(2)用去污粉、肥皂粉或合成洗涤剂洗。若玻璃仪器沾有油污,刷洗时毛刷可蘸少量去污粉、肥皂粉等刷至仪器洁净为止,再用自来水冲洗。

(3)通过试剂相互作用将附在器壁上的物质转化为水溶性物质。例如铁盐引起的黄色污染,加入稀盐酸或硝酸溶解片刻,即可除去;使用高锰酸钾后的沾污可用草酸溶液洗去(沾在手上的也可同样洗去);沾在器壁上的二氧化锰用浓盐酸处理使之溶解;沾有碘时,可用碘化钾溶液浸泡片刻,或加入稀的氢氧化钠溶液温热之,或用硫代硫酸钠溶液也可;银镜反应的银或铜附着时,可加硝酸,仍洗不掉时可稍微加热。

用自来水洗净的仪器,还需用蒸馏水或去离子水漂洗2~3次,洗净的玻璃仪器应该透明且不挂水珠。

二、仪器的干燥

实验所用的仪器,除必须洗涤外,有时还要求干燥,干燥的方法有以下几种:

(1)倒置晾干。将洗净的仪器倒置在滴水架上或倒置在专用柜内,任其滴水晾干。这种干燥方法是较为常用的,适用于烧杯、锥形瓶、量筒、容量瓶、移液管等仪器的干燥。

(2)热(或冷)风吹干。洗净的仪器如急需干燥,则可用电吹风或冷热干燥器直接吹干。

带有刻度的计量仪器如移液管、容量瓶等不能用高温加热的方法干燥,但可用冷吹风。如果吹前用乙醚、酒精或丙酮等易挥发的水溶性有机溶剂冲洗一下,则干得更快。

(3)加热烘干。洗净的仪器可放在烘箱[见图1-1(a)]内烘干(控温在105℃左右,应先尽量把水倒干)。能加热的仪器如烧杯、蒸发皿等可置于石棉网上用火烤干,容器外壁的水珠应先揩干。试管可直接用小火烤干,但试管口必须向下倾斜,以防水珠倒流炸裂[见图1-1(b)]。火焰不宜集中在一个部位,应从底部开始,缓慢移到管口,并左右转移(试管口始终向下),直至烘烤到无水珠,最后将试管口朝上赶尽水蒸气。

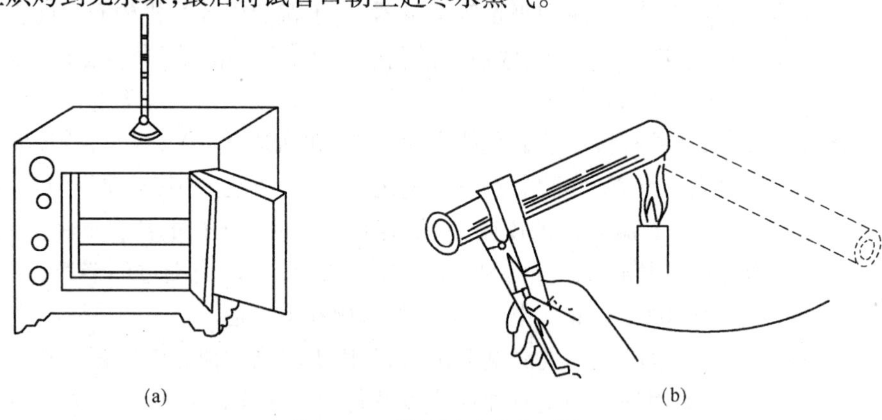

(a)　(b)

图1-1　烘箱及试管的干燥

(4)吹干。用吹风机或气流烘干器把仪器吹干。

(5)用有机溶剂干燥。带有刻度的计量仪器,不能用加热的方法进行干燥,因为加热会影响这些仪器的准确度。可以加一些易挥发的有机溶剂(常用乙醇或丙酮)到洗净的仪器中倾斜并转动仪器,使器壁上的水与有机溶剂互相溶解,然后倒出,仪器中少量的混合液很快挥发而干燥。如利用电吹风往仪器内吹风,则干得更快。

1.4　常用定量仪器及使用

一、定量玻璃仪器的使用

定量分析中常用的玻璃量器(简称量器)有滴定管、吸管、容量瓶(简称量瓶)、量筒和量杯等。

量器按准确度和流出时间分成 A、A_2、B 三个等级,一般 A 级的准确度比 B 级高一倍。A_2 级的准确度界于 A、B 之间,但流出时间与 A 级相同。量器的级别标志,过去曾用“一等”、“二等”,“Ⅰ”、“Ⅱ”或“<1>”、“<2>”等表示。无上述字样符号的量器,则表示无级别,如量筒、量杯等。

所谓流出时间是指量器内全量流体通过流液嘴自然流出的时间。

(一)滴定管及其使用

滴定管是滴定时用来准确测量流出的操作溶液体积的量器。定量分析最常用的是容积为50mL 的滴定管,其最小刻度是 0.1mL,最小刻度可估计到 0.01mL,因此读数可达小数后第二位,一般读数误差为 ±0.02mL。另外,还有容积为 10mL、5mL、2mL 和 1mL 的微量滴定管。滴定管一般分为两种:一种是具塞滴定管,常称酸式滴定管;另一种是无塞滴定管,常称碱式滴定管。酸式滴定管用来装酸性及氧化性溶液,但不适于装碱性溶液,因为碱性溶液会腐蚀玻璃,时间长一些,旋塞便不能转动。碱式滴定管的一端连接一橡皮管,管内装有玻璃珠,以控制溶液的流出(此玻璃珠的大小要适中,过大滴定时溶液的流出比较费劲,过小溶液会漏出),橡皮管下面接一尖嘴玻管。碱式滴定管用来装碱性及无氧化性溶液,凡是能与橡皮管起反应的溶液,如高锰酸钾、磺酸和硝酸等溶液,都不能装入碱式滴定管。滴定管除无色的外,还有棕色的,用以装见光易分解的溶液,如 $AgNO_3$、$KMnO_4$ 等溶液。

现将滴定管的使用方法介绍如下。

1. 滴定前的准备

(1)洗涤:按上节所述方法洗净滴定管。如滴定管不干净,溶液会粘在壁上,影响容积测量的准确性。淌洗时不要用手指堵住管口,以免把手上的油脂带入滴定管中。

(2)旋塞涂凡士林:用布或纸把玻璃旋塞槽和旋塞擦干(绝对不能有水,为什么?)。在旋塞大端涂上一些凡士林,在旋塞小端的旋塞槽内壁也涂上极薄一层凡士林,然后把旋塞小心地插入旋塞槽内,旋转几下即可。凡士林不可涂得太多,否则容易把孔堵塞;也不能涂得过少,否则润滑不够,甚至会漏水。涂得好的旋塞应呈透明,无气泡,旋转灵活。最后用纯水检验是否堵塞或漏水。为了防止在滴定过程中旋塞脱出,可从橡皮管上剪一圈橡皮,套住旋塞末端。

对碱式滴定管,在使用前要检查一下橡皮管控制溶液流出的情况,如是否漏水等。

(3)用操作溶液润洗滴定管,以免操作溶液被稀释。为此,注入操作溶液约10mL,然后两手平端滴定管,慢慢转动,使溶液流遍全管。再把滴定管竖起,打开滴定管的旋塞,使溶液从出口管的下端流出。如此润洗2~3次,即可装入操作溶液。注意应将操作溶液直接从储瓶倒入滴定管,而不要依靠其他仪器(如漏斗、烧杯等)。

(4)排去滴定管下端的空气:对酸式滴定管,可转动其旋塞,使液体急速流出,以排除空气泡;对碱式滴定管,先使它倾斜,并使管嘴向上,然后捏挤玻璃珠附近的橡皮管,使溶液喷出,气泡随之排出。橡皮管中气泡是否排出,可把橡皮管对光照着检查。

(5)装满操作溶液至刻度零处,或在零线稍下,记录读数。然后将滴定管夹在滴定管架上,滴定管下端如有悬挂的液滴,应除去。

2. 滴定

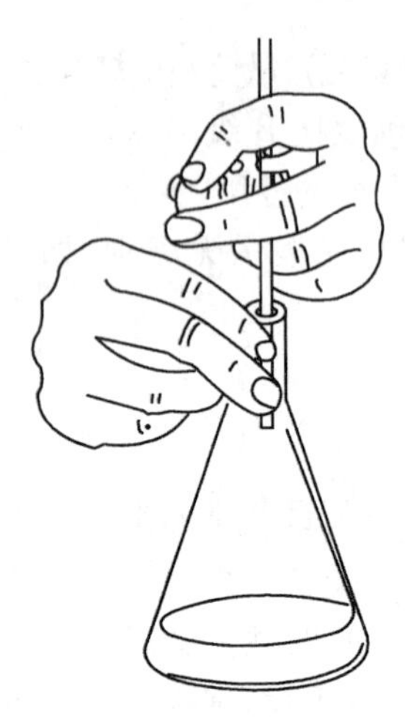

图1-2　滴定姿势

(1)滴定的姿势如图1-2所示,以左手的大拇指、食指和中指控制旋塞,而无名指、小指抵在旋塞下部,右手持锥形瓶使瓶底向同一方向作圆周运动(或用玻璃棒搅拌烧杯中的溶液)。若使用碱式滴定管,则用左手的大拇指和食指捏挤玻璃珠外面的橡皮管(注意不要捏挤玻璃珠的下部,如捏在下部,则放手时橡皮管管尖会产生气泡),使之与玻璃珠之间形成一条可控制的缝隙,即可控制液体的流出。滴定和振摇溶液要同时进行,不要脱节。为了防止溶液滴至外面,滴定管下端应伸入锥形瓶或烧杯口内。

(2)溶液的流出不要太快(不快于4滴/s),否则易超过终点。在快到终点时溶液应一滴一滴(甚至半滴)滴下。滴加半滴的方法是使液滴悬挂管尖而不让液滴自由滴下,再用锥形瓶内壁将液滴擦下,然后用洗瓶吹入少量水,将内壁附着的溶液洗下或用玻璃棒将液滴引入烧杯中。

(3)滴定时所用操作溶液的体积应不超过滴定管的容量。因为多装一次溶液就要多读两次读数,从而使误差增大。

(4)滴定过程中,尤其将近终点时,应用洗瓶将溅在内壁上的溶液吹洗下去。

(5)读数方法:用两个指头拿着滴定管上端让其自然垂直(不可拿着装有溶液部分)进行读数。对无色溶液,读取弯月面下层最低点;对有色溶液,读取液面最上缘。眼睛和刻度应在同一水平面上[图1-3(a)],最好面对光源。滴定管的读数是自上而下的,应该读准到毫升数后第二位。显然,第二位是估计数字。在溶液快速流出后应等待片刻,让溶液完全从壁上流下后再进行读数。读数时,最好用黑白纸板作辅助,这样弯月面界线十分清晰[图1-3(b)]。对50mL滴定管,溶液的流出时间以70~150s较为理想。

有的滴定管壁带有白底蓝线,则按蓝线的最小部分与分度线上缘相重合的一点进行读数。

3. 滴定管用后的处理

滴定管用毕后,把其中剩余溶液倒出,并用水洗净,然后用纯水充满滴定管,并用盖子盖住管口,或用水洗净后倒置在滴定管架上。

(二)吸管及其使用

吸管一般用于准确量取小体积的液体。吸管的种类较多。无分度吸管通称移液管,它的

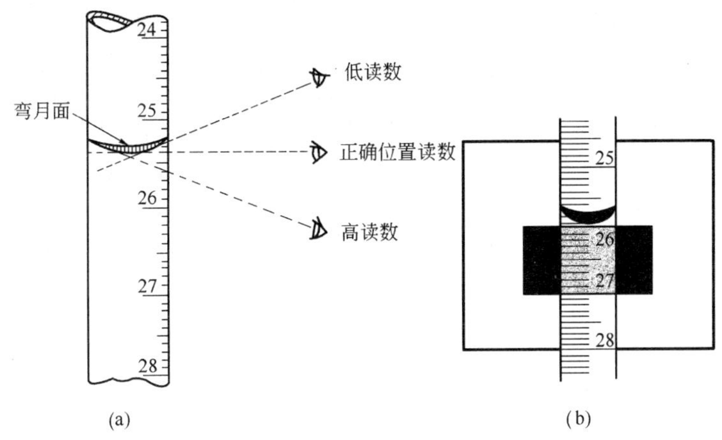

图1-3 滴定管读数

中腰膨大,上下两端细长,上端刻有环形标线,膨大部分标有它的容积和标定时的温度。将溶液吸入管内,使液面与标线相切,再放出,则放出的溶液体积就等于管上标示的容积。常用移液管的容积有5mL,10mL,25mL和50mL等多种。由于读数部分管径小,故其准确性较高,其缺点是只能用于量取某一定量的溶液。

分度吸管又叫吸量管,可以准确量取所需要的刻度范围内某一体积的溶液,但其准确度差一些。将溶液吸入,读取与液面相切的刻度(一般在0),然后将溶液放出至适当刻度,两刻度之差即为放出溶液的体积。

吸管在使用前按下法洗到内壁不挂水珠:将吸管插入洗液中,用洗耳球将洗液慢慢吸至管容积1/3处,用食指按住管口,把管横过来淌洗,然后将洗液放回原瓶。如果内壁严重污染,则应把吸管放入盛有洗液的大量筒或高形玻璃缸中,浸泡15min到数小时,取出后用自来水及纯水冲洗,再用纸擦去管外壁的水。

移取溶液前,先用少量该溶液将吸管内壁洗2~3次,以保证转移的溶液浓度不变。然后把管口插入溶液中(在移液过程中,注意保持管口在液面之下),用洗耳球把溶液吸至稍高于刻度处,迅速用食指按住管口。取出吸管,使管尖端靠着储瓶口,用拇指和中指轻轻转动吸管,并减轻食指的压力,让溶液慢慢流出,同时平视刻度,当溶液弯月面下缘与刻度相切时,立即按紧食指。把准备接受溶液的容器稍倾斜,将吸管移入容器中,使吸管垂直,管尖靠着容器内壁,放开食指(图1-4),让溶液自由流出。待溶液全部流出后,按规定再等15s或3s,取出吸管。在使用非吹出式吸管或无分度吸管时,切勿把残留在管尖的溶液吹出。吸管用毕应洗净,放在吸管架上。

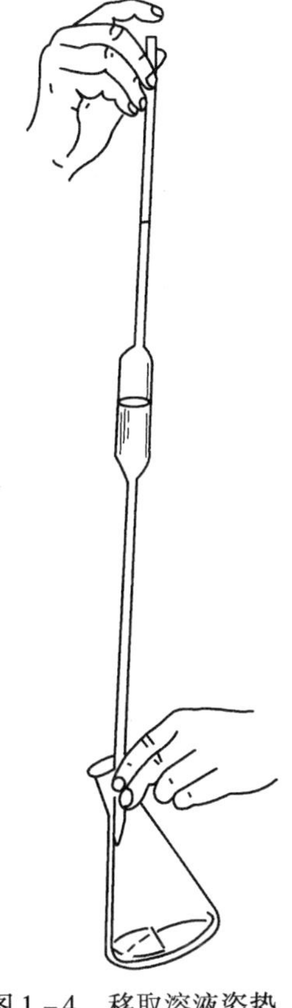

图1-4 移取溶液姿势

分度吸管的形式、规格较多,如表1-2所示。

表1-2　分度吸管的形式、规格

形式		级别	标称容量,mL	使用方法
完全流出式	慢流式	A,A_2 及B级	1,2,5,10,25,50	液体自标线流至管下口,A级、A_2 级等待15s,B级和快流式等待3s(流液口要保留残液)
	快流式	B级	1,2,5,10	
吹出式			0.1,0.2,0.25,0.5,1,2,5,10	液体自标线流至管下端,随即将管下端残留液全部吹出
不完全流出式		A,A_2 及B级	0.1,0.2,0.25,0.5	液体自标线流至最低标线上约5mm处,A级、A_2 级等待15s,B级等待3s,然后调至最低标线

(三)容量瓶及其使用

容量瓶是一种细颈梨形的平底瓶,具磨口玻璃塞或塑料塞,瓶颈上刻有环形标线,瓶上标有它的容积和标定时的温度。大多数容量瓶只有一条标线,当液体充满至标线时,瓶内所装流体的体积和瓶上标示的容积相同(量入式)。但也有刻有两条标线的,上面一条表示量出时的容积。量入式的符号为In,量出式的符号为Ex。常用的容量瓶有50mL,100mL,250mL,500mL,1000mL等多种规格。容量瓶主要是用来把精密称量的物质准确地配成一定容积,或将准确容积的浓溶液稀释成准确容积的稀溶液,这种过程通常称为“定容”。容量瓶使用前要洗净,洗涤原则及方法同前。

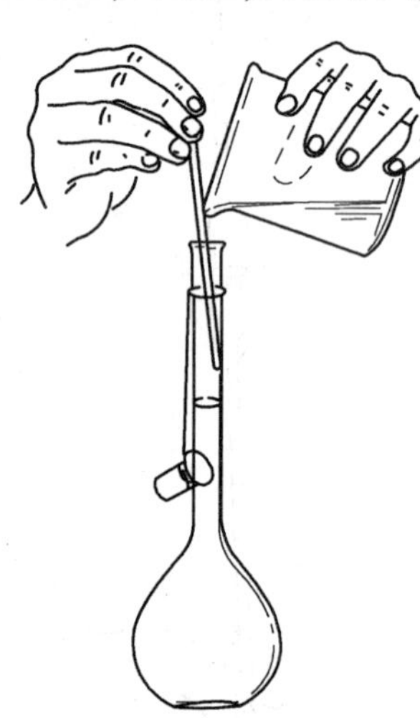

图1-5　溶液转移入容量瓶

如果要由固体配制准确浓度的溶液,通常将固体准确称量后放入烧杯,加入一定量的纯水(或适当溶剂)使它溶解,然后定量地转移到容量瓶中。转移时,玻璃棒下端要靠着瓶颈内壁使溶液沿瓶壁流下(图1-5)。溶液流尽后,将烧杯轻轻顺玻璃棒上提,使附在玻璃棒、烧杯嘴之间的液滴回到烧杯中。再用洗瓶挤出的水流冲洗烧杯数次,每次按上法将洗涤液完全转移到容量瓶中,然后用蒸馏水稀释。当水加至容积的2/3处时,旋摇容量瓶,使溶液混合(注意不能倒转容量瓶),在接近标线时可以用滴管逐滴加水,直至弯月面最低点恰好与标线相切。盖紧瓶塞,一手食指压紧瓶塞,另一手的大、中、食三个手指拿紧瓶下部,倒转容量瓶,使瓶内气泡上升到顶部,摇动数次,再倒过来。如此反复倒转摇动10多次,使瓶内溶液充分混合均匀。

二、量器的允差

根据国家计量总局批准试行的计量器具检定规程JJG 196-2006《常用玻璃量器检定规程》中规定,量器的允差如表1-3(a、b、c、d、e、f)所示。

表 1-3 量器的允差

(a)滴 定 管

<table>
<tr><td colspan="2">标称总容量,mL</td><td>1</td><td>2</td><td>5</td><td>10</td><td>25</td><td>50</td><td>100</td></tr>
<tr><td colspan="2">分度值,mL</td><td colspan="2">0.01</td><td>0.02</td><td>0.05</td><td>0.1</td><td>0.1</td><td>0.2</td></tr>
<tr><td rowspan="2">容量允差,mL</td><td>A</td><td colspan="2">±0.010</td><td>±0.010</td><td>±0.025</td><td>±0.04</td><td>±0.05</td><td>±0.10</td></tr>
<tr><td>B</td><td colspan="2">±0.020</td><td>±0.020</td><td>±0.050</td><td>±0.08</td><td>±0.10</td><td>±0.20</td></tr>
<tr><td rowspan="2">水的流出时间,s</td><td>A</td><td colspan="2">20 ~ 35</td><td colspan="2">30 ~ 45</td><td>45 ~ 70</td><td>60 ~ 90</td><td>70 ~ 100</td></tr>
<tr><td>B</td><td colspan="2">15 ~ 35</td><td colspan="2">20 ~ 45</td><td>35 ~ 70</td><td>50 ~ 90</td><td>60 ~ 100</td></tr>
<tr><td colspan="2">等待时间,s</td><td colspan="7">30</td></tr>
<tr><td colspan="2">分度线宽度,mm</td><td colspan="7">≤0.03</td></tr>
</table>

(b) 单 标 线 吸 管

<table>
<tr><td colspan="2">标称总容量,mL</td><td>1</td><td>2</td><td>3</td><td>5</td><td>10</td><td>15</td><td>20</td><td>25</td><td>50</td><td>100</td></tr>
<tr><td rowspan="2">容量允差,mL</td><td>A</td><td>±0.007</td><td>±0.010</td><td colspan="2">±0.015</td><td>±0.020</td><td>±0.025</td><td colspan="2">±0.030</td><td>±0.05</td><td>±0.08</td></tr>
<tr><td>B</td><td>±0.015</td><td>±0.020</td><td colspan="2">±0.030</td><td>±0.040</td><td>±0.050</td><td colspan="2">±0.060</td><td>±0.01</td><td>±0.16</td></tr>
<tr><td rowspan="2">水的流出时间,s</td><td>A</td><td colspan="2">7 ~ 12</td><td colspan="2">15 ~ 25</td><td colspan="2">20 ~ 30</td><td colspan="2">25 ~ 35</td><td>30 ~ 40</td><td>35 ~ 45</td></tr>
<tr><td>B</td><td colspan="2">5 ~ 12</td><td colspan="2">10 ~ 25</td><td colspan="2">15 ~ 30</td><td colspan="2">20 ~ 35</td><td>25 ~ 40</td><td>30 ~ 45</td></tr>
<tr><td colspan="2">分度线宽度,mm</td><td colspan="10">≤0.03</td></tr>
</table>

(c)分 度 吸 管

<table>
<tr><td rowspan="3">标称总
容量,mL</td><td rowspan="3">分度值
mL</td><td colspan="3">容量允差
mL</td><td colspan="6">水的流出时间,s</td><td rowspan="3">分度
线宽度,mm</td></tr>
<tr><td rowspan="2">A</td><td rowspan="2">B</td><td rowspan="2">吹出式</td><td colspan="3">完全流出式</td><td colspan="2">不完全流出式</td><td rowspan="2">吹出式</td></tr>
<tr><td>有等待
时间 15s</td><td>无等待时间
A</td><td>无等待时间
B</td><td>无等待时间
A</td><td>无等待时间
B</td></tr>
<tr><td>0.1</td><td>0.001
0.005</td><td>—</td><td>±0.003</td><td>±0.004</td><td rowspan="4">—</td><td colspan="2" rowspan="4">—</td><td rowspan="4">—</td><td rowspan="4">2 ~ 7</td><td rowspan="4">2 ~ 5</td><td rowspan="10">A 级≤0.3

B 级≤0.4</td></tr>
<tr><td>0.2</td><td>0.002
0.01</td><td>—</td><td>±0.005</td><td>±0.006</td></tr>
<tr><td>0.25</td><td>0.002
0.01</td><td>—</td><td>±0.005</td><td>±0.008</td></tr>
<tr><td>0.5</td><td>0.005
0.01
0.02</td><td>—</td><td>±0.010</td><td>±0.010</td></tr>
<tr><td>1</td><td>0.01</td><td>±0.008</td><td>±0.015</td><td>±0.015</td><td rowspan="2">4 ~ 8</td><td colspan="4">4 ~ 10</td><td rowspan="2">3 ~ 6</td></tr>
<tr><td>2</td><td>0.02</td><td>±0.012</td><td>±0.025</td><td>±0.025</td><td colspan="4">4 ~ 12</td></tr>
<tr><td>5</td><td>0.05</td><td>±0.025</td><td>±0.050</td><td>±0.050</td><td rowspan="2">5 ~ 11</td><td colspan="4">6 ~ 14</td><td rowspan="2">5 ~ 10</td></tr>
<tr><td>10</td><td>0.1</td><td>±0.05</td><td>±0.10</td><td>±0.10</td><td colspan="4">7 ~ 17</td></tr>
<tr><td>25</td><td>0.2</td><td>±0.10</td><td>±0.20</td><td>—</td><td>9 ~ 15</td><td colspan="4">11 ~ 21</td><td rowspan="2">—</td></tr>
<tr><td>50</td><td>0.2</td><td>±0.10</td><td>±0.20</td><td>—</td><td>17 ~ 25</td><td colspan="4">15 ~ 25</td></tr>
</table>

(d) 单标线容量瓶

标称总容量,mL		1	2	5	10	25	50	100	200	250	500	1000	2000
容量允差 mL	A	±0.010	±0.015	±0.020	±0.020	±0.030	±0.05	±0.10	±0.15	±0.15	±0.25	±0.40	±0.60
	B	±0.020	±0.030	±0.040	±0.040	±0.06	±0.10	±0.20	±0.30	±0.30	±0.50	±0.80	±1.20
分度线宽度,mm		≤0.4											

(e) 量　　筒

标称总容量,mL		5	10	25	50	100	250	500	1000	2000
分度值,mL		0.1	0.2	0.5	1	1	2 或 5	5	10	20
容量允差 mL	量入式	±0.05	±0.10	±0.25	±0.25	±0.5	±1.0	±2.5	±5.0	±1.0
	量出式	±0.01	±0.20	±0.50	±0.50	±1.0	±2.0	±5.0	±10	±20
分度线宽度,mm		≤0.3		≤0.4				≤0.5		

(f) 量　　杯

标称总容量 ,mL	5	10	20	50	100	250	500	1000	2000
分度值,mL	1	1	2	5	10	25	25	50	100
容量允差,mL	±0.2	±0.4	±0.5	±1.0	±1.5	±3.0	±6.0	±10	±20
分度线宽度,mm	≤0.4					≤0.5			

不宜在容量瓶内长期存放溶液。如溶液需使用较长时间,应将它转移入试剂瓶中,该试剂瓶应预先经过干燥或用少量该溶液淌洗二三次。

由于温度对量器的容积有影响,所以使用时要注意溶液的温度、室内的温度以及量器本身的温度。

三、量器的校准

目前我国生产的量器的准确度,可以满足一般分析工作的要求,无需校准,但是在要求较高的分析工作中则必须对所用量器进行校准。A 级、A_2 级量器和 0.5mL 以下 B 级吸管采用衡量法校准。衡量法的原理是称量量器中所容纳或放出的水量。根据水的密度计算出该量器在 20℃时的容积。由质量(重量)换算成容积时,必须考虑三个因素:(1)水的密度随温度而变化;(2)温度对玻璃量器胀缩的影响;(3)在空气中称量时,空气浮力的影响。

为了方便起见,表 1－4 中列出了三个因素综合校准后的换算系数。根据表中的换算系数(f),用下式

$$V = fm$$

即可算出某一温度(t)下一定质量(m)的纯水在 20℃时所占的实际容积(V)。

表1－4 在不同温度下纯水体积的综合换算系数

t,℃	f,mL·g^{-1}	t,℃	f,mL·g^{-1}	t,℃	f,mL·g^{-1}	t,℃	f,mL·g^{-1}
0	1.00176	10	1.00161	20	1.00283	31	1.00535
1	1.00168	11	1.00168	21	1.00301	32	1.00569
2	1.00161	12	1.00177	22	1.00321	33	1.00599
3	1.00156	13	1.00186	23	1.00341	34	1.00629
4	1.00152	14	1.00196	24	1.00363	35	1.00660
5	1.00150	15	1.00207	25	1.00385	36	1.00693
6	1.00149	16	1.00221	26	1.00409	37	1.00725
7	1.00150	17	1.00234	27	1.00433	38	1.00760
8	1.00152	18	1.00249	28	1.00458	39	1.00794
9	1.00156	19	1.00265	29	1.00484	40	1.00830
				30	1.00512		

把上述三项因素考虑在内，可以得到一个总校准值，由总校准值得出表1－5。应用表1－5来校准量器的容积是很方便的。

表1－5 在不同温度下用纯水充满1L(20℃)玻璃容器的水的质量(空气中用黄铜砝码称量)

温度,℃	1L水的质量,g	温度,℃	1L水的质量,g	温度,℃	1L水的质量,g
0	998.24	15	997.93	30	994.91
1	998.32	16	997.80	31	994.68
2	998.39	17	997.66	32	994.34
3	998.44	18	997.51	33	994.05
4	998.48	19	997.35	34	993.75
5	998.50	20	997.18	35	993.44
6	998.51	21	997.00	36	993.12
7	998.50	22	996.80	37	992.80
8	998.48	23	996.60	38	992.46
9	998.44	24	996.38	39	992.12
10	998.39	25	996.17	40	991.17
11	998.32	26	995.93	—	—
12	998.23	27	995.69	—	—
13	998.14	28	995.44	—	—
14	998.04	29	995.18	—	—

注：1L＝1.000028dm^3。

例1 在15℃，某250mL容量瓶以黄铜砝码称量其容纳的水的质量为249.52g，计算该容量瓶在20℃时的容积是多少？

解 由表1－5查得15℃时容积为1L的纯水质量为997.93g，即水的密度(已作容器校正)为0.99793g·mL^{-1}，故容量瓶在20℃的真正容积为：

$$V_{20} = \frac{249.52}{0.99793} = 250.04(\text{mL})$$

例2 欲使容量瓶在20℃时的容积为500mL,则在16℃于空气中以黄铜砝码称量时应称水多少克?

解 由表1-5查得,在16℃时欲使某容器在20℃时的容积为1L,应称取的水的质量为997.80g,则容积为500mL应称取的水的质量为:

$$\frac{997.80}{1000} \times 500.0 = 498.9(\text{g})$$

量器进行容量校正时应注意以下各点:

(1)被检器必须用加热的铬酸洗液、发烟硫酸或盐酸等充分清洗,当水面下降(或上升)时器壁接触处形成正常弯曲面,水面之上器壁不应有挂水等沾污现象。

(2)液面的读数应当读取弯月面的最低点与分度线上缘水平相切之点,观察者的视线必须与分度线处在同一水平面上。乳白背蓝线量器的液面读数,应当读取蓝线最尖端与分度线上缘相重合之点。

(3)水和被检器的温度尽可能接近室温,测试测量精确至0.1℃。

(4)校准滴定管时,充水至最高标线以上约5mm处,然后慢慢地将液面准确地调至零位。全开旋塞,按规定的流出时间让水流出,当液面流至距被检分度线上约5mm处时,等待5s,然后在10s内将液面准确地调至被检分度上。

(5)校准无分度吸管时,水自标线流至端口后再等待15s,此时管口还保留一定的残留液。

(6)校准完全流出式分度吸管时同上。

(7)校准不完全流出式分度吸管时,水自最高标线流至最低标线上约5mL处,等待5s,然后调至最低标线。

B级量器的校准采用容量比较法,即将被检量器的容量与准确的量器进行比较。

各种量器校准的具体方法详见有关的检定规程。

1.5 试剂与试剂配制

一、实验用纯水

纯水是分析化学实验中最常用的纯净溶剂和洗涤剂。根据分析任务和要求的不同,对水的纯度要求也有所不同。一般的分析工作,采用蒸馏水或去离子水即可;超纯物质的分析,则需纯度较高的"超纯水"。在一般的分析实验中,离子选择电极法、络合滴定法和银量法用水的纯度较高。

纯水常用以下三种方法制备:

(1)蒸馏法。蒸馏法能除去水中的非挥发性杂质,但不能除去易溶于水的气体。同量蒸馏而得的纯水,由于蒸馏器由玻璃、铜和石英等材料制成因而含有微量杂质。

(2)离子交换法。这是应用离子交换树脂来分离出水中的杂质离子的方法。因此用此法制得的水通常称为"去离子水"。此法的优点是容易制得大量的水(因而成本低),而且纯度较高。

(3)电渗析法。这是在离子交换技术基础上发展起来的一种方法。它是在外电场的作用下,利用阴、阳离子交换膜对溶液中离子的选择性透过而将杂质离子自水中分离出来的方法。

纯水并不是绝对不含杂质,只不过其杂质的含量极度微少而已。随制备方法和使用仪器的材料不同,其杂质的种类不同。如用玻璃蒸馏器制得的纯水含有较多的(相对而言)Na^+,SiO_3^{2-} 等;用铜蒸馏器制得的纯水则含有较多的 Cu^{2+} 等;用离子交换法或电渗析法制备的水则含有微生物和某些有机物等。

纯水的质量可以通过检验来了解。检验的项目很多,现仅结合一般分析实验室的要求简略介绍主要项目如下:

(1)电阻率。25℃时电阻率为$(1.0 \sim 10) \times 10^{-6} \Omega \cdot cm$ 的水为纯水,大于 $10 \times 10^{-6} \Omega \cdot cm$ 的水为超纯水。

(2)酸碱度。要求 pH 值为 6~7。取 2 支试管,各加被检查的水 10mL,一管加甲基红指示剂 2 滴,不得显红色;另一管加 0.1% 溴麝香草酚蓝(溴百里酚蓝)指示剂 5 滴,不得显蓝色。

(3)钙镁离子。取 10mL 被检查的水,加氨水—氯化铵缓冲溶液(pH≈10),调节溶液 pH 值至 10 左右,加入铬黑 T 指示剂 1 滴,不得显红色。

(4)氯离子。取 10mL 被检查的水,用 HNO_3 酸化,加 1% $AgNO_3$ 溶液 2 滴,摇匀后不得有浑浊现象。

分析用的纯水必须严格保持纯净,防止污染,使用时注意以下几点:

(1)装纯水的容器本身(主要容器内壁,其次是外部)要清洁。

(2)纯水瓶口要随时盖上盖子(无论瓶内是否有水),空气导管口最好加盖指形管或纸套。

(3)插入瓶内的玻璃导管,长度要合适,要保持清洁,取水一定要用专用水管。

(4)要保持洗瓶的洁净。

(5)纯水瓶旁不要放置易挥发的试剂,如浓盐酸、氨水等。

二、常用试剂的规格

化学试剂的规格是以其中所含杂质多少来划分的,一般可分为四个等级,其规格和适用范围见表 1-6。

表 1-6 试剂规格和适用范围

等 级	名 称	英文名称	符 号	适用范围	标签标志
一等品	优级纯(保证试剂)	Guaranteed reagent	GR	纯度很高,适用于精密分析工作和科学研究工作	绿 色
二等品	分析纯(分析试剂)	Analytical reagent	AR	纯度仅次于一等品,适用于多数分析工作和科学研究工作	红 色
三等品	化学纯	Chemically pure	CP	纯度较二等品差些,适用于一般分析工作	蓝 色
四等品	实验试剂 医 用	Laboratoriel reagent	LR	纯度较低,适用作实验辅助剂	棕色或其他颜色
—	生物试剂	Biological reagent	BR 或 CR	—	黄色或其他颜色

此外，还有光谱纯试剂、基准试剂、色谱纯试剂等。

光谱纯试剂(符号SP)的杂质含量用光谱分析法已测不出或者杂质的含量低于某一限度，这种试剂主要用来作为光谱分析中的标准物质。

基准试剂的纯度相当于或高于保证试剂。基准试剂用作容量分析中的基准物是非常方便的，也可用于直接配制标准溶液。

在分析工作中，选择试剂的纯度除了要与所用方法相当外，其他如实验用水、操作器皿也要与之相适应。若试剂都选用GR级的，则不宜使用普通的蒸馏水或去离子水，而应使用经两次蒸馏制得的重蒸馏水。所用器皿的质地要求也较高，使用过程中不应有物质溶解到溶液中，以免影响测定的准确度。

选用试剂，要注意节约原则，不要盲目追求纯度高，应根据工作具体要求取用。优级纯和分析纯试剂，虽然是市售试剂中的纯品，但有时由于包装不慎而混入杂质，或运输过程中可能发生变化，或储藏日久而变质，所以还应具体情况具体分析。对所用试剂的规格有所怀疑时应该进行鉴定。在有些特殊情况下，市售的试剂纯度不能满足要求时，分析者就应自己动手精制。

三、取用试剂的注意事项

(1)取用试剂时应注意保持清洁。瓶塞不许任意放置，取用后应立即盖好并密封，以防被其他物质沾污或变质。

(2)固体试剂应用净洁干燥的小勺取用。取用强碱性试剂后的小勺应立即洗净，以免腐蚀。

(3)用吸管吸取试剂溶液时，绝不能用未经洗净的同一吸管插入不同的试剂瓶中取用。

(4)所有盛装试剂的瓶上应贴有明显的标签，写明试剂的名称、规格。绝对不能在试剂瓶中装入不是标签所写的试剂，因为这样往往会造成差错。没有标签标明名称和规格的试剂，在未查明前不能随便使用。书写标签最好用绘图墨汁，以免日久褪色。

(5)在分析工作中，试剂的浓度及用量应按要求适当使用，过浓或过多，不仅造成浪费，而且还可能产生副反应，甚至得不到正确的结果。

四、试剂的保管

试剂的保管在实验室中也是一项十分重要的工作。有的试剂因保管不好而变质失效，这不仅是一种浪费，而且还会使分析工作失败，甚至会引起事故。一般的化学试剂应保存在通风良好、干净、干燥的房子里，防止水分、灰尘和其他物质沾污。同时，根据试剂性质应有不同的保管方法：

(1)容易侵蚀玻璃而影响试剂纯度的，如氢氟酸、含氟盐(氟化钾、氟化钠、氟化铵)、苛性碱(氢氧化钾、氢氧化钠)等，应保存在塑料瓶或涂覆石蜡的玻璃瓶中。

(2)见光会逐渐分解的试剂如过氧化氢(双氧水)、硝酸银、焦性没食子酸、高锰酸钾、草酸、铋酸钠等，与空气接触易逐步被氧化的试剂如氯化亚锡、硫酸亚铁、亚硫酸钠等，以及易挥发的试剂如溴、氨水及乙醇等，应保存在棕色瓶内置冷暗处存放。

(3)吸水性强的试剂如无水碳酸盐、苛性碱、过氧化钠等应严格密封(应该蜡封)。

(4)易相互作用的试剂如挥发性的酸与氨、氧化剂与还原剂,应分开存放。易燃的试剂如乙醇、乙醚、苯、丙酮与易爆炸的试剂如高氯酸、过氧化氢、硝基化合物,应分开储存于阴凉通风,不受阳光直接照射的地方。

(5)剧毒试剂如氰化钾、氰化钠、氢氟酸、二氯化汞、三氧化二砷(砒霜)等,应特别妥善保管,经一定手续取用,以免发生事故。

五、试剂的配制

试剂的配制一般是指把固态的试剂溶于水(或其他溶剂)配制成溶液或把液态试剂(或浓溶液)加水稀释为所需的稀溶液。用滴管将试剂加入试管中的操作见图 1-6。

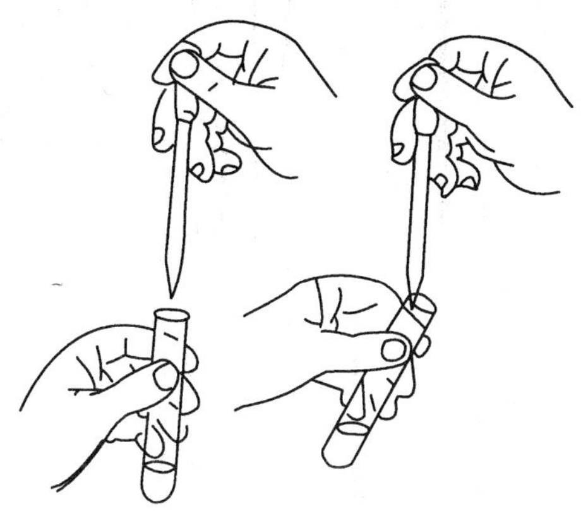

图 1-6　用滴管将试剂加入试管中

配制试剂,先算出配制一定质量溶液所需的固体的用量,然后在经称量后的固体中加入计量的水使之溶解,搅拌均匀即成。一般做性质实验的溶液,用台秤称量,用量筒量度体积即可。用于定量实验的溶液,则需用分析天平称量,用容量瓶量度体积。

用液态试剂(或浓溶液)稀释时,浓溶液按计量的量取其体积,加入所需水搅拌均匀即成。

应注意:配制饱和溶液时,所用溶液质量应比计算量稍多,加热使之溶解、冷却,待结晶析出后再用,以保证溶液饱和。

若配制易于水解的盐溶液,如 $SbCl_3$、$Bi(NO_3)_3$、$SnCl_2$ 等则需先加入相应的酸(HCl 或 HNO_3)以抑制水解,也可溶于相应的酸溶液中使溶液澄清。

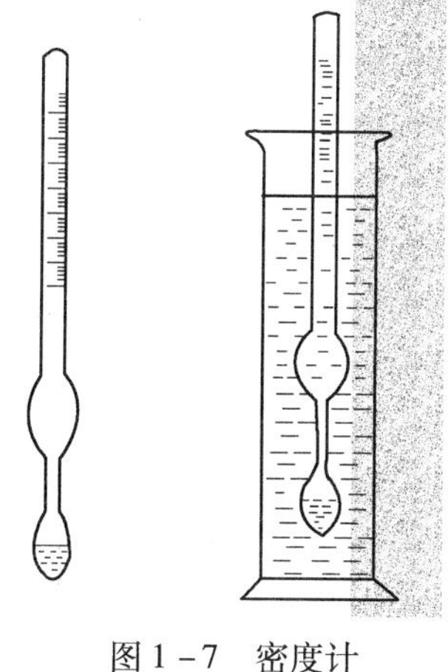

图 1-7　密度计

六、密度计的使用

密度计是用来测定溶液密度的仪器。通常有两种:一种用于测量密度大于 $1g \cdot mL^{-1}$ 的溶液,称重表;另一种用于测量密度小于 $1g \cdot mL^{-1}$ 的流体,称轻表。

测量时将待测的流体注入量筒中,然后将洁净干燥的密度计慢慢放入溶液中,待密度计稳定后即可读数(图 1-7),但应注意:(1)待测液必须有足够的深度,一定要使密度计全部浮在液体中,不能与容器底部接触。(2)读数时密度计不能紧靠器壁,以免液面变形造成误差。(3)读数时视线要与弯月面最低处处在同一水平线上。

1.6　气体的发生、净化、干燥和收集

一、气体的发生

实验室中常使用启普发生器来使液体与固体在常温下作用。例如用锌与稀硫酸作用

以制备氢气,用大理石与盐酸作用以制备二氧化碳,用硫化亚铁与盐酸作用以制备硫化氢等。

启普发生器(图1-8)由葫芦状的玻璃器2和球形漏斗1组成。参加反应的固体($CaCO_3$、FeS、Zn等)盛放在中间圆球内。可在狭缝处放些玻璃丝来承受固体,以免固体掉入底部。酸液从安全漏斗经过球形漏斗注入。使用时,只需打开活塞3,由于中间圆球内压力降低,酸液即从底部通过狭缝上升到葫芦状玻璃器2内,与固体接触而产生气体。停止使用时,将活塞3关闭,继续发生的气体使压力增大,会把酸液从中间圆球内压回到球形漏斗1中,使酸液与固体不再接触而停止反应。下次使用时,只要打开活塞即可,还应通过调节活塞来控制气体的流速。

启普发生器不能加热,装入的固体反应物必须是较大的块粒,不适用于小颗粒或粉末状固体反应物。所以制备氯、二氧化硫等气体就不能使用启普发生器,而应采用图1-9所示的气体发生装置。

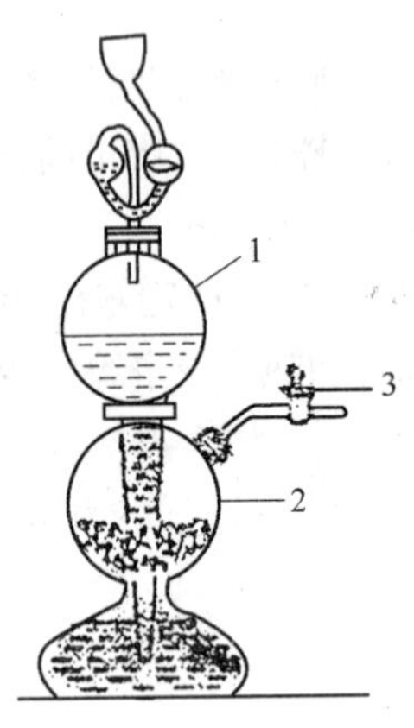

图1-8　启普发生器

1—球形漏斗;2—玻璃器;3—活塞

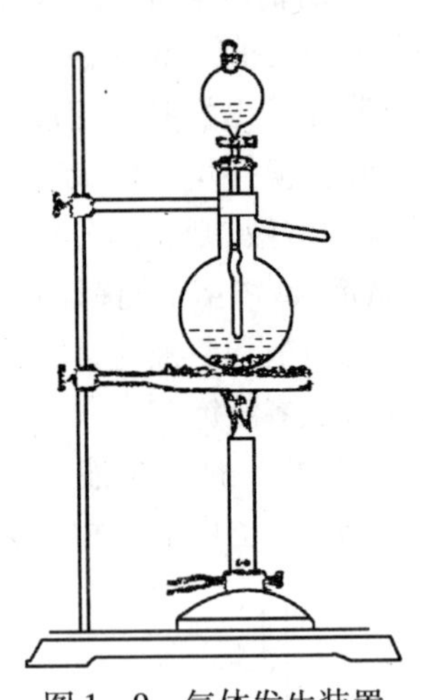

图1-9　气体发生装置

在实验室中,使用气体钢瓶来储存气体,如氧气、氮气、氢气、二氧化碳等钢瓶。使用时,可以通过减压阀来控制气体的流量。

二、气体的净化和干燥

实验室中发生的气体常常带有杂质和水汽。为了得到比较纯净的气体,可让发生出来的气体先经过洗气瓶(图1-10),然后再通过浓硫酸吸去水汽。对于具有还原性的或碱性的气体如硫化氢、氨气等不能用浓硫酸来干燥,它们可分别用无水氯化钙和氢氧化钠固体来干燥(图1-11)。根据气体所含杂质的不同,可选用不同的洗涤试剂,例如氢气发生过程中常夹有硫化氢、砷化氢等气体,可让它们通过高锰酸钾溶液、乙酸铅溶液除去。

三、气体的收集

根据气体在水中溶解度及密度的不同,收集气体的方法有:

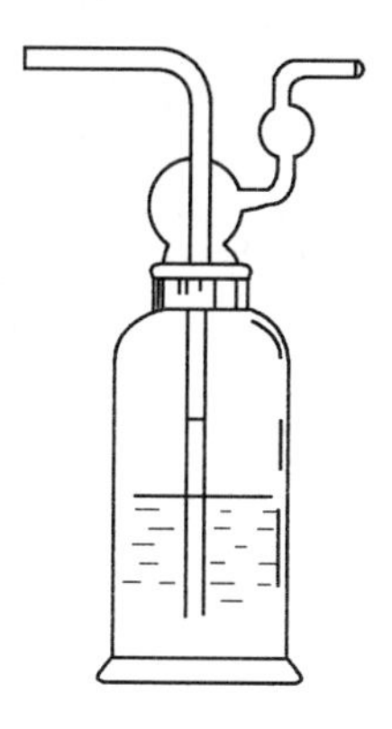

图1－10 洗气瓶

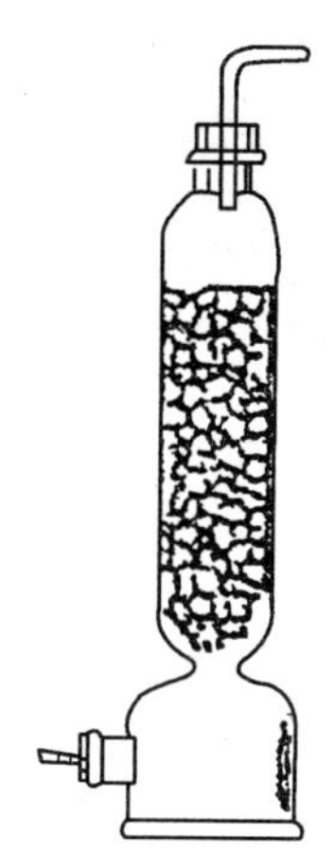

图1－11 干燥塔

（1）在水中溶解度很小的气体（如氢气、氧气、氮气等），可用排水集气法收集。

（2）易溶于水而比空气轻的气体（如氨气等），可用瓶口向下的排气集气法收集。

（3）易溶于水而比空气重的气体（如氯气、二氧化碳等），可用瓶口向上的排气集气法收集。

1.7 蒸发、结晶和固液分离

在无机分析实验中，经常用到蒸发、结晶、固液分离、沉淀洗涤等基本操作，现简述如下。

一、蒸发和结晶

当溶液很稀而所制备的无机物溶解度又较大时，为了从中析出该物质的晶体，必须通过加热使一部分溶剂不断气化而使溶液不断浓缩，蒸发到一定程度时冷却，就会有结晶析出（搅拌、摩擦器壁或投入几粒小晶体，方能促使晶体析出）。当物质的溶解度较大时，必须蒸发至溶液表面出现结晶膜才可停止。若溶液的溶解度较小或高温时溶解度较大、低温时溶解度较小，则不必蒸发到液面出现结晶膜就可冷却、结晶。析出的晶体颗粒大小往往与结晶条件有关。若溶液的浓度较高，溶质的溶解度较小，且冷却速度较快，那么析出的晶体（体积较小，结构也较紧密）颗粒较细小；若要得到纯度较高的晶体，可在晶体中加适量蒸馏水使其溶解，然后缓慢进行蒸发、结晶、分离，这样可得到较纯净的晶体，这种操作过程称为重结晶。对有些物质的精制可能需要进行多次重结晶。

二、固液分离及沉淀洗涤

固液分离的方法有：倾析法、过滤法和离心分离法三种。

（一）倾析法

当沉淀的结晶颗粒较大，静置后容易沉降至容器底部时，常用倾析法进行分离或洗涤。

倾析法操作见图1－12，操作时将静置后沉淀物上层的清液倾入另一容器内，即可使沉淀物和溶液分离。

若沉淀物需要洗涤，可采用倾析法洗涤，即向倾去清液的沉淀中，加入少量洗涤液（一般为蒸馏水），充分搅动，然后将沉淀沉降。用上述方法将清液倾出，再向沉淀中加洗涤液，如此重复数次。

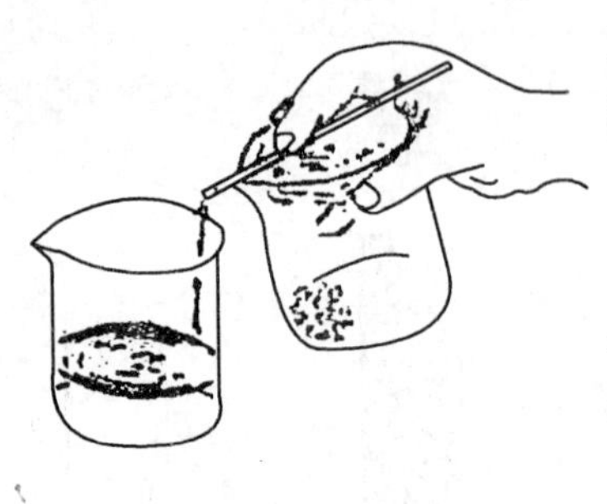
图1－12　倾析法

（二）过滤法

过滤法是固液分离最常用的方法。过滤时，沉淀留在过滤器上，而溶液通过过滤器进入接收器中。过滤出来的溶液称为滤液。常用的过滤方法有：常压过滤、减压过滤和热过滤。

1. 常压过滤

此法最为简便。过滤前先将滤纸对折两次，并剪成扇形。将滤纸展开成圆锥形（一边三层，另一边一层），放入玻璃漏斗中（漏斗角度一般应为60°，这样滤纸就可以完全贴在漏斗壁上。如果漏斗角度略大于或略小于60°，则应适当改变滤纸折叠成的角度，使之与漏斗角度相适应）。用手按着滤纸，用洗瓶挤出少量蒸馏水把滤纸湿润，轻压滤纸四周，赶去气泡，使其紧贴在漏斗上（滤纸的边沿应略低于漏斗的边沿）。

过滤时，将贴有滤纸的漏斗放在漏斗架上，并调节漏斗架高度使漏斗颈末端紧贴接收器内壁，将料液沿玻璃棒靠近三层滤纸一边缓慢转移到漏斗中（其液面应低于滤纸边缘1cm）。滤完后用少量蒸馏水洗涤烧杯和玻璃棒（也移入漏斗中），最后用少量蒸馏水冲洗滤纸和沉淀。

为加速过滤速度，一般都采用倾析法过滤，即先转移清液，再转移沉淀物，最后洗涤沉淀1～2次。

2. 减压过滤

为了加速大量溶液与沉淀的分离，常用减压过滤（吸滤或抽滤）。此法速度快，并使沉淀抽得较干，但不宜过滤颗粒太小的沉淀。吸滤装置如图1－13所示。它由吸滤瓶1，布氏漏斗2，安全瓶3和水压真空抽气管（亦称水泵）4组成。水泵一般接在实验室中的自来水龙头上（亦可用气泵代替）。

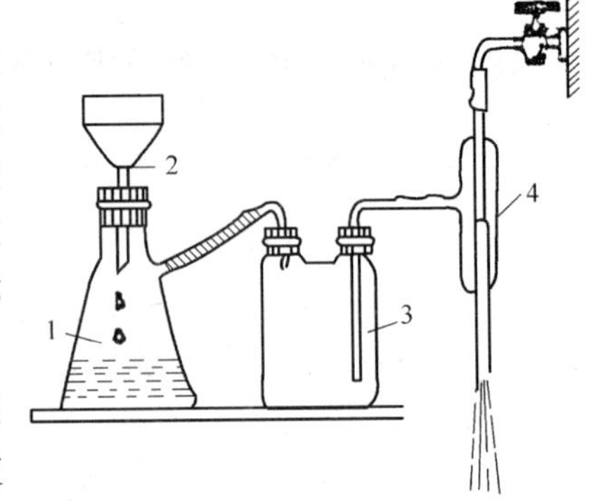

图1－13　吸滤装置

布氏漏斗是瓷质的，中间为具有许多小孔的瓷板，以便使溶液通过滤纸从小孔流出。布氏漏斗必须装在橡皮塞上。橡皮塞塞进吸滤瓶的部分一般不超过整个橡皮塞高度的1/2。吸滤瓶用来承接滤液。

安全瓶的作用是防止水泵中的水发生外溢而倒灌入吸滤瓶中（即倒吸现象）。因为当水泵中的水压变动时，常会有水溢流出来。如发生这种情况，可将吸滤瓶和安全瓶拆开，将安全瓶中的水倒出后，再重新把它们连接起来。若不要滤液，也可不用安全瓶。

吸滤操作按照下列步骤进行：

（1）做好吸滤前的准备工作，检查装置。安全瓶的长管接水泵，短管接吸滤瓶；布氏漏斗的颈口应与吸滤瓶的支管相对，便于吸滤。

（2）剪贴滤纸。滤纸的大小应比布氏漏斗内径略小，以能恰好盖住瓷板上的所有小孔为宜。先用洗瓶挤出少量蒸馏水润湿滤纸，再微微开启阀门，使滤纸紧贴在漏斗的瓷板上，然后才能进行过滤。

（3）过滤时，吸滤瓶内的滤液面不能达到支管的位置，否则滤液将被水泵抽出。因此，当滤液快上升至吸滤瓶的支管处时，应拔去吸滤瓶上的橡皮管，取下漏斗，从吸滤瓶的上口倒出滤液后，再继续吸滤。必须注意，从吸滤瓶的上口倒出滤液时，吸滤瓶的支管必须向上。

(4)在吸滤过程中，不得突然关闭水泵。如欲停止吸滤，应先将吸滤瓶支管上的橡皮管拆下，再关上水泵，否则水将倒灌安全瓶。

(5)在布氏漏斗内洗涤沉淀时，应停止吸滤，让少量洗涤剂缓慢通过沉淀，然后进行吸滤。

(6)为了尽量抽干漏斗上的沉淀，最后可用一个平顶的试剂瓶塞挤压沉淀。

过滤完成后，应先将吸滤瓶支管上的橡皮管拆下，关闭水泵，再取下漏斗。将漏斗的颈口朝上，轻轻敲打漏斗边缘，或在颈口用力一吹，即可使滤饼脱离漏斗，落在预先准备好的滤纸上或容器上。

若将特殊性质的溶液与固体分离，需用特殊的方法。可用其他滤器(如玻璃砂芯漏斗、玻璃砂芯坩埚)或材料(如石棉纤维)代替滤纸。

用石棉纤维取代滤纸过滤时，应先将石棉纤维在水中浸泡一段时间，再将它搅匀，倾入布氏漏斗内，铺匀，然后减压使之贴紧(无小孔)。过滤操作同减压操作，过滤后沉淀物往往与石棉纤维粘在一起。故此法适用于过滤后只要滤液的情况。

用玻璃砂芯漏斗过滤，可避免沉淀物被石棉纤维沾污，过滤是通过熔结在漏斗中部具有微孔的玻璃砂芯底板进行的。玻璃砂芯漏斗(图1－14)的规格按微孔大小的不同分成1～6号(1号孔隙最大)，可根据需要选用。

用玻璃砂芯漏斗可过滤具有强氧化性或强酸性的物质。由于碱会与玻璃作用而堵塞微孔，故不适用于过滤碱性溶液。

3. 热过滤

如果某些溶质在温度降低时很容易析出晶体，而又不希望它在过滤时析出，可趁热过滤。过滤时，可把玻璃漏斗放在铜质的热漏斗内，热漏斗内装有热水以维持溶液温度(图1－15)。

图1－14 玻璃砂芯漏斗

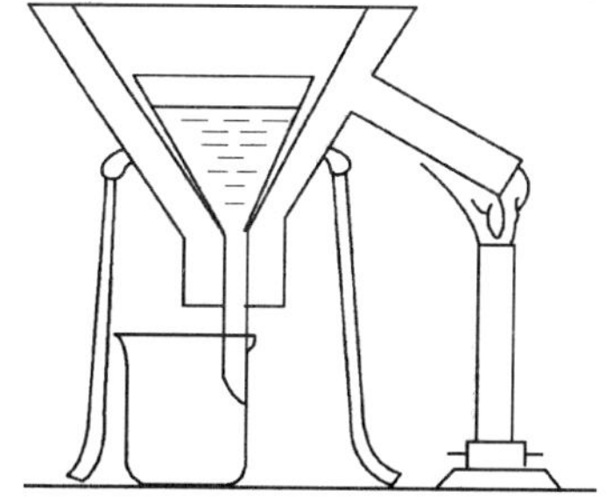

图1－15 热过滤

(三)离心分离法

试管中少量溶液与沉淀的分离常用离心分离法，操作简单而迅速。

将盛有沉淀的小试管或离心试管放入电动离心机(图1－16)的试管套内，在与之相对称的另一试管套内也装入一支盛有相等容积水的试管，这样使离心机的重心保持平衡。然后缓慢启动离心机，再逐渐加速。1～2min后，停止转动，让离心机自然停下。在任何情况下，都不能猛力启动离心机，或在未停止前用手按住离心机的轴强制其停下来，否则离心机很容易损坏，而且容易发生危险。

通过离心作用，沉淀紧密聚集在试管的底部或离心试管底部的小端，溶液变清。离心完毕后,取出试管。取一小滴管,用手指捏紧橡皮头,将滴管的尖端插入液面以下,但不接触沉淀,然后缓缓放松橡皮头,尽量吸出上面清液,留下沉淀(图1-17)。

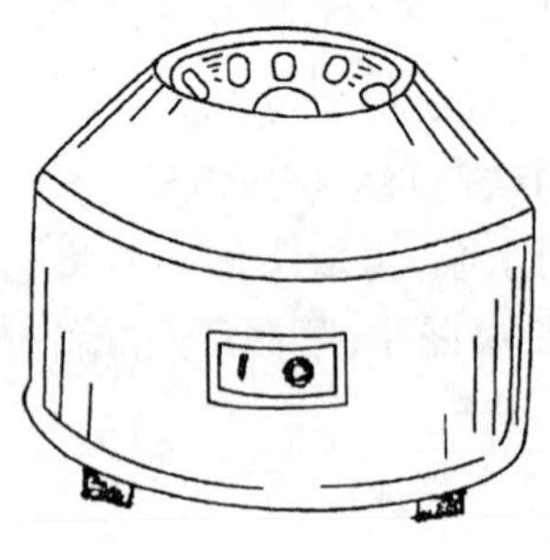

图1-16　电动离心机

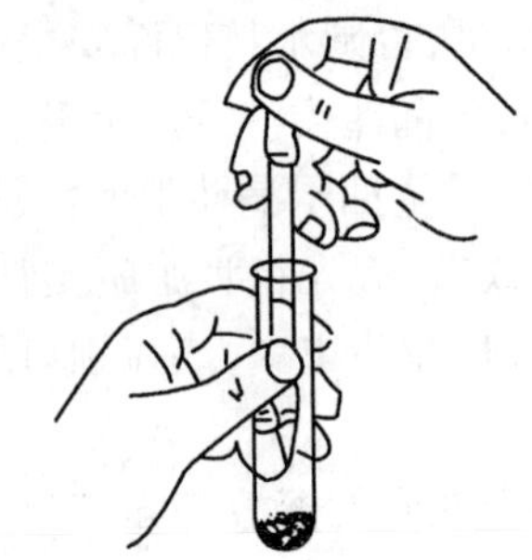

图1-17　用滴管吸取上层清液

如沉淀物需要洗涤,则加少量水搅拌,再离心分离,按上述方法吸去上层清液,重复洗涤2~3次。

1.8　沉淀、过滤、洗涤、烘干、灼烧

一、沉淀

沉淀操作进行的条件,即沉淀时溶液的温度,试剂加入的次序、浓度、数量和速度,以及沉淀所需时间等等,应按具体方法进行。

沉淀所需的试剂溶液,其浓度准确至1%就足够了。固体试剂一般只需用台秤称取,溶液用量筒量取。

试剂如果可以一次加到溶液里面,则应沿着烧杯壁倒入或是沿着搅拌棒加入,注意勿使溶液溅出。通常进行沉淀操作时用滴管将沉淀剂逐滴加入试样溶液中,边加边搅拌,以免沉淀剂局部过浓。最好使用水浴加热,勿使溶液沸腾,以免溶液溅出。进行沉淀操作所用的烧杯必须配备搅拌棒和表面皿,这三者成套。

二、过滤

(1)滤器的选择。首先根据沉淀在灼烧中是否会被纸灰还原以及称量物的性质,确定采用过滤坩埚还是滤纸来进行过滤。若采用滤纸,则根据沉淀的性质和多少选择滤纸的类型和大小,如 $BsSO_4$,CaC_2O_4 等微粒晶形沉淀,应选用较小而紧密的滤纸;$Fe_2O_3 \cdot nH_2O$ 等蓬松的胶状沉淀,则需用较大而疏松的滤纸。

(2)滤纸的折叠和安放。洗净手后,将滤纸按图1-18折叠成圆锥体,放入漏斗,此时滤纸锥体的上缘应与漏斗密合,而下部与漏斗内壁之间形成隙缝(如果漏斗的锥体角度正好为60°)。如果滤纸与漏斗不十分密合,则稍稍改变滤纸的折叠角度,直到与漏斗密合为止。此时把三层厚滤纸的外层折角撕下一点,这样可以使该处内层滤纸更好地粘贴在漏斗上,撕下来的纸角保存在干燥的表面皿上,供以后灼烧用。注意漏斗边缘要比滤纸上边高约0.5~1cm。

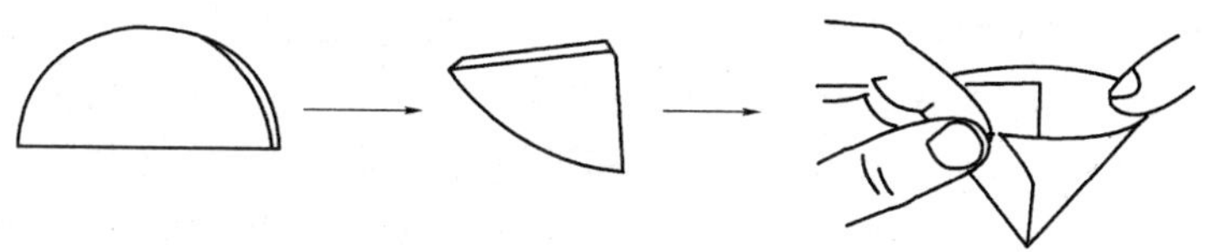
图 1-18　滤纸的折叠法

滤纸放入漏斗后，用手按住滤纸三层的一边，由洗瓶吹出细水流以湿润滤纸，然后轻压滤纸边缘使滤纸锥体上部与漏斗之间没有空隙。按好后，在其中加水达到滤纸边缘，这时漏斗颈内应全部被水流满，形成水柱。若颈内不能形成水柱（主要是因为颈径太大），可以用手指堵住漏斗下口，稍稍掀起滤纸的一边，用洗瓶向滤纸和漏斗之间的空隙里加水，直到漏斗颈及锥体的一部分全被水充满，但必须把颈内的气泡完全排除。然后把纸边按紧，再放开手指，此时水柱即可形成。如果水柱仍不能保留，则是滤纸与漏斗之间不密合；如果水柱虽然形成，但是其中有气泡，也说明纸边可能有微小空隙，可以再将纸边按紧。水柱形成后，用纯水洗 1~2 次。

将准备好的漏斗放置于漏斗架上，漏斗位置的高低，以漏斗颈的出口不接触滤液为准。漏斗必须放置端正，否则滤纸有一边较高，在洗涤沉淀时，这部分较高的地方就不能经常被洗涤液浸没，从而滞留下一部分杂质。

（3）过滤。过滤时，放在漏斗下面用以承接滤液的烧杯应该是洁净的（即使滤液不要），因为万一滤纸破裂或沉淀漏进滤液里，滤液还可重新过滤。过滤时溶液最多加到滤纸边缘下 5~6mm 的地方，如果过高，沉淀将因毛细作用而超出滤纸边缘。

过滤时漏斗颈应贴着烧杯内壁，使滤液沿杯壁流下，不致溅出。过滤过程中应注意勿使滤液淹没或触及漏斗末端。

过滤一般采用倾注法（或称倾泻法），即待沉淀下沉到烧杯底部后，先把上层清液倒至漏斗上，尽可能不搅起沉淀。然后，将洗涤液加入带有沉淀的烧杯中，搅起沉淀以进行洗涤，待沉淀下沉，再倒出上层清液。这样，一方面可避免沉淀堵塞滤纸，从而加速过滤，另一方面使沉淀洗涤得更充分。具体操作（图 1-19）如下：待沉淀下沉，左手拿搅拌棒，垂直地靠在滤纸的三

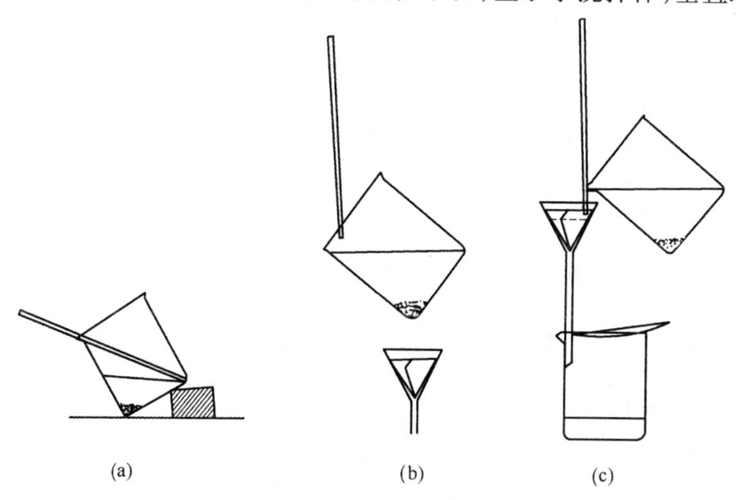

图 1-19　倾泻法过滤

层部分上方（防止过滤时液流冲滤纸），搅拌棒下端尽可能接近滤纸，但勿接触滤纸，另一手将盛着沉淀的烧杯拿起，使杯嘴贴着搅拌棒，慢慢将烧杯倾斜，尽量不搅拌沉淀，将上层清液慢慢沿搅拌棒倒入漏斗中。停止倾注溶液时，将烧杯沿搅拌棒往上提，并逐渐扶正烧杯，保持搅拌棒位置不动。倾注完成后，将搅拌棒放回烧杯，用洗瓶将20～30mL洗涤液沿杯壁吹至沉淀上，搅动沉淀，充分洗涤，待沉淀下沉后，再倾出上层清液。如此反复洗涤、过滤多次。洗涤的次数，视沉淀的性质而定，一般晶形沉淀洗2～3次，胶状沉淀需洗5～6次。

为了把沉淀转移到滤纸上，先于盛有沉淀的烧杯中加入少量洗涤液（加入洗涤液的量，应该是滤纸一次能容纳得了的），并搅动，然后立即按上述方法将悬浮液转移到滤纸上（此时大部分沉淀可从烧杯中倾出，这一步最易引起沉淀的损失，必须严格遵守操作中有关规定）。再自洗瓶中吹出洗涤液，把烧杯壁和搅拌棒上的沉淀冲下，再次搅起沉淀，按上述方法把沉淀转移到滤纸上。这样重复几次，一般可以将沉淀全部转移到漏斗中的滤纸上。如果仍有少量沉淀很难转移，则可按图1－20所示的方法，把烧杯倾斜在漏斗上方，烧杯嘴向着漏斗，用食指拿搅拌棒架在烧杯口上，搅拌棒下端向着滤纸的三层部分，用洗瓶吹出的溶液，冲洗烧杯内壁，以刷出沉淀，转移到滤纸上。如还有少量沉淀粘着在烧杯壁上，则可用淀帚将其刷下，或用前面撕下的一小块洁净无灰滤纸将其擦下，放在漏斗内与沉淀合并。然后仔细检查烧杯内壁、搅拌棒、表面皿是否彻底洗净，若有沉淀痕迹，要再进行擦拭、转移，直到沉淀完全转移为止。

图1－20　沉淀的转移

三、沉淀的洗涤

沉淀全部转移到滤纸上后，需在滤纸上洗涤沉淀，以除去沉淀表面吸附的杂质和残留的母液。洗涤的方法是自洗瓶中先吹出洗涤液，使其充满洗瓶的导出管，然后吹出洗涤液浇在滤纸的三层部分离边缘稍下的地方，再盘旋地自上而下洗涤，并借此将沉淀集中到滤纸圆锥体的下部（图1－21），切勿使洗涤液突然冲在沉淀上。

为了提高洗涤效率，每次使用少量洗涤液，洗后尽量滤干，然后再在漏斗上加洗涤液进行下一次洗涤，如此多洗几次。

沉淀洗涤至最后，用干净试纸接取约1mL滤液（注意不要使漏斗下端触及下面的滤液），选择灵敏而又迅速显示结果的定性反应来检验洗涤是否完成。

过滤与洗涤沉淀的操作，必须不间断地一次完成。若间隔较久沉淀就会干涸，粘成一团，这样就几乎无法洗涤干净。盛着沉淀或滤液的烧杯，都应该用表面皿盖好。过滤时倾注完母液之后，亦应将漏斗盖好，以防尘埃落入。

将沉淀转移至玻璃坩埚内的方法同上，只是必须同时进行抽滤，见图1－22。

四、沉淀的烘干和灼烧

(1)坩埚的准备。沉淀的灼烧是在洁净并预先经过两次以上灼烧而恒重的坩埚中进行的。坩埚用自来水洗净后，置于热的盐酸（除去Al_2O_3、Fe_2O_3）或铬酸洗液中（去油脂）浸泡十几分钟，然后用玻璃棒夹出，洗净并烘干、灼烧。

图 1－21　沉淀在漏斗中的洗涤

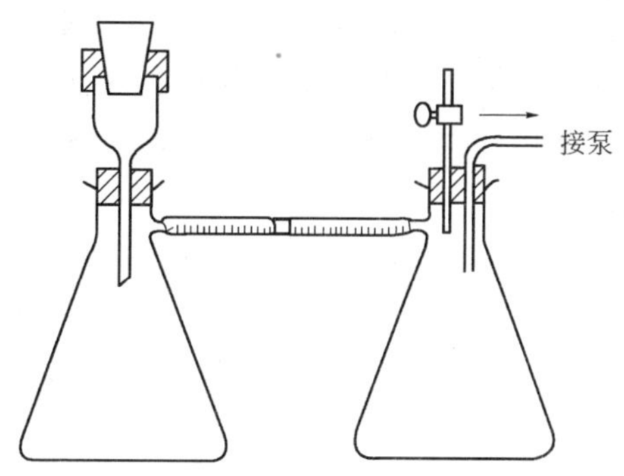

图 1－22　抽气过滤

灼烧坩埚可在高温炉内进行，也可将坩埚放在泥三角上（图 1－23），下面用煤气灯逐步升温灼烧。空坩埚一般灼烧 10～15min。

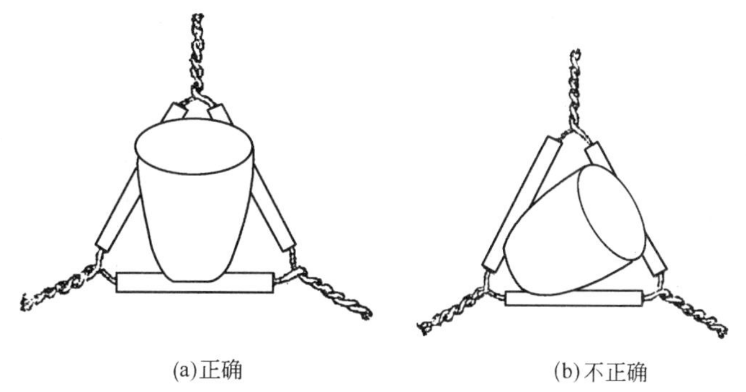
(a)正确　(b)不正确

图 1－23　瓷坩埚在泥三角上的放置法

灼烧空坩埚的条件必须与以后灼烧沉淀时的条件相同。坩埚灼烧一定时间后，用预热的坩埚钳把它夹出，置于耐火板上稍冷（至红热退去），然后放入干燥器中。太热的坩埚不能立即放入干燥器中，否则与凉的瓷板接触时会破裂。坩埚钳应仰放在桌面上。干燥器的使用见图 1－24。

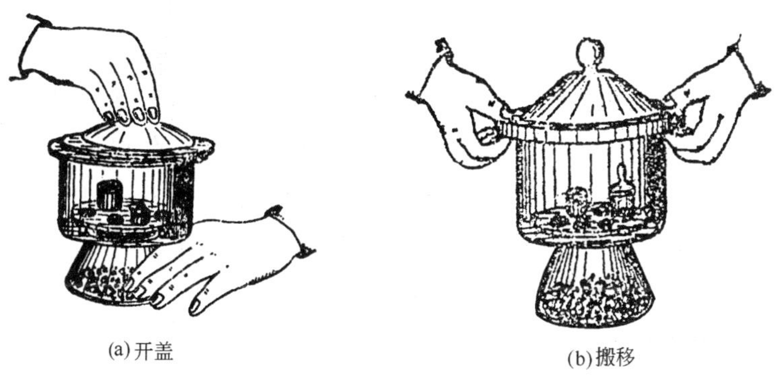
(a)开盖　(b)搬移

图 1－24　干燥器的使用

由于坩埚的大小和厚薄不同，因而充分冷却的时间也不同，一般需 30～50min。冷却坩埚时干燥器应放在天平室内。同一实验中坩埚的冷却时间应相同（无论是空的还是有沉淀的）。

待坩埚冷却至室温时进行称量,将得到的重量准确地记录下来。再将坩埚按相同的条件灼烧、冷却、称量,这样直到连续两次称量之差不超过 0.3mg,就可以认为已达恒重。

(2)沉淀的包裹。对于晶形沉淀,用顶端细而烧圆的玻璃棒,将滤纸的三层部分挑起,再用洗净的手将滤纸和沉淀一起取出,然后按图 1-25 所示方法包裹。最好包得紧些,但不要用手指压沉淀。

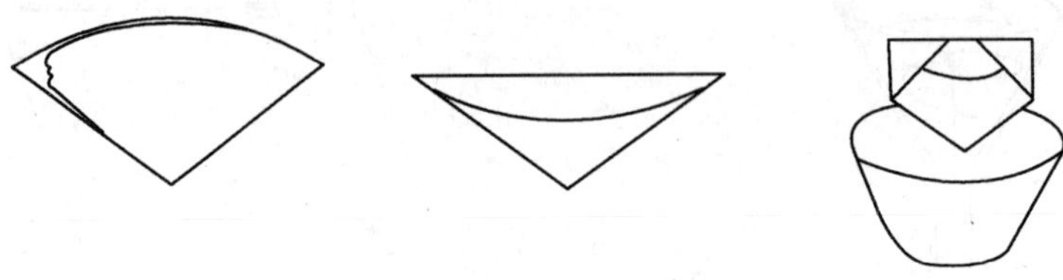

图 1-25 过滤后沉淀的包裹

对于胶状蓬松的沉淀,则在漏斗中进行包裹,即用搅拌棒将滤纸四周边缘向内折,把圆锥体敞口封上,如图 1-26 所示。然后取出,倒转过来,尖头向上,安放在坩埚中。

(3)沉淀的烘干和灼烧。把包裹好的沉淀放在已恒重的坩埚中,将坩埚斜放在泥三角上,加热使热空气流反射到坩埚内部,而水蒸气从上面逸出(图 1-27)。待滤纸和沉淀干燥后,将煤气灯移至坩埚底部,稍微增大火焰,使滤纸炭化。注意温度不能突然升高,否则坩埚中空气不足,会使滤纸变成整块炭,此大块炭如被沉淀包住,则以后很难完全灰化。炭化时不能让滤纸着火,以免沉淀微粒扬出;万一着火,应立即移去煤气灯,盖好坩埚盖,让火焰自行熄灭,切勿用嘴吹灭。

图 1-26 胶状沉淀的包裹法

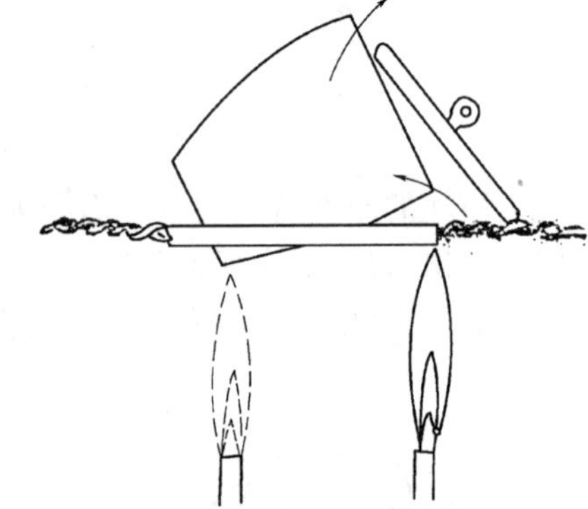

图 1-27 炭化滤纸的操作法

滤纸完全炭化后,逐渐升高温度,继续加热,使滤纸灰化。灰化也可在温度较高的电炉上进行。

滤纸灰化后,可将坩埚移入高温炉灼烧。根据沉淀性质,灼烧一定时间(如 $BaSO_4$ 为 15min)。冷却后,称量,再灼烧至恒重。

五、灼烧后沉淀的称量

称量方法基本上与空坩埚称量相同,但应尽可能称得快些,特别是对灼烧后吸湿性很强的沉淀更应如此。第二次称量时,可以先将砝码、环码按第一次所得称量放好,然后再放上坩埚,以加快称量速度。

带沉淀的坩埚,也是连续两次称量的结果相差在0.3mg以内才算达恒重。

1.9 试纸的使用

在实验室经常使用某些试纸来定性检验一些溶液的性质或某些物质的存在,此法操作简单,使用方便。

试纸种类颇多,常用的有石蕊试纸、pH试纸、淀粉—碘化钾试纸及乙酸铅试纸。

一、石蕊试纸的使用

石蕊试纸用于检验溶液的酸碱性。实验前先将石蕊试纸剪成纸条,放在干燥洁净的表面皿上,再用玻璃棒取要检验的溶液,滴在试纸上,然后观察石蕊试纸的颜色。切不可将试纸投入溶液中检验。

二、pH试纸的使用

pH试纸用于检验溶液的pH值,使用方法与石蕊试纸相同,但最后需将pH试纸所显示的颜色与比色板比较,才可知道溶液的pH值。

三、淀粉—碘化钾试纸的制取及使用

淀粉—碘化钾试纸主要用以定性地检验氧化性气体(Cl_2、Br_2等)。在一张滤纸条上,滴加1滴淀粉溶液和1滴碘化钾溶液即成淀粉—碘化钾试纸,然后将试纸粘在玻璃棒一端悬放在管口的上方(若逸出的气体较少,可将试纸伸进试管,但注意,切勿使试纸接触溶液或试管壁)。

四、乙酸铅试纸的制取及使用

乙酸铅试纸用以检验反应中是否有H_2S气体产生。

在滤纸条上,滴加一滴乙酸铅溶液即成乙酸铅试纸,使用方法同淀粉—碘化钾试纸。

1.10 玻璃工操作

玻璃工操作是有机化学实验中的重要操作之一。因为测熔点用的毛细管、蒸馏时用的弯管、气体吸收装置、水蒸气蒸馏装置以及滴管、玻璃钉、搅拌棒等常需自己动手制作。在玻璃工操作中最基本的操作是拉玻璃管(又称拉丝)和弯玻璃管。

一、玻璃管的洁净和切割

所加工的玻璃管(棒)应清洁和干燥。加工后的玻璃管(棒)视实验要求可用自来水或蒸馏水清洗。制备熔点管的玻璃管则要先用洗涤剂(或硝酸、盐酸等)洗涤,再用蒸馏水清洗、干燥,然后进行加工。

玻璃管(棒)的切割是用三角锉刀的边棱或用小砂轮在需要割断的地方朝一个方向锉一

稍深的痕，不可来回乱锉，否则不但锉痕多，而且易使锉刀或小砂轮变钝。然后用两手握住玻璃管，以大拇指顶住锉痕背面的两边，轻轻向前推，同时朝两边拉，玻璃管即平整地断开[图 1－28(a)]。为了安全，折时应尽可能离开眼睛远些，或在锉痕的两边包上布后再折。也可用玻璃棒拉细的一端在煤气灯焰上加强热，软化后紧按在锉痕处，玻璃管即沿锉痕的方向裂开。若裂痕未扩展成一整圈，可以逐次用烧热的玻璃棒压触在裂痕稍前处，直至玻璃管完全断开。此法特别适用于接近玻璃管端处的截断。裂开的玻璃管边沿很锋利，必须在火中烧熔使之光滑，将玻璃管呈 45°角在氧化焰边沿处一边烧，一边来回转动直至平滑即可。不应烧得太久，以免管口缩小。

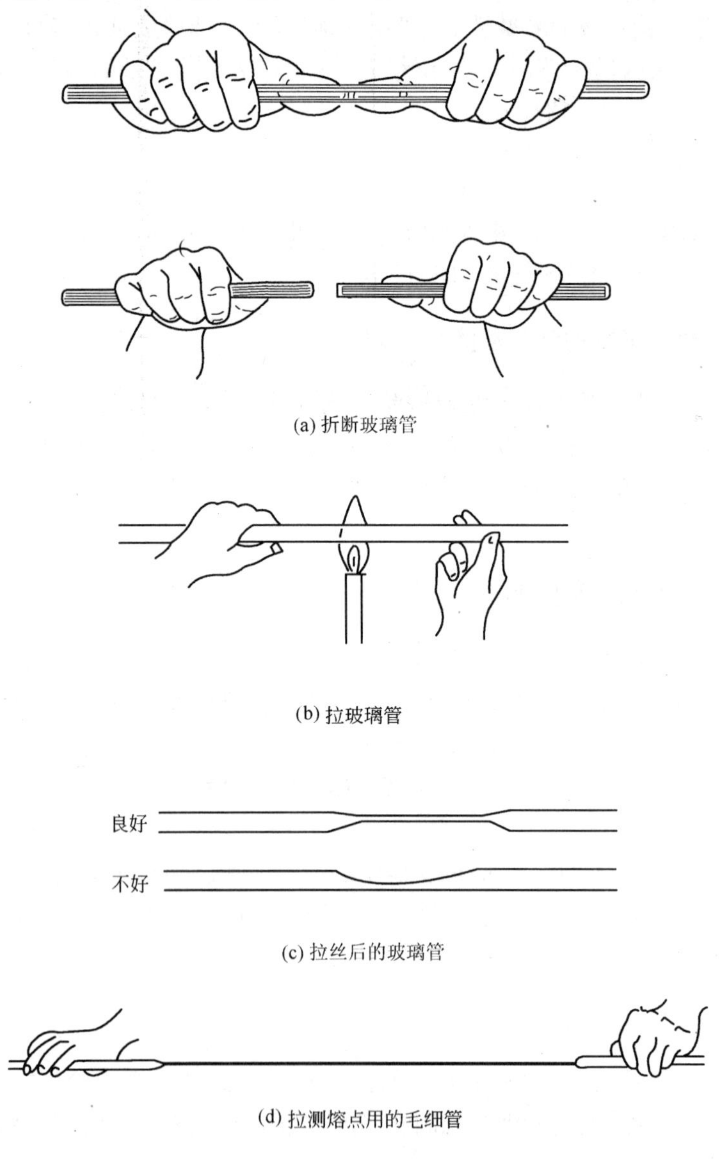

(a) 折断玻璃管

(b) 拉玻璃管

(c) 拉丝后的玻璃管

(d) 拉测熔点用的毛细管

图 1－28　玻璃管的折断、拉丝和拉测熔点用毛细管

二、拉玻璃管

将玻璃管外围用干布擦净,先用小火烘,然后再加大火焰(防止发生爆裂,每次加热玻璃管、棒时都应如此)并不断转动。一般习惯用左手握玻璃管转动,右手托住,如图 1-28(b)所示。转动时玻璃管不要上下前后移动。在玻璃管略微变软时,托玻璃管的右手也要以大致相同的速度将玻璃管做同方向(同轴)转动,以免玻璃管绞曲起来。当玻璃管发黄变软后,即可从火焰中取出,拉成需要的细度。在拉玻璃管时两手的握法和加热时相同,使玻璃管呈倾斜,右手稍高,两手做同方向旋转,边拉边转动。拉好后两手不能马上松开,尚需继续转动,直至完全变硬后,由一手垂直提置,另一手在上端拉细的适当地方折断,粗端烫手,置于石棉网上(切不可直接放在实验台上!),另一端也如上法处理,然后再将细管割断。拉出来的细管要求和原来的玻璃管在同一轴上,不能歪斜,否则要重新拉。这种工作又称拉丝。通过拉丝能熟练已熔融玻璃管的转动操作和掌握玻璃管熔融的"火候"。这两点是做好玻璃工操作的关键。应用这一操作能顺利地将玻璃管制成合格的滴管。如果转动时玻璃管上下移动,这样由于受热不均匀,拉成的滴管不会对称于中心轴。另外,在拉玻璃管时两手也要做同方向旋转,不然加热虽然均匀,由于拉时用力不当,也不会是非常均匀的,如图 1-28(c)所示。

三、制备熔点管及沸点管

取一根清洁干燥、直径为 1cm、壁厚 1mm 左右的玻璃管,放在灯焰上加热。火焰由小到大,不断转动玻璃管,当烧至发黄变软时,从火中取出,此时两手同时握住玻璃管做同方向来回旋转,水平地向两边拉开,见图 1-28(d)。开始时要慢些拉,然后再较快地拉长,使之成内径为 1mm 左右的毛细管。如果烧得软、拉得均匀,就可以截取较长一段所需内径的毛细管。然后将内径 1mm 左右的毛细管截成长为 15cm 左右的小段,两端都用小火封闭(封时将毛细管呈 45°角在小火的边沿处一边转动,一边加热),冷却后放置在试管内,准备以后测熔点用。使用时只要将毛细管从中央割断,即得两根熔点管。

用上法拉成内径 3~4mm 的毛细管,截成长 7~8cm 的小段,一端用小火封闭,作为沸点管的外管。另将内径约 1mm 的毛细管在中间部位封闭,自封闭处一端截取 5mm(作为沸点管内管的下端),另一端约长 8cm,总长度约 9cm,作为内管。由此两根粗细不同的毛细管即构成沸点管,见图 1-29(a)。

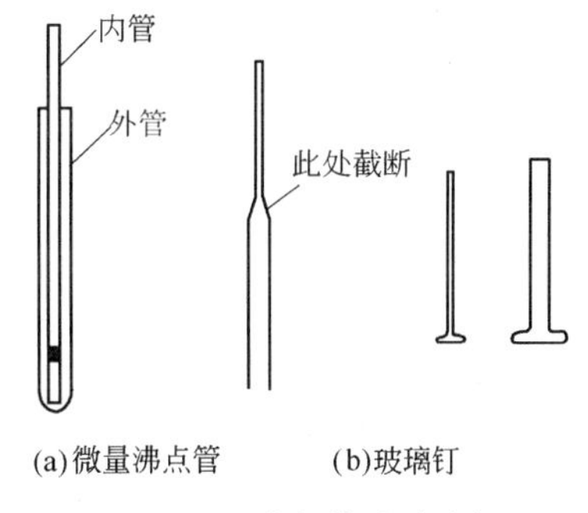

图 1-29 沸点管及玻璃钉

将不合格的毛细管(或玻璃管,玻璃棒)在火焰中反复熔拉(拉长后再对叠在一起,造成空隙,保留空气)几十次后,再熔拉成 1~2mm 粗细。冷却后截成长约 1cm 的小段,装在小试管中,备以后蒸馏时作为玻璃沸石用。

四、玻璃钉的制备

玻璃钉制备的方法同拉玻璃管的操作。将一段玻璃棒在煤气灯焰上加热,火焰由小到大,且不断均匀转动,到发黄变软时取出拉成 2~3mm 粗细的玻璃棒。自较粗的一端开始,截取长约6cm左右的一段，将粗的一端在氧化焰的边沿烧红软化后在石棉网上按一下，即成一玻璃钉[图1-29(b)]，供玻璃钉漏斗过滤时用。

另取一段玻璃棒，将其一端在氧化焰的边沿烧红软化后在石棉网上按成直径约为1.5cm左右的玻璃钉（如果一次不能按成要求的大小，可重复几次按）。截成6cm左右，然后在火焰上熔光，此玻璃钉可供研磨样品和抽滤时挤压之用。

五、弯玻璃管

将一段玻璃管在鱼尾灯头上加热（玻璃管受热的长度可达5～8cm），一边加热，一边慢慢转动使玻璃管受热均匀。当玻璃管软化后即从火中取出（不可在火焰中弯玻璃管），两手水平持着，玻璃管中间一段已软化，在重力作用下向下弯曲，两手再轻轻地向中心施力，使弯曲至所需要的角度。绝对不要用力过大，否则在弯的地方玻璃管要瘪陷或纠结起来。如果玻璃管要弯成较小的角度，则常需要分几次弯。每次弯一定的角度，重复操作（每次加热的中心应稍有偏移），用积累的方式达到所需的角度。弯好的玻璃管应在同一平面上。在无鱼尾灯的情况下，可将玻璃管一端用橡皮乳头套上（或拉丝后封闭也可），斜放在煤气灯焰上加热至玻璃管发黄变软，再从火焰中取出弯成所需的角度。在弯曲的同时，应在玻璃管开口的一端吹气，使玻璃管的弯曲部分保持原来粗细。在鱼尾灯加热的情况下最好也能吹气，否则虽然加热面很大，但弯曲后管径仍要相应地缩小一些。另外如将玻璃管在弱火上烘，两手托住玻璃管两端，在火中来回摆动，玻璃管在两手轻微地向中心施力及本身重力的作用下，受热部分渐渐软化而弯曲下来。这样的弯管虽然不吹气，由于火弱而且受热面大，弯管的部分较原来玻璃管的口径虽要细些，但相应缩小不显著，可符合一般要求。

加工后的玻璃管（棒）均应随即经退火处理，即再在弱火焰中加热一会儿，然后将玻璃管慢慢移离火焰，再放在石棉网上冷却至室温。否则，玻璃管（棒）因急速冷却，内部产生很大的应力，即使不立即开裂，过后也有破裂的可能。

1.11　实验1　简单玻璃工操作

一、实验目的

(1)练习常用玻璃仪器的制作。
(2)练习常用制作工具的使用。

二、实验用品

领取直径7mm、长1.4m的玻璃管三根；直径5mm、长1m的玻璃棒一根；经清洗并干燥过的直径10mm、长40～50cm的薄壁玻璃管两根，按简单玻璃工操作方法完成下列工作。

三、实验步骤

(一)练习拉玻璃管及制作滴管

当拉玻璃管操作熟练后，用直径7mm的玻璃管制成总长度为15cm的滴管三根，其粗端内径为7mm、长12cm,细端内径为1.5～2mm、长3～4cm。细端口须在火中熔光,粗端口在火中烧软后在石棉网上按一下,使其外缘突出,冷却后装上橡皮乳头即成。

(二)拉制熔点管

用直径10mm的薄壁玻璃管拉制成长约15cm、直径1mm且两端封口的毛细管50根(在测熔点时只要用小砂轮在毛细管中间锉一下折断,即得两根熔点管),装入大试管,备用。

(三)制作玻璃钉及搅拌棒

取直径2～3mm、长5～6cm的玻璃棒拉制小玻璃钉数只(放在小漏斗内即成玻璃钉漏斗,作抽滤少量晶体用)。

取直径5mm、长5～6cm的玻璃棒1根,一端在火中烧软后在石棉网上按成大玻璃钉,作挤压或研细少量晶体用。

再用长17～18cm的玻璃棒两根及长12cm的玻璃棒一根,两端在火焰中烧圆,作搅拌棒用。

(四)制作玻璃弯管

制作角度为75°和30°的玻璃弯管各1支。

(五)拉制玻璃沸石

取一段玻璃管或玻璃棒,在火焰中反复熔融(拉长后再对叠在一起,造成空隙,保留空气)几十次后,拉成毛细管粗细的玻璃棒,截成长2～3cm的小段即成玻璃沸石,共拉制数十根装在瓶中备用(蒸馏时作助沸用,特别是当蒸馏少量物质时)。它比一般沸石粘附的液体要少,并容易刮下吸附在它表面的固体物质。

四、思考题

(1)为什么在拉制玻璃弯管及毛细管等时,玻璃管必须均匀转动加热?

(2)在加热玻璃管(棒)之前,应先用小火加热,在加工完毕后,又需经弱火"退火",这是为什么?

五、参考文献

(1)成都科技大学分析化学教研组.分析化学实验.北京:人民教育出版社,1982.

(2)天津大学无机化学教研组.无机化学.2版.北京:高等教育出版社,1992.

1.12　实验2　分析天平的称量练习

一、实验目的

(1)了解分析天平的构造,学会正确的称量方法。

(2)初步掌握减量法的称样方法。

(3)了解在称量中如何使用有效数字。

二、仪器试剂

分析天平、台秤和砝码，小烧杯（25mL 或 50mL）或瓷坩埚两只，称量瓶 1 只，试剂或试样（因初次称量，宜采用不易吸潮的结晶试剂或试样）。

三、实验步骤

（1）准备两只净洁、干燥并编有号码的小烧杯（或瓷坩埚），先在台秤上粗称其质量（准确到 0.1g），记在记录本上。然后进一步在分析天平上精确称量，准确到 0.1mg（为什么？）。

（2）取一只装有试样的称量瓶，粗称其重，再在分析天平上精确称量，记下质量为 W_1（g）。然后自天平中取出称量瓶，将试样慢慢倾入上面已称出质量的第一只小烧杯（或瓷坩埚）中。倾样时，由于初次称量缺乏经验，很难一次倾准，因此要试称，即第一次倾出少一些，粗称此量，根据此质量估计不足量（为倾出量的几倍？），继续倾出此量，然后再准确称量，设为 W_2（g），则 $W_1 - W_2$ 即为试样的质量。例如要求称量 0.2 ~ 0.4g 试样，若第一次倾出的量为 0.15g（不必称准至小数点后第四位，为什么？），则第二次应倾出相当于或略小于第一次倾出的量，其总量即在需要的范围内。第一份试样称好后，再倾第二份试样于第二只烧杯中，称出称量瓶中剩余试样重为 W_3（g），则 $W_2 - W_3$ 即为第二份试样重。

（3）分别称出两个“小烧杯 + 试样”的质量，记为 W_4 和 W_5。

（4）结果的检验：①检查 $W_1 - W_2$ 是否等于第 1 只小烧杯中增加的质量；$W_2 - W_3$ 是否等于第 2 只小烧杯中增加的质量；如不相等，求出差值，要求称量的绝对差值小于 0.5mg。②检查倒入小烧杯中的两份试样的质量是否合乎要求（即在 0.2 ~ 0.4g 之间）。③如不符合要求，分析原因后重新称量。

数据及计算见表 1 - 7。

表 1 - 7　数据及计算　　单位：g

记录项目 \ 称量序次	Ⅰ	Ⅱ
称量瓶 + 试样的质量（倒出前）	W_1 17.6549	W_2 17.3338
称量瓶 + 试样的质量（倒出后）	$-W_2$ 17.3338	$-W_3$ 16.9823
称出试样的质量	0.3211	0.3515
烧杯 + 试样的质量	W_4 28.5730	W_5 27.7175
空烧杯的质量	− 28.2516	− 27.3658
称出试样的质量	0.3214	0.3517
绝对差值	0.0003	0.0002

四、讨论

讨论的内容可以是实验中发现的问题，情况纪要，误差分析，经验教训，心得体会，也可以对教师或实验室提出意见和建议。总之，此栏的内容比较广泛，但比较灵活，有则写之，无则可免。

五、思考题

(1)如何表示分析天平的灵敏度？一般阻尼天平的灵敏度以多少为宜？灵敏度太低或太高有什么不好？

(2)阻尼天平的零点和平衡点如何测得？为什么在称量开始时,先要测定天平的零点？天平的零点宜在什么位置？如果偏离太大,应该怎样调节？

(3)为什么天平梁没有托住以前,绝对不许把任何东西放在盘上或从盘上取下？

(4)应用阻尼天平称量至何时才要用游码？一只游码本身质量是多少？

(5)减量法称样是怎样进行的？增量法的称量是怎样进行的？它们各有什么优缺点？宜在何种情况下采用？

(6)电光天平与阻尼天平在确定零点的问题上有什么不同？

(7)在称量中如何运用优选法较快地确定出物体的质量？

(8)在称量的记录和计算中,如何正确运用有效数字？

六、参考文献

(1)成都科技大学分析化学教研组.分析化学实验.北京:人民教育出版社,1982.

(2)天津大学无机化学教研组.无机化学.2版.北京:高等教育出版社,1992.

1.13 实验3 硫酸铜的提纯

一、实验目的

(1)掌握物质常压过滤、减压过滤、加热溶解、结晶、溶液转移等基本操作。

(2)掌握提纯硫酸铜的方法。

二、实验原理

粗硫酸铜中含有不溶性杂质和可溶性杂质离子 Fe^{2+},Fe^{3+} 等。不溶性杂质可用过滤法除去;杂质离子 Fe^{2+} 常用氧化剂 H_2O_2 或 Br_2 氧化成 Fe^{3+},然后调节溶液的 pH 值(一般控制 pH 值为 3.5 ~4),使 Fe^{3+} 水解成为 $Fe(OH)_3$ 沉淀而除去,反应如下:

$$2Fe^{2+} + H_2O_2 + 2H^+ \xlongequal{} 2Fe^{3+} + 2H_2O$$

$$Fe^{3+} + 3H_2O \xlongequal{} Fe(OH)_3\downarrow + 3H^+$$

除去铁离子后的滤液加以蒸发、浓缩,即可制得五水硫酸铜结晶。其他微量杂质在硫酸铜结晶时留在母液中,过滤时可与硫酸铜分离。

三、仪器试剂

(1)仪器:台秤;漏斗和漏斗架;布氏漏斗;吸滤瓶;研体。

(2)试剂:$H_2SO_4(1mol\cdot L^{-1})$;$HCl(2mol\cdot L^{-1})$;$NaOH(2mol\cdot L^{-1})$;$NH_3\cdot H_2O(6mol\cdot L^{-1})$;

KNCS(1mol · L^{-1});H_2O_2(3%)。

(3)其他:滤纸;pH 试纸;精密 pH 试纸(0.5 ~5.0)。

四、实验步骤

(一)粗 $CuSO_4$ 的提纯

称取 15g 研细的粗 $CuSO_4$ 放在小烧杯中,加入 50mL 蒸馏水,搅拌促使其溶解。滴加 2mL 3% 的 H_2O_2,将溶液加热,同时在不断搅拌下,逐滴加入(0.5 ~1mol · L^{-1})NaOH 溶液(自己稀释),直到 pH 值为 3.5 ~4。再加热片刻,静置使水解生成的 $Fe(OH)_3$ 沉降。常压过滤,滤液转移到洁净的蒸发皿中。

在精制后的硫酸铜滤液中滴加 1mol · L^{-1} H_2SO_4 酸化,调节 pH 值至 1 ~2,然后加热、蒸发、浓缩至液面出现一层结晶膜时,停止加热,自然冷却至室温,抽滤,取出 $CuSO_4$ 晶体。

(二)$CuSO_4$ 纯度的检定

称取 1g 精制过的硫酸铜晶体,放在小烧杯中,用 10mL 蒸馏水溶解,加入 1mL1mol · L^{-1}的 H_2SO_4 酸化,然后加入 2mL 3% 的 H_2O_2,煮沸片刻,使其中 Fe^{2+} 氧化成 Fe^{3+}。等溶液冷却后,在搅拌下逐滴加入 6mol · L^{-1}氨水,直至最初生成的蓝色沉淀溶解,溶液呈深蓝色为止,此时 Fe^{3+} 成为 $Fe(OH)_3$ 沉淀,而 Cu^{2+} 则成为配离子$[Cu(NH_3)_4]^{2+}$:

$$Fe^{3+} + 3NH_3 \cdot H_2O = Fe(OH)_3 \downarrow + 3NH_4^+$$

$$2Cu^{2+} + SO_4^{2-} + 2NH_3 \cdot H_2O = Cu_2(OH)_2SO_4 \downarrow + 2NH_4^+$$

$$Cu_2(OH)_2SO_4 + 2NH_4^+ + 6NH_3 \cdot H_2O = 2[Cu(NH_3)_4]^{2+} + 8H_2O + SO_4^{2-}$$

常压过滤,并用 1mol · L^{-1}氨水(自己稀释)洗涤滤纸,直到蓝色洗去为止(弃去滤液),此时 $Fe(OH)_3$ 黄色沉淀留在滤纸上。用滴管把 3mL2mol · L^{-1}HCl 滴在滤纸上,以溶解 $Fe(OH)_3$ 沉淀。如一次不能完全溶解,可将滤下的滤液滴至滤纸上,在滤液中滴入两滴 0.1mol · L^{-1} KNCS,观察溶液的颜色。

$$Fe^{3+} + nNCS^- = Fe(NCS)^{3-n} \qquad (n \text{ 值为 } 1 \sim 6)$$

Fe^{3+} 越多,血红色越深。因此根据血红色的深浅可以比较 Fe^{3+} 的多少,评定产品的纯度。

五、思考题

(1)粗硫酸铜中的杂质 Fe^{2+} 为什么要氧化为 Fe^{3+} 后再除去?除 Fe^{3+} 时,为什么要调节溶液的 pH 值为 4 左右?pH 值太大或太小有什么影响?

(2)$KMnO_4$,$K_2Cr_2O_7$,Br_2,H_2O_2 都可使 Fe^{2+} 氧化为 Fe^{3+},你认为选用哪一种氧化剂较为合适,为什么?

(3)调节溶液的 pH 值为什么常选用稀酸、稀碱,而不用浓酸、浓碱?除酸、碱外,还可能选用哪些物质来调节溶液的 pH 值,选用的原则是什么?

(4)精制后的硫酸铜溶液为什么要滴几滴稀 H_2SO_4 调节 pH 值至 1 ~2,然后再加热蒸发?

(5)如何检验 $CuSO_4$ 溶液中的少量 Fe^{3+}?

六、参考文献

(1)华东工学院无机化学教研组.无机化学实验.3版.北京:高等教育出版社,1990.
(2)天津大学无机化学教研组.无机化学.2版.北京:高等教育出版社,1992.

1.14 实验4 乙酰苯胺的重结晶提纯

一、实验目的

(1)进一步学习和熟悉重结晶、热过滤、减压过滤等基本操作。
(2)通过乙酰苯胺重结晶实验,理解固体有机物重结晶提纯的原理和意义。

二、实验原理

重结晶是固体有机物分离提纯的主要方法。其原理见本章第7节。

三、仪器试剂

(1)仪器:热水漏斗;布氏漏斗;吸滤瓶(250mL);水泵;烧杯(150mL);锥形瓶(100mL);表面皿;玻璃棒;量筒(100mL)。
(2)试剂:乙酸苯胺粗品;活性炭。
(3)其他:滤纸;沸石。

四、实验步骤

称取5g乙酰苯胺粗品,放入150mL烧杯中,加入50mL H_2O 和两粒沸石,盖上表面皿。在石棉网上加热至沸腾,并用玻璃棒不断搅拌,直至乙酰苯胺完全溶解。若有不溶,可适当添加少量热水[1],稍冷后,加入适量(约0.3g)活性炭,稍加搅拌后盖上表面皿,继续加热微沸10~15min。趁热用热水漏斗和折叠滤纸[2]分几次迅速滤入150mL烧杯中。每次倒入热水漏斗的溶液不要太满,也不要等溶液全部滤完后再加。过滤过程中,热水漏斗和溶液应分别保持小火加热,以免冷却。滤液在室温下自然冷却,乙酰苯胺结晶析出;减压过滤,并用玻璃塞挤压晶体,使母液尽量除去;然后从吸滤瓶上拔去橡皮管,关闭水泵,在布氏漏斗中加入少量冷水,使晶体润湿,用玻璃棒搅松晶体,再接上橡皮管,打开水泵抽滤至干,如此重复洗涤两次,取出晶体,放在表面皿上晾干或烘干[3]。称量,计算回收率。

五、注释

[1]根据情况确定加水的次数,每次3~5mL。如果加水并加热后,并不见未溶物减少,则可能是不溶性杂质,此时可不必再加溶剂。

[2]折叠滤纸的方法:将选定的圆滤纸(方滤纸可在折好后再剪)按图1-30(a)先一折为二,再沿2,4折成四分之一。然后将1,2的边沿折至4,2;2,3的边沿折到2,4,分别在2,5和2,6处产生新的折纹[图1-30(a)]。继续将1,2折向6,2;2,3折向2,5,分别得到2,7和2,8

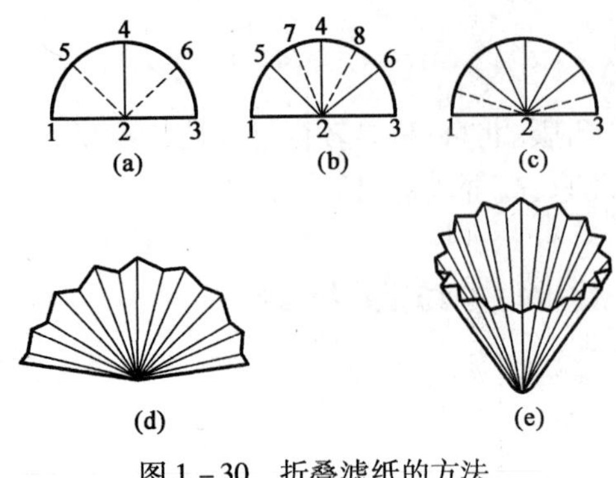

图 1-30　折叠滤纸的方法

的折纹[图1-30(b)]。同样以2,3对2,6;1,2对5,2分别折出2,9和2,10的折纹[图1-30(c)]。最后在8个等份的每一个小格中间以相反方向[图1-30(d)]折成16等份,结果得到折扇一样的排列。再在1,2和2,3处各向内折一小折面,展开后即得到折叠滤纸[或称扇形滤纸,图1-30(e)]。在折纹集中的圆心处,折时切勿重压,否则滤纸的中央在过滤时容易破裂。在使用前,应将折好的滤纸翻转并整理好后再放入漏斗中,这样可避免被手指弄脏的一面接触滤过的滤液。

[3]晶体在100℃下烘干后,可测定熔点来检查纯度。纯乙酰苯胺的熔点为114℃。

六、思考题

(1)如何证明重结晶后的晶体是纯净的?

(2)活性炭为什么要在固体物质完全溶解后加入?为什么不能在溶液沸腾时加入?

(3)减压过滤时,用什么方法将烧杯中最后的少量晶体转移到布氏漏斗中?

(4)简述重结晶的主要步骤及各步的主要目的。

七、参考文献

(1)周科衍,高占先.有机化学实验.3版.北京:高等教育出版社,1996.

(2)刘约权,李贵深.实验化学.北京:高等教育出版社,2000.

1.15　实验5　丙酮-甲苯混合液的分离

一、实验目的

(1)了解蒸馏和分馏的原理及意义。

(2)学习实验室中常用蒸馏和分馏的操作方法。

二、实验原理

将液体加热至沸腾,使液体变为蒸气,然后使蒸气冷却再凝结为液体,这两个过程的联合操作称为蒸馏。蒸馏是提纯液体物质和分离液体混合物的一种常用方法。纯液体有机物在一定的压力下具有一定的沸点(沸程0.5~1.5℃)。利用这一点,可以测定纯液体有机物的沸点。

应用分馏柱将几种沸点相近的混合物进行分离的方法称为分馏。将几种具有不同沸点而又可以完全互溶的液体混合物加热,当其总蒸气压等于外界压力时,就开始沸腾气化,蒸气中易挥发液体的成分较在原混合液中为多。在分馏柱内,当上升的蒸气与下降的冷凝液互相接触时，上升的蒸气部分冷凝放出热量使下降的冷凝液部分气化，两者之间发生了热量交换，其结果使上升蒸气中易挥发组分增加，而下降的冷凝液中高沸点组分（难挥发组分）增加，如此继续多次，就相当于进行了多次的气液平衡，即达到了多次蒸馏的效果。这样，靠近分馏柱顶部易挥发物质的组分比率高，而在烧瓶里高沸点组分（难挥发组分）的比率高。只要分馏柱足够高，就可将这几种组分完全分开。

蒸馏和分馏的基本原理是一样的，都是利用有机物质的沸点不同，在蒸馏过程中低沸点的组分先蒸出，高沸点的组分后蒸出，从而达到分离提纯的目的。不同的是，分馏借助于分馏柱使一系统的蒸馏不需多次重复，一次得以完成（分馏即多次蒸馏）。应用范围也不同，蒸馏时混合液体中各组分的沸点要相差30℃以上，才可以进行分离，而要彻底分离沸点需相差110℃以上；分馏可使沸点相近的互溶液体混合物（甚至沸点仅相差1～2℃）得到分离和纯化。工业上的精馏塔就相当于分馏柱。

蒸馏仪器主要有：蒸馏烧瓶，冷凝管（沸点140℃以下用水冷凝管，140℃以上用空气冷凝管），蒸馏头，接引管，接收器（如锥形瓶）、温度计。分馏装置的仪器除蒸馏的仪器外，还要用到分馏柱。

蒸馏和分馏的装置见图1－31。

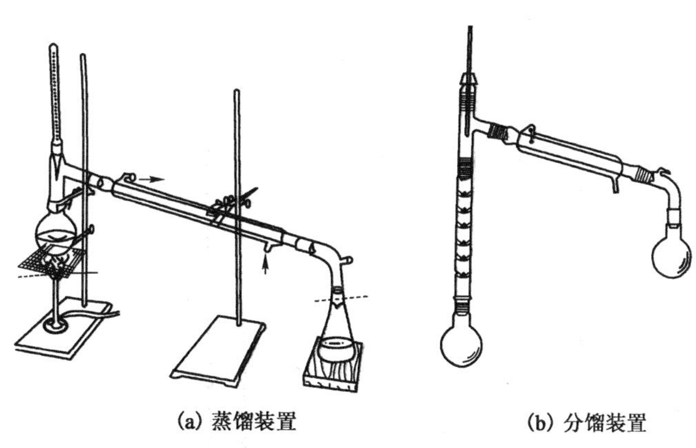

(a) 蒸馏装置 (b) 分馏装置

图1－31 蒸馏和分馏装置

蒸馏装置和分馏装置的安装顺序为：自上而下，从左到右。卸仪器与其顺序相反。温度计水银球上限应和蒸馏头侧管的下限在同一水平线上，冷凝水应从下口进，上口出。蒸馏及分馏效果的好坏与操作条件直接相关，其中最主要的是控制馏出液的流出速率，以1～2滴/s为宜（$1mL \cdot min^{-1}$），不能太快，否则达不到分离要求。

三、仪器试剂

（1）仪器：圆底烧瓶（60mL）；温度计（150℃）；蒸馏夹；接引管；冷凝管（直形、球形）；锥形瓶（50mL）；量筒（25mL）；韦氏分馏柱。

（2）试剂：丙酮－甲苯混合液（体积比1∶1）。

（3）其他：沸石。

四、实验步骤

(一)蒸馏分离丙酮－甲苯混合液

将30mL丙酮－甲苯混合液加入圆底烧瓶中,再加入两粒沸石。装好简单蒸馏装置(可用25mL量筒作为接收器),准备好备用接收器。开始加热,分别记录56～62℃,63～105℃,106～108℃时的馏出液体积。将得到的各个馏分倒入相应回收瓶中。

(二)分馏分离丙酮－甲苯混合液

取同样体积的混合液,装好分馏装置,加入两粒沸石,开始加热。按照上述温度段记录馏出液体积。回收各馏出液。

五、数据处理

以温度(T)为纵坐标,馏出液体积(V)为横坐标,分别绘制出简单蒸馏和分馏曲线,比较两者的不同。

六、思考题

(1)进行蒸馏操作应注意什么问题?

(2)蒸馏时将温度计水银球插入液体中是否合适?为什么?

(3)蒸馏和分馏在原理及装置上有哪些异同?如果是两种沸点很接近的液体混合物,能否用分馏来提纯?

七、参考文献

(1)刘约权,李贵深.实验化学.北京:高等教育出版社,2000.

(2)兰州大学.有机化学实验.2版.北京:高等教育出版社,1994.

1.16　实验6　从茴香籽中提取茴香油

一、实验目的

(1)学习用水蒸气蒸馏从茴香籽中提取茴香油的原理及方法。

(2)学习和掌握水蒸气蒸馏、溶剂萃取、常压蒸馏等基本操作。

二、实验目的

许多植物都具有令人愉快的气味,植物的这种香味均由挥发油或香精油所致。香精油成分往往存在于植物组织的腺体或细胞内,它们也可存在于植物的各个部位,但更多地存在于植物的籽和花中。

茴香油是一种香精油,主要存在于常用的调味品茴香籽、大茴香或八角茴香籽中。

茴香油为淡黄色液体,具有茴香的特殊香味,其中所含主要成分是茴香脑(80%～90%),

另外还含有少量乙醛等。茴香脑的结构式为：

$$CH_3O-C_6H_4-CH_2CH=CH_2$$

其化学名称为对烯丙基苯甲醚。茴香脑为无色或淡黄色液体（或固体），沸点233～235℃，熔点22～23℃，溶于C_2H_5OH和$(C_2H_5)_2O$。

茴香油是水蒸气挥发性的，故可用水蒸气蒸馏法从植物中分离出来。茴香油的主要成分茴香脑溶于$(C_2H_5)_2O$，因此可用$(C_2H_5)_2O$萃取馏出液中的茴香油，然后蒸除$(C_2H_5)_2O$即可得到茴香油。

三、仪器试剂

（1）仪器：铁制水蒸气发生器（500mL）；圆底烧瓶（500mL，250mL）；直形冷凝管；蒸馏瓶（50mL）；三口烧瓶（250mL）；接引管；烧杯（100mL）；水蒸气导出、导入管；T形管；螺旋夹；馏出液导出管；分液漏斗；玻璃管（1m）。

（2）试剂：茴香籽粉；食盐；$(C_2H_5)_2O$；Na_2SO_4（无水）。

（3）其他：沸石。

四、实验步骤

在500mL铁制水蒸气发生器（或500mL圆底烧瓶）中装入2/3纯水，加1～2粒沸石，同时，在250mL三口烧瓶中加入20g茴香籽粉[1]和50mL纯水，用1m玻璃管作为安全管，安装好水蒸气蒸馏装置（见图1－32）。用酒精灯隔石棉网加热水蒸气发生器，当有大量蒸汽产生时关闭螺旋夹，使蒸汽通入250mL三口瓶中进行提取，同时冷凝管中通入冷水，冷凝馏出液的蒸气。当收集约200mL馏出液、至馏出液变清时，先打开螺旋夹，再停止加热[2]，关闭冷凝水，终止水蒸气蒸馏。

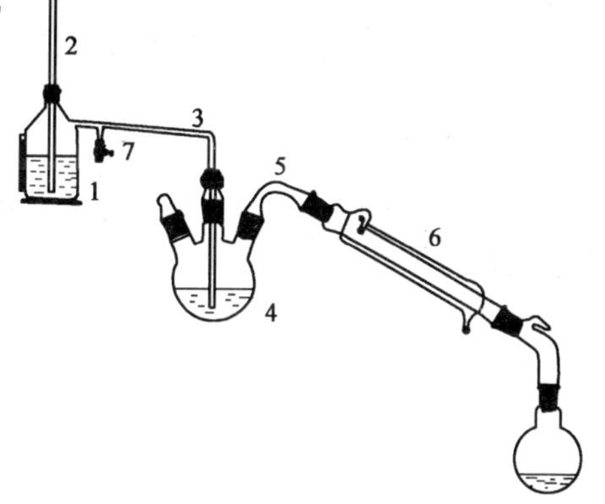

图1－32　水蒸气蒸馏装置

1—水蒸气发生器；2—安全管；3—水蒸气导管；4—三口烧瓶；5—馏出液导出管；6—冷凝管；7—螺旋夹（安全阀）

用30～50g食盐饱和馏出液，将馏出液移至分液漏斗中，每次用15mL$(C_2H_5)_2O$萃取两次，弃去水相，将萃取醚层合并，用少量无水Na_2SO_4干燥。将液体慢慢倾入干燥的50mL蒸馏瓶中（注意不要倾入无水Na_2SO_4固体）。安装蒸馏装置，在水浴上蒸出大部分$(C_2H_5)_2O$，将剩余液体转移至事先称重的试管中，在水浴中小心加热[3]此试管，浓缩至溶剂除净为止。揩干试管外壁，称量，计算茴香油的回收率。

五、注释

[1]用植物粉碎机将茴香籽研成粉末。

[2]水蒸气蒸馏过程中，热源要稳定，否则会产生倒吸现象。停止加热前一定要先将螺丝

夹打开,再移去热源,以防倒吸。

[3]所得茴香油只有几百毫克,操作时要仔细。

六、思考题

(1)用水蒸气蒸馏法分离和提取的物质应具备哪些条件?

(2)用$(C_2H_5)_2O$萃取馏出液中的茴香油之前,为什么要加入食盐使馏出液饱和?

七、参考文献

(1)吴泳. 大学化学新体系实验. 北京:科学出版社,1999.

(2)刘约权,李贵深. 实验化学. 北京:高等教育出版社,2000.

1.17 实验 7 从茶叶中提取咖啡因

一、实验目的

(1)了解从茶叶中提取咖啡因的原理和方法。

(2)学习用索氏提取器抽提的操作技术。

(3)学习用升华法提纯有机物。

二、实验原理

咖啡因是杂环化合物嘌呤的衍生物,化学名称是 1,3,7 - 三甲基 - 2,6 - 二氧嘌呤,其结构式如下:

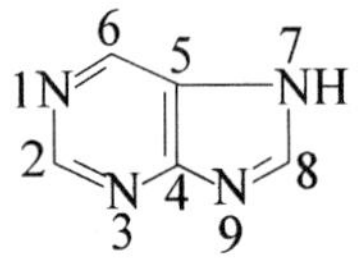

嘌呤 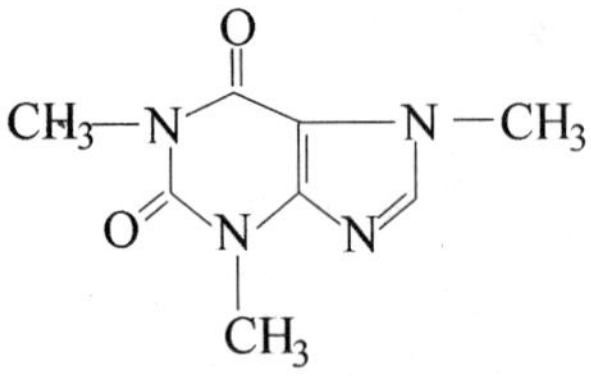　　咖啡因

咖啡因是弱碱性化合物,易溶于热 H_2O,$CHCl_3$,C_2H_5OH 等。含结晶水的咖啡因系无色针状结晶,味苦,在 100℃时即失去结晶水,并开始升华,120℃时升华显著,至 178℃时升华很快。无水咖啡因的熔点为 238℃。

咖啡因具有刺激心脏、兴奋中枢神经和利尿等作用,可作为中枢神经兴奋剂。它也是复方阿斯匹林(APC)等药物的组分之一。工业上,咖啡因主要通过人工合成制得。

茶叶中咖啡因的含量约为 3% ~5%。本实验从茶叶中提取咖啡因是用 C_2H_5OH 作溶剂,在索氏提取器中连续抽提,然后浓缩、焙炒得粗咖啡因,再通过升华法提纯。

三、仪器试剂

(1)仪器:索氏提取器;圆底烧瓶(或平底)(250mL);水浴锅;球形冷凝管;蒸发皿;表面皿;玻璃漏斗;接液管;锥形瓶;温度计;烧杯。

(2)试剂:茶叶末;95%的乙醇;生石灰粉。

(3)其他:滤纸套筒;脱脂棉;滤纸。

四、实验步骤

按照图1-33安装好装置[1]。称10g茶叶末,放入索氏提取器的滤纸套筒中[2],在圆底烧瓶中加入75mL 95%的乙醇,用水浴加热,连续提取2~3h[3]。待冷凝液刚刚虹吸下去时,立即停止加热。稍冷后,改成蒸馏装置,回收提取液中大部分的乙醇[4]。趁热将圆底烧瓶中的残液倾入蒸发皿中,拌入3~4g生石灰粉[5],使成糊状,在蒸汽浴上蒸干,其间应不断搅拌,并压碎块状物。最后将蒸发皿放在石棉网上,用小火焙炒片刻,务使水分全部除去。冷却后,擦去沾在边上的粉末,以免在升华时污染产物。取一只口径合适的玻璃漏斗,罩在隔以刺有许多小孔的滤纸的蒸发皿上,用砂浴小心加热升华[6]。控制砂浴温度在200℃左右。当滤纸上出现许多白色毛状结晶时,暂停加热,让其自然冷却至100℃左右。小心取下漏斗,揭开滤纸,用刮刀将纸上和器皿周围的咖啡因刮下。残渣经拌和后用较大的火再加热片刻,使升华完全。合并两次收集的咖啡因,称重并测定熔点。纯咖啡因的熔点为238℃。

图1-33 索氏提取装置图

五、注释

[1] 索氏提取器的虹吸管极易折断,安装仪器和取拿时须特别小心。

[2] 滤纸套大小既要紧贴器壁,又能方便取放,其高度不得超过虹吸管;滤纸包茶叶末时要严谨,防止漏出堵塞虹吸管;滤纸套上面折成凹形,以保证回流液均匀浸润被萃取物。

[3] 提取液颜色很淡时,即可停止提取。

[4] 瓶中乙醇不可蒸得太干,否则残留液很粘,转移时损失较大。

[5] 生石灰起吸水和中和作用,以除去部分酸性杂质。

[6] 在萃取回流充分的情况下,升华操作是实验成败的关键,升华过程中,始终都需要用小火间接加热。如温度太高,会使产物发黄。注意温度计应放在合适的位置,能正确反映出升华的温度。如无砂浴,也可用简易的空气浴加热升华,即将蒸发皿底部稍离开石棉网进行加热,并在附近悬挂温度计指示升华温度。为防止蒸气逸出,可在漏斗颈塞棉花。

六、思考题

(1)索氏提取器的萃取原理是什么?它和一般的浸泡萃取比较有哪些优点?

(2)加入生石灰粉起什么作用?
(3)进行升华操作时应注意什么?

七、参考文献

(1)刘约权,李贵深.实验化学.北京:高等教育出版社,2000.
(2)兰州大学.有机化学实验.2 版.北京:高等教育出版社,1994.

第 2 章

常用物理和化学常数的测定

概　述

物质的物理常数的测定，不仅可以用来判断化合物的纯度，而且在鉴定未知物方面也具有重要的意义。通常最常用的物理常数有物质的熔点、沸点、相对密度、折射率以及具有旋光性物质的比旋光度。对于任一纯粹的化合物而言，在一定条件下，这些物理常数都是固定的，而且固态化合物的熔程、液态化合物的沸程都较窄，一般为 0.5 ~ 1℃。所以，无论是从自然界中提取，还是用化学方法合成的物质，其纯度如何，都可以用测定某些物理常数的方法来鉴定。

化学常数的测定，如摩尔气体常数的测定、弱电解质电离度和电离常数的测定、化学反应热效应的测定、化学反应速率及活化能的测定、难溶电解质溶度积的测定、配位化合物组成及稳定常数的测定等，都是化学实验的重要组成部分。通过对这些实验的操作，便于加深对化学基础知识和基本理论的理解，有利于熟悉一些常用仪器的使用方法，有利于学生对化学实验基本操作的掌握，同时也有助于培养学生严谨的科学态度。

2.1　实验 8　固态物质熔点的测定及温度计的校正

一、实验目的

(1) 理解熔点测定的原理和意义，掌握测定熔点的操作技术。
(2) 了解温度计校正的意义，学习温度计校正的方法。

二、实验原理

(一) 熔点的测定

一个化合物的熔点是指在大气压力下固相与液相达到平衡时的温度。纯净的固体化合物一般都有固定的熔点。在一定压力下，从初熔到全熔（这一熔点范围称为熔程）温度变化为 0.5 ~ 1℃。熔点是鉴定固态物质（尤其是有机物）的重要物理常数，也是化合物纯度的判断标准。当化合物中混有杂质时，熔程较长，熔点降低。当测得一未知物的熔点同已知某物质熔点相同或相近时，可将该已知物和未知物混合（至少要按9∶1,1∶1,1∶9三种比例混合），测量混合物的熔点。如果熔点值不下降，表示它们是相同物质；如果熔点下降，熔程拉长，则表示它们是不同物质。

熔点可用 Thiele 管（b 形管）测定，即毛细管法，其装置如图 2－1 所示。也可用显微熔点测定仪测定，其工作原理和使用方法参考仪器说明书。

（二）温度计的校正

为了进行准确测量，在使用前需对温度计进行校正。校正温度计的方法有如下几种：

（1）比较法。用一支标准温度计与要进行校正的温度计在相同条件下测定温度，比较其所指示的温度值。

（2）定点法。选择几种已知标准熔点的标准样品（见表 2－1），测定它们的熔点，以观察到的熔点（t_2）为纵坐标，将此熔点（t_2）与标准熔点（t_1）之差（Δt）作横坐标，作图（见图 2－2），从图中求得校正后的温度，例如测得温度为 100℃，则校正后的温度应为 101.3℃。

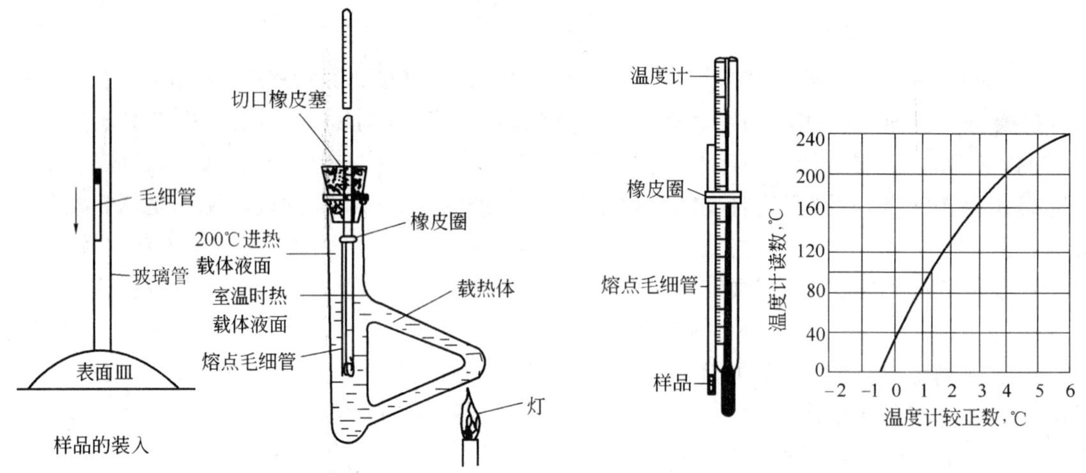

图 2－1　毛细管测定熔点的装置　　　图 2－2　定点法温度计刻度校正示意图

表 2－1　标准样品的熔点

标准样品	熔点，℃	标准样品	熔点，℃
水—冰	0	水杨酸	159
对二氯苯	53.1	D—甘露醇	168
对二硝基苯	174	对苯二酚	173～174
邻苯二酚	105	乙酰苯胺	114.3
苯甲酸	122.4	对羟基苯甲酸蒽	214.5～215.5 216.2～216.4
萘	80	尿素	132

三、仪器试剂

（1）仪器：b 形熔点测定管；温度计；酒精灯；表面皿；玻璃管（长 30～40cm）；切口橡皮塞；

毛细管;橡皮圈;显微熔点测定仪;载玻片等。

(2)试剂:液体石蜡;萘;苯甲酸;水杨酸;乙酰苯胺;邻苯二酚;未知样品。

四、实验步骤

(一)毛细管法测熔点

(1)样品的准备。将样品按图2-1分别装入各毛细管中,样品高度约为2~3mm。

(2)测定。按图2-1安装仪器。b形管中加入液体石蜡,其液面至上叉管处,温度计通过切口橡皮塞插入其中,水银球位于上下叉管中间。毛细管用橡皮圈固定在温度计上,使样品位于水银球中部。小火加热侧管,开始升温时,升温速度5~6℃·min^{-1},当低于熔点15℃时,调整火焰,使升温速度为1℃·min^{-1}。在此加热过程中,密切观察样品的变化,当样品开始塌陷、部分透明时,即为初熔,记录此刻温度为t_1;当样品完全消失、全部透明时,即为全熔,记录温度为t_2。t_1~t_2即为熔程。每种样品重复测一次。

(二)显微熔点测定仪测熔点

选择任意两个样品,用显微熔点测定仪测定熔点。在使用仪器前必须仔细阅读说明书和使用指南,严格按操作规程进行。显微熔点测定仪如图2-3所示。具体操作为:在洁净干燥的载玻片上放微量被测样品晶粒(一般2~3颗小结晶),盖上盖玻片,置于加热台上。调节反光镜、物镜和目镜,使显微镜焦点对准样品,看清楚结晶后,开启加热器,先快速加热,当温度升至低于熔点10℃时,控制温度上升的速度为1~2℃·min^{-1}。当样品晶粒棱角开始变圆滑时,表示熔化已开始,为初熔;结晶形状完全消失表示熔化已完成,为全熔。记录下初熔和全熔温度。测完停止加热,稍冷后用镊子取走载玻片,将散热块放在加热台上,可快速冷却,以便再次测试或收放仪器。

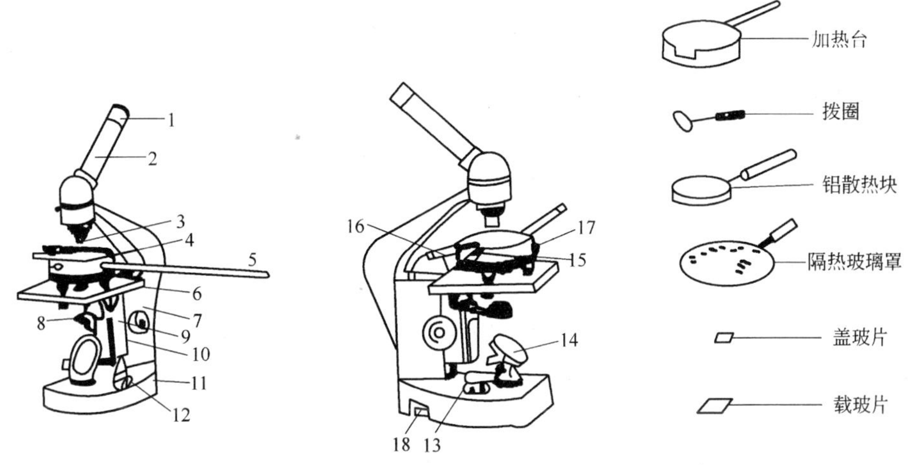

图2-3　显微熔点测定仪

1—目镜;2—棱镜检偏部件;3—物镜;4—加热台;5—温度计;6—载热台;7—镜身;8—起偏振件;9—粗动手轮;10—止紧螺钉;11—底座;12—波段开关;13—电位器旋钮;14—反光镜;15—拨动圈;16—上隔热玻璃;17—地线柱;18—电压表

五、数据处理

将毛细管法测定的熔点作为纵坐标，以所测熔点与其标准熔点之差为横坐标作温度计的校正图。通过此图对未知样品的熔点进行校正。根据校正后的熔点，推测未知物为何种物质。

六、思考题

(1) A,B,C 三种样品，其熔点范围都是 149 ~ 150℃。试问用什么方法可判断它们是否为同一物质？

(2) 测过熔点的毛细管冷却后样品凝固了，为什么不能再测第二次？

(3) 测定熔点时，如果遇下列情况之一，将产生什么结果？

①毛细管壁太厚；②毛细管不洁净；③样品研得不细或装得不紧；④加热太快；⑤毛细管底部未完全封闭。

七、参考文献

(1) 李兆陇. 有机化学实验. 北京：清华大学出版社，2000.

(2) 刘约权. 李贵深. 实验化学. 北京：高等教育出版社，2000.

2.2 实验 9 液态物质沸点的测定

一、实验目的

(1) 理解沸点的概念及测定沸点的意义。

(2) 掌握常量法及微量法测定沸点的原理和方法。

二、实验原理

液态物质加热会蒸发，其蒸气压随温度升高而增大，当其蒸气压达到与外界施于液面的总压力（通常指大气压）相等时，有大量气泡从液体内部逸出，液体沸腾，此时的温度称为该液态物质的沸点。纯净的液态物质在一定压力下有其固定的沸点。但当液体不纯时，沸点有一个温度比较稳定的范围，常称为沸程。

沸点测定常用方法有两种，即常量法和微量法。

三、仪器试剂

(1) 仪器：蒸馏烧瓶（60mL）；直形冷凝管；温度计（150℃，200℃）；接引管；蒸馏头；b 形熔点测定管；烧杯（400mL）；量筒（50mL）；长颈漏斗。

(2) 试剂：乙酸乙酯；四氯化碳。

(3) 其他：毛细管；橡皮管；沸石。

四、实验步骤

(一)常量法测乙酸乙酯的沸点

在60mL蒸馏烧瓶中,用长颈漏斗加入30mL乙酸乙酯,再加入1~2粒沸石,按图2-4安装仪器。

接通冷凝水,加热蒸馏。开始加热时可稍快些。当液体开始沸腾时,注意观察蒸气由瓶颈逐渐上升到温度计水银球周围时,温度计读数很快上升。记录第一滴馏出液滴入接收瓶时的温度 t_1。调节火焰使冷凝管馏出液滴速度每秒钟约为1~2滴。当温度计读数稳定后,记录下温度 t,即为该样品的沸点。当样品大部分蒸出,烧瓶中残留液约为0.5~1mL时,记录下温度 t_2,停止蒸馏。$t_1 \sim t_2$ 即为沸程。重复两次。

(二)微量法测四氯化碳的沸点

取一根沸点外管(直径为3~4mm,长约8~9cm,一端封闭),加入3~4滴四氯化碳,将一根一端封闭的毛细管(内管)开口端向下插入外管中,按图2-5安装仪器。

用橡皮筋将外管固定在温度计旁,插入b形管的水(或液体石蜡)中,加热b形管。

当温度比四氯化碳沸点稍高时,毛细管中气泡快速逸出,表示管内压力超过大气压。停止加热,使浴温自行冷却,气泡逸出速度逐渐减慢,在气泡不再冒出而液体刚刚要进入毛细管的瞬间,表示毛细管的蒸气压与外界压力相等。此时的温度即为该样品的沸点,记录此刻的温度。重复两次。误差应小于1℃。

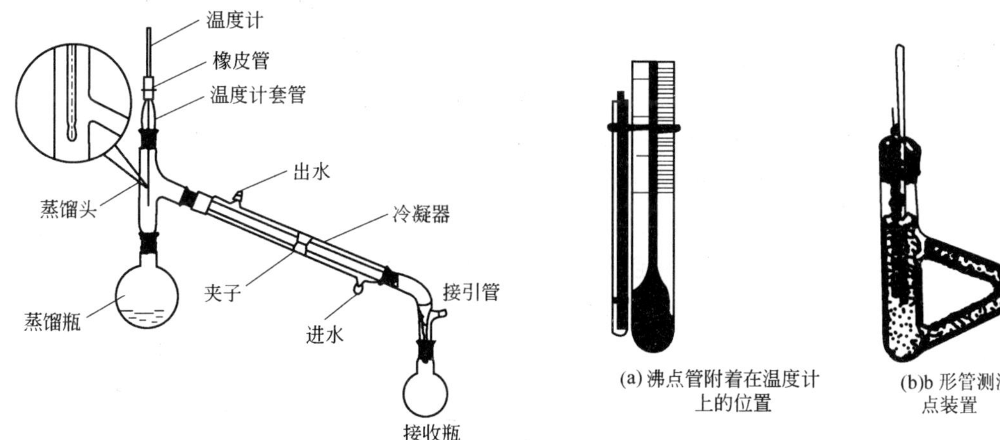

图2-4 常量及半微量蒸馏装置

图2-5 微量法测沸点装置

五、思考题

(1)常量法和微量法测沸点时,什么时候的温度是待测样品的沸点?

(2)常量法测沸点时,温度计水银球能否插入液体中,为什么?

(3)常量法测沸点时,加热的火焰应如何控制?

六、参考资料

刘约权,李贵深. 实验化学. 北京:高等教育出版社,2000.

2.3　实验 10　液态化合物折射率的测定

一、实验目的

(1)掌握测定物质折射率的意义。

(2)学习阿贝折光仪的测量原理及使用方法。

二、实验原理

折射率(又称折光率)是化合物的重要特性常数之一。它是液态化合物的纯度标志,也可作为定性鉴定的手段。

光在不同介质中的传播速度是不相同的。光线从一种介质进入另一种介质时,若它的传播方向与两种介质的界面不垂直,则在界面处的传播方向会发生改变,这种现象称为光的折射。

根据折射定律,波长一定的单色光在一定的温度和压力下,从一种介质 A 进入另一种介质 B 时,入射角 α 和折射角 β 的正弦之比与两种介质的折射率 N 和 n 成反比:

$$\frac{\sin\alpha}{\sin\beta} = \frac{n}{N}$$

当介质 A 为真空时,$N=1$,n 为介质 B 的绝对折射率,则:$n=\sin\alpha/\sin\beta$。

当介质 A 为空气时,$N_{空气}=1.00027$(空气的绝对折射率),则:

$$\sin\alpha/\sin\beta = n/N_{空气} = n/1.00027 = n'$$

n'为介质 B 的相对折射率。n 与 n'数值相差很小,在不要求很精密测定时,常以 n 代替 n'。

折射率 n 与物质结构、光线的波长、测定的温度等有关。故常表示为 n_{λ}^{t}。例如 n_{D}^{20} 表示以钠光 D 线($\lambda=589.3$nm)在 20℃时测定的折射率。对于一个化合物,当 λ,t 都固定时,它的折射率为一常数。

在实验室中,一般用阿贝(Abbe)折光仪来测定折射率。阿贝折光仪的原理及操作要点,参考本书附录。

三、仪器试剂

(1)仪器:阿贝折光仪;超级恒温槽;精确度达 0.1℃的水银温度计。

(2)试剂:苯(AR);无水乙醇(AR)。

四、实验步骤

(一)乙醇—苯混合液的配制

用无水乙醇和苯配制质量分数为 10%,30%,40%,50%,70%,90%,100% 的乙醇苯溶液(准确到 0.5%)各 5mL。

（二）测定溶液的折射率

将阿贝折光仪与超级恒温槽相连后，恒温20℃。用蒸馏水校正仪器后，测定苯、无水乙醇和上述乙醇—苯混合溶液的折射率。记录折射率，作出折射率对组成的工作曲线。

五、思考题

使用阿贝折光仪时要注意些什么？如何正确使用才能测准数据？

六、参考文献

（1）李兆陇. 有机化学实验. 北京：清华大学出版社，2000.
（2）周科衍，高占先. 有机化学实验. 北京：高等教育出版社，1996.

2.4　实验11　旋光活性物质比旋光度的测定

一、实验目的

（1）了解用旋光仪测定旋光活性物质比旋光度的基本原理。
（2）学会正确使用旋光仪。
（3）掌握物质比旋光度和旋光度间的换算。

二、实验原理

某些有机化合物因具有手性，能使偏振光振动平面旋转一定角度。使偏振光振动平面向左旋转的物质称为左旋物质，或称左旋体；反之称为右旋物质，或称右旋体。定量测定物质溶液或液体的旋光度的仪器称为旋光仪。

一种物质的旋光度与测定时溶液的浓度（或纯液体的密度）、温度、样品管长度、所用光源的波长及溶剂的性质等因素有关。因此常用比旋光度$[\alpha]_{\lambda}^{t}$来表示物质的旋光性。溶液的比旋光度与旋光度的关系为：

$$[\alpha]_{\lambda}^{t} = \frac{\alpha}{c \cdot l}$$

式中　$[\alpha]_{\lambda}^{t}$——旋光活性物质在温度为t、光源波长为λ时的比旋光度，常用钠光$\lambda = 589.3$ nm，用$[\alpha]_{D}^{t}$表示；

α——旋光度，即标尺盘转动盘角度的读数；

l——旋光管的长度，dm；

c——溶液的浓度，以1mL溶液所含溶质的质量表示。

比旋光度是物质特性常数之一，测定比旋光度可以检定旋光活性物质的纯度和含量。

旋光仪的结构及操作，参考本书附录Ⅱ。

三、仪器试剂

（1）仪器：旋光仪。

(2)试剂:10%葡萄糖溶液;10%果糖溶液。

四、实验步骤

接通电源,打开旋光仪,钠光发光正常后即可开始测定。在测定样品的旋光度之前,先用蒸馏水校正旋光仪的零点。

洗净样品管,用少量待测液洗涤样品管两次,按操作要求的方法将样品装入样品管,测定其旋光度,记录刻度盘上的度数,即得10%葡萄糖溶液或10%果糖溶液在测定条件下的旋光度,按上述公式分别计算葡萄糖溶液和果糖溶液的比旋光度。一些糖的比旋光度见表2-2。

表2-2 一些糖的比旋光度

名称	$[\alpha]_D^{20}$	名称	$[\alpha]_D^{20}$
D-葡萄糖	+53°	麦芽糖	+136°
D-果 糖	-92°	乳 糖	+55°
D-半乳糖	+84°	蔗 糖	+66.5°
D-甘露糖	+14°	纤维二糖	+35°

五、思考题

(1)旋光度的测定有何实际意义?

(2)若要测定质量浓度为0.05g·mL^{-1}的果糖溶液的旋光度,能否在溶液配制好后立即测定?为什么?

(3)样品管内如有气泡,对测定有何影响?如何排除?

(4)使用旋光仪应注意哪些事项?

六、参考文献

(1)周宁怀,王德琳.微型有机化学实验.北京:科学出版社,1999.

(2)刘约权,李贵深.实验化学.北京:高等教育出版社,2000.

2.5 实验12 摩尔气体常数的测定

一、实验目的

(1)了解测定摩尔气体常数 R 的原理和方法。

(2)熟悉分压定律与气体状态方程式的有关计算。

(3)学习光电分析天平和气压计的使用技术,学习气体的测量技术。

二、实验原理

气体状态方程可表示为：

$$pV = nRT = \frac{m}{M}RT \tag{2-1}$$

由此可知，只要测定出一定温度 T 下给定气体的体积 V、压力 p、物质的量 n 或质量 m，便可以计算出摩尔气体常数 R 的数值。

本实验将已知质量的单质镁与过量稀硫酸反应，在一定温度和压力下，用排水集气法收集反应生成的 H_2，测得其体积，便可求得 H_2 的物质的量，从而得到 R 值。有关反应及计算如下：

$$Mg(s) + H^+(aq) = Mg^{2+}(aq) + \frac{1}{2}H_2(g)$$

$$1\,mol \qquad\qquad \frac{1}{2}mol$$

$$\frac{m(Mg)}{M(Mg)}mol \qquad\qquad n = \frac{m(Mg)}{2M(Mg)} \tag{2-2}$$

由于实验条件下收集的 H_2 是被水蒸气所饱和的，则根据分压定律：

$$p_{H_2} = p - p_{H_2O} \tag{2-3}$$

式中 p 为混合气体（即 H_2 与水蒸气的混合物）的总压。将式(2-2)、式(2-3)代入式(2-1)得：

$$R = \frac{p_{H_2}V}{n_{H_2}T} = \frac{2M(Mg)\cdot(p - p_{H_2O})\cdot V}{m(Mg)\cdot T}$$

式中 $M(Mg)$——镁的摩尔质量；

$m(Mg)$——镁的质量；

p_{H_2O}——温度 T 下水的饱和蒸气压（可由附录查得）；

V——量气管所收集到的 H_2 的体积。

三、仪器试剂

(1)仪器：量气管；橡皮管；气压计；温度计；漏斗；长颈漏斗；反应管。

(2)试剂：$1mol\cdot L^{-1}$的 H_2SO_4；镁条。

四、实验步骤

(一)称量样品

准确称量0.03g(准确至0.001g)已除去表面氧化膜的镁条两份。

(二)连接装置并检查气密性

(1)如图2-6所示连接好装置后，取下量气管上端的橡皮塞和反应管，使漏斗颈椎略低于量气管零刻度，向漏斗中注入自来水使水面保持在漏斗颈椎处，然后装好橡皮塞及反应管。

(2)降低漏斗高度，若量气管中水面有少许下降后即保持恒定，则表明装置不漏气。若水面不断下降，则表明装置漏气，应找出漏气处加以纠正。

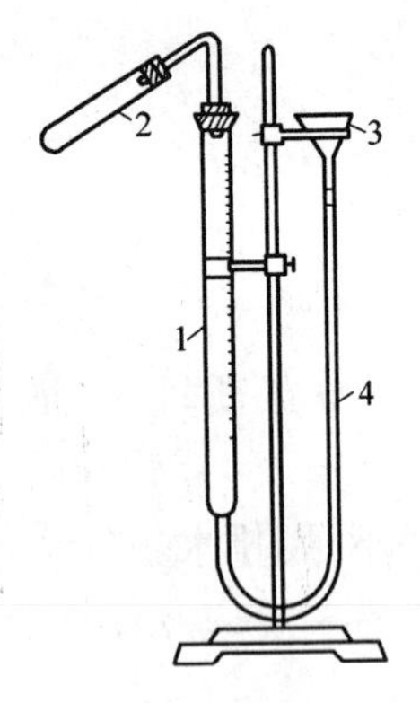

图2-6　气体体积测定装置

1—量气管；2—反应管；

3—漏斗；4—橡皮管

（三）测定前准备

（1）检查不漏气后，小心取下反应管，用长颈漏斗向反应管底部注入5mL 1mol · L^{-1} H_2SO_4 溶液，注意勿使管上沾有 H_2SO_4 溶液。

（2）倾斜反应管，将一份称好的镁条用少量蒸馏水沾在反应管的上半部（勿与 H_2SO_4 溶液接触），小心将反应管按图2-6连接好。

（3）再次检查气密性。

（4）调整漏斗位置，使漏斗中水面与量气管中水面平齐，并记录量气管水面位置 V_1（准确至0.01mL）。

（四）测定并记录数据

（1）轻轻振动反应管，使 H_2SO_4 与镁条接触，反应产生 H_2，此时不断调整漏斗高度，使漏斗内水面与量气管内水面保持同等高度，待反应停止后，将反应管冷却至室温，再使漏斗内水面与量气管内水面平齐，读取量气管位置 V_2。1～2min 后，再读一次量气管水面位置，若两次读数相同，则表明管内气体温度与室温相同，记录数据。

（2）重复上述操作，记录数据。

五、数据处理

（一）记录并查表

记录实验时的温度 t，大气压强 p，并查出 t 时水的饱和蒸气压 p_{H_2O}。

（二）计算

（1）置换得到的 H_2 的体积：

$$V = V_2 - V_1$$

（2）将得到的 $T = t + 273.15$，p，p_{H_2O}，$m(Mg)$ 及 V，$M(Mg) = 24.3g \cdot mol^{-1}$ 代入下式便可计算出 R 值：

$$R = \frac{2M(Mg) \cdot (p - p_{H_2O}) \cdot (V_2 - V_1)}{m(Mg) \cdot (t + 273.15)}$$

（3）计算两次测定结果的平均值及平均值与理论值的相对误差。

六、思考题

（1）实验中，如果漏斗中水向外溢出一部分，读数时使漏斗水面与量气管水面平齐，会不会影响测定结果？

（2）为什么说测准 p，V，$m(Mg)$，T 值是做好本实验的关键？实验过程中应该怎样做才能测准它们？

七、参考文献

(1)吴泳. 大学化学新体系实验. 北京:科学出版社,1999.
(2)刘约权,李贵深. 实验化学. 北京:高等教育出版社,2000.

2.6 实验13 化学反应热效应的测定

一、实验目的

(1)学习利用量热计测定化学反应的热效应的原理和方法。
(2)掌握台天平、温度计和移液管的使用等基本操作技术。

二、实验原理

化学反应通常在恒压条件下进行,恒压下进行的反应热效应称为恒压热效应,在化学热力学中用焓变 ΔH 来表示。

例如,在 298.15K 下,1mol 锌置换硫酸铜溶液中的 Cu^{2+} 时,放出 216.8kJ 的热量,即反应:

$$Zn + Cu^{2+} = Zn^{2+} + Cu \qquad \Delta H_{298}^{\ominus} = -216.8\text{kJ}\cdot\text{mol}^{-1}$$

放热反应的热效应测定方法很多,本实验是使反应物在量热计中作绝热变化,反应溶液温度升高的同时也使量热计的温度相应地升高,因此反应放出的热量可按下式计算:

$$\Delta H = -\frac{(V \cdot d \cdot c + C_p)\Delta T}{n \times 1000}$$

式中 ΔH——反应的焓变,$\text{kJ}\cdot\text{mol}^{-1}$;
ΔT——反应前后溶液的温度变化,K;
c——溶液的比热容[1],$\text{J}\cdot\text{g}^{-1}\cdot\text{K}^{-1}$;
V——溶液的体积,mL;
d——溶液的密度[1],$\text{g}\cdot\text{mL}^{-1}$;
n——反应溶液中溶质的物质的量;
C_p——量热计的热容,$\text{J}\cdot\text{K}^{-1}$。

使用量热计测定反应的热效应,首先需要测定量热计的热容(指量热计温度每升高 1K 所需要的热量)。

在量热计中加入一定量的冷水,测得温度为 T_1,再加入相同量的热水,温度为 T_2,混合后水温为 T_3,已知水的比热容为 c,冷热水质量均为 m,则:

$$\text{热水失热} = mc(T_2 - T_3)$$

$$\text{冷水得热} = mc(T_3 - T_1)$$

$$\text{量热计得热} = mc(T_2 - T_3) - mc(T_3 - T_1) = mc(T_1 + T_2 - 2T_3)$$

所以

$$\text{量热计比定压热容}\ C_p = \frac{mc(T_1 + T_2 - 2T_3)}{T_3 - T_1}$$

三、仪器试剂

(1)仪器:台天平;温度计(-5~50℃,0.1℃);简易量热计;移液管;秒表;洗耳球。

(2)试剂:锌粉(CP);$CuSO_4$ 溶液($0.200mol \cdot L^{-1}$)。

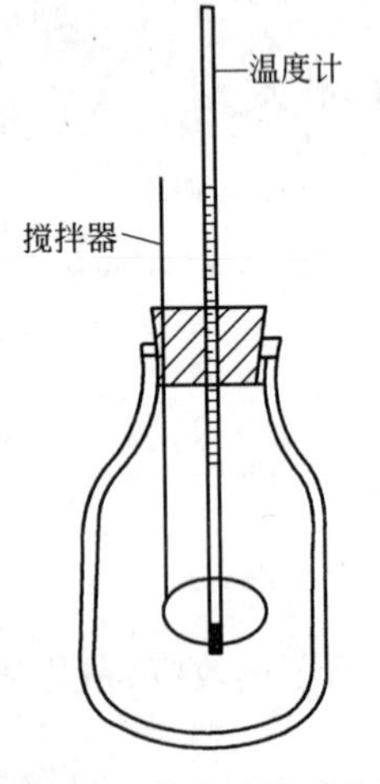

图2-7　简易量热计装置

四、实验步骤

(一)测定量热计的热容

(1)按图2-7装好保温杯简易量热计。注意,切勿使温度计的水银球和搅拌器碰到杯底,塑料盖要严密。

(2)用量筒量取50mL H_2O 倒入量热计中,盖好盖子,缓缓搅拌,直至体系内部达到热平衡(即温度不再变化),记下此时的温度 T_1。

另在100mL烧杯中加入50mL H_2O,用酒精灯加热,当水温高于 T_1 约20℃时,停止加热,取下烧杯,转动摇匀,用另一支温度计迅速测量热水温度 T_2,并尽快将此热水全部倒入量热计中,此时量热计中温度计应取出,立即盖好盖子,缓缓搅拌并将温度计插入量热计,记录冷热水混合后的最高温度值 T_3。

(二)测定锌与硫酸铜的反应热效应

(1)用台天平称取3.0g锌粉。

(2)用50mL(或100mL)移液管准确量取100mL,$0.200mol \cdot L^{-1}$的 $CuSO_4$ 溶液,注入干净干燥的量热计中。

(3)上、下移动搅拌棒,不断搅动溶液,每隔30s记录一次温度,直至溶液温度恒定。

(4)在测定开始2~3min后迅速加入3.0g锌粉(注意仍需不断搅动溶液),并继续每隔30s记录一次温度,直至温度上升到最高点后再继续测定3min。

五、数据处理

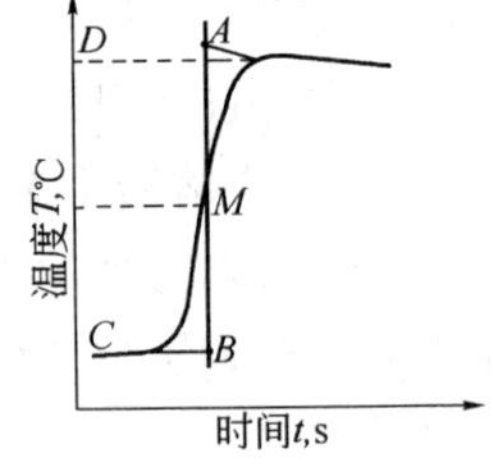

图2-8　温度—时间曲线

(一)量热计热容的计算

冷水温度 T_1:__________ K;

热水温度 T_2:__________ K;

冷热水混合后的温度 T_3:__________ K;

冷水的质量(同热水的质量)m:__________ g;

水的比热容 c:$4.18J \cdot g^{-1} \cdot K^{-1}$;

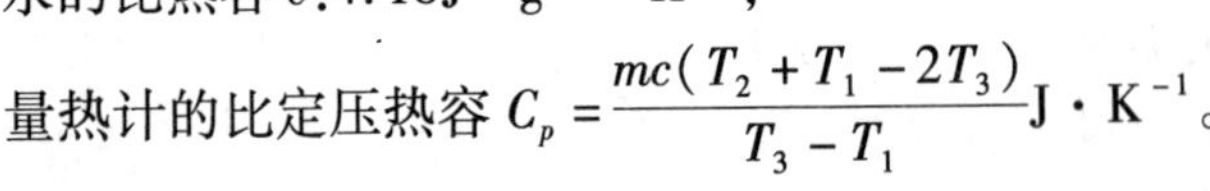

量热计的比定压热容 $C_p = \dfrac{mc(T_2 + T_1 - 2T_3)}{T_3 - T_1} J \cdot K^{-1}$。

(二)反应热效应的计算

用直角毫米坐标纸,以温度对时间作图,按图2-8所示,由外推法求得反应前后溶液的温

度变化 ΔT。

再根据实验原理中的公式计算反应的焓变 ΔH。

六、注释

[1]溶液的密度、比热容近似地取水的密度和比热容。

七、思考题

(1)为什么实验中所用锌粉只需用台天平称取,而 $CuSO_4$ 溶液的浓度与体积则要求比较准确?

(2)对于所用保温杯、搅拌棒、温度计等有什么要求?是否允许残留的洗涤水滴?为什么?

八、参考文献

(1)华东化工学院无机化学教研组.无机化学实验.3版.北京:高等教育出版社,1990.

(2)刘约权,李贵深.实验化学.北京:高等教育出版社,2000.

2.7 实验14 乙酸电离度和电离常数的测定

一、实验目的

(1)通过乙酸电离度和电离常数的测定,加深对弱电解质电离平衡的理解。

(2)学习pH计、滴定管、容量瓶的使用方法。

二、实验原理

乙酸是弱电解质,在水溶液中存在下列电离平衡:

$$HAc(aq) \rightleftharpoons H^+(aq) + Ac^-(aq)$$

$$K_a^{\ominus}(HAc)^{[1]} = \frac{c(H^+)c(Ac^-)}{c(HAc)} = \frac{(c\alpha)^2}{c(1-\alpha)} = \frac{c\alpha^2}{1-\alpha}$$

当 $\alpha < 5\%$ 时,$K_a^{\ominus}(HAc) = c\alpha^2$,则 α 为:

$$\alpha = \frac{c(H^+)}{c(HAc)}$$

式中 $K_a^{\ominus}(HAc)$——HAc的标准电离常数;

c——HAc的平衡浓度;

$c(H^+)$——H^+的平衡浓度;

α——HAc的电离度。

在一定温度下,用pH计测得一系列已知浓度的乙酸的pH值,换算成 $c(H^+)$,由 $c(H^+) = c\alpha$,便可求出一系列对应的 α 和 $K_a^{\ominus}(HAc)$ 值。所取得的一系列 $K_a^{\ominus}(HAc)$ 值的平均值,即为该温度下乙酸的电离常数。

三、仪器试剂

(1)仪器:pH 计;酸式滴定管;容量瓶(50mL);烧杯(50mL);温度计。

(2)试剂:HAc,0.1mol · L^{-1}(已标定)。

四、实验步骤

(一)不同浓度 HAc 溶液的配制

用酸式滴定管分别取 37.50mL,25.0mL,5.0mL 已标定好的 HAc 溶液于三个洁净的 50mL 容量瓶中[2],再用蒸馏水稀释至刻度,并计算每份 HAc 溶液的准确浓度。

(二)HAc 溶液 pH 值的测定

用四只洁净干燥的 50mL 烧杯,分别取 20mL 左右上述三种浓度的 HAc 溶液及一份未稀释的 HAc 标准溶液(若烧杯不干燥,可用所盛 HAc 溶液淋洗 2 ~ 3 遍,然后再倒入溶液)。按由稀到浓的顺序在 pH 计上分别测定它们的 pH[3] 值,记录各份溶液的 pH 值和实验温度,并将 pH 值换算成 $c(H^+)$。

五、数据处理

将实验中测得的有关数据填入表 2 - 3 中,并计算出 $K_a^\ominus(HAc)$ 和 α。

表 2 - 3　HAc 电离常数和电离度的测定实验数据　　温度:℃

HAc 溶液编号	$c(HAc)$,mol · L^{-1}	pH 值	$c(H^+)$,mol · L^{-1}	α	$K_a^\ominus(HAc)$	
					测定值	平均值

六、注释

[1] $K_a^\ominus(HAc) = \frac{[c(H^+)/c^\ominus][c(Ac^-)/c^\ominus]}{c(HAc^-)/c^\ominus}$ 简写成 $K_a^\ominus(HAc) = \frac{c(H^+) \cdot c(Ac^-)}{c(HAc) \cdot c^\ominus}$,以下皆为简式。

[2] 在用滴定管加液时不要太快,接近刻度时要特别小心,一滴一滴地加。

[3] 在测量 pH 值之前,一定要用已知 pH 值的缓冲溶液校正 pH 计。

七、思考题

(1)若改变所测 HAc 溶液的浓度和温度,HAc 的电离度和电离常数有无变化?

(2)在测定一系列同种溶液的 pH 值时,测定顺序由稀到浓和由浓到稀,其结果可能有何不同?

(3)如何确定 pH 计已校正好?

八、参考文献

刘约权,李贵深.实验化学.北京:高等教育出版社,2000.

2.8 实验15 化学反应速率和活化能的测定

一、实验目的

(1)学习测定$(NH_4)_2S_2O_8$与 KI 反应速率的原理和方法。

(2)了解浓度、温度对反应速率的影响。

(3)练习用作图法处理实验数据;掌握秒表的使用技术。

二、实验原理

在水溶液中,$(NH_4)_2S_2O_8$与 KI 发生如下反应:

$$(NH_4)_2S_2O_8 + 3KI \longrightarrow (NH_4)_2SO_4 + K_2SO_4 + KI_3$$

其离子方程式为:

$$S_2O_8^{2-} + 3I^- \longrightarrow 2SO_4^{2-} + I_3^- \qquad (2-4)$$

此反应的速率方程式可表示如下:

$$v = kc^m(S_2O_8^{2-})c^n(I^-)$$

式中 $c(S_2O_8^{2-})$——反应物$(S_2O_8^{2-})$的起始浓度;

$c(I^-)$——反应物(I^-)的起始浓度;

v——反应在该温度下的瞬时速率;

k——速率常数;

m——$S_2O_8^{2-}$的反应级数;

n——I^-的反应级数。

此反应在Δt时间内的平均速率可表示为:

$$\bar{v} = \frac{-\Delta c(S_2O_8^{2-})}{\Delta t}$$

近似地利用平均速率代替瞬时速率:

$$v = kc^m(S_2O_8^{2-})c^n(I^-) \approx -\frac{\Delta c(S_2O_8^{2-})}{\Delta t} = \bar{v}$$

为了测量Δt时间内$S_2O_8^{2-}$的浓度变化,在将 KI 与$(NH_4)_2S_2O_8$溶液混合的同时,加入一定量已知浓度的$Na_2S_2O_3$溶液和指示剂淀粉溶液,这样在反应(2-4)进行的同时,还发生如下反应:

$$2S_2O_3^{2-} + I_3^{\ominus} \longrightarrow S_4O_6^{2-} + 3I^- \qquad (2-5)$$

反应(2-5)进行的速率非常快,几乎瞬间完成,而反应(2-4)却慢得多。于是反应(2-4)生

成的 I_3^- 立即与 $S_2O_3^{2-}$ 作用，生成无色的 $S_4O_6^{2-}$ 和 I^-；一旦 $Na_2S_2O_3$ 耗尽，反应(2-4)生成的 I_3^- 立即与淀粉作用，使溶液显蓝色，记录溶液变蓝所用时间 Δt，Δt 即为 $Na_2S_2O_3$ 反应完全所用时间。由于本实验中所用 $Na_2S_2O_3$ 溶液的量和浓度都相等，因而每份反应在所记录时间内 $\Delta c(S_2O_3^{2-})$ 都相等，从反应(2-4)和反应(2-5)的关系可知，$S_2O_3^{2-}$ 所减少的物质的量是 $S_2O_8^{2-}$ 的两倍，每份反应的 $c(S_2O_8^{2-})$ 相同，即有如下关系：

$$v = \frac{-\Delta c(S_2O_8^{2-})}{\Delta t} = \frac{-\Delta c(S_2O_3^{2-})}{2\Delta t} = \frac{c(S_2O_3^{2-})}{2\Delta t}$$

在相同温度下，固定 I^- 起始浓度而只改变 $S_2O_8^{2-}$ 的浓度，可分别测出反应所用时间 Δt_1 和 Δt_2，然后分别代入速率方程得：

$$v_1 = \frac{-\Delta c(S_2O_8^{2-})}{\Delta t_1} = kc_1^m(S_2O_8^{2-})c_1^n(I^-)$$

$$v_2 = \frac{-\Delta c(S_2O_8^{2-})}{\Delta t_2} = kc_2^m(S_2O_8^{2-})c_2^n(I^-)$$

因为 $c_1(I^-)=c_2(I^-)$，则通过 $\frac{\Delta t_1}{\Delta t_2}=\left[\frac{c_1(S_2O_8^{2-})}{c_2(S_2O_8^{2-})}\right]^m$，求出 m。

同理保持 $S_2O_8^{2-}$ 浓度不变，只改变 I^- 的浓度则可求出 n。$m+n$ 即为该反应的总级数。

由 $k=\frac{v}{c^m(S_2O_8^{2-})c^n(I^-)}$ 可求出速率常数 k。

温度对化学反应速率有明显的影响。若保持其他条件不变，只改变反应温度，由反应所用时间 Δt_1 和 Δt_2，通过如下关系：

$$\frac{v_1}{v_2} = \frac{k_1c^m(S_2O_8^{2-})c^n(I^-)}{k_2c^m(S_2O_8^{2-})c^n(I^-)} = \frac{-\Delta c(S_2O_8^{2-})/\Delta t_1}{-\Delta c(S_2O_8^{2-})/\Delta t_2}$$

得出 $\frac{k_1}{k_2}=\frac{\Delta t_2}{\Delta t_1}$，从而得出不同温度下的速率常数 k。

根据阿仑尼乌斯公式：

$$\lg k = \frac{-E_a}{2.303RT} + C$$

如果测得不同温度下的一系列速率常数 k 值，然后以 $\lg k$ 对 $1/T$ 作图，则其斜率为 $-E_a/2.303RT$，式中 R 为摩尔气体常数($8.314J\cdot moL^{-1}\cdot K^{-1}$)，从而可计算出活化能 E_a。

三、仪器试剂

(1)仪器：移液管；量筒(50mL，10mL)；烧杯(100mL)；秒表；温度计；恒温水浴锅。

(2)试剂：KI，$0.2mol\cdot L^{-1}$；$(NH_4)_2S_2O_8$，$0.2mol\cdot L^{-1}$；$(NH_4)_2SO_4$，$0.2mol\cdot L^{-1}$；$Na_2S_2O_3$，$0.01mol\cdot L^{-1}$；KNO_3，$0.2mol\cdot L^{-1}$；0.2%的淀粉溶液。

四、实验步骤

(一)根据浓度对反应速率的影响，求反应级数

在室温下，用3支移液管分别量取20mL $0.2mol\cdot L^{-1}$ KI溶液，6.0mL $0.01mol\cdot L^{-1}$

$Na_2S_2O_3$ 溶液和6.0mL 0.2%淀粉溶液，都倒入50mL烧杯中，混合均匀。再用另一移液管量取20mL 0.20mol·L^{-1} $(NH_4)_2S_2O_8$ 溶液于量筒中暂存，迅速倒入烧杯中，同时按动秒表，不停搅拌，仔细观察，当溶液刚出现蓝色时，立即停止计时，将反应时间和室温记入表2-4中。

用上述方法参照表2-4的用量进行2~5号实验，为了使每次实验中溶液的离子强度和总体积保持不变，所减少的KI或 $(NH_4)_2S_2O_8$ 的用量可分别用0.20mol·L^{-1} KNO_3 和0.20mol·L^{-1} $(NH_4)_2SO_4$ 来调整。

(二)根据温度对反应速率的影响，求活化能

按表2-4实验1中的用量，在50mL干燥小烧杯中加入KI，$Na_2S_2O_3$ 和淀粉溶液，在另一个干燥小烧杯(或大试管)中加入 $(NH_4)_2S_2O_8$ 溶液，同时放入冰浴中冷却，待两种试液均冷至低于室温10℃时，将 $(NH_4)_2S_2O_8$ 迅速加到KI等混合溶液中，同时计时并不断搅拌溶液，当溶液变蓝时记录反应时间。

表2-4 浓度对反应速率的影响

项目	实验编号	1	2	3	4	5
反应温度，℃						
试剂用量，mL	0.2mol·L^{-1} $(NH_4)_2S_2O_8$	20	10	5	20	20
	0.20mol·L^{-1} KI	20	20	20	10	5
	0.010mol·L^{-1} $Na_2S_2O_3$	6	6	6	6	6
	0.2%淀粉	6	2	2	2	2
	0.20mol·L^{-1} KNO_3				10	15
	0.20mol·L^{-1} $(NH_4)_2SO_4$		10	15		
	H_2O		4	4	4	4
52mL混合液中反应物的起始浓度，mol·L^{-1}	$(NH_4)_2S_2O_8$					
	KI					
	$Na_2S_2O_3$					
反应时间 Δt，s						
$S_2O_8^{2-}$ 的浓度变化 $\Delta c(S_2O_8^{2-})$，mol·L^{-1}						
反应的平均速率 $\bar{v}$，mol·L^{-1}·s^{-1}						
反应的速率常数 k						
反应级数		$m=$ ，$n=$ ，反应总级数 $=m+n=$				

利用热水浴分别在高于室温10℃、20℃的条件下，重复上述实验，记录反应时间。

将以上实验数据和实验1的数据记入表2-5进行比较。

表2-5 温度对反应速率的影响

实验编号	1	6	7
反应温度，K			
反应时间 Δt，s			

续表

实 验 编 号	1	6	7
经计算得到的反应速率 v			
反应速率常数 k			
$\lg k$			
$1/T$			
反应活化能 E_a			

五、思考题

(1)本实验中为什么可以由反应溶液出现蓝色时间的长短来计算反应速率？反应溶液出现蓝色后，反应是否终止？

(2)在实验中，向 KI、淀粉、$Na_2S_2O_3$ 混合液中加入$(NH_4)_2S_2O_8$ 溶液时，为什么必须迅速倒入？

(3)如果实验中先加$(NH_4)_2S_2O_8$ 溶液，最后加入 KI 溶液，对实验结果有何影响？

(4)本实验中 $Na_2S_2O_3$ 的用量过多或过少，对实验结果有何影响？

六、参考文献

(1)华东化工学院无机化学教研组. 无机化学实验. 3 版. 北京：高等教育出版社，1990.

(2)刘约权，李贵深. 实验化学. 高等教育出版社，2000.

2.9 实验 16 硫酸钙溶度积的测定

一、实验目的

(1)了解离子交换树脂的使用方法。

(2)掌握用离子交换法测定溶度积的原理和方法。

二、实验原理

在一定温度下，难溶电解质 $CaSO_4$ 的饱和溶液中，存在着下列平衡：

$$CaSO_4(s) \rightleftharpoons Ca^{2+} + SO_4^{2-}$$

设 $CaSO_4$ 的浓度为 $s(mol \cdot L^{-1})$，则平衡时：

$$c(Ca^{2+}) = s, \qquad c(SO_4^{2-}) = s$$

$$K_{sp}^{\ominus} = c(Ca^{2+}) \cdot c(SO_4^{2-}) = s^2$$

只要知道了 $CaSO_4$ 饱和溶液中 Ca^{2+}的浓度(即溶解度)，便可以求出 $K_{sp}^{\ominus}$。

离子交换树脂是分子中含有活性基团而能与其他物质进行离子交换的高分子化合物。含有酸性基团(如磺酸基：$—SO_3H$，羧基：—COOH 等)而能与其他物质交换阳离子的称为阳离子交换树脂；含有碱性基团(如伯胺基：$—NH_2$，仲胺基：—NHR，叔胺基：$—NR_2$)而能与其他物质交换阴离子的称为阴离子交换树脂。根据离子交换树脂这一特性,广泛用来进行水的净化、金属的回收以及离子的分离和测定等。本实验用强酸型阳离子交换树脂与饱和 $CaSO_4$ 溶液中的阳离子 Ca^{2+} 进行交换,其反应如下:

$$2R—SO_3H + Ca^{2+} \rightleftharpoons (R—SO_3)_2Ca + 2H^+$$

再用已知浓度的 NaOH 溶液滴定生成的 H^+:

$$H^+ + OH^- \rightleftharpoons H_2O$$

从而求出被交换出来的 Ca^{2+} 和 SO_4^{2-} 的浓度。根据:

$$Ca^{2+} \sim 2H^+ \sim 2OH^-$$

设所取饱和 $CaSO_4$ 溶液的体积为 V_1;NaOH 的浓度为 c_2,滴定所消耗的 NaOH 体积为 V_2;则 $CaSO_4$饱和溶液中 Ca^{2+}的浓度 $c(Ca^{2+})$为:

$$c(Ca^{2+}) = s = (c_2V_2)/2V_1$$

从而求出 $CaSO_4$ 的溶度积为:

$$K_{sp}^{\ominus} = s^2 = \frac{1}{4}(c_2V_2/V_1)^2$$

市售的阳离子交换树脂往往是钠型(RSO_3Na)的,使用前需用稀酸将钠型转化为酸型(RSO_3H)。使用过的树脂,可用稀酸淋洗,使树脂重新转化为酸型,这个过程称为再生。再生后的树脂可继续使用。

三、仪器试剂

(1)仪器:离子交换柱;碱式滴定管;锥形瓶;烧杯;移液管;温度计。

(2)试剂:阳离子交换树脂;$CaSO_4$ 饱和溶液;酚酞指示剂;NaOH 0.05mol · L^{-1}(实验前标定);pH 试纸;HCl 1mol · L^{-1}。

四、实验步骤

(一)装柱

向阳离子交换树脂中加入少量去离子水使成"糊状",装入离子交换柱中,再加去离子水直至液面高于树脂 2cm 左右,确保树脂完全浸没在去离子水中。装柱时尽可能使树脂紧密,不留气泡。

(二)转型

向交换柱加入 20 mL 1mol · L^{-1}HCl 溶液,以 40 滴 · min^{-1}的流速通过交换柱,待柱中液面降至距树脂表面约 1cm 时,用去离子水淋洗树脂直到流出液用 pH 试纸检验呈中性为止。

(三)交换

用移液管准确吸取 25.00mL $CaSO_4$ 饱和溶液于一洁净小烧杯中,转移入离子交换柱内,控制流速约为 30 滴 · min^{-1},用一洁净的锥形瓶承接流出液。用适量去离子水洗涤烧杯 3 次,每次洗涤液均注入离子交换柱内,直至交换完毕,流出液用 pH 试纸检验呈中性为止。在交换过程中应注意及时加入去离子水,防止树脂曝露在空气中。

(四) 滴定

向锥形瓶中加入酚酞指示剂 3 滴,用已知浓度的 NaOH 溶液滴定至溶液颜色由无色变成淡红色且在 30s 内不褪色即可。记下 NaOH 的体积(V_2)。

五、数据处理

表 2 – 6　数据处理

$CaSO_4$ 的用量 V_1, mL	NaOH 的浓度 c_2, $mol \cdot L^{-1}$	NaOH 的体积, mL		NaOH 的用量 V_2, mL	$c(Ca^{2+})$, $mol \cdot L^{-1}$	$K_{sp}^{\ominus}$
		滴定后	滴定前			
25.00						

六、思考题

(1) 用离子交换法测定 $CaSO_4$ 溶度积的原理是什么?
(2) 在离子交换过程中为何要控制一定的流速?
(3) 为什么要注意液面始终不得低于离子交换树脂的上表面?

七、参考文献

(1) 刘约权,李贵深. 实验化学,北京:高等教育出版社,2000.
(2) 华东化工学院无机化学教研组. 无机化学实验. 3 版. 北京:高等教育出版社,1990.

2.10　实验 17　磺基水杨酸和铁(Ⅲ)配合物的组成及稳定常数的测定

一、实验目的

(1) 了解等摩尔系列法测定配合物组成及稳定常数的原理和方法。
(2) 测定 pH 值为 2 ~ 3 时磺基水杨酸和铁(Ⅲ)配合物的组成及稳定常数。
(3) 进一步学习分光光度计的使用。

二、实验原理

磺基水杨酸 HO—(苯环,邻位 COOH)—SO_3H (以下简写为 H_3L) 可与 Fe^{3+} 形成稳定的配合物 FeL_n (略去所带电荷)。在不同的 pH 值下所形成的配合物组成不同,其颜色也不同。当 pH 值小于 4 时,$n = 1$,呈紫红色;当 pH 值为 4 ~ 10 时,$n = 2$,呈红色;当 pH 值大于 10 时,$n = 3$,呈黄色。本实验控制 pH 值在 2 ~ 3(通过加入 $HClO_4$ 来控制),以生成1∶1型的配合物。

分光光度计是测定配合物组成和稳定常数的常用仪器之一。其使用前提是溶液中的中心离子和配位体都为无色且只生成一种有色的配合物。在所测的溶液中,H_3L 为无色,Fe^{3+} 在浓度很稀时近似于无色。因此,根据朗伯—比耳定律,当液层厚度不变时,通过溶液的光被溶液吸收的程度仅与溶液中配离子(有色物质)的浓度成正比。因此,只要测得此溶液的吸光度,便可以求出该配合物的组成和稳定常数。

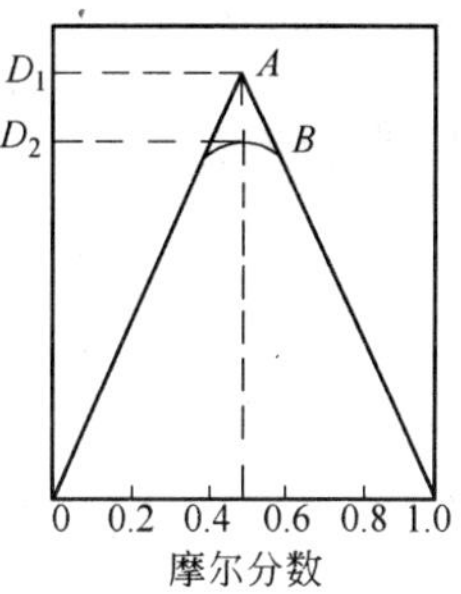

图 2-9 吸光度—组成图

本实验用等摩尔系列法(又称 Job 法)进行测定。所谓等摩尔系列法,是保持溶液中的中心离子和配位体浓度之和不变,即总物质的量不变;改变中心离子与配位体的相对量,配制一系列溶液,在这一系列溶液中,有一些溶液中的中心离子是过量的,而另一些溶液中配位体是过量的。在这种情况下,配离子的浓度都不能达到最大值,只有当溶液中中心离子与配位体的物质的量之比与配离子的组成一致时,配离子的浓度才能最大,吸光度也最大。若以吸光度与配位体的摩尔分数作图,则从图上最大吸收处的摩尔分数,可以求得组成的 n 值。如图 2-9 所示,在摩尔分数为 0.5 处为最大吸收,则:

$$\frac{\text{配位体物质的量}}{\text{总物质的量}} = 0.50$$

$$\frac{\text{中心离子物质的量}}{\text{总物质的量}} = 0.50$$

所以
$$n = \frac{\text{配位体物质的量}}{\text{中心离子物质的量}} = 1$$

即求出此配合物为 ML 型配合物。

配合物稳定常数的求法。如图 2-9 所示,在 A 处的吸光度 D_1 被认为是 M 和 L 全部形成了配合物 ML 时的吸光度,在 B 处的吸光度 D_2 是由于 ML 发生部分解离剩下的那部分配合物的吸光度。因此配合物 ML 的解离度 α 为:

$$\alpha = \frac{D_1 - D_2}{D_1} \tag{2-6}$$

配合物 ML 的稳定常数可由下列平衡关系导出:

	ML ⇌	M	+	L
开始浓度	c	0		0
平衡浓度	$c - c\alpha$	$c\alpha$		$c\alpha$

$$K_{\text{稳(表观)}} = \frac{[ML]}{[M][L]} = \frac{1-\alpha}{c\alpha^2} \tag{2-7}$$

c 是相应于 A 点的中心离子浓度。

三、仪器试剂

(1)仪器:分光光度计;吸量管(100mL);烧杯(50mL,洁净干燥);容量瓶(100mL);洗耳球。

(2)试剂:$HClO_4$(0.01mol·L^{-1});磺基水杨酸(0.0100mol·L^{-1});$Fe(NH_4)(SO_4)_2$

(0.0100mol · L^{-1})。

(3)其他:擦镜纸。

四、实验步骤

(1)配制0.001mol · L^{-1}的Fe^{3+}溶液。由0.01mol · L^{-1}的Fe^{3+}溶液精确配制0.001mol · L^{-1}的Fe^{3+}溶液100mL;用0.01mol · L^{-1}的$HClO_4$溶液作稀释液,摇匀备用。

(2)配制0.001mol · L^{-1}的磺基水杨酸溶液。由0.01mol · L^{-1}的磺基水杨酸溶液精确配制0.001mol · L^{-1}的磺基水杨酸溶液100mL,用0.01mol · L^{-1}的$HClO_4$溶液作稀释液,摇匀备用。

(3)按表2-7所示试剂名称和用量配制溶液,并混合均匀。

(4)在分光光度计上,用1cm比色皿,波长500nm分别测定溶液的吸光度,将测得的吸光度数据记录在表2-7中。

五、数据处理

表2-7　数据处理

溶液编号	0.01mol · L^{-1} $HClO_4$ / mL	0.001mol · L^{-1} Fe^{3+} / mL	0.001mol · L^{-1} H_3L / mL	H_3L的摩尔分数	吸光度
1	10.00	10.00	0.00		
2	10.00	9.00	1.00		
3	10.00	8.00	2.00		
4	10.00	7.00	3.00		
5	10.00	6.00	4.00		
6	10.00	5.00	5.00		
7	10.00	4.00	6.00		
8	10.00	3.00	7.00		
9	10.00	2.00	8.00		
10	10.00	1.00	9.00		
11	10.00	0.00	10.0		

以吸光度对磺基水杨酸的摩尔分数作图,从图中找出最大吸收处,算出配合物的组成和稳定常数。

六、思考题

(1)为什么溶液的酸度对配合物的生成会有影响?在不同酸度下测得的配合物组成和$K_{稳}$是否相同?

(2)本实验测定配合物组成和稳定常数的原理是什么?

七、参考文献

(1)吴泳. 大学化学新体系实验. 北京:科学出版社,1999.

(2)华东化工学院无机化学教研组. 无机化学实验. 3版. 北京:高等教育出版社,1990.

第 3 章

物质的反应性能

概　　述

物质的反应性能部分主要包括部分主族元素(如氯、溴、碘;氧、硫、氮、磷;碱金属和碱土金属)、部分副族元素(如锡、铅、锑、铋;钛、钒;铬、锰;铁、钴、镍;铜、银、锌、镉、汞)及其化合物的重要性质,阳离子的分离、鉴定和阴离子的分离、鉴定等内容。

通过这一阶段的实验训练,着重培养学生的动手能力、独立思考问题的能力。不要让学生"照方抓药",而要让学生在实验中认真观察实验现象,利用所学的知识分析产生各种现象的原因并作出合理的解释,从而使书本知识和科学实验有机地结合起来,具备能由反应物预知实验现象和结果的能力。

3.1　实验 18　氯、溴、碘的化合物

一、实验目的

(1)验证卤素单质及其化合物的性质。

(2)练习固体试剂、液体试剂的取用以及离心机、离心管的使用,沉淀的分离洗涤等基本操作。

二、实验提要

氯、溴、碘是周期系ⅦA 族元素,在化合物中最常见的氧化值为 -1,但在一定条件下也可生成氧化值为 +1, +3, +5, +7 的化合物。

氯的水溶液叫作氯水。由于氯水中存在下列平衡:

$$Cl_2 + H_2O \rightleftharpoons HCl + HClO$$

因此将氯通入冷的碱溶液中,可使上述平衡向右移动,生成次氯酸盐。次氯酸和次氯酸盐都是强氧化剂。卤素是氧化剂,它们的氧化性按下列顺序变化:

$$F_2 > Cl_2 > Br_2 > I_2$$

而卤素离子的还原性,按相反顺序变化:

$$I^- > Br^- > Cl^- > F^-$$

例如，HI 能将浓 H_2SO_4 还原为 H_2S，HBr 可将浓 H_2SO_4 还原为 SO_2，而 HCl 则不能还原浓 H_2SO_4。

氯酸盐在中性溶液中没有明显的氧化性，但它在酸性介质中却能表现出明显的氧化性。

Cl^-、Br^-、I^- 能和 Ag^+ 生成难溶于水的 AgCl（白色）、AgBr（淡黄色）、AgI（黄色）沉淀，它们都不溶于稀 HNO_3 中。AgCl 在氨水、$(NH_4)_2CO_3$ 溶液、$AgNO_3$—NH_3 溶液中，由于生成配合离子 $[Ag(NH_3)_2]^+$ 而溶解，其反应为：

$$AgCl + 2NH_3 = [Ag(NH_3)_2]^+ + Cl^-$$

利用这个性质，可以将 AgCl 和 AgBr、AgI 分离。在分离 AgBr、AgI 后的溶液中，再加入 HNO_3 酸化，则 AgCl 又重新沉淀，其反应为：

$$[Ag(NH_3)_2]^+ + Cl^- + 2H^+ = AgCl\downarrow + 2NH_4^+$$

Br^- 和 I^- 可以被氯水氧化为 Br_2 和 I_2，如用 CCl_4 萃取，Br_2 在 CCl_4 层中呈橙黄色，I_2 在 CCl_4 层中呈紫色，借此可鉴定 Br^- 和 I^-。

三、仪器试剂

酸：HCl（2 $mol \cdot L^{-1}$，浓）；HNO_3（2 $mol \cdot L^{-1}$）。

碱：NaOH（2 $mol \cdot L^{-1}$）；氨水（6 $mol \cdot L^{-1}$）。

盐：KI；NaCl；KBr；$AgNO_3$；$Pb(Ac)_2$；$Na_2S_2SO_3$（以上溶液均为 0.1 $mol \cdot L^{-1}$）；$KClO_3$（饱和）；$(NH_4)_2CO_3$（12%）或 $AgNO_3$—NH_3 溶液。

其他：锌粉；氯水；淀粉溶液；品红溶液；CCl_4；Cl^-，Br^-，I^- 混合液试液（0.1$mol \cdot L^{-1}$）。

材料：pH 试纸；滤纸条。

仪器：离心机；离心管；试管；试管架。

四、实验内容

（一）卤化氢还原性比较

在三支试管中分别加入少量 NaCl，KBr，KI 固体，然后加入数滴浓 H_2SO_4，观察试管中颜色的变化。选用 pH 试纸、淀粉—碘化钾试纸、$Pb(Ac)_2$ 试纸检验所产生的气体，根据现象分析产物，从而比较 HCl，HBr，HI 的还原性，写出反应方程式。

指导与思考：

（1）H_2SO_4 的浓度对检验卤化氢还原性有何影响？

（2）用 pH 试纸，淀粉—碘化钾试纸，$Pb(Ac)_2$ 试纸的目的何在？

（3）NaCl 用量只需两颗米粒大小。当反应进行到观察清楚后，应在试管中加入 NaOH 中和未反应的酸，以免污染空气。

（4）淀粉—碘化钾试纸与 $Pb(Ac)_2$ 试纸要自己制备，制备方法参阅基本操作部分。

（5）用 pH 试纸检验气体时，必须将 pH 试纸用蒸馏水湿润，为什么？

（6）检验挥发性氧化气体时，必须将试纸悬空放在试管口的上方，为什么？

(二)次氯酸盐的性质

取2mL氯水,逐滴加入NaOH至溶液呈碱性(pH值为8~9)。将所得溶液分盛于三支试管中,分别进行以下实验:

(1)加入数滴2 mol·L^{-1}HCl,用淀粉—碘化钾试纸检验放出的氯气,写出反应方程式。

(2)加入KI溶液,再加淀粉溶液数滴。观察有何现象,写出反应方程式。

(3)加入数滴品红溶液观察品红颜色是否退去。

根据上面的实验说明NaClO具有什么性质?

指导与思考:

(1)在制备NaClO溶液时,为什么溶液的碱性不能太强[联系性质实验(2)来考虑]?

(2)加入品红溶液必须少量(1~2滴),否现现象不明显,为什么?

(三)氯酸盐的性质

(1)在饱和$KClO_3$溶液中,加入少量浓HCl,试证明有氯气产生,写出反应方程式。

(2)取少量0.1mol·L^{-1}KI溶液,加入少量饱和$KClO_3$溶液,再逐滴加入1:1的H_2SO_4并不断振荡试管。观察溶液先呈黄色(I_3^-),后变为紫黑色(I_2析出),最后变成无色(IO_3^-)。根据实验现象①说明介质对$KClO_3$氧化性的影响;②写出每步反应方程式;③比较HIO_3与$KClO_3$的氧化性强弱。

指导与思考:

(1)H_2SO_4必须逐滴加入,并不断振荡试管,仔细观察发生的现象。

(2)当逐滴加入H_2SO_4酸化时,在什么条件下可以使溶液由黄色变为紫色,最后变为无色?为什么会产生这些现象,如不加硫酸上述反应能否进行?为什么?

(3)有甲乙两个学生同时做检验有无氯气产生的试验:学生甲在饱和$KClO_3$中加浓HCl,所产生气体用湿润的淀粉—碘化钾试纸检验,开始有试纸变蓝的现象产生,但时间久了蓝色现象消失;学生乙在固体NaCl中加浓H_2SO_4,所产生气体也用湿润的淀粉—碘化钾试纸检验,开始试纸没有变蓝,但时间久了试纸中略有变蓝现象产生。试问两个试验是否都有氯气产生?解释上述两种现象,并写出反应方程式。

(四)卤素离子的分离和鉴定

(1)分别取0.1mol·L^{-1}的NaCl,KBr,KI溶液,练习鉴定Cl^-,Br^-,I^-存在的方法。

(2)取Cl^-,Br^-,I^-的混合试液,练习分离和鉴定的方法。

(3)向教师取一份未知溶液(可能含有Cl^-,Br^-,I^-),设法分离和鉴定有哪些离子存在。

指导与思考:

(1)为便于分离和鉴定混合离子,可先画分离和鉴定简表。

(2)在离子分离和鉴定中几次加酸,酸化的目的是什么?如何来选择酸(HNO_3,H_2SO_4,HCl)?

(3)检验沉淀完全的方法:将沉淀在水浴中加热,离心沉降后在上层清液中再加入沉淀剂,如不再产生新的沉淀,表示沉淀已完全。在本实验中如沉淀不完全,将会产生什么后果?

(4)用氯水检验Br^-的存在时,如加入过量氯水,则反应产生的Br_2将进一步被氧化为BrCl而使橙黄色变为淡黄色,影响Br^-的检出。

(5)AgCl 能溶于氨水,AgBr 能部分溶于氨水,AgI 则不溶于氨水。如以$(NH_4)_2CO_3$溶液处理 AgCl,AgBr,AgI 沉淀,由$(NH_4)_2CO_3$水解而得的NH_3能使 AgCl 溶解,但不能使 AgBr 和 AgI 溶解;如加入氯水,因 $AgBr + 2NH_3 \rightleftharpoons Ag(NH_3)_2^+ + Br^-$,混合液内$Ag(NH_3)_2^+$使上述反应向左移动,因而使 AgBr 的溶解度更为降低,AgBr 几乎完全不溶。反之,由于 AgCl 的溶解度较大,仍能部分溶于$AgNO_3$—NH_3混合液中,从而使 AgCl 与 AgBr,AgI 分离。酸化混合液,AgCl 重新析出。

(6)在Br^-与I^-混合溶液中逐滴加入氯水时,在CCl_4层中先出现红紫色后呈橙黄色,怎样解释这些现象?

注:$\varphi^\ominus(Cl_2/Cl^-) = 1.36V$

$\varphi^\ominus(Br_2/Br^-) = 1.065V$

$\varphi^\ominus(I_2/I^-) = 0.534V$

$\varphi^\ominus(IO_3^- + H^+/I_2 + H_2O) = 1.20V$

卤素离子的分离和鉴定过程见图3-1。

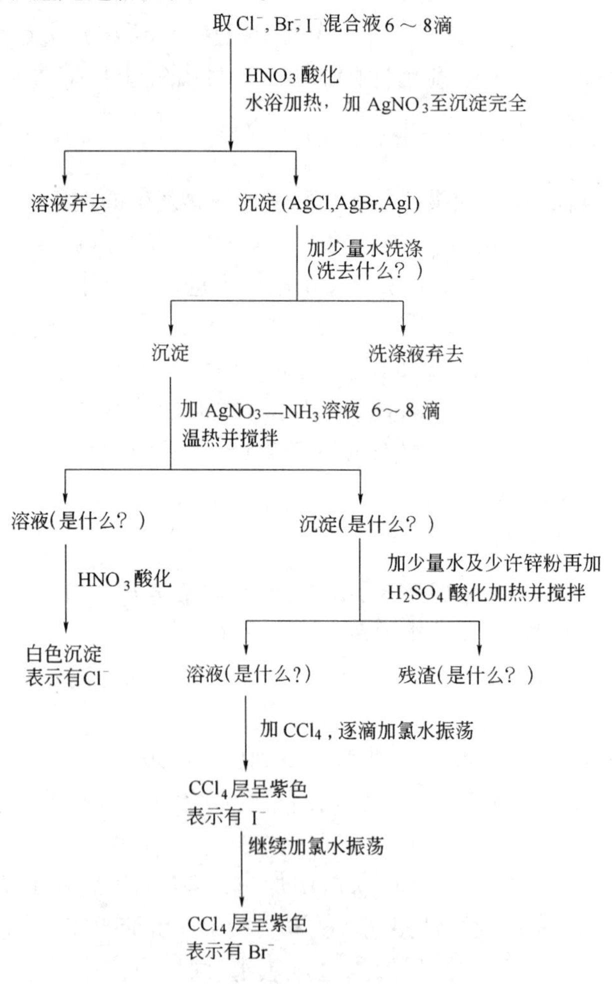

图3-1　卤素离子的分离和鉴定

五、思考题

溶液A中加入NaCl溶液后有白色沉淀B析出,B可溶于氨水,得溶液C,把NaBr溶液加入C中则产生浅黄色沉淀D,D见光后易变黑,D可溶于$Na_2S_2O_3$中得到E,在E中加NaI则有黄色沉淀F析出。自溶液中分离出F,加少量锌粉煮沸,加HCl除锌粉得固体G,将G自溶液中分离出来,加HNO_3得溶液A。判断A~G各为何物,写出实验过程有关反应方程式。

六、参考文献

(1)华东化工学院无机化学教研组.无机化学实验.3版.北京:高等教育出版社,1990.
(2)武汉大学.无机化学.2版.北京:高等教育出版社,1988.

3.2 实验19 氧、硫、氮、磷

一、实验目的

(1)验证H_2O_2和硫的不同氧化态化合物的性质。
(2)验证铵盐、HNO_2及其盐、HNO_3及其盐的性质,磷酸盐的性质和性质检出方法。
(3)练习元素性质实验的有关基本操作。

二、实验提要

氧和硫,氮和磷分别是周期系ⅥA,ⅤA族元素。在H_2O_2分子中氧的氧化值为-1,介于0和-2之间,所以H_2O_2既具氧化性又显还原性。当它作为氧化剂时还原产物为H_2O和OH^-,作为还原剂时其氧化产物是氧气。

H_2O_2具有极度弱的酸性,酸性比H_2O稍强($K_1=2.24\times10^{-12}$)。H_2O_2不太稳定,在室温下分解较慢,见光受热或当有MnO_2及其他重金属离子存在时可加速H_2O_2的分解。

H_2S中S的氧化值是-2,它是强还原剂。H_2S可与多种金属离子生成不同颜色的金属硫化物沉淀。金属硫化物在水中的溶解度是不同的,例如,Na_2S可溶于水;ZnS难溶于水,但易溶于稀盐酸;CuS不溶于盐酸,须用硝酸溶解;HgS溶于王水。根据金属硫化物的溶解度和颜色不同,可以分离和鉴定金属离子。

S^{2-}能与稀酸反应产生H_2S气体。可以根据H_2S特有的腐蛋臭味,或能使$Pb(Ac)_2$试纸变黑(由于生成PbS)的现象而检验出S^{2-};此外在弱碱性条件下,它能与硝酰铁氰化钠$Na_2[Fe(CN)_5NO]$反应生成红紫色配合物,利用这种特征反应也能鉴定S^{2-},反应如下:

$$S^{2-}+[Fe(CN)_5NO]^{2-}=\!=\!=[Fe(CN)_5NOS]^{4-}$$

可溶性硫化物和硫作用可以形成多硫化物,例如:

$$Na_2S+(x-1)S=\!=\!=Na_2S_x$$

多硫化物在酸性介质中生成多硫化氢。多硫化氢不稳定,极易分解成H_2S和S。

SO_2 溶于水生成亚硫酸。亚酸酸及其盐常用作还原剂，但遇强还原剂时，也起氧化剂的作用。SO_2 和某些有色的有机物生成无色加合物，所以具有漂白性。但这种加合物受热易分解。

SO_3^{2-} 能与 $Na_2[Fe(CN)_5NO]$ 反应而生成红色化合物，加入硫酸锌的饱和溶液和 $K_4[Fe(CN)_6]$ 溶液，可使红色显著加深(其组成尚未确定)。可利用这个反应鉴定 SO_3^{2-} 的存在。

硫代硫酸不稳定，易分解为 S 和 SO_2，其反应为：

$$H_2S_2O_3 = H_2O + S\downarrow + SO_2$$

$Na_2S_2O_3$ 是常用的还原剂，能将 I_2 还原为 I^- 而本身被氧化为连四硫酸钠。其反应为：

$$2Na_2S_2O_3 + I_2 = Na_2S_4O_6 + 2NaI$$

$S_2O_3^{2-}$ 与 Ag^+ 生成白色硫代硫酸银沉淀，但它会迅速变为黄色、棕色，最后变为黑色的硫化银沉淀。这是 $S_2O_3^{2-}$ 最特殊的反应之一，可用来鉴定 $S_2O_3^{2-}$ 的存在。

如果溶液中同时存在 S^{2-}，SO_3^{2-} 和 $S_2O_3^{2-}$，需要逐个加以鉴定时，必须先将 S^{2-} 除去，因 S^{2-} 的存在妨碍 SO_3^{2-} 和 $S_2O_3^{2-}$ 的鉴定。除 S^{2-} 的方法是在含有 S^{2-}，SO_3^{2-} 和 $S_2O_3^{2-}$ 的混合溶液中，加入 $PbCO_3$ 固体，使 $PbCO_3$ 转化为溶解度更小的 PbS 沉淀，离心分离后，在清液中再分别鉴定 SO_3^{2-} 和 $S_2O_3^{2-}$。

硝酸的最主要特性是它的强氧化性，许多非金属容易被浓硝酸氧化成相应的酸，本身被还原为 NO；与金属反应时被还原的产物决定于硝酸的浓度和金属的活泼性，浓硝酸一般被还原为 NO_2，稀稍酸通常被还原为 NO，若硝酸很稀则主要还原为 NH_3，后者与未反应的酸反应生成铵盐。事实上硝酸的这些反应很复杂，还原产物不可能是单一的，一般书写反应式就写其主反应的产物。硝酸盐的热稳定性较差，加热放出的氧气和燃烧物质混合极易引起爆炸。亚硝酸可通过亚硝酸盐和酸的相互作用而制得，但亚硝酸不稳定，易分解：

$$2HNO_2 \underset{冷}{\overset{热}{\rightleftharpoons}} H_2O + N_2O_3 \underset{冷}{\overset{热}{\rightleftharpoons}} H_2O + NO + NO_2$$

N_2O_3 为中间产物，在水溶液中呈浅蓝色，不稳定，进一步分解为 NO 和 NO_2。亚硝酸及其盐既具氧化性，又具还原性。

NO_3^- 可用棕色环法鉴定，其反应如下：

$$3Fe^{2+} + NO_3^- + 4H^+ = 3Fe^{3+} + 2H_2O + NO$$

$$NO + Fe^{2+} = Fe(NO)^{2+}\text{(棕色)}$$

NO_2^- 也能产生同样的反应，因此当有 NO_2^- 存在时，必须先将 NO_2^- 除去。除去的方法是在混合液中加饱和 NH_4Cl，一起加热，反应如下：

$$NH_4^+ + NO_2^- = N_2\uparrow + 2H_2O$$

NO_2^- 和 $FeSO_4$ 在 HAc 溶液中能生成棕色 $[Fe(NO)SO_4]$ 溶液，利用这个反应可以鉴定 NO_2^- 的存在(检验 NO_3^- 时必须用浓硫酸)。反应如下：

$$NO_2^- + Fe^{2+} + 2HAc = NO + Fe^{3+} + 2Ac^- + H_2O$$

$$NO + Fe^{2+} = Fe(NO)^{2+}\text{(棕色)}$$

NH_4^+ 常用两种方法鉴定：(1) NaOH 和 NH_4^+ 反应生成 NH_3，使湿润的红色石蕊试纸变蓝。(2)用奈斯勒试剂($K_2[HgI_4]$ 的碱性溶液)与 NH_4^+ 反应产生红棕色沉淀，其反应为：

$$NH_4^+ + 2[HgI_4]^{2-} + 4OH^- = \left[O \begin{matrix} Hg \\ \\ Hg \end{matrix} NH_2 \right] I \downarrow + 3H_2O + 7I^-$$

磷酸是一个非挥发性的中强酸,它可以形成三种不同类型的盐。在各类磷酸盐溶液中,加入 $AgNO_3$ 溶液都可得到黄色的磷酸银沉淀。磷酸的各种钙盐在水中的溶解度不相同。$Ca(H_2PO_4)_2$ 易溶于水,$Ca_3(PO_4)_2$ 和 $CaHPO_4$ 难溶于水,但能溶于盐酸。PO_4^{3-} 能与钼酸铵反应,在酸性条件下生成黄色难溶的晶体,故可用钼酸铵来鉴定。其反应如下:

$$PO_4^{3-} + 3NH_4^+ + 12MoO_4^{2-} + 24H^+ = (NH_4)_3PO_4 \cdot 12MoO_3 \cdot 6H_2O \downarrow + 6H_2O$$

三、仪器试剂

固体药品:锌粉;硫粉;铜屑;$FeSO_4 \cdot 7H_2O$;$PbCO_3$;KNO_3。

酸:HNO_3(2mol·L^{-1},浓);H_2SO_4(1mol·L^{-1},1:1,浓);HAc(2mol·L^{-1});HCl(2mol·L^{-1})。

碱:NaOH(2mol·L^{-1},6mol·L^{-1});Na_2HPO_4(2mol·L^{-1},6mol·L^{-1})。

盐:NH_4Cl;KI;KNO_3;Na_3PO_4;$AgNO_3$;$Na_2S_2O_3$;$FeCl_3$;$MnSO_4$;$K_4[Fe(CN)_6]$;$CaCl_2$;Na_2SO_3(以上溶液均为0.1mol·L^{-1});$NaNO_2$(0.1mol·L^{-1},1mol·L^{-1});$ZnSO_4$(0.1mol·L^{-1},饱和);H_2S 水溶液(饱和);H_2O_2(3%);$KMnO_4$(0.1mol·L^{-1})。

其他:$(NH_4)_2MoO_4$ 溶液;$Na_2[Fe(CN)_5NO]$(1%);碘水;品红溶液(0.1%);淀粉溶液;SO_2 水溶液(饱和);H_2S 水溶液(饱和);H_2O_2(3%);奈斯勒试剂。

材料:红色石蕊试纸;滤纸条。

仪器:离心机;离心管及试管;试管架;点滴架。

四、实验内容

(一)过氧化氢的性质

(1)用实验证明在酸性介质中 H_2O_2 分别与 $KMnO_4$,KI 反应的产物,写出反应方程式。

(2)选用何种介质能使 H_2O_2 将 Mn^{2+} 氧化成 MnO_2;选用何种介质又能使生成的 MnO_2 与 H_2O_2 反应产生 Mn^{2+}。观察现象并写出方程式。

在(1)、(2)实验中 H_2O_2 各具有什么性质?

指导与思考:

(1)H_2O_2 能否将 Br^- 氧化为 Br_2? H_2O_2 能否将 Br_2 还原为 Br^-?

(2)利用 H_2O_2 的氧化性能否把黑色的 PbS 转化为白色的 $PbSO_4$,通过实验进行回答。如能进行,写出有关的反应方程式。

(3)通过实验总结归纳 H_2O_2 的主要性质,反应的介质对其性质有何影响?

(二)硫化氢和硫化物

(1)用 H_2S 水溶液分别与 $KMnO_4$,$FeCl_3$ 反应。根据实验现象说明 H_2S 具有什么性质,写出反应方程式。

(2)制取少量 ZnS,CdS,CuS,HgS,观察硫化物的颜色。

(3)用 $1mol \cdot L^{-1}HCl$,浓 HNO_3,王水(浓 HNO_3 与浓 HCl 的体积比是 1∶3)试验 ZnS,CdS,CuS,HgS 的溶解性。

(4)列表总结以上四种硫化物的溶解性。

指导与思考:

(1)强还原剂 H_2S 与强氧化剂 $KMnO_4$ 反应时,H_2S 可以被氧化至 S 或 SO_4^{2-},这和 $KMnO_4$ 的浓度、用量及溶液的酸度有何关系?当 H_2S 与中强氧化剂 $FeCl_3$ 反应时,H_2S 能否被氧化成 S 或 SO_4^{2-}?

(2)试验硫化物的溶解性,如现象不明显可以微热。

(3)在不溶于 HCl 的金属硫化物中,继续加入浓 HNO_3 处理时,是否要用少量蒸馏水洗涤沉淀?为什么?

(4)当 H_2S 水溶液逐滴加到 $Hg(NO_3)_2$ 溶液中来制取 HgS 时,由于生成的少量 HgS 与 $Hg(NO_3)_2$之间形成一系列中间产物,颜色由白→黄→棕→黑。$[Hg(NO_3)_2 \cdot 2HgS]$沉淀为白色,继续加 H_2S 时,沉淀渐渐变为黄色、棕色,最后生成黑色沉淀。当 H_2S 浓度较低,得不到黑色 HgS 时可加入少量 Na_2S,即生成黑色沉淀。

(三)H_2SO_3,$H_2S_2O_3$ 及其盐的性质

(1)H_2SO_3 的性质:用蓝色石蕊试纸检验 SO_2 饱和溶液是否呈酸性?用饱和 SO_2 的水溶液分别与 I_2,H_2S 水溶液及品红溶液反应,观察现象,写出 SO_2 水溶液分别与 H_2S,I_2 反应的方程式,总结 H_2SO_3 的性质。

(2)在少量 $Na_2S_2O_3$ 溶液中加入稀 HCl,静止片刻,观察现象,写出反应方程式,并说明 $Na_2S_2O_3$ 的性质。

(3)在少量碘水中逐滴加入 $Na_2S_2O_3$ 溶液,观察碘水颜色的变化,写出反应方程式,并说明 $Na_2S_2O_3$ 的性质。

指导与思考:

(1)SO_2 是污染大气的有害物质之一,你将如何处理?

(2)SO_2 水溶液的性质除用 I_2 与 H_2S 分别验证外,可否用其他试剂,举例说明,写出反应方程式。

(四)S^{2-},SO_3^{2-},$S_2O_3^{2-}$ 的分析鉴定

在点滴板上滴入 1 滴 $Na_2S_2O_3$,然后加入 2 滴 $AgNO_3$,生成沉淀,颜色由白→黄→棕→黑即表示存在 $S_2O_3^{2-}$。

取一份含 S^2,SO_3^{2-},$S_2O_3^{2-}$ 的混合溶液,先取出少量溶液鉴定 S^{2-},然后在混合溶液中加入少量固体 $PbCO_3$,充分搅动,离心分离弃去沉淀,取 1 滴离心液用 $Na_2[Fe(CN)_5NO]$试剂检验 S^{2-}是否沉淀完全。如不完全,离心液重新利用 $PbCO_3$ 处理直至 S^{2-} 完全被除去,离心分离,将离心液分成两份分别鉴定 SO_3^{2-} 和 $S_2O_3^{2-}$。

指导与思考:

(1)某学生将少量 $AgNO_3$ 溶液滴入 $Na_2S_2O_3$ 溶液中,出现白色沉淀,振荡后沉淀马上消失,溶液又呈无色透明,为什么?

(2)根据以上离子鉴定和分离的步骤,自己设计一张简表便于进行分离和鉴定。

(3)在 S^{2-},SO_3^{2-},$S_2O_3^{2-}$ 混合液中要鉴定 SO_3^{2-} 与 $S_2O_3^{2-}$,为什么预先要将 S^{2-} 除去?用什么试剂除去 S^{2-}?能否用沉淀转化理论解释?怎样证明 S^{2-} 已除尽?

(五)硝酸和硝酸盐的性质

(1)选用稀 HNO_3 和浓 HNO_3 分别与 S,Zn,Cu 反应,观察现象,写出反应方程式。

(2)采用何种合理的方法来验证 Zn 和 HNO_3 反应的产物之一为 NH_4^+?

通过实验(1)、(2)总结浓、稀硝酸与金属、非金属反应的规律。

(3)取少量 KNO_3 晶体,加热熔化,将带余烬的火柴投入试管中观察现象并解释之。

指导与思考:

(1)锌粉与浓、稀硝酸间反应都较为激烈,所以反应时锌粉用量要少,硝酸加入的速度要慢。

(2)上述实验中,哪些反应要在干燥试管中进行?如何干燥试管?

(六)亚硝酸和亚硝酸盐

(1)选用 $NaNO_2$ 和 H_2SO_4 为原料制取少量 HNO_2,观察溶液的颜色和液面上气体的颜色,解释现象,并写出反应方程式。

(2)用 $NaNO_2$ 溶液分别与 $KMnO_4$,KI 反应,观察现象,写出反应方程式。说明上述两个反应中 $NaNO_2$ 各显什么性质?

指导与思考:

(1)在 $NaNO_2$ 与 $KMnO_4$,KI 的反应中是否需要加酸酸化,为什么?选用什么酸为好,为什么?

(2)利用 $KMnO_4$ 与 KI 间的反应能否检验 I^-?

(3)如用 Na_2SO_3 代替 KI 来证明 $NaNO_2$ 的氧化性,应怎样进行实验?

(七)磷酸盐的性质

制取少量 $Ca_3(PO_4)_2$,$CaHPO_4$,$Ca(H_2PO_4)_2$,观察这三种钙盐在水中的溶解性,各加入氨水后有何变化,再加入盐酸后又有何变化?解释现象。

指导与思考:

在 Na_2HPO_4,NaH_2PO_4 溶液中加入 $AgNO_3$ 后,各产生什么现象,溶液的 pH 值将会发生怎样的变化,为什么?

(八)NH_4^+,NO_3^-,NO_2^-、PO_4^{3-} 的鉴定

(1)用两块干燥的表面皿,一块表面皿内滴入 NH_4Cl 与 NaOH,另一块贴上湿的红色石蕊试纸或滴有奈斯勒试剂的滤纸条,然后把两块表面皿扣在一起做成气室,若红色石蕊试纸变蓝或奈斯勒试剂变红棕色,则表示有 NH_4^+ 存在。

(2)取少量 $0.1mol\cdot L^{-1}KNO_3$ 溶液和数粒 $FeSO_4\cdot 7H_2O$ 晶体,振荡溶解后,在混合溶液中,沿试管壁慢慢滴入浓 H_2SO_4,若观察到浓 H_2SO_4 和液面交界处有棕色环生成,则表示 NO_3^- 的存在。

(3)取少量 $0.1mol\cdot L^{-1}NaNO_2$ 溶液,用 $2mol\cdot L^{-1}HAc$ 酸化,再加入数粒 $FeSO_4\cdot 7H_2O$ 晶体,若有棕色出现,则表示有 NO_2^- 存在。

(4)取少量 $0.1mol\cdot L^{-1}Na_3PO_4$ 溶液,加入10滴浓 HNO_3 再加入20滴钼酸铵试剂,微热

至40～50℃,若有黄色沉淀生成,则表示有 PO_4^{3-} 存在。

指导与思考:

(1) NO_2^- 在酸性介质中与 $FeSO_4$ 也能产生棕色反应,那么在 NO_3^- 与 NO_2^- 的混合液中你将怎样鉴出 NO_3^-?

(2)现有三种白色结晶,第一种可能是 $NaNO_2$ 或 $NaNO_3$,第二种可能是 $NaNO_3$ 或 NH_4NO_3,第三种可能是 $NaNO_3$ 或 Na_3PO_4。试加以鉴别。

(3)由于磷钼酸胺能溶于过量磷酸盐中,所以在鉴定 PO_4^{3-} 时应加过量钼酸铵试剂。

五、思考题

(1)把 H_2S 气体通入 0.2mol·L^{-1} Zn^{2+} 溶液中并使 Zn^{2+} 完全沉淀为 ZnS,溶液的最低 pH 值为多少?

(2)现有两瓶溶液 $NaNO_3$ 和 $NaNO_2$,请你设计三种区别它们的方案。

(3)现有四瓶固体物质 Na_2S,$NaHSO_3$,$NaHSO_4$ 和 $Na_2S_2O_3$,设法通过实验鉴别。

(4)有 Cu^{2+} 和 Zn^{2+} 的混合溶液,试用一种最简便的方法来分离这两种离子。

六、参考文献

(1)华东化工学院无机化学教研组.无机化学实验.3版.北京:高等教育出版社,1990.

(2)成教科技大学分析化学教研组.分析化学实验.北京:人民教育出版社,1982.

3.3　实验20　常见阴离子的分离与鉴定

一、实验目的

掌握常见阴离子的分离与鉴定方法。

二、实验提要

常见的阴离子在实验中并不很多,有的阴离子具有氧化性,有的具有还原性,它们互不相容。所以很少有多种离子共存。在大多数情况下,阴离子彼此不妨碍鉴定,因此通常采用个别鉴定的方法。为了节省不必要的鉴定手续,一般都先通过初步试验的方法,判断溶液中不可能存在的阴离子,然后对可能存在的阴离子进行个别检出。只有在鉴定时,某些离子发生相互干扰的情况下,才适当地采取分离反应,例如:Cl^-,Br^-,I^- 共存时,及 S^{2-},SO_3^{2-},$S_2O_3^{2-}$ 共存时。本实验仅对 S^{2-},SO_4^{2-},SO_3^{2-},$S_2O_3^{2-}$,Cl^-,Br^-,I^-,NO_3^-,NO_2^-,PO_4^{3-} 10种离子进行分离与鉴定。有关阴离子的个别鉴定和分离方法,可参阅各实验中的有关内容。

三、仪器试剂

固体药品:Zn;$PbCO_3$;$FeSO_4·7H_2O$;Ag_2SO_4。

酸:HCl(2 mol·L^{-1},6mol·L^{-1},浓);HAc(2 mol·L^{-1});HNO_3(2 mol·L^{-1},6mol·L^{-1},

浓)；H_2SO_4(2 mol·L^{-1},3mol·L^{-1},浓)。

碱：NaOH(2 mol·L^{-1},6mol·L^{-1})；$NH_3·H_2O$(2 mol·L^{-1},6mol·L^{-1},浓)。

盐：$BaCl_2$(1mol·L^{-1})；$KMnO_4$(0.1mol·L^{-1})；KI(0.1mol·L^{-1})；$AgNO_3$(0.1mol·L^{-1})；$ZnSO_4$(饱和)；$K_4[Fe(CN)_6]$(0.1mol·L^{-1})；$Na_2[Fe(CN)_5NO]$(1%新配)；$(NH_4)_2MoO_4$溶液；$NaNO_2$(0.1mol·L^{-1})；Na_2CO_3(0.1mol·L^{-1})；$(NH_4)_2CO_3$(12%)；$AgNO_3$—NH_3溶液；NH_4Cl溶液(饱和)；$Pb(Ac)_2$(0.1mol·L^{-1})；NH_4Cl；KI；KNO_3；Na_3PO_4；NaH_2PO_4；$Na_2S_2O_3$；$FeCl_3$；$MnSO_4$；$CaCl_2$；Na_2SO_3。

其他：CCl_4,淀粉—碘溶液；氯水；阴离子分析试液(每种阴离子5mg·L^{-1})。

四、实验内容

向指导教师领取阴离子未知试液，按下列三步实验方法，鉴定有哪些阴离子存在？

(一)初步实验

1. 测定试液的pH值

用pH试纸分析试液的酸碱性，如果pH<2，则不稳定的$S_2O_3^{2-}$不可能存在，如果此时无臭味，则S^{2-},SO_3^{2-},NO_2^-也不存在，为什么？

2. 稀硫酸的实验

如果试液呈中性或碱性，可进行下面的实验：

取试液10滴，用3mol·L^{-1} H_2SO_4酸化，用手指轻敲试管下部，如果没有发现气泡生成，可将试管放在水浴中加热，这时如果仍没有气体产生，则表示S^{2-},$S_2O_3^{2-}$,SO_3^{2-}、NO_2^-等离子不存在。如有气体产生，应注意气体的颜色和臭味，并说明其原因。

3. 还原性阴离子实验

(1)取分析试液3~4滴，用H_2SO_4酸化，并逐滴加入0.01mol·L^{-1} $KMnO_4$溶液，观察紫色是否褪去？如果紫色褪去，哪些阴离子可能存在，为什么？写出反应方程式。

(2)另取分析试液3~4滴，用NaOH碱化，并逐滴加入0.01mol·L^{-1} $KMnO_4$溶液，观察紫色是否褪去？如果紫色褪去，哪些阴离子可能存在？写出反应方程式。

(3)再取分析试液3~4滴，用H_2SO_4酸化，逐滴加入淀粉—碘溶液，如果蓝色褪去，哪些阴离子可能存在？为什么？写出反应方程式。

4. 氧化性阴离子实验

取分析试液3~4滴，用1mol·L^{-1} H_2SO_4酸化，加入CCl_4 4~5滴，再加0.01mol·L^{-1} KI 1~2滴，观察CCl_4层是否显紫色，如果CCl_4层显紫色，哪些阴离子可能存在？为什么？写出反应方程式。

5. $BaCl_2$实验

取分析试液3~4滴，加入1滴1 mol·L^{-1} $BaCl_2$，观察是否有沉淀生成？如果有沉淀生成，表示S^{2-},SO_3^{2-},$S_2O_3^{2-}$等阴离子可能存在，为什么？离心分离，在沉淀中加入6mol·L^{-1} HCl数滴，沉淀不完全溶解，则表示有SO_4^{2-}存在，试说明其原因。

6. $AgNO_3$实验

取分析试液3~4滴，加入1滴0.1 mol·L^{-1} $AgNO_3$，如立即生成黑色沉淀，表示有S^{2-}存在，为什么？如果生成白色沉淀，且迅速黄→棕→黑，表示有$S_2O_3^{2-}$存在，为什么？离心分离，在沉淀上加入3~4滴6mol·L^{-1} HNO_3，必要时加热搅拌，如沉淀不溶或部分溶解，表示Cl^-,

Br^-,I^-可能存在,为什么?

根据上面的初步实验结果,判断有哪些阴离子可能存在,填入表3-1中。

(二)阴离子的个别鉴定

根据上面初步实验的结果,可以综合判断可能有哪些阴离子存在,然后对可能存在的阴离子进行个别鉴定。

1. S^{2-}的鉴定

取分析试液2滴,参阅实验19中S^{2-}的鉴定。

2. SO_3^{2-}的鉴定

取分析试液2滴,参阅实验19中SO_3^{2-}的鉴定。

注意,S^{2-}在碱性溶液中能与亚硝酸铁氰化钠作用而呈紫色,因而对SO_3^{2-}的鉴定有干扰,避免干扰的方法参阅实验19中的实验提要。

3. $S_2O_3^{2-}$的鉴定

取分析试液2滴,参阅实验19中$S_2O_3^{2-}$的鉴定(S^{2-}有干扰应先除去)。

4. SO_4^{2-}的鉴定

取分析试液2滴,按初步实验鉴定。

注意,$S_2O_3^{2-}$对鉴定有影响,最好先用HCl酸化,除去沉淀后,再进行SO_4^{2-}的检出。

5. PO_4^{3-}的鉴定

取分析试液2滴,参阅实验19中PO_4^{3-}的鉴定。

注意,如果有还原性离子如SO_3^{2-},S^{2-},$S_2O_3^{2-}$存在,则六价钼将会被还原为低价"钼蓝",所以应用浓HNO_3煮沸后,再加钼酸铵试剂,并加热至40~50℃以鉴定PO_4^{3-}。

6. Cl^-的鉴定

取分析试液2滴,参阅实验18中Cl^-的鉴定。

7. Br^-的鉴定

取分析试液2滴,参阅实验18中Br^-的鉴定。

注意,如果溶液中有S^{2-},SO_3^{2-},I^-等还原性离子存在,氯水将氧化这些还原剂,所以此时氯水应适当过量。

8. I^-的鉴定

取分析试液2滴,参阅实验18中I^-的鉴定。

9. NO_2^-的鉴定

取分析试液2滴,参阅实验19中NO_2^-的鉴定。

10. NO_3^-的鉴定

取分析试液2滴,参阅实验19中NO_3^-的鉴定。

注意:(1)NO_2^-也发生类似反应,除去NO_2^-的方法参阅实验19的实验提要。

(2)Br^-和I^-与浓H_2SO_4发生反应生成Br_2和I_2,与棕色环的颜色相似,因此必须预先除去,其方法是取分析试液20滴,加入约50mg固体Ag_2SO_4,加热并搅拌数分钟,再滴加$1mol \cdot L^{-1}Na_2CO_3$以沉淀溶液中的$Ag^+$,离心分离。弃去沉淀,取清液鉴定$NO_3^-$的存在。

(三)几种干扰性阴离子共同存在时的分离和鉴定

1. S^{2-},$S_2O_3^{2-}$,SO_3^{2-} 共同存在时的分离和鉴定

取分析试液 20 滴,参阅实验 19 分离和鉴定。

试设计 S^{2-},$S_2O_3^{2-}$,SO_3^{2-} 混合离子的分离和鉴定简表。

2. Cl^-,Br^-,I^- 共同存在时的分离和鉴定

取分析试液 6 滴,参阅实验 19 分离和鉴定。

试设计 Cl^-,Br^-,I^- 混合离子的分离和鉴定简表。

五、思考题

(1)初步实验有哪些内容,为什么初步实验可以判断阴离子的存在或不存在?回答初步实验中提出的问题,写出有关反应方程式。

(2)鉴定 SO_3^{2-} 和 $S_2O_3^{2-}$ 时,怎样除去 S^{2-} 的干扰?

(3)鉴定 NO_3^- 时,怎样除去 NO_2^-,Br^-,I^- 的干扰?

(4)为了提高分析的正确性,防止离子的"过渡检出"及"失落"应进行"空白实验"与"对照实验"。

实验结果见表 3-1。

表 3-1 阴离子分析初步实验结果

阴离子	实验								综合判断
	pH 值实验	稀硫酸实验	还原性阴离子实验			氧化性阴离子实验	$BaCl_2$ 实验	$AgNO_3$ 实验	
			$KMnO_4$		淀粉—碘法				
			酸性	碱性					
SO_4^{2-}									
SO_3^{2-}									
$S_2O_3^{2-}$									
S^{2-}									
PO_4^{3-}									
Cl^-									
Br^-									
I^-									
NO_3^-									
NO_2^-									

"空白实验"是以蒸馏水代替试液,在同样条件下进行实验,确定试液中是否真正含有被检验离子。

"对照实验"即用已知含有被检验离子的试液,在同样条件下,进行实验,与未知试液的实验结果进行比较。

六、参考文献

(1)华东化工学院无机化学教研组.无机化学实验.3 版.北京:高等教育出版社,1990.

(2)武汉大学.无机化学.2 版.北京:高等教育出版社,1988.

3.4　实验 21　碱金属和碱土金属

一、实验目的

(1)掌握碱金属和碱土金属基本性质的规律性变化。
(2)练习元素性质实验的有关操作。

二、实验提要

碱金属和碱土金属分别是周期系ⅠA,ⅡA 族元素,皆为活泼金属元素,碱土金属的活泼性仅次于碱金属。钠和钾与水作用都很激烈,而镁和水作用很慢,这是由于表面形成一层难溶于水的氢氧化镁,阻碍了金属镁与水的作用。

钠能溶于汞中,生成钠汞齐,当钠含量在 1% 以下时呈液态,在 1% ~2.5% 时呈面团状,2.5% 以上时为银白色固体。

钠汞齐和水接触时,其中汞仍保持其惰性,钠则同水作用生成氢氧化钠并放出氢气。反应如下:

$$Na + xHg = Na_xHg$$
$$2Na_xHg + 2H_2O = 2NaOH + 2xHg\downarrow + H_2\uparrow$$

由于汞是一种不活泼金属,它减缓了钠的活泼性,所以这种合金要比单纯钠与水反应进行缓慢且安全,根据这一性质,钠汞齐在有机合成上作还原剂。

碱金属的盐一般易溶于水,仅少数难溶,例如:乙酸铀酰锌钠 $NaZn(UO_2)_2(CH_3COO)_9$ $9H_2O$,钴亚硝酸钠钾 $K_2Na[Co(NO_2)_6]$。

而碱土金属的硫酸盐、草酸盐、铬酸盐等都为难溶盐。金属钠易与空气中的氧作用生成浅黄色 Na_2O_2,其水溶液呈碱性,且不稳定,产生氧气。反应如下:

$$Na_2O_2 + 2H_2O = 2NaOH + H_2O_2$$
$$2H_2O_2 = 2H_2O + O_2\uparrow$$

碱金属和碱土金属及其挥发性的化合物在高温火焰中可发射一定波长的光,使火焰呈特征的颜色。例如,钠呈黄色,钾、铷、铯呈紫色,钙呈砖红色,钡呈黄绿色,利用焰色反应可鉴别碱金属和碱土金属的离子。

三、仪器试剂

固体药品:Na_2O_2;钠;镁;汞。

酸:H_2SO_4(1 mol · L^{-1});HCl(2 mol · L^{-1},浓);HAc(2 mol · L^{-1})。

碱:NaOH(2mol · L^{-1}新配);$NH_3 \cdot H_2O$(2 mol · L^{-1})。

盐:NaAc;KNO_3;$MgCl_2$;$CaCl_2$;$BaCl_2$;K_2CrO_4;$KMnO_4$(以上溶液均为 0.1mol · L^{-1});$CaCl_2$(1 mol · L^{-1});Na_2CO_3(1 mol · L^{-1});$(NH_4)_2C_2O_4$(饱和);$(NH_4)_2SO_4$(饱和);Na_2SO_4(1 mol · L^{-1})。

其他:酚酞;乙酸铀酰锌;钴亚硝酸钠。

材料:pH 试纸;滤纸;砂皮纸。

四、实验内容

(一)碱金属、碱土金属活泼性比较

实验与要求:

(1)用镊子取一小块金属钠,用滤纸吸干表面煤油,放入盛水的烧杯中,观察现象并检验反应后溶液的酸碱性。写出反应方程式。

(2)取一小段镁条,用砂纸擦去表面氧化物,放入盛水小烧杯中,观察现象。然后加热至沸,再观察现象,并检验反应后溶液的酸碱性。写出反应方程式。

通过上述实验现象比较ⅠA,ⅡA族元素的活泼性。

(二)钠汞齐的生成和钠汞齐与水反应

实验与要求:

(1)用带有钩嘴的滴管吸取1滴汞置于小坩埚中(注意切勿带进水),再用镊子取一小块金属钠,用滤纸吸干其表面的煤油,然后放到汞上,并用玻璃棒将钠压入汞滴内。由于反应放热,可能发生闪光和响声(注意安全)。

(2)将所得的钠汞齐转入盛有少量水的烧杯中,并进行以下实验:

①检验溶液的酸碱性。②当反应开始时立即用一漏斗倒扣于烧杯上,并用一小试管用排气法收集生成气体,取下试管,用燃烧着的火柴检验生成的气体。注意钠汞齐中的钠和水反应必须完全,然后将余下的汞回收。

(3)对比钠汞齐和金属钠与水反应的异同点,写出钠汞齐和水反应的方程。

指导与思考:

(1)金属钠为什么应储存在煤油中,汞为什么不能任意散失?汞应如何储存?

(2)钠汞齐制备时为什么汞滴内不能带进水,如有水滴对实验将有何影响?

(3)取用金属钠和汞时应注意哪些安全措施?

(4)如不慎将汞撒落在地,可采用什么方法处理?

(三)过氧化钠的生成和性质

实验与要求:

(1)用镊子取一块绿豆大小的金属钠,用滤纸吸干其表面煤油,立即置于坩埚中加热,当钠刚开始燃烧时,停止加热,观察反应情况和产物的颜色及状态,写出反应方程式。

(2)将上述制得的少量Na_2O_2固体置于试管中,加入少量水,不断搅拌,用pH试纸检验溶液的酸碱性。将溶液加热,观察是否有气体产生,并检验该气体是什么?写出反应方程式。根据实验现象说明Na_2O_2的性质。

指导与思考:

在Na_2O_2水溶液中加入$KMnO_4$溶液,结果除使紫色$KMnO_4$颜色褪去,还会有其他什么现象产生?为什么?

(四)碱金属与碱土金属的难溶盐

实验与要求:

(1)钠和钾难溶盐的生成。取少量NaAc和KNO_3溶液,前者用HAc酸化,再加1mL乙酸铀酸锌,后者直接加入饱和钴亚硝酸钠,观察产物的颜色和状态,写出反应方程式。此反应常用于 Na^+,K^+ 的鉴定。

(2)碱土金属的难溶盐:

①取少量 $MgCl_2$,$CaCl_2$,$BaCl_2$ 溶液,分别加入几滴 Na_2SO_4 溶液,观察有无沉淀产生?如有沉淀产生,取少量沉淀加入饱和 $(NH_4)_2SO_4$ 溶液,观察沉淀是否溶解?并比较 $MgSO_4$,$CaSO_4$,$BaSO_4$ 在 $(NH_4)_2SO_4$ 溶液中的溶解性。

②取少量 $MgCl_2$,$CaCl_2$,$BaCl_2$ 溶液,分别加入饱和 $(NH_4)_2SO_4$,观察有无沉淀产生,若有沉淀产生,则分别试验沉淀与 2 mol · L^{-1}HAc 和 2 mol · L^{-1}HCl 的反应,写出反应方程式。并比较三种草酸盐的溶解度。

③取少量 $CaCl_2$,$BaCl_2$ 溶液,分别加 K_2CrO_4 溶液,观察现象,并将实验产物与 2 mol · L^{-1} HAc 和 2 mol · L^{-1}HCl 溶液反应,写出反应方程式。

④在 $MgCl_2$ 溶液中分别加入少量 Na_2CO_3 和过量 Na_2CO_3 溶液,观察现象。然后另取 $CaCl_2$,$BaCl_2$ 溶液分别加入 Na_2CO_3 溶液,观察现象并记录由实验所得沉淀与 2mol · L^{-1} HAc 反应的情况。

指导与思考:

(1)$CaSO_4$ 在浓 $(NH_4)_2SO_4$ 溶液中能生成可溶性配合物 $(NH_4)_2[Ca(SO_4)_2]$ 而溶解。$BaSO_4$ 不溶。

(2)$MgCl_2$ 与少量 Na_2CO_3 作用首先生成 $Mg(OH)_2CO_3$ 的白色沉淀,加入过量 Na_2CO_3 后,由于生成 $[Mg(CO_3)_2]^{2-}$ 而使沉淀溶解。

(3)为什么能够从其能否溶于 HAc 或 HCl 溶液中比较出 CaC_2O_4,BaC_2O_4 和 $CaCrO_4$,$BaCrO_4$ 溶解度的相对大小?

(4)能否从理论上来说明碱土金属碳酸盐可以溶于 HAc 溶液中。

(五)碱土金属氢氧化物溶解度的比较

实验与要求:

(1)取少量 $MgCl_2$,$CaCl_2$,$BaCl_2$ 溶液,分别加入 $NH_3 \cdot H_2O$,观察有无沉淀产生。

(2)取少量 $MgCl_2$,$CaCl_2$,$BaCl_2$ 溶液,分别加入新配制(不含 CO_3^{2-})的 2 mol · L^{-1} NaOH 溶液,观察有无沉淀产生。

根据实验结果比较镁、钙、钡氢氧化物溶解度的大小。

指导与思考:

(1)为什么在试验 $Mg(OH)_2$,$Ca(OH)_2$,$Ba(OH)_2$ 的溶解度时所用的 NaOH 溶液必须是新配的?若以 $Ba(OH)_2$ 代替 NaOH 效果是否更好?为什么?

(2)$MgCl_2$ 溶液加入 $NH_3 \cdot H_2O$ 时,生成 $Mg(OH)_2$ 和 NH_4Cl,而 $Mg(OH)_2$ 沉淀又能溶于饱和的 NH_4Cl 溶液,为什么?

五、思考题

(1)试设法通过化学方法鉴别:$MgSO_4$,$BaCl_2$,KCl,K_2SO_4,$MgCl_2$ 5 种溶液。

(2)试设计一个分离 K^+,Mg^{2+},Ba^{2+} 的实验。

六、参考文献

(1)华东化工学院无机化学教研组.无机化学实验.3版.北京:高等教育出版社,1990.
(2)武汉大学,无机化学.2版.北京:高等教育出版社,1988.

3.5 实验22 锡、铅、锑、铋

一、实验目的

(1)验证锡、锑、铋的盐类、氧化物及其水合物的性质。
(2)验证锡、铅、锑、铋的硫化物在水中的溶解情况。
(3)进一步练习元素性质实验的有关基本操作。

二、实验提要

锡与铅,锑与铋分别是周期系ⅠA,ⅡA族元素。锡、铅形成正二价、正四价化合物。锑、铋形成正三价、正五价化合物。

锡、铅和正三价的锑、铋盐具有较强的水解作用,因此配制盐溶液时必须溶解在相应的酸溶液中以抑制水解。氯化亚锡是实验室中常用的还原剂,它可以被空气氧化,配制时应加入锡粒防止氧化。除铋外,锡、铅、锑的氢氧化物都呈两性,溶于碱的反应是:

$$Sn(OH)_2 + 2OH^- = [Sn(OH)_4]^{2-}$$
$$Pb(OH)_2 + OH^- = [Pb(OH)_3]^-$$
$$Sb(OH)_3 + 3OH^- = [Sb(OH)_6]^{3-}$$

锡、铅、锑、铋都能形成有色硫化物,它们都不溶于水和稀酸,除 SnS, SbS, Bi_2S_3 外都能与 Na_2S 或 $(NH_4)_2S$ 作用生成相应的硫代酸盐:

$$Sb_2S_3 + 3Na_2S = 2Na_3SbS_3$$
$$SnS_2 + Na_2S = Na_2SnS_3$$

SnS 能溶于多硫化钠溶液中是由于 S_2^{2-} 具有氧化作用,可把 SnS 氧化成 SnS_2 溶解。

$$SnS + Na_2S_2 = Na_2SnS_3$$

所有硫代酸盐都只能存在于中性或碱性介质中,遇酸生成不稳定的硫代酸,继而分解为相应的硫化物和硫化氢。

锡(Ⅱ)是一种较强的还原剂,在碱性介质中亚锡酸根能与铋(Ⅲ)进行反应:

$$3Sn(OH)_4^{2-} + 2Bi(OH)_3 = 3Sn(OH)_6^{2-} + 2Bi\downarrow\text{(黑色)}$$

在酸性介质中 $SnCl_2$ 能与 $HgCl_2$ 和 Hg_2Cl_2 进行反应:

$$SnCl_2 + 2HgCl_2 = SnCl_4 + Hg_2Cl_2\downarrow\text{(白色)}$$
$$SnCl_2 + Hg_2Cl_2 = SnCl_4 + 2Hg\downarrow\text{(黑色)}$$

但 Bi(Ⅲ)要在强碱性条件下选用强氧化剂 Na_2O_2, Cl_2 等才能被氧化:

$$Bi_2O_3 + 2Na_2O_2 = 2NaBiO_3 + Na_2O$$
$$Bi(OH)_3 + Cl_2 + 3NaOH = NaBiO_3 + 2NaCl + 3H_2O$$

Pb(Ⅳ)和Bi(Ⅴ)为较强氧化剂,在酸化介质中能与Mn^{2+},Cl^-等还原剂发生反应:

$$5PbO_2 + 2Mn^{2+} + 5SO_4^{2-} + 4H^+ = 5PbSO_4 + 2MnO_4^- + 2H_2O$$

$$5NaBiO_3 + 2Mn^{2+} + 14H^+ = 2MnO_4^- + 5Bi^{3+} + 5Na^+ + 7H_2O$$

铅能生产很多难溶化合物,例如:

$$Pb^{2+} + CrO_4^{2-} = PbCrO_4 \downarrow$$

Sb^{3+}和SbO_4^{3-}在锡片上可以被还原为金属锑使锡片显黑色。

$$Sb^{3+} + 3Sn = Sb \downarrow + 3Sn^{2+}$$

铋(Ⅲ)在碱性条件下与亚锡酸钠反应生成黑色金属铋。

锡(Ⅱ)在酸性条件下与$HgCl_2$反应生成Hg。

在分析中常利用以上反应鉴定这些离子。

三、仪器试剂

固体药品:Bi_2O_3;Na_2O_2;PbO_2;锡片。

酸:HCl(2 mol·L^{-1},6 mol·L^{-1},浓);H_2SO_4(1 mol·L^{-1});HNO_3(2 mol·L^{-1},6 mol·L^{-1})。

碱:NaOH(2 mol·L^{-1},6 mol·L^{-1});氨水(2 mol·L^{-1},6 mol·L^{-1})。

盐:$SnCl_2$;$SnCl_4$;$Pb(NO_3)_2$;$SbCl_3$;$HgCl_2$;$MnSO_4$;Na_2S;KI;$K_2Cr_2O_7$;K_2CrO_4(以上溶液均为0.1mol·L^{-1});Na_2S(0.5 mol·L^{-1});NH_4Ac(饱和);KI(2 mol·L^{-1})。

其他:淀粉溶液。

材料:滤纸条。

四、实验内容

(一)氢氧化物酸碱性

实验与要求:

(1)制取少量$Sn(OH)_2$,$Pb(OH)_2$,$Sb(OH)_3$,$Bi(OH)_3$,观察其颜色以及在水中的溶解性。

(2)分别检验其酸碱性。

(3)将上述实验观察到的现象及反应产物填入表3-2,并对其酸碱性作出结论。

表3-2 实验现象及反应产物

项目		Sn^{2+}	Pb^{2+}	Sb^{3+}	Bi^{3+}
盐+NaOH现象					
氢氧化物	+NaOH(现象)				
	+酸(现象)				
结论					

指导与思考:

(1)如何配制$SnCl_2$,$Pb(NO_3)_2$,$BiCl_3$溶液?

(2)在氢氧化物碱性实验中应如何选择酸?

(3) $Bi(OH)_3$ 为白色沉淀，容易脱水生成 $BiO(OH)$ 而使沉淀转变为黄色。

(4)沉淀量的多少及选用的酸、碱浓度对本实验有何影响?

(二)氧化还原性

实验与要求:

(1)选择合适的试剂，设计两个反应验证 PbO_2 的氧化性，观察现象，写出反应方程式。

(2)选择合适的试剂，设计两个反应验证 Sn(Ⅱ)的还原性，观察现象，写出反应方程式。

(3)试以 Bi_2O_3 和 Na_2O_2 为原料强热制取 $NaBiO_3$，并用少量 Mn^{2+} 验证 $NaBiO_3$ 具有强的氧化性。

指导与思考:

(1)如选用 $HgCl_2$ 与 $SnCl_2$ 反应来验证 $SnCl_2$ 的还原性，$SnCl_2$ 溶液用量的多少对反应产物有何影响？如现象不明显能否加热，为什么？

(2)在 PbO_2，$NaBiO_3$ 氧化性实验中是否需要酸化，选用何种酸为好？如选用 Mn^{2+} 作还原剂，Mn^{2+} 的用量将对反应有何影响？

(3) $SnCl_2$ 和 $BiCl_3$ 能否发生反应？为什么？

(4)用 Bi_2O_3 和 Na_2O_2 加热制得的 $NaBiO_3$ 应用水洗涤，为什么？

(三)硫化物和硫代酸盐的生成和性质

实验与要求:

(1)分别制取少量 Sb_2S_3，Bi_2S_3，SnS，SnS_2，PbS，观察颜色。观察各种硫化物在稀 HCl，浓 HCl，稀 HNO_3，Na_2S 溶液中的溶解情况。如能溶解，写出反应方程式。

将以上实验结果归纳在表 3－3 中，并比较锑、铋、锡、铅的硫化物的性质。

表 3－3 硫化物的性质

颜色和试剂	硫化物				
	Sb_2S_3	Bi_2S_3	SnS	SnS_2	PbS
颜色					
$2\ mol \cdot L^{-1}$ HCl					
浓 HCl					
$2\ mol \cdot L^{-1}\ HNO_3$					
$0.5\ mol \cdot L^{-1}\ Na_2S$					

(2)制取硫代酸盐，并检验它在酸性溶液中的稳定性，写出反应方程式。

指导与思考:

(1)哪些硫化物能溶于 Na_2S 或 $(NH_4)_2S$ 中，哪些硫化物能溶于 Na_2S_x 或 $(NH_4)_2S_x$ 中。

(2)溶于稀酸和不溶于稀酸的硫化物在制备方法上有何异同点？为什么？

(3)检验硫化物溶解性时，制得的硫化物应加热、放置或陈化一段时间，为什么？

(4)在 Na_3SbO_3 溶液中加入 Na_2S 或 H_2S 能否制得 Sb_2S_3，为什么？怎样才能制得 Sb_2S_3？

(5) Na_2S 中常含少量 Na_2S_x，为什么？Na_2S_x 的存在对本实验有何影响？

(四)铅难溶盐的生成和性质

(1)制取少量 $PbCl_2$, $PbSO_4$, $PbCrO_4$, PbS,观察颜色。

(2)观察 $PbCl_2$ 在冷水、热水和浓 HCl 中的溶解情况。

(3)观察 PbI_2 在浓 KI 溶液中的溶解情况。

(4)观察 $PbSO_4$ 在饱和 NH_4Ac 溶液中的溶解情况。

(5)观察 $PbCrO_4$ 在稀 HNO_3 中的溶解情况。

根据以上实验及 PbS 性质实验填写表 3－4。

表 3－4　实验结果

<table>
<tr><th rowspan="2">难溶盐</th><th rowspan="2">颜色</th><th colspan="12">溶　解　性</th><th rowspan="2">解释现象
写出反应方程式</th></tr>
<tr><th colspan="12"></th></tr>
<tr><td rowspan="2">$PbCl_2$</td><td rowspan="2"></td><td colspan="4">冷　水</td><td colspan="4">热　水</td><td colspan="4">浓 HCl</td><td rowspan="2"></td></tr>
<tr><td colspan="4"></td><td colspan="4"></td><td colspan="4"></td></tr>
<tr><td rowspan="2">PbI_2</td><td rowspan="2"></td><td colspan="12">KI(2 $mol \cdot L^{-1}$)</td><td rowspan="2"></td></tr>
<tr><td colspan="12"></td></tr>
<tr><td rowspan="2">$PbSO_4$</td><td rowspan="2"></td><td colspan="12">饱和 NH_4AC</td><td rowspan="2"></td></tr>
<tr><td colspan="12"></td></tr>
<tr><td rowspan="2">PbS</td><td rowspan="2"></td><td colspan="3">浓 HCl</td><td colspan="3">稀 HCl</td><td colspan="3">稀 HNO_3</td><td colspan="3">Na_2S</td><td></td></tr>
<tr><td colspan="3"></td><td colspan="3"></td><td colspan="3"></td><td colspan="3"></td><td></td></tr>
</table>

(6)在 $Pb(NO_3)_2$ 溶液中逐滴加入 $K_2Cr_2O_7$,观察现象,分析产物,解释原因。

指导与思考:

(1)难溶铅盐溶解的条件是什么?在上述实验中,哪些实验是降低平衡中 Pb^{2+} 的浓度?哪些实验是降低平衡中酸根离子浓度?

(2)$[PbAc]^+$ 为易溶难电离的配离子:

$$PbSO_4 + Ac^- \longrightarrow [PbAc]^+ + SO_4^{2-}$$

(3)$Cr_2O_7^{2-}$ 在溶液中存在下列平衡:

$$Cr_2O_7^{2-} + H_2O \rightleftharpoons 2CrO_4^{2-} + 2H^+$$

(4)溶解度:

$$PbCr_2O_7 > PbCrO_4$$

(五)离子的鉴定和分离

实验与要求:

(1)选用合适试剂,鉴定 Sn^{2+}, Pb^{2+}, Bi^{3+}。

(2)设计两种方法分离 Sb^{3+} 与 Bi^{3+}。

指导与思考:

Ag^+, Bi^{3+} 妨碍 Sb(Ⅲ,Ⅴ)的鉴出,如溶液中同时存在 Ag^+, Bi^{3+} 时,必须预先进行分离,怎样分离?

五、思考题

(1)请选用最简便的方法鉴别下列两组物质:$BaSO_4$ 和 $PbSO_4$;$Bi(NO_3)_3$ 和 $Pb(NO_3)_2$。

(2)试用最简便方法鉴别 $SnCl_2$ 溶液和 $SnCl_4$ 溶液。
(3)如何分离混合溶液中的 Sn^{2+} 和 Pb^{2+}。

六、参考文献

(1)华东化工学院无机化学教研组. 无机化学实验. 3 版. 北京:高等教育出版社,1990.
(2)武汉大学. 无机化学. 2 版. 北京:高等教育出版社,1988.

3.6　实验23　钛、钒

一、实验目的

(1)验证钛、钒化合物的溶解性。
(2)验证钛、钒离子及其化合物的基本性质。

二、实验提要

钛与钒分别是周期系ⅣB,ⅤB 族元素。钛主要生成稳定的钛(Ⅳ)化合物,而钒(Ⅴ)的化合物最稳定。

TiO_2 呈白色,是一种白色颜料,称钛白。它既不溶于水也不溶于稀酸和稀碱溶液,与碱共溶时形成偏钛酸盐(Na_2TiO_3),溶于热的浓硫酸中生成 $Ti(SO_4)_2$ 和 $TiOSO_4$:

$$TiO_2 + 2H_2SO_4 \xlongequal{} Ti(SO_4)_2 + 2H_2O$$

$$TiO_2 + H_2SO_4 \xlongequal{} TiOSO_4 + H_2O$$

钛酰离子(或钛氧基)在热水中按下式进行水解:

$$TiO^{2+} + H_2O \xlongequal{} TiO_2 + 2H^+$$

钛酰离子与过氧化氢在酸性溶液中生成橙红色过氧钛酰离子:

$$TiO^{2+} + H_2O_2 \xlongequal{} TiO_2^{2+} + H_2O$$

这是 TiO^{2+} 的特征反应,用此反应可鉴别 TiO^{2+}。

钛(Ⅲ)可用锌将钛酰离子 TiO^{2+} 还原制得:

$$2TiO^{2+} + Zn + 4H^+ \xlongequal{} 2Ti^{3+} + Zn^{2+} + 2H_2O$$

$Ti(H_2O)_6^{3+}$ 呈紫色,Ti^{3+} 具有较强还原性。例如,Ti^{3+} 能将 Cu^{2+} 还原:

$$Ti^{3+} + Cu^{2+} + Cl^- + H_2O \xlongequal{} CuCl\downarrow + TiO^{2+} + 2H^+$$

五氧化二钒可在空气中加热偏钒酸铵来制取:

$$2NH_4VO_3 \xlongequal{\triangle} V_2O_5 + 2NH_3\uparrow + H_2O\uparrow$$

V_2O_5 是橙黄色或红棕色的晶体,微溶于水,具有两性,能溶于强酸中形成钒酰离子 VO_2^+(黄色),也能溶于强碱溶液中形成钒酸盐:

$$V_2O_5 + H_2SO_4 \xlongequal{} (VO_2)_2SO_4 + H_2O$$

$$V_2O_5 + 2NaOH \xlongequal{} 2NaVO_3 + H_2O$$

V(Ⅱ)的化合物有较强的氧化性,在强酸性溶液中能将 Cl^- 氧化为氯气,而本身被还原为蓝色 VO^{2+}:

$$V_2O_5 + 6H^+ + 2Cl^- = 2VO^{2+} + Cl_2 + 3H_2O$$

钒能生成许多低氧化值的化合物，例如氯化钒酰(VO_2Cl)，在酸性溶液中可以被锌逐步还原而使溶液颜色由蓝色变为紫色：

$$2VO_2Cl + 4HCl + Zn = 2VOCl_2 + ZnCl_2 + 2H_2O\text{(蓝色)}$$

$$2VOCl_2 + 4HCl + Zn = 2VCl_3 + ZnCl_2 + 2H_2O\text{(暗绿色)}$$

$$2VCl_3 + Zn = 2VCl_2 + ZnCl_2\text{(紫色)}$$

偏钒酸盐也能与过氧化氢在酸性溶液中生成棕红色的过氧钒离子$[V(O_2)]^{3+}$的化合物：

$$NH_4VO_3 + H_2O_2 + 4HCl = V(O_2)Cl_3 + NH_4Cl + 3H_2O$$

这是钒的一种鉴定方法，若过氧化氢过量(或在碱性条件下)，则转变为黄色的过氧钒酸$[H_3V(O_2)O_3]$，其反应式表示为：

$$V(O_2)Cl_3 + 3H_2O \underset{H^+}{\overset{H_2O_2}{\rightleftharpoons}} H_3V(O_2)O_3 + 3HCl$$

三、仪器试剂

固体药品：TiO_2；NH_4VO_3；锌粒。

酸：H_2SO_4(浓)；HCl(2mol·L^{-1}，浓)。

碱：NaOH(6 mol·L^{-1}，40%)。

盐：$CuCl_2$(0.1 mol·L^{-1})；$FeCl_3$(0.1 mol·L^{-1})；$KMnO_4$(0.1 mol·L^{-1})；NH_4VO_3(饱和)；VO_2Cl；$TiOSO_4$。

其他：H_2O_2(3%)。

材料：pH 试纸。

四、实验内容

(一)钛的化合物

实验与要求：

(1)取少量 TiO_2 固体，分别观察它在浓 H_2SO_4、浓 NaOH 中的溶解情况(如现象不明显可加热)。

(2)钛(Ⅲ)化合物的生成和性质：

①在自制硫酸氧钛溶液中加入一小粒锌，观察溶液颜色的变化。

②将上面所得溶液分装在两支试管中，选用 $FeCl_3$ 和 $CuCl_2$ 溶液进行反应，观察溶液颜色的变化，写出反应方程式。根据上述现象，归纳钛(Ⅲ)的性质。

③过氧钛酸的生成。选用过氧化氢和自制硫酸氧钛反应，观察反应产物的颜色。

指导与思考：

(1)在 $TiOSO_4$ 溶液中加入 NaOH，Na_2CO_3 或 $NH_3 \cdot H_2O$ 即有白色沉淀产生，这白色沉淀是什么？用实验证实这一现象，写出反应方程式。

(2)Ti^{3+} 容易被空气中的氧所氧化，当溶液的酸度降低时更易氧化，为什么？

(3)过氧钛酸必须在强酸性溶液中形成，酸度降低时，钛(Ⅳ)盐溶液中加入 H_2O_2 生成橘黄色的配合物$[TiO(H_2O_2)]^{2+}$。

（二）钒的化合物

实验与要求：

（1）五氧化二钒的生成和性质。取少量偏钒酸铵固体放入坩埚中，小火加热并不断搅拌，观察固体颜色变化以及产物的颜色和状态，然后把分解产物做如下实验：

①取少量固体加浓 H_2SO_4 加热，观察固体是否溶解？把所得溶液稀释（如何稀释?），观察颜色的变化。

②取少量固体加 6 mol · L^{-1}NaOH 加热，观察颜色变化。

③在少量固体中加少量蒸馏水煮沸，冷却后用 pH 试纸测其溶液的 pH 值。

④取少量固体加浓 HCl，观察现象，煮沸，试证明氯气放出，并观察溶液颜色，用水稀释，结果怎样？

根据以上实验总结五氧化二钒的性质。

（2）钒的各种氧化态的颜色。在少量氯化氧钒溶液中加入两粒锌，将溶液静止片刻，观察溶液颜色的变化，然后将上面所得溶液做如下实验：

①取少量溶液，酸化后滴加过量 $KMnO_4$，边摇边观察颜色变化，直至溶液成暗绿色，保留溶液。

②取少量溶液滴加过量 $KMnO_4$ 直至溶液呈蓝色，保留溶液。

③采用同样方法滴加 $KMnO_4$ 直至溶液呈黄色。

$$5VCl_2 + KMnO_4 + 8HCl = 5VCl_3(\text{暗绿色}) + MnCl_2 + 4H_2O + KCl$$

$$5VCl_3 + KMnO_4 + H_2O = 5VOCl_2(\text{蓝色}) + MnCl_2 + 2HCl + KCl$$

$$5VOCl_2 + KMnO_4 + H_2O = 5VO_2Cl(\text{黄色}) + MnCl_2 + 2HCl + KCl$$

将以上实验的溶液和未加 $KMnO_4$ 的溶液作比较，归纳钒的各种氧化态的颜色和稳定性。

（3）过氧钒酸的生成。取少量饱和 NH_4VO_3 溶液，加入 HCl 酸化，然后加入 H_2O_2，观察反应产物的颜色，写出反应方程式。

指导与思考：

（1）将偏钒酸铵加热可得何种钒的化合物？这种钒的化合物有哪些主要性质？

（2）试比较 TiO_2 和 V_2O_5 的酸碱性。

（3）氯化氧钒在酸性溶液中被锌逐步还原为正四价、正三价、正二价的化合物，使溶液颜色由蓝色→暗绿色→紫色，但颜色变化也必须保持足够酸度，如第一步反应得不到暗绿色的 VCl_3，那就要影响到以后几步的反应。

五、思考题

在冷的硫酸氧钛溶液中加入碱或氨水，就得到新鲜沉淀 α－钛酸，加热，可转为 β－钛酸，根据这一性质制取少量 α－钛酸和 β－钛酸，并实验它在过量 HCl 和 NaOH 溶液中的溶解情况。

六、参考文献

（1）华东化工学院无机化学教研组. 无机化学实验. 3 版. 北京：高等教育出版社，1990.

（2）武汉大学. 无机化学. 2 版. 北京：高等教育出版社，1988.

3.7　实验24　铬、锰

一、实验目的

(1)验证铬和锰的氧化物及其水合物的酸碱性。

(2)验证锰的不同氧化态物质间及Cr(Ⅲ)与Cr(Ⅵ)的相互转化及其检出方法。

(3)验证重铬酸盐和高锰酸钾在不同介质中的氧化性及其还原产物的规律。

(4)练习混合离子的分离和鉴定方法。

二、实验提要

铬和锰分别为周期系ⅥB,ⅦB族元素。铬的化合物中铬的氧化值有+2,+3,+6,其中以+3,+6最常见,而铬(Ⅵ)总是以CrO_4^{2-},$Cr_2O_7^{2-}$和CrO_3等形式存在。锰的化合物中锰的氧化值有+2,+3,+4,+5,+6,+7,其中以+2,+4,+7最常见,+3,+5的化合物极不稳定。

铬、锰的各种化合物有不同的颜色,见表3-5。

表3-5　铬、锰各种化合物的颜色

氧化值	+2	+3		+5	+6			+7
水合离子	Mn^{2+}	Mn^{3+}	Cr^{3+}	MnO_3^-	MnO_4^{2-}	CrO_4^{2-}	$Cr_2O_7^{2-}$	MnO_4^-
颜色	浅红	红	蓝紫	蓝	绿	黄	橙	紫红

Cr^{3+}的氢氧化物具有两性,溶液中的酸碱平衡表示如下:

$$Cr^{3+} + 3OH^- \rightleftharpoons Cr(OH)_3 \rightleftharpoons H_2O + HCrO_2 \rightleftharpoons H_2O + H^+ + CrO_2^-$$

Cr^{3+}盐容易水解。根据:

$$Cr_2O_7^{2-} + 14H^+ + 6e^- \rightleftharpoons 2Cr^{3+} + 7H_2O \qquad \varphi_A^\ominus = 1.33V$$

$$CrO_4^{2-} + 2H_2O + 3e^- \rightleftharpoons CrO_2^- + 4OH^- \qquad \varphi_B^\ominus = -0.23V$$

可知酸性溶液中$Cr_2O_7^{2-}$为强氧化剂,易被还原为Cr^{3+};而碱性溶液中CrO_2^-为较强还原剂,易被氧化为CrO_4^{2-}:

$$2CrO_2^- + 3H_2O_2 + 2OH^- \rightleftharpoons 2CrO_4^{2-} + 4H_2O$$

铬酸盐和重铬酸盐在水溶液中存在着下列平衡:

$$2CrO_4^-(\text{黄色}) + 2H^+ \rightleftharpoons Cr_2O_7^{2-}(\text{橙色}) + H_2O$$

上述平衡在酸性介质中向右移动,在碱性介质中向左移动。

在酸性溶液中,$Cr_2O_7^{2-}$与H_2O_2反应生成蓝色过氧化铬:

$$Cr_2O_7^{2-} + 4H_2O_2 + 2H^+ = 2CrO_5 + 5H_2O$$

这个反应常用来鉴定$Cr_2O_7^{2-}$或Cr^{3+}。

Mn(Ⅱ)在碱性溶液中易被空气氧化生成棕色MnO_2的水合物[$MnO(OH)_2$],但在酸性溶液中相当稳定,必须用强氧化剂如PbO_2,$NaBiO_3$才能氧化为MnO_4^-。在中性或弱酸性溶液中,MnO_4^-和Mn^{2+}在中性介质中被还原为MnO_2,而在强碱性介质中和少量还原剂作用时则被还原为MnO_4^{2-}。

在硝酸溶液中,Mn^{2+}可以被$NaBiO_3$氧化为紫红色的MnO_4^-,通常利用这个反应来鉴定Mn^{2+}:

$$5NaBiO_3 + 2Mn^{2+} + 14H^+ = 2MnO_4^- + 5Bi^{3+} + 5Na^+ + 7H_2O$$

三、仪器试剂

固体药品：MnO_2；$NaBiO_3$。

酸：HCl(2 mol·L^{-1},6 mol·L^{-1},浓)；H_2SO_4(1 mol·L^{-1},3 mol·L^{-1})；HNO_3(6 mol·L^{-1})。

碱：NaOH(2 mol·L^{-1},6 mol·L^{-1},40%)。

盐：$CrCl_3$；$K_2Cr_2O_7$；Na_2SO_3；$MnSO_4$(以上溶液均为0.1 mol·L^{-1})；$KMnO_4$(0.1 mol·L^{-1})。

其他：H_2O_2(3%)；乙醚。

四、实验内容

(一)Cr^{3+},Mn^{2+}氢氧化物的制备和性质

(1)制取$Cr(OH)_3$,$Mn(OH)_2$,观察其颜色及在水中的溶解性。

(2)验证$Cr(OH)_3$和$Mn(OH)_2$的酸碱性及其在空气中的稳定性(能否被空气氧化),写出反应方程式。

(二)铬、锰重要化合物的性质

实验与要求：

选择适当的试剂实现下列转化：

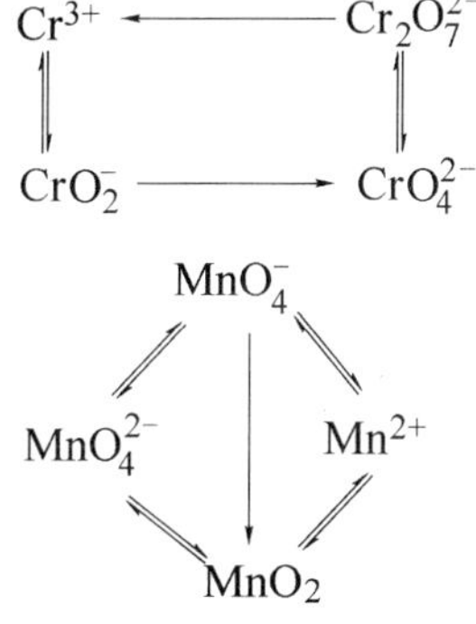

观察现象,写出反应方程式。总结上述铬、锰化合物的性质。

指导与思考：

(1)在上述各转化反应中,哪些是氧化还原反应？哪些为非氧化还原反应？对氧化还原反应来讲,转化不仅要选择合适的氧化剂或还原剂,同时还需要选择合适的介质。选择介质的原则是什么？

(2)为什么Cr(Ⅲ)离子在水溶液中可呈不同的颜色(紫色、蓝绿色或绿色)？

(3)在验证Cr^{3+}的还原性时,如选择H_2O_2为氧化剂,有时溶液会出现褐红色,这是由于生成过铬酸钠的缘故。

$$2CrCl_3 + 3H_2O_2 + 10NaOH = 2Na_2CrO_4(\text{黄色}) + 6NaCl + 8H_2O$$

$$2Na_2CrO_4 + 2NaOH + 7H_2O_2 = 2Na_3CrO_8(\text{褐红色}) + 8H_2O$$

过铬酸钠不稳定,加热易分解,溶液由褐红色转为黄色：

$$4Na_3CrO_8 + 2H_2O \xlongequal{\triangle} 4NaOH + 7O_2 + 4Na_2CrO_4\text{(黄色)}$$

因此，为了得到明显的实现现象，必须严格控制 H_2O_2 用量并加热。

(4)选用何种氧化剂可将 Cr^{3+} 直接氧化为 $Cr_2O_7^{2-}$。

(5) $CrCl_3$ 溶液与 Na_2S 溶液作用产生什么？能否产生 Cr_2S_3？请通过实验说明。

(6)在锰各种价态间的转化实验中，MnO_4^{2-} 要自己制备（怎样制得?）。MnO_4^{2-} 只存在于强碱性溶液中，加酸酸化即生成紫色 MnO_4^- 和棕色 MnO_2（如现象不明显，可加热）。

(7) $KMnO_4$ 的还原产物和介质有关，所以在检验 $KMnO_4$ 的氧化性时，应先加介质，后加还原剂（为什么?）。在碱性介质中 MnO_4^- 还原为 MnO_4^{2-} 而使溶液呈绿色，但有时却得到棕色沉淀，为什么？如何避免这一现象发生？

(8)请帮助同学寻找下列实验失败的原因：

$$Cr^{3+} \xrightarrow{NaOH + H_2O} CrO_4^{2-} \xrightarrow{H_2SO_4} Cr_2O_7^{2-}$$

在上述转化反应中，甲同学最后得到的是蓝绿色溶液，为什么？

$KMnO_4$ 为常用的氧化剂，在不同介质中能还原为 Mn^{2+}，MnO_2，MnO_4^{2-}，而乙同学在不同介质中都得到同种还原产物 MnO_2，为什么？

(9)如何用软锰矿 $MnO_2 \cdot xH_2O$ 制取下列化合物：K_2MnO_4，$KMnO_4$。

(三) Cr^{3+}，Mn^{2+} 的鉴定

实验与要求：

(1) Cr^{3+} 的鉴定。取 1 ~2 滴试验溶液，加入 6 mol · L^{-1} NaOH，使 Cr^{3+} 转化为 CrO_2^- 后，再过量 2 滴 NaOH，然后加入 3 滴 3% H_2O_2，微热至溶液呈浅黄色。待试管冷却后，加入 0.2 mL 乙醚，然后慢慢滴入 6 mol · L^{-1} HNO_3 酸化，振荡，在乙醚层出现深蓝色，表示有 Cr^{3+} 存在。

(2) Mn^{2+} 的鉴定。取 1 ~2 滴试验溶液，加入 6 mol · L^{-1} HNO_3，然后加入少量 $NaBiO_3$ 固体，振荡，离心沉降，上层清液呈紫色，表示有 Mn^{2+} 存在。

指导与思考：

(1)在 Cr^{3+} 的鉴定中为什么要加乙醚？在鉴定中为什么要先加热，而在加乙醚前又要把溶液冷却？

(2)怎样分离和鉴定 Cr^{3+} 和 Mn^{2+}？试设计方案。

五、思考题

有一浅紫色晶体：

(1)取少量晶体溶于水，溶液呈浅紫色。

(2)滴加 NaOH 溶液，先沉淀后溶解。

(3)将上述溶液滴加 3% H_2O_2，加热得黄色溶液。

(4)在黄色溶液中加浓 HCl，加热，得绿色溶液并有气体产生，此气体能使淀粉试纸变蓝。在此绿色溶液中加 Zn 粉，溶液呈浅蓝色，并有气泡逸出。

(5)取紫色原溶液，加少许 $FeSO_4 \cdot 7H_2O$ 晶体，再沿试管壁滴加浓 H_2SO_4，液层中出现深棕色。

通过以上各步实验，确定此晶体的分子式，并写出各步实验的反应方程式。

六、参考文献

(1)华东化工学院无机化学教研组.无机化学实验.3版.北京:高等教育出版社,1990.
(2)武汉大学.无机化学.2版.北京:高等教育出版社,1988.

3.8 实验25 铁、钴、镍

一、实验目的

(1)认识铁、钴、镍主要化合物的性质。
(2)验证正二价铁、钴、镍氢氧化物的还原性及正三价铁、钴、镍氢氧化物的氧化性。
(3)认识铁、钴、镍主要配合物的性质和检验方法。

二、实验提要

铁、钴、镍是周期系第Ⅷ族元素第一个三元素组,性质很相似,其化合物中常见的氧化值为+2,+3。

铁、钴、镍的简单离子在水溶液中都呈现一定的颜色。

铁、钴、镍的正二价氢氧化物都呈碱性,具有不同的颜色,空气中氧对它们的作用情况各不相同。$Fe(OH)_2$很快被氧化成红棕色$Fe(OH)_3$,但在氧化过程中可以生成绿色到几乎黑色的各种中间产物;而$Co(OH)_2$缓慢地被氧化成褐色$Co(OH)_3$;$Ni(OH)_2$与氧不起作用,若用强氧化剂,如溴水,则可使$Ni(OH)_2$氧化成$Ni(OH)_3$:

$$Ni(OH)_2 + Br_2 + NaOH = Ni(OH)_3\downarrow + NaBr_2$$

除$Fe(OH)_3$外,$Ni(OH)_3$,$Co(OH)_3$与HCl作用,都能产生氯气:

$$2Ni(OH)_3 + 6HCl = 2NiCl_2 + Cl_2\uparrow + 6H_2O$$

$$2Co(OH)_3 + 6HCl = 2CoCl_2 + Cl_2\uparrow + 6H_2O$$

由此可以得出正二价铁、钴、镍氢氧化物的还原性及正三价铁、钴、镍氢氧化物的氧化性的变化规律。

Fe(Ⅱ,Ⅲ)盐的水溶液易水解。Fe^{2+}为还原剂,而Fe^{3+}为弱氧化剂。

铁、钴、镍都能生成不溶于水而易溶于稀酸的硫化物,自溶液中析出的CoS,NiS经放置后,由于结构改变为不再溶于稀酸的难溶物质。

铁、钴、镍能生成很多配合物,其中常见有$K_4[Fe(CN)_6]$,$K_3[Fe(CN)_6]$,$[Co(NH_3)_6]Cl_3$,$K_3[Co(NO_2)]_6$,$[Ni(NH_3)_4]SO_4$等。Co(Ⅱ)的配合物不稳定,易被氧化为Co(Ⅲ)的配合物:

$$4Co(NH_3)_6^{2+} + O_2 + 2H_2O = 4Co(NH_3)_6^{3+} + 4OH^-$$

而Ni的配合物则以正二价为稳定。

在Fe^{3+}溶液中加入$K_4[Fe(CN)_6]$溶液,在Fe^{2+}溶液中加入$K_3[Fe(CN)_6]$溶液都能产生“铁蓝”沉淀:

$$Fe^{3+} + [Fe(CN)_6]^{4-} + K^+ + H_2O = KFe[Fe(CN)_6]\cdot H_2O\downarrow$$

$$Fe^{2+} + [Fe(CN)_6]^{3-} + K^+ + H_2O \longrightarrow KFe[Fe(CN)_6] \cdot H_2O \downarrow$$

在 Co^{2+} 溶液中加入饱和 KNCS 溶液生成蓝色配合物 $[Co(SCN)_4]^{3-}$，配合物在水溶液中不稳定，易溶于有机溶剂中，如丙酮，它能使蓝色更为显著。

Ni^{2+} 溶液与二乙酰二肟在氨性溶液中作用，生成鲜红色螯合物沉淀：

$$Ni^{2+} + 2\begin{matrix} CH_3—C{=}NOH \\ | \\ CH_3—C{=}NOH \end{matrix} \longrightarrow \begin{matrix} & OH & & O & \\ & | & & \uparrow & \\ CH_3—C{=}N & & & N{=}C—CH_3 \\ | & \searrow & Ni & \swarrow & | \\ CH_3—C{=}N & & & N{=}C—CH_3 \\ & \downarrow & & | & \\ & O & & OH & \end{matrix} \downarrow + 2H^+$$

通常，利用形成配合物的颜色来鉴定 Fe^{3+}，Fe^{2+}，Co^{2+}，Ni^{2+}。

三、仪器试剂

固体药品：$FeSO_4 \cdot 7H_2O$。

酸：HCl（2 $mol \cdot L^{-1}$，浓）；H_2SO_4（1 $mol \cdot L^{-1}$）；HAc（2 $mol \cdot L^{-1}$）。

碱：NaOH（2 $mol \cdot L^{-1}$）；氨水（2 $mol \cdot L^{-1}$）。

盐：$K_4[Fe(CN)_6]$；$K_3[Fe(CN)_6]$；$CoCl_2$；$NiSO_4$；KI（以上溶液均为 0.1$mol \cdot L^{-1}$）；$CoCl_2$（0.5 $mol \cdot L^{-1}$）；$NiSO_4$（0.5 $mol \cdot L^{-1}$）；NH_4Cl（1 $mol \cdot L^{-1}$）；KNCS（0.1 $mol \cdot L^{-1}$，饱和）。

其他：溴水；淀粉溶液；二乙酰二肟；丙酮；H_2S（饱和）。

材料：滤纸条。

四、实验内容

（一）正二价、正三价氢氧化物的制备和性质

（1）制取 $Fe(OH)_2$、$Co(OH)_2$、$Ni(OH)_2$，观察其颜色以及在水中的溶解性。

（2）检验 $Fe(OH)_2$、$Co(OH)_2$、$Ni(OH)_2$ 的酸碱性及其在空气中的稳定性（能否被空气中氧所氧化）。

（3）将实验所观察到的现象及反应产物填入表 3-6 中。

表 3-6　现象及反应产物

项　目		Fe^{2+}	Co^{2+}	Ni^{2+}
盐 + NaOH（产物）				
现象				
$M(OH)_2$	+ 碱（产物）			
	现　象			
	+ 酸（产物）			
	现　象			
	结　论			
	+ O_2（产物）			
	现　象			
	结　论			

(4)制取 $Fe(OH)_3$、$Co(OH)_3$、$Ni(OH)_3$，观察其颜色以及在水中的溶解性，写出有关反应方程式。

(5)检验 $Fe(OH)_3$、$Co(OH)_3$、$Ni(OH)_3$ 的氧化性，写出有关反应方程式。

比较铁、钴、镍正二价氢氧化物的还原性及正三价氢氧化物的氧化性的变化规律。

指导与思考：

(1)用实验室提供的 $FeSO_4 \cdot 7H_2O$ 配制 $FeSO_4$ 溶液时，必须将蒸馏水先酸化并煮沸片刻(为什么?)。制取 $Fe(OH)_2$ 时也应将 NaOH 煮沸，操作必须迅速，不要摇动，观察$Fe(OH)_2$沉淀生成后再摇动。

(2)在 $CoCl_2$ 溶液中逐滴加入 NaOH 时先生成蓝色 Co(OH)Cl 沉淀，继续加入 NaOH 可得粉红色 $Co(OH)_2$ 溶液。

(3)为什么 Co(Ⅱ)离子在水溶液中呈不同颜色(粉红色、浅紫色或蓝紫色)?

(4)怎样用实验证明 $Co(OH)_3$，$Ni(OH)_3$ 与浓 HCl 间的反应产物?

(5)用氧化剂 Br_2 氧化制得 $Fe(OH)_3$，$Ni(OH)_3$ 的过程中，应把制得沉淀后的溶液加热至沸(为什么?)，分离后应将沉淀用水洗涤(洗去什么?)，如不这样做对其性质实验将会带来哪些影响?

(二)铁盐的性质

实验与要求：

(1)选用两种合适的氧化剂，证明 Fe^{2+} 具有还原性，写出反应方程式。

(2)选用两种合适的还原剂，证明 Fe^{3+} 具有氧化性，写出反应方程式。

指导与思考：

(1)在 $FeCl_3$ 溶液中加入 H_2S 饱和溶液能否制得 Fe_2S_3 黑色沉淀? 为什么? 怎样才能制得 Fe_2S_3?

(2)为什么不能在水溶液中由 Fe^{3+} 盐和 KI 制得 FeI_3?

(三)铁、钴、镍的配合物

实验与要求：

(1)在 $K_4[Fe(CN)_6]$，$K_3[Fe(CN)_6]$溶液中，分别加入 NaOH，是否有 $Fe(OH)_2$，$Fe(OH)_3$ 沉淀生成? 解释现象?

(2)在 0.5mol · L^{-1} $CoCl_2$ 溶液中加入几滴 1 mol · L^{-1} NH_4Cl 溶液和过量的 6 mol · L^{-1} 氨水，观察$[Co(NH_3)_6]Cl_2$ 溶液的颜色，静置片刻，观察颜色的变化，写出反应方程式，并加以解释。

(3)在 0.5 mol · L^{-1} $NiSO_4$ 溶液中加入少量 2 mol · L^{-1} 氨水，微热，观察绿色 $Ni_2(OH)_2SO_4$ 沉淀的生成，然后加入几滴 2 mol · L^{-1} 氨水和几滴 1 mol · L^{-1} NH_4Cl，观察碱式盐沉淀的溶解和溶液的颜色，写出反应方程式，比较 Co^{2+}，Ni^{2+} 的氨合物在空气中的稳定性。

(4)利用铁、钴、镍形成各种配合物的特征、颜色来鉴定 Fe^{2+}，Fe^{3+}，Co^{2+}，Ni^{2+}。

指导与思考：

(1)Fe^{2+}，Fe^{3+} 能否与氨水形成氨配合物，试用实验说明。

(2)在制取$[Co(NH_3)_6]Cl_2$，$[Ni(NH_3)_4]SO_4$ 时为什么要加 NH_4Cl?

(3)Co^{2+} 溶液中含有少量 Fe^{3+} 时，可采用什么方法来检出 Co^{2+}。

(4)根据 Ni^{2+} 与二乙酰二肟作用的反应方程式，为了使鉴定 Ni^{2+} 的现象更为明显，在鉴定时还应加入何种试剂?

(5) Fe^{2+}, Fe^{3+}, Ni^{2+} 的鉴定可以在点滴板中进行。

五、思考题

(1) 怎样分离和鉴定下列各对离子：

Fe^{3+} 和 Co^{2+}　　　　Fe^{3+} 和 Ni^{2+}

(2) 如果硫酸亚铁溶液已有部分被氧化，应如何处理才能得到较纯的 $FeSO_4 \cdot 7H_2O$ 晶体？

(3) 有一浅紫色晶体：

①取少量晶体溶解于水，观察颜色。

②取少量以上溶液加 NaOH，当沉淀完全后过滤。

③在滤液中加 NaOH 并加热，用湿润 pH 试纸检验产生的气体。

④取少量此溶液加黄血盐，观察产物。

⑤如在此溶液中加入少量 $BaCl_2$ 和稀 HNO_3，将有何现象？

综合以上各步实验现象确定此晶体的分子式（已知此晶体内含 12 个结晶水）。

六、参考文献

(1) 华东化工学院无机化学教研组. 无机化学实验. 3 版. 北京：高等教育出版社，1990.

(2) 武汉大学. 无机化学. 2 版. 北京：高等教育出版社，1988.

3.9　实验 26　铜、银、锌、镉、汞

一、实验目的

(1) 了解铜、银、锌、镉、汞的氧化物或氢氧化物的性质。

(2) 了解 Cu(Ⅰ)-Cu(Ⅱ) 和 Hg(Ⅰ)-Hg(Ⅱ) 之间转化的条件。

(3) 掌握铜、银、锌、镉、汞离子的鉴定方法。

二、实验提要

铜、银是周期系ⅠB 族元素。锌、镉、汞属于ⅡB 族元素。在化合物中，铜的常见氧化值为 +1 和 +2，银的氧化值为 +1，锌、镉的氧化值一般为 +2，汞还有氧化值为 +1 的化合物。

$Cu(OH)_2$ 和 $Zn(OH)_2$ 显两性，$Cd(OH)_2$ 显碱性，$Cu(OH)_2$ 不太稳定，加热或放置而脱水变成 CuO，银和汞的氢氧化物极度不稳定，极易脱水成为 Ag_2O，HgO，Hg_2O(HgO + Hg)。所以在银盐、汞盐溶液中加碱时，得不到氢氧化物，而生成相应的氧化物。

Cu^{2+} 具有氧化性，与 I^- 反应时生成白色 CuI 沉淀：

$$2Cu^{2+} + 4I^- = 2CuI\downarrow + I_2$$

CuI 能溶于过量的 KI 中生成 $[CuI_2]^-$ 配离子：

$$CuI + I^+ = [CuI_2]^-$$

将 $CuCl_2$ 溶液和铜屑混合，加入浓 HCl，加热得棕黄色 $[CuCl_2]^-$ 配离子：

$$Cu^{2+} + Cu + 4Cl^- = 2[CuCl_2]^-$$

生成的 $[CuI_2]^-$ 与 $[CuCl_2]^-$ 都不稳定，将溶液加入水稀释时，又可得到白色 CuI 和 CuCl 沉淀。

在铜盐溶液中加入过量 NaOH，再加入葡萄糖，则 Cu^{2+} 被还原成 Cu_2O 沉淀：

$$2Cu^{2+} + 4OH^- + C_6H_{12}O_6 \xlongequal{\triangle} Cu_2O\downarrow + C_6H_{12}O_7 + 2H_2O$$

在银盐溶液中加入过量氨水，再用甲醛或葡萄糖还原，便可制得银镜：

$$2Ag^+ + 2NH_3 + H_2O = Ag_2O + 2NH_4^+$$

$$Ag_2O + 4NH_3 + H_2O = 2Ag(NH_3)_2^+ + 2OH^-$$

$$2Ag(NH_3)_2^+ + HCHO + 2OH^- = 2Ag\downarrow + HCOONH_4^+ + 3NH_3 + H_2O$$

Cu^{2+}，Ag^+，Zn^{2+}，Cd^{2+} 与过量氨水反应时，分别生成氨配合物。但是 Hg^{2+} 和 Hg_2^{2+} 与过量氨水反应时，在没有大量 NH_4^+ 存在的情况下并不生成氨配离子：

$$HgCl_2 + 2NH_3 = HgNH_2Cl\downarrow(\text{白色}) + NH_4Cl$$

$$Hg_2Cl_2 + 2NH_3 = HgNH_2Cl\downarrow(\text{白色}) + Hg\downarrow(\text{黑色}) + NH_4Cl$$

$$2Hg(NO_3)_2 + 4NH_3 + H_2O = HgO\cdot HgNH_2NO_3\downarrow(\text{白色}) + 3NH_4NO_3$$

$$2Hg_2(NO_3)_2 + 4NH_3 + H_2O = HgO\cdot HgNH_2NO_3\downarrow(\text{白色}) + 2Hg\downarrow(\text{黑色}) + 3NH_4NO_3$$

Hg^{2+}，Hg_2^{2+} 与 I^- 作用，分别生成难溶于水的 HgI_2 和 Hg_2I_2 沉淀。

红色 HgI_2 易溶于过量 KI 中生成 $[HgI_4]^{2-}$：

$$HgI_2 + 2KI = K_2[HgI_4]$$

黄绿色 Hg_2I_2 与过量 KI 发生歧化反应生成 $[HgI_4]^{2-}$ 和 Hg：

$$Hg_2I_2 + 2KI = K_2[HgI_4] + Hg\downarrow$$

卤化银难溶于水，但可通过形成配合物而使之溶解，如：

$$AgCl + 2NH_3 = Ag(NH_3)_2^+ + Cl^-$$

$$AgBr + 2S_2O_3^{2-} = [Ag(S_2O_3)_2]^{3-} + Br^-$$

Cu^{2+} 能与 $K_4[Fe(CN)_6]$ 反应生成红棕色 $Cu_2[Fe(CN)_6]$ 沉淀，通常利用这个反应来鉴定 Cu^{2+}。

Zn^{2+} 在弱碱性溶液中与三苯硫腙反应生成粉红色螯合物，Cd^{2+} 与 H_2S 饱和溶液反应能生成黄色 CdS 沉淀，Hg^{2+} 与 $SnCl_2$ 反应生成白色 Hg_2Cl_2 沉淀，Hg_2Cl_2 与过量 $SnCl_2$ 反应能生成黑色 Hg 单质：

$$2HgCl_2 + SnCl_2 = Hg_2Cl_2\downarrow + SnCl_4$$

$$Hg_2Cl_2 + SnCl_2 = 2Hg\downarrow + SnCl_4$$

通常利用上述特征反应鉴定 Zn^{2+}，Cd^{2+}，Hg^{2+}。

三、仪器试剂

固化药品：铜屑。

酸：HCl（2 mol·L^{-1}，浓）；HNO_3（2 mol·L^{-1}，6 mol·L^{-1}）。

碱：NaOH（2 mol·L^{-1}，6 mol·L^{-1}）；氨水（2 mol·L^{-1}，6 mol·L^{-1}）。

盐：$CuSO_4$；$AgNO_3$；KBr；KI；$K_4[Fe(CN)_6]$；$Na_2S_2O_3$；NaCl；$FeCl_3$；$ZnSO_4$；$CdSO_4$；$Hg(NO_3)_2$；$HgCl_2$；$Hg_2(NO_3)_2$；$SnCl_2$（以上溶液为 0.1 mol·L^{-1}）；$CuCl_2$（1 mol·L^{-1}）；KI（饱和）；KNCS（饱和）。

其他：甲醛（2%）；葡萄糖（10%）；二苯硫腙溶液；H_2S（饱和）。

四、实验内容

(一)氢氧化物或氧化物的酸碱性及氢氧化物的脱水性

实验与要求:

(1)制取 Cu^{2+},Ag^{+},Zn^{2+},Cd^{2+},Hg^{2+},Hg_2^{2+} 的氢氧化物或氧化物,观察其颜色以及在水中的溶解性。

(2)检验氢氧化物或氧化物的酸碱性。

(3)检验并观察氢氧化物的脱水性。

将上述实验所观察到的现象及反应产物填入表3-7中,并对酸碱性及脱水性作出结论。

表3-7　现象及反应产物

项目		Cu^{2+}	Ag^{+}	Zn^{2+}	Cd^{2+}	Hg^{2+}	Hg_2^{2+}
盐+NaOH现象							
氢氧化物或氧化物	+NaOH(现象)						
	+酸(现象)						
结论	酸碱性						
	脱水性						

(4)写出两性氧化物与酸碱作用的反应方程式。

指导与思考:

(1)Hg^{2+}与 Hg_2^{2+} 的盐易水解,应该如何配制 Hg^{2+},Hg_2^{2+} 盐溶液。

(2)应选用何种酸来检验 Ag_2O,HgO,Hg_2O 的碱性?为什么?

(二)铜、银、锌、镉、汞的盐类和氨水的反应

实验与要求:

(1)取一定量 $CuSO_4$,$AgNO_3$,$ZnSO_4$,$CdSO_4$,$Hg_2(NO_3)_2$,$Hg(NO_3)_2$ 溶液,分别加入少量氨水,观察沉淀的生成,然后加入过量氨水,观察沉淀是否溶解?

(2)归纳以上实验结果填写表3-8。

表3-8　实验结果

项　目	$CuSO_4$	$AgNO_3$	$ZnSO_4$	$CdSO_4$	$Hg_2(NO_3)_2$	$Hg(NO_3)_2$
氨水(少量)						
现象						
产物						
氨水(过量)						
现象						
产物						

指导与思考:

(1)以上实验中哪些盐类与氨水形成配合物?

(2)Hg^{2+},Hg_2^{2+} 和氨水反应时,当溶液中存在大量 NH_4^{+} 时将出现怎样的变化?为什么?

(3)为使以上实验有明显效果,应该如何控制试剂用量和选择试剂浓度?

(三)Hg^+,Hg^{2+},Hg_2^{2+} 的其他配合物

实验与要求:

(1)制取少量 AgCl,AgBr,HgI_2,Hg_2I_2,观察这些卤化物的颜色和在水溶液中的溶解性?

(2)选择适当试剂使上述卤化物溶解,用平衡移动的原理解释溶解的原因,并写出反应方程式。

指导与思考:

(1)奈斯勒试剂是用来检验 NH_4^+ 的试剂,其化学组成如何?它是怎样配制的?

(2)根据实验可知,AgCl 溶于 $NH_3 \cdot H_2O$,AgBr 溶于 $Na_2S_2O_3$,AgI 溶于 NaCl,能否比较 $[Ag(NH_3)_2]^+$,$[Ag(S_2O_3)_2^{3-}]^{2-}$ 与 $[Ag(CN)_2]^-$ 配离子的相对稳定性?为什么?

(四)Ag^+,Cu^{2+} 的氧化性和 Cu^+ 配合物的生成

实验与要求:

(1)制取少量银镜,说明银离子的性质。

(2)制取少量氧化亚铜,说明 Cu^{2+} 的性质。

(3)用合适的试剂实现下列转化:

①$Cu^{2+} \xrightarrow{+[\quad]} CuI + I_2$ —— 溶液(是什么)?;沉淀 $\xrightarrow[\text{洗去什么?}]{\text{洗涤}} CuI^-$ —— $\xrightarrow{+[\quad]} [CuI_2]^- \xrightarrow{+[\quad]} CuI$;$\xrightarrow{+[\quad]} [Cu(NCS)_2]^- \xrightarrow{+[\quad]} CuNCS\downarrow$

②$Cu^{2+} \xrightarrow[\triangle]{+[\quad]+[\quad]} [CuCl_2]^- \xrightarrow{+[\quad]} CuCl\downarrow$

观察各步反应的现象,写出各步反应方程式,根据实验现象说明 Cu^{2+} 的性质以及 Cu^+ 配合物形成的条件及其稳定性。

指导与思考:

(1)在制取银镜时,为什么先由 $AgNO_3$ 制成 $[Ag(NH_3)_2]^+$,然后再用甲醛还原,如用还原剂直接还原 $AgNO_3$ 能否制取银镜,为什么?

(2)制得的银镜要回收,应选用什么试剂将银溶解?

(3)在上述转化反应中,所选择的试剂不仅要使反应现象明显,而且还应严格控制其浓度。

(五)离子的分离和鉴定

实验与要求:

(1)利用离子的特征反应鉴定 Cu^{2+},Ag^+,Zn^{2+},Cd^{2+},Hg^{2+} 等离子。

(2)试设计 Zn^{2+},Cd^{2+},Hg^{2+} 混合溶液的分离方案并逐个进行鉴定。

指导与思考:

(1)实验室中用的二苯硫腙是其溶于 CCl_4 中配制而成的溶液(呈绿色),在强碱性条件下与 Zn^{2+} 反应生成螯合物,在水层中呈粉红色,在 CCl_4 层中呈棕色。

(2)Fe^{3+} 的存在能干扰 Cu^{2+} 的鉴定。怎样排除 Fe^{3+} 的干扰?

(3)黄铜是铜和锌的合金,怎样用化学方法进行鉴定?

(4)有三个同学分别采用了三种方法分离 Zn^{2+},Cd^{2+},Hg^{2+}。

甲:用过量 NaOH 将 Zn^{2+} 分离,然后在沉淀中加入过量氨水,将 Cd^{2+} 与 Hg^{2+} 分离(Cd^{2+} 与 Hg^{2+} 能否分离)。

乙:用过量氨水将 Hg^{2+} 分离(Hg^{2+} 是否能与 Zn^{2+},Cd^{2+} 分开),然后在溶液中加入过量 NaOH 将 Zn^{2+} 与 Cd^{2+} 分离。

丙:通 H_2S 于酸化了的混合液中将 Zn^{2+} 分离,然后在沉淀中加入 HNO_3 将 Cd^{2+},Hg^{2+} 分离。

这三种方法是否合理? 为什么? 你将采用什么方法?

五、思考题

(1) AgCl,Hg_2Cl_2 都为不溶于水的白色沉淀,如何进行鉴别?

(2)请至少用两种方法鉴别 $Hg(NO_3)_2$,$Hg_2(NO_3)_2$ 和 $AgNO_3$ 溶液。

六、参考文献

(1)华东化工学院无机化学教研组. 无机化学实验. 3 版. 北京:高等教育出版社,1990.

(2)武汉大学. 无机化学. 2 版. 北京:高等教育出版社,1988.

3.10　实验27　常见阳离子的分离与鉴定

一、实验目的

(1)掌握常见阳离子的鉴定方法。

(2)学习定性分析的基本操作技能。

二、实验提要

阳离子的种类较多,常见的有20多种,个别定性检出时,容易发生相互干扰,所以一般阳离子分析都是利用阳离子的某些共同特性,先分成几组,然后再根据阳离子的个别特性加以检出。凡能使一组阳离子在适当的反应条件下生成沉淀而与其他组阳离子分离的试剂称为组试剂。利用不同的组试剂把阳离子逐组分离,再进行检出的方法叫做阳离子的系统分析。以往阳离子的分析大都采用经典的硫化氢系统分析法,其原理是根据阳离子的硫化物以及它们的氯化物、碳酸盐等溶解度的不同,用不同的组试剂把阳离子分成五组,然后再分别加以检出。

硫化氢系统分析法的优点是系统性强,分离方法比较严密,并可与溶度积等基本概念较好地配合,不足之处是与化合物的两性及形成配合物的性质等方面联系较少。另外,此法由于操作步骤繁杂,分析花费时间较多,硫化氢污染空气等缺点的存在,许多化学家提出了各种新的分析方法。为使学生学到的无机化学理论知识和元素及化合物性质能得到反复巩固,本实验将常见的20多种阳离子分为六组。

第一组(易溶组):NH_4^+,K^+,Na^+,Mg^{2+};

第二组(氯化物组):Ag^+,Hg_2^{2+},Pb^{2+};

第三组(硫酸盐组):Ba^{2+},Ca^{2+},Pb^{2+}

第四组(氨合物组):Cu^{2+},Cd^{2+},Zn^{2+},Co^{2+},Ni^{2+};

第五组(两性组):Al^{3+},Cr^{3+},$Sb^{Ⅲ,Ⅵ}$,$Sn^{Ⅱ,Ⅳ}$;

第六组(氢氧化物组):Fe^{2+},Fe^{3+},Bi^{3+},Mn^{2+},Hg^{2+}。

然后再根据各组离子的特性,加以分离和鉴定,其分离方法见图3-2。

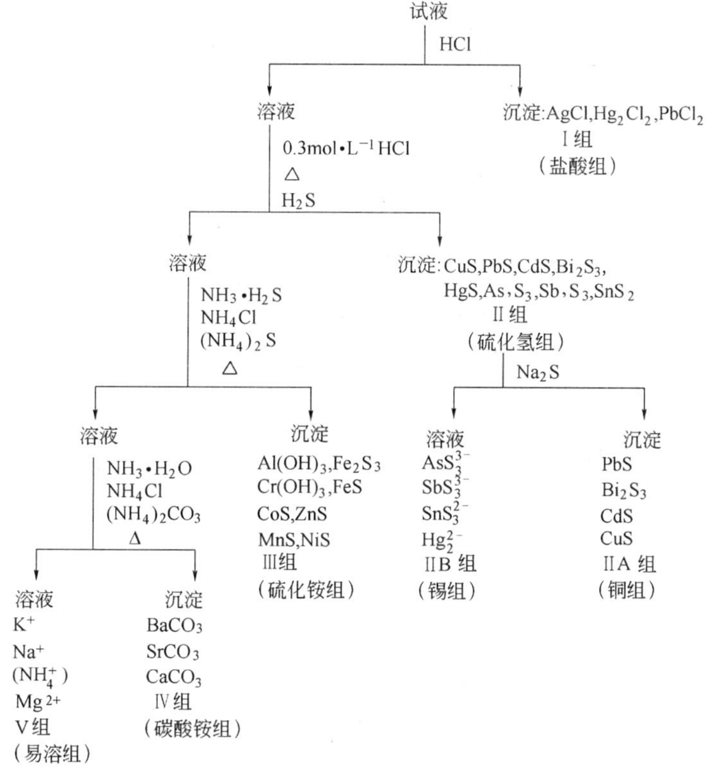

图3-2　阳离子的分离方法

(一)第一组——易溶组阳离子的分析和鉴定(图3-3)

本组阳离子包括NH_4^+,K^+,Na^+,Mg^{2+},它们的盐大多数可溶于水,没有一种共同的试剂可以作为组试剂,因而采用个别鉴定的方法,将它们加以检出。

1. NH_4^+ 的鉴定

取试液3~4滴,参阅实验6中NH_4^+的鉴定。

2. K^+的鉴定

取试液3~4滴,加入4~5滴$Na_3[Co(NO_2)_6]$溶液,用玻璃棒搅拌,并摩擦试管内壁,片刻后,如有黄色沉淀生成,表示有K^+存在,其反应如下:

$$2K^+ + Na^+ + Co(NO_2)_6^{3-} \xlongequal{} K_2Na[Co(NO_2)_6]\downarrow$$

NH_4^+ 与 $Na_3[Co(NO_2)_6]$ 作用也能生成黄色沉淀，会干扰 K^+ 的鉴定，应预先用灼烧法除去。

3. Na^+ 的鉴定

取试液 3 ~4 滴，加 6 mol · L^{-1}HAc 1 滴及乙酸铀酰锌溶液 7 ~8 滴，用玻璃棒在试管内壁摩擦，如有黄色晶体沉淀，表示有 Na^+ 存在，其反应如下：

$$Na^+ + Zn^{2+} + 3UO_2^{2+} + 9Ac^- + 9H_2O = NaAc \cdot ZnAc_2 \cdot 3UO_2Ac_2 \cdot 9H_2O \downarrow$$

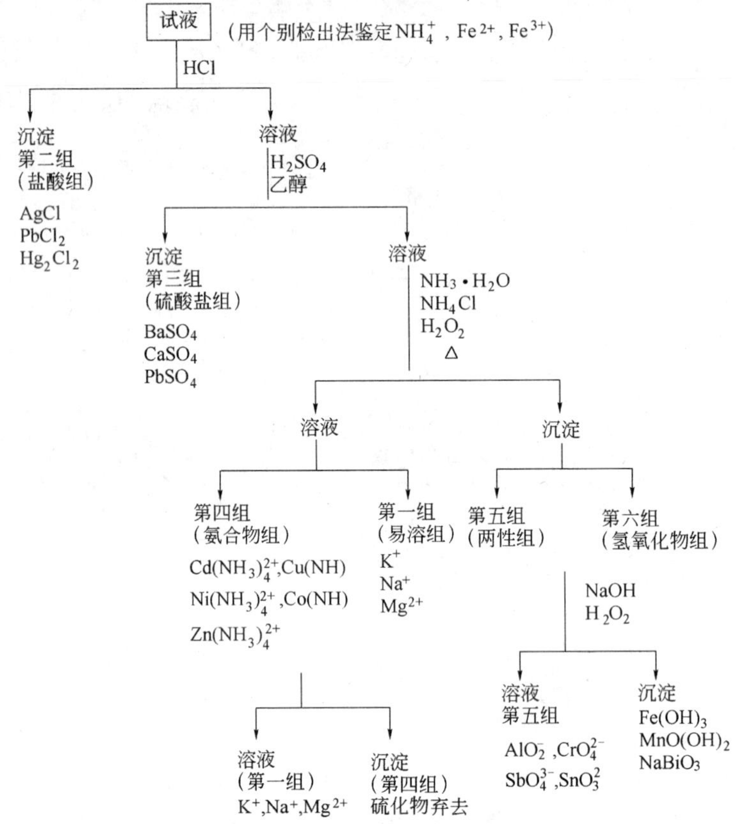

图 3 -3　第一组阳离子的分析步骤

4. Mg^{2+} 的鉴定

取试液 1 滴，加入 6 mol · L^{-1}NaOH 及镁试剂各 1 ~2 滴，搅拌后，如有蓝色沉淀生成，表示有 Mg^{2+} 存在。

（二）第二组——氯化物组阳离子的分析的鉴定（图 3 -4）

本组阳离子包括 Ag^+，Hg_2^{2+}，Pb^{2+}，它们的氯化物不溶于水，其中 $PbCl_2$ 可溶于 NH_4Ac 和热水中，而 AgCl 可溶于 $NH_3 \cdot H_2O$ 中，因此检验这三种离子时，可先把这些离子沉淀为氯化物，然后再进行鉴定反应。

取分析试液 20 滴，加入 2 mol · L^{-1}HCl 至沉淀完全（若无沉淀，表示无本组阳离子存在），离心分离。沉淀用 1 mol · L^{-1}HCl 数滴洗涤后按下法鉴定 Pb^{2+}，Ag^+，Hg_2^{2+} 的存在（离心液保留作其他离子的分离鉴定用)。

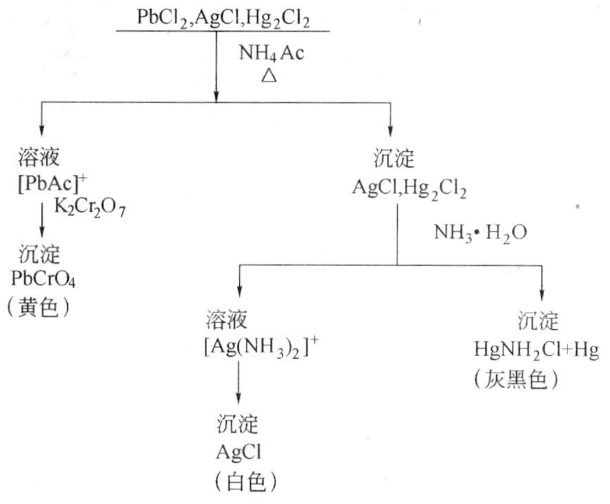

图 3-4 第二组阳离子的分析步骤

1. Pb^{2+} 的鉴定

将上面得到的沉淀加入 3 mol · L^{-1} NH_4Ac 5 滴,在水浴中加热搅拌,趁热离心分离,在离心液中加入 $K_2Cr_2O_7$ 或 K_2CrO_4 2~3 滴,生成黄色沉淀表示有 Pb^{2+} 存在。沉淀用 3 mol · L^{-1} NH_4Ac 溶液数滴加热洗涤除去 Pb^{2+},离心分离后,保留沉淀作 Ag^+ 和 Hg_2^{2+} 的鉴定。

$$PbCl_2 + Ac^- = [PbAc]^+ + 2Cl^-$$

$$2[PbAc]^+ + Cr_2O_7^{2-} + 2H_2O = PbCrO_4 \downarrow + 2HAc$$

2. Ag^+ 和 Hg_2^{2+} 的分离和鉴定

取上面保留的沉淀,滴加 $NH_3 \cdot H_2O$ 5~6 滴,不断搅拌,沉淀变为灰黑色,表示有 Hg_2^{2+} 存在。反应如下:

$$Hg_2Cl_2 + 2NH_3 = HgNH_2Cl \downarrow + Hg \downarrow + NH_4^+ + Cl^-$$

离心分离,在离心液中滴加 HNO_3 酸化,如有白色沉淀产生,表示有 Ag^+ 存在。反应如下:

$$AgCl + 2NH_3 = [Ag(NH_3)_2]^+ + Cl^-$$

$$[Ag(NH_3)_2]^+ + Cl^- + 2H^+ = AgCl \downarrow + 2NH_4^+$$

(三)第三组——硫酸盐组阳离子的分离和鉴定(图 3-5)

本组阳离子包括 Ba^{2+},Ca^{2+},Pb^{2+},它们的硫酸盐都不溶于水,但在水中的溶解度差异较大。在溶液中生成沉淀的情况不同,Ba^{2+} 能立即析出 $BaSO_4$ 沉淀,Pb^{2+} 比较缓慢地生成 $PbSO_4$ 沉淀,$CaSO_4$ 溶解度稍大,Ca^{2+} 只在浓的 Na_2SO_4 溶液中生成 $CaSO_4$ 沉淀,但加入乙醇后溶解度显著降低。

用饱和 Na_2CO_3 溶液加热处理这些硫酸盐时,可发生下列转化:

$$MSO_4 + CO_3^{2-} = MCO_3 + SO_4^{2-}$$

即使 $BaSO_4$ 的溶解度小于 $BaCO_3$,但用饱和 Na_2CO_3 反复加热处理,大部分 $BaSO_4$ 亦可转化为 $BaCO_3$。这三种碳酸盐都能溶于 HAc 中。

硫酸盐组阳离子与可溶性草酸盐如 $(NH_4)_2C_2O_4$ 作用生成白色沉淀,其中 BaC_2O_4 的溶解度较大,能溶于 HAc。当 EDTA 存在时(pH 值为 4.5~5.5),Ca^{2+} 仍可与 $C_2O_4^{2-}$ 沉淀,而 Pb^{2+}

因与 EDTA 生成稳定的配合物不能产生沉淀，利用这个性质可以使 Pb^{2+} 和 Ca^{2+} 分离。

取 Ca^{2+}，Ba^{2+}，Pb^{2+} 混合试液 20 滴（或上面分离第二组保留的溶液）在水浴中加热，逐滴加入 1 $mol\cdot L^{-1}H_2SO_4$ 至沉淀后，再过量数滴（若无沉淀，表示无本组离子存在），加入 95% 乙醇 4 ~ 5 滴，静置 3 ~ 5min，冷却后离心分离（离心液保留作其他组阳离子的分析），沉淀用混合溶液（10 滴 1 $mol\cdot L^{-1}H_2SO_4$ 加入乙醇 3 ~ 4 滴）洗涤 1 ~ 2 次后，弃去洗涤液，在沉淀中加入 3 $mol\cdot L^{-1}$ NH_4Ac 7 ~ 8 滴，加热搅拌，离心分离，离心液按第二组鉴定 Pb^{2+} 的方法鉴定 Pb^{2+} 的存在。

沉淀中加入 10 滴饱和 Na_2CO_3 溶液，置沸水浴中加热搅拌 1 ~ 2min，离心分离，弃去离心液，沉淀再用饱和 Na_2CO_3 同样处理两次后，用约 10 滴蒸馏水洗涤一次，弃去洗涤液，沉淀用数滴 HAc 溶解后，加入 $NH_3\cdot H_2O$ 调节 pH 值为 4 ~ 5，加入 $K_2Cr_2O_7$ 2 ~ 3 滴，加热搅拌，生成黄色沉淀，表示有 Ba^{2+} 存在。

离心分离，在离心液中加入饱和 $(NH_4)_2C_2O_4$ 溶液 2 ~ 3 滴，温热后，慢慢生成白色沉淀，表示有 Ca^{2+} 存在。

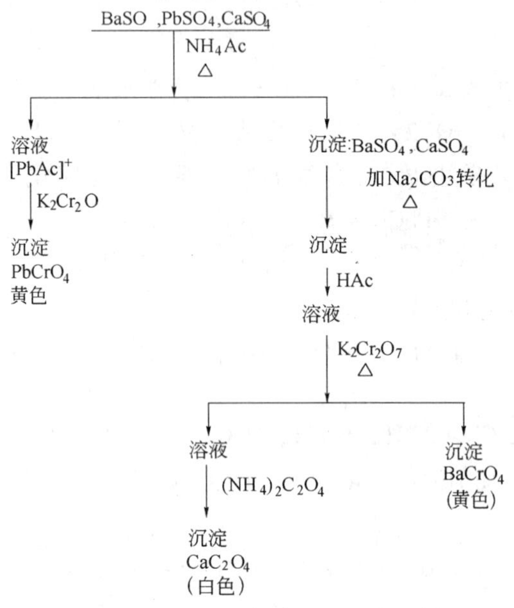

图 3 - 5　第三组阳离子的分析步骤

（四）第四组——氨合物组阳离子的分离和鉴定（图 3 - 6）

本组阳离子包括 Cu^{2+}，Cd^{2+}，Zn^{2+}，Co^{2+}，Ni^{2+} 等离子，它们和过量的氨水都能生成相应的氨合物，故本组称为氨合物组。Fe^{3+}，Al^{3+}，Mn^{2+}，Cr^{3+}，Bi^{3+}，Sb^{3+}，Sn^{3+}，Hg^{2+} 等离子在过量氨水中因生成氢氧化物沉淀与本组阳离子分离（当大量铵离子存在时，Hg^{2+} 将和氨水形成汞氨配离子 $[Hg(NH_3)_4]^{2+}$ 而进入氨合物组）。由于 $Al(OH)_3$ 是典型的两性氢氧化物，能部分溶解在过量氨水中，因此加入铵盐如 NH_4Cl 使 OH^- 的浓度降低，可以防止 $Al(OH)_3$ 的溶解。但是由于降低 OH^- 浓度，Mn^{2+} 也不能形成氢氧化物沉淀。如在溶液中加入 H_2O_2，则 Mn^{2+} 可被氧化而生成溶解度小的 $MO(OH)_2$ 棕色沉淀。因此本组阳离子的分离条件为：在适量 NH_4Cl 存在时，加入过量氨水和 H_2O_2，这时本组阳离子因形成氨合物而和其他阳离子分离。

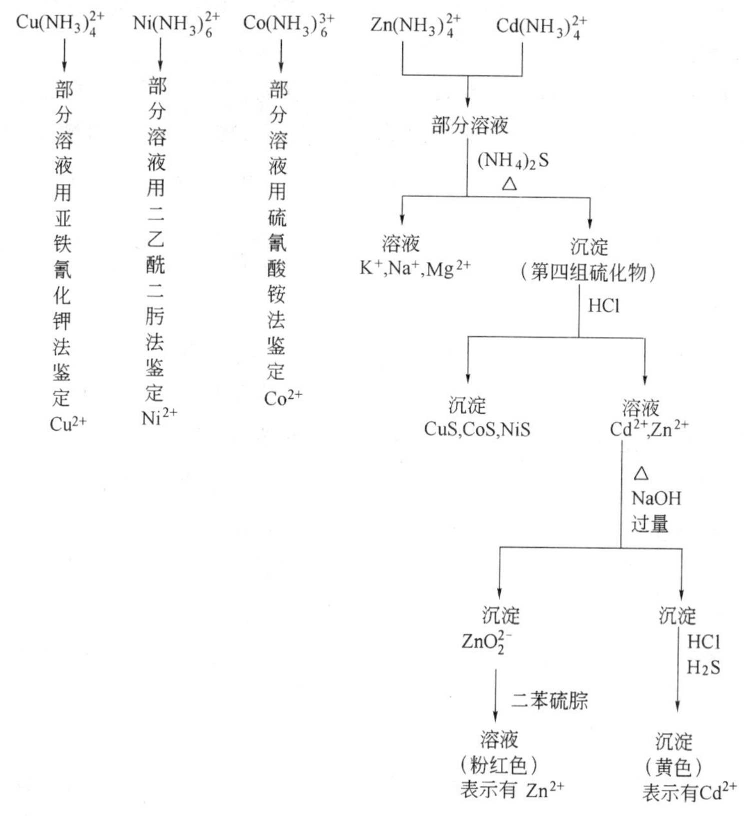

图3-6 第四组阳离子的分析步骤

取本组混合试液20滴(或上面分离第三组保留的离心液),加入3 mol · L^{-1} NH_4Cl 2滴,3% H_2O_2 3~4滴,用浓氨水碱化后,在水浴中加热,再滴加浓氨水,每加一滴应立即搅拌,注意有无沉淀生成,如有沉淀,再加入浓氨水,搅拌后注意沉淀是否溶解(如果沉淀溶解或氨水碱化时不生成沉淀,则表示Bi^{3+}, Sb^{3+}, Sn^{2+}, Cr^{3+}, Fe^{3+}, Al^{3+}等离子不存在,为什么?)。继续在水浴中加热1 min,取出冷却后离心分离(沉淀保留作其他阳离子的分析),离心液按下法鉴定Cu^{2+}, Cd^{2+}, Ni^{2+}等离子。

1. Cu^{2+}的鉴定

取离心液2~3滴,加入HAc酸化后,加入$K_4[Fe(CN)_6]$溶液1~2滴,生成红棕色(豆沙色)沉淀,表示有Cu^{2+}存在。

2. Co^{2+}的鉴定

取离心液2~3滴,用HCl酸化,加入新配制的$SnCl_2$ 2~3滴,饱和NH_4SCN溶液2~3滴,戊醇5~6滴,搅拌后,有机层显蓝色,表示有Co^{2+}存在。

3. Ni^{2+}的鉴定

取离心液2滴,加二乙酰二肟溶液1滴,戊醇5滴,搅拌后,出现红色,表示有Ni^{2+}存在。

4. Zn^{2+}, Cd^{2+}的分离和鉴定

取离心液15滴,在沸水浴中加热近沸,加入$(NH_4)_2S$溶液5~6滴,搅拌,加热至沉淀凝聚

再继续加热 3 ~4min，离心分离(沉淀是哪些硫化物？为什么要长时间加热？离心液可保留用来鉴定第一组阳离子 K^+，Na^+，Mg^{2+} 的存在)。

沉淀用 0.1 mol · L^{-1} NH_4Cl 溶液数滴洗涤，离心分离，弃去洗涤液，在沉淀中加入 2 mol · L^{-1} HCl 4 ~5 滴，充分搅拌片刻(哪些硫化物可以溶解?)，离心分离，将离心液在沸水浴中加热，除尽 H_2S 后(为什么必需除尽 H_2S?)，用 6 mol · L^{-1} NaOH 碱化并过量 2 ~3 滴，搅拌，离心分离(离心液是什么，沉淀是什么?)。

取离心液 5 滴加入二苯硫腙 10 滴，搅拌，并在水浴中加热，溶液呈粉红色，表示有 Zn^{2+} 存在。

沉淀用蒸馏水数滴洗涤 1 ~2 次后，离心分离。弃去洗涤液，沉淀用 2 mol · L^{-1} HCl 3 ~4 滴搅拌溶解，然后加入等体积的饱和 H_2S 溶液，如有黄色沉淀生成，表示有 Cd^{2+} 存在。

(五)第五组(两性组)和第六组(氢氧化物组)——阳离子的分离和鉴定

第五组(两性组)阳离子有 Al，Cr，Sb，Sn 等元素的离子。第六组(氢氧化物组)阳离子有 Fe，Mn，Bi，Hg 等元素的离子。这两组阳离子主要存在于分离第四组(氨合物组)后的沉淀中，利用 Al，Cr，Sb，Sn 的氢氧化物的两性性质，用过量碱可将这两组离子分离。

1. 第五组(两性组)和第六组(氢氧化物组)阳离子的分离

取第五、六两组混合离子试液 20 滴在水浴中加热，加入 3 mol · L^{-1} NH_4Cl 2 滴，3% H_2O_2 3 ~4 滴，逐滴加入浓氨水至沉淀完全，离心分离弃去离心液(沉淀是什么?)。

在所得的沉淀(或分离第四组阳离子后保留的沉淀)中加入 3% H_2O_2 溶液 3 ~4 滴，6 mol · L^{-1} NaOH 溶液 15 滴，搅拌后，在沸浴中加热搅拌 3 ~5min，使 CrO_2^- 氧化为 CrO_4^{2-} 并破坏过量的 H_2O_2，离心分离，离心液作鉴定第五组阳离子用，沉淀作鉴定第六组阳离子用。

2. 第五组阳离子 Cr^{3+}，Al^{3+}，Sb^{V}，Sn^{IV} 的鉴定

(1) Cr^{3+} 的鉴定。取离心液 2 滴，加入乙醚 5 滴，逐滴加入浓 HNO_3 酸化，加 3% H_2O_2 2 ~3 滴，振荡试管，乙醚层出现蓝色，表示有 Cr^{3+} 存在。

(2) Al^{3+}，Sb^{V} 和 Sn^{IV} 的鉴定。将剩余离心液用 H_2SO_4 酸化，然后用氨水碱化并多加几滴，离心分离，弃去离心液，沉淀中滴加 0.1 mol · L^{-1} NaAc 溶液 3 滴，铝试剂溶液 2 滴，搅拌，在沸水浴中加热1 ~2min，如有红色絮状沉淀出现，表示有 Al^{3+} 存在。

离心液用 HCl 逐滴中和至呈酸性后，离心分离，弃去离心液(沉淀是什么?)。在沉淀中加入浓 HCl 15 滴，在沸水浴中加热充分搅拌，除尽 H_2S 后，离心分离弃去不溶物(可能为硫)，离心液供鉴定 Sb^{V} 和 Sn^{IV} 用。

Sn^{IV} 的鉴定:取上述离心液 10 滴，加入 Al 片或少许 Mg 粉，在水浴中加热使之溶解完全后，再加浓 HCl 1 滴，$HgCl_2$ 2 滴，搅拌，若白色或灰黑色沉淀析出，表示有 Sn^{IV} 存在。

Sb^{V} 的鉴定:取上述离心液 1 滴，于光亮的锡箔上放置约 2 ~3min，如锡片上出现黑色斑点，表示有 Sb^{V} 存在。

3. 第六组阳离子的鉴定

取前面保留作鉴定本组阳离子的沉淀，加入 3 mol · L^{-1} H_2SO_4 10 滴，3% H_2O_2 2 ~3 滴，在充分搅拌下，加热 3 ~5min，以溶解沉淀和破坏过量的 H_2O_2，离心分离，弃去不溶物，离心液供下面 Mn^{2+}，Bi^{3+}，Hg^{2+} 和 Fe^{3+} 的鉴定。

(1) Mn^{2+} 的鉴定:取离心液 2 滴,加入 HNO_3 数滴。加入少量 $NaBiO_3$ 固体(约火柴头大小),搅拌,离心沉降,如溶液呈紫红色,表示有 Mn^{2+} 存在。

(2) Bi^{3+} 的鉴定:取离心液 2 滴,加入亚锡酸钠溶液(自己配制)数滴,若有黑色沉淀,表示有 Bi^{3+} 存在。

(3) Hg^{2+} 的鉴定:取离心液 2 滴,加入新鲜配制的 $SnCl_2$ 数滴,若有白色或灰黑色沉淀析出,表示有 Hg^{2+} 存在。

(4) Fe^{3+} 的鉴定:取离心液 1 滴,加入 KSCN 溶液,如溶液显红色,表示有 Fe^{3+} 存在。

三、仪器试剂

固体药品: $NaBiO_3$;铝片;锡片。

酸: $HCl(2\ mol \cdot L^{-1})$; $HNO_3(6\ mol \cdot L^{-1}$,浓); $HAc(6\ mol \cdot L^{-1})$; $H_2SO_4(1\ mol \cdot L^{-1}, 3\ mol \cdot L^{-1})$。

碱: $NH_3 \cdot H_2O(6\ mol \cdot L^{-1}$,浓); $NaOH(6\ mol \cdot L^{-1})$。

盐: $K_2Cr_2O_7$; K_2CrO_4; $K_4[Fe(CN)_6]$; $SnCl_2$; KNCS; $HgCl_2$(以上溶液均为 $0.1\ mol \cdot L^{-1}$); KNCS(饱和); $NH_4Ac(3\ mol \cdot L^{-1})$; $NaAc(3\ mol \cdot L^{-1})$; $NH_4Cl(3\ mol \cdot L^{-1})$; $(NH_4)_2S(6\ mol \cdot L^{-1})$。

其他: H_2O_2(3%); H_2S(饱和);乙醇(95%);戊醇;二乙酰二肟;二苯硫腙;乙醚丙酮;铝试剂。

材料:pH 试纸。

四、参考文献

(1)华东化工学院无机化学教研组. 无机化学实验. 3 版. 北京:高等教育出版社,1990.

(2)武汉大学. 无机化学. 2 版. 北京:高等教育出版社,1988.

3.11 实验 28 有机官能团的性质实验

一、实验目的

(1)验证并巩固有机化合物官能团的主要化学性质。

(2)加深对有机物结构与性质之间的关系的理解。

(3)熟悉常见有机物官能团的定性检验方法。

二、实验原理

有机反应大多是分子反应,分子中直接发生变化的部位一般局限在官能团上。不同类型的官能团,由于结构不同,表现出不同的特征反应。通过各种官能团所具有的特征反应现象,能够验证各类官能团的性质。

官能团的定性检验正是利用有机化合物中各官能团所具有的不同特性,能与某些试剂作用产生特殊的颜色或沉淀、气体等现象,而与其他有机物区别开来。所以定性实验要求反应迅速,结果明显,而且对某一官能团有专一性。但是,具有同一官能团的不同化合物由于受到分子中其他部分的影响不同,反应性能不可能完全相同;此外,在定性实验中还存在不少干扰因素,因此在有机物定性检验中常用几种方法来检验同一种官能团。

三、仪器试剂

(一)仪器

烧杯;试管;试管架;试管夹;石棉网;酒精灯;铁架台;显微镜。

(二)试剂

$KMnO_4$(0.5%);松节油;NaOH(5%,10%,40%);$FeCl_3$(5%);Br_2 的 CCl_4 溶液(3%);HCl(5%,10%,浓);C_6H_5Cl 的 C_2H_5OH 溶液(20%);$CH_3CH_2CH_2Cl$ 的 C_2H_5OH 溶液(20%);C_6H_5OH(5%);酚酞;邻苯二酚(5%);β－萘酚(5%);C_6H_6;H_2SO_4(10%,浓);HNO_3(10%,浓);$C_6H_5CH_3$;甘油;$CH_2=CHCH_2Cl$ 的 C_2H_5OH 溶液(20%);$CH_3CH_2CH_2CH_2OH$;$CH_3CH(OH)CH_2CH_3$;$(CH_3)_3COH$;C_2H_5OH(95%);溴水(饱和);$AgNO_3$ 的 C_2H_5OH 溶液(饱和);$K_2Cr_2O_7$ 的浓 H_2SO_4 溶液;C_6H_5CHO;HCHO;$CuSO_4$ (1%,5%);CH_3CHO;CH_3COCH_3;$(CH_3)_2CHOH$;乙酰乙酸乙酯;斐林试剂Ⅰ;斐林试剂Ⅱ;碘液;$AgNO_3$(5%,2%);2,4－二硝基苯肼;CH_3COOH(10%);$NH_3 \cdot H_2O$(浓);HCOOH(10%);$NaNO_2$(0.2%);CH_3NH_2 溶液;$C_6H_5NH_2$;CH_3CONH_2;HOOC—COOH(10%);对氨基苯磺酸;H_2NCONH_2;红色石蕊试纸;甲苯橙指示剂;酚酞指示剂;葡萄糖溶液(4%);果糖溶液(4%);麦芽糖溶液(4%);蔗糖溶液(4%);茚三酮溶液(1%);淀粉溶液(2%);苦味酸饱和溶液;HAc 溶液(1%);$HgCl_2$ 饱和溶液;甘氨酸溶液(2%);α－萘酚乙醇溶液;冰乙酸;HAc(3 $mol \cdot L^{-3}$);H_2SO_4(浓);蛋白质溶液;淀粉(固体);鞣酸溶液(10%);米隆(Millon)试剂;苯肼试剂;$(NH_4)_2SO_4$(固体)。

四、实验内容

(一)烯烃的性质

(1)加成反应。取一支试管加入2滴3% Br_2 的 CCl_4 溶液,然后逐滴加入4滴松节油[5]振摇,观察其颜色变化。

(2)氧化反应。取一支试管加入5滴0.5% $KMnO_4$ 溶液,然后逐滴加入3~4滴松节油,振摇,观察是否有颜色变化和沉淀产生。

(二)芳香烃的性质

(1)硝化反应。取一干燥试管加入10滴浓 H_2SO_4,5滴浓 HNO_3,充分混合,待试管冷却后再加入10滴 C_6H_6,在50~60℃的水浴中加热10min,将其倒入盛有5mL H_2O 的小烧杯中,观察生成物是什么颜色的油状物,产物是什么?

(2)氧化反应。取两支干燥试管,各加入2滴0.5% $KMnO_4$ 溶液和10滴10% H_2SO_4,然后在其中一支试管中加入5滴 C_6H_6,在另一支试管中加入5滴 $C_6H_5CH_3$,摇匀。将两支试管置于60℃水浴中加热,观察颜色是否变化?为什么?

(三)卤代烃的性质

取三支干燥试管,分别加入2滴20% C_6H_5Cl 的 C_2H_5OH 溶液、2滴20% $CH_3CH_2CH_2Cl$ 的

C_2H_5OH溶液、2滴20% $CH_2=CHCH_2Cl$的C_2H_5OH溶液，再各加入2～4滴饱和$AgNO_3$的C_2H_5OH溶液，充分摇匀，观察有无沉淀生成。将无沉淀生成的试管置于水浴中加热5min，再观察是否有沉淀生成。从中归纳不同结构卤代烃中卤原子的活泼次序。

（四）醇、酚的性质

（1）伯、仲、叔、醇的氧化反应。取三支试管，分别加入5滴$CH_3CH_2CH_2CH_2OH$、5滴$CH_3CH(OH)CH_2CH_3$、5滴$(CH_3)_3COH$，然后各加入4滴新配制的$K_2Cr_2O_7$的浓H_2SO_4溶液[2]，摇匀，置于水浴中微热，观察颜色变化，由此证明哪些醇能被氧化。

（2）多元醇与$Cu(OH)_2$的作用。取两支试管分别加入5滴5% $CuSO_4$及10% NaOH溶液，摇匀后，在一支试管中加入1 mL 95% C_2H_5OH，在另一支试管中加入1mL甘油，摇匀。观察现象并比较结果。

（3）酸性实验。取两支试管，各加入10滴蒸馏水、1滴酚酞和1滴5% NaOH，摇匀，溶液呈桃红色。然后在一支试管中逐滴加入15滴95% C_2H_5OH，在另一支试管中逐滴加入15滴5% C_6H_5OH，摇匀。观察颜色是否变化？为什么？

（4）酚与$FeCl_3$的呈色反应。取三支试管，分别加入2滴5% C_6H_5OH溶液、5%邻苯二酚溶液、5% β－萘酚溶液，然后各加入2滴5% $FeCl_3$溶液，观察颜色变化。

（5）C_6H_5OH的溴代反应。取一支试管加入5% C_6H_5OH溶液，然后逐滴加入饱和溴水，并不断振摇试管，直到刚好生成白色沉淀为止，写出反应式。

（五）醛、酮的性质

（1）与2,4－二硝基苯肼的反应。取三支试管，各加入5滴2,4－二硝基苯肼，然后分别加入1～2滴HCHO，CH_3COCH_3，C_6H_5CHO溶液，微微振荡，观察是否有沉淀产生。

（2）与托伦（Tollen）试剂的反应。在一支洁净的试管中加入3mL 5% $AgNO_3$溶液及2滴10% NaOH溶液，然后滴加浓$NH_3 \cdot H_2O$，直至沉淀恰好溶解为止。将上述溶液分置三支试管中，分别滴加10滴CH_3CHO，10滴CH_3COCH_3，1滴C_6H_5CHO，摇匀后放水浴上加热，观察现象。

（3）与斐林（Fehling）试剂的反应。取四支试管，各加入5滴斐林试剂Ⅰ和5滴斐林试剂Ⅱ[3]，摇匀，得深蓝色透明的液体。然后分别加入10滴HCHO，CH_3CHO，C_6H_5CHO，CH_3COCH_3溶液，摇匀，置于沸水浴中加热3min。观察溶液颜色有无变化，有无沉淀产生。

（4）碘仿反应。取四支试管，分别加入10滴95% C_2H_5OH，CH_3COCH_3，$(CH_3)_2CHOH$，CH_3CHO，再各加入6滴碘液[4]，然后边摇边逐滴加入5% NaOH溶液至棕色刚好褪去，观察是否有黄色沉淀生成？若无沉淀生成，置于水浴中微热后，再观察有无沉淀生成（从中归纳出发生碘仿反应的化合物的结构特点）。

（5）羟醛缩合反应。取一支试管加入8滴10% NaOH溶液和10滴CH_3CHO，摇匀。置于酒精灯上加热至沸腾，观察反应现象。

CH_3CHO，即含α－H的醛，在稀碱条件下能起羟醛缩合反应，缩合产物受热后脱水生成烯醛，烯醛可进一步发生聚合生成有颜色的树脂状物。

（六）羧酸的性质

（1）HCOOH和HOOC—COOH的还原性。取三支试管，各加入2滴0.5% $KMnO_4$溶液和

5 滴蒸馏水,然后分别加入 10% HCOOH,10% CH_3COOH 和 10% HOOCCOOH溶液,摇匀,置于沸水浴中加热,观察现象并作解释。

(2)乙酰乙酸乙酯的酮型和烯醇型互变:

①酮型反应。取一支试管加入 10 滴 2,4 - 二硝基苯肼、2 滴乙酰乙酸乙酯溶液,观察现象。

②烯醇型反应。取一支试管加入 3 滴乙酰乙酸乙酯溶液,慢慢加入 1 ~ 2 滴饱和溴水,观察有何现象? 为什么?

③酮型与烯醇型互变。取一支试管加入 10 滴蒸馏水,3 滴乙酰乙酸乙酯溶液,振荡。加入 1 滴 5% $FeCl_3$,摇匀,观察颜色变化(呈紫红色)。然后再滴加饱和溴水(用量不可太多),摇匀,可观察到紫红色褪去,放置一会儿,再观察颜色是否重现。解释原因。

(七)胺及酰胺的性质

(1)碱性及成盐反应:

①取一支试管,加入 2 滴 CH_3NH_2[5] 溶液,1 滴酚酞溶液,观察现象。然后再逐滴加入 5% HCl 溶液,又有何变化?

②取一支试管,加入 3 滴 $C_6H_5NH_2$,10 滴蒸馏水,此时 $C_6H_5NH_2$ 溶解吗? 然后再逐滴加入浓 HCl(边滴边摇),观察现象。

(2)重氮化反应和偶合反应。取一支试管,加入 3 滴对氨基苯磺酸、3 滴 10% HCl 溶液,摇匀,置于冰水浴中冷却,然后向此溶液中慢慢滴加 3 滴 0.2% $NaNO_2$,摇匀,即制得重氮盐溶液。然后另取一支试管,加入 0.2g β - 萘酚,再加入 10% NaOH 溶液使之溶解,摇匀。逐滴将 β - 萘酚溶液加到盛重氮盐的试管中,观察现象(有橙红色的沉淀析出)。

(3)酰胺的碱性水解。取一支试管,加入少许(约 0.1g) CH_3CONH_2、10 滴 10% NaOH 溶液,混合,在酒精灯上加热至沸腾,并将湿润的红色石蕊试纸放在试管中,检查逸出气体,观察试纸颜色有何变化?

(4)二缩脲反应。取一支干燥试管,加入少许(约 0.2g) H_2NCONH_2。将湿润的红色石蕊试纸放在试管中,在酒精灯上小心加热直至尿素完全熔化,此时放出大量气体,观察试纸颜色的变化。继续加热至熔融物变稠凝固成白色二缩脲。

待试管冷却后,加入 1mL 蒸馏水,稍稍加热使之溶解。静置,取上层清液约 1mL 倒入另一支洁净试管中,再加入 4 滴 10% NaOH 溶液和 2 滴 1% $CuSO_4$ 溶液,摇匀,观察溶液的颜色变化。

(八)糖的性质

(1)α - 萘酚实验(Molish 实验)。在五支试管中分别加入 0.5mL 4% 葡萄糖、4% 果糖、4% 麦芽糖、4% 蔗糖和 2% 淀粉溶液,再各滴入 2 滴 α - 萘酚乙醇溶液,摇匀,倾斜试管,沿管壁慢慢加入 1mL 浓 H_2SO_4,勿摇动,H_2SO_4 在下层,样品在上层,观察两层交界处有何现象。

(2)银镜反应(Tollens 实验)。取五支洁净的试管,各加入 1mL 5% $AgNO_3$ 溶液和 2 滴 20% NaOH 溶液,逐滴加入浓 $NH_3 \cdot H_2O$ 至生成的沉淀恰好溶解,再分别加入 0.5 mL 4% 葡萄糖、4% 果糖、4% 麦芽糖、4% 蔗糖和 2% 淀粉溶液,在 50℃ 水浴中加热,观察有无银镜生成。

(3)斐林实验(Fehling 实验)。在五支试管中分别加入 0.5mL 斐林试剂 Ⅰ 和斐林试剂 Ⅱ,

混合均匀，然后分别加入0.5mL 4%葡萄糖、4%果糖、4%麦芽糖、4%蔗糖和2%淀粉溶液，摇匀后将试管放入水浴中加热，观察有无砖红色沉淀生成。

(4)成脎反应。在四支试管中分别加入1mL 4%葡萄糖、4%果糖、4%麦芽糖、4%蔗糖溶液，再各加入0.5mL苯肼试剂，摇匀后放入沸水浴中加热，比较成脎结晶的速度，并在显微镜下观察糖脎的结晶形状。

(5)淀粉水解反应。在一支试管中加入3mL 2%淀粉溶液，再加入1滴浓HCl溶液，于沸水浴中加热5min，冷却后用10% NaOH中和，加斐林试剂Ⅰ和斐林试剂Ⅱ各2滴，水浴加热后观察现象。

(九)蛋白质的性质

(1)氨基酸的两性性质。在两支试管中各加入3mL蒸馏水，一支试管中加入2滴10% NaOH、1滴酚酞指示剂，另一支试管中加入2滴2mol·L^{-1} HAc、1滴甲基橙指示剂，然后分别加入1mL甘氨酸溶液，观察颜色变化并解释原因。

(2)蛋白质的盐析作用——可逆沉淀。在一支试管中加入3mL蛋白质溶液，再加$(NH_4)_2SO_4$晶体使之成为$(NH_4)_2SO_4$的饱和溶液，观察现象。再加入1mL蒸馏水，振荡，有何现象？

(3)蛋白质的不可逆沉淀：

①与重金属盐的作用。在三支试管中各加入2mL蛋白质溶液，再分别滴加2~4滴饱和$HgCl_2$溶液、5% $CuSO_4$溶液及2% $AgNO_3$溶液，摇匀，观察沉淀的生成。再各加1mL蒸馏水，沉淀是否溶解？

②与生物碱试剂的作用。取两支试管，各加1mL蛋白质溶液和2滴1% HAc，再分别滴加5~10滴饱和苦味酸和10%鞣酸，观察沉淀的生成。再分别加H_2O，观察是否溶解。

③受热沉淀。在一支试管中加2mL蛋白质溶液，放入沸水浴中加热5~10min，观察现象。再加2~3mL H_2O，观察絮状沉淀是否溶解。

(4)蛋白质的颜色反应：

①茚三酮反应。在两支试管中分别加入1mL甘氨酸和1mL蛋白质溶液，然后分别加入10滴茚三酮溶液，将试管放入沸水浴中加热，观察现象。

②二缩脲反应。向盛有3mL蛋白质溶液的试管中加入2滴40% NaOH，摇匀后滴加2~3滴$CuSO_4$溶液，观察颜色变化。

③米隆反应。在一支装有1mL蛋白质溶液的试管中，加入10滴米隆试剂，于沸水浴中加热，观察现象。

④黄蛋白反应。在一支试管中加入3mL蛋白质溶液和1mL浓HNO_3，摇匀后观察沉淀的颜色。水浴加热后，颜色有何变化？冷却后滴加40% NaOH，又出现什么变化？

⑤乙醛酸反应。在3mL蛋白质溶液中，加入1mL冰乙酸(其中含有少量乙醛酸)，振荡均匀，倾斜试管，沿管壁徐徐加入2mL浓H_2SO_4，放置几分钟，观察两层交界处有何现象？

五、注释

[1]松节油是萜烯类化合物。

［2］$K_2Cr_2O_7$ 的浓 H_2SO_4 溶液的配制：将 5mL 浓 H_2SO_4 慢慢加到 50mL 蒸馏水中，再加入 5g$K_2Cr_2O_7$ 使之溶解即可。

［3］斐林试剂Ⅰ的配制：称取 34.6g $CuSO_4 \cdot 5H_2O$ 溶于 500mL 蒸馏水中。斐林试剂Ⅱ的配制：称取 137g 酒石酸钾钠和 70g NaOH，一起溶于 500mL 蒸馏水中。

［4］碘液的配制：将 25g KI 溶于 100mL 蒸馏水中，再加入 12.5g I_2，搅拌使其溶解。

［5］CH_3NH_2 的制备：在蒸馏瓶中加入 69g 乙酰胺，30mL 33% NaOH，10mL 2% 溴水，加热蒸馏，用 50mL 蒸馏水吸收蒸出的 CH_3NH_2 气体。

六、思考题

(1) 鉴别卤代烃为什么要用 $AgNO_3$ 的乙醇溶液，而不用 $AgNO_3$ 水溶液？

(2) 鉴别醛、酮有哪些简便方法？

(3) 哪些类型的化合物能与 $FeCl_3$ 起显色反应？

(4) HCOOH 除了可以被 $KMnO_4$ 氧化外，能否被托伦试剂所氧化？为什么？

(5) 在糖的成脎实验中，蔗糖和苯肼试剂长时间加热时，也能得到黄色结晶，怎样解释这一现象？

(6) 如何鉴别还原糖与非还原糖？

(7) α－氨基酸与蛋白质用什么反应可以区别开？

七、参考资料

刘约权，李贵深. 实验化学. 北京：高等教育出版社，2000.

第4章

物质的定量分析

概　述

物质的定量分析是实践性很强的内容。该单元的任务是使学生加深对分析化学基本理论的理解，掌握分析化学的基本操作技能，养成严格、认真和实事求是的科学态度，提高观察、分析和解决问题的能力。为此提出以下要求。

一、做好预习工作

预习为做好实验奠定必要的基础，所以学生在实验之前，一定要在听课和复习的基础上，认真阅读有关实验教材，明确本实验的目的任务、有关的原理、操作的主要步骤及注意事项，做到心中有数，打有准备之仗，并准备好实验报告中的部分内容，以便实验时及时、准确地进行记录。

二、在实验过程中

(1)应手脑并用，在进行每一步操作时，都要积极思考这一步操作的目的和作用，可能得出什么现象等，并认真细心观察，理论联系实际，不能只是"照方配药"。

(2)每人都必须备有实验记录本和报告本，随时把必要数据和现象清楚正确地记录下来(详见实验记录和报告部分)。

(3)应严格遵守操作程序并注意关键之处，在使用不熟悉其性能的仪器和药品之前，应查阅有关书籍(或讲义)或请教指导教师和他人。不要随意进行实验，以免损坏仪器、浪费试剂，使实验失败，更重要的是预防发生意外事故。

(4)自觉遵守实验室规则，保持实验室整洁、安静，使实验台整洁，仪器安置有序，注意节约和安全。

三、在实验完毕后

对实验所得结果和数据，按实际情况及时进行整理、计算和分析，重视总结实验中的经验教训，认真写好实验报告，按时交给指导老师。清理仪器，该洗涤的及时洗涤，该放置的按要求妥善放置。该切断（或关闭）的电源、水阀和气路，应及时切断（或关闭）。

在整个实验过程中，要求学生养成严格、认真、实事求是的科学态度和独立工作的能力。

在作记录和报告时，应注意以下几个问题：

（1）一个实验报告大体包括实验名称，实验日期，实验目的，简要原理，实验步骤的简要描述（可用箭头式表示），测量数据，各种观察与注解，计算和分析结果，问题和讨论。

这几项内容的取舍、繁简，应视各个实验的具体需要而定，只要符合实验报告的要求，能简化的应当简化，需保留的必须保留，应详尽的也必须详尽。其中前五项应在实验预习时写好，记录表格也应在预习时画好。其他内容则应在实验进行过程中以及实验结束时填写。

（2）记录和计算必须准确、简明（但必要的数据和现象应记全）、清楚，要使别人也容易看懂。

（3）记录本和篇页都应编号，不要随便撕去。切莫用小纸片作实验记录。

（4）记录和计算若有错误，应划掉重写，不得涂改。每次实验结束时，应将所得数据交老师审阅，然后进行计算，绝对不允许私自凑数据。

（5）在记录或处理分析数据时，一切数字的准确度都应做到与分析的准确度相适应，即记录或计算到第一位可疑数字为止。一般滴定分析的准确度是千分之一至千分之几的相对误差，所以记录或计算到第四位有效数字即可，因此用计算器或四位对数表进行计算是适宜的。

4.1　实验 29　滴定管、容量瓶、移液管的使用和校准练习

一、实验目的

（1）掌握滴定管、容量瓶、移液管的使用方法。

（2）学习滴定管、容量瓶、移液管的校准方法，了解容量器皿校准的意义。

（3）练习分析天平的称量。

二、仪器试剂

50mL 滴定管，酸式、碱式各 1 支；容量瓶（250mL）1 只；移液管（25mL）1 支；锥形瓶（50mL，具有玻璃磨口塞或橡皮塞）1 只；普通温度计（0～50℃或 0～100℃，公用）；橡皮亮或透明胶纸。

三、实验步骤

严格按照规定认真完成以下实验。

（一）滴定管的使用和校准

（1）清洗酸式滴定管和碱式滴定管。

（2）练习并掌握酸式滴定管的玻塞涂凡士林的方法和滴定管除去气泡的方法。

（3）练习并掌握酸式滴定管和碱式滴定管的滴定操作以及控制液滴大小和滴定速度的方法。

（4）练习并掌握滴定管的正确读数方法。

（5）校准滴定管，步骤如下：

将具塞的 50mL 锥形瓶洗净，外部擦干（为什么？），在台秤上粗称其质量，然后放在分析天

平上称量，准确至小数点后第二位（为什么？）。

再在洗净的滴定管中装满纯水，调节至0.00刻度，记下读数，按正确的操作，以每分钟不超过10mL的流速，将水放入上面已称过质量的锥形瓶中，盖紧塞子，称出"瓶+水"质量（称准至小数点后第几位？），此两次质量之差即为放出之水质量。用同样方法称量滴定管10～20mL，20～30mL等刻度间的水重，用实验温度时1mL水的质量来除每次所得到的水重，即可得到滴定管各部分容积的实际毫升数。

重复校准一次。两次相应区间的水重相差应小于0.02g。求出其平均值。

现将在25℃时校准某一支滴定管的实验数据列于表4－1。

表4－1　滴定管校准表

（水的温度＝25℃；1mL水＝0.9962g）

滴定管读数 mL	"瓶＋水"重 g	按读数的总容积 mL	总水重 g	总实际容积 mL	总校准值
0.03	29.20（空瓶）	—	—	—	—
10.13	39.28	10.10	10.08	10.12	+0.02
20.10	49.19	20.07	19.99	20.07	0.00
30.17	59.27	30.14	30.07	30.18	+0.04
40.20	69.24	40.17	40.04	40.19	+0.02
49.99	79.07	49.96	49.87	50.06	+0.10

参照上表格式作记录，实验完毕后进行计算（记录格式在预习时应画好）。根据实验数据，作出校准曲线，如图4－1所示。

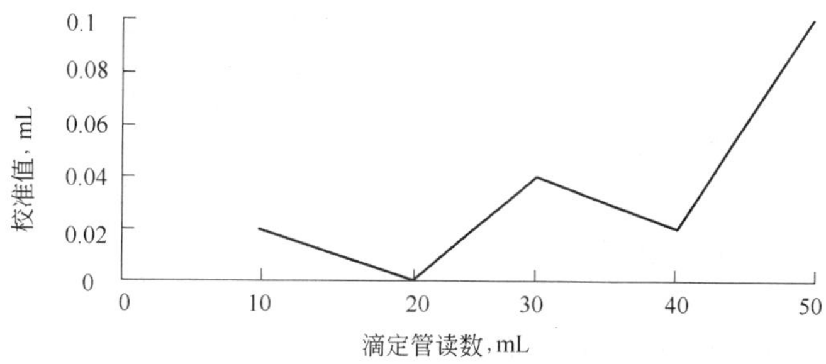

图4－1　滴定管校准曲线

（二）容量瓶、移液管的使用及相对校准

（1）洗净1支25mL移液管，练习移液管的使用方法。

（2）再取清洁、干燥的250mL容量瓶1只，用移液管准确取纯水10次，放入容量瓶中（在此处，对操作应强调准确，而不强调迅速）。然后观察液面最低点是否与标线相切，如不相切，应另作标记。经相互校准后，此容量瓶与移液管可配套使用。

四、思考题

（1）滴定管是否洗净，应怎样检查？使用未洗净的滴定管对滴定有什么影响？

（2）酸式（具塞）滴定管的玻璃，应怎样涂凡士林？为什么要这样涂？

(3)滴定管中存在气泡对滴定有什么影响？应怎样除去？

(4)称量用的锥形瓶为何要用“具塞”的？不加塞行不行？有代用品么？

(5)称量水重时,应称准至小数后第几位数？为什么？

(6)从滴定管放纯水于称量用锥形瓶中应注意些什么？

(7)使用移液管的操作要领是什么？为何要垂直流下液体？为何放完液体后要停一定时间？最后留于管尖的半滴液体如何处理？为什么？

五、参考文献

(1)成都科技大学分析化学教研组.分析化学实验.北京:人民教育出版社,1982.

(2)赵晓东,陈集,杨林,等.无机及分析化学.北京:石油工业出版社,2000.

4.2 实验30 酸碱标准溶液的配制和浓度的比较

一、实验目的

(1)练习滴定操作,初步掌握准确地确定终点的方法。

(2)练习酸碱标准溶液的配制和浓度的比较。

(3)熟悉甲基橙和酚酞指示剂的使用和终点的变化。初步掌握酸碱指示剂的选择方法。

二、实验原理

浓盐酸容易挥发,NaOH 容易吸收空气中的水和 CO_2,因此不能直接配制准确浓度的 HCl 和 NaOH 标准溶液,只能先配制近似浓度的溶液,然后用基准物质标定其准确浓度。也可用另一已知准确浓度的标准溶液滴定,再根据它们的体积比求得浓度。

酸碱指示剂都具有一定的变色范围。0.2mol · L^{-1}NaOH 和 0.2mol · L^{-1}HCl 溶液的滴定(强碱与强酸的滴定),其突跃范围的 pH 值为 4 ~ 10,应当选用在此范围内变色的指示剂,例如甲基橙或酚酞等。NaOH 溶液和 HAc 溶液的滴定,是强碱和弱酸的滴定,其突跃范围处于碱性区域,应选用在此区域内变色的指示剂。

三、仪器试剂

浓盐酸;固体 NaOH;0.2mol · L^{-1}HAc;甲基橙指示剂;酚酞指示剂;甲基红指示剂。

四、实验步骤

(一)0.2mol · L^{-1}HCl 溶液和 0.2mol · L^{-1}NaOH 溶液的配制

通过计算求出配制 1000mL0.2mol · L^{-1}HCl 溶液所需浓盐酸(密度 1.19,约 12mol · L^{-1})的体积(与教师或同学核对一下,计算结果是否正确)。然后,用小量筒量取此体积的浓盐酸,加入纯水中,并稀释成 1000mL,储于玻璃细口瓶中,充分摇匀。

同样,通过计算求出配制 1000mL0.2mol · L^{-1}NaOH 所需的 NaOH 的质量,在台秤上迅速称出(NaOH 置于什么器皿中称？为什么?)该质量的粒状 NaOH，置于烧杯中，立即用1000mL纯水溶解，配制成溶液，储于具橡皮塞的细口瓶中，充分摇匀。

固体氢氧化钠极易吸收空气中的 CO_2 和水分，所以称量必须迅速。市售固体氢氧化钠常因吸收 CO_2 而混有少量 Na_2CO_3，以致在分析结果中引入误差，因此在要求严格的情况下，配制 NaOH 溶液时必须设法除去 CO_3^{2-} 离子，常用方法有两种：

(1)在台秤上称取一定量的固体 NaOH 于烧杯中，用少量水溶解后倒入试剂瓶中，用水稀释到一定体积(配成所要求浓度的溶液)，加入 1～2mL$BaCl_2$ 溶液，摇匀后用橡皮塞塞紧静置过夜，待沉淀完全沉降后，用虹吸管把清液转入另一试剂瓶中，塞好备用。

(2)饱和的 NaOH 溶液(50%)具有不溶解 Na_2CO_3 的性质，所以用固体 NaOH 配制的饱和溶液，其中 Na_2CO_3 可以全部沉降下来。在涂蜡的玻璃器皿或塑料容器中先配制饱和的 NaOH 溶液，待溶液澄清后，吸取上层溶液，用新煮沸并冷却的纯水稀释至一定浓度。

配制完毕，在每一储试剂的瓶上贴一标签，注明试剂名称，配制日期，使用者姓名，并留一空位以便填入此溶液的准确浓度。在配制溶液后须立即贴上标签，应注意养成此习惯。

长期使用的 NaOH 标准溶液，装入下口瓶中，瓶塞上部最好装一碱石灰管(为什么?)。

(二)NaOH 溶液与 HCl 溶液的浓度比较

按照"玻璃量器及其使用"中介绍的方法洗净酸碱滴定管各一支(检查是否漏水)。先用纯水冲洗滴定管内壁2～3次，然后用配制好的盐酸标准溶液淌洗酸式滴定管2～3次，再在管内装满该酸溶液；用 NaOH 标准溶液淌洗碱式滴定管2～3次，再在管内装满该碱溶液，然后排出滴定管管尖空气泡(为什么要排出空气泡，如何排出?)。

分别将两支滴定管液面调节至0.00刻度，或零点稍下处(为什么?)。静止1min后，精确读取滴定管内液面位置(能读到小数点后几位?)，并立即记录在实验报告上。

取锥形瓶(250mL)或烧杯(250或400mL)一只，洗净后放在碱式滴定管下，以每分钟约10mL的速度放出约20mL的 NaOH 溶液于锥形瓶或烧杯中，加入一滴甲基橙指示剂，用 HCl 溶液滴定到溶液由黄色变橙色为止。读取 NaOH 及 HCl 溶液的精确读数，记于报告本上。反复滴定几次，记下读数，分别求出体积比(V_{NaOH}/V_{HCl})，直到三次测定结果的平均偏差在0.1%之内，取其平均值。

如以酚酞为指示剂，则终点由无色变为微红色，其他步骤同上。

(三)以 NaOH 溶液滴定 HAc 溶液时使用不同指示剂的比较

用移液管吸取3份25mL0.2mol·L^{-1}HAc 溶液于3只250mL锥形瓶中，分别以甲基橙、甲基红、酚酞为指示剂进行滴定，并比较三次滴定所用 NaOH 溶液的体积。

五、记录和计算

见实验报告示例。

六、实验报告示例

在预习时要求在实验记录本上写好下列示例之(一)(二)，画好(三)之表格和做好必要的计算。实验过程中把数据记录在表中，实验结束后完成计算及讨论(一般实验均要求这样)。

实验 酸碱标准溶液的配制和浓度的比较

(一)实验日期: 年 月 日

(二)方法摘要:

1. 配制 lL 0.2mol · L^{-1}HCl 溶液。
2. 配制 1L 0.2mol · L^{-1}NaOH 溶液。
3. 以甲基橙、酚酞为指示剂进行 HCl 与 NaOH 溶液的浓度比较滴定。反复练习。
4. 以甲基橙、甲基红、酚酞为指示剂,以 NaOH 溶液滴定 HAc 溶液。
5. 计算 NaOH 溶液与 HCl 溶液的体积分数。

(三)记录和计算:

1. 0.2mol · L^{-1}NaOH 溶液和 0.2mol · L^{-1}HCl 溶液的体积分数。

浓 HCl 溶液体积 =
固体 NaOH 的质量 =
} 列出算式并计算出答案。

2. NaOH 溶液与 HCl 溶液的浓度比较。

(1)以甲基橙为指示剂(表4-2)。

表4-2 数据记录与计算

记录项目 \ 滴定序次	Ⅰ	Ⅱ	Ⅲ
NaOH 终读数	mL	mL	mL
NaOH 初读数	mL	mL	mL
V_{NaOH}			
HCl 终读数	mL	mL	mL
HCl 初读数	mL	mL	mL
V_{HCl}			
V_{NaOH}/V_{HCl}			
$\overline{C}_{NaOH}/\overline{C}_{HCl}$ ①			
个别测定的绝对偏差			
平均偏差			

①$\overline{C}$ 表示 C 之平均值。以后实验记录中同此,不再加说明。

(2)以酚酞为指示剂(格式同表4-2)。

3. NaOH 溶液滴定 25mLHAc 溶液(表4-3)。

表4-3 数据记录与计算

指示剂	甲基橙	甲基红	酚酞
NaOH 终读数	mL	mL	mL
NaOH 初读数	mL	mL	mL
V_{NaOH}			
$V_{橙}$: $V_{红}$: $V_{酚}$ = ($V_{酚}$ 为1)			

(四)讨论。

七、思考题

(1)滴定管在装满标准溶液前为什么要用此溶液淌洗内壁2~3次？用于滴定的锥形瓶或烧杯是否需要干燥？要不要用标准溶液淌洗？为什么？

(2)为什么不能用直接配制法配制NaOH？

(3)装NaOH溶液的瓶或滴定管不宜用玻璃,为什么？

(4)用HCl溶液滴定NaOH标准溶液时是否可用酚酞作指示剂？

(5)在每次滴定完成后,为什么要将标准溶液加至滴定管零点或近零点,然后进行第二次滴定？

八、参考文献

(1)成都科技大学分析化学教研组.分析化学实验.北京:人民教育出版社,1982.

(2)赵晓东、陈集、杨林,等.无机及分析化学.北京:石油工业出版社,2000.

4.3 实验31 酸碱溶液浓度的标定

一、实验目的

(1)进一步学习滴定操作。

(2)学习酸碱溶液浓度的标定方法。

二、实验原理

标定酸溶液和碱溶液所用的基准物质有多种,本实验中各介绍一种常用的。用酸性基准物邻苯二甲酸氢钾($KHC_8H_4O_4$)在酚酞指示剂存在下标定NaOH标准溶液的浓度。邻苯二甲酸氢钾的结构式为

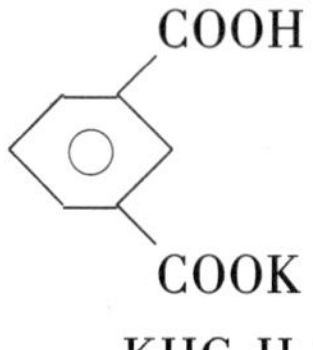

COOH

COOK

,其中只有一个可电离的H^+,标定时的反应式为:

$$KHC_8H_4O_4 + NaOH = KNaC_8H_4O_4 + H_2O$$

邻苯二甲酸氢钾作为基准物的优点是:(1)易于获得纯品;(2)易于干燥,不吸湿;(3)摩尔质量大,可相对降低称量误差。

用无水Na_2CO_3为基准物标定HCl标准溶液的浓度。由于Na_2CO_3易吸收空气中的水分,因此采用市售基准试剂级的Na_2CO_3时应预先于180℃下充分干燥,并保存于干燥器中。标定时以甲基橙为指示剂。

NaOH标准溶液与HCl标准溶液的浓度一般只需标定一种,另一种通过NaOH溶液与HCl溶液的体积比算出。标定NaOH溶液还是标定HCl溶液,视采用何种标准溶液测定何种试样而定。原则上,应标定测定时所用的标准溶液,标定时的条件与测定时的条件(例如指示剂和

被测成分等)应尽可能一致。

三、仪器试剂

0.2mol · L^{-1}HCl 标准溶液;0.2mol · L^{-1}NaOH 标准溶液;邻苯二甲酸氢钾(AR);甲基橙指示剂;酚酞指示剂;甲基红指示剂。

四、实验步骤

(1)NaOH 标准溶液浓度的标定:在分析天平上准确称取三份已在 105 ~ 110℃温度下烘过 1h 以上的分析纯的邻苯二甲酸氢钾,每份重 1 ~ 1.5g(怎样计算?),放入 250mL 锥形瓶或烧杯中,用 50mL 煮沸后刚刚冷却的蒸馏水使之溶解(如没有完全溶解,可稍微加热)。冷却后加入 2 滴酚酞指示剂,用 NaOH 标准溶液滴定至呈微红色半分钟内不褪,即为终点。三次测定的平均偏差应小于 0.2%,否则应重复测定。

(2)HCl 标准溶液浓度的标定:准确称取已烘干的无水碳酸钠三份(其体积按消耗 20 ~ 40mL 0.2mol · L^{-1}HCl 溶液计,请自己计算),置于 3 只 250mL 锥形瓶中,加水约 30mL,温热,摇动使之溶解,以甲基橙为指示剂,以 0.2mol · L^{-1}HCl 标准溶液滴定至溶液由黄色转变为橙色。记下 HCl 标准溶液的耗用量,并计算出 HCl 标准溶液的浓度。

五、记录和计算

记录和计算见表 4 - 4。

表 4 - 4　记录和计算

记录项目＼序次	Ⅰ	Ⅱ	Ⅲ
称量瓶 + $KHC_8H_4O_4$(前)	g	g	g
称量瓶 + $KHC_8H_4O_4$(后)	g	g	g
$KHC_8H_4O_4$ 的质量			
NaOH 终读数	mL	mL	mL
NaOH 初读数	mL	mL	mL
V_{NaOH}			
C_{NaOH}			
$\overline{C}_{NaOH}$			
个别测定的绝对偏差			

(1)NaOH 标准溶液的浓度:

$$C_{NaOH,Ⅰ} = \frac{G_{Ⅰ}}{V_{NaOH,Ⅰ} \times 0.2042} =$$

$$C_{NaOH,Ⅱ} = \frac{G_{Ⅱ}}{V_{NaOH,Ⅱ} \times 0.2042} =$$

$$C_{NaOH,Ⅲ} = \frac{G_{Ⅲ}}{V_{NaOH,Ⅲ} \times 0.2042} =$$

式中,G 为基准物的质量。

(2)HCl(或 NaOH)标准溶液的浓度:

$$C_{HCl} = \frac{\frac{m_{Na_2CO_3}}{M_{Na_2CO_3}}}{V_{HCl}} \cdot 2000 =$$

式中 $m_{Na_2CO_3}$——基准物碳酸钠的称取质量,g;

$M_{Na_2CO_3}$——基准物碳酸的摩尔质量,$g \cdot mol^{-1}$;

V_{HCl}——滴定消耗盐酸的体积,mL。

六、思考题

(1)溶解基准物 $KHC_8H_4O_4$ 或 Na_2CO_3 所用水的体积的量度,是否需要准确?为什么?

(2)用酚酞作指示剂进行中和滴定时,溶液中存在的 CO_2 对滴定有何影响?如何除去?

(3)称入基准物质的锥形瓶,其内壁是否要预先干燥?为什么?

(4)用邻苯二甲酸氢钾为基准物质标定 $0.2mol \cdot L^{-1}$ NaOH 溶液时,基准物称取量如何计算?

(5)Na_2CO_3 为基准物质标定 $0.2mol \cdot L^{-1}$ HCl 溶液时,基准物称取量如何计算?

(6)用邻苯二甲酸氢钾标定 NaOH 溶液时,为什么用酚酞而不用甲基橙作指示剂?

(7)用 Na_2CO_3 为基准物质标定 HCl 溶液时,为什么用酚酞作指示剂?

七、参考文献

(1)成都科技大学分析化学教研组. 分析化学实验. 北京:人民教育出版社,1982.

(2)赵晓东,陈集,杨林,等. 无机及分析化学. 北京:石油工业出版社,2000.

4.4 实验32 乙酸总酸度的测定(酸碱滴定法)

一、实验目的

(1)了解强碱滴定弱酸过程中的 pH 值、等当点以及指示剂的选择。

(2)进一步掌握移液管和滴定管的使用方法和滴定操作技术。

二、实验原理

乙酸的电离常数 $K_a = 1.8 \times 10^{-5}$,用 NaOH 标准溶液滴定乙酸,其反应式是:

$$NaOH + CH_3COOH \longrightarrow CH_3COONa + H_2O$$

滴定等当点的 pH 值为8.7。用 $0.1mol \cdot L^{-1}$ NaOH 溶液滴定 $0.1mol \cdot L^{-1}$ CH_3COOH 溶液的 pH 值突跃范围为7.7~9.7,通常选用酚酞为指示剂,终点由无色到呈微红色。由于 CO_2 能使酚酞的红色褪去,故应滴定至摇匀后溶液红色在半分钟内不褪为止。

滴定时,不仅 HAc 和 NaOH 作用,HAc 中可能存在的其他各种形式的酸也与 NaOH 反应,故滴定所得总酸度以 CH_3COOH 的含量表示(本实验中以 CH_3COOH $g \cdot L^{-1}$表示)。

三、仪器试剂

$0.2mol \cdot L^{-1}$ NaOH 标准溶液;酚酞指示剂;乙酸试样(含 HAc10%左右)。

四、实验步骤

用移液管吸取乙酸试液 10mL 于 250mL 锥形瓶中,加酚酞指示剂 2 滴,以 $0.2mol \cdot L^{-1}$ NaOH 标准溶液滴定至微红色在半分钟内不褪为止。

五、思考题

(1) NaOH 溶液滴定 HAc 溶液,属于哪类滴定?怎样选择指示剂?
(2) 本滴定的终点怎样掌握,为什么?
(3) 若欲测定冰乙酸的总酸度(也以 CH_3COOH $g \cdot L^{-1}$ 表示),应怎样操作?

六、参考文献

(1) 成都科技大学分析化学教研组. 分析化学实验. 北京:人民教育出版社,1982.
(2) 赵晓东,陈集,杨林,等. 无机及分析化学. 北京:石油工业出版社,2000.

4.5 实验 33 碱灰中总碱度的测定(酸碱滴定法)

一、实验目的

(1) 掌握碱灰中总碱度的测定原理和方法。
(2) 熟悉酸碱滴定选用指示剂的原则。
(3) 学习用容量瓶把固体试样制备成试液的方法。

二、实验原理

碱灰为不纯的碳酸钠,由于制造方法不同,其中所含杂质也不同。例如用氨法制成的碳酸钠可能含有 NaCl, Na_2SO_4, NaOH, $NaHCO_3$ 等,用酸滴定时,除其中主要组分 Na_2CO_3 被中和外,其他碱性杂质如 NaOH 或 $NaHCO_3$ 等也都被中和。因此这个测定的结果是碱的总量,通常以 Na_2O 的质量分数来表示。用 HCl 溶液滴定 Na_2CO_3 时,其反应包括以下两步:

$$Na_2CO_3 + HCl = NaHCO_3 + NaCl$$

$$NaHCO_3 + HCl = NaCl + H_2CO_3$$

$$\hookrightarrow H_2O + CO_2 \uparrow$$

$0.1mol \cdot L^{-1}$ 碳酸钠(或碳酸钾)溶液的 pH 值为 11.6;当中和成 $NaHCO_3$ 时,pH 值为 8.3;全部中和后,其 pH 值为 3.7。由于滴定的第一等当点(pH 值为 8.3)的突跃范围比较小,终点不敏锐,因此采用第二等当点。以甲基橙为指示剂,溶液由黄色到橙色时即为终点。

三、仪器试剂

仪器:酸式滴定管;铁架台。

试剂:甲基橙指示剂;0.1mol·L^{-1} HCl 标准溶液;碱灰。

四、实验步骤

准确称取碱灰试样 1.6~2.2g(应称至小数点后第几位?),置于 100mL(或 250mL)烧杯内,加水少许使其溶解,必要时可稍加热促使溶解,待冷却后,将溶液移入 250mL 容量瓶中,并以洗瓶吹洗烧杯的内壁并搅拌数次,每次的洗涤液应全部转入容量瓶中。最后用纯水稀释至容量瓶刻度,摇匀。

用移液管吸取25mL 上述试液2~3 份,分别置于250mL 锥形瓶中,各加甲基橙指示剂 1~2 滴,用 HCl 标准溶液滴定至溶液呈橙色,即为终点。

五、思考题

(1)碱灰的主要成分是什么?还含哪些主要杂质?为什么说这个测定是"总碱量"的测定?

(2)"总碱量"的测定应选用何种指示剂?终点如何控制?为什么?

(3)此处称取碱灰试样,要求称准至小数点后第几位?为什么?

(4)本实验中为什么要把试样溶解成 250mL 后再吸出 25mL 进行滴定?为什么不直接称取 0.16~0.22g 进行滴定?

(5)若以 Na_2CO_3 形式表示总碱量,其结果的计算公式应怎样?

(6)假设某碱灰试样含 100% 的 Na_2CO_3,以 Na_2O 表示的总碱量为多少?

六、参考文献

(1)成都科技大学分析化学教研组.分析化学实验.北京:人民教育出版社,1982.

(2)赵晓东,陈集,杨林,等.无机及分析化学.北京:石油工业出版社,2000.

4.6 实验34 碱液中 NaOH 及 Na_2CO_3 含量的测定

一、实验目的

(1)了解双指示剂法测定碱液中 NaOH 和 Na_2CO_3 含量的原理。

(2)了解混合指示剂的优点和使用方法。

二、实验原理

碱液中 NaOH 和 Na_2CO_3 的含量,可以在同一份试液中用两种不同的指示剂进行测定,即所谓"双指示剂法"。此法方便、快速,在生产中应用普遍。

常用的两种指示剂是酚酞和甲基橙。在试液中先加酚酞,用 HCl 标准溶液滴定至红色刚刚褪去。由于酚酞的变色范围在 pH 值为 8 ~ 10,因此此时不仅 NaOH 被滴定,Na_2CO_3 也被滴定成 $NaHCO_3$,记下此时 HCl 标准溶液的耗用量 V_1(mL)。再加入甲基橙指示剂,开始溶液呈黄色,滴定至呈橙色,此时 Na_2CO_3 被滴定成 H_2CO_3,记下 HCl 标准溶液的总耗量 V_2。根据 V_1,V_2 可以计算出试液中 NaOH 及 Na_2CO_3 的含量,计算式如下:

$$\mathrm{NaOH}(\mathrm{g}\cdot\mathrm{L}^{-1}) = \frac{[V_1 - (V_2 - V_1)]\cdot C_{\mathrm{HCl}}\cdot M_{\mathrm{NaOH}}}{1000V_{试}}\times 1000 = \frac{(2V_1 - V_2)\cdot C_{\mathrm{HCl}}\cdot 40.01}{V_{试}}$$

$$\mathrm{Na_2CO_3}(\mathrm{g}\cdot\mathrm{L}^{-1}) = \frac{(V_2 - V_1)\cdot C_{\mathrm{HCl}}\cdot M_{\mathrm{Na_2CO_3}}}{1000V_{试}}\times 1000 = \frac{(V_2 - V_1)\cdot C_{\mathrm{HCl}}\cdot 106.0}{V_{试}}$$

由于以酚酞作指示剂时从微红色开始变化不敏锐,本实验中改用甲酚红和百里酚蓝混合指示剂。甲酚红的变色范围在 pH 值为 6.7(黄)~8.4(红),百里酚蓝的变色范围在 pH 值为 8.0(黄)~9.6(蓝),混合后的变色点 pH 值为 8.3,酸色呈黄色,碱色呈紫色,在 pH 值为 8.2 时为樱桃色,变色敏锐。

三、仪器试剂

0.5mol · L^{-1}HCl 标准溶液;甲酚红和百里酚蓝混合指示剂;甲基橙指示剂;酚酞指示剂。

四、实验步骤

(1)混合指示剂法:用移液管吸取碱液试样 10mL,滴加甲酚红和百里酚蓝混合指示剂 5 滴。用 0.5mol · L^{-1}HCl 标准溶液滴定,开始溶液呈红紫色,滴定至樱桃色即为终点记下体积 V_1。樱桃色要以白色磁板或纸张为背景从侧面看,若从上往下看则呈浅灰色,呈樱桃色时再加 1 滴 HCl 标准溶液,即变黄色。然后再加 2 滴甲基橙指示剂,此时溶液仍呈黄色,继续以 HCl 溶液滴定至橙色,即达终点,记下体积 V_2。

(2)双指示剂法:其他步骤均同上,把甲酚红和百里酚蓝混合指示剂改为 1 ~ 2 滴 1% 酚酞指示剂测出 V_1。试比较用混合指示剂与用酚酞指示剂滴定时终点的变化情况。

五、思考题

(1)碱液中 NaOH 及 Na_2CO_3 的含量是怎样测定的?

(2)如何判断碱液的组成,即 NaOH,Na_2CO_3 与 $NaHCO_3$ 三种组分中含哪两种,其体积分数为多少?

(3)试比较使用酚酞指示剂与使用甲酚红和百里蓝混合指示剂的优缺点。

(4)如欲测定碱液的总碱度,应采用何种指示剂?试拟出测定步骤及以 Na_2O 的体积分数表示的总碱度的计算公式。

六、参考文献

(1)成都科技大学分析化学教研组. 分析化学实验. 北京:人民教育出版社,1982.
(2)赵晓东,陈集,杨林,等. 无机及分析化学. 北京:石油工业出版社,2000.

4.7 实验35 EDTA标准溶液的配制和标定

一、实验目的

(1)学习EDTA标准溶液的配制和标定方法。
(2)掌握配位滴定的原理,了解配位滴定的特点。
(3)熟悉钙指示剂或二甲酚橙指示剂的使用及其终点变化。

二、实验原理

乙二胺四乙酸(简称EDTA,常用H_4Y表示)难溶于水,常温下其溶解度为0.2g·L^{-1}(约0.0007mol·L^{-1}),在分析中不适用。通常使用其二钠盐配制标准溶液。乙二胺四乙酸二钠盐的溶解度为120g·L^{-1}(浓度为0.3mol·L^{-1}以上),其水溶液的pH≈4.8。通常采用间接法配制标准溶液。

标定EDTA溶液常用的基准物有Zn,ZnO,$CaCO_3$,Bi,Cu,$MgSO_4 \cdot 7H_2O$,Ni,Pb等,通常选用其中与被测物组分相同的物质作基准物,这样滴定条件较一致,可减小误差。

EDTA溶液若用于测定石灰石或石云石中CaO,MgO的含量,则宜用$CaCO_3$为基准物。首先可加HCl溶液与之作用,其反应如下:

$$CaCO_3 + 2HCl = CaCl_2 + CO_2 + H_2O$$

然后把溶液转移到容量瓶中稀释,制成钙标准溶液。吸取一定量钙标准溶液,调节酸度至pH≥12,用钙指示剂作指示剂,以EDTA溶液滴定至酒红色变纯蓝色,即为终点。

钙指示剂(常以H_3Ind表示)在水溶液中按下式电离:

$$H_3Ind \rightleftharpoons 2H^+ + HInd^{2-}\text{(纯蓝色)}$$

在pH≥12的溶液中,$HInd^{2-}$与Ca^{2+}形成比较稳定的配离子,反应如下:

$$HInd^{2-} + Ca^{2+} \rightleftharpoons CaInd^-\text{(酒红色)} + H^+$$

所以在钙标准溶液中加入钙指示剂时,溶液呈酒红色。当用EDTA溶液滴定时,由于EDTA能与Ca^{2+}形成比$CaInd^-$更稳定的配离子,因此在滴定终点附近,$CaInd^-$不断转化为更稳定的CaY^{2-},而钙指示剂则被游离出来,其反应可表示如下:

$$CaInd^-\text{(酒红色)} + H_2Y^{2-} + OH^- \rightleftharpoons CaY^{2-}\text{(无色)} + HInd^{2-}\text{(纯蓝色)} + H_2O$$

由于CaY^{2-}无色,所以到达终点时溶液由酒红色转变为纯蓝色。

用此法测定钙,若有Mg^{2+}共存,在调节溶液酸度为pH≥12时,Mg^{2+}将形成$Mg(OH)_2$沉淀,此共存之少量Mg^{2+}不仅不干扰钙的测定,而且反使终点比Ca^{2+}单独存在时更敏锐。当Ca^{2+},Mg^{2+}共存时,终点由酒红色到纯蓝色;当Ca^{2+}单独存在时则由酒红色到紫蓝色。所以测

定单独存在的 Ca^{2+} 时，常常加入少量 Mg^{2+} 溶液。

EDTA 溶液若用于测定 Pb^{2+}，Bi^{3+}，则宜以 ZnO 或金属锌为基准物，以二甲酚橙为指示剂。在 pH 值为 5 ~6 的溶液中，二甲酚橙指示剂本身显黄色，与 Zn^{2+} 的配合物呈紫红色。EDTA 与 Zn^{2+} 形成更稳定的配合物。因此用 EDTA 溶液滴定至近终点时，二甲酚橙被游离出来，溶液由紫红色变为黄色。

配合滴定中所用的纯水，应不含 Fe^{3+}，Al^{3+}，Cu^{2+}，Mg^{2+} 等杂质离子。

三、仪器试剂

乙二胺四乙酸二纳（固体，AR）；$CaCO_3$（固体，GR 或 AR）；1∶1 氨水，镁溶液（溶解 1g$MgSO_5 \cdot 7H_2O$ 于水中，稀释到 200mL）；10% NaOH；钙指示剂（固体指示剂）；ZnO（AR）；6mol · L^{-1} HCl；二甲酚橙指示剂；六次甲基四胺。

四、实验步骤

（一）0.02mol · L^{-1} EDTA 溶液的配制

在台秤上称取乙二胺四乙酸二钠 7.5g，溶解于 300 ~400mL 温水中，稀释至 1L，如混浊，应过滤。转移至 1000mL 细口瓶中，摇匀。

（二）以 $CaCO_3$ 为基准物标定 EDTA 溶液

（1）0.02mol · L^{-1} 钙标准溶液的配制：置碳酸钙基准物于称量瓶中，在 110℃下干燥 2h，置干燥器中冷却后，准确称取 0.5 ~0.6g（称准至小数点后第四位，为什么？）于 250mL 烧杯中，盖以表面皿，加水润滑，再从杯嘴边逐滴加入（为什么？）数毫升 6mol · L^{-1} HCl 至完全溶解，加热煮沸。用纯水把可能溅至表面皿上的溶液淋洗入杯中，待冷却后移入 250mL 容量瓶中，稀释至刻度，摇匀。

（2）标定：用移液管移取 25mL 钙标准溶液、置于 250mL 锥形瓶中，加入约 25mL 水、2mL 镁溶液、5mL 10% NaOH 溶液及约 3mg（米粒大小）钙指示剂，摇匀后，用 EDTA 溶液滴定至红色变至蓝色，即为终点。

（三）以 ZnO 为基准标点 EDTA 溶液

（1）锌标准溶液的配制：准确称取在 800 ~1000℃温度下灼烧过的（需 20min 以上）的基准物 ZnO 0.5 ~0.6g于 100mL 烧杯中，用少量水润湿，然后逐滴加入 6mol · L^{-1} HCl，边加边搅至完全溶解为止。然后，定量转移入 250mL 容量瓶中，稀释至刻度并摇匀。

（2）标定：移取 25mL 锌标准溶液于 250mL 锥形瓶中，加约 30mL 水，2 ~3 滴二甲酚橙指示剂，先加 1∶ 1 氨水至溶液由黄色恰好变为橙色（不能多加），然后滴加 20% 六次甲基四胺至溶液呈稳定的紫红色再多加 3mL，用 EDTA 溶液滴定溶液由红紫色变为亮黄色，即为终点。

五、记录、计算

自拟。

六、操作注意单项

（1）配位反应的速度较慢（不像酸碱反应能在瞬间完成），故滴定时加入 EDTA 溶液的速度不能太快,特别是接近终点时,应逐滴加入,并充分振摇。

(2)配位滴定中,加入指示剂的量是否适当对于终点的观察十分重要,宜在实践中总结经验,加以掌握。

七、思考题

(1)为什么通常使用乙二胺四乙酸二钠盐配制 EDTA 标准溶液,而不是乙二胺四乙酸?

(2)以 HCl 溶液溶解 $CaCO_3$ 基准物时,操作中应注意些什么?

(3)以 $CaCO_3$ 为基准物标定 EDTA 溶液时,加入镁溶液目的是什么?

(4)以 $CaCO_3$ 为基准物,以钙指示剂为指示剂标定 EDTA 溶液时,应控制溶液的酸度为多少?为什么?怎样控制?

(5)以 ZnO 为基准物,以二甲酚橙为指示剂标定 EDTA 溶液浓度的原理是什么?溶液的 pH 值应控制在什么范围?若溶液为强酸性,应怎样调节?

(6)配位滴定法与酸碱滴定法相比,有哪些不同点?操作中应注意哪些问题?

八、参考文献

(1)成都科技大学分析化学教研组. 分析化学实验. 北京:人民教育出版社,1982.

(2)赵晓东,陈集,杨林,等. 无机及分析化学. 北京:石油工业出版社,2000.

4.8 实验36 水的硬度测定(配位滴定法)

一、实验目的

(1)了解水的硬度的测定意义和常用的硬度表示方法。

(2)掌握 EDTA 法测定水的硬度的原理和方法。

(3)掌握铬黑 T 和钙指示剂的应用,了解金属指示剂的特点。

二、实验原理

水的硬度有多种表示方法,随各国的习惯而有所不同。我国目前采用两种表示方法:一种以度(°)计,1 硬度单位表示十万份水中含 1 份 CaO,$1° = 10\mu g\ CaO \cdot g^{-1} H_2O$;另一种以"$mmol\ CaO \cdot L^{-1} H_2O$"计。用 EDTA 标定时,1molEDTA 相当于 1molCaO,故得:

$$\text{CaO 的物质的量(mmol)} = c_{EDTA} \cdot V_{EDTA}$$

因此

$$\text{硬度}(mmol \cdot L^{-1}) = \frac{c_{EDTA} \cdot V_{EDTA}}{V_{水}} \times 1000$$

$$\text{CaO 的硬度}(°) = \frac{c_{EDTA} \cdot V_{EDTA}}{V_{水} \cdot \rho} \times 56.08 \times 100$$

式中 c_{EDTA}——EDTA 标准溶液的浓度,$mol \cdot L^{-1}$;

V_{EDTA}——滴定时用去的 EDTA 标准溶液的体积,若此体积为滴定总硬时所耗用的,则所得硬度为总硬,若此体积为滴定钙时所耗用的,则所得硬度为钙硬,mL;

$V_{水}$——水样体积,mL;

ρ——水样密度,g · mL^{-1}。

一般含有钙镁盐类的水叫硬水(硬水和软水尚无明确的界限,硬度小于5°~6°的一般称软水)。硬度有暂时硬度和永久硬度之分。

暂时硬度——水中含有钙、镁的酸式碳酸盐,遇热即成碳酸盐沉淀而失去其硬性,反应如下:

$$Ca(HCO_3)_2 \xrightarrow{\triangle} CaCO_3(\text{完全沉淀}) + H_2O + CO_2\uparrow$$

$$Mg(HCO_3)_2 \xrightarrow{\triangle} MgCO_3(\text{不完全沉淀}) + H_2O + CO_2\uparrow$$

$$MgCO_3 + H_2O \longrightarrow Mg(OH)_2\downarrow + CO_2\uparrow$$

永久硬度——水中含有钙、镁的硫酸盐、氯化物、硝酸盐,在加热时亦不沉淀(但在锅炉使用温度下,溶解度低的可析出,成为锅垢)。

暂硬和永硬的总和称为"总硬"。由镁离子形成的硬度称为"镁硬",由钙离子形成的硬度称为"钙硬"。

水中钙、镁离子含量可用EDTA法测定。钙硬测定原理与以$CaCO_3$为基准物标定EDTA标准溶液浓度相同。总硬则以络黑T为指示剂,控制溶液的酸度为pH≈10,以EDTA标准溶液滴定。由EDTA溶液的浓度和用量,可算出水的总硬,由总硬减去钙硬即为镁硬。

三、仪器试剂

(1)仪器:滴定管;锥形瓶。

(2)试剂:EDTA;钙指标剂;NH_3—NH_4Cl缓冲液;铬黑T固体指示剂。

四、实验步骤

(1)总硬的测定:量取澄清的水样100mL(用什么量器,为什么?)放入250mL或500mL锥形瓶中,加入5mL NH_3—NH_4Cl缓冲液,摇匀。再加入约0.1g铬黑T固体指示剂,再摇匀,此时溶液呈酒红色。以0.02mol · L^{-1}EDTA标准溶液滴定至纯蓝色,即为终点。

(2)钙硬的测定:量取澄清水样100mL,放入250mL锥形瓶内。加4mL 10% NaOH溶液,摇匀,再加入约0.01g钙指示剂,再摇匀,此时溶液呈淡红色。用0.02mol · L^{-1}EDTA标准溶液滴定至呈纯蓝色,即为终点。

(3)镁硬的确定:由总硬减去钙硬即为镁硬。

五、思考题

(1)如果对硬度测定中的数据要求保留两位有效数字,应如何量取100mL的水样?

(2)用EDTA法怎样测出总硬?用什么指示剂?产生什么反应?终点变色如何?试液的pH值应控制在什么范围?如何控制?测定钙硬又如何?

(3)如何得到镁硬?

(4)用EDTA法测定时,哪些离子的存在有干扰?如何消除?

六、参考文献

(1)成都科技大学分析化学教研组. 分析化学实验. 北京:人民教育出版社,1982.
(2)赵晓东,陈集,杨林,等. 无机及分析化学. 北京:石油工业出版社,2000.

4.9 实验37 石灰石或白云石中钙、镁含量的测定(配位滴定法)

一、实验目的

(1)练习酸溶法的溶样方法。
(2)掌握配位滴定法测定石灰石或白云石中钙、镁含量的方法和原理。
(3)了解沉淀分离法在本测定中的应用。
(4)练习沉淀分离中的一些基本操作技术,如沉淀、过滤、洗涤等。

二、实验原理

石灰石或白云石的主要成分为 $CaCO_3$ 和 $MgCO_3$,此外,还常常含有其他碳酸盐、石英、FeS_2、粘土、硅酸盐和磷酸盐等。石灰石或白云石中钙、镁含量测定的原理如下。

(1)试样的溶解:一般的石灰石或白云石,用盐酸就能使其溶解,其中钙、镁等以 Ca^{2+},Mg^{2+} 等形式转入溶液中,有些试样经盐酸处理后仍不能全部溶解,则需以碳酸钠熔融,或用高氯酸处理,也可将试样先在 950 ~ 1050℃ 的高温下灼烧成氧化物,这样就易被酸分解(在灼烧中粘土和其他难于被酸分解的硅酸盐会变为可被酸分解的硅酸镁等)。

(2)干扰的除去:石灰石或白云石试样中常含有铁、铝等干扰元素,但其量不多,可在 pH 值为 5.5 ~6.5 的条件下使之沉淀为氢氧化物而除去。在这样的条件下,由于沉淀少,因此吸附现象极微,不致影响分析结果。

(3)钙、镁含量的测定:石灰石或白云石经溶解并除去干扰元素后,调节其溶液之 pH 大于等于 12,以钙指示剂为指示剂,用 EDTA 标准溶液滴定,即得到钙量。再取一份试液,调节其酸度至 pH 值约为 10,以铬黑 T(或 K - B 指示剂)作指示剂,用 EDTA 标准溶液滴定,此时得到钙、镁的总量。由此两量相减即得镁量,其原理与 EDTA 溶液之标定同,此处从略。

三、仪器试剂

0.02mol · L^{-1} EDTA 标准溶液;1:1HCl 溶液;1:1 氨水;NH_3—NH_4Cl 缓冲液(pH 值约为 10);10% NaOH 溶液;钙指示剂;铬黑 T 指示剂;K - B 指示剂;0.2% 甲基红指示剂;镁溶液;1:1三乙醇胺溶液。

四、实验步骤

(1)试液的制备:准确称取石灰石或白云石试样 0.35 ~0.45g,放入 250mL 烧杯中,徐徐加入 5mL 1:1HCl 溶液,盖上表面皿,小火加热至微沸,待作用停止后,再用 1:1HCl 溶液检查试样溶解是否完全(怎样判断?)。如已完全溶解,移开表面皿,并用水吹洗表面皿。加水 50mL,加入 1~2 滴甲基红指示剂,用 1:1 氨水中和至溶液刚刚呈现黄色(为什么?)。煮沸 1~2min,趁热过滤于 250mL 容量瓶中,用热水洗涤 7~8 次。冷却,加水稀释至刻度,摇匀。

(2)钙量的滴定:先进行一次初步滴定。吸收 25mL 试液,,加三乙醇胺 3mL,以 25mL 水稀释,加 4mL 10% NaOH 溶液,摇匀,使溶液 pH 值达 12~14 左右,再加约 0.01g 钙指示剂(用试药勺小头取一勺即可),用 EDTA 标准溶液滴定至蓝色(在快至终点时,必须充分振摇),记录所用 EDTA 溶液的体积。然后正式滴定。吸收 25mL 试液,加三乙醇胺 3mL,以 25mL 水稀释,加入比初步滴定时少 1mL 左右的 EDTA 溶液,再加入 4mL 10% NaOH 溶液,然后加入 0.01g 钙指示剂,继续以 EDTA 滴定至终点,记下滴定所用的体积(V_1)。

(3)钙、镁总量的滴定:吸取试液 25mL,加三乙醇胺 3mL,以 25mL 水稀释,加入 5mL NH_3—NH_4Cl 缓冲溶液,使溶液酸度保持在 pH=10 左右,摇匀,再加入 0.01g 铬黑 T 指示剂(或 K-B 指示剂),以 EDTA 标准溶液滴定至终点,记下滴定所用体积(V_2)。

(4)计算样品中钙、镁含量。

五、思考题

(1)配位滴定法测定石灰石或白云石中钙、镁含量的原理是什么?这时钙、镁共存,相互有无妨碍?为什么?

(2)怎样分解石灰石或白云石试样?用酸溶解时,应注意什么?怎样知道试样溶解已经完全?

(3)用 1:1 氨水中和溶液至刚刚使甲基红指示剂呈现黄色时溶液的 pH 值为多少?

(4)本法测定钙、镁含量时,试样中存在的少量铁、铝等物质有干扰吗?用什么方法可以除去铁、铝的干扰?

六、参考文献

(1)成都科技大学分析化学教研组. 分析化学实验. 北京:人民教育出版社,1982.

(2)赵晓东,陈集,杨林,等. 无机及分析化学. 北京:石油工业出版社,2000.

4.10 实验 38 氯化物中氯含量的测定(莫尔法)

一、实验目的

(1)学习 $AgNO_3$ 标准溶液的配制和标定方法。

(2)掌握沉淀滴定法中以 K_2CrO_4 为指示剂测定氯离子含量的原理和方法。

二、实验原理

某些可溶性氯化物中氯含量的测定常采用莫尔法。此方法是在中性或弱碱性溶液中,以 K_2CrO_4 为指示剂,以 $AgNO_3$ 为标准溶液进行滴定。由于 AgCl 的溶解度比 Ag_2CrO_4 小,因此溶液中首先析出 AgCl 沉淀。当 AgCl 定量沉淀后,过量 $AgNO_3$ 溶液即与 CrO_4^{2-} 生成砖红色

Ag_2CrO_4 沉淀,指示终点的到达,反应式如下:

$$Ag^+ + Cl^- \rightleftharpoons AgCl\downarrow(白色) \qquad K_{sp}=1.8\times10^{-10}$$

$$2Ag^+ + CrO_4^{2-} = Ag_2CrO_4\downarrow(砖红色) \qquad K_{sp}=2.0\times10^{-12}$$

滴定必须在中性或弱碱性溶液中进行,最适宜 pH 值范围为 6.5～10.5。酸度过高,不产生 Ag_2CrO_4 沉淀,过低则形成 Ag_2O 沉淀。

指示剂的用量对滴定终点的准确判断有影响,一般以 $5\times10^{-3}mol\cdot L^{-1}$ 为宜。

凡是能与 Ag^+ 生成难溶化合物或配合物的阴离子都干扰测定,如 PO_4^{3-},AsO_4^{3-},SO_3^{2-},S^{2-},CO_3^{2-} 及 CrO_4^{2-} 等,其中 S^{2-} 可生成 H_2S,经加热煮沸而除去,SO_3^{2-} 可使之氧化成 SO_4^{2-} 离子而不再干扰。大量 Cu^{2+},Ni^{2+},Co^{2+} 等有色离子将影响终点的观察。凡是能与 CrO_4^{2-} 生成难溶化合物的阳离子也会干扰测定,如 Ba^{2+},Pb^{2+} 与 CrO_4^{2-} 分别生成 $BaCrO_4$ 和 $PbCrO_4$ 沉淀,但 Ba^{2+} 的干扰可通过加入过量 Ns_2SO_4 而消除。

Al^{3+},Fe^{3+},Bi^{3+},Zr^{4+} 等高价金属离子,在中性或弱碱性溶液中易水解产生沉淀,也不应存在。

三、仪器试剂

$AgNO_3$(CP 或 AR);NaCl(基准试剂,将 NaCl 置于磁坩埚中 250～350℃电炉中灼烧 1～2h 后,待稍冷,移置于干燥器中备用);5% K_2CrO_4 溶液。

四、实验步骤

(1)$0.05mol\cdot L^{-1}$ $AgNO_3$ 溶液的配制:在台秤上称取 0.36～0.5g $AgNO_3$ 溶于 500mL 不含 Cl^- 的纯水中,将溶液转入棕色细口瓶中,置暗保存,以减缓见光而分解的作用。

(2)$0.05mol\cdot L^{-1}$ $AgNO_3$ 溶液的标定:准确称取约 0.6～0.7g NaCl 基准试剂(准确称量应至小数点后第几位?)置于小烧杯中,用纯水溶解,转入 250mL 容量瓶中,加水稀释至刻度,摇匀。

准确移取 25mL NaCl 标准溶液于锥形瓶中,加 25mL 水、1mL 5% K_2CrO_4 溶液,在不断摇动下用 $AgNO_3$ 溶液滴定,至溶液呈砖红色即为终点。

根据 NaCl 标准溶液的浓度和滴定确定所消耗的 $AgNO_3$ 标准溶液体积来计算 $AgNO_3$ 标准溶液的物质的量浓度。

(3)试样分析:准确称取氯化物试样约 0.6～0.7g 置于烧杯中,加水溶解后,转入 250mL 容量瓶中,加水稀释至刻度,摇匀。

准确移取 25mL 氯化物试液于 250mL 锥形瓶中,加入 25mL 水,1mL 5% K_2CrO_4 溶液,再不断摇动,用 $AgNO_3$ 标准溶液滴定,至溶液呈现砖红色即为终点。

五、思考题

(1)$AgNO_3$ 溶液应装在酸式滴定管还是碱式滴定管中,为什么?

(2)滴定中对 K_2CrO_4 指示剂用量是否要控制?为什么?

(3)滴定中试液的酸度宜控制在什么范围?为什么?怎样调节?当 NH_4^+ 存在时,在酸度控制上为什么要有所不同?

(4)滴定过程中为什么要充分摇动溶液?

(5)试将沉淀滴定法指示剂的用量,与酸碱指示剂、氧化还原指示剂及金属指示剂的用量作比较,并说明其差别的原因。

六、参考文献

(1)成都科技大学分析化学教研组. 分析化学实验. 北京:人民教育出版社,1982.

(2)赵晓东,陈集,杨林,等. 无机及分析化学. 北京:石油工业出版社,2000.

4.11　实验 39　氯化物中氯含量的测定(弗尔哈德法)

一、实验目的

(1)掌握沉淀滴定法中弗尔哈德法的原理、方法及其应用。

(2)练习 NH_4CNS 标准溶液的配制和标定。

(3)熟悉弗尔哈德法判别终点的方法。

二、实验原理

沉淀滴定法终点的测定有各种不同的方法,除莫尔法外,还有弗尔哈德法,法扬司法和等浑浊度法。弗尔哈德法的原理可示意如下:

$$Cl^- + Ag^+ \longrightarrow AgCl\downarrow + Ag^+$$

待测定量　　白色　　剩余量

$$Ag^+ + CNS^- \longrightarrow AgCNS\downarrow$$

剩余量 标准溶液　　白色

$$3CNS^- + Fe^{3+} \rightleftharpoons Fe(CNS)_3$$

微过量 指示剂　　血红色

微过量的 CNS^- 与作为指示剂的 Fe^{3+} 形成血红色的配合物 $Fe(CNS)_3$(在浓度稀时为肉色),以指示终点的到达。弗尔哈德法只适用于酸性溶液,因为在中性或碱性溶液中指示剂 Fe^{3+} 将生成沉淀。

由于 AgCl 和 AgCNS 沉淀都易吸附 Ag^+,所以在终点前需剧烈振摇,以减少 Ag^+ 的被吸附作用。但到终点时要轻轻摇动,因为 AgCNS 沉淀的溶解度比 AgCl 小,剧烈的摇动又易使 AgCl 转化为 AgCNS,从而引入误差。

三、仪器试剂

$0.1mol \cdot L^{-1}$ $AgNO_3$ 标准溶液;NH_4CNS;$6mol \cdot L^{-1}$ HNO_3 溶液(量取 375mL 浓 NHO_3,缓缓加入约 600mL 纯水中,再稀释到 1000mL,煮沸并冷却,以除去其中可能含有的氮的低价氧化物,因其能与 Fe^{3+} 离子形成红色亚硝基化合物而影响终点的观察);10% 硫酸铁铵(亦称铁铵矾)溶液。

四、实验步骤

(1)0.1mol·L^{-1} $AgNO_3$ 标准溶液的配制和标定(见实验38)。

(2)0.05mol·L^{-1} NH_4CNS 标准溶液的配制及其与 $AgNO_3$ 标准溶液浓度的比较:在台秤上称取16g NH_4CNS,溶于少量水中并稀释至400mL,储于玻塞细口瓶中。从滴定管中准确地放出15mL $AgNO_3$ 标准溶液于250mL锥形瓶中,加50mL水,5mL 6mol·L^{-1}新煮沸而已冷却的 HNO_3 溶液及4mL铁铵矾指示剂,然后用 NH_4CNS 标准溶液滴定至溶液呈淡红棕色且在摇动后也不消失为止。废液回收。

(3)氯含量的测定:准确称取氯化物试样1.1~1.2g(详细的操作是怎样进行的?),在250mL容量瓶中配制成250mL溶液,用移液管吸取25.00mL放入锥形瓶中,加5mL新煮沸并经冷却的6mol·L^{-1} HNO_3 溶液,在不断摇动下,从滴定管中逐滴滴入约30mL(精确地量度)$AgNO_3$ 标准溶液,再加4mL铁铵矾指示剂,然后在用力振荡下以 NH_4CNS 溶液滴定至溶液呈淡红棕色且在轻轻摇动后也不消失为止。

五、思考题

(1)弗尔哈德法测定可溶性氯化物中氯含量的主要误差来源是什么?用哪些方法可以防止?本实验中如何防止?

(2)弗尔哈德法测定可溶性氯化物中氯含量的条件是什么?

(3)$AgNO_3$ 溶液宜装在酸式滴定管还是碱式滴管中?

(4)弗尔哈德法测定 Cl^- 时,为什么要用 HNO_3 溶液酸化溶液?HCl或 H_2SO_4 溶液可用吗?为什么?

(5)用弗尔哈德法测定 Br^- 或 I^- 的含量时,临近滴定终点时,用力摇动溶液,AgBr,AgI能否转化为AgCNS沉淀?为什么?

六、参考文献

(1)成都科技大学分析化学教研组.分析化学实验.北京:人民教育出版社,1982.

(2)赵晓东,陈集,杨林,等.无机及分析化学.北京:石油工业出版社,2000.

4.12 实验40 高锰酸钾标准溶液的配制和标定

一、实验目的

(1)了解高锰酸钾标准溶液的配制方法和保存条件。

(2)掌握用 $Na_2C_2O_4$ 作基准物标定高锰酸钾溶液浓度的原理、方法及滴定条件。

二、实验原理

市售的高锰酸钾常含有少量杂质,如硫酸盐、氯化物及硝酸盐等,因此不能用精确称量高锰酸钾来配制其准确浓度的溶液。$KMnO_4$ 氧化能力强,还易和水中的有机物、空气中的尘埃及氨等还原性物质作用；$KMnO_4$ 能自行分解，如下式所示：

$$4KMnO_4 + 2H_2O \longrightarrow 4MnO_2\downarrow + 4KOH + 3O_2\uparrow$$

分解的速度随溶液的 pH 值而改变。在中性溶液中，分解很慢，但 Mn^{2+} 和 MnO_2 的存在能加速其分解，见光则分解得更快。可见 $KMnO_4$ 溶液的浓度容易改变，必须正确地配制和保存。正确配制和保存的溶液应呈中性，不含 MnO_2。这样，浓度就比较稳定，放置数月后浓度大约只降低0.5%。但是如果长期使用，仍应定期标定。

$KMnO_4$ 标准溶液用还原剂草酸钠 $Na_2C_2O_4$ 作基准物来标定。$Na_2C_2O_4$ 不含结晶水，容易精制。用 $Na_2C_2O_4$ 标定 $KMnO_4$ 溶液的反应如下：

$$2MnO_4^- + 5H_2C_2O_4 + 6H^+ \longrightarrow 2Mn^{2+} + 10CO_2\uparrow + 8H_2O$$

滴定时利用 MnO_4^- 本身的颜色指示滴定终点。

三、仪器试剂

$KMnO_4$（固）；$Na_2C_2O_4$（AR 或基准试剂）；$2mol \cdot L^{-1} H_2SO_4$ 溶液。

四、实验步骤

（1）$0.1mol \cdot L^{-1} KMnO_4$ 溶液的配制：称取计算量的 $KMnO_4$，溶于适量的水中，加热煮沸20～30min（随时加水以补充蒸发损失）。冷却后在暗处放置7～10d，然后用玻璃砂芯漏斗或玻璃毛过滤除去 MnO_2 等杂质。滤液储于洁净的玻塞棕色瓶中，放置暗处保存。如果溶液煮沸并在水浴中保温1h，冷却后过滤，则不必长期放置，就可以标定其浓度。

（2）$KMnO_4$ 溶液的浓度标定：准确称取计算量（称准至0.0002g）的烘过的 $Na_2C_2O_4$ 基准物于250mL 锥形瓶中，加水约10mL 溶解，再加30mL $2mol \cdot L^{-1} H_2SO_4$ 溶液并加热至75～85℃，立即用待标定的 $KMnO_4$ 溶液滴定（不能沿瓶壁滴入）至呈粉红30min 不褪为终点。

重复测定2～3次。根据滴定所消耗的 $KMnO_4$ 溶液体积和基准物的质量，计算 $KMnO_4$ 溶液的浓度。

五、思考题

（1）配制 $KMnO_4$ 标准溶液时为什么要把 $KMnO_4$ 水溶液煮沸一定时间（或放置数天）？配好的 $KMnO_4$ 溶液为什么要过滤后才能保存？过滤时是否能用滤纸？

（2）配好的 $KMnO_4$ 溶液为什么要装在棕色瓶中放置暗处保存？如果没有棕色瓶应该怎么办？

（3）用 $Na_2C_2O_4$ 标定 $KMnO_4$ 溶液浓度时，为什么必须在大量 H_2SO_4（HCl 或 HNO_3 是否可以）存在下进行？酸度过高或过低有无影响？为什么要加热至75～85℃后才能滴定？溶液温度过高或过低有什么影响？

（4）用 $KMnO_4$ 溶液滴定 $Na_2C_2O_4$ 溶液时，$KMnO_4$ 溶液为什么一定要装在玻塞滴定管中？为什么第一滴 $KMnO_4$ 溶液加入后红色褪去很慢，以后褪色较快？

(5)装 $KMnO_4$ 溶液的烧杯放置较久后,其壁上常有棕色沉淀(是什么?),不容易洗净,应该怎样洗涤?

六、参考文献

(1)成都科技大学分析化学教研组. 分析化学实验. 北京:人民教育出版社,1982.
(2)赵晓东,陈集,杨林,等. 无机及分析化学. 北京:石油工业出版社,2000.

4.13 实验41 水体中化学耗氧量(COD)的测定(高锰酸钾法)

一、实验目的

(1)了解测定水体中化学耗氧量的意义。
(2)掌握 $KMnO_4$法测定水样中 COD 的原理和方法。

二、实验原理

化学耗氧量(Chemical oxygen demand,简称 COD)是度量水体受还原性物质(主要是有机物)污染程度的综合性指标。常用每升水体中的还原性物质(无机的或有机的)在一定条件下被强氧化剂氧化时,所消耗的氧化剂的量换算成氧的质量来计算(即以 $mg \cdot L^{-1}$计)。水体的 COD 值越大,说明水中所含的耗氧物质越多,水体遭受的破坏越严重,其水质越差。在酸性(稀硫酸)介质中,加入一定量过量的 $KMnO_4$溶液,加热煮沸 10min,使水体中的还原性物质被充分氧化后,再加入一定量过量的 $Na_2C_2O_4$溶液还原剩余的 $KMnO_4$,而多余的 $C_2O_4{}^{2-}$ 再用 $KMnO_4$溶液回滴。其反应式如下:

$$4KMnO_4 + 6H_2SO_4 + 5C = 2K_2SO_4 + 4MnSO_4 + 5CO_2\uparrow + 6H_2O$$

$$2MnO_4{}^- + 5C_2O_4{}^{2-} + 16H^+ = 2Mn^{2+} + 8H_2O + 10CO_2\uparrow$$

水中耗氧量的计算式如下:

$$C_{COD}(mg \cdot L^{-1}) = \frac{\left[\frac{5}{4}C_{KMnO_4}(V_1 + V_2) - \frac{1}{2}C_{C_2O_4^{2-}}V_{C_2O_4^{2-}}\right] \times 32}{V_{水样}/1000}$$

式中 V_1——第一次加入 $KMnO_4$的体积,mL;
V_2——第二次加入 $KMnO_4$的体积,mL。

三、仪器试剂

(1)仪器:量筒(10mL);烧杯;试剂瓶(带橡胶塞);酸式滴定管(50mL);酒精灯;锥形瓶(250mL)。

(2)试剂：$KMnO_4$溶液（0. 02mol · L^{-1}）；$Na_2C_2O_4$标准溶液（0. 005mol · L^{-1}）；硫酸（1+3）。

四、实验步骤

(1)取100mL水样于250mL锥形瓶中，加H_2SO_4（1+3）10mL，并准确加入0. 02mol · L^{-1} $KMnO_4$溶液10mL，立即加热至沸。若此时红色褪去，说明水样中有机物含量较多，应补加适量高锰酸钾，至试液呈稳定的红色。从冒第一个大泡开始记时，用小火煮沸10min。

(2)取下锥形瓶，趁热准确加入0. 005mol · L^{-1}的$Na_2C_2O_4$溶液10mL，充分摇匀，此时溶液应由红色转为无色。

(3)取标准$KMnO_4$溶液滴定，由无色变为稳定的淡红色即为终点。

(4)另取100mL蒸馏水代替水样，同上述操作，求空白值。应平行操作三次，并从计算值中扣去空白值，即得分析结果。

五、数据记录与处理

$KMnO_4$标准溶液浓度，mol · L^{-1}			
水样体积，mL			
滴定初始读数，mL			
第一终点读数，mL			
V，mL			
$\overline{V}$，mL			
C_{COD}，mg/L			

六、延伸与说明

（一）水样的采集

(1)采集表层水：用桶、瓶等容器直接采取，一般将容器沉至水下0.3～0.5m处采集。

(2)采集深层水：将带有重锤的具塞采样器（图4－2）沉入水中，达到所需深度后（从拉直的绳子标度上看出），拉动瓶口塞子上连接的细绳，打开瓶塞，待水样充满后提出来。

图4－2 具塞采样器

(3)采集自来水或带抽水设备的地下水：先排放2～3min，让积存杂质的水流去，然后用瓶、桶等采集。

（二）水样的保存

(1)冷藏或冷冻。其作用是抑制微生物活动，减慢物理挥发和化学反应速度。

(2)加入化学试剂。加入酸或碱调节pH值，能使一些化学成分在水样中保持稳定；加入生物抑制剂，可抑制微生物的氧化还原作用；加入氧化剂或还原剂，可使一些待测成分转化为稳定的化学物质，而且不干扰以后的分析测定。

保存水样的方法见表4－5。

表4-5 保存水样的方法

测定项目	保存方法	分析地点	保存时间	建议
温度、pH值		现场		
气味(臭)		实验室	6h	最好现场测定
色度		实验室	24h	最好现场测定
溶解氧	加高锰酸钾+碘化钾+氢氧化钠现场固定	实验室	数小时	最好即时测定
化学需氧量	加硫酸酸化至pH值小于2,2~5℃冷藏	实验室	1星期	尽快测定
总氰(CN^-)	加氢氧化钠调至pH值大于12	实验室	24h	
酚	加硫酸铜+磷酸控制pH值小于2	实验室	24h	
细菌总数	冷藏	实验室	6h	

(三)说明

(1)采集瓶或装水容器必须事前洗净烘干,以免杂质进入水样中,影响水样质量。采样前,先用水样洗涤容器2~3次。

(2)供卫生细菌学检验用的水样采集容器必须先进行灭菌处理。

(3)有些测定项目对时间、温度的变化非常敏感,最好现场测定。

七、思考题

(1)$KMnO_4$标准溶液可采用何种方法配制?配制时应注意什么问题?

(2)水样的采集与保存应该注意哪些事项?

(3)水样中加入$KMnO_4$煮沸后,若紫红色消失说明什么?应采用什么措施?

八、参考文献

(1)武汉大学. 分析化学实验. 3版. 北京:高等教育出版社,1994.

(2)华中师范大学,东北师范大学,陕西师范大学. 分析化学实验. 2版. 北京:高等教育出版社,1987.

(3)魏复盛. 水和废水监测分析方法指南. 北京:环境科学出版社,1990.

4.14 实验42 褐铁矿中铁含量的测定

一、实验目的

(1)学习用酸分解矿石试样的方法。

(2)掌握不用汞盐的重铬酸钾法测定铁含量的原理和方法。

(3)了解预氧化还原的目的和方法。

二、实验原理

用 $K_2Cr_2O_7$ 溶液滴定 Fe^{2+} 的方法在测定合金、矿石、有色金属盐类及硅酸盐等含铁量时，有很大的实用价值。

褐铁矿的主要成分是 $Fe_2O_3 \cdot xH_2O$。对铁矿来说，盐酸是很好的溶剂，溶解后生成 Fe^{3+}（实际上是 $FeCl_4^-$，$FeCl_6^{3-}$ 等配离子），必须用还原剂将它预先还原，才能用氧化剂 $K_2Cr_2O_7$ 溶液滴定。一般常用 $SnCl_2$ 作还原剂：

$$2Fe^{3+} + Sn^{2+} = 2Fe^{2+} + Sn^{4+}$$

多余的 $SnCl_2$ 用 $HgCl_2$ 予以除去：

$$SnCl_2 + 2HgCl_2 = SnCl_4 + Hg_2Cl_2\downarrow(\text{白})$$

然后在酸性介质用 $K_2Cr_2O_7$ 溶液滴定生成的 Fe^{2+}，这是测定铁的经典方法。这个方法操作简便，结果准确。但是 $HgCl_2$ 有剧毒，为了避免汞盐对环境的污染，近年来采用了各种不用汞盐的测定铁含量的方法。下面采用三氯化钛（$TiCl_3$）还原铁的方法。即先用 $SnCl_2$ 将大部分 Fe^{3+} 还原，以钨酸钠为指示剂，再用 $TiCl_3$ 溶液还原剩余的 Fe^{3+}，反应如下：

$$Fe^{3+} + Ti^{3+} = Fe^{2+} + Ti^{4+}$$

过量的 $TiCl_3$ 用 $K_2Cr_2O_7$ 氧化，以二苯胺磺酸钠为指示剂，用 $K_2Cr_2O_7$ 标准溶液滴定亚铁离子：

$$6Fe^{2+} + Cr_2O_7^{2-} + 14H^+ = 6Fe^{3+} + 2Cr^{3+} + 7H_2O$$

由于滴定过程中生成黄色的 Fe^{3+}，影响终点的正确判断，故加入 H_3PO_4，使之与 Fe^{3+} 结合成无色的 $[Fe(PO_4)_2]^{3-}$，这样既消除了 Fe^{3+} 的黄色影响，又减小了 Fe^{3+} 浓度，从而降低了 Fe^{3+}/Fe^{2+} 电对的克式量电极电位，使滴定时电位突跃增大，终点判断正确，反应也更完全。

三、仪器试剂

（1）6% $SnCl_2$ 溶液：称取 6g$SnCl_2 \cdot 2H_2O$，溶于 20mL 热浓盐酸中，用水稀释至 100mL。

（2）硫磷混酸：将 200mL 浓硫酸（市售）在搅拌下缓慢注入 500mL 水中，再加 300mL 浓磷酸（市售）。

（3）25% 钨酸钠溶液：称取 25gNa_2WO_4，溶于适量水中（若浑浊，需过滤），加 5mL 浓磷酸，用水稀释至 100mL。

（4）1∶19 $TiCl_3$ 溶液：取 15% ~20% $TiCl_3$ 溶液，用 1∶9 盐酸稀释 20 倍，加一层液体石蜡加以保护。

（5）0.2% 二苯胺磺酸钠溶液。

（6）浓盐酸。

（7）0.05000mol · L^{-1} $K_2Cr_2O_7$ 标准溶液：按计算称取在 150℃ 烘干 1h 的 $K_2Cr_2O_7$（AR 或基准试剂）溶于水，然后移入 1L 容量瓶中，用水稀释至刻度，摇匀。

四、实验步骤

称取0.2g试样，置于250mL锥形瓶中，加10～20mL浓盐酸，低温加热10～20min，滴加$SnCl_2$溶液至浅黄色，继续加热10～20min（此时体积约为10mL）至剩余残渣为白色或浅色时表示溶解完全。调整溶液至150～200mL，加15滴Na_2WO_4溶液，用$TiCl_3$溶液滴至溶液呈蓝色。再滴加$K_2Cr_2O_7$标准溶液至无色（不计读数），立即加10mL硫磷混酸，5滴二苯胺磺酸钠。用$K_2Cr_2O_7$标准溶液滴定至呈稳定的紫色。

根据滴定结果，计算铁矿中铁的质量分数。

五、思考题

（1）用重铬酸钾测定褐铁矿中铁含量，整个反应过程如何？写出测定过程中各反应的反应式。

（2）先后用$SnCl_2$和$TiCl_3$作还原剂的目的何在？如果不慎加入了过多的$SnCl_2$或$TiCl_3$应怎么办？

（3）加入硫磷混酸的目的何在？

六、参考文献

（1）成都科技大学分析化学教研组.分析化学实验.北京：人民教育出版社，1982.

（2）赵晓东，陈集，杨林，等.无机及分析化学.北京：石油工业出版社，2000.

4.15 实验43 碘和硫代硫酸钠标准溶液的配制和标定

一、实验目的

（1）掌握I_2及$Na_2S_2O_3$溶液的配制方法和保存条件，配制0.1mol·L^{-1} I_2及$Na_2S_2O_3$溶液。

（2）了解标定I_2及$Na_2S_2O_3$溶液的浓度的原理和方法。

（3）掌握直接碘法和间接碘法进行的条件。

二、实验原理

碘法用的标准溶液主要有硫代硫酸钠和碘标准溶液两种。用升华法可制得纯碘，纯碘可作基准物，用纯碘可按直接法配制标准溶液而不必标定。如用普通的碘配制标准溶液，则应先配成近似的浓度，然后再标定。

I_2微溶于水而易溶于KI溶液，但在稀的KI溶液中溶解得很慢，所以配制I_2溶液时不能过早加水稀释，应先将I_2与KI混合，用少量水充分研磨，溶解完全再稀释。I_2与KI间存在如下平衡：

$$I_2 + I^- \rightleftharpoons I_3^-$$

游离 I_2 容易挥发损失,这是影响碘溶液稳定性的原因之一。按上述反应,维持适当过量的 I^-,可减少 I_2 的挥发。

空气能氧化 I^-,引起 I_2 溶液的浓度增加:

$$4I^- + O_2 + 4H^+ \rightleftharpoons 2I_2 + 2H_2O$$

此氧化作用缓慢,但在光、热及酸的作用下加速,因此 I_2 溶液应储于棕色瓶中置冷暗处保存。I_2 能缓慢腐蚀橡胶和其他有机物,所以 I_2 溶液应避免与这类物质接触。

标定 I_2 溶液浓度的最好方法是用三氧化二砷 As_2O_3(俗名砒霜,剧毒!)作基准物。As_2O_3 难溶于水,易溶于碱性溶液中生成亚砷酸盐:

$$As_2O_3 + 6OH^- \longrightarrow 2AsO_3^{3-} + 3H_2O$$

亚砷酸盐与 I_2 的反应是可逆的:

$$AsO_3^{3-} + I_2 + H_2O \rightleftharpoons AsO_4^{3-} + 2I^- + 2H^+$$

随着滴定反应的进行,溶液酸度增加,反应将按反方向进行,即 AsO_4^{3-} 可氧化 I^-,使滴定反应不能完成。而碘法又不能在强碱溶液中进行滴定,因此一般在酸性溶液中加入过量 $NaHCO_3$,使溶液 pH 值保持在 8 左右,所以实际上滴定反应是:

$$I_2 + AsO_3^{3-} + 2HCO_3^- \rightleftharpoons 2I^- + AsO_4^{3-} + 2CO_2\uparrow + H_2O$$

I_2 溶液的浓度,也可用 $Na_2S_2O_3$ 标准溶液来标定。

硫代硫酸钠($Na_2S_2O_3 \cdot 5H_2O$)一般都含有少量杂质,如 S,Na_2SO_3,Na_2SO_4,Na_2CO_3 及 NaCl 等,同时还容易风化和潮解,因此不能直接配制准确浓度的溶液。

$Na_2S_2O_3$ 溶液易受空气和微生物等的作用而分解:

(1)溶解的 CO_2 的作用。$Na_2S_2O_3$ 在中性或碱性溶液中较稳定,当 pH 值小于 4.6 时即不稳定。溶液中含有 CO_2 时,会促进 $Na_2S_2O_3$ 分解:

$$Na_2S_2O_3 + H_2CO_3 \longrightarrow NaHSO_3 + NaHCO_3 + S\downarrow$$

此分解作用一般发生在溶液配成后的最初 10 天后。分解后一分子 $Na_2S_2O_3$ 变成了一分子 $NaHSO_3$,一分子 $Na_2S_2O_3$ 只能和一个碘原子作用,而一分子 $NaHSO_3$ 却能和两个碘原子作用,因此从反应能力看溶液的浓度增加了。以后由于空气的氧化作用浓度又慢慢减少。

pH 值在 9 ~ 10 之间时硫代硫酸盐溶液最为稳定,在 $Na_2S_2O_3$ 溶液中加入少量 Na_2CO_3,很有好处。

(2)空气的氧化作用。

$$2Na_2S_2O_3 + O_2 \longrightarrow 2Na_2SO_4 + 2S\downarrow$$

(3)微生物的作用。这是使 $Na_2S_2O_3$ 分解的主要原因。为了避免微生物的分解作用,可加入少量 HgI_2($10mg \cdot L^{-1}$)。

为了减少溶解在水中的 CO_2 和杀死水中微生物,应用新煮沸后冷却的蒸馏水配制溶液并加入少量 Na_2CO_3,使其质量分数约为 0.02%,以防止 $Na_2S_2O_3$ 分解。

日光能促使 $Na_2S_2O_3$ 溶液分解。所以 $Na_2S_2O_3$ 溶液应储于棕色瓶中,放置暗处,经 8 ~ 13d 再标定。长期使用的溶液,应定期标定。若保存得好,可每月标定一次。

通常用 $K_2Cr_2O_7$ 作基准物标定 $Na_2S_2O_3$ 溶液的浓度。$K_2Cr_2O_7$ 先与 KI 反应析出 I_2:

$$Cr_2O_7^{2-} + 6I^- + 14H^+ \xlongequal{} 2Cr^{3+} + 3I_2 + 7H_2O$$

析出的 I_2 再用标准 $Na_2S_2O_3$ 溶液滴定：

$$I_2 + 2S_2O_3^{2-} \xlongequal{} S_4O_6^{2-} + 2I^-$$

这个标定方法是间接碘法的应用。

三、仪器试剂

(1) $Na_2S_2O_3 \cdot 5H_2O$(固)；$Na_2S_2O_3$(固体)；As_2O_3(AR 或基准试剂)；I_2(固体)；可溶性淀粉；$K_2Cr_2O_7$(AR 或基准试剂)。

(2) 10% KI 溶液；2mol · L^{-1} HCl 溶液；1mol · L^{-1} NaOH 溶液；4% $NaHCO_3$ 溶液；1mol · L^{-1} H_2SO_4 溶液；1% 酚酞溶液。

四、实验步骤

(一) 0.1mol · L^{-1} I_2 溶液的配制

称取 13gI_2 和 40gKI 置于小研钵或小烧杯中。加水少许，研磨或搅拌至 I_2 全部溶解后，转移入棕色瓶中，加水稀释至 1L，塞紧，摇匀后放置过夜再标定。

(二) 0.1mol · L^{-1} $Na_2S_2O_3$ 溶液的配制

称取 25g$Na_2S_2O_3 \cdot 5H_2O$ 于 500mL 烧杯中，加入 300mL 新煮沸经冷却的蒸馏水，待完全溶解后，加入 0.2gNa_2CO_3，然后用新煮沸经冷却的蒸馏水稀释至 1L，储于棕色瓶中，在暗处放置 7~14d 后标定(视测定实验需要，可配成其他浓度)。

(三) 0.1mol · L^{-1} I_2 溶液浓度的标定

(1) 用 As_2O_3 标定：准确称取在 H_2SO_4 中干燥 24h 的 As_2O_3，置于 250mL 锥形瓶中，加入 1mol · L^{-1} NaOH 溶液 10mL，等 As_2O_3 完全溶解后，加 1 滴酚酞指示剂，用 1mol · L^{-1} H_2SO_4 溶液或 HCl 溶液中和至微酸性，然后加入 25mL 4% $NaHCO_3$ 溶液和 2mL 1% 淀粉溶液，再用 I_2 标准溶液滴定至出现蓝色，即为终点。根据 I_2 溶液的用量及 As_2O_3 的质量计算 I_2 标准溶液的浓度。

(2) 用 $Na_2S_2O_3$ 标准溶液标定：准确吸取 25mL I_2 标准溶液置于 250mL 瓶中，加 50mL 水。用 0.1mol · L^{-1} $Na_2S_2O_3$ 标准溶液滴定至呈浅黄色后，加入 1% 淀粉溶液 1mL，用 $Na_2S_2O_3$ 溶液继续滴定至蓝色恰好消失，即为终点。根据 $Na_2S_2O_3$ 及 I_2 溶液的用量和 $Na_2S_2O_3$ 溶液的浓度，计算 I_2 标准溶液的浓度。

(四) 0.1mol · L^{-1} $Na_2S_2O_3$ 溶液浓度的标定

准确称取已烘干的 $K_2Cr_2O_7$(AR，其质量相当于 20~30mL 0.1mol · L^{-1} $Na_2S_2O_3$ 溶液)于 250mL 锥形瓶中，加入 10~20mL 水溶解，再加 20mL 10% KI 溶液(或 2g 固体 KI)和 5mL 6mol · L^{-1} HCl 溶液，混匀后用表面皿盖好，放在暗处 5min，然后用 30mL 水稀释，用 0.1mol · L^{-1} $Na_2S_2O_3$ 溶液滴定到呈浅黄绿色。加入 1% 淀粉溶液 1mL，继续滴定至蓝色变绿色，即为终点。根据 $K_2Cr_2O_7$ 的质量及消耗的 $Na_2S_2O_3$ 溶液体积，计算 $Na_2S_2O_3$ 溶液的浓度。

五、思考题

(1)如何配制和保存浓度比较稳定的 I_2 和 $Na_2S_2O_3$ 标准溶液?

(2)用 As_2O_3 作基准物标定 I_2 溶液时,为什么先要加酸至呈微酸性,还要加入 $NaHCO_3$ 溶液?

(3)用 $K_2Cr_2O_7$ 作基准物标定 $Na_2S_2O_3$ 溶液时,为什么要加入过量的 KI 和 HCl 溶液?为什么放置一定时间后才加水稀释?如果:①加 KI 溶液而不加 HCl 溶液,②加酸后不放置暗处,③不放置或少放置一定时间即加水稀释,会产生什么影响?

(4)为什么用 I_2 溶液滴定 $Na_2S_2O_3$ 溶液时应预先加入淀粉指示剂?而用 $Na_2S_2O_3$ 滴定 I_2 溶液时必须在将近终点前才加入?

(5)马铃薯和稻米等都含淀粉,它们的溶液是否可用作指示剂?

(6)使用 1% 的淀粉指示剂的量为什么要多达 1mL?和其他滴定方法一样,只加几滴行不行?

(7)如果分析的试样不同,$Na_2S_2O_3$ 和 I_2 标准溶液的尝试是否都应配成 $0.1mol \cdot L^{-1}$?

(8)如果 $Na_2S_2O_3$ 标准溶液是用来分析铜的,为什么要用纯铜作基准物标定 $Na_2S_2O_3$ 溶液的浓度?

六、参考文献

(1)成都科技大学分析化学教研组. 分析化学实验. 北京:人民教育出版社,1982.

(2)赵晓东,陈集,杨林,等. 无机及分析化学. 北京:石油工业出版社,2000.

4.16 实验 44 商品硫化钠总还原能力的测定

一、实验目的

掌握用碘法测定硫化钠总还原能力的原理和方法。

二、实验原理

在弱酸性溶液中,I_2 按如下反应氧化 H_2S:

$$H_2S + I_2 \longrightarrow S\downarrow + 2H^+ + 2I^-$$

这是用直接碘法测定硫化物。为了防止 S^{2-} 在酸化条件下生成 H_2S 而损失,在测定时应把硫化钠试液加到过量 I_2 的酸性溶液中,反应完毕后,再用 $Na_2S_2O_3$ 标准溶液滴定多余 I_2。硫化钠试样中常含有 Na_2SO_3 及 $Na_2S_2O_3$ 等还原性物质,它们也与 I_2 作用,因此按照上述方法测定的结果,实际上是 Na_2S 试样的总还原能力。

三、仪器试剂

$0.1mol \cdot L^{-1}$ I_2 标准溶液;$0.1mol \cdot L^{-1}$ $Na_2S_2O_3$ 标准溶液;1% 淀粉溶液(新配的);$2mol \cdot L^{-1}$ HCl 溶液。

四、实验步骤

准确称取硫化钠试样 2g(称准至哪一位?)于小烧杯中,加水溶解,转入 250mL 容量瓶中,用水洗烧杯数次,洗液并入容量瓶中,加水稀释至刻度,摇匀,配成硫化钠试液。

准确吸取 0.1mol · L^{-1} I_2 标准溶液 25mL 于 250mL 碘量瓶中,加 20mL 水及 15mL 2mol · L^{-1} HCl 溶液,再准确吸取 25mL 上述硫化钠试液,加到 I_2 溶液中,边加边摇使反应完全。然后用 0.1mol · L^{-1} $Na_2S_2O_3$ 标准溶液滴定至呈浅黄色,加入 1% 淀粉溶液 1mL,继续滴定至溶液蓝色恰好消失,即为终点。计算硫化钠试样的总还原能力(用 Na_2S 的质量分数表示)。

五、思考题

(1) I_2 是氧化剂,Na_2S 是还原剂,为什么不用 I_2 标准溶液直接滴定 Na_2S 溶液?

(2)为什么不是称取少量 Na_2S 试样经溶于水后直接进行滴定,而要配成大量试液?

(3)如果要测定硫化钠(含 Na_2SO_3 及 $Na_2S_2O_3$ 等杂质)中 Na_2S 的实际含量,应该怎样测定?

六、参考文献

(1)成都科技大学分析化学教研组. 分析化学实验. 北京:人民教育出版社,1982.

(2)赵晓东,陈集,杨林,等. 无机及分析化学. 北京:石油工业出版社,2000.

4.17 实验45 硫酸铜中铜含量的测定

一、实验目的

掌握用碘法测定铜含量的原理和方法。

二、实验原理

二价铜盐与碘化物发生下列反应:

$$2Cu^{2+} + 4I^- \rightleftharpoons 2CuI\downarrow + I_2$$

$$I_2 + I^- \rightleftharpoons I_3^-$$

析出的 I_2 再用 $Na_2S_2O_3$ 标准溶液滴定,由此可以计算出铜的含量。

上述反应是可逆的,为了促使反应实际上能趋于完全,必须加入过量的 KI;但是 KI 浓度太大,会妨碍终点的观察。同时由于 CuI 沉淀强烈地吸附 I_3^-,使测定结果偏低。如果加入 KSCN,使 CuI($K_{sp}=5.05\times10^{-12}$)转化为溶解度更小的 CuSCN($K_{sp}=4.8\times10^{-15}$):

$$CuI + SCN^- = CuSCN\downarrow + I^-$$

这样不但可以释放出被吸附的 I_3^- 离子,而且反应时再生出来的 I^- 与未反应的 Cu^{2+} 发生作用。在这种情况下,可以使用较少的 KI 而能使反应进行得更完全。但是 KSCN 只能在接近终点时加入,否则 SCN^- 可能直接还原 Cu^{2+} 而使结果偏低:

$$6Cu^{2+} + 7SCN^- + 4H_2O \xlongequal{\quad} 6CuSCN\downarrow + SO_4^{2-} + HCN + 7H^+$$

为了防止铜盐水解,反应必须在酸溶液中进行。酸度过低,Cu^{2+}氧化I^-不完全,结果偏低,而且反应速度慢,终点拖长;酸度过高,则I^-被空气氧化为I_2的反应被Cu^{2+}催化,使结果偏高。

大量Cl^-能与Cu^{2+}形成配离子,I^-不能从Cu(Ⅱ)的氯配合物中将Cu(Ⅱ)定量地还原,因此最好用硫酸而不用盐酸(少量盐酸不干扰)。

矿石或合金中的铜含量也可以用碘法测定,但必须设法防止其他能氧化I^-的物质(如NO_3^-,Fe^{3+}等)的干扰。防止的方法是加入掩蔽剂以掩蔽干扰离子(例如使Fe^{3+}生成FeF_6^{3-}而掩蔽),或在测定前将它们分离除去。若有As(Ⅴ),Sb(Ⅴ)存在,应将pH值调至4,以免它们氧化I^-。

三、仪器试剂

$0.05mol \cdot L^{-1} Na_2S_2O_3$标准溶液;$2mol \cdot L^{-1} H_2SO_4$溶液;1% HCl溶液;10% KSCN溶液;10% KI溶液;1%淀粉溶液。

四、实验步骤

精确称取硫酸铜试样(相当于20~30mL $0.05mol \cdot L^{-1} Na_2S_2O_3$溶液)于250mL锥形瓶中,加$2mol \cdot L^{-1} H_2SO_4$溶液3mL和水30mL溶解。加入10% KI溶液7~8mL,立即用$Na_2S_2O_3$标准溶液滴定至呈浅黄色。然后加入1%淀粉溶液1mL,继续滴定到呈浅蓝色。再加入5mL10% KSCN(可否用NH_4SCN代替?)溶液,摇匀后溶液由浅蓝色转深。继续滴定到蓝色恰好消失,此时溶液为米色CuSCN悬浮液。由实验结果计算硫酸铜中的铜含量。

五、思考题

(1)硫酸铜易溶于水,为什么溶解时要加硫酸?

(2)用碘法测定铜含量时,为什么要加入KSCN溶液?如果在酸化后立即加入KSCN溶液,会产生什么影响?

(3)已知$\varphi^{\ominus}_{Cu^{2+}/Cu^+} = 0.158V$,$\varphi^{\ominus}_{I_2/I^-} = 0.54V$,为什么在本法中$Cu^{2+}$却能使$I^-$氧化为$I_2$?

(4)测定反应为什么一定要在弱酸性溶液中进行?

(5)如果分析矿石或合金中的铜含量,其试液中含有干扰性杂质如Fe^{3+},NO_3^-等,应如何消除它们的干扰?

(6)如果用$Na_2S_2O_3$标准溶液滴定铜矿或铜合金中的铜,用什么基准物标定$Na_2S_2O_3$溶液的浓度最好?

六、参考文献

(1)成都科技大学分析化学教研组.分析化学实验.北京:人民教育出版社,1982.

(2)赵晓东,陈集,杨林,等.无机及分析化学.北京:石油工业出版社,2000.

4.18 实验46 可溶性硫酸盐中硫含量的测定

一、实验目的

(1)了解晶形沉淀的沉淀条件、原理和沉淀方法。

(2)练习沉淀的过滤、洗涤和灼烧的操作技术。

(3)测定可溶性硫酸盐中硫的含量,并用换算因数计算测定结果。

二、实验原理

测定硫酸根所用的经典方法,是用 Ba^{2+} 将 SO_4^{2-} 沉淀为 $BaSO_4$ 形式再称重,从而求得 S 或 SO_4^{2-} 含量,但费时较多。用各种滴定分析方法进行测定,则其准确度不及质量法,精密度也不太好。多年来,分析工作者对质量法测定 SO_4^{2-} 作了不少改进,克服了烦琐、费时的缺点,因此质量法仍为一种较准确而重要的标准方法。

$BaSO_4$ 的溶解度很小($K_{sp}=0.87\times10^{-10}$),在25℃时100mL溶液中仅溶解0.25mg,在过量沉淀剂存在时,溶解更少,一般可以忽略不计。$BaSO_4$ 沉淀初生成时,一般形成细小的晶体,过滤时易穿过滤纸,引起沉淀的损失。因此进行沉淀时,必须注意创造和控制有利于形成较大晶体的条件。

为了防止生成 $BaCO_3$,$Ba_3(PO_4)_2$ 或($BaHPO_4$)及 $Ba(OH)_2$ 等沉淀,应在酸性溶液中进行沉淀,一般在 $0.05mol\cdot L^{-1}$ HCl 溶液中进行。溶液中也不允许有酸不溶物和易被吸附的离子(如 Fe^{3+},NO_3^- 等)存在,否则应预先分离或掩蔽。Pb^{2+},Sr^{2+} 干扰测定。

应用玻璃砂芯坩埚抽滤 $BaSO_4$ 沉淀,然后烘干、称重,这样可缩短分析时间,其准确度比灼烧法稍差,但可用于工业生产的快速分析。

用 $BaSO_4$ 质量法测定 SO_4^{2-} 这一方法应用很广。磷肥、萃取磷酸、水泥以及有机物中的硫含量都可用此法分析。

三、仪器试剂

(1)仪器:瓷坩埚2只;坩埚坩1把;定性滤纸(7~9cm)1张;定量滤纸。

(2)试剂:10% $BaCl_2$ 溶液($2mol\cdot L^{-1}$);$0.1mol\cdot L^{-1}$ $AgNO_3$ 溶液;$6mol\cdot L^{-1}$ HNO_3 溶液。

四、实验步骤

准确称取在100~120℃温度下干燥过的试样0.2~0.3g置于250mL烧杯中,加水25mL溶解,加入 $2mol\cdot L^{-1}$ HCl 溶液6mL,用水稀释至约200mL。将溶液加热至沸。在不断搅拌下缓缓滴加 $BaCl_2$ 溶液(5mL10% $BaCl_2$ 溶液预先稀释约1倍并加热),使沉淀完全。微沸10min,在约90℃下保温陈化约1h。冷至室温,用致密定量滤纸过滤,再用热蒸馏水洗涤沉淀至无 Cl^- 为止。将沉淀和滤纸移入已在800~850℃下灼烧至恒重的瓷坩埚中,烘干、灰化后,再在800~850℃下灼烧至恒重。根据所得 $BaSO_4$ 质量,计算试样中硫的(或 SO_3)质量分数。

五、记录和计算

记录和计算见表4-6。

表4-6　记录和计算

序次 项目	Ⅰ	Ⅱ
称量瓶+试样的质量(倒出前)		
称量瓶+试样的质量(倒出后)		
试样的质量 W,g		
坩埚+$BaSO_4$ 的质量		
坩埚的质量		
$BaSO_4$ 的质量		
SO_4^{2-} 的质量分数		
相对偏差		

六、思考题

(1)根据质量法所称试样的质量应根据什么原则计算?

(2)为什么加10% $BaCl_2$ 溶液5mL?沉淀剂用量应该怎样计算?反之,如果用 H_2SO_4 沉淀 Ba^{2+},H_2SO_4 用量应如何计算?

(3)为什么试液和沉淀剂都要预先稀释,而且试液要预先加热?

(4)沉淀至无 Cl^- 的目的和检查 Cl^- 的方法如何?

(5)洗涤至无 Cl^- 的目的和检查 Cl^- 的方法如何?

(6)为什么要控制在一定酸度的盐酸介质中进行沉淀?

(7)用倾泻法过滤有什么优点?

(8)什么叫恒重?怎样才能把灼烧后的沉淀称准?

(9)用 SO_3^{2-} 表示硫酸根的质量分数,应如何计算?

七、参考文献

(1)成都科技大学分析化学教研组. 分析化学实验. 北京:人民教育出版社,1982.

(2)赵晓东,陈集,杨林,等. 无机及分析化学. 北京:石油工业出版社,2000.

第5章

物质的制备与合成

概　　述

自然界慷慨赐予人类大量的物质财富,例如各种矿物、煤、石油、天然气以及无穷无尽的动植物资源。它们中包含着大量的无机、有机化合物。正是这些物质养育了人类,带来了人类社会的现代文明和繁荣。

但是,天然存在的物质虽多,种类却有限,且当某些资源紧缺时,人们就束手无策了。因此难以满足现代科学技术、工农业生产以及人们日常生活的需要。随着化学理论和实验技术的不断发展,人们逐渐认识并了解了物质的分子结构,进而按物质的分子结构合成出与它完全相同或类似的分子,后者的性能可能与原来的分子性能相当或更好一些。这种根据物质的分子结构,利用价廉易得的原料,加工制备所需物质的化学,称为合成化学。

从科学发展的角度来看,合成化学是化学学科的核心,是未来化学工作者认识世界和改造世界最有力的手段。目前人类社会所拥有的已知化合物达2230万种,其中不少已成为人类生产和生活的必需品。随着实验技术的不断发展,要求合成化学家能够更多地提供新型结构和新型功能的化合物,以满足社会和经济持续发展的需要。

本章除了介绍几个有代表性的无机合成实验外,主要介绍的是有机合成。所选编的有机合成实验都是一些重要的、有代表性的、典型的有机反应和类型,并兼顾迅速发展的有机化学理论和新技术(如微量和半微量实验)。

5.1　制备与合成实验报告实例

一份完整的实验报告可以充分体现学生对实验理解的深度、综合解决问题的能力及文字表达的能力。

下面以乙酸正丁酯的合成为例,来说明实验报告的具体书写方法和格式要求。

乙酸正丁酯的合成

一、实验目的

(1)了解缩合反应、酯化反应的原理及合成方法。

(2)学习萃取原理及操作方法(分液漏斗的使用)。

(3)学习干燥原理及操作方法。

(4)熟悉分水器的使用。

二、反应原理与操作原理

(1)缩合反应是两个以上有机分子发生反应,放出水、氨、氯化氢等简单小分子而得到较大分子的反应。酯化反应是缩合反应的特例。本反应由正丁醇和冰乙酸在硫酸催化下生成乙酸正丁酯和水,反应式为:

$$CH_3COOH + n-C_4H_9OH \xrightleftharpoons{H_2SO_4} CH_3COOC_4H_9 + H_2O$$

本反应为平衡反应,为了使反应进行到底,本实验利用反应体系本身生成共沸混合物这一特点,将生成的水从反应体系中分离出来。为了达到这一目的,在实验中采用了分水器。

(2)萃取是利用化合物在两种互不相溶的溶剂中溶解度的不同,使化合物从一种溶剂中转移到另一种溶剂中的方法。本实验利用分液漏斗达到萃取和洗涤的目的。

(3)干燥法主要用于除去固体、液体或气体中的少量水分。本实验用干燥剂无水硫酸镁去掉洗涤后体系中存在的少量水分。

三、主要试剂、产物的物理和化学性质

名称	相对分子质量	折射率 n_D^{20}	相对密度 d_4^{20}	沸点,℃	熔点,℃	溶解度 g·100mL^{-1}			投料量	物质的量 mol	理论产量
						水	醇	醚			
正丁醇	74.12	1.3993	0.8098	117.25	-89.53	溶	溶	溶	4.1g(或5mL)	0.054	
冰乙酸	60.5	1.3716	1.0492	117.9	16.5	溶	溶	溶	3.7g(或3.5mL)	0.061	
硫酸	98.08		1.84(98%)	338	10.36	溶	溶		1滴	0.0028	
乙酸正丁酯	116.16	1.3941	0.8825	124~126	-77.9	微	溶	溶			6.27g

四、产品纯化过程流程图

产品纯化过程流程见图5-1。

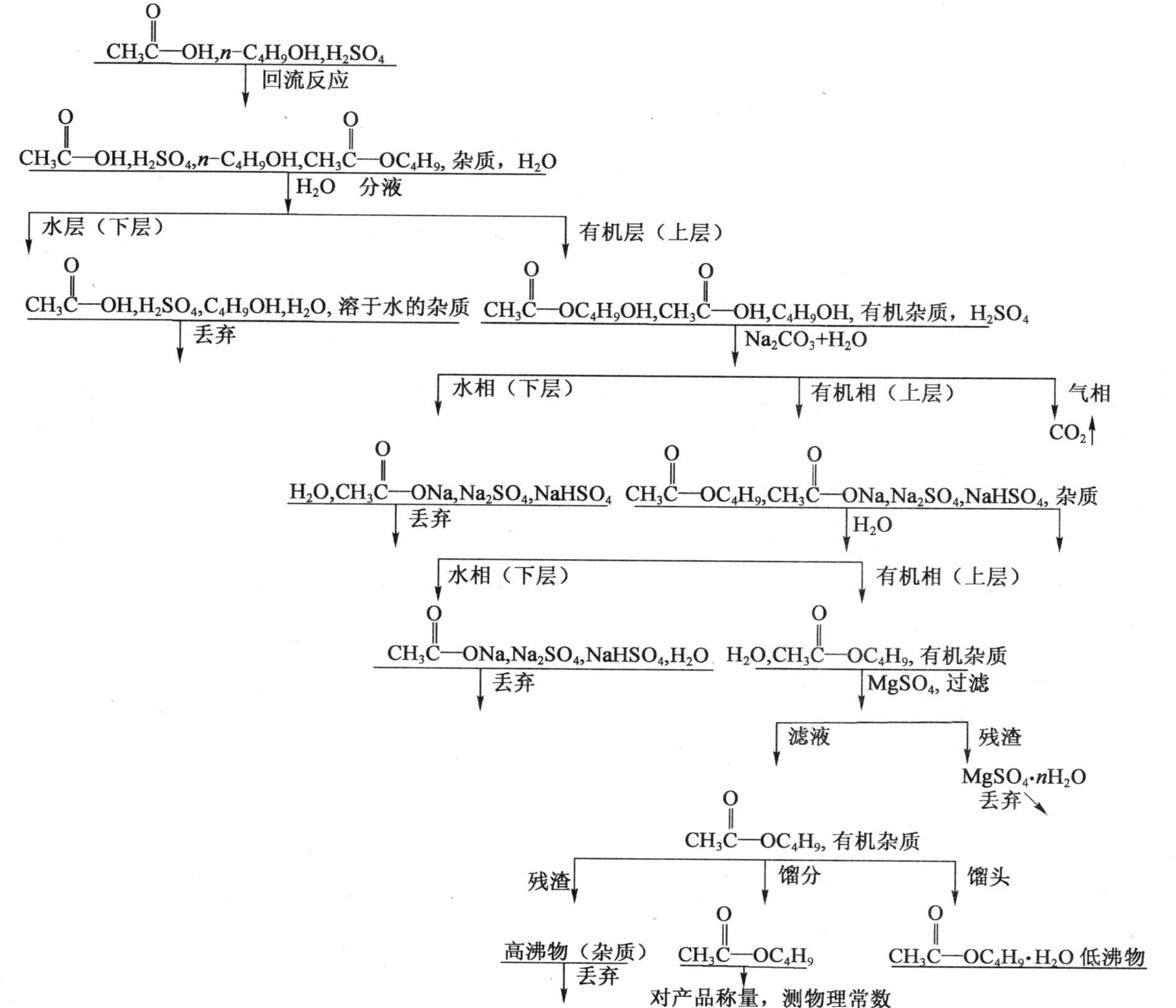

图 5-1 产品纯化过程流程图

五、仪器装置

主要装置的连接见图5-2。

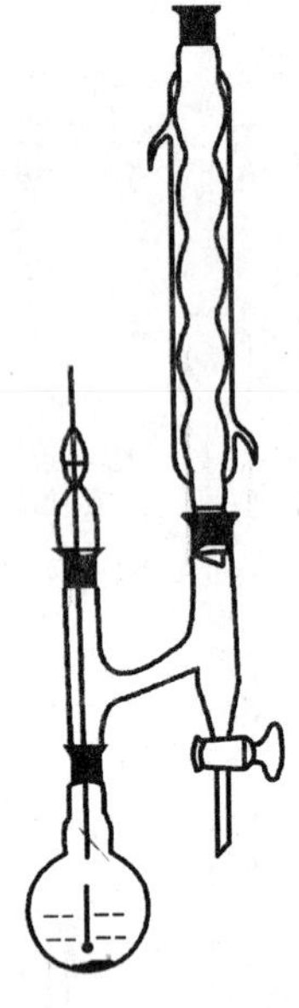

图5－2　主要装置连接图

名　　称	规　　格	数　　量
短颈圆底烧瓶	50mL	1
分水器		1
球形冷凝器	200mm	1
梨形分液漏斗	50mL	1
锥形瓶	具塞	2
烧　　杯		1
量　　筒	10mL	1
直形冷凝器	200～250mm	1
接引管		1
温度计	0～150℃	1
表面皿		1
玻璃棒		1
漏　　斗		1

六、预习实验步骤、现场记录及实验现象解释

操作步骤（预习部分）	实验记录（现场部分）	现象解释（课后总结）
按图5－2将实验装置装配好；在分水器一端做好记号，加水至标记处	按图5－2装配好装置，做好标记，加水至标记处	
在反应瓶中加入5mL正丁酯，3.5mL冰乙酸，边摇边滴加1滴浓硫酸，加入2粒沸石；装好温度计，开始加热	加入反应原料：正丁醇5mL，冰乙酸3.5mL，均为无色液体，浓硫酸1滴，略带黄色，此时反应液为黄色；加沸石2粒；温度计装好后开始加热	浓硫酸长期放置易被空气氧化，使其带有颜色
温度控制在80℃以下反应10min，然后提高温度使其回流；当体系中无水珠穿行时可停止加热；待溶液冷却后，将体系中分出来的水倒回反应瓶中与反应液一起分液	温度控制在70～80℃之间反应10min后，提高温度使体系回流，分水器另一侧有明显水珠穿行，10min后无水珠穿行，又加热约5min，停止加热；此时温度为130℃，分出水1mL；将分出来的水倒入反应瓶中，与反应液一起倒入分液漏斗中，进行分液	由于水与产物和反应物不互溶，而且水的密度大，而使水珠通过有机层落入水层
先将下层水分出，然后用10mL 10%碳酸氢钠水溶液洗涤，测pH值；再用10mL水洗涤一次，分出水层	分出下层水溶液，pH值为1；用10mL 10%碳酸氢钠水溶液洗涤后，有机相pH值为7；10mL水洗涤一次，水相pH值为7；分出水层，有机层进行干燥	说明溶液已被中和

续表

操作步骤(预习部分)	实验记录(现场部分)	现象解释(课后总结)
将有机层倒入一个干燥并且干净的锥形瓶中,加入少量无水硫酸镁进行干燥,约10~15min	加入干燥剂约0.2g,无明显悬浮固体,干燥剂结块,又加入0.2g,可见悬浮干燥剂存在;静止约10min	有悬浮干燥剂存在说明干燥剂用量已够
装配好蒸馏装置,将滤去干燥剂的粗产品加入蒸馏瓶中,加入2粒沸石,装好温度计,开始加热;收集124~126℃之间的馏分	常压蒸馏纯化产品,接馏头两滴,收集123~125℃之间馏分,得产品5.35%;产品为无色透明液体,略有香味	

七、产品产率的计算

$$产率 = \frac{5.35}{6.27} \times 100\% = 85\%$$

八、物理常数测试

名　称	项目与测试	文献值,℃	实测值,℃	注
乙酸正丁酯	沸点,常量法	124~126	123~125	

九、总结与讨论

可根据自己在实验过程中对本次实验的理解和体会进行总结和讨论。

5.2 实验47 由铬铁矿制取重铬酸钾

一、实验目的

(1)了解制备重铬酸钾的原理和方法。
(2)熟悉铬的各种价态之间的转化关系。
(3)掌握碱熔、浸取、蒸发浓缩和重结晶等基本操作。

二、实验原理

铬铁矿的主要成分为$FeO \cdot Cr_2O_3$,一般铬铁矿含Cr_2O_3约40%,除铁外,还含有硅、铝等杂质。

铬铁矿在碱性介质中(如碳酸钠等)易被氧化生成可溶于水的六价铬酸盐:

$$4FeO \cdot Cr_2O_3 + 8Na_2CO_3 + 7O_2 = 8Na_2CrO_4 + 2Fe_2O_3 + 8CO_2$$

为降低熔点,本实验用氢氧化钠作为助熔剂,并加入少量氧化剂硝酸钠,在较低温度(700~800℃)下进行反应:

$$2FeO \cdot Cr_2O_3 + 4Na_2CO_3 + 7NaNO_3 = 4Na_2CrO_4 + Fe_2O_3 + 4CO_2 + 7NaNO_2$$

用水浸取碱熔体时，大部分铁以 $Fe(OH)_3$ 形式留于残渣中，过滤后，滤液的 pH 值调至 7～8，$Al(OH)_3$ 和 $SiO_2 \cdot xH_2O$ 便沉淀析出。过滤后，再将滤液酸化，铬酸盐即转化为重铬酸盐：

$$2CrO_4^{2} + 2H^+ \rightleftharpoons Cr_2O_7^{2-} + H_2O$$

为避免酸化过程中酸性过强引起重铬酸盐与亚硝酸钠反应，将六价铬重新还原为三价铬，本实验选用乙酸进行酸化，pH 值维持在 5 左右。

重铬酸钾则由重铬酸钠与氯化钾进行复分解制得：

$$Na_2Cr_2O_7 + 2KCl = K_2Cr_2O_7 + 2NaCl$$

因重铬酸钾和氯化钠的溶解度随温度变化相差很大(溶解度数据见附录Ⅰ.9)，因此将溶液浓缩后冷却，即有大量重铬酸钾晶体析出，氯化钠仍留在溶液中。

三、仪器试剂

(1)仪器：台秤；铁坩埚；坩埚钳；泥三角；铁搅拌棒；布氏漏斗；吸滤瓶。

(2)试剂：铬铁矿粉；$NaNO_3$(固体)；NaOH(固体)；Na_2CO_3(无水)；KCl(固体)；冰乙酸。

(3)其他：pH 试纸；滤纸。

四、实验步骤

(一)氧化

称取 6g 铬铁矿粉和 4g 硝酸钠，均匀混合。另称取 4.5g 氢氧化钠及 4.5g 碳酸钠于铁坩埚中，混匀后用小火加热直至熔融。再将矿粉分多次加入，并不断搅拌，以防熔融物喷溅。矿粉加完后，逐步加大火焰，并用大火灼烧 0.5h，这时熔体呈红褐色，然后让其冷却。

(二)浸取

冷却后的熔融物牢固地附着于坩埚内，不易取出。为此可加少量水于坩埚中，小火加热至沸，然后将溶液倾入烧杯内，再加水，加热，如此反复几次，即可全部浸取出熔块。将烧杯中溶液和熔块一同加热煮沸 15min，并不断搅拌以加速溶解。稍冷后抽滤，滤渣用少量水洗涤一次，滤液与洗涤液合并后体积控制在 40mL 左右。

(三)中和除铝

用冰乙酸(4～5mL)小心调节滤液酸度至 pH 值为 7～8，使氢氧化铝沉淀，加热数分钟，过滤沉淀。滤液移入蒸发皿中，再用冰乙酸(4mL 左右)小心调节酸度至 pH 值为 5 左右，使铬酸钠转化为重铬酸钠。

(四)复分解和结晶

在制得的重铬酸钠溶液中加 2.5g 氯化钾，置于水浴上加热，并不断搅拌，至溶液蒸发至表面有微小晶体析出为止。冷却，即有大量 $K_2Cr_2O_7$ 晶体析出。

(五)重结晶

按 $K_2Cr_2O_7 : H_2O$ 的质量比为 1∶1.5 的比例，将重铬酸钾粗品溶于蒸馏水中，加热溶解，趁热过滤(若无不溶杂质，可省去过滤)，冷却以使其结晶。抽滤，晶体用少量蒸馏水洗涤一次

(以刚好湿润为宜),抽干后在 40 ~ 50℃温度下烘干,称量,并计算产率。

五、思考题

(1)酸化铬酸钠时,为什么选用冰乙酸,而不选用盐酸、硫酸或硝酸?用冰乙酸酸化时,pH 值能否降低至 3 或 2,或更低的值?为什么?

(2)在重铬酸钾粗品中可能含有的杂质是什么?

(3)将重铬酸钾粗品进行重结晶时,每克 $K_2Cr_2O_7$ 加入 1.5mL 蒸馏水是怎样确定的?

(4)除铝时,滤液的 pH 值为什么调于 7 ~ 8,调得过高或过低将会带来哪些影响?

六、参考文献

华东化工学院无机化学教研组. 无机化学实验. 3 版. 北京:高等教育出版社,1990.

5.3 实验 48 硫酸亚铁铵的制备

一、实验目的

(1)了解复盐的一般特征和制备方法。

(2)熟练掌握水浴加热、蒸发、结晶、常压过滤和减压过滤等基本操作。

二、实验原理

硫酸亚铁铵俗称摩尔盐,为浅蓝绿色单斜晶体,化学组成为 $(NH_4)_2Fe(SO_4)_2 \cdot 6H_2O$。本实验采用过量铁与稀硫酸作用制得硫酸亚铁:

$$Fe + H_2SO_4 = FeSO_4 + H_2\uparrow$$

硫酸亚铁与等物质的量的硫酸铵溶液混合,即生成溶解度较小的浅蓝色硫酸亚铁铵 $FeSO_4 \cdot (NH_4)_2SO_4 \cdot 6H_2O$ 复盐晶体:

$$FeSO_4 + (NH_4)_2SO_4 + 6H_2O = FeSO_4 \cdot (NH_4)_2SO_4 \cdot 6H_2O$$

该复盐组成稳定,在空气中不易被氧化。在分析化学中可用作标定 $KMnO_4$ 和 $K_2Cr_2O_7$ 的基准物质溶液。

三、仪器试剂

仪器:台秤;布氏漏斗;吸滤瓶;锥形瓶。

试剂:H_2SO_4(浓);Na_2CO_3(10%);$(NH_4)_2SO_4$(固体);铁片(或铁屑);铁钉。

其他:pH 试纸;滤纸。

四、实验步骤

(一)硫酸亚铁溶液的制备

用台秤称取 4.0g 预处理过的铁片(或铁屑)[1],放入 150mL 锥形瓶中,加入 20mL 3mol · L^{-1}

H_2SO_4，在水浴中加热，控制反应不要过于激烈，在加热过程中应不时补加少量水，以防 $FeSO_4$ 结晶。待反应速度明显减慢（约需 30min）后，趁热减压过滤。如果滤纸上有浅绿色的 $FeSO_4 \cdot 7H_2O$ 晶体析出，可用少量蒸馏水溶解晶体，并用 2mL 3mol · L^{-1} H_2SO_4 洗涤未反应完的 Fe 和残渣，洗涤液合并至反应液中。过滤完后将滤液转移至蒸发皿中备用。未反应完的铁片与残渣用碎滤纸吸干后称量，计算已参加反应的 Fe 的质量和生成 $FeSO_4$ 的质量。

（二）硫酸亚铁铵的制备

根据生成的 $FeSO_4$ 的质量计算出制备 $(NH_4)_2Fe(SO_4)_2 \cdot 6H_2O$ 所需 $(NH_4)_2SO_4$ 的质量[2]。按计算量在台秤上称取 $(NH_4)_2SO_4$，并配成饱和溶液，加入到 $FeSO_4$ 溶液中，混合均匀后在水浴中加热蒸发至溶液表面出现晶膜为止。冷却至室温，即析出浅蓝绿色的 $(NH_4)_2Fe(SO_4)_2 \cdot 6H_2O$ 晶体。减压过滤，抽干后，再用少量 95% 乙醇洗涤晶体，抽干取出晶体，用滤纸吸干。称量，计算产率。

五、注释

[1] 铁片（或铁屑）预处理方法：用台秤称取 4.0g 铁片（或铁屑），放入锥形瓶中，加入 10% Na_2CO_3 20mL，加热煮沸以除去铁片（或铁屑）表面的油污。用倾泻法倾出碱液，用水洗涤铁片（或铁屑）至中性。

[2] 由于 $FeSO_4$ 在过滤过程中会造成一定的损失，因此 $(NH_4)_2SO_4$ 用量可按 $FeSO_4$ 理论量的 85% 计算。

六、思考题

（1）在制备 $FeSO_4$ 过程中，为什么开始时需 Fe 过量并用水浴加热？而后又将溶液调节至强酸性？

（2）硫酸亚铁已有部分被氧化，应如何处理才能得到较纯的 $FeSO_4$ 溶液。

七、教学讨论

（1）产品质量检验。产品中 Fe^{3+} 的含量可用比色法来测定。Fe^{3+} 的质量分析操作为：称取 1g 样品置于 25mL 比色管中，用 15mL 不含氧的蒸馏水溶解，再加 2mL 3mol · L^{-1} HCl 和 1mL 25% KSCN 溶液，加蒸馏水稀释至 25mL，摇匀。与标准溶液进行比色目视，确定产品的等级。

（2）Fe^{3+} 标准溶液的配制。依次量取含 Fe^{3+} 量为 0.100 mg · mL^{-1} 的溶液 0.5mL，1.00mL，2.00mL，分别置于 25mL 比色管中，并各加入 2.00mL 3mol · L^{-1} HCl 和 1.00mL 25% KSCN 溶液，最后用蒸馏水稀释至刻度，摇匀。分别得一级试剂、二级试剂、三级试剂标准溶液。

八、参考文献

史启祯，肖新亮. 无机化学与化学分析实验. 北京：高等教育出版社，1995.

5.4 实验49 多钼酸铵的合成及组成分析

一、实验目的

(1)了解多钼酸铵的制备原理和方法。

(2)熟悉滴定等操作技术。

二、实验原理

一般情况,能形成多酸的元素,其简单的含氧酸根离子在溶液中随溶液酸度的不同,可以生成各种同多酸根离子,如 MoO_4^{2-} 在不同酸度下,可以生成 $Mo_7O_{24}^{6-}$,$Mo_8O_{26}^{4-}$ 等同多酸根离子,反应如下:

pH 值为 6 时 $8H^+ + 7MoO_4^{2-} \rightleftharpoons Mo_7O_{26}^{6-} + 4H_2O$

pH 值为 3 时 $12H^+ + 8MoO_4^{2-} \rightleftharpoons Mo_8O_{26}^{4-} + 6H_2O$

pH 值为 1 时 $4H^+ + Mo_8O_{26}^{4-} + 6H_2O \rightleftharpoons 8H_2Mo_4O_4 \downarrow$

从上述方程式看出,酸度不同时溶液中多钼酸根的组成将发生变化。本实验是在不同 pH 值条件下,利用温度和溶解度的关系合成多钼酸铵,并对其进行组成分析。

三、仪器试剂

(1)仪器:吸滤瓶;布氏漏斗;干燥器;温度计(100℃);称量瓶;锥形瓶(250mL);移液管(110mL,25mL);滴定管(酸式);凯氏微量定氮仪。

(2)试剂:MoO_3(CP);H_2SO_4(0.05mol · L^{-1}标准溶液);NaOH(0.1mol · L^{-1}标准溶液,30%);$Pb(NO_3)_2$(0.05mol · L^{-1}标准溶液);$NH_3 \cdot H_2O$(1∶1);六次四基四胺;酚酞;萘氏试剂;4-(2-吡啶偶氮)间二苯酚钠盐;HNO_3 溶液(1∶1)。

(3)其他:pH 试纸;滤纸。

四、实验步骤

(一)多钼酸铵的合成

称取 20gMoO_3 置于烧杯中,加入 1∶1$NH_3 \cdot H_2O$ 约 50mL,在搅拌下使其全部溶解(若有不溶物需过滤一次),用 1∶1HNO_3 调节溶液 pH 值为 6(HNO_3 用量大约 15~20mL)[1],加热浓缩至白色沉淀大量析出,冷却后抽滤,用蒸馏水洗涤沉淀 2~3 次[2],得第一产品。滤液与洗液合并(总体积约 100mL),再加热至 60℃左右,搅拌下用 1∶1HNO_3 调节至 pH 值为 3,又有白色沉淀析出,继续搅拌 15min 后抽滤,用蒸馏水洗涤沉淀 2~3 次,得第二产品。将两种产品均在 110℃下烘干 1h[3],冷却,称量,计算产率,并进行组成分析。

(二)组成分析

(1)钼的分析[4]:称取上述两种产品各 0.2g(精确至 0.0002g),分别置于 250mL 锥形瓶中,加水 50mL 和 0.5g 六次甲基四胺,加热至 70℃,滴入 4-(2-吡啶偶氮)间二苯酚钠盐指示剂,溶液呈亮黄色,用 $Pb(NO_3)_2$ 标准溶液滴定至粉红色(滴定开始有白色的 $PbMoO_4$ 沉淀产生)。

钼含量的计算:

$$\text{Mo 的质量分数} = \frac{c \cdot V \times 0.0959}{\text{样品质量(g)}} \times 100(\%)$$

式中　V——$Pb(NO_3)_2$ 标准溶液的用量,mL;

　　c——$Pb(NO_3)_2$ 标准溶液的物质的量浓度。

(2)氮的分析:按图 5-3 接好实验装置,用凯氏定氮法进行测定[5]。

称取 0.5g(精确至 0.0002g)样品于小烧杯中,用少量水溶解,将其转移到反应器中,然后加入 30% NaOH10mL,通入水蒸气加热蒸馏出游离的氨,用 H_2SO_4 标准溶液吸收直到氨蒸完为止(如何检验氨已蒸完?)。取下锥形瓶以酚酞作指示剂,用 NaOH 标准溶液滴定过剩硫酸。

氮含量的计算:

$$\text{N 的质量分数} = \frac{(2V_1 \cdot c_1 - V_2 \cdot c_2) \times 0.1140}{\text{样品质量(g)}} \times 100(\%)$$

式中　V_1——H_2SO_4 标准溶液的体积,mL;

　　c_1——H_2SO_4 标准溶液的物质的量浓度;

　　V_2——NaOH 标准溶液的体积,mL;

　　c_1——NaOH 标准溶液的物质的量浓度。

简易的定氮装置如图 5-4 所示。

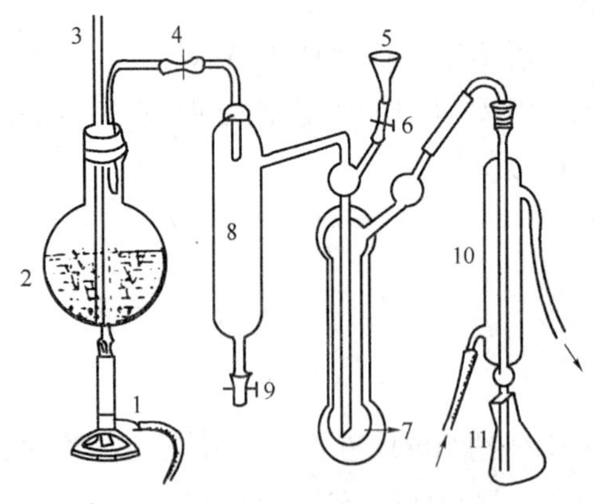

图 5-3　凯氏微量定氮蒸馏器

1—煤气灯;2—蒸气发生器;3—长玻璃管;4—橡皮管;5—漏斗;6—漏斗夹;7—反应器;8—安全瓶;9—夹子;10—冷凝管;11—锥形瓶

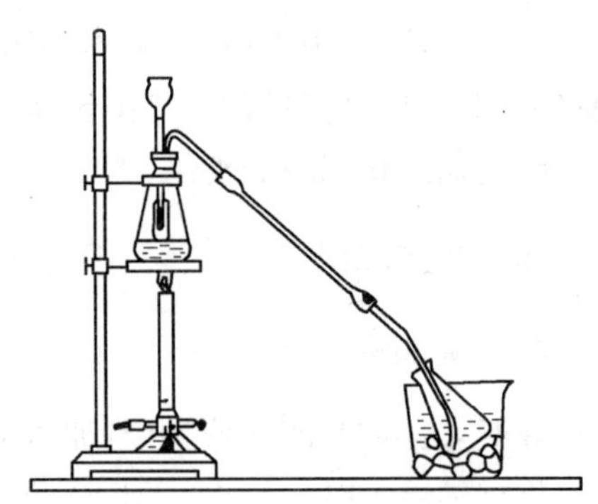

图 5-4　简易定氮装置

按图 5-4 搭好装置,安全漏斗下端固定于一小试管,试管内注入 10% NaOH 3~5mL,使漏斗柄插入试管内液面下约 2~3cm。整个操作过程中漏斗下端的出口不能露在液面上,小试管的橡皮塞要切去一个缺口,使试管内与锥形瓶相通。加热样品溶液开始时大火加热,溶液开始沸腾时改用小火,始终保持微沸状态。蒸出的氨通过导管被 H_2SO_4 标准溶液所吸收。约 1h 左右可将氨全部蒸出。

(3)分析计算出两种产品中 N 和 Mo 的质量分数,并与七钼酸铵及八钼酸铵中含 N 与 Mo 的理论质量分数相比较,确定两种产品的名称。

五、注释

[1]七钼酸铵、八钼酸铵的制备关键在于 pH 值的控制,pH = 6 时得七钼酸铵,pH = 3 时得八钼酸铵。因此加酸调节溶液 pH 值时要求仔细,不要过量,尤其是在合成八钼酸铵时 pH 值控制不能小于 1.7,否则将有 H_2MoO_4 沉淀析出,影响产品的纯度。

[2]七钼酸铵是在水浴中蒸发一段时间后才析出,因其溶解度随温度降低而减小,故需充分冷却后再抽滤。为了提高产品纯度,沉淀洗涤时必须充分搅拌,每次抽滤尽量要干。

[3]产品的烘干温度应控制在 110℃,经热重分析确定此时两种产品以 $(NH_4)_6Mo_7O_{24}\cdot 4H_2O$ 和 $(NH_4)_4Mo_8O_{26}$ 形式存在,不进行分解。

[4]钼的分析除用硝酸铅容量法,也可用钼酸铵的配合滴定法进行测定,具体方法见有关参考资料。

[5]凯氏定氮法的原理是在凯氏定氮仪中放入铵盐样品,加入强碱,碱化使铵盐分解放出氨,用水蒸气蒸馏法把氨蒸入过量的无机酸标准溶液中,再用标准碱溶液进行滴定,准确测定出氨量,从而计算出氮量。

六、操作方法

(1)仪器的洗涤:每次测试前,仪器必须进行洗涤。首先用一般的洗涤方法洗净加料漏斗上残留的碱,以防样品加入时立即放出氨。然后再用水蒸气洗涤全部蒸馏装置,以洗净反应中残留的碱和冷凝管中残留的氨。

(2)样品分析:加料前图 5-3 中反应器 7 内的残留液体应尽量少,以免降低碱的浓度,延长反应时间使氨蒸馏不完全。

加料:加料前先撤煤气灯 1,并务必打开夹子 9(这是本实验关键之一),否则样品会倒吸到安全瓶 8 中。打开漏斗夹 6。取一锥形瓶加入定量的硫酸标准溶液,放在冷凝管 10 的下口,必须把冷凝管下口浸入硫酸液面下(这是本实验最关键的一步)。将样品由漏斗 5 处加入反应器中,再加入 30% NaOH 10mL,加完后立即夹紧夹子 6,并用 5mL 水注入漏斗 5 中使其一半流入反应器中,一半留在漏斗中作液封。

蒸馏:用煤气灯 1 加热蒸气发生器 2,沸腾后夹紧夹子 9 开始蒸馏,直到反应器上的回流小球发烫后再蒸馏 5min,移动锥形瓶使硫酸液面离开冷凝管下口约 1cm,并用少量水洗涤冷凝管下口外面,继续蒸馏 1min(同时用奈氏试纸检验是否有氨逸出)。拿开锥形瓶并进行滴定。

排废液及洗涤:每次蒸馏结束后,必须排出反应器中的废液并用水蒸气洗涤全套蒸馏仪器。由漏斗向反应器中加入蒸馏水,并加大煤气灯火焰,使水蒸气充足,安全瓶温度升高,然后夹紧橡皮管 4 的夹子,由于突然停止水蒸气通入安全瓶 8,此时安全瓶内水蒸气冷却形成一定真空度,结果反应器中的废液就被吸入安全瓶内,再从 9 处放出。如此重复几次,可排尽反应器中的废液并将反应器洗净。

夹紧夹子9，再使水蒸气通过全套仪器数分钟后，可进行下一次实验。

七、思考题

举例说明什么是多酸、同多酸和杂多酸。

八、参考文献

华东化工学院无机化学教研组. 无机化学实验. 3版. 北京：高等教育出版社，1990.

5.5　实验50　环己烯的制备

一、实验目的

(1) 学习用醇类物质催化脱水制取烯烃的原理和方法。

(2) 初步掌握分馏、水浴蒸馏和液体干燥的基本操作技能。

二、实验原理

醇可用氧化铝或分子筛在高温（350～400℃）下进行催化脱水，也可用酸催化脱水，常用的脱水剂有硫酸、磷酸、对甲苯磺酸等。实验室中小量制备常采用后者。本实验是用环己醇以85% H_3PO_4 为脱水剂来制备环己烯。

$$\text{主反应：}\ \text{C}_6\text{H}_{11}\text{OH}\ \xrightarrow[\Delta]{85\%\ H_3PO_4}\ \text{C}_6\text{H}_{10} + H_2O$$

由于高浓度的酸会导致烯烃的聚合、醇分子间的脱水及碳架的重排，因此醇在酸催化下的脱水常伴有烯烃的聚合物和醚等副产物生成。

三、仪器试剂

(1) 仪器：圆底烧瓶（50mL）；分馏柱；直型冷凝管；锥形瓶（50mL）；蒸馏头；接引管；温度计（100℃）；水浴锅；吸管；石棉网。

(2) 试剂：环己醇10mL(9.6g，约0.1mol)；磷酸（85%）5mL；饱和食盐水；无水氯化钙。

(3) 其他：沸石。

四、实验步骤

在50mL圆底烧瓶中，加入10mL环己醇、5mL 85%磷酸和几粒沸石，充分振荡使之混合均匀。在烧瓶上装一短的分馏柱，接上冷凝管、接引管，用锥形瓶作接收瓶，接收瓶浸于冰水浴中冷却。将烧瓶隔石棉网[1]小火缓缓加热至沸，控制分馏柱顶部温度不超过73℃[2]。当无液体蒸出时，加大火焰，继续蒸馏，直至温度计达85℃时，停止加热。馏出液为环己烯和水的混浊液。

用吸管吸去馏出液中的水层后,加入等体积饱和食盐水,摇匀后静置分层,用吸管吸去水层。将油层转移到干燥的小锥形瓶中,加入少量无水氯化钙进行干燥,直至液体完全澄清透明。

将干燥好的粗制环己烯转移到50mL圆底烧瓶中,在水浴上进行蒸馏,收集82~85℃的馏分。所用的蒸馏装置必须是干燥的。称量收集的环己烯,计算产率。

纯粹的环己烯为无色透明液体,沸点83℃,$d_4^{20}=0.8102$,$n_D^{20}=1.4465$。

五、注释

[1]最好用油浴加热,使反应液受热均匀。

[2]环己醇和水、环己烯和水皆形成二元恒沸混合物(表5-1)。

表5-1 环己醇和水、环己烯和水形成的二元恒沸混合物

项目	沸点,℃		恒沸物的组成,%
	组分	恒沸物	
环己醇	161.5	97.8	约20.0
水	100.0	97.8	约80.0
环己烯	83.0	70.8	90
水	100.0	70.8	10

六、思考题

(1)醇类酸催化脱水的反应机理是什么?

(2)用磷酸作脱水剂比用硫酸作脱水剂有哪些优点?

(3)如果你的实验产率太低,试分析主要是在哪些操作步骤中造成的损失。

七、参考文献

周科衍,高占先.有机化学实验.3版.北京:高等教育出版社,1996.

5.6 实验51 溴乙烷的合成

一、实验目的

(1)学习以醇为原料制备卤代烃的原理和方法。

(2)掌握低沸点有机物蒸馏的基本操作。

(3)学习分液漏斗的使用方法。

二、实验原理

卤代烃可由醇与氢卤酸发生亲核取代反应来制备。本实验由乙醇与氢溴酸反应制取溴乙烷。

主反应：

$$NaBr + H_2SO_4 \longrightarrow HBr + NaHSO_4$$

$$C_2H_5OH + HBr \rightleftharpoons C_2H_5Br + H_2O$$

适当过量的硫酸可使平衡向右移动，并且使乙醇质子化，易于发生取代反应。但硫酸的存在，易使乙醇发生脱水形成烯、醚等副反应。

副反应：

$$2C_2H_5OH \xrightarrow[\triangle]{H_2SO_4} C_2H_5OC_2H_5 + H_2O$$

$$C_2H_5OH \xrightarrow[\triangle]{H_2SO_4} CH_2{=}CH_2 + H_2O$$

$$2HBr + H_2SO_4 \xrightarrow[\triangle]{} Br_2 + SO_2 + 2H_2O$$

三、仪器试剂

(1)仪器：圆底烧瓶(50mL,100mL)；冷凝管；接引管；锥形瓶；水浴；温度计等。

(2)试剂：溴化钠(无水)(13g,0.126moL)；乙醇95%(10mL,7.9g,0.165mol)；浓硫酸(d = 1.84)(23mL)；饱和亚硫酸氢钠溶液。

(3)其他：冰；沸石。

四、实验步骤

按图5-5装置实验仪器。在100mL圆底烧瓶中加入13g研细的溴化钠，然后加入10mL水和10mL 95%乙醇，在冰水冷却和不断搅拌下，慢慢加入19mL浓 H_2SO_4，再投入2~3粒沸石。迅速按装置图塞上塞子。在锥形瓶中放入少量冷水和5mL饱和亚硫酸氢钠溶液[1]，放置于冰水浴中冷却，接引管末端应刚好浸入锥形瓶内的水溶液液面下，以防溴乙烷挥发[2]。

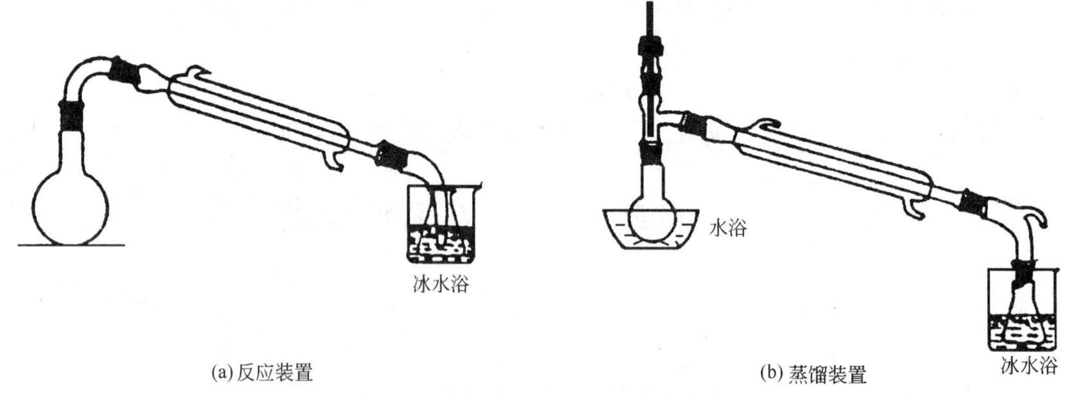

图5-5　溴乙烷制备的装置图

隔着石棉网小火加热烧瓶，并控制火焰大小，使油状液逐渐被蒸出。约30min后慢慢加大火焰，直到无油滴蒸出为止[3]。馏出液为乳白色或微黄色油状物，沉于瓶底。

将馏出物转移到分液漏斗中。静置分层后，将有机层(哪一层?)放入干燥的50mL锥形瓶中[4]，将锥形瓶浸于冰水浴中冷却，在振荡下慢慢滴加浓 H_2SO_4，直到溴乙烷变得澄清透明，且瓶底有液层分出(约需5mL浓H_2SO_4)。用干燥的分液漏斗分去下层的硫酸层,将溴乙烷层从漏斗上口倒入50mL蒸馏瓶中,加入2~3粒沸石,用水浴加热蒸馏。用干燥的小锥形瓶(已称重)作接收瓶,并浸入冰水浴中冷却。收集37~40℃馏分,称重,计算产率。

纯粹的溴乙烷为无色液体,沸点38.4℃,$d_4^{20}=1.46$,$n_D^{20}=1.4239$。

五、注释

[1]溴乙烷在水中溶解度甚小,低温下不与水作用。为了减少其挥发,常在接收瓶(锥形瓶)内预盛冷水,并使接引管末端稍微浸入水中。加亚硫酸氢钠是为了除去因加热不均或过烈而产生的棕黄色的溴。

[2]反应过程中应密切注意防止接收瓶中液体倒吸入冷凝管。一旦发生此现象,应暂时放低接收瓶,使接引管末端露出液面,然后稍加大火焰。待有馏出液出来时,再恢复原状。反应结束时,先移开接收瓶,再停止加热。

[3]蒸馏速度宜慢,否则蒸气来不及冷却而造成损失;而且开始加热时常有很多泡沫产生,若加热太烈,会使反应物冲出。馏出物由浑浊变澄清,表示已经蒸完。

[4]尽可能将水分干净,否则当用浓H_2SO_4洗涤时会产生大量热而使产物挥发损失。

六、思考题

(1)在制备溴乙烷时,反应混合物中为什么要加大量的水?如果不加水,会有什么样的结果?

(2)试分析粗产物中可能存在的杂质。

(3)浓硫酸的洗涤目的是什么?

(4)如果你的产率不高,试分析其原因。

七、参考文献

(1)周科衍,高占先.有机化学实验.3版.北京:高等教育出版社,1996.

(2)兰州大学.有机化学实验.2版.北京:高等教育出版社,1994.

5.7 实验52 1-溴丁烷的合成

一、实验目的

(1)学习用醇制备卤代烷的原理和实验方法。

(2)学习并掌握液体化合物的回流和有害气体的吸收等基本操作。

(3)进一步巩固掌握分液漏斗的使用及液体化合物的干燥、蒸馏等操作。

二、实验原理

本实验中采用正丁醇与NaBr、浓H_2SO_4共热来制备1-溴丁烷。

主反应：

$$NaBr + H_2SO_4 \longrightarrow HBr + NaHSO_4$$

$$CH_3CH_2CH_2CH_2OH + HBr \overset{H_2SO_4}{\rightleftharpoons} CH_3CH_2CH_2CH_2Br + H_2O$$

副反应：

$$CH_3CH_2CH_2CH_2OH \xrightarrow[\triangle]{H_2SO_4} \underset{1-丁烯}{CH_3CH_2CH{=}CH_2} + H_2O$$

$$2CH_3CH_2CH_2CH_2OH \xrightarrow[\triangle]{H_2SO_4} \underset{丁醚}{CH_3CH_2CH_2CH_2OCH_2CH_2CH_2CH_3} + H_2O$$

$$2HBr + H_2SO_4 \xrightarrow{\triangle} Br_2 + SO_3 + H_2O$$

三、仪器试剂

（1）仪器：圆底烧瓶（50mL，100mL）；回流冷凝管；分液漏斗（100mL）；直型冷凝管；蒸馏头；接引管；温度计套管；温度计（150℃）；锥形瓶（50mL）；玻璃漏斗；烧杯（100mL）；磨口塞；量筒（100mL）；玻璃弯管。

（2）试剂：NaBr；5% $NaHSO_3$；5% NaOH；H_2SO_4（浓）；$n-C_4H_9OH$；$NaHCO_3$（饱和）；$CaCl_2$（无水）。

（3）其他：pH 试纸。

四、实验步骤

（一）常量合成

在100mL圆底烧瓶中加入20mL水，慢慢加入24mL浓硫酸，混合均匀后冷却至室温。再依次加入15mL正丁醇（0.16moL）及20g研细的溴化钠（约0.19moL），充分振荡后，加入2～3粒沸石。按图5－6安上回流冷凝管及气体吸收装置。用5% NaOH作吸收液[1]。

将烧瓶隔着石棉网小火加热1h，其间应不断摇动反应装置，以使反应物充分接触。稍冷后，拆去回流装置，改为蒸馏装置，蒸出1－溴丁烷粗品[2]。将粗产品移入分液漏斗中，加入20mL H_2O 洗涤[3]。将下层粗产物转移至另一干燥的分液漏斗中，用10mL浓 H_2SO_4 洗涤。分出酸层，有机层分别用20mL水、20mL饱和 $NaHCO_3$ 溶液和20mL水洗涤后，用约2g无水 $CaCl_2$ 干燥，干燥时应不断摇动至溶液澄清（约需30min）。

将干燥好的液体转移入50mL蒸馏瓶中，加1～2粒沸石，在石棉网上加热蒸馏，收集99～103℃馏分于已称重的锥形瓶中，称量，计算产率。

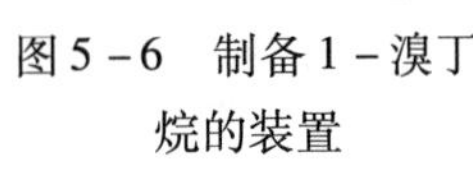

图5－6　制备1－溴丁烷的装置

纯粹的1－溴丁烷为无色透明液体，沸点101.6℃，$d_4^{20}=1.276$，$n_D^{20}=1.4399$。

(二)半微量合成

在50mL圆底烧瓶中，加入10mL水和12mL浓 H_2SO_4，混合均匀并冷却到室温，再加入7.5mL正丁醇(0.08mol)，混合均匀后，加入10g研细溴化钠(0.097mol)，充分摇动，加入1～2粒沸石，装好回流冷凝管和气体吸收装置。用5% NaOH作吸收液。

将烧瓶隔着石棉网小火加热回流40min，回流过程中不断摇动烧瓶。稍冷后改为蒸馏装置，蒸出1－溴丁烷粗产品。

将粗产品倒入分液漏斗中，加10mL水洗涤后分出水层，将有机层转移入另一干燥分液漏斗中，用5mL浓 H_2SO_4 洗涤，分出酸层，有机层分别用10mL水、10mL饱和 $NaHCO_3$ 和10mL水洗涤后，用少量无水 $CaCl_2$ 干燥至溶液澄清(约需30min)。蒸馏，收集99～103℃的馏分，称量，计算产率。

五、注释

[1]吸收HBr气体。勿使漏斗全部埋入水中，以免倒吸。

[2]1－溴丁烷是否蒸完，可以下列几方面判断：

(1)馏出液是否由混浑变为澄清；

(2)反应瓶中液体上层的油层是否消失；

(3)取一小试管收集几滴馏出液，加入少量水摇动，观察有无油珠出现，若无油珠则说明无1－溴丁烷，蒸馏完成。

[3]洗涤后产物如有红色，说明含有溴，应加入等体积5% $NaHSO_3$ 溶液洗涤，将溴全部去除。

六、思考题

(1)加原料时，如果先加入溴化钠和浓硫酸，再加入正丁醇和水，将会出现什么后果？

(2)在粗产品中可能含有哪些杂质？本实验中是如何除去的？

(3)为什么用饱和 $NaHCO_3$ 洗涤之前要用水先洗涤一次？

七、参考文献

(1)李兆陇，阴金香，林天舒. 有机化学实验. 北京：清华大学出版社，2000.

(2)刘约权，李贵深. 实验化学. 北京：高等教育出版社，2000.

5.8 实验53 环己醇的合成

一、实验目的

(1)学习用硼氢化物还原环己酮制环己醇的方法。

(2)学习微型回流、萃取、蒸馏等操作。

二、实验原理

硼氢化钠是一种选择性较好、转化率较高的还原剂，常用于还原醛酮。

主反应：

$$\text{环己酮} \xrightarrow[HOCH_3]{NaBH_4} \text{环己醇}$$

三、仪器试剂

(1)仪器：圆底烧瓶(5mL 和 10mL)；空气冷凝管；离心管(10mL)；电磁加热搅拌器；毛细滴管。

(2)试剂：环己酮；甲醇；硼氢化钠；盐酸；二氯甲烷；硫酸钠(无水)；金属钠；氯化钙(无水)。

四、实验步骤

(一) $NaBH_4$ 溶液的配制

在5mL圆底烧瓶中加入2.6mL甲醇和21.3mg切去外皮的金属钠，装上带无水氯化钙干燥管的冷凝管，在电磁搅拌下使钠反应完全，然后加入100mg $NaBH_4$，搅拌使固体溶解，形成 $NaBH_4$ 溶液备用[1]。

(二)合成

在5mL圆底烧瓶中加入0.3mL(285mg,2.9mmol)环己酮和0.75mL甲醇，混合均匀后，加入0.9mL $NaBH_4$ 溶液，装上带有无水氯化钙干燥管的冷凝管，在电磁搅拌下回流约20min。此时溶液由浅黄色变为橙色。

(三)提纯

用毛细滴管加入3mL冷稀盐酸，并将酸化后的反应液转移到离心管中。用5mL二氯甲烷分三次萃取反应液，用滴管压入气泡搅拌均匀后静置分层，将下层有机层合并。用无水硫酸钠干燥后，转移到10mL圆底烧瓶中，装上微型蒸馏头在水浴上蒸去二氯甲烷，烧瓶中残留液即为产品。产量约0.15g，沸点为155.7℃。

五、注释

[1]硼氢化钠溶解度较小，制得溶液略显混浊。其还原性能可用浓盐酸来检验：取1～2滴硼氢化钠溶液，加入0.2mL的浓盐酸中，如有氢气泡冒出，则该溶液的还原性能较好。

六、思考题

将环己酮还原为环己醇还可采用什么还原剂？各种还原剂的优缺点是什么？

七、参考文献

周宁怀，王德琳. 微型有机化学实验. 北京：科学出版社，1999.

5.9 实验54 2-甲基-2-己醇的合成

一、实验目的

(1)了解并掌握通过 Grignard 试剂制备醇的原理及方法。

(2)了解无水条件下的实验操作及试剂的预处理方法。

(3)了解机械搅拌器的使用方法。

(4)进一步熟悉回流、蒸馏、滴液漏斗等的操作。

二、实验原理

卤代烷在无水乙醚中与镁反应生成烷基卤化镁(即 Grignard 试剂),烷基卤化镁再与环氧乙烷、醛、酮、酯等发生亲核加成—水解反应,分别得到伯、仲、叔醇。上述整体过程的反应称为 Grignard 反应。Grignard 反应是实验室制备醇的重要方法之一。

本实验用1-溴丁烷经 Grignard 试剂与丙酮反应合成2-甲基-2-己醇。

主反应:

$$n-C_4H_9Br + Mg \xrightarrow{\text{无水}(C_2H_5)_2O} n-C_4H_9MgBr$$

$$n-C_4H_9MgBr + CH_3\underset{\underset{O}{\|}}{C}CH_3 \xrightarrow{\text{无水}(C_2H_5)_2O} n-C_4H_9\overset{\overset{CH_3}{|}}{\underset{\underset{OMgBr}{|}}{C}}CH_3$$

$$n-C_4H_9\overset{\overset{CH_3}{|}}{\underset{\underset{OMgBr}{|}}{C}}CH_3 + HOH \xrightarrow{H^+} n-C_4H_9-\overset{\overset{CH_3}{|}}{\underset{\underset{OH}{|}}{C}}-CH_3 + Mg(OH)Br$$

反应必须在无水和无氧条件下进行,因为 Grignard 试剂遇水分解,遇氧会继续发生反应,影响产率。

副反应:

$$RMgX + H_2O \longrightarrow RH + Mg(OH)X$$

$$RMgX + [O] \longrightarrow R-O-MgX \xrightarrow{H_2O,H^+} ROH + Mg(OH)X$$

本实验中采用无水乙醚为溶剂,由于其挥发性大,可借乙醚蒸气驱赶容器中的空气,从而获得无氧条件。

Grignard 反应是一个放热反应,所以卤代烃的滴加速度不宜过快,必要时可用冷水冷却。当反应开始后,应调节滴加速度,使反应物保持微沸为宜。对活性较差的卤代烃或反应不易发生时,可用温水浴微热或加入少许碘粒引发反应。

三、仪器试剂

(1)仪器:三口瓶(150mL);回流冷凝管;常压蒸馏装置一套;机械搅拌器;圆底烧瓶(50mL);滴液漏斗(50mL);玻璃塞;干燥管;分液漏斗(100mL);电热套;玻璃漏斗;搅拌棒套管。

(2)试剂：$n-C_4H_9Br$；CH_3COCH_3；$(C_2H_5)_2O$（无水）；$(C_2H_5)_2O$；镁条；$CaCl_2$（无水）；K_2CO_3（无水）；10% H_2SO_4；5% Na_2CO_3。

(3)其他：沸石。

四、实验步骤

在150mL三口瓶[1]上分别装上搅拌器、冷凝管和恒压滴液漏斗（见图5－7），在冷凝管的上口装上$CaCl_2$干燥管，瓶内放入1.6g镁屑[2]（约0.067mol）和8mL无水乙醚。在滴液漏斗中加入9g（约0.66mol）1－溴丁烷和8mL无水乙醚，并混合均匀。先往反应瓶中加3mL混合液，数分钟后反应开始，反应液呈灰色并微沸，待反应由激烈转入缓和后开动搅拌器，开始滴加剩余的混合液，注意滴加的速度不宜太快。加完后再从冷凝管上口加入13mL无水乙醚。用温水浴加热15min，使镁屑作用完全。

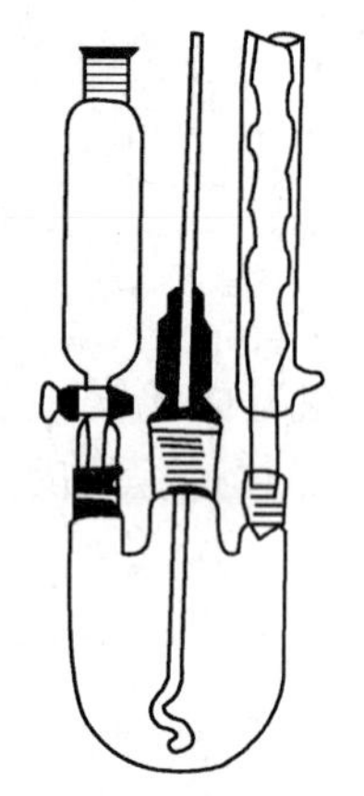

图5－7 制备2－甲基－2－己醇装置图

在冷水浴冷却下，边搅拌边从滴液漏斗中加入5mL（约3.6g，0.068mol）丙酮和5mL无水乙醚的混合液，控制滴加速度，保持微沸，加完后，在室温下继续搅拌15min，此时，三口瓶中有灰白色粘稠状固体析出。

将反应瓶在冰水浴冷却和搅拌下，自滴液漏斗分批加入50mL 10% H_2SO_4分解产物，沉淀逐渐溶解（开始慢，以后逐渐加快）。待分解完全后，将溶液倒入分液漏斗中，分出醚层。水层用13mL$(C_2H_5)_2O$萃取两次，合并醚层，用15mL 5%的Na_2CO_3溶液洗涤一次，再用无水K_2CO_3干燥。

将干燥后的粗产物的$(C_2H_5)_2O$溶液滤入干燥的50mL圆底烧瓶中，加2～3粒沸石，电热套加热，蒸去$(C_2H_5)_2O$，再继续加热收集137～141℃馏分，称量，计算产率。

纯2－甲基－2－己醇的沸点为143℃，d_4^{20}为0.8119，n_D^{20}为1.4175。

五、注释

[1]本实验所用仪器及试剂必须充分干燥。1－溴丁烷和无水乙醚应事先用无水$CaCl_2$干燥并蒸馏纯化；CH_3COCH_3用无水K_2CO_3干燥，亦经蒸馏纯化。

[2]不宜采用长期放置的镁屑，也可用镁条代替镁屑，使用前用细砂纸将其表面擦亮，剪成0.3～0.5cm的细条备用。

六、思考题

(1)本实验在将Grignard试剂加成物水解前的各步骤中，为什么使用的药品仪器均须绝对干燥？为此你采取了什么措施？

(2)反应若不能立即开始，应采取哪些措施？如反应未真正开始前，加入大量1－溴丁烷有什么不好？

(3)试自行设计2－甲基－2－丁醇的合成路线及操作方法。

(4)乙醚在本实验各步骤中的作用是什么？使用乙醚应注意哪些安全问题？

七、参考文献

(1)刘约权,李贵深. 实验化学. 北京:高等教育出版社,2000.
(2)李兆陇,阴金香. 有机化学实验. 北京:清华大学出版社,2001.

5.10 实验55 正丁醚的合成

一、实验目的

(1)掌握醇脱水制醚的原理和实验方法。
(2)学习分水器的使用。

二、实验原理

醇分子间脱水生成醚是制备简单醚的常用方法。

主反应: $$2CH_3CH_2CH_2CH_2OH \xrightleftharpoons[134\sim135℃]{H_2SO_4} (CH_3CH_2CH_2CH_2)_2O + H_2O$$

副反应: $$CH_3CH_2CH_2CH_2OH \xrightleftharpoons[>135℃]{H_2SO_4} CH_3CH_2CH{=}CH_2 + H_2O$$

三、仪器试剂

(1)仪器:三口瓶(100mL);冷凝管;分水器;温度计(150℃);分液漏斗;蒸馏烧瓶(30mL);锥形瓶等。
(2)试剂:正丁醇(31mL);浓 H_2SO_4(5mL);50%硫酸;氯化钙(无水)。
(3)其他:沸石。

四、实验步骤

在100mL三口瓶中加入31mL正丁醇(25g,0.34mol),将5mL浓 H_2SO_4 慢慢加入瓶中并摇匀,再加入几粒沸石。在烧瓶口上装分水器和温度计,温度计要插在液面下,分水器上端接一回流冷凝管[1]。

分水器中可事先加入一定量的水,把水的位置做好记号。将三口瓶在石棉网上用小火加热,保持回流约1h。随着反应的进行,分水器中的水层不断增加,反应液的温度也不断上升。当分水器中水层超过了支管而要流回烧瓶时,可以打开分水器的旋塞放掉一部分水。当分水器中的水层不再变化(或生成的水量达到4.5~5mL)[2],瓶中反应液温度到达150℃左右时,停止加热。如果加热时间过长,溶液会变黑并有大量副产物丁烯生成。

待反应物稍冷,拆下分水器,将仪器改成蒸馏装置,再加2粒沸石,进行蒸馏至无馏出液为止。

将馏出液倒入分液漏斗中,分去水层。粗产物用两份15mL冷的50%硫酸洗涤两次[3],再用水洗两次,最后用1~2g无水氯化钙干燥。将干燥后的粗产物倒入30mL圆底烧瓶中(注意不要把氯化钙倒入瓶中)进行蒸馏,收集140~144℃的馏分。称量,计算产率。

纯粹的正丁醚为无色液体,沸点为142.4℃,d_4^{15} 为0.773。

五、注释

[1]本实验利用恒沸混合物蒸馏法,利用分水器将反应生成的水层上面的有机层不断流回到反应器中,而将生成的水除去,使可逆反应向有利于生成醚的方向进行。正丁醇、正丁醚和水可能生成以下几种恒沸混合物(表5-2)。

表5-2　正丁醇、正丁醚和水生成的恒沸混合物

恒沸混合物		沸点,℃	组成的质量分数,%		
			正丁醚	正丁醇	水
二元	正丁醇-水	93.0	—	55.5	45.5
	正丁醚-水	94.1	66.6	—	33.4
	正丁醇-正丁醚	117.6	17.5	82.5	—
三元	正丁醇-正丁醚-水	90.6	35.5	34.6	29.9

[2]按反应式计算,生成水的量为3mL,实际上分出水层的体积要略大于计算量,否则产率很低。

[3]丁醇能溶于50%硫酸中而正丁醚则很少溶解。

六、思考题

(1)计算理论上分出的水量。如果实验中分出的水量超过理论值,试分析其原因。

(2)如何得知反应已比较完全?

(3)如果最后蒸馏前的粗产品中含有丁醇,能否用分馏的方法将它除去?这样做好不好?

七、参考文献

(1)周科衍,高占先.有机化学实验.3版.北京:高等教育出版社,1996.

(2)李兆陇.有机化学实验.北京:清华大学出版社,2000.

5.11　实验56　苯氧乙酸的合成

一、实验目的

(1)了解亲核取代反应的原理,掌握苯氧乙酸的合成方法。

(2)练习机械搅拌器的使用,进一步熟练掌握回流、重结晶、抽滤等基本操作。

(3)进一步掌握滴液漏斗的使用方法。

二、实验原理

苯氧乙酸可由 C_6H_5ONa 和 $ClCH_2COOH$ 通过Williamson合成法制备。它氯化后可得到对氯苯氧乙酸和2,4－二氯苯氧乙酸(简称2,4－D)。前者又称防落素,可以减少农作物落花落果。后者又名除莠剂,可选择性地除掉杂草,两者都是植物生长调节剂。本实验是用C_6H_5OH和$ClCH_2COOH$在NaOH水溶液中进行反应,生成苯氧乙酸钠,然后用HCl酸化得苯氧乙酸,少量KI的存在有利于反应的进行。

主反应:

$$C_6H_5-OH + ClCH_2COOH + 2NaOH \xrightarrow[105\sim110℃]{KI} C_6H_5-OCH_2COONa + NaCl + 2H_2O$$

$$C_6H_5-OCH_2COONa + HCl \xrightarrow{pH=3\sim4} C_6H_5-OCH_2COOH + NaCl$$

副反应:

$$ClCH_2COONa + NaOH \longrightarrow HOCH_2COONa$$

主反应实际上是一个亲核取代反应,在碱性条件下,虽能使C_6H_5OH成为酚氧负离子($C_6H_5O^-$),提高亲核性,有利于反应的发生;但在OH^-的作用下,$ClCH_2COOH$会被水解,而使原料$ClCH_2COOH$受损失。所以本实验先用一部分NaOH与C_6H_5OH反应,生成苯酚钠,采用分别滴加$ClCH_2COOH$与剩余碱的装置以减少$ClCH_2COOH$的水解,另外反应中$ClCH_2COOH$的用量应比C_6H_5OH稍多些,以提高反应产率。

三、仪器试剂

(1)仪器:三口瓶(150mL);电动搅拌器;球形冷凝管;滴液漏斗(50mL);吸滤瓶;布氏漏斗;搅拌棒套管;电热套;烧杯(250mL);表面皿。

(2)试剂:C_6H_5OH;KI;$ClCH_2COOH$;HCl(浓);20% NaOH。

(3)其他:pH试纸;滤纸。

四、实验步骤

在三口瓶中加入20mL 20% NaOH溶液和9.4g(0.1mol)C_6H_5OH,使其溶解,再加入0.5g KI。按图5－8安装好仪器。称取10.5g(0.1mol)$ClCH_2COOH$,溶于20mL蒸馏水中,转移至一滴液漏斗中,另取30mL 20% NaOH溶液倒入另一滴液漏斗中。

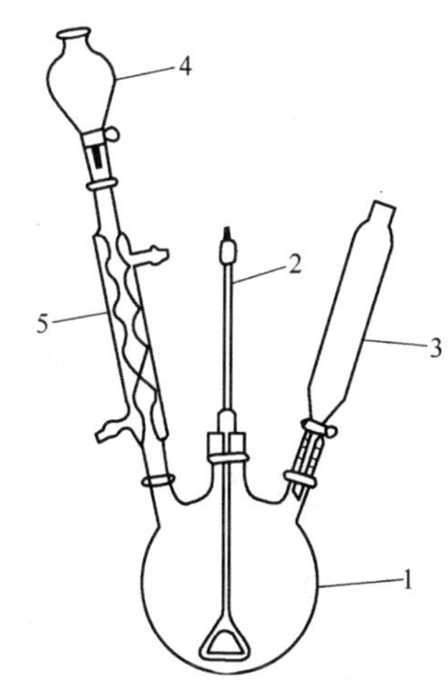

图5－6　制备苯氧乙酸装置图

1—三口瓶;2—电动搅拌器;3—筒形滴液漏斗;4—球形滴液漏斗;5—球形冷凝管

将反应瓶置于加热套中加热回流后,在搅拌下缓慢滴加$ClCH_2COOH$和NaOH溶液(约需20min)。滴加完毕后,搅拌下继续加热回流40min。反应结束后,把反应液趁热倒入250mL烧杯中,冷却后大量固体析出,搅拌下用浓HCl溶液酸化至pH值为3～4。冷却后抽滤,并用少量蒸馏水洗涤固体,抽干后移入表面皿上,在空气中风干,称量,计算产率。

纯苯氧乙酸的熔点为98～99℃。

五、思考题

(1)为什么要在搅拌下滴加 $ClCH_2COOH$?

(2)为什么将 C_6H_5OH 先溶于 NaOH 溶液中,作用何在?

六、参考文献

刘约权,李贵深. 实验化学. 北京:高等教育出版社,2000.

5.12　实验 57　环己酮的合成

一、实验目的

(1)学习氧化法制取环己酮的原理和方法。

(2)学习简化的水蒸气蒸馏装置的使用。

(3)进一步了解搅拌器、恒压滴液漏斗的使用。

二、实验原理

醇类在氧化剂存在下通过氧化反应可被氧化为醛或酮。本实验用的环己醇属仲醇,因此氧化后生成环己酮。

主反应:

$$\text{环己醇(OH)} \xrightarrow[Na_2Cr_2O_7 + H_2SO_4]{[O]} \text{环己酮(O)}$$

环己酮主要用于合成尼龙 -6 或尼龙 -66,还广泛用作溶剂,它尤其因对许多高聚物(如树脂、橡胶、涂料)的溶解性能优异而得到广泛的应用。在皮革工业中还用作脱脂剂和洗涤剂。

三、仪器试剂

(1)仪器:三口烧瓶(100mL);搅拌器;温度计;Y 形管;冷凝管;恒压滴液漏斗;分液漏斗;圆底烧瓶等。

(2)试剂:浓硫酸;环己醇;重铬酸钠($Na_2Cr_2O_7 \cdot 2H_2O$);氯化钠;无水碳酸钾(钠);草酸。

四、实验步骤

方法 I

在 100mL 三口瓶上分别装上搅拌器,温度计及 Y 形管,在 Y 形管上分别装上回流冷凝管和恒压滴液漏斗。

向三口瓶中加入 30mL 冰水,边摇边慢慢滴加 5mL 浓硫酸,充分摇匀,小心加入 5g(约 5.25mL,50mmol)环己醇。在滴液漏斗中加入刚配好的 5.3g 重铬酸钠($Na_2Cr_2O_7 \cdot 2H_2O$,

17.8mmol)和3mL水的溶液。待三口瓶中溶液温度降至30℃以下后,开动搅拌器,将重铬酸钠水溶液慢慢滴入。混合物变热,橙红色的重铬酸钠溶液变成绿色。当温度达到55℃时,控制滴加速度,维持温度在55~60℃,加完后继续搅拌至温度自行下降。然后加入少量草酸(约0.25g),使溶液变为墨绿色,以破坏过量的重铬酸钠。

在三口瓶内加入25mL水、2粒沸石,改为蒸馏装置,将环己酮和水一起蒸出[1]。直至馏出液不再混浊,再多蒸出5~7mL。向馏出液中加入氯化钠使溶液饱和[2],用分液漏斗分出有机层,用无水碳酸钾干燥有机相,并用空气冷凝管进行常压蒸馏,收集150~156℃的馏分,称量,计算产率。

纯粹环己酮为无色液体,沸点为155.6℃,d_4^{20} 为0.9478,n_D^{20} 为1.4507。

方法Ⅱ

在250mL圆底烧瓶中,加入60mL冰水,在冰水浴中一边摇动烧瓶,一边慢慢地加入10mL浓硫酸,再小心加入10.4mL(10g,0.1mol)环己醇。将溶液冷却至15℃。

将10.4g(0.035mol)重铬酸钠水合物置于100mL烧杯中,加入10mL水溶解,将此溶液冷却到15℃,并分几批加到环己醇的硫酸溶液中。其间要不断摇动烧瓶,使反应物混合充分。第一批重铬酸钠溶液加入后,不久反应物温度自行上升,反应物由橙红色变成墨绿色。反应物温度升到55℃时,可用冷水冷却,控制反应温度在55~60℃。待反应物的橙红色完全消失后,方可加入下一批。待重铬酸钠水溶液全部加完后,继续摇动烧瓶,至反应温度出现下降趋势,再间歇摇动5~10min。然后加入0.5~1g草酸,以还原过量的氧化剂。

在反应烧瓶中加入50mL水及沸石安装成蒸馏装置,将环己酮和水一起蒸出,收集约40mL馏出液。馏出液中加入约8g氧化钠,搅拌使其溶解并达饱和,用分液漏斗分出有机层,用无水碳酸钾干燥有机相,并用空气冷凝管进行常压蒸馏,收集150~156℃的馏分,称量,计算产率。

五、注释

[1]此步蒸馏操作,实质上是一种简化了的水蒸气蒸馏。环己酮和水形成恒沸混合物,沸点95℃,含环己酮38.4%。

[2]环己酮在水中溶解度31℃时为2.4g/100g水。馏出液中加入氯化钠是为了降低环己酮的溶解度,并有利于环己酮的分层。

六、思考题

(1)用同样的环己醇作原料,消除反应脱水得到环己烯,氧化反应用重铬酸盐作氧化剂氧化得到环己酮。如果用高锰酸钾作氧化剂,氧化的产物是否也是环己酮,为什么?

(2)滴加重铬酸盐溶液时控温的目的是什么?

(3)本实验中为什么要用草酸?

(4)试分析,本实验中哪些操作不当会明显影响产率?

七、参考文献

(1)李兆陇.有机化学实验.北京:清华大学出版社,2000.

(2)吴泳. 大学化学新体系实验. 北京:科学出版社,1999.
(3)周科衍. 有机化学实验. 北京:高等教育出版社,1997.

5.13　实验 58　苄叉丙酮的合成

一、实验目的

(1)通过实验,进一步加深对羟醛缩合反应的认识。

(2)学习减压蒸馏的基本操作。

二、实验原理

羟醛缩合是一类极有用的反应。用芳香醛和脂肪醛酮进行交叉的缩合反应,在氢氧化钠水溶液中进行,可得到较高产率的 α,β - 不饱和醛或酮,这一反应称为克莱森—施密特(Claisen—Schmidt)反应。

主反应:

$$PhCHO + CH_3COCH_3 \xrightarrow{OH^-} PhCH{=\!=}CHCOCH_3 + H_2O$$

三、仪器试剂

(1)仪器:电磁搅拌器;温度计;恒压滴液漏斗;三口烧瓶;冷凝管;减压蒸馏配套设备。

(2)试剂:苯甲醛;丙酮;氢氧化钠(10%);甲苯;盐酸(2%)。

四、实验步骤

在 50mL 三口烧瓶上分别装上电磁搅拌器、温度计、恒压滴液漏斗和冷凝管。

向三口烧瓶中加入 2.5mL(2.6g,25mmol)新蒸过的苯甲醛,5mL(4g,70mmol)丙酮和 2.5mL水。开动搅拌器,慢慢加入 1mL 10% 氢氧化钠水溶液[1],控制反应温度在 25 ~ 30℃,必要时可用冷水浴冷却。滴加完后,在室温下继续搅拌 1h。

然后滴加 2% 盐酸溶液(约 4mL),使反应液呈中性。将反应液倒入分液漏斗中,分出有机层。水层用 3mL 甲苯萃取,萃取液与有机层合并,并用 3mL 水洗涤,用无水硫酸镁干燥。先用常压蒸出甲苯,再用水泵减压抽去残余的甲苯[2],然后减压蒸馏收集产品。产物在 0.93kPa(7mmHg)下的沸点为 120 ~ 130℃,在 2.13kPa(16mmHg)下的沸点为 140℃。产物冷却后为淡黄色固体[3],称量,计算产率,测定熔点。

纯苄叉丙酮的熔点为 42℃。

五、注释

[1]如果氢氧化钠滴加太快,反应温度过高,会使产率下降。

[2]产品中如果含有甲苯,冷却后不易固化。

[3]苄叉丙酮对皮肤有刺激作用,处理时应小心,防止与皮肤接触。

六、思考题

（1）碱的浓度偏高，可能会产生哪些副反应？

（2）以本实验为例，分别写出羟醛缩合反应在碱和酸催化下的反应历程。

七、参考文献

李兆陇. 有机化学实验. 北京：清华大学出版社，2000.

5.14 实验 59 肉桂酸的制备

一、实验目的

（1）了解肉桂酸的制备原理和方法。

（2）进一步学习简易水蒸气蒸馏、熔点测定等技术。

二、实验原理

利用珀金（Perkin）反应，将芳醛和一种酸酐混合后，在相应的羧酸盐存在下加热，发生羟醛缩合反应，再脱水生成 α，β－不饱和酸。制备反应式如下：

$$C_6H_5\text{—}CHO + \begin{matrix} CH_3C(=O) \\ \quad\ \ \diagdown \\ \quad\ \ \ O \\ \quad\ \ \diagup \\ CH_3C(=O) \end{matrix} \xrightarrow[140\sim180^{\circ}C]{CH_3COOK} C_6H_5\text{—}CH{=}CHCOOH + CH_3COOH$$

本实验用碳酸钾代替乙酸钾，可缩短反应时间。

三、仪器试剂

（1）仪器：5mL 圆底烧瓶；冷凝管；1mL 吸量管；毛细滴管；玻璃钉漏斗；10mL 具支试管。

（2）试剂：苯甲醛；乙酸酐；无水碳酸钾；10% 氢氧化钠；1∶1 盐酸；刚果红试纸。

四、实验步骤

用 1mL 吸量管分别量取 0.3mL（3mmol）新蒸馏过的苯甲醛[1]和 0.8mL 新蒸馏过的乙酸酐[2]，并称取 0.42g 研碎的无水碳酸钾，加到 5mL 圆底烧瓶中，装上冷凝管，用 150～160℃ 的油浴回流 20min。由于逸出二氧化碳，所以最初有泡沫生成。

反应结束，冷却反应物，再加入 2mL 水，并将瓶中的固体压碎，进行简易水蒸气蒸馏，除去未反应的苯甲醛，当蒸出的液滴澄清无油滴时停止蒸馏，冷却。加入 2mL 10% 氢氧化钠使肉桂酸溶解，再加入 5mL 热水，抽滤，滤液冷却。在搅拌下加入体积比为 1∶1 的盐酸至刚果红试纸变蓝，冷却，待结晶全部析出后，抽滤，并以少量的冷水洗涤沉淀，抽干后，粗产品在 80℃ 烘箱中烘干，称量，计算产率。粗产品可用水—乙醇3∶1重结晶。测熔点。熔点文献值为135～136℃。

五、注释

[1]苯甲醛久置后会自动氧化成苯甲酸，而苯甲酸不易与产物分离，会影响产品质量。因此需将苯甲醛重新蒸馏，取170～180℃馏分供实验用。

[2]乙酸酐久置会因吸收空气水分而水解为乙酸，故实验前必须重蒸。

六、思考题

(1)用苯甲醛和丙酸酐在无水丙酸钾存在下相互反应将得到什么产物？

(2)在反应中为什么可用碳酸钾代替乙酸钾？

七、参考文献

周宁怀，王德琳. 微型有机化学实验. 北京：科学出版社，1999.

5.15　实验60　乙酸乙酯的合成

一、实验目的

(1)了解酯化反应的原理，学习乙酸乙酯的制备方法。

(2)学习液体化合物折光率的测定方法。

(3)进一步掌握分液漏斗的使用，液体化合物的洗涤及干燥等基本操作。

二、实验原理

在少量浓 H_2SO_4 催化下，CH_3COOH 和 C_2H_5OH 发生酯化反应生成 $CH_3COOC_2H_5$。

主反应：$$CH_3COOH + CH_3CH_2OH \underset{110\sim125℃}{\overset{浓 H_2SO_4}{\rightleftharpoons}} CH_3COOCH_2CH_3 + H_2O$$

酯化反应是可逆反应。为了提高酯的收率，根据化学平衡原理，可增加某一反应物的用量或减少生成物的浓度，以使平衡向生成 $CH_3COOC_2H_5$ 的方向移动。本实验采用加过量 CH_3CH_2OH[1] 以及不断蒸出反应中产生的 $CH_3COOC_2H_5$ 和 H_2O 的方法，使平衡向右移动。

反应温度较高时，伴有副产物 $(C_2H_5)_2O$ 的生成。

副反应：$$2CH_3CH_2OH \xrightarrow[140\sim150℃]{浓 H_2SO_4} CH_3CH_2OCH_2CH_3 + H_2O$$

得到的粗品中含有 C_2H_5OH，CH_3COOH，$(C_2H_5)_2O$，H_2O 等杂质，须进行精制除去。

三、仪器试剂

(1)仪器：三口瓶(100mL)；蒸馏瓶(60mL)；烧杯；分液漏斗；直型冷凝管；阿贝折光仪；温度计(100℃，150℃)；蒸馏头；接引管；恒压滴液漏斗；锥形瓶(50mL，100mL)；分馏柱；J形玻璃管。

(2)试剂：冰乙酸；Na_2CO_3 溶液(饱和)；Na_2SO_4(无水)；H_2SO_4(浓)；95% C_2H_5OH ；食盐

水溶液(饱和);$CaCl_2$ 溶液(饱和)。

(3)其他:蓝色石蕊试纸;沸石。

四、实验步骤

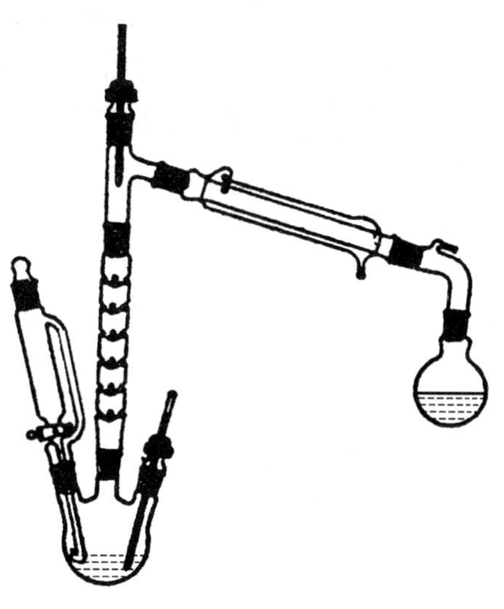

图5-9 $CH_3COOC_2H_5$ 合成装置图

在100mL干燥三口瓶中,加入3mL 95% C_2H_5OH,将三口瓶置于冷水浴中,一边振摇一边分批加入3mL浓 H_2SO_4,使混合均匀,加入1~2粒沸石,在三口瓶两侧口分别装配一个恒压滴液漏斗(下端通过一橡皮管连接一个J形玻璃管)和一个温度计,滴液漏斗末端和温度计水银球必须浸入液面以下距瓶底0.5~1cm。三口瓶中口装配一个分馏柱、蒸馏头、温度计及直形冷凝管、蒸馏瓶(装置见图5-9)。

在滴液漏斗中加入20mL 95% C_2H_5OH 和14.3mL冰乙酸($d_4^{20}=1.0489$),振摇使其混合均匀。将三口瓶隔石棉网小火加热,使瓶中反应温度控制在110~125℃[2],此时在蒸馏管口应有液体蒸出。再从滴液漏斗中慢慢滴入混合液,调节滴加速度为1滴·s^{-1}[3],与蒸出的速度相同,并维持反应温度在110~125℃。滴加完毕,继续加热数分钟,直至反应液的温度升到130℃时不再有液体馏出为止。

将馏出液转移至分液漏斗中,小心加入10mL饱和 Na_2CO_3 溶液[4],塞紧上塞,振荡,并随时旋开活塞放出反应产生的 CO_2 气体。静置分层,用蓝色石蕊试纸检查水层是否呈酸性,若仍呈酸性,则需补加饱和 Na_2CO_3 溶液,重复上述操作。静置分层后从漏斗下口放掉水层。

酯层用10mL饱和食盐水[5]洗去残留的 Na_2CO_3 溶液,分掉水层(下层)后,再用10mL饱和 $CaCl_2$ 溶液[6]洗涤,弃去水层(下层)。酯层从分液漏斗上口倒入干燥的50mL锥形瓶中,用2~3g无水 Na_2SO_4 干燥0.5h[7]。

将干燥好的 $CH_3COOC_2H_5$ 慢慢倾入干燥的60mL蒸馏瓶中(注意不要倾入无水 Na_2SO_4 固体),加入1~2粒沸石,在水浴(或电热套)中蒸馏[8],用事先称量过的干燥锥形瓶收集73~78℃的馏分,称量,计算产率。

蒸馏后得到的 $CH_3COOC_2H_5$ 纯品在阿贝折光仪上测定折射率,记录有关数据并与文献数据比较。

纯粹 $CH_3COOC_2H_5$ 为无色液体,沸点77.06℃,$d_4^{20}=0.9003$,$n_D^{20}=1.3723$。

(H_2O 的 $n_D^{20}=1.3330$,99.8% C_2H_5OH 的 $n_D^{20}=1.3605$)

五、注释

[1]为提高产率,醇或酸哪一种过量取决于它们的价格和操作是否方便。

[2]反应温度不得超过125℃,否则会增加副产物$(C_2H_5)_2O$的量。

[3]滴加速度不宜太快,否则反应温度迅速下降,同时会使 C_2H_5OH 和 CH_3COOH 来不及反应而随酯和 H_2O 一起被蒸出,从而影响酯的收率。

[4]用饱和 Na_2CO_3 溶液除去 $CH_3COOC_2H_5$ 粗品中的酸。

[5]当酯层用 Na_2CO_3 溶液洗涤后，若立即加入 $CaCl_2$ 溶液，则生成絮状 $CaCO_3$ 沉淀，影响分层，故在两步之间必须用饱和食盐水洗去酯层中的 Na_2CO_3 溶液。此外，由于 $CH_3COOC_2H_5$ 在饱和食盐水中的溶解度比在 H_2O 中的溶解度小，因此一般不直接用 H_2O 而用饱和食盐水洗去酯层中的 Na_2CO_3 溶液。

[6]用饱和 $CaCl_2$ 溶液洗涤酯层是为了除去粗品中的 C_2H_5OH。

[7] $CH_3COOC_2H_5$ 与 H_2O 或 C_2H_5OH 分别生成二元或三元共沸混合物，因此，酯层中的 C_2H_5OH 和 H_2O 不除干净，会形成低沸点的共沸混合物，从而影响酯的收率。

$CH_3COOC_2H_5$，H_2O，C_2H_5OH 共沸混合物的沸点及组成见表5－3。

表5－3　共沸混合物的沸点及组成

沸点，℃	组成，%		
	$CH_3COOC_2H_5$	C_2H_5OH	H_2O
70.2	82.6	8.4	9.0
70.4	91.9	—	8.1
71.8	69.0	31.0	—

[8]蒸馏的目的在于去掉粗品中的 $(C_2H_5)_2O$ 等低沸点化合物或高沸点杂质。

六、思考题

(1)酯化反应有什么特点？本实验如何使酯化反应向生成酯的方向进行？

(2)在酯化反应中加入浓 H_2SO_4 有哪些作用？在反应过程中 H_2SO_4 是否有消耗？

(3)在纯化去酸的操作中，使用 Na_2CO_3 溶液去酸，若用浓 NaOH 溶液，可能出现什么情况？

(4)本实验中用饱和 $CaCl_2$ 溶液洗涤可以除去酯层中的少量 C_2H_5OH，用 H_2O 代替饱和 $CaCl_2$ 洗涤可以吗？为什么？

(5)本实验有哪些副反应？粗品中含有哪些主要杂质？如何除去各种杂质？

(6)如果所测 $CH_3COOC_2H_5$ 产品的折光率比文献值偏低，你预计产品中可能含有哪些少量杂质？

七、参考文献

刘约权，李贵深. 实验化学. 北京：高等教育出版社，2000.

5.16　实验61　乙酰苯胺的合成

一、实验目的

(1)掌握苯胺乙酰化的原理和实验操作。

(2)巩固所学的分馏和重结晶的操作技术。

二、实验原理

$C_6H_5NH_2$ 与酰基化试剂如冰乙酸，$(CH_3CO)_2O$，CH_3COCl 等作用可制得乙酰苯胺。其中 $C_6H_5NH_2$ 与 CH_3COCl 反应最快，$(CH_3CO)_2O$ 次之，冰乙酸最慢。但用冰乙酸作乙酰化试剂价格便宜，操作方便。因此本实验是采用冰乙酸作乙酰化试剂。

主反应：

$$C_6H_5NH_2 + CH_3COOH \rightleftharpoons C_6H_5NHCOCH_3 + H_2O$$

三、仪器试剂

(1)仪器：圆底烧瓶(50mL)；韦氏(Vigreux)分馏柱；锥形瓶；温度计(150℃)；吸滤瓶；布氏漏斗；量筒；热水漏斗；接引管；烧杯；表面皿；b 形管；熔点管；玻璃管(约 40cm)。

(2)试剂：$C_6H_5NH_2$；冰乙酸；锌粉；活性炭。

(3)其他：滤纸。

四、实验步骤

在 50mL 圆底烧瓶中，放入 5mL 新蒸馏的 $C_6H_5NH_2$[1](5.1g，0.055mol)，7.5mL 冰乙酸(7.8g，0.13mol)及少许锌粉[2](约 0.1g)。装上一支短的韦氏分馏柱[3]，柱顶插一支 150℃ 温度计，分馏柱的支管接一接引管，用一小烧杯或锥形瓶收集蒸馏出的 H_2O 和 CH_3COOH。装置如图5－10所示。用小火隔石棉网加热烧瓶至沸，控制火焰，维持柱顶温度在 105℃ 左右[4]约 1h。当温度下降或瓶内出现白雾时表示反应基本完成[5]，停止加热。

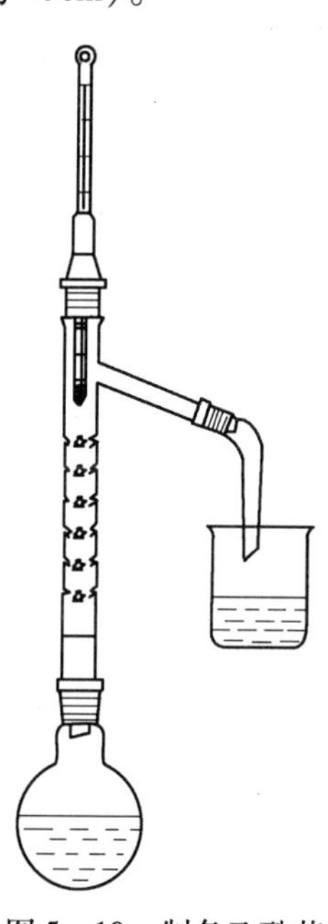

图 5－10 制备乙酰苯胺的装置

在搅拌下，将反应物趁热[6]慢慢倒入盛有 100mL 冷水的烧杯中，冷却，待粗乙酰苯胺完全析出时，用布氏漏斗减压抽滤，再用 5～10mL 冷水洗涤，以除去残留的酸液，抽干。将此粗乙酰苯胺转入盛有 100mL 热水[7]的烧杯中，加热至沸，使之溶解，如仍有未溶解的油珠[8]，可补加热水，直到油珠全部溶解为止。如溶液有颜色，移去火源，稍冷后加入约 1g 活性炭，在搅拌下加热煮沸几分钟，趁热用热水漏斗过滤。

将滤液冷至室温，抽滤。产品放在干净的表面皿中晾干或在 100℃ 以下的烘箱中烘干，称量，计算产率，用毛细管法测定熔点。

纯乙酰苯胺为无色片状晶体，熔点为 114.3℃。

五、注释

[1]$C_6H_5NH_2$ 久置颜色加深有杂质，会影响乙酰苯胺的质量和产率，故最好用新蒸馏的 $C_6H_5NH_2$。

[2]锌粉的作用是防止 $C_6H_5NH_2$ 在反应过程中被氧化，但不宜多加，否则在后处理中会出现不溶于 H_2O 的 $Zn(OH)_2$，影响操作。

[3]若室温较低，可用玻璃布保温分馏柱，以防止分馏过慢。也可以用空气冷凝管代替分馏柱。冷凝管顶端装一双孔木塞，分别插入温度计及弯成两个直角的玻璃导管。

[4]温度过低水分除不掉，过高易将 CH_3COOH 蒸出，不能保证反应体系中的 CH_3COOH 量。

[5]此时收集的 H_2O 和 CH_3COOH 的总体积约为 4mL。

[6]反应物冷却后，立即会有固体析出，沾在瓶壁上不易处理，故须趁热倒入冷水中，以除去过量的 CH_3COOH 及未作用的 $C_6H_5NH_2$（可成为苯胺乙酸盐而溶于水）。

[7]乙酰苯胺于不同温度在 100mL H_2O 中的溶解度为：

温度，℃	100	80	50	25
溶解度，$g \cdot 100mL^{-1}$	5.5	3.5	0.84	0.56

[8]乙酰苯胺与 H_2O 会生成低熔混合物，油珠即熔融态的低熔物，当 H_2O 量足够时，随温度升高，油珠会溶解并消失。

六、思考题

(1)在本实验中采用了哪些措施来提高乙酰苯胺的产率？

(2)反应时为什么要控制分馏柱上端的温度在 105℃左右？

(3)根据理论计算，反应完成时应产生几毫升水？为什么实际收集的液体比理论量多？

七、参考文献

刘约权，李贵深. 实验化学. 北京：高等教育出版社，2000.

5.17 实验 62 乙酰乙酸乙酯的合成

一、实验目的

(1)通过实验，加深对克莱森(Claisen)酯缩合反应的认识。

(2)进一步掌握无水操作技术。

(3)学习减压蒸馏操作技术。

二、实验原理

两分子乙酸乙酯在强碱作用下缩合，再经过水解生成乙酰乙酸乙酯，此反应称为克莱森酯缩合反应。本实验利用金属钠和市售乙酸乙酯中所含有的少量乙醇反应生成乙醇钠作为碱性缩合剂，促使反应发生。金属钠为易燃物质，遇水可自燃，操作时应十分小心。

主反应：

$$2CH_3COOC_2H_5 + C_2H_5ONa \xrightarrow{C_2H_5OH} [CH_3COCHCOOC_2H_5]^- Na^+$$

$$\xrightarrow{H^+} CH_3COCH_2COOC_2H_5$$

三、仪器试剂

(1)仪器:圆底烧瓶(50mL);分液漏斗;回流加热的必要配套设备及减压蒸馏的配套设备。

(2)试剂:乙酸乙酯;钠;50%乙酸;饱和食盐水;无水硫酸镁;无水氯化钙。

四、实验步骤

在50mL的圆底烧瓶中加入18mL(16.2g,0.184mol)分析纯乙酸乙酯和1.8g(0.078mol)刚刚切成小薄片的金属钠[1],迅速装上回流冷凝器并接氯化钙干燥管。反应立即开始,使反应保持微沸状态,直到金属钠全部反应完。此时,反应瓶内溶液呈棕红色并有白色固体出现。

冷却反应液,边摇边加入50%乙酸[2](约15mL)使反应液pH值等于6[3],此时,固体应全部溶解(若还有固体,可加水使其溶解)。将反应液倒入分液漏斗中,加入等体积的饱和食盐水洗涤,分出有机层用无水硫酸镁干燥,常压蒸出过量的乙酸乙酯,再减压蒸出产品[4],称量,计算产率。

纯乙酰乙酸乙酯的沸点为180.4℃,d_4^{20}为1.025,n_D^{20}为1.4198。

五、注释

[1]在将钠切成小薄片的过程中动作要快,以防金属钠表面被氧化。

[2]一定要等大部分钠反应完后,再加乙酸水溶液,以防着火。

[3]要注意避免加入过量的乙酸溶液,否则会增加酯在水中的溶解度。另外,酸度过高,会促使副产物"去水乙酸"的生成,从而降低产量。

[4]乙酰乙酸乙酯常压蒸馏时,易发生分解。最好减压蒸馏产品,温度低于100℃。乙酰乙酸乙酯沸点与压力的关系见表5-4。

表5-4 乙酰乙酸乙酯沸点与压力的关系

压力,Pa	10640	7980	5320	3990	2660	1995	1596
沸点,℃	100	97	92	88	82	73	71

六、思考题

(1)本实验应以哪种物质为基准计算产率?为什么?

(2)请写出本实验反应的反应历程。

(3)如何证明本产物是两种互变异构体的平衡产物?

七、参考文献

(1)李兆陇.有机化学实验.北京:清华大学出版社,2000.

(2)吴泳.大学化学新体系实验.北京:科学出版社,1999.

5.18 实验63 4－苯基－2－丁酮的合成

一、实验目的

(1) 通过本实验了解乙酰乙酸乙酯在合成与生产中的应用。

(2) 进一步巩固蒸馏、回流、搅拌、干燥等实验操作技术。

二、实验原理

乙酰乙酸乙酯亚甲基上的氢原子很活泼，与醇钠等强碱反应时可被置换而生成钠化合物，后者可以与卤代烷发生亲核取代反应，生成烷基取代的乙酰乙酸乙酯，再进行酮式分解就可得到取代甲基酮。4－苯基－2－丁酮就是按这种方法来合成的。

主反应：

$$CH_3COCH_2CO_2Et \xrightarrow[EtOH]{EtONa} [CH_3COCHCO_2Et]^-Na^+$$

$$[CH_3COCHCO_2Et]^-Na^+ \xrightarrow{PhCH_2Cl} CH_3CO\underset{}{\overset{CH_2Ph}{\overset{|}{C}}}HCO_2Et \xrightarrow[H_2O]{NaOH} \xrightarrow[-CO_2]{HCl} CH_3COCH_2CH_2Ph$$

4－苯基－2－丁酮存在于植物挥发油中，具有药用价值，通常被制成亚硫酸盐的加成物保存。

三、仪器试剂

(1) 仪器：三口瓶；圆底烧瓶；回流装置配套设备；减压蒸馏装置配套设备；水浴锅；恒压滴液漏斗；搅拌器。

(2) 试剂：无水乙醇；金属钠；乙酰乙酸乙酯；氯化苄；10%氢氧化钠；浓盐酸；乙醚；无水氯化钙。

四、实验步骤

在50mL干燥的三口瓶上，装上回流冷凝器、恒压滴液漏斗及搅拌装置。往瓶中加入5mL (109mmol) 无水乙醇[1]、0.46g (20mmol) 金属钠，搅拌至金属钠全部溶解。室温下慢慢滴加2.6mL乙酰乙酸乙酯，加完后搅拌10min，继续滴加2.3mL氯化苄，加热回流30min。此时，反应物呈米黄色乳状。

停止加热，稍冷却后，边搅拌边慢慢加入5mL 10%氢氧化钠，约需5min加完，这时溶液pH值约为11。再加热回流30min，冷却至40℃以下，慢慢滴加3mL浓盐酸[2]，使pH值在2～3。再加热搅拌至无 CO_2 气体逸出为止（约30min）。然后用水浴将低沸点物质蒸出，馏出液约2.0～4.0mL。

冷却反应液至室温，用10%氢氧化钠溶液调节pH值为中性。倒入分液漏斗中，分出上层有机相，水层用10mL乙醚提取1次。提取液与有机相合并，用5mL水洗涤1次，用无水氯化钙干燥。在水浴上蒸出乙醚,减压蒸馏蒸出产品,收集5.53kPa(约40mmHg)下132~140℃的馏分。产品为无色透明液体,称量,计算产率。

纯4-苯基-2-丁酮的沸点为233~234℃,n_D^{20}为1.5110。

五、注释

[1]本实验制备过程要求干燥并使用绝对乙醇。

[2]滴加速度不宜太快,以防止酸分解反应时逸出大量二氧化碳而冲料。

六、思考题

(1)乙酰乙酸乙酯在有机合成上有什么用途?

(2)烷基取代的乙酰乙酸乙酯用稀碱或浓碱作用将分别得到什么产物?

七、参考文献

(1)李兆陇.有机化学实验.北京:清华大学出版社,2000.

(2)吴泳.大学化学新体系实验.北京:科学出版社,1999.

5.19 实验64 间二硝基苯的合成

一、实验目的

(1)了解硝化反应和多硝基化合物的制备方法。

(2)理解定位效应。

(3)学习微型回流、微型过滤等操作。

二、实验原理

$$C_6H_5{-}NO_2 + HNO_3 \xrightarrow{H_2SO_4} m\text{-}O_2N{-}C_6H_4{-}NO_2 + H_2O$$

三、仪器试剂

(1)仪器:10mL圆底烧瓶;空气冷凝管;2mL吸量管;50mL烧杯;微型抽滤装置;电磁加热搅拌器。

(2)试剂:硝基苯;浓硫酸;浓硝酸;95%乙醇;碳酸钠。

四、实验步骤

在10mL圆底烧瓶中加入2mL浓硫酸,将烧瓶置于冷水浴中,慢慢加入1.5mL浓硝酸配成混酸溶液。加入0.51mL(5mmol)硝基苯,装上空气冷凝管。在沸水浴上加热搅拌约1h,待反应完全时[1]，将反应液慢慢倾入盛有 8mL 水的烧杯中，粗间二硝基苯成块状沉入底部。冷却后吸去酸液，再加入 5mL 水加热至沸使固体熔化。加少量碳酸钠粉末直至呈碱性为止，冷却后吸去碱液，再用 10mL 热水分两次洗涤。冷却后抽滤得产物。产物可用 95% 乙醇重结晶，称量，计算产率。

纯粹的间二硝基苯为无色针状晶体，熔点为 89.8℃[2]。

五、注释

[1]吸取少量反应液滴入盛有冷水的试管中，如立即有黄色固体析出，表示反应已完成。如果半固体状，说明反应还需继续。

[2]间二硝基苯有毒，操作时必须小心，勿接触皮肤。

六、思考题

为什么制备间二硝基苯要在较强烈的反应条件下进行？

七、参考文献

周宁怀，王德琳. 微型有机化学实验. 北京：科学出版社，1999.

5.20　实验 65　间硝基苯胺的制备

一、实验目的

(1)了解多硝基化合物部分还原制胺的原理和方法。

(2)学习在通风橱中进行操作。

二、实验原理

常用多硫化物或硫氢化钠作为部分还原剂，选择性还原多硝基化合物。

主反应：

$$Na_2S + S \rightleftharpoons Na_2S_2$$

$$C_6H_4(NO_2)_2 \text{ (间二硝基苯)} + Na_2S_2 + H_2O \longrightarrow C_6H_4(NO_2)NH_2 \text{ (间硝基苯胺)} + Na_2S_2O_3$$

三、仪器试剂

(1)仪器：锥形瓶(125mL)；三口瓶(100mL)；搅拌器；滴液漏斗；冷凝管；布氏漏斗；吸滤瓶；泵。

(2)试剂：间二硝基苯；硫化钠($Na_2S \cdot 9H_2O$)；硫黄粉；浓盐酸；浓氨水。

(3)其他：滤纸。

四、实验步骤

本实验应在通风橱中进行[1]。

(一)多硫化钠溶液[2]的制备

在125mL锥形瓶中,将8g硫化钠晶体溶于30mL水中,再加入2g硫黄粉,在石棉网上加热,不断搅拌或振荡,直到硫黄粉全部溶解。如果有不溶物,过滤,得澄清溶液,冷却备用。

(二)间硝基苯胺的制备

在100mL三口瓶中加入5g间二硝基苯和40mL水,安装上搅拌器、滴液漏斗和回流冷凝管,漏斗的下端离液面10mm左右,并将多硫化钠溶液转移到滴液漏斗中。将三口瓶加热到微沸,开动搅拌器,当熔融的间二硝基苯与水充分混合,形成很细的悬浮液时,开始滴加多硫化钠溶液,约25~30min内滴完,继续加热煮沸30min。

静置或加入约20g碎冰,使反应混合物迅速冷却。将析出的粗间硝基苯胺减压过滤,挤压去水分。分别用10mL冷水洗涤三次,除去残留的硫代硫酸钠。取出粗产物,放入盛有稀盐酸(由30mL水和7mL浓盐酸配制)的150mL烧杯中,加热使间硝基苯胺溶解。冷却后,减压过滤,除去硫黄和未反应的原料。在搅拌下,向滤液中加入过量浓氨水(使pH值为8),溶液中渐渐析出黄色的间硝基苯胺,减压过滤,用冷水洗涤至中性,挤压去水分。取出粗产物,晾干。称量,计算产率。

粗产物用水重结晶,可得黄色晶体。

纯粹的间硝基苯胺为浅黄色针状晶体,熔点为114℃。

五、注释

[1]间二硝基苯及间硝基苯胺都有毒,操作时应小心,勿使其接触皮肤。

[2]也可用硫化钠、硫氢化钠、硫化铵或硫氢化铵作还原剂。

六、思考题

(1)本实验能否用铁和盐酸作还原剂制间硝基苯胺?

(2)如果产物不纯,主要含有什么杂质?应怎样除去?

(3)为什么要用稀盐酸来溶解粗产物?用水行不行?

七、参考文献

周科衍,高占先.有机化学实验.3版.北京:高等教育出版社,1996.

5.21 实验66 甲基橙的制备

一、实验目的

学习重氮化反应和重氮盐的偶联反应制取甲基橙的实验方法。

二、实验原理

芳香族伯胺在冷的强酸存在下，与亚硝酸反应能生成重氮盐。重氮盐在弱酸性、中性或碱性溶液中与芳胺或酚作用生成偶氮化合物，称为偶联反应。偶氮染料都是通过这类反应合成的。甲基橙就是重氮盐偶联反应生成偶氮化合物的实例。

主反应：

$$H_2N-C_6H_4-SO_3H + NaOH \longrightarrow H_2N-C_6H_4-SO_3Na + H_2O$$

$$H_2N-C_6H_4-SO_3Na \xrightarrow[0\sim5℃]{NaNO_2,\ HCl} [HO_3S-C_6H_4-\overset{+}{N}\equiv N]\ Cl^-$$

$$\xrightarrow[HAc]{PhNMe_2} [HO_3S-C_6H_4-N=N-C_6H_4-NHMe_2]^+\ Ac^-$$

$$\xrightarrow{NaOH} NaO_3S-C_6H_4-N=N-C_6H_4-NMe_2 + NaAc + H_2O$$

三、仪器试剂

(1)仪器：试管；烧杯等。

(2)试剂：对氨基苯磺酸；5%氢氧化钠水溶液；亚硝酸钠；浓盐酸；*N*,*N*－二甲基苯胺；冰乙酸；95%乙醇；乙醚。

(3)其他：滤纸。

四、实验步骤

(一)对氨基苯磺酸重氮盐的制备

在一只50mL烧杯中加入2.1g(0.01mol)对氨基苯磺酸[1]，10mL 5%的氢氧化钠溶液，使其溶解。另将0.8g(0.011mol)亚硝酸钠溶于6mL水中，加入到上述反应液中。在冰盐浴冷却并搅拌下，将该混合液慢慢滴加到盛有10mL水和3mL浓盐酸的50mL烧杯中，温度始终保持在5℃以下，反应液由橙黄色变为乳黄色，并有白色沉淀产生。滴加完毕继续在冰水浴中反应15min。

(二)偶联制备甲基橙

在试管中将1.3mL(0.01mol)*N*,*N*－二甲基苯胺[2]和1mL冰乙酸混合均匀。在搅拌下将该溶液慢慢滴加至冷却的重氮盐溶液中，加完后继续搅拌10min，此时溶液为深红色。在搅拌下，慢慢加入25mL 5%的氢氧化钠溶液，此时有固体析出，反应物成为橙黄色浆状物，搅拌均匀。在沸水浴上加热10min(使固体陈化)，冷却使晶体完全析出。抽滤，依次用少量水、乙醇、乙醚洗涤[3]，压干或抽干，得到紫色晶体，称量。

(三)重结晶

将粗产品用0.4%的氢氧化钠水溶液(每克粗产品加约15～20mL)进行重结晶[4]，得到橙黄色明亮的小叶片状晶体，称量，计算产率。

取少量甲基橙溶解于水中，加几滴盐酸，然后用稀氢氧化钠溶液中和，观察溶液的颜色变化。

五、注释

[1]对氨基苯磺酸是两性化合物,酸性比碱性强,以酸性内盐存在,故能与碱作用成盐而不能与酸作用成盐。

[2]*N*,*N*－二甲基苯胺久置易被氧化,故需要重蒸后使用。该有机物有毒,蒸馏时应在通风橱中进行。

[3]用乙醇、乙醚洗涤产品的目的是使产品迅速干燥。

[4]甲基橙在水中溶解度较大,重结晶时加水不宜过多。且重结晶时,操作要迅速,因为产物呈碱性,温度高时易变质,使颜色加深,此时可先将水煮沸,再加入晶体。

六、思考题

(1)什么叫偶联反应?结合本实验讨论一下偶联反应的条件。

(2)在本实验中制备重氮盐时,为什么要把对氨基苯磺酸变成钠盐?如果直接与盐酸混合,是否可以?

(3)试解释甲基橙在酸性介质中变色的原因,用反应式表示。

七、参考文献

(1)李兆陇.有机化学实验.北京:清华大学出版社,2000.

(2)兰州大学.有机化学实验.2版.北京:高等教育出版社,1994.

第 6 章

化学热力学与动力学

概　　述

研究各种形式的能量在过程中的相互转化和可能性(过程方向、限度)及其所遵循规律的科学称为热力学。将热力学方法应用在化学上,则称为化学热力学。热力学只研究由大量粒子(原子、分子)构成的宏观体系。只要知道体系的宏观性质,即确定了体系的始态和终态,就能根据热力学方法对体系的能量变化和过程方向进行计算、判断(如化学反应的热效应、化学反应的方向和限度、化学平衡的计算等),从而得出有用的结论,用于指导化学化工实践。

变化的速率问题是与变化的可能性(方向、限度)问题并列的重要内容。研究化学反应的速率,主要是研究浓度、温度、催化剂、光辐射、扩散等因素对反应速率的影响。而要深入了解这些因素影响反应速率的本质,则须进一步研究反应机理及反应速率理论。这些重要问题都是化学动力学的研究范围。

本章编选了具有典型性、代表性的热力学实验 9 个,动力学实验 5 个;此外还编入了统计热力学实验 1 个作为补充,目的在于加深对沟通微观规律和宏观现象的“桥梁”——统计热力学方法的认识。这些实验都属于理论化学的基础实验内容,学生通过对它们的练习,不但能更深入地理解和掌握化学热力学、化学动力学的基本理论知识,而且还能对该领域的实验技能和研究方法获得有效的训练和培养。

6.1　实验 67　压差法测定液体的摩尔质量

一、实验目的

(1)用压差法(改进的 Victor Meyer 法)测定液体试样的摩尔质量。

(2)练习恒温操作和玻璃泡拉制。

(3)熟悉理想气体状态方程及其应用。

二、实验原理

实验室测定流体相对分子质量常用 Victor Meyer 法，该法是将一定量的液体样品在保持一定温度（通常较样品的沸点高 20～30℃）及恒定的大气压下于容器底部气化，测定样品气化后排出的空气体积，用理想气体状态方程计算出被测物质的摩尔质量。但是在测定过程中，常因蒸气扩散到气化管上部低温区冷凝而影响测定的准确性，且此法仅适用于沸点低于 80℃的挥发性液体。为此，我们对 Victor Meyer 法加以改进，自制仪器，采用压差法测定液体物质的摩尔质量。

液体的沸点随着外压的降低而降低。在低压下，液体可在较低的温度下完全气化，并可视为理想气体。当温度、体积恒定时，样品的气化将使体系压力增加；测定此增加的压力，即可按理想气体状态方程计算出样品蒸气的摩尔质量 M，如下式：

$$M_x = \frac{W_x RT}{V \cdot \Delta p} \tag{6-1}$$

式中 V——气化系统的体积；

W_x——液体样品的质量；

Δp——样品完全气化后产生的压差；

T——恒温槽温度；

R——摩尔气体常数。

三、仪器试剂

（1）仪器：真空泵；缓冲瓶及汞压计；酒精灯；废玻璃管。改进的实验装置如图 6－1 所示。其中，自制压差计 5 内径 4mm，高 350mm，其一臂有二通旋塞；气化瓶 9 的体积约 600cm^3，瓶塞带导管，玻璃压棒穿过此导管，再以乳胶管将二者密封；气化瓶、压差计一起组装固定在铁架台上，浸入恒温水浴槽内。

（2）试剂：分析纯 CCl_4；乙醇；甲苯；正丁醇等。

四、实验步骤

（1）如图 6－1 安装好实验装置，分段试漏到完全严密；加热水浴至选择的气化温度，恒温。

（2）拉制小玻璃泡，过程如图 6－2。

（3）取一个小玻璃泡，在分析天平上称量，准确至 0.0002g，然后将玻璃泡在酒精灯上微热，随即将毛细管端浸入液体试样中（图 6－3），玻璃泡冷却后液体即被吸入，估计液体质量合适（约 0.2～0.5g）后，在酒精灯上熔封毛细管尖端。然后将玻璃泡放入加热铝盒的孔中（图 6－4）（切忌把玻璃泡直接放在火上烧，以免爆炸伤人），如毛细管端不漏出液体，即可取出称量，与玻璃泡原来质量之差即为试液质量。

（4）将装样称量后的玻璃泡小心置于气化瓶内，盖好带玻璃压棒的塞子。关闭缓冲瓶进气阀 D，开启旋塞 A，B 和 C，启动真空泵抽气使系统降至一定压力后关闭旋塞 C，待温度恒定后关闭旋塞 A，观察压差计 5 两臂汞面平齐数分钟无变化，可确认系统严密不漏气（图 6－1）。

(5)用玻璃压棒6压破小玻璃泡,由压差计5读出试样完全气化后产生的最大压差[精确至0.5mmHg(66.66Pa)],同时记下气化温度(精确至0.1℃)。

(6)打开气化瓶塞子,吹净气化瓶,重做其他样品测定。

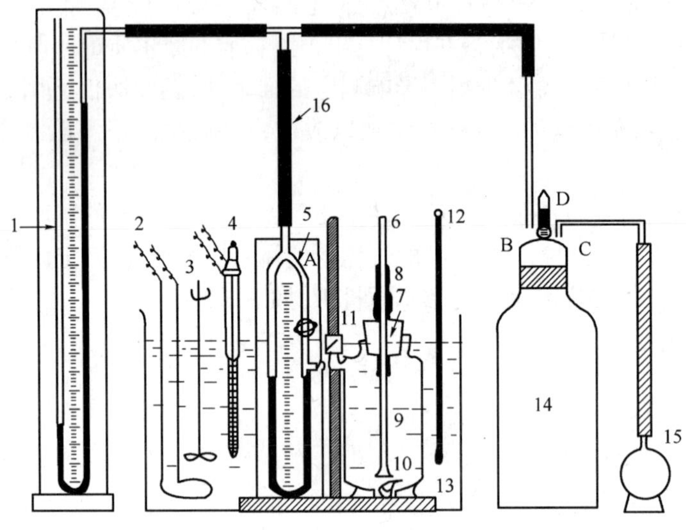

图6-1　实验装置图

1—U形泵压计;2—电加热器;3—搅拌器;4—水银定温计;5—压差计;6—玻璃压棒;7—带导管的磨口塞;8—乳胶管;9—气化瓶;10—玻璃泡;11—气化瓶固定支架和夹子;12—温度计;13—恒温槽;14—缓冲瓶;15—真空泵;16—厚壁胶管

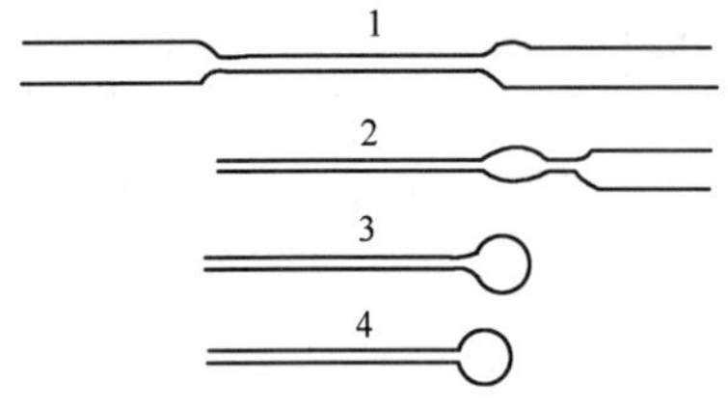

图6-2　玻璃泡拉制过程图解

1—拉毛细管;2—熔断留小泡;3—先熔封毛细管,再将小泡在火焰上熔胀,然后在空气中骤冷;4—打开毛细管

图6-3　取样瓶

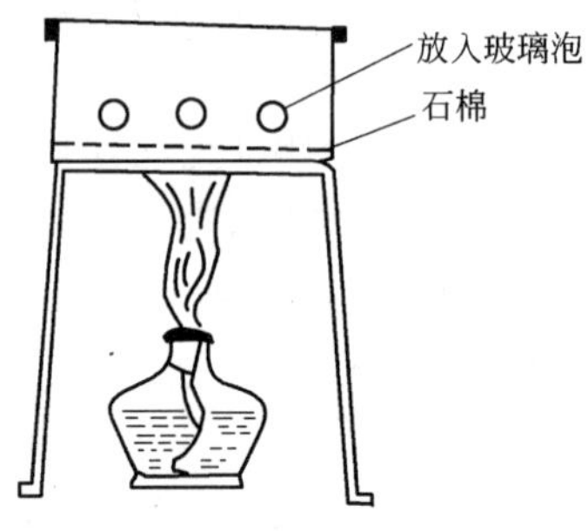

图6-4　铝盒

五、数据处理

(1)由已知摩尔质量的标准样品(如分析纯CCl_4)实测数据计算气化系统体积V:

$$V = \frac{W \cdot RT}{M \cdot \Delta p}$$

(2)以此体积为常数,处理未知液体样品的实验数据,按式(6-1)计算其摩尔质量。

六、思考题

(1)如何检查漏气和气化瓶温度是否恒定,为什么?实验中为何要保持温度恒定?

(2)每次实验完后为什么要把气化瓶内的样品蒸气吹出来?

(3)样品称量太多或太少会引起什么后果?

(4)气化系统体积是否为常数?其变化值、误差范围估计有多大?

七、教学讨论

(1)本实验方法虽然简单,但涉及质量、温度、压力、气体体积的测量,压差计、旋塞、真空泵、恒温槽的使用,以及玻璃泡拉制、液体装样、熔封等操作,对训练学生实验操作技能大有裨益。

(2)利用本实验改进的 Victor Meyer 法可以测定甲苯、乙苯、凝析油等沸点高于100℃物质的摩尔质量。

八、选做课题

(1)以乙二醇代替水作蒸气浴(乙二醇沸点198℃),可测定乙酸蒸气的表观摩尔质量,从而计算乙酸蒸气在此温度下生成二聚体的缔合度。

提示: $2CH_3COOH \rightleftharpoons (CH_3COOH)_2$

蒸气量: $n_0(1-\alpha)$;$n_0\dfrac{\alpha}{2}$;总计 $n_0\left(1-\dfrac{\alpha}{2}\right)$

式中 n_0——原单分子乙酸的物质的量;

α——缔合度。

进行本实验时,电炉要具有足够的功率,蒸气浴要良好保温,才能保持温度稳定。

(2)考虑液体蒸气在不太高的压力下的非理想性,宜选用贝特洛(Berthelot)方程进行计算:

$$M = W\frac{RT}{pV}\left[1+\frac{9}{128}\frac{p}{p_c}\cdot\frac{T_c}{T}\left(1-6\frac{T_c^2}{T^2}\right)\right]$$

式中 p_c——被测物质的临界压力;

T_c——被测物质的临界温度。

上式的括弧项表征了气体的非理想性。测未知物时临界参数是不知的,因此无法用此式计算。但在用已知物进行实验后,可用上式的计算结果来检验实验装置的可靠性以及蒸气的非理想性。试用四氯化碳进行这一试验。

九、实际应用

(1)由于液体蒸气的非理想性,用 Victor Meyer 法只能测得近似的摩尔质量。但这对于鉴别未知物和确定未知物分子式仍有重要参考价值。

(2)使用本法测摩尔质量时还需确证气化后的分子没有分解或缔合现象发生。如有这类现象,则可用本法测定蒸气的表观摩尔质量,研究其解离或缔合平衡。

十、参考文献

(1)杨世珧,尹代益. 压差法测定液体分子量. 化学通报,1985(4).

(2)北京大学物理化学教研室. 物理化学实验(修订本). 北京:北京大学出版社. 1985.
(3)成都科技大学物化教研室. 物理化学实验. 3 版. 北京:高等教育出版社,1991.

6.2　实验 68　燃烧热的测定

一、实验目的

(1)了解氧弹式量热计的原理、构造和使用方法;学习多控型热量计汉字电脑的操作。
(2)用氧弹式量热计测量萘的燃烧热。

二、实验原理

一般化学反应的热效应,往往因反应太慢或反应不完全,导致难以直接测定或测量误差较大。但是,通过盖斯定律可用燃烧热数据间接计算:

$$\Delta_r H_m^\ominus = -\sum_B \nu_B \Delta_c H_B^\ominus \tag{6-2}$$

因此,燃烧热数据广泛地应用于各种热化学计算中。

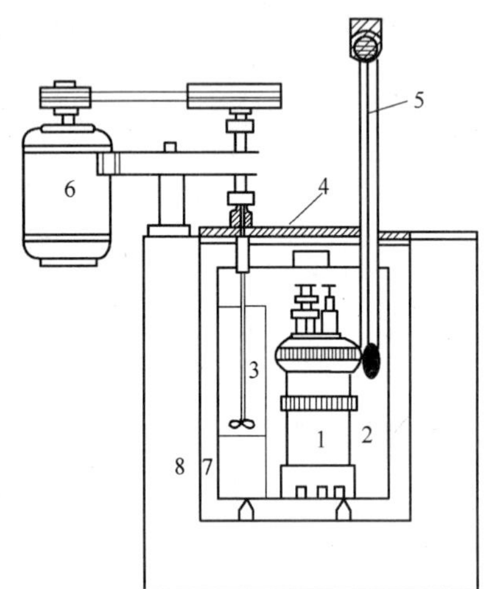

图 6-5　氧弹式量热计
1—氧弹;2—铜水桶;3—搅拌器;4—胶木盖;5—测温探头;6—电动机;7—空气隔热层;8—水夹套

为了使被测物质能迅速而完全地燃烧,就需要有强有力的氧化剂。在实验中经常使用压力为 2.5 ~ 3MPa 的氧气作为氧化剂。用氧弹式量热计(图 6-5)进行实验时,氧弹放置在装有一定量水的铜水桶中,水桶外是空气隔热层,再外面是温度恒定的水夹套。样品在体积固定的氧弹中燃烧放出的热、引火丝燃烧放出的热和由氧气中微量的氮气氧化成硝酸的生成热,大部分被水桶中的水吸收;另一部分则被氧弹、水桶、搅拌器及温度计等所吸收。在量热计与环境没有热交换的情况下,可写出如下的热量平衡式:

$$-Q_V \cdot a - q \cdot b + 5.98c = W \cdot h\Delta t + C_{总} \cdot \Delta t \tag{6-3}$$

式中　Q_V——被测物质的定容热值,$J \cdot g^{-1}$;
a——被测物质的质量,g;
q——引火丝的热值,$J \cdot g^{-1}$(铁丝为 $-6694J \cdot g^{-1}$);
b——烧掉了的引火丝质量,g;
5.98——硝酸生成热,为 $-59831J \cdot mol^{-1}$,当用 $0.100mol \cdot L^{-1}$ NaOH 滴定生成的硝酸时,每毫升碱相当于 -5.98J;
c——滴定生成的硝酸时,耗用 $0.100mol \cdot L^{-1}$ NaOH 的体积;
W——水桶中水的质量,g;
h——水的比热容,$J \cdot g^{-1} \cdot K^{-1}$;
$C_{总}$——氧弹、水桶等的总热容,$J \cdot K^{-1}$;

Δt——与环境无热交换时的真实温差。

如在实验时保持水桶中水量一定，把式(6－3)右端常数合并得到下式：

$$-Q_V \cdot a - q \cdot b + 5.98c = K\Delta t \tag{6-4}$$

式中，$K = W \cdot h + C_{总}$，单位为$J \cdot K^{-1}$，称为量热计常数。

标准燃烧热是指在标准状态下，1mol 物质完全燃烧成同一温度的指定产物[C 和 H 的燃烧产物是$CO_2(g)$和$H_2O(l)$]的焓变化，以$\Delta_c H_m^{\ominus}$表示。在氧弹式量热计中可测得物质的定容摩尔燃烧热$\Delta_c U_m$。如果把气体看成是理想的，且忽略压力对燃烧热的影响，则可由下式将定容摩尔燃烧热换算为标准摩尔燃烧热：

$$\Delta_c H_m^{\ominus} = \Delta_c U_m + \Delta nRT \tag{6-5}$$

式中 Δn——燃烧前后气体的物质的量的变化。

三、仪器试剂

(1)仪器：GR－3500 型氧弹量热计(附压片机)1 台；电子天平 1 台；微机[有 WL(多控)型热量计汉字电脑有关软件和硬件设备]1 台。

(2)试剂：分析纯苯甲酸；分析纯萘；0.100mol · L^{-1} NaOH 标准溶液；酚酞指示剂。

(3)其他：1L，2L 容量瓶各 1 个；50mL 碱式滴定管 1 支；150mL 锥形瓶 1 个；点火丝；移液管。

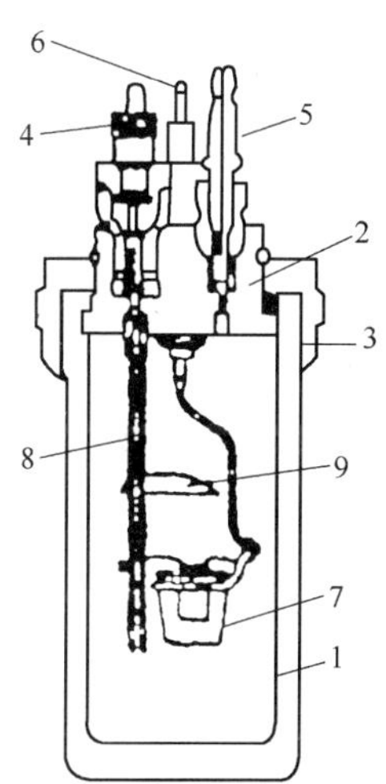

图 6－6 氧弹的构造
1—不锈钢外壁；2—弹盖；3—螺帽；4—进气孔；5—排气孔；6—电板；7—燃烧皿；8—电极(与进气孔相连)；9—火焰遮板

四、实验步骤

(1)在台秤上称取约 1g 苯甲酸，压片；样片若被沾污，可用小刀刮净，然后在电子天平上精确称量。

(2)拧开氧弹盖，将盖放在专用架上，装好专用的石英坩埚，用移液管取 5mL 蒸馏水放入弹筒中。

(3)剪取 10cm 引火丝在天平上称量后，用已称量的棉纱将样片与点火丝连接起来(棉纱热值为－16.7kJ · g^{-1}，计算时应扣除)，然后将点火丝两端紧缠于电极上，使样片悬在坩埚上方。盖好弹盖，拧下进气管上的螺钉，连接上导气管的紧固螺栓，导气管的另一端与氧气钢瓶上的减压阀连接。打开钢瓶上的阀门及减压阀充氧，当气压达 2.0MPa 后，关好钢瓶的阀门及减压阀，拧下氧弹上导气管的紧固螺栓，将原来的螺钉装上。充氧后，用万用电表触试弹盖上方两电极，检查两电极是否为通路。若线路不通，则需放出氧气，打开弹盖进行检查。

(4)在量热计水夹套中装入自来水。用容量瓶准确量取 3L 自来水装入干净的铜水桶中，水温应较环境温度低 1℃左右。将氧弹放入铜水桶，插上点火电极的电线，盖好盖板，插入与计算机相连接的测温探头。

(5)利用 WL(多控)型热量计汉字电脑(见本实验后"附")进行量热计常数测定。

(6)测试完毕后，打开量热计盖，取出氧弹，泄去废气。放完气后，拧开弹盖，检查燃烧是否完全。若弹内有炭黑或未燃烧的试样,应重新测定。若燃烧完全,则将燃烧后剩下的引火丝在分析天平上称量,并用少量蒸馏水洗涤氧弹内壁,将洗涤液收集在 150mL 锥形瓶中,煮沸片刻,用酚酞作指示剂,以 $0.100mol \cdot L^{-1}$ NaOH 滴定。

(7)在台秤上称约 0.7g 萘,按上面相同的方法测定萘的燃烧热。注意,测燃烧热时,运行 WL(多控)型热量计汉字电脑的测试软件过程中,其测量选择项应选“发热量”,并将前面测出的量热计常数填入“热容量”栏。

五、数据处理

WL(多控)型量热计将根据选择的冷却校正方式按一定时间间隔读取温度,如选择“奔特”校正,将每半分钟读一个温度,并自动完成量热计常数和燃烧热的计算。要求学生根据测定的时间—温度数据进行人工数据处理,掌握有关实验数据的处理方法。举例如下。

(一)计算机打印出的时间—温度数据(每半分钟一个点)

初期温度记录		主期温度记录			末期温度记录	
1	24.528	1	24.537	$m=4$ (1–4)	1	26.490 ($t_高$)
2	24.528	2	24.995		2	26.489
3	24.529	3	25.959		3	26.488
4	24.529	4	26.25		4	26.486
5	24.530	5	26.359	$r=10$ (5–14)	5	26.484
6	24.531	6	26.411		6	26.482
7	24.532	7	26.444		7	26.480
8	24.534	8	26.466		8	26.478
9	24.535	9	26.477		9	26.476
10	24.536($t_低$)	10	26.485		10	26.474
		11	26.489			
		12	26.491			
		13	26.492			
		14	26.49			

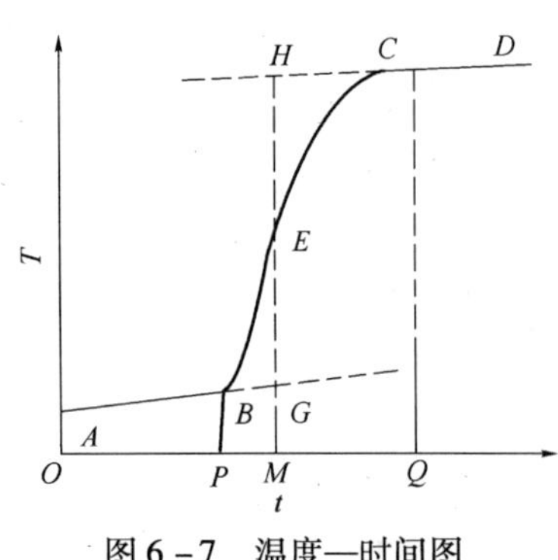

图 6－7　温度—时间图

(二)校正体系和环境能量交换的影响

从实验数据可知,初期温度和末期温度并非一个恒定值,这是因为系统并非一个完全的绝热系统,同时机械搅拌系统也会得到一定的能量。必须对这些能量的传递进行校正,通常采用作图或经验公式等方法消除其影响,下面分别介绍。

(1)作“温度—时间曲线”,如图 6－7 所示。画出初期 AB 和末期 CD 两线段的切线,用虚线外延,然后作一垂线 HM,并和切线的延线相交于 G,H 两点,使得 BEG 包围的面积等于 CHE 包围的面积。G,H 两点的温度差 ΔT 即为体系内部由于燃烧反应放出热量致使体系温度升高的数值。

(2)另一常用的经验公式是:

$$\Delta t_{校正} = \frac{V + V_1}{2} \cdot m + V_1 r \tag{6-6}$$

式中 V——点火前,每半分钟量热计的平均温度变化;

V_1——样品燃烧使量热计温度达最高而开始下降后,每半分钟的平均温度变化;

m——点火后,温度上升很快(大于每半分钟0.3℃)的半分钟间隔数;

r——点火后,温度上升较慢的半分钟间隔数。

在考虑了温差校正后,真实温差 Δt 应该是:

$$\Delta t = t_{高} - t_{低} + \Delta t_{校正} \tag{6-7}$$

式中 $t_{低}$——点火前读得量热计的最低温度;

$t_{高}$——点火后,量热计达到最高温度后,开始下降的第一个读数。

式(6-6)的意义,可由图6-8的温度—时间曲线来说明。曲线的 AB 段代表初期体系温度随时间变化的规律,BC 代表温度上升很快阶段,CD 代表主期,DE 代表达最高温度后的末期,体系温度随时间变化的规律。从 B 点开始点火到最高温度 D 共经历了 $m+r$ 次读数间隔,在这段时间里,体系与环境热交换引起的温度变化可作如下估计:体系在 CD 段的温度已接近最高温度,由于热损失引起的温度下降规律应与 DE 段基本相同,故 CD 段温度共下降 $V_1 r$。而 BC 段介于低温和高温之间,只好采取两区域温度变化的平均值来估计,故 BC 段的温度变化为 $\frac{V+V_1}{2} \cdot m$。因此,总的温度校正即如式(6-6)所示。

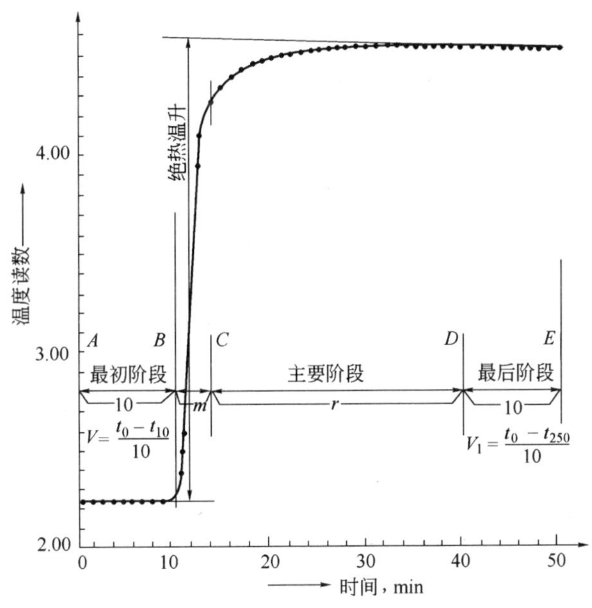

图6-8 升温曲线

现以某次测定量热器常数为例(数据见前页记录表)处理数据:

苯甲酸质量1.0956g;铁丝质量0.0130g;剩余铁丝质量0.0090g;燃烧掉铁丝质量0.0040g;苯甲酸热值 $Q_V = -26.43 \text{kJ} \cdot \text{g}^{-1}$;滴定液耗用0.100mol · L^{-1} NaOH 2.30mL。计算机打印出

的温度—时间数据如前表。计算如下：

$$V = (24.528 - 24.536)/10 = -0.0008(℃)$$

$$V_1 = (26.490 - 26.474)/10 = 0.0016(℃)$$

而 $m=4, r=10$；故

$$\Delta t_{校正} = \frac{-0.0008 + 0.0016}{2} \times 4 + 0.0016 \times 10 = 0.0176(℃)$$

$$K = \frac{26430 \times 1.0956 + 0.0040 \times 6694 + 5.98 \times 2.30}{26.490 - 24.536 + 0.0176} = 14.707(\mathrm{kJ \cdot K^{-1}})$$

（三）计算量热计常数和燃烧热

利用苯甲酸燃烧过程的温度—时间数据用经验公式或作图法求出与环境无能量交换时的真实温度差 Δt，代入式(6 - 4)计算出 K；再利用萘燃烧过程的温度—时间数据用经验公式求出 Δt，将 Δt 和前面计算出的 K 值代入式(6 - 4)可求出萘的燃烧热。

六、思考题

(1) 在本实验装置中哪些是体系？哪些是环境？体系和环境通过哪些途径进行能量交换？如何进行校正？

(2) 搅拌过快或过慢有什么影响？

(3) 在使用氧气钢瓶及氧气减压阀时，应注意哪些规则？

(4) 为什么要测量体系与环境无能量交换时的真实温差？

七、教学讨论

(1) 固体可燃物如煤、蔗糖、淀粉等也可作为实验的试样。高沸点液体可直接放在坩埚中测定；低沸点液体可密封于玻璃泡中，再将玻璃泡置于小片苯甲酸上使其烧裂后引燃。有的液体也可装于药用胶囊中引燃。计算试样热值时，应将引燃物和胶囊放出的热扣除（胶囊热值需要单独测定）。

(2) 测定量热计常数和测未知试样时忽略引火丝残留量和硝酸生成量的差别，并将其合并入常数中，则可将两次测定的热平衡式简化为：

$$Q_{标} = K\Delta t_{标}, \qquad Q_{未} = K\Delta t_{未}$$

两式合并

$$Q_{未} = Q_{标}\frac{\Delta t_{未}}{\Delta t_{标}} \tag{6 - 8}$$

式(6 - 8)中的 $\frac{\Delta t_{未}}{\Delta t_{标}}$ 只是两次温差的比值，因而可用任何一种与温度成正比的物理量如热电势、电阻、电流等的变化来代替温差，这样就更便于用热敏电阻温度计代替贝克曼温度计进行量热实验。

八、选做课题

(1) 马来酸和富马酸都是丁烯二酸，其结构式为 HOOCCH ═CHCOOH，化学式都是 $C_4H_4O_4$。试测定它们的燃烧热，并计算它们的生成热。从所得结果确定何者为顺式结构，何者为反式结构。

(2)测定乙酸乙烯或一种低热值可燃废弃物的热值。

九、实际应用

(1)燃烧热是热化学中的重要数据,可用于计算生成热、反应热和评价燃料的热值。食品的发热量也可从它们的燃烧热求得。

(2)目前国产氧弹式量热计有环境恒温型和绝热型两类。前者设备简单,只要做好热漏校正(即温差校正),准确度仍然很高。绝热型虽可免除热漏校正引起的误差,但仪器较贵。

十、参考文献

(1)罗澄源.物理化学实验.北京:高等教育出版社,1989.

(2)克罗克福.H D.郝润蓉,译.物理化学实验.北京:人民教育出版社,1980.

(3)Matthews G P. Experimental Physical Chemistry. Oxford:Clarendon Press,1985.

附:WL(多控)型热量计汉字电脑

WL(多控)型热量计汉字电脑由温度传感器,测温控制卡,系统控制软件及微机和打印机组成,可用于测量固态、液态物质的燃烧热。测量过程中除显示即时温度记录点外,还将已记录的温度点以跟踪方式显示;测试完毕后,计算机将按选定的标准方法进行数据处理,并将算出的热容量或发热量及温度记录打印出来。

系统工作在中文 Windows98 下,由鼠标操作控制。

启动计算机后,双击桌面上的"RE"图标,进入量热计控制系统状态,按屏幕提示菜单进入量热计控制系统状态,按屏幕提示菜单进行选择测试工作。量热计汉字电脑主要由三幅菜单界面来操作测试和显示测试结果。

1. WL(多控)型热量计汉字电脑菜单(见图1)

图1 WL(多控)型热量计汉字电脑菜单

点击"RE"图标后,显示该菜单。该菜单有"运行"、"查询"和"退出"三个按钮,分别可进行开始测试、查询测试结果和退出选择。

2. 测量显示数据过程菜单(见图2)

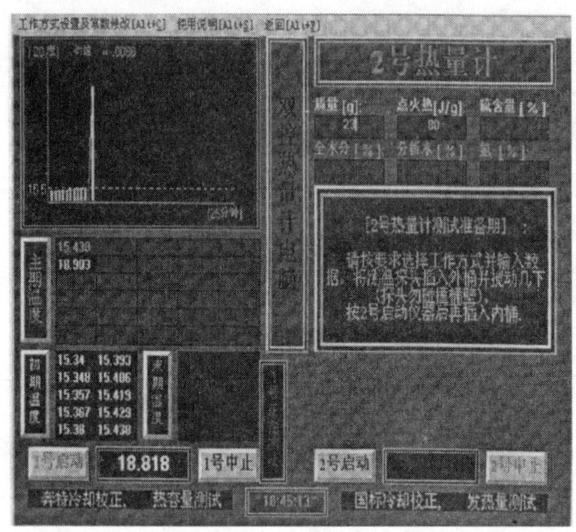

图 2　测量显示数量过程菜单

在图 1 菜单中点击“运行”按钮后，进入图 2 菜单，此菜单分为左、右两部分，分别为 1 号热量计测试区和 2 号热量计测试区。1 号和 2 号热量计可任意同步、异步测量，也可单独测量。如果计算机只与 1 号热量计连接而未连接 2 号热量计时，只能使用 1 号热量计测试区。

在点击菜单中的启动按钮进行测试前，必须先进行工作方式设置及常数的修改。

3. 工作方式设置及常数修改菜单(见图 3)

在图 2 菜单中点击工作方式设置及常数修改选项，将弹出图 3 菜单。

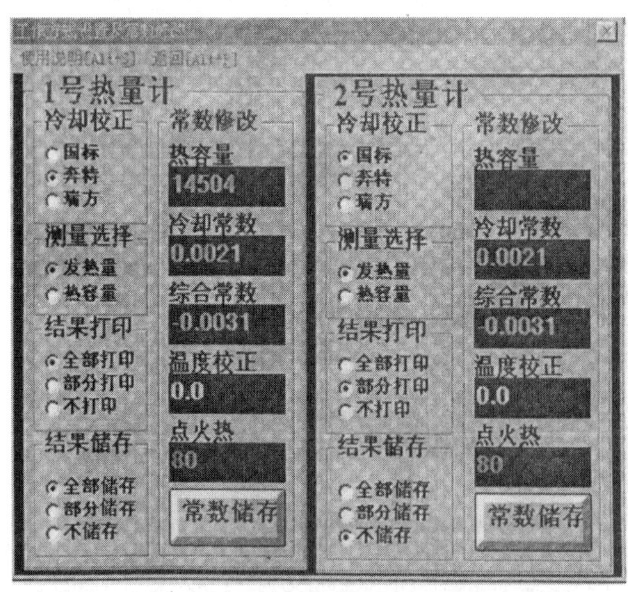

图 3　工作方式设置及常数修改菜单

该菜单仍分为左、右两部分，分别为 1 号和 2 号热量计的工作方式及常数修改。菜单中的冷却校正有三个选项，分别表示由于系统与环境间的热交换而引起温度变化的三种校正处理方法，“国标”和“瑞方”测试时间较长，每测一个试样需 50min，“奔特”用时较少，每测一个试样需 25min。测量选择有“发热量”和“热容量”两个选项，根据测试要求选择。结果打印和结果储存可选择“全部打印”、“部分打印”、“不打印”和“全部储存”、“部分储存”、“不储存”。学生实验要求利用测得的温度数据人工计算进行数据处理，所以应选择“全部打印”和“全部储存”。常数修改中，“冷却常数”和“综合常数”是测量系统热容量值的五次平均值，“温度校正”是对测温探头测得的温度值进行校正，测定温度差时此项不影响测定结果，上述三项学生实验均不必修改。“点火热”为点火丝燃烧的发热量，由点火丝的质量和单位质量的发热量计算出点火热后填入此栏。“热容量”一栏在测热容量时不必填，测定热容量后进行发热量的测定时，必须将测定出的热容量填入此栏。工作方式设置和常数修改完成后，一定要点击“常数储存”按钮，否则常数没有修改。

点击“常数储存”后，再点击“返回”则返回到图2菜单，根据热容量和发热量的不同测试操作填入有关数据。在测热容量时，必须填上标准物热值。注意，在物理化学中规定系统吸热为正，而在本操作系统中，规定系统放热为正，且单位是J/g。例如，苯甲酸的燃烧热从手册查得为 $Q_V = -26.43\text{kJ/g}$，在标准物热值一栏中应填写26430。

填完有关数据后，点击“启动”按钮，测试在计算机控制下进行；完成初期温度的读取后，自动进行点火；点火成功后，进行主期温度和末期温度的读取；当测试完毕后，图2菜单的“正在测试”窗口变成“测试完毕”。点击此窗口确认，打印机将打印出测试的温度数据和计算结果。注意：(1)测试完毕后如不点击“测试完毕”，窗口即返回，则测试的数据不会打印和储存，即数据将丢失。(2)测试过程中不要误击“中止”按钮，点击此按钮后，测试中止，必须重新开始测试，如此时已经点火，就必须重新制样。

如果点火失败，屏幕上将显示点火失败，此时应取出氧弹，检查原因，重新操作。

6.3 实验69 测定液体的饱和蒸气压

一、实验目的

(1)用静态法测定乙酸甲酯在不同温度下的饱和蒸气压。

(2)计算在实验温度范围内乙酸甲酯的平均摩尔气化热。

二、实验原理

在一定温度下，气—液平衡时的蒸气压叫作饱和蒸气压；蒸发1mol液体所需吸收的热量，即为该温度下液体的摩尔气化热。当温度变化不大时，液体的摩尔气化热可近似看作常数。

液体的饱和蒸气压与温度的关系可用克拉贝龙(Clapeyron)方程式来表示：

$$\frac{\mathrm{d}p}{\mathrm{d}T} = \frac{\Delta_{\mathrm{vap}}H_{\mathrm{m}}}{T\Delta V_{\mathrm{m}}^{\mathrm{g}}}$$

设蒸气为理想气体，在实验温度范围内摩尔气化热 $\Delta_{\mathrm{vap}}H_{\mathrm{m}}$ 为常数，并略去液体的体积，可将上式积分得克—克(Clapeyron – Clausius)方程式：

$$\lg p = \frac{-\Delta_{\mathrm{vap}}H_{\mathrm{m}}}{2.303R}\frac{1}{T} + C$$

式中 p——液体在温度 T(K)时的蒸气压；

C——积分常数。

实验测得各温度下的饱和蒸气压后，以 $\lg p$ 对 $1/T$ 作图，得一直线，直线的斜率(m)为：

$$m = -\frac{\Delta_{\mathrm{vap}}H_{\mathrm{m}}}{2.303R}$$

由此即可求得摩尔气化热 $\Delta_{vap}H_m$。

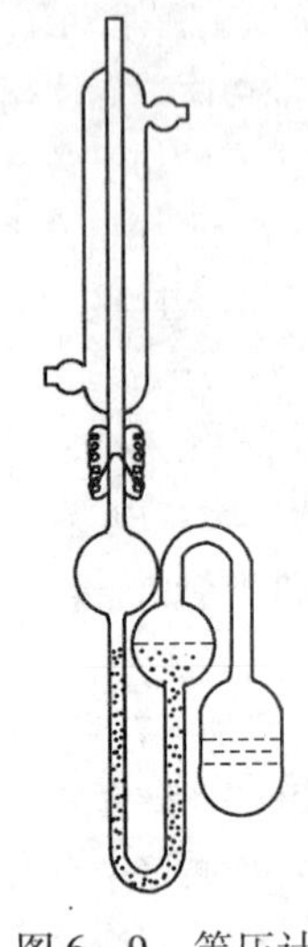

图6－9 等压计及冷凝器

测定液体饱和蒸气压的方法有以下三种：

(1)静态法：在某一温度下直接测量饱和蒸气压。

(2)动态法：在不同外界压力下测定其沸点。

(3)饱和气流法：使干燥的惰性气流通过被测物质，并使其为被测物质所饱和，然后测定所通过的气体中被测物质蒸气的含量，就可根据分压定律算出此被测物质的饱和蒸气压。

本实验采用静态法测定不同温度下乙酸甲酯的饱和蒸气压。等压计及冷凝器的外形见图6－9。盛样球中盛被测样品，U形管部分以样品本身作封闭液。

在一定温度下，若小球液面上方仅有被测物质的蒸气，那么在U形管右支液面上所受到的压力就是其蒸气压。当这个压力与U形管左支液面上的空气的压力相平衡(U形管两臂液面齐平)时，就可从与等压计相接的饱和蒸气压组合实验仪的数字压力表上读出此温度下液体的饱和蒸气压(参见本实验后“附”)。

三、仪器试剂

(1)仪器：DP－AF饱和蒸气压组合实验仪；精密数字压力计；水流泵；恒温装置一套；等压计。

(2)试剂：分析纯乙酸甲酯。

四、实验步骤

(1)将等压计与饱和蒸气压组合实验仪连接，按饱和蒸气压组合实验仪操作说明作气密性检查，确定气密性良好后，通入大气消除真空，从等压计上口用吸管加入乙酸甲酯，通过抽真空、通大气等操作使试样压入盛样球中，装入到盛样球三分之二容积为宜。在U形管中保留部分乙酸甲酯作封闭液。

(2)调节恒温槽的温度为20℃±0.5℃，开动水流泵，使等压计中试样缓慢沸腾3～4min，让盛样球中的空气排尽。按饱和蒸气压组合实验仪操作说明调节系统内压力，至U形管两侧液面水平为止，读取此时恒温槽温度和精密数字压力计的读数，记下实验室大气压力。

(3)为了检验盛样球内的空气是否排尽，可开启水流泵，使试样缓慢沸腾3～4min，按步骤2再次测定饱和蒸气压，如两次读数基本一致，可确信盛样球中的空气已排尽。

(4)同法每隔3℃测定乙酸甲酯的饱和蒸气压。在升温过程中，应缓慢放入空气，避免U形管中的封闭液过度沸腾而导致封闭液减少。在调节U形管两侧液面水平时，进气一定要缓慢，过快将导致封闭液被压入盛样球而使实验失败。

(5)实验完后，缓缓放入空气至大气压为止。

五、数据处理

(1)将精密数字压力计的读数加上大气压得到不同温度下液体的饱和蒸气压。

(2)将测得的数据和计算结果列表。

(3)作蒸气压—温度的圆滑曲线。

(4)以 $\lg p$ 对$\frac{1}{T}$作图,求出斜率(m)。

(5)计算乙酸甲酯在实验温度范围的平均摩尔气化热。

六、思考题

(1)克—克方程式在什么条件下才适用?

(2)气化热与温度有无关系?

(3)等压计 U 形管中的液体起什么作用? 为什么要用与试样相同的物质作 U 形管的封闭液?

(4)本实验的主要系统误差有哪些?

七、教学讨论

(1)如果从 40℃ 开始实验,可赶走液体中吸附或溶解的空气,但降温操作较升温操作麻烦。

(2)为避免抽气过程中试样的损失,必须安装回流冷凝器。

八、选做课题

(1)测定乙醇在 25～50℃的饱和蒸气压,并计算其平均摩尔气化热。

(2)测定 25℃时 NaCl 水溶液的饱和蒸气压,并计算相应浓度下水的活度。

九、实际应用

用等压计测液体蒸气压所需试样少,方法简便,可用试样本身作封闭液而不影响测定结果。

如等压计泡的体积已准确测定,可让一定量的试样在一定温度下于玻璃泡中气化并测其平衡压力,可得到气体密度,从而研究其均相平衡问题,例如乙酸蒸气的二聚反应。

十、参考文献

(1)傅献彩,陈瑞华. 物理化学(上). 北京:人民教育出版社,1980.

(2)Matthew G P. Experimental Physical Chemistry. Oxford:Claredon Press,1985.

(3)罗澄源. 物理化学实验. 北京:高等教育出版社,1989.

附:DP－AF 饱和蒸气压组合实验仪

本装置与数字压力表、实验仪器、气泵配套使用。

1. 压力装置示意图(见图 1)

2. 气密性检查

如图 1 所示,阀 1 和气泵相连,打开时真空泵将把压力罐中的气体抽出;阀 2 与实验装置相连,打开时将在实验装置内建立真空;阀 3 与大气相通,打开时大气进入系统使真空度降低。作气密性检查时,先打开阀 1

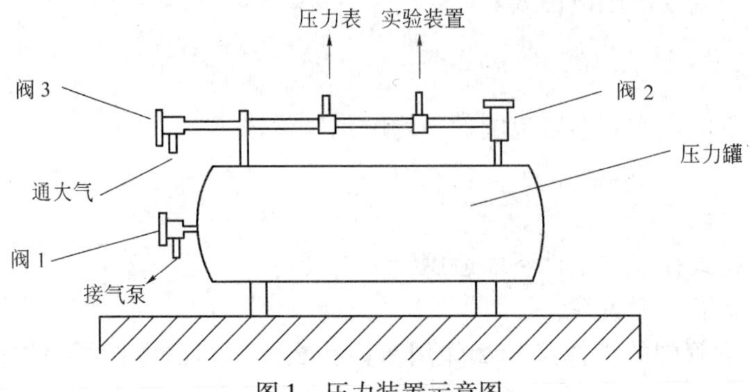

图1　压力装置示意图

阀1—压力罐出口阀；阀2—系统调节阀；阀3—通大气微调阀

和阀2，关闭阀3，启动真空泵，压力计上所显示的数字即为压力罐的压力值（表压，负号表示低于环境大气压力），达到一定的真空度后，关闭阀1，停止抽气，观察压力计的数值，若显示的压力值的增加（罐内为负压）低于0.1kPa/min，即为正常。

3. 实验操作

打开阀1和阀2，关闭阀3，启动真空泵，当达到实验所需的真空度后，关闭阀2，阀1常开不动。在整个实验过程中，通过阀2和阀3将实验系统调节到不同的压力值：打开阀2，系统内的气体被抽出，真空度增加；打开阀3，大气进入系统，真空度下降。

4. 操作注意事项

(1) 用阀2和阀3调节系统的真空度时，不可将阀2和阀3同时打开，否则难以进行真空度的调节。

(2) 阀的开启和关闭均不要用力过猛，以防损坏气密件，影响气密性。

(3) 调节实验系统的真空度时，开启阀门必须缓慢，通过观察压力计数值的变化来观察是否达到调节的目的，以避免系统压力变化太快，导致实验失败。

6.4　实验70　氨基甲酸铵的分解平衡

一、实验目的

(1) 用静态法测定氨基甲酸铵的分解压力。

(2) 计算此分解反应的有关热力学函数。

二、实验原理

氨基甲酸铵的分解平衡可用下式表示：

$$NH_4CO_2NH_2(s) \rightleftharpoons 2NH_3(g) + CO_2(g)$$

在实验条件下可把气体看成是理想的，上式的标准平衡常数可表示为：

$$K^{\ominus} = \left(\frac{p_{NH_3}}{p^{\ominus}}\right)^2 \cdot \left(\frac{p_{CO_2}}{p^{\ominus}}\right) \tag{6-9}$$

式中　p_{NH_3}，p_{CO_2}——分别表示 NH_3 和 CO_2 的分压；

$p^{\ominus}$——标准压力，通常选为100kPa。

设平衡总压是 p,则 $p_{NH_3}=\frac{2}{3}p$;$p_{CO_2}=\frac{1}{3}p$。代入式(6-9),得:

$$K^{\ominus}=\frac{4}{27}\left(\frac{p}{p^{\ominus}}\right)^3 \tag{6-10}$$

因此,测得给定温度下的平衡压力后,即可按式(6-10)算出平衡常数 $K^{\ominus}$。

当温度变化的范围不大时,测得不同温度下的 $K^{\ominus}$,可按:

$$\lg K^{\ominus}=\frac{-\Delta H_m^{\ominus}}{2.303RT}+C$$

求得实验温度范围内的 $\Delta H_m^{\ominus}$。

根据 $\Delta G_m^{\ominus}=-RT\ln K^{\ominus}$,可求得给定温度下的 $\Delta G_m^{\ominus}$。

已知 $\Delta H_m^{\ominus}$ 及 $\Delta G_m^{\ominus}$ 就可根据 $\Delta G_m^{\ominus}=\Delta H_m^{\ominus}-T\Delta S_m^{\ominus}$ 求得 $\Delta S_m^{\ominus}$。

三、仪器试剂

(1)仪器:DP-AF 饱和蒸气压组合实验仪(见实验69附);精密数字压力计;水流泵;恒温装置1套;等压管1支。

(2)试剂:化学纯氨基甲酸铵;液体石蜡。

四、实验步骤

(1)如图6-10所示,将烘干的等压管2(图6-11)用真空胶管与饱和蒸气压组合实验仪接好,按饱和蒸气压组合实验仪操作说明进行气密性检测。

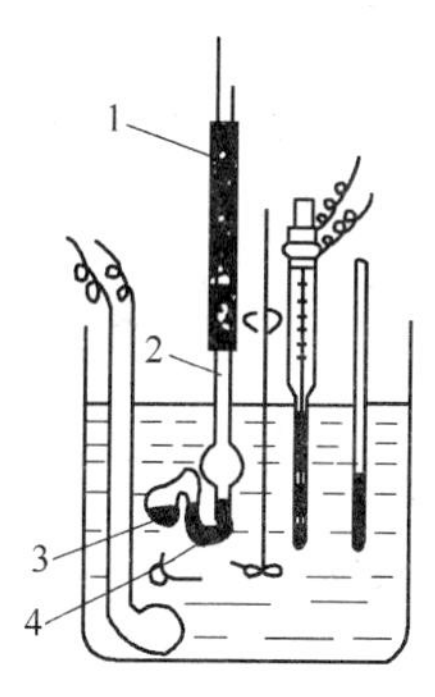

图6-10 等压法测分解压力装置

1—接 DP-AF 饱和蒸气压组合实验仪;2—等压管;3—盛样小球;4—液封

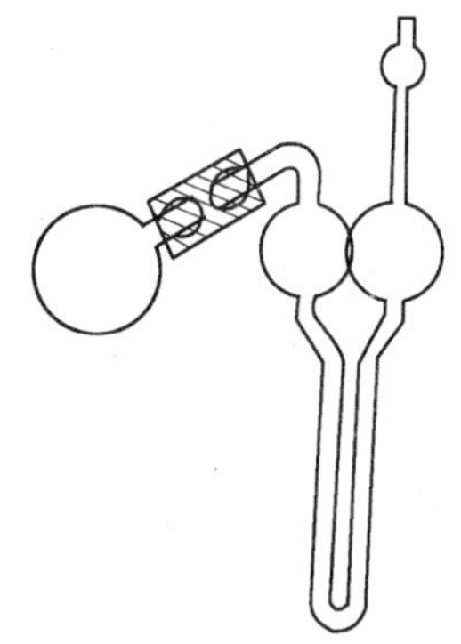

图6-11 等压管构造图

(2)确信气密性良好后,消除真空,取下等压管,将氨基甲酸铵粉末装入等压管盛样小球中,用乳胶管将小球与U形等压管连接(必须用细铁丝扎紧)。在U形管中滴加适量的液体石蜡作液封。

(3)将等压管小心地与真空橡胶管连接好,然后固定于恒温槽中。调整恒温槽的温度至 25.00℃ ±0.05℃,开动水流泵,抽大约10min以便将盛样小球和液封间的空气抽出。停止抽气,按照饱和蒸气压组合实验仪操作说明调节 U 形管两臂液面齐平时,关闭调节阀,若在 15min 内液封保持齐平不变,读取精密压力计的读数、大气压及恒温槽的温度。

(4)为了检验盛样小球至液封间的空气是否已完全抽出,可打开水流泵,让盛样小球继续排气 10min 后,按上述操作重新测定分解压力,若两次测定结果基本一致(差值小于 2kPa),则说明空气确已排完。

(5)用相同方法每隔 5℃测一次分解压力。

注意:实验过程中不能让液封进入盛样小球,否则会阻碍氨基甲酸铵的分解,所以在调节液封水平的操作中,应小心谨慎。

五、数据处理

(1)将压力计上的读数加上大气压得到不同温度下的分解压力。

(2)将测得的数据和计算结果列成表格。

(3)根据实验数据作 $\lg K^{\ominus}$—$1/T$ 图,并由图计算氨基甲酸铵分解反应的 $\Delta H_{m}^{\ominus}$。

(4)计算 25℃时氨基甲酸铵分解反应的 $\Delta G_{m}^{\ominus}$ 及 $\Delta S_{m}^{\ominus}$。

六、思考题

(1)如何检查气密性?

(2)在放空气入体系时,放得过多应如何处理?

(3)怎样选择等压管的液封?

(4)为什么读取分解压力时,一定要保持 U 形管两边液封平齐?

七、教学讨论

(1)实验中如果在 40℃以上长时间抽气就会使氨基甲酸铵蒸气在管道系统冷凝结晶。这时可在试样未加热的情况下用电吹风加热管道,同时抽气使之气化排走。

(2)氨基甲酸铵中存在少量碳酸铵盐,可通过抽气使之分解除去。但如吸水出现液相,则会因氨的溶解而出现巨大的 CO_2 平衡分压。

(3)用于测定固体分解压力、升华压力的等压管液封必须不与被测物反应,不溶解被测物蒸气,最好是密度较小的液体,它本身的蒸气压可被忽略或可从总压扣除。

八、选做课题

(1)测定 NH_4HCO_3 在 25 ~ 50℃的分解压力。

(2)于 NH_4HCO_3 中加水至出现液相,这时是否还能用等压计测其蒸气总压?试从所得结果解释潮湿的碳酸氢铵不稳定的原因。

九、实际应用

等压计法常用于测定纯液体或溶液的平衡蒸气压(见实验 69),也可用于测量固体的分解压力和升华压力。本法的特点是所需试样少,设备简单。

十、参考文献

罗澄源. 物理化学实验. 北京:高等教育出版社,1989.

附:化学纯氨基甲酸铵的制造

氨和二氧化碳接触后,能生成氨基甲酸铵,如果氨和二氧化碳都是干燥的,则不论两者的比例如何,仅生成氨基甲酸铵。在有水存在时,则还会形成碳酸铵或碳酸氢铵。因此,在制造时必须保持氨、二氧化碳和容器都是干燥的。若将干燥的氨和二氧化碳通入外部冷却的反应器,则器壁上会形成一层致密、坚硬、粘附力极强的氨基甲酸铵,这层不良导热物不仅影响反应热的除去,而且产物也无法取出。

用聚乙烯薄膜袋作成反应器,不但反应热较易通过薄膜除去,且产物也不粘壁,只需稍加揉搓,产物即成粉末掉下。

二氧化碳用浓硫酸干燥,氨气用固体氢氧化钾干燥。为便于估计流量,如图1所示,让气体通过液体石蜡鼓泡瓶,尾气鼓泡通入水中,洗去未反应的氨后排空。

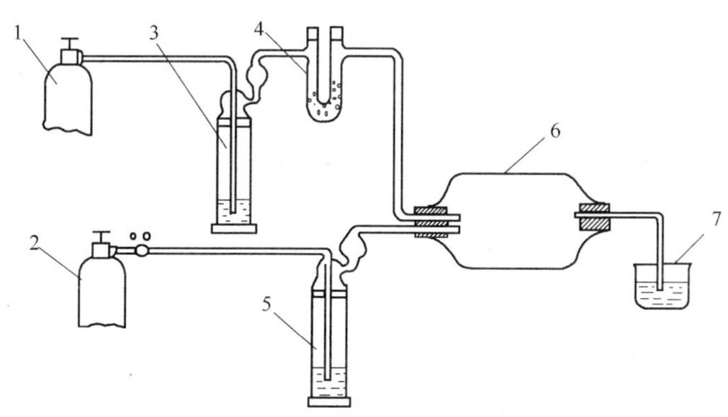

图1 氨基甲酸铵制造流程

1—氨钢瓶;2—二氧化碳钢瓶;3—液体石蜡鼓泡瓶;
4—固体氢氧化钾干燥管;5—浓硫酸洗气瓶;6—塑料薄膜袋;7—水槽

操作时先打开二氧化碳钢瓶,再缓缓打开氨钢瓶,调节氨流速比二氧化碳大一倍。如果两种气体比例合适,反应进行完全,则可见尾气鼓泡很少。

产品量达要求后,停止通气,倒出产物,密封于干的磨口瓶中,并将瓶置干燥器中保存。薄膜反应器封好备用。

如果没有气体钢瓶,也可用化学法生产氨和二氧化碳气体。

6.5 实验71 凝固点降低法测定摩尔质量

一、实验目的

(1)用凝固点降低法测定萘的摩尔质量。

(2)掌握稀溶液的依数性及其应用。

(3)学习凝固点降低实验装置的使用。

二、实验原理

理想稀薄溶液具有依数性。凝固点降低就是依数性的一种表现。即对一定量的某溶剂，其理想稀溶液凝固点下降的数值只与所含溶质的粒子数目有关,而与溶质的特性无关。

假设溶质在溶液中不发生缔合和分解,也不与固态纯溶剂生成固溶体,则由热力学理论出发,可以导出理想稀薄溶液的凝固点降低 ΔT_f 与溶质的质量摩尔浓度 b_B 之间的关系：

$$\Delta T_f = T_f^* - T_f = K_f b_B \tag{6-11}$$

或

$$\Delta T_f = \frac{K_f}{M_B m_A} m_B \tag{6-12}$$

由此可导出计算溶质摩尔质量 M_B 的公式：

$$M_B = \frac{K_f m_B}{\Delta T_f m_A} \tag{6-13}$$

式中 T_f^*,T_f——分别为纯溶剂、溶液的凝固点,K;

m_A,m_B——分别为溶剂、溶质的质量,kg;

K_f——溶剂的凝固点下降常数,$K \cdot kg \cdot mol^{-1}$;

M_B——溶质的摩尔质量,$kg \cdot mol^{-1}$。

若已知 K_f,测得 ΔT_f,便可用式(6-13)求得 M_B。也可由式(6-12)通过 ΔT_f—m_B 线性回归以斜率求得 M_B。

凝固点降低的测定方法有下列几种。

(一)平衡法

这是最准确的方法。先测纯溶剂的液体和固体两相平衡的温度,再测溶液与纯溶剂固体两相平衡的温度,同时取一定量平衡时之液相,分析其浓度。

(二)过冷法

本实验即采用此法。

过冷法是将液体逐渐冷却,当液体温度到达或稍低于其凝固点时,由于新相形成需要一定的能量,故结晶并不析出,这就是所谓过冷现象。若此时加以搅拌或加入晶种,促使晶核产生,则大量晶体会很快形成,并放出凝固潜热,使系统温度迅速回升。温度上升的最高点即为凝固点。对纯溶剂来说,在定压条件下凝固点是固定不变的,因为此时自由度为0,见图6-12(a),待纯溶剂全部凝固后温度才会下降。而溶液的凝固点则不是一个恒定值,若将溶液逐步冷却,其冷却曲线与纯溶剂冷却曲线不同,见图6-12(b)。因此测量溶液凝固点时,绝不能过冷太多。如过冷很多则应测出冷却曲线,按图6-12(b)所示的方法进行校正。

三、仪器试剂

(1)仪器:ZR-2N 凝固点降低实验装置 1 套;ZT-2C 精密温度测定仪 1 套;25mL 移液管 1 支;分析天平 1 台。

(2)试剂:分析纯萘丸;分析纯环己烷。

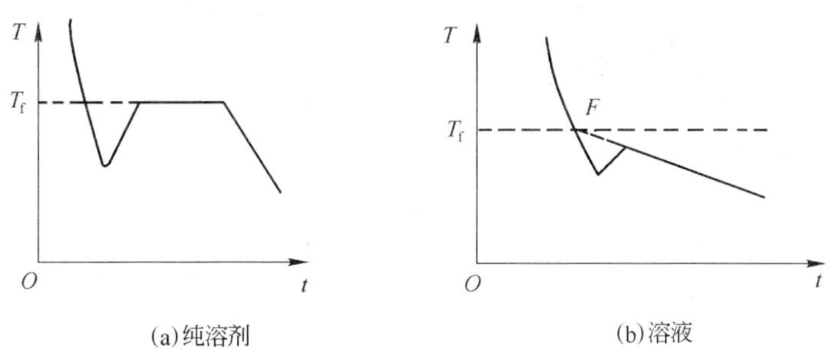

图6-12　纯溶剂和溶液的冷却曲线

四、实验步骤

(一)安装实验装置

图6-13为ZR-2N凝固点降低实验装置。

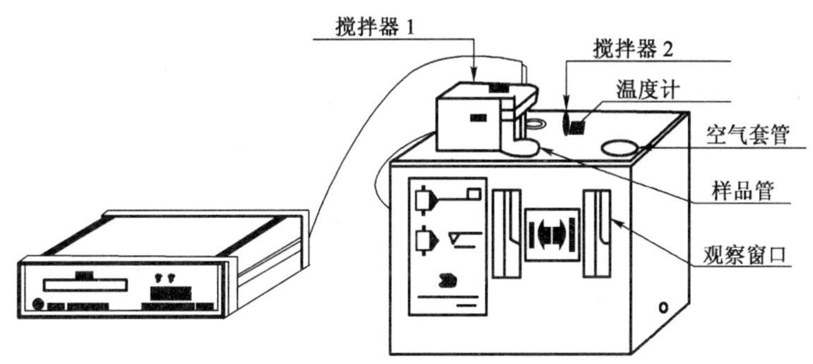

图6-13　凝固点降低实验装置图

(1)向冰浴槽中加入冰水混合物,冬天可于冰浴槽中装三分之一的冰,三分之二的水,夏天宜冰水各半,保持冰水浴3℃左右,可随时加减冰和水调节。注意:应先加入水再加冰以防损坏冰浴槽。

(2)用移液管取25mL分析纯环己烷加入样品管中,将样品管、"搅拌器1"以及空气套管按顺序放入冰浴槽中,设定读数时间间隔,一般30s读一次数。

(二)测定纯溶剂环己烷的凝固点

先测近似凝固点。将样品管直接浸入冰浴槽中,快速搅拌。当液温几乎不再下降时,取出内套管,放入外套管内继续搅拌,记下最后稳定的温度值,即近似凝固点。不必重复。

取出内套管,不断搅拌,用手微热,使结晶完全熔化。将内套管在冰浴槽中浸一下后立即放入外套管内,此时环己烷液体温度下降。当温度降至凝固点以上2℃时开始读数,直到温度基本不变后再读10个点,以便画出图6-12(a)的冷却曲线并确定凝固点。重复测定,直到取得三个偏差不超过±0.005℃的数据为止。

(三)测定溶液的凝固点

用分析天平称量约0.3g萘片,放入内套管并搅拌,使萘片全部溶解。将内套管放入外套管内,待温度降到纯溶剂的凝固点时开始读数,出现温度回升后再读10个点,以便画出图6-12(b)的冷却曲线并确定溶液的凝固点。测定过程中过冷不得超过0.2℃。

试液用毕须倒入回收瓶。

五、关键操作及注意事项

(1)实验所用的内套管必须洁净、干燥。

(2)环己烷易挥发,对结果有较大影响,因此要先做好准备工作再移液,并要马上盖好塞子。

六、数据处理

(1)计算萘的摩尔质量,并与文献值比较,求其误差。若误差超过±3%,实验必须重做。注意测出的ΔT_f要校正。校正方法见附录Ⅱ。

(2)考虑称量、移液和温度测量三项误差来源,进行误差计算,并分析主要误差来源。

七、思考题

(1)什么叫凝固点?凝固点降低的公式在什么条件下才适用?它能否用于电解质溶液?

(2)为什么会产生过冷现象?

(3)为什么要使用空气套管?过冷太甚有何弊病?

(4)测定环己烷和萘丸质量时,精密度要求是否相同?为什么?

八、教学讨论

(1)几种溶剂的凝固点下降常数及凝固点如表6-1所示。

表6-1　几种溶剂的凝固点下降常数及凝固点

溶　剂	T_f^*,K	K_f,K·kg·mol^{-1}
水	273.15	1.853
苯	278.683	5.12
萘	353.440	6.94
环己烷	279.69	20.0
樟　脑	451.90	37.7
环己醇	279.694	39.3

摘自J. A. Dean, Lange's Handbook of Chemistry, 13th ed, McGraw-Hill, Inc., 1985。

普通物理化学实验中除采用环己烷—萘系统外,还常采用苯—萘系统和水—蔗糖系统。这三个系统各有优缺点。苯—萘系统为经典系统,实验现象明显,易于测量,但苯易挥发,且其蒸气对人体有害。环己烷—萘系统K_f很大,减小了温度测量的误差,与苯相比环己烷的毒性小很多,不足之处是试剂挥发造成的误差较大。水—蔗糖系统的样品成本低廉且对人体无害,溶剂不易挥发,过冷现象明显,不足之处是冷浴温度较低,不易保持,且 K_f 值较小,使温度测量误差较大。

(2)根据稀溶液依数性,用凝固点降低法测得的是数均摩尔质量。因此在测定大分子物质时必须先除去其中所含溶剂的小分子物质,否则它们将给结果带来很大影响。

(3)用凝固点降低法测摩尔质量往往与所用溶剂类型和溶液浓度有关。如被测物质在溶剂中产生缔合、离解或溶剂化等现象都会得出不正确的结果。

(4)也可用贝克曼温度计(见附录)代替热敏电阻温度计、完全人工操作完成本实验。有兴趣的同学可以尝试。

九、选做课题

测定苯甲酸在苯中的缔合度。

提示: $2C_6H_5COOH \rightleftharpoons (C_6H_5COOH)_2$

物质的量: $n(1-\alpha)$ $n\alpha/2$ 总计:$n\left(1-\frac{\alpha}{2}\right)$

式中 α——缔合度;

n——投入单分子苯甲酸的物质的量。

需先测定苯甲酸在苯中的表观摩尔质量 M。已知单分子苯甲酸摩尔质量为 M_0,则$\frac{M_0}{M}=1-\frac{1}{2}\alpha$。

十、实际应用

(1)凝固点降低法具有设备简单,不受外压影响(相对于沸点升高法),低温操作溶剂挥发损失小,一般溶剂均有较大的凝固点下降常数等优点。

(2)樟脑具有较大的凝固点下降常数($K_f=40.0$),因而对大分子物质的测定有利。但需注意市售樟脑不纯,其 K_f 值应重作测定。如果待测物质不溶于樟脑或与樟脑有反应,以及加热到樟脑熔点(178℃)即分解,则亦不适用。

(3)凝固点降低法测定的是物质的表观摩尔质量。当溶质在溶液中有离解、缔合、溶剂化和生成配合物等情况时,溶质在溶液中的表观摩尔质量将受到影响。因此这一方法可以用来研究溶液的一些性质,例如电解质的电离度,溶质的络合度、活度和活度系数等。此外,由于杂质导致物质的凝固点降低,这一方法也可用于判断物质的纯度。

十一、参考文献

(1)Matthew G P. Experimental Physical Chemistry. Oxford:Clarenden press,1985.

(2)清华大学物化研究室. 物理化学实验. 北京:清华大学出版社,1991.

(3)成都科技大学物化教研室. 物理化学实验. 北京:高等教育出版社,1989.

6.6　实验72　双液系的气液平衡相图

一、实验目的

(1)用沸点仪测定在实验室大气压力下环己烷—乙醇的气液平衡相图。

(2)了解沸点的测定方法。

(3)掌握阿贝折光仪的测量原理及使用方法。

二、实验原理

二元液系的 $T—x$ 图可分为三类:

(1)理想的双液系,其溶液沸点介于两纯物质沸点之间[图6-14(a)];(2)各组分对拉乌尔定律发生较大负偏差,其溶液有最高沸点[图6-14(b)];(3)各组分对拉乌尔定律发生较大正偏差,其溶液有最低沸点[图6-14(c)]。

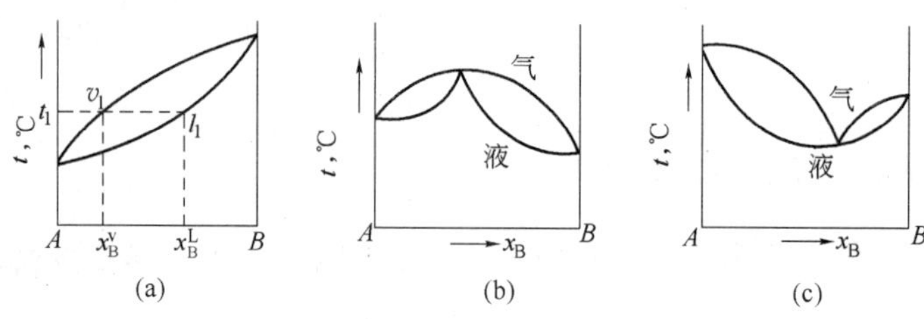

图6-14　二元液系 $T—x$ 图

第(2)、第(3)两类溶液在最高或最低沸点时的气液两相组成相同,加热蒸发的结果只使气相总量增加,气液相组成及溶液沸点保持不变,这时的温度叫恒沸点,相应的组成叫恒沸组成。理论上,第(1)类混合物可用一般精馏法分离出两种纯物质,第(2)、第(3)两类混合物只能分离出一种纯物质和一种恒沸混合物。

为了测定二元液系的 $T—x$ 图,需在气液相达平衡后,同时测定气相组成、液相组成和溶液沸点。例如,在图6-14(a)中与沸点 t_1 对应的气相组成是气相线上 v_1 点对应的 x_B^V,液相组成是液相线上 l_1 点对应的 x_B^L。实验测定整个浓度范围内不同组成溶液的气液相平衡组成和沸点后,就可绘出 $T—x$ 图。

三、仪器试剂

(1)仪器:蒸馏瓶1个;50~100℃温度计1支;阿贝折光仪1台;50W抽头变压器(15,20,30mV)1台;50mL量筒1个;长短取样管各1支。

(2)试剂:分析纯环己烷、乙醇;100%,80%,60%,40%,20%,0(摩尔分数)环己烷—乙醇标准混合物。

四、实验步骤

(1)用阿贝折光仪测定环己烷—乙醇标准混合物的折光率(阿贝折光仪使用方法见书末

附录Ⅱ.11)。

(2)将蒸馏瓶(图6－15)吹净,加入40mL乙醇,开启冷却水冷却回流冷凝管。开启电加热器缓慢加热(控制电压在20mV以内)至温度稳定不再上升。记下纯净乙醇的沸点,然后按表6－2数量依次加入环己烷。每加入一次环己烷,待温度基本恒定后,将长取样管自冷凝管上端插入冷凝液收集小槽中,缓缓捏压橡皮头以搅拌回流混合物,搅完后取出取样管,使其在不断通气的条件下烤干,放置冷却后,准备取气相冷凝液样。待温度计读数恒定,气液平衡到达后,记下沸点温度;由小槽中取出气相冷凝液样,迅速用阿贝折光仪测其折光率;同时用另一短取液管从磨口取出少量液相混合物测其折光率。逐次测定直到沸点降至最低,气液相组成接近为止。注意磨口在取样及加入溶液后应立即盖好,防止蒸发损失。测定折光率时亦应迅速,以防液体挥发。测定折光率后,将棱镜打开晾干,以备下次测定用,也可用洗耳球鼓空气吹干或用擦镜纸擦干。

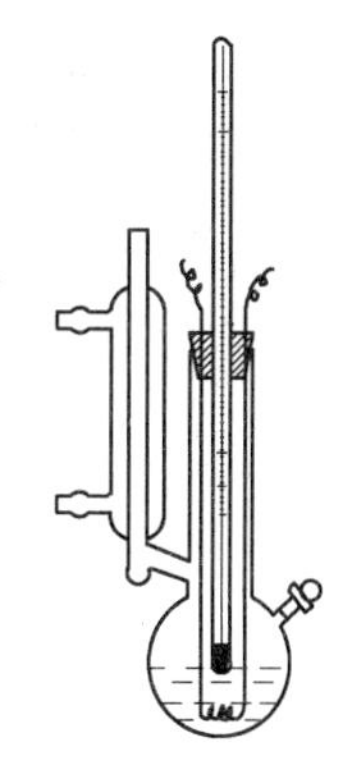

图6－15　蒸馏瓶

(3)将蒸馏瓶内液体吸出,吹净,加入40mL环己烷,测定沸点。然后按表6－2中数量依次加入乙醇。每加一次,同上测定并记录下沸点和平衡气液相组成。逐次测定直到沸点降至最低,气、液相组成接近为止。

五、关键操作及注意事项

(1)加热电阻丝的电压不得超过40mV。

(2)一定要使体系达到气液平衡即温度稳定后才能取样分析。

(3)取样后的滴管不能倒置,须避免污染,并应待液样冷却后测其折光率。

(4)使用阿贝折光仪时,棱镜上不能触及硬物(特别是滴管)。棱镜上加入被测溶液后立即关闭镜头。

六、数据处理

表6－2　实验数据

混合液组成		沸点,℃	气相冷凝液分析		液相分析	
乙　醇,mL	环己烷,mL		折光率	摩尔分数,%(环己烷)	折光率	摩尔分数,%(环己烷)
40	0					
	3					
	3					
	5					
	10					
	5					

续表

混合液组成		沸点,℃	气相冷凝液分析		液相分析	
乙　醇,mL	环己烷,mL		折光率	摩尔分数,%（环己烷）	折光率	摩尔分数,%（环己烷）
	5					
	⋮					
0	40					
1						
1						
2						
3						
3						
3						
⋮						

(1)作出环己烷—乙醇标准溶液的折光率—组成关系曲线。

(2)用上述关系曲线确定各气液相组成,填于表6-2中。

(3)作出环己烷—乙醇标准溶液的沸点—组成图,并找出其恒沸点及恒沸组成。

七、思考题

(1)作出环己烷—乙醇标准溶液的折光率—组成关系曲线的目的是什么?

(2)每次加入蒸馏瓶中的环己烷或乙醇是否应按记录表规定精确计量?

(3)如何判定气液相已达平衡状态?

(4)收集气相冷凝液的小槽的大小对实验结果有无影响?

(5)测得的沸点与标准大气压下的沸点是否一致?

(6)测定纯环己烷和乙醇的沸点时为什么要求蒸馏瓶必须是干燥的,而测混合液沸点和组成时则可不必如此要求?

八、教学讨论

(1)为防止蒸气在上部瓶壁部分冷凝,蒸馏瓶上部死空间不宜太大,冷凝器的蒸气入口位置不宜太高,蒸馏瓶上部宜采取保温措施。

(2)用玻璃套管保护电热丝可避免溶液污损,有利于试剂的循环使用。但玻璃套管外壁应打毛或粘上玻沙以防暴沸。插温度计的软木塞宜用铝箔包裹,以防漏气。

(3)经验证明,在没有气液提升管的简单蒸馏瓶中,使温度计水银球刚接触液面时所测温度与气液平衡温度接近;温度计插入过深,会测得过热温度;在液面以上,则会测得过冷温度。

(4)本实验利用阿贝折光仪测定溶液的折光率求出溶液的组成。如果已知溶液的密度与组成的关系曲线,也可以通过测定被测溶液的密度定出其组成,但这种方法往往需要较多的溶液量,且费时。

(5)101.325kPa 下环已烷、乙醇及其混合物的文献值见表6-3。

表6-3　文献值(101.325kPa)

物　　质	沸点,℃	恒沸点,℃	恒沸组成,%
环已烷	80.74	—	70
乙醇	78.5	—	30
环已烷、乙醇混合物	—	64.6	—

九、选做课题

(1)测定丙酮—氯仿二元液系的沸点—组成图。

(2)将蒸馏瓶改造使之与抽气系统连接,在控制外压的条件下进行气液平衡实验可测得$p-x$图,同时计算二组分活度系数及混合超自由焓。

十、实际应用

气液平衡数据是用精馏法分离液体混合物的基础。但如遇到恒沸混合物,则需辅以其他手段,例如加入第三组分以改变原两组分的相对挥发度,然后再进行萃取蒸馏或恒沸蒸馏。

十一、参考文献

(1)成都科技大学物化教研室.物理化学实验.3版.北京:高等教育出版社,1991.

(2)清华大学物化教研室.物理化学实验.北京:清华大学出版社,1991.

6.7　实验73　三组分液液体系相图

一、实验目的

(1)测绘苯—水—乙醇三组分体系的相图。

(2)掌握三角坐标作图法和三组分体系相图的特点。

二、实验原理

设以等边三角形的三个顶点分别代表纯组分A,B和C,则AB线代表($A+B$)二组分体系,BC线代表($B+C$)二组分体系,AC线代表($A+C$)二组分体系,而三角形内各点相当于三组分体系。将三角形的每一边分为100等份,通过三角形内任意一点O引平行于各边的直线,根据几何原理,$a+b+c=AB=BC=CA=100\%$,因此O点所代表的体系的百分组成为:$B\%=b'$,$C\%=c'$,$A\%=a'$。要确定O点的B组成,只需通过O点作出与B的对边AC的平行线,割AB边于D,AD线段长即相当于$B\%$。余可类推。如果已知三组分中的任意两个组分的百分组成,只需作两条平行线,其交点就是被测体系的组成点[(图6-16(a)]。

等边三角形图还有下列两个特点:

(1)通过任一顶点B向其对边引直线BD[图6-16(b)],则BD线上的各点所代表的系统

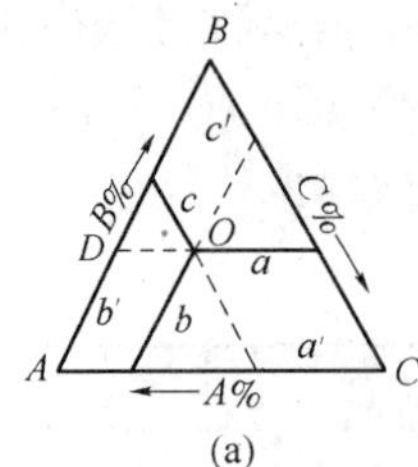

(a)

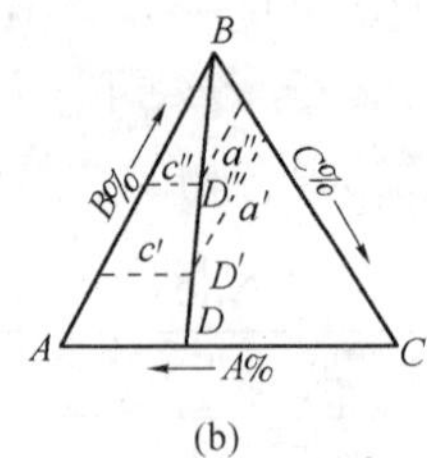

(b)

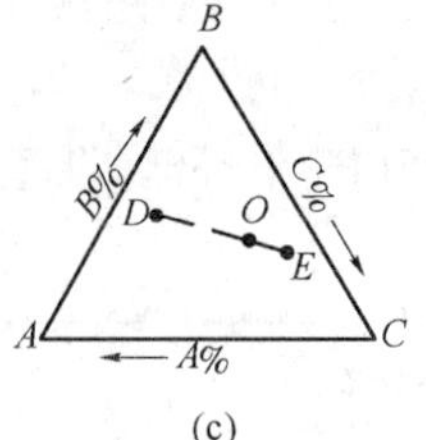

(c)

图 6－16　三角坐标

中,A,C 两个组分含量的比值保持不变。这可由三角形相似原理得到证明,即:

$$\frac{a'}{c'}=\frac{a''}{c''}=\frac{A\%}{C\%}=\text{常数}$$

(2)如果有两个三组分体系 D 和 E[图 6－16(c)],将其混合之后的系统组成必位于 D,E 两点之间的连线上,例如为 O。根据杠杆规则,$\frac{E\text{之量}}{D\text{之量}}=\frac{DO\text{之长}}{EO\text{之长}}$。

在苯—水—乙醇三组分体系中,苯和水是不互溶的,而乙醇和苯及乙醇和水都是互溶的,在苯—水体系中加入乙醇可促使苯与水的互溶。由于乙醇在苯层及水层中非等量分配,因此代表两层浓度的 a,b 点的连线并不一定和底边平行(见图 6－17)。设加入乙醇后体系总组成为 c,平衡共存的两相叫共轭溶液,其组成由通过 c 的连线上的 a,b 两点表示。图中曲线以下区域为两相共存,其余部分为一相。

现有一个苯—水的二组分体系,其组成为 K,于其中逐渐加入乙醇,则体系总组成沿 KB 变化(苯—水比例保持不变),在曲线以下区域内存在互不溶混的两共轭相,将溶液振荡则出现浑浊状态(见图 6－17)。继续滴加乙醇直到曲线上的 d 点,体系将由两相区进入单相区,液体将由浑浊转为清澈,继续加乙醇至 e 点,液体仍为清澈的单相。如于这一体系中滴加水,则体系总组成将沿 eC 变化(乙醇—苯比例保持不变),直到曲线上的 f 点,由单相区进入两相区,液体开始由清澈变浑浊,继续滴加水至 g 点仍为两相。如于此体系中再加入乙醇,至 h 点则由两相区进入单相区,液体由浑变清。如此反复进行,可获得 d,f,h,j 等位于曲线上的点,将它们连接即得单相区与两相区分界的曲线。

设将组成为 E 的苯—乙醇混合液,滴加到组成为 G,质量为 W_G 的水层溶液中(见图 6－18),则体系总组成点将沿直线 GE 向 E 移动,当移至 F 点时,液体由浊变清(由两相变为单相)。根据杠杆规则,加入的苯—乙醇混合物的质量 W_E 与水层 G 的质量 W_G 之比按下式确定:$\frac{W_E}{W_G}=\frac{FG}{EF}$。已知 E 点及$\frac{FG}{EF}$之比值后,可通过 E 点作曲线的割线,使割得的线段符合$\frac{FG}{EF}=\frac{W_E}{W_G}$,从而可确定出 G 点的位置;由 G 通过原体系总组成点 H,即得连接线 GI。G 及 I 代表总组成为 H 的体系的两个共轭溶液,G 是它的水层,而 I 是它的苯层。

三、仪器试剂

(1)仪器:50mL 酸式滴定管 2 支;2mL 移液管 2 支;1mL 刻度移液管 2 支;250mL 锥形瓶 1 个;50mL 分液漏斗 1 个;50mL 锥形瓶 1 个。

(2)试剂:纯苯;无水乙醇;蒸馏水。

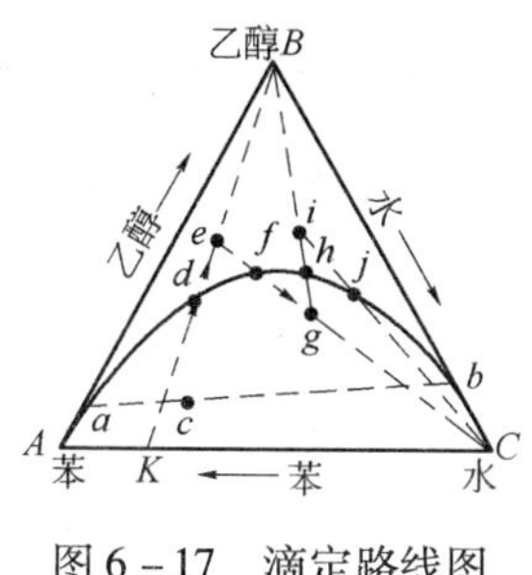

图6-17　滴定路线图

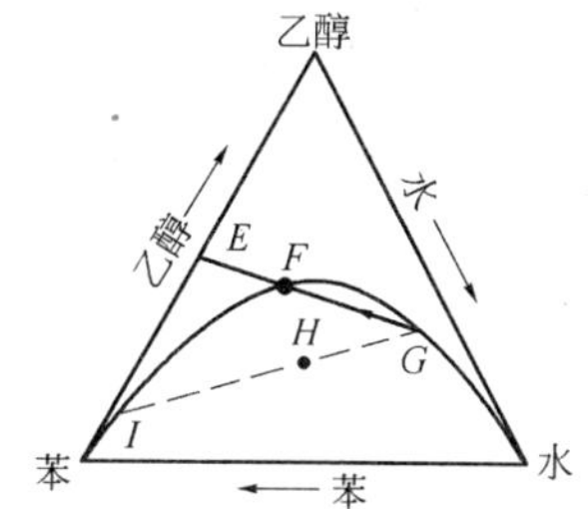

图6-18　连接线的测定

四、实验步骤

(1)用移液管取苯2mL放入干燥的250mL锥形瓶中,另用刻度移液管加水0.1mL,然后用滴定管滴加乙醇,至溶液恰由浊变清时,记下所加乙醇的体积;于此液中再加乙醇0.5mL,用水滴定至溶液刚由清返浊,记下所用水的体积;按照表6-4中所规定的数量继续加水,然后用乙醇滴定,如此反复进行实验。滴定时必须充分振荡。

(2)在干燥的分液漏斗中加入苯3mL,水3mL及乙醇2mL,充分摇动后静置分层。放出下层(即水层)约1mL于已称量的50mL干净锥形瓶中,称其质量,然后逐滴加入50%苯—乙醇混合物,不断摇动,至由浊变清,再称其质量。

五、数据处理

(1)将终点时溶液中各成分的体积,根据其密度换算成质量,求出各终点质量分数,填入表6-4中,所得结果绘于三角坐标纸上。将各点连成平滑曲线,并用虚线将曲线外延到三角形两个顶点(因水与苯在室温下可以看成是完全不互溶的)。

表6-4　三元相图实验方案与记录

室温:________;气压:________

编号	体积,mL					质量,g				质量分数,%			终点记录
	苯	水		乙醇		苯	水	乙醇	合计	苯	水	乙醇	
		每次加	合计	每次加	合计								
1	2	0.1											清
2	2			0.5									浊
3	2	0.2											清
4	2			0.9									浊
5	2	0.6											清
6	2			1.5									浊
7	2	1.5											清
8	2			3.5									浊
9	2	4.5											清
10	2			7.5									浊

续表

项　　目	苯	水	乙醇	锥形瓶质量 =
体　积,mL	3	3	2	水层质量(W_G) =
质　量,g				50%苯—乙醇混合物质量(W_E) =
质量分数,%				$W_E : W_G$ =

(2)在三角坐标上定出50%苯—乙醇混合物组成点E,过E作曲线的割线EG,割曲线于F,使$\frac{FG}{EF}=\frac{W_E}{W_G}$。求得$G$点后,与体系原始总组成点$H$连接,延长并与曲线交于$I$点,$IG$即为所求连接线。

六、思考题

(1)当体系总组成点在曲线内与曲线外时,相数有何变化?

(2)连接线交于曲线上的两点代表什么?

(3)用相律说明:当温度、压力为恒定时,单相区的自由度是几?双相区呢?

(4)使用的锥形瓶为什么要事先干燥?

(5)用水或乙醇滴定至清浊变化以后,为什么还要加入过剩量?过剩量的多少对结果有何影响?

(6)从测量的精密度来看,体系的百分组成能用几位有效数字表示?

(7)如果滴定过程中有一次清浊转变时读数不准,是否需要立即倒掉溶液重新做实验?

七、教学讨论

(1)部分互溶体系的相图是液液萃取操作的基础。通过本实验可使学生熟悉三角坐标的绘制和使用。

(2)互溶曲线的测定多采用滴定法。即先配好一系列完全互溶二元溶液,再用第三组分滴至由清变浊,这样就较易观察转变点[图6-19(a)]。连接线的测定多采用分析法。当各组分的折光率有较大差别时也可用折光仪分析,这时需先测得两饱和相中含不同量第三组分时的折光率数据[图6-19(b)]。共轭饱和溶液的组成也可采用化学分析法,特别是色谱法进行分析。

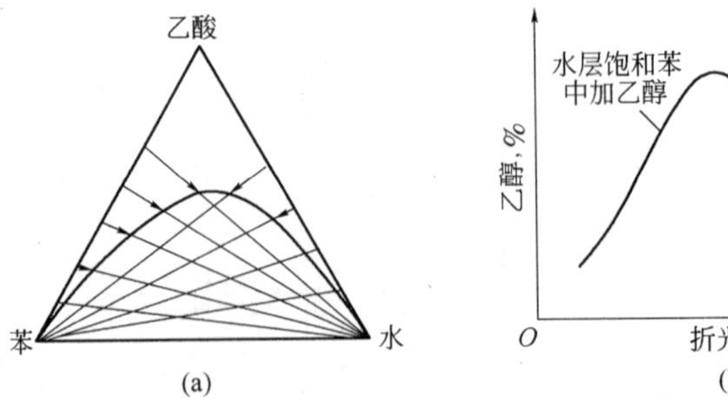

图6-19　滴定法测部分互溶相图

八、选做课题

(1)采用“教学讨论”中提出的方法测绘苯—乙醇—水体系的相图。

(2)试设计一个将苯—乙醇混合物先用水萃取,然后用精馏法分离提纯的方案,并进行实验实践这一方案。

九、实际应用

部分互溶相图在液—液萃取操作中有重要应用。例如石油工业中某些芳烃和烷烃的沸点相差不大,经常形成恒沸物,用一般精馏方法无法分离。在工业上就是采用二甘醚、环丁砜等溶剂进行萃取分离的。

十、参考文献

成都科技大学物化教研室.物理化学实验.3版.北京:高等教育出版社,1991.

6.8　实验74　二组分合金相图

一、实验目的

(1)熟悉和掌握简单低共熔二元体系相图。
(2)学习和掌握热分析方法。
(3)用热分析方法测绘锡—铋二元合金相图。

二、实验原理

金属的熔点—组成图可根据不同组成的合金的冷却曲线求得。将一种合金或金属熔融后,使之逐渐冷却,每隔一定时间记录一次温度,表示温度与时间的关系曲线称为冷却曲线或步冷曲线。当熔融体系在均匀冷却过程中无相的变化时,其温度将连续均匀下降,得到一条平滑的冷却曲线;如在冷却过程中发生了相变,则因放出相变热,使热损失有所抵偿,冷却曲线就会出现转折或水平线段,转折点所对应的温度,即为该组成合金的相变温度。对于简单的低共熔二元体系,具有图6-20所示的三种形状的冷却曲线,由这些冷却曲线即可绘出合金相图。如果用自动记录仪连续记录体系逐步冷却的温度,则记录纸上所得的曲线就是冷却曲线(图6-21)。

用热分析方法测绘相图时,被测体系必须时时处于或近于相平衡状态,因此体系的冷却速度必须足够慢才能得到较好的结果。

锡—铋合金不属简单低共熔类型,当含锡85%以上即出现固熔体。因此用本实验的方法还不能作出完整的相图。

三、仪器试剂

(1)仪器:镍铬—镍硅铠装热电偶1支;自动平衡记录仪1台(如无记录仪,可用AC15/4光点反射检流计或数字电压表1台、钟表1支代替);小保温瓶1个;盛合金的瓷坩埚5个;电炉或酒精灯2个;调压器2个;坩埚钳1把。

(2)试剂:纯锡;纯铋;松香。

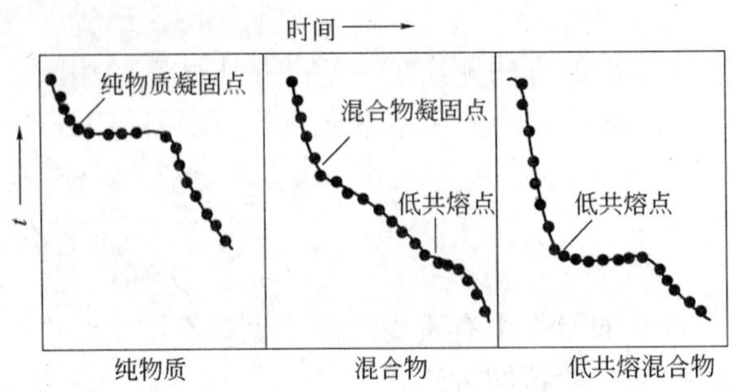

图6-20　典型冷却曲线(虚线表示过冷效应)

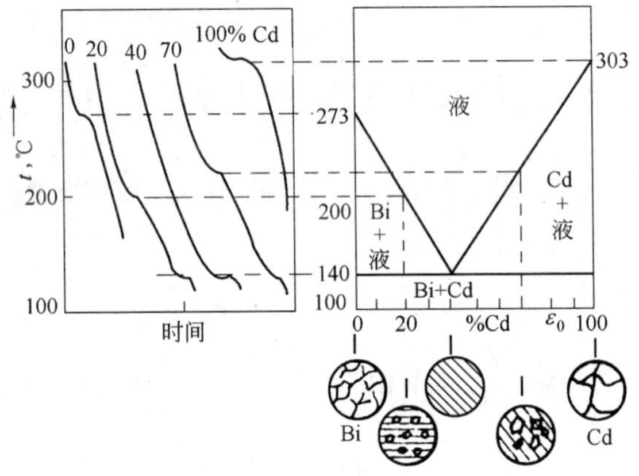

图6-21　Bi-Cd合金冷却曲线及相图

四、实验步骤

(1)配制样品:用感量为0.1g的台秤分别配制含铋量为30%,58%,80%的锡铋混合物各100g,另外称纯铋100g、纯锡100g,分别放入5个30mL的瓷坩埚中。

(2)按图6-22将热电偶接入记录仪。图中1k绕线电位器作为信号电压的分压器用。因镍铬—镍硅热电偶在300℃时的热电势约12mV,对量程为5mV或10mV的记录仪就必须使用分压器。

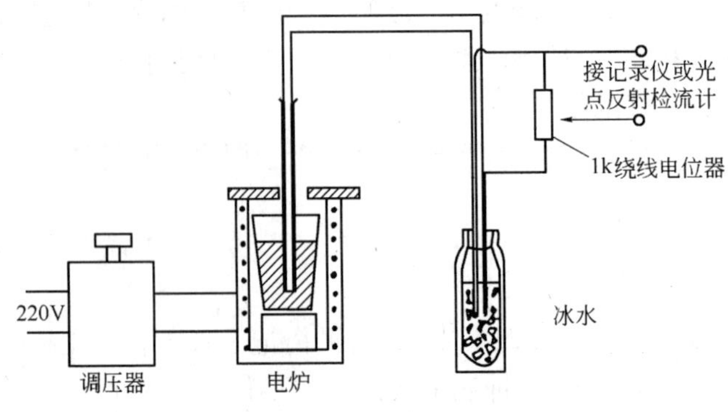

图6-22　冷却曲线测定装置

为了正确调整分压器，将热电偶浸入沸水中，调分压器使记录笔所指读数对 5mV 量程来说约为 1.3mV；对 10mV 量程约为 2.6mV。

（3）将装了样品的瓷坩埚放入立式小电炉内，或用酒精灯直接加热，样品熔化后，在上面覆盖一层石墨粉或松香防止金属氧化。用小玻璃棒将熔融金属搅拌均匀，同时将热电偶热端插入熔融金属中心距坩埚底 1cm 处。样品温度不宜升得太高，一般在熔化全部金属后，再升高约 30℃ 即可停止加热，让样品在坩埚内缓缓冷却，或置于另一填有玻璃毛或硅酸铝纤维的大坩埚内冷却。同时启动记录仪，记录冷却曲线。冷却速度不能太快，最好保持降温速度在 6 ~ 8℃ · min^{-1}。当记录笔指示值小于 1.7mV 或 3.4mV 后，即可停止。

将已测样品及另一待测样品同时加热熔化。从已测样品中取出热电偶插入待测的已熔化的样品中，同样方法用记录仪绘出冷却曲线。依次将全部样品测定。

如无记录仪，可用数字电压表或光点反射检流计记录温度。每隔半分钟读一次数，过转折点后（注意：合金有两个转折点）再读 4 ~ 5 次数，即行停止。

五、数据处理

（1）用已知纯铋、钝锡、58% 铋的熔点及水的沸点作标准温度。以冷却曲线上转折点的读数作横坐标，标准温度作纵坐标，作出热电偶的工作曲线。数据记录于表 6 – 5 中。

如用数字电压表或检流计，则以其读数为纵坐标，时间为横坐标，作出各合金的冷却曲线。

（2）从工作曲线上查出 30%、80% 铋合金的熔点温度。以横坐标表示组成，纵坐标表示温度，作出 Sn – Bi 二元合金相图。

表 6 – 5　数据记录

组　成	熔　点，℃	记录仪读数
纯　铋	271	
纯　锡	232	
58% 铋	139	
水	沸点	

六、思考题

（1）金属熔融体冷却时冷却曲线上为什么会出现转折点？纯金属、低共熔金属及合金等的转折点各有几个？曲线形状为何不同？

（2）热电偶测量温度的原理是什么？为什么要保持冷端温度恒定？如何保持恒定？

（3）如果合金组成进入固熔体区（本相图含 Sn85% 以上），则步冷曲线应该是什么形状？

七、教学讨论

（1）从相图可以看出各成分合金的结晶过程，它在各个温度下所处的状态，以及冷却后所得到的结构。根据相图还可对合金的性质进行分析。

(2)用自动记录仪记录冷却曲线效果很好,关键是要控制好冷却速度。每次熔化后要将合金搅拌均匀。要防止合金氧化变质。

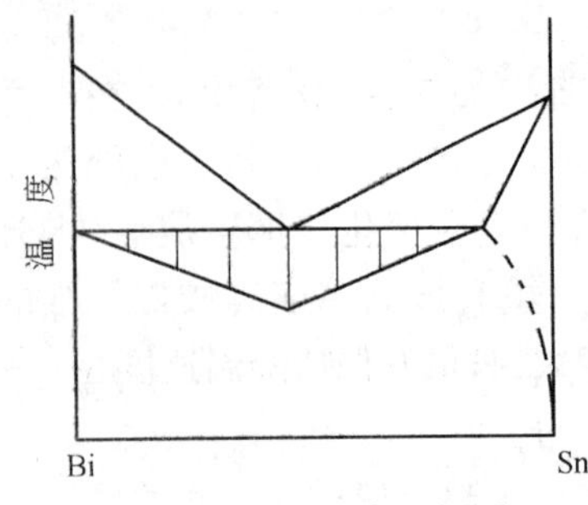

图6-23　二元合金相图

八、选做课题

选用多个合金组成进行实验,按塔曼三角形法(见图6-23)作出Bi-Sn合金相图。方法是准确量出各冷却曲线的低共熔平台长度,从相图的低共熔水平线上各组成点垂直向下量出其长度,连接长度线顶点所成直线与低共熔水平线相交,交点即为共熔体极限浓度。两直线交点即为低共熔点。

九、实际应用

从状态图可以预测合金缓慢冷却时具有何种组织,及能否通过热处理改变其显微组织。因为合金的工艺性能(铸造、热处理、切削加工等)和使用性能(机械、物理、化学性等)均与其显微组织密切相关。

十、参考文献

(1) Hansen M. Constitution of Binary Alloys. New York: McGraw Hill, 1958.
(2)成都科技大学物化教研室.物理化学实验.北京:高等教育出版社,1991.

6.9　实验75　配合物的组成和稳定常数

一、实验目的

(1)用分光光度法测定配合物的组成和稳定常数。
(2)掌握配合物组成和稳定常数的测量原理。
(3)学会分光光度计的使用。

二、实验原理

配合物的组成和稳定常数的测定方法一般可以分为两大类:

(1)以配位反应中体系的物理化学性质的改变为依据,如分光光度法、电导法等。

(2)测定参与配位反应的质点(如金属离子、配位体、配合物等)的浓度,如极谱法、电位法、pH值法等。

本实验用分光光度法测定三价铁(Fe^{3+})与铁钛试剂[$C_6H_2(OH)_2(SO_3Na)_2$, 1,2-二羟基-3,5-二磺酸钠-代苯]所形成的配合物的组成和稳定常数。分光光度计的原理和使用方法详见附录。

由朗伯—比耳定律可知,入射光的强度I_0与透射光的强度I之间有下列关系:

$$I = I_0 e^{-kcl}$$

$$\ln \frac{I_0}{I} = kcl$$

令

$$A = 2.303\lg \frac{I_0}{I} = kcl$$

式中 A——吸光度；

k——吸光系数，对于一定溶剂、溶质和一定波长时 k 是常数；

l——溶液厚度；

c——溶液浓度；

I_0/I——透射比。

溶液中金属离子 M 和配位体 L 形成 ML_n 配合物，其反应式为：

$$M + nL = ML_n$$

当达到配位平衡时：

$$K = \frac{[ML_n]}{[M][L]^n}$$

式中 K——配合物的稳定常数；

$[M]$——金属离子浓度；

$[L]$——配位体浓度；

$[ML_n]$——配合物浓度。

在维持金属离子及配位体浓度之和 $[M]+[L]$ 不变的条件下，改变 $[M]$ 和 $[L]$，则当 $[L]/[M]=n$ 时，配合物浓度达到最大值。如果在可见光某个波长区，配合物 ML_n 有强烈吸收，而金属离子 M 及配位体 L 几乎不吸收，则可用分光光度法测定配合物的组成及稳定常数。

在维持 $[M]+[L]$ 不变的条件下，配制一系列不同的 $[M]/([M]+[L])$ 组成的溶液。先测定 $[M]/([M]+[L])$ 的值分别为 0,1 及居中间数值的三种溶液的最大吸收峰，找出配合物 ML_n 有最大吸收而金属离子 M 和配位体 L 几乎不吸收的波长数值。然后固定在该波长下，测定一系列的 $[M]/([M]+[L])$ 组成溶液的吸光度 A，作出 A—$[M]/([M]+[L])$ 曲线图，则曲线必存在极大值点，此极大值点所对应的溶液组成就是配合物的组成[如图 6-24(a)所示]。但是由于金属离子 M 和配位体 L 实际上存在着一定程度的吸收，因此所测得的吸光度 A 并不完全由配合物 ML_n 的吸收所引起，如图 6-24(b)所示，必须加以校正。校正方法如下：

在吸光度 A—$[M]/([M]+[L])$ 曲线上，过 $[M]/([M]+[L])$ 分别等于 0 和 1 的两点作直线，称基准线，则基准线上表示不同组成的吸光度数值可以认为是由于 M 和 L 的吸收所引起的。因此，校正后的吸光度 A_1 应等于曲线上的吸光度数值减去相应组成时基准线上的吸光度数值，即 $A_1=A-A_0$[如图 6-24(b)所示]，校正后的吸光度就可以认为是配合物 ML_n 的吸光度。

最后作出校正后的吸光度 A_1—$[M]/([M]+[L])$ 曲线，该曲线极大值所对应的组成就是配合物的实际组成[如图 6-24(c)所示]。

若 x_M 为曲线极大值所对应的金属离子 M 的摩尔分数，即：

$$x_M = \frac{[M]}{[M]+[L]}$$

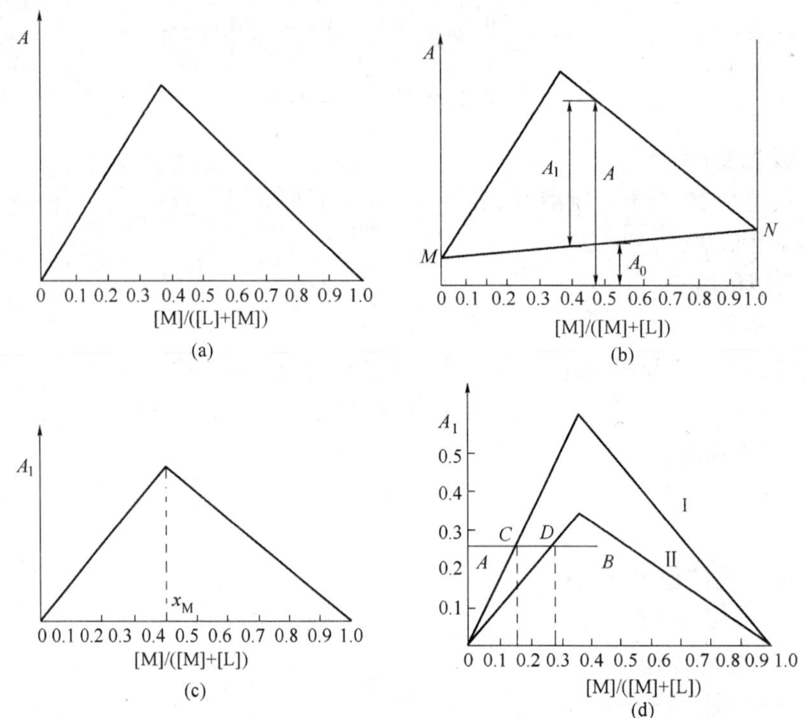

图 6－24　溶液吸光度与配合物组成关系图

则配合物的配位数为：

$$n = \frac{[\mathrm{L}]}{[\mathrm{M}]} = \frac{1 - x_{\mathrm{M}}}{x_{\mathrm{M}}}$$

当配合物的组成(配位数)确定以后,就可以利用下述方法计算配合物的稳定常数。

若开始时金属离子 M 和配位体 L 的浓度分别为 a 和 b,达到配位平衡时配合物 ML_n 的浓度为 y,则有：

$$K = \frac{y}{(a - y)(b - ny)^n}$$

实验时若选择两个不同的[M]＋[L]总浓度,作出两条 A_1—[M]/([M]＋[L])曲线[如图 6－24(d)所示],在这两条曲线上找出吸光度相同的两个溶液,设它们的配合物 ML_n 浓度都为 y,金属离子 M 和配位体 L 的初始浓度分别为(a_1,b_1)和(a_2,b_2),则：

$$K = \frac{y}{(a_1 - y)(b_1 - ny)^n} = \frac{y}{(a_2 - y)(b_2 - ny)^n}$$

由上面方程解出 y 的值后就可以计算出配合物的稳定常数 K。

三、仪器试剂

(1)仪器:721 型分光光度计;pH 计;11 个 50mL 的容量瓶。

(2)试剂:0.0025mol·L^{-1}硫酸铁铵溶液;0.0025mol·L^{-1}钛铁试剂溶液;pH值为4.6的缓冲溶液(每1000mL溶液中含有100g乙酸铵及大约100mL冰乙酸)。

四、实验步骤

(1)将0.0025mol·L^{-1}的硫酸铁铵溶液、0.0025mol·L^{-1}钛铁试剂溶液和pH值为4.6的缓冲溶液按表6-6的数量加入50mL容量瓶中,用蒸馏水稀释到刻度,振摇均匀后制得第一组11个待测溶液样品。

表6-6 实验溶液的配制

样品编号	1	2	3	4	5	6	7	8	9	10	11
硫酸铁铵溶液,mL	0	1	2	3	4	5	6	7	8	9	10
钛铁试剂溶液,mL	10	9	8	7	6	5	4	3	2	1	0
缓冲溶液,mL	10	10	10	10	10	10	10	10	10	10	10
总体积,mL	50	50	50	50	50	50	50	50	50	50	50

(2)测定上述溶液样品的pH值(不必测定所有溶液的pH值,只需任意选取一两个样品溶液即可)。

(3)测定配合物的最大吸收波长。选取3cm比色皿,以蒸馏水作参比,用6号溶液测定其吸收曲线,即从540nm波长开始,测定不同波长下6号溶液的吸光度(注意每换一次波长,光度计均应对参比液重新调"0"和"100%"),找出最大吸光度所对应的波长。在此波长下,1号和11号溶液的吸光度应接近于零。

(4)在最大吸收波长下,以1号溶液为参比,测定第一组11个溶液的吸光度。

(5)参照第一组溶液样品的配制方法,将硫酸铁铵和钛铁试剂的用量减半,配制第二组11个溶液样品。

(6)在步骤3所找到的最大吸收波长下测定第二组溶液样品的吸光度。

五、关键操作及注意事项

(1)严格按照分光光度计的使用方法操作分光光度计。

(2)为避免溶液样品混淆,应将容量瓶编号。

(3)为保证测定结果的精确性,应将比色皿进行匹配;或者只用一个比色皿测全部溶液的吸光度值(换溶液时注意必须充分清洗置换)。

六、数据处理

(1)作两组溶液的A—[M]/([M]+[L])曲线。

(2)对A进行校正,求出校正后的吸光度A_1。

(3)作两组溶液的A_1—[M]/([M]+[L])曲线。

(4) 由 A_1—[M]/([M]+[L]) 曲线的极大值点所对应的 x_M 值，算出配合物的配位数。

(5) 在 A_1 ~ [M]/([M]+[L]) 曲线图上，由 A_1 大约等于 0.3 处作横轴平行线交两曲线于两点，找出两点所对应的溶液组成，即求出 a_1，b_1 和 a_2，b_2 的值。

(6) 根据 $K=\dfrac{y}{(a_1-y)(b_1-ny)^n}=\dfrac{y}{(a_2-y)(b_2-ny)^n}$ 求出 y 的数值。由 y 的数值算出配合物的稳定常数。

七、思考题

(1) 使用分光光度计时应注意什么?

(2) 为什么要控制溶液的 pH 值?

(3) 为什么只有在维持([M]+[L])不变的条件下改变[M]和[L]，使[L]/[M] = n 时配合物浓度才达到最大?

八、参考文献

北京大学物理化学教研室. 物理化学实验(修订本). 北京:北京大学出版社,1985.

6.10 实验 76 假一级反应——蔗糖水解

一、实验目的

(1) 测定蔗糖在酸存在下的水解反应速率常数。

(2) 了解该反应的反应物浓度与旋光度之间的关系。

(3) 练习旋光仪的使用与操作。

二、实验原理

蔗糖水溶液在有氢离子存在时将发生水解反应：

$$\underset{\text{蔗糖}}{C_{12}H_{22}O_{11}} + H_2O \xrightarrow{[H^+]} \underset{\text{葡萄糖}}{C_6H_{12}O_6} + \underset{\text{果糖}}{C_6H_{12}O_6}$$

蔗糖、葡萄糖、果糖都是旋光性物质，它们的比旋光度为：

$$[\alpha_{蔗}]_D^{20}=66.65° \qquad [\alpha_{葡}]_D^{20}=52.5° \qquad [\alpha_{果}]_D^{20}=-91.9°$$

式中，α 表示在 20℃用钠黄光作光源测得的旋光度，正值表示右旋，负值表示左旋。由于蔗糖的水解是能进行到底的，并且果糖的左旋远大于葡萄糖的右旋，因此在反应进程中，将逐渐从右旋变为左旋。

当氢离子浓度一定、蔗糖溶液较稀时，蔗糖水解为假一级反应，其速率方程式可写成：

$$\frac{-\mathrm{d}c_{蔗}}{\mathrm{d}t}=k'c_{蔗}\cdot c_{水}=kc_{蔗} \tag{6-14}$$

积分得

$$\ln\frac{a}{a-x}=kt \tag{6-15}$$

式中 a——蔗糖的初浓度；

x——反应后的蔗糖浓度。

若某物理量与反应物和产物浓度成正比，则可导出用物理量代替浓度的速率方程。为简单起见，设反应方程式为：

$$A + B \longrightarrow X + Y$$

设反应物和生成物对某物理量 λ（这里是旋光度）的贡献分别是 $\lambda_a, \lambda_b, \lambda_x, \lambda_y$，它们与浓度的关系分别是：

$$\lambda_a = l[A]; \quad \lambda_b = m[B]; \quad \lambda_x = n[X]; \quad \lambda_y = p[Y]$$

式中，l, m, n, p 为比例常数。

因 $$\lambda = \lambda_a + \lambda_b + \lambda_x + \lambda_y$$

而在反应进程中：

$$\lambda_a = l(a - x); \quad \lambda_b = m(b - x) = m[(b - a) + (a - x)];$$

$$\lambda_x = nx; \qquad \lambda_y = px$$

故 $$\lambda = (l + m)(a - x) + m(b - a) + (n + p)x \tag{6-16}$$

在式(6－16)右端加、减 $a(n+p)$，然后合并得：

$$\lambda = (l + m - n - p)(a - x) + m(b - a) + a(n + p)$$

反应开始时，$a - x = a$；反应完毕时，$a - x = 0$

故 $$\lambda_0 = (l + m - n - p)a + m(b - a) + a(n + p) \tag{6-17}$$

$$\lambda_\infty = m(b - a) + a(n + p) \tag{6-18}$$

式(6－16)－式(6－18) $$\lambda - \lambda_\infty = (l + m - n - p)(a - x) \tag{6-19}$$

式(6－17)－式(6－18) $$\lambda_0 - \lambda_\infty = (l + m - n - p)a \tag{6-20}$$

将式(6－19)、式(6－20)代入一级反应速率方程式(6－15)，得：

$$\ln \frac{\lambda_0 - \lambda_\infty}{\lambda - \lambda_\infty} = kt \tag{6-21}$$

如果 m, n, p 为零，即这些物质与 λ 无关，则 $\lambda_\infty = 0$，式(6－21)简化为：

$$\ln \frac{\lambda_0}{\lambda} = kt \tag{6-22}$$

物性 λ 可以是旋光度、吸光度、体积、压力、电导等。

对本实验而言，以旋光度代入式(6－21)，得一级反应速率方程式：

$$\ln \frac{\alpha_0 - \alpha_\infty}{\alpha_t - \alpha_\infty} = kt \tag{6-23}$$

以 $\ln(\alpha_t - \alpha_\infty)$ 对 t 作图，直线斜率即为 $-k$。速率常数 k 的单位是 min^{-1}。

通常有两种方法测定 α_∞：一是将反应液放置48h以上，让其反应完全后测 α_∞；二是将反应液在50～60℃水浴中加热半小时以上再冷却到实验温度测 α_∞。前一种方法时间太长，而后一种方法容易产生副反应，使溶液颜色变黄。

若采用 Guggenheim 法处理数据，可以不必测 α_∞，其原理如下。

把在 t 和 $t+\Delta$（Δ 代表一定的时间间隔）测得的 α 分别用 α_t 和 $\alpha_{t+\Delta}$ 表示，则有：

$$\alpha_t - \alpha_\infty = (\alpha_0 - \alpha_\infty)e^{-kt} \tag{6-24}$$

$$\alpha_{t+\Delta} - \alpha_\infty = (\alpha_0 - \alpha_\infty)e^{-k(t+\Delta)} \tag{6-25}$$

式(6－24)－式(6－25)　　$\alpha_t - \alpha_{t+\Delta} = (\alpha_0 - \alpha_\infty)e^{-kt}(1-e^{-k\Delta})$

取对数　　$\ln(\alpha_t - \alpha_{t+\Delta}) = \ln[(\alpha_0 - \alpha_\infty)(1-e^{-k\Delta})] - kt$　　(6－26)

从式(6－26)可看出，只要 Δ 保持不变，右端第一项为常数，从 $\ln(\alpha_t - \alpha_{t+\Delta})$ 对 t 作图所得直线的斜率即可求得 k。

Δ 可选为半衰期的 2～3 倍，或反应接近完成的时间之半。本实验可取 $\Delta = 30\text{min}$，每隔 5min 取一次读数。

三、仪器试剂

（1）仪器：旋光仪全套（最好具有恒温夹套的旋光管）；50mL 容量瓶 1 个；25mL 移液管 1 支；100mL 锥形瓶 1 个；50mL 烧杯 1 个。

（2）试剂：4mol · L^{-1} HCl；蔗糖。

四、实验步骤

（1）先作仪器零点校正。将空的或装满水的旋光管置于旋光仪暗匣内，开亮光源，眼对目镜，旋转检偏镜，同时调整焦距，直至视野亮度均匀，观察此时读到的旋光度是否为零，如不是零，需调整到零。有关旋光仪的原理和使用参阅附录。

（2）在小烧杯中称取蔗糖约 5g，用少量蒸馏水溶解，倾入 50mL 容量瓶中，稀释至刻度，再倾入 100mL 锥形瓶中。再用 25mL 移液管分两次吸取 4mol · L^{-1} 盐酸溶液共 50mL 放入锥形瓶中，第一次放完盐酸溶液即记录反应开始时间。盐酸加完混合均匀后尽快用此溶液淌洗旋光管，之后立即装满旋光管，盖上玻璃片，注意勿使管内存在气泡。旋紧管帽后擦净管外液体，即放置在旋光仪中测出旋光度；此后每隔 2.5min 测一次，经 0.5h 或 1h 后停止。装旋光管后的剩余溶液置于 50℃ 水浴中，待前项测定完成后，将其淌洗装满同一旋光管，测定 α_∞。

（3）若采用恒温夹套旋光管，先将供循环水的超级恒温槽调到 25℃，将分别装 50mL 蔗糖溶液和 50mL 4mol · L^{-1} 盐酸溶液的 100mL 锥形瓶放入恒温槽中，15min 后把盐酸倒入蔗糖溶液中，并立即开始计时，溶液再倒回装盐酸的锥形瓶混合均匀后，再淌洗并装好旋光管，测定旋光度。其余操作同(2)。

五、数据处理

（1）记录实验数据如表 6－7。

（2）测 α_∞，按式(6－23)，每 2.5min 读取一次实验数据，以 $\ln(\alpha_t - \alpha_\infty)$ 对 t 作图，直线化求 k。

（3）不用 α_∞，则按 Guggenheim 法，取 Δ 为 30min，每 5min 读取一次数据，以 $\ln(\alpha_t - \alpha_{t+\Delta})$

对 t 作图，直线化求 k。

六、思考题

(1)请说明旋光仪的原理和构造?

(2)如果实验所用蔗糖不纯，对实验有什么影响?

(3)本实验是否一定需要校正旋光仪的零点?

表6-7 数据记录表

t,min	α_t	$(t+\Delta)$,min	$\alpha_{t+\Delta}$	$\alpha_t-\alpha_{t+\Delta}$	$\ln(\alpha_t-\alpha_{t+\Delta})$
5		35			
7.5		37.5			
10		40			
12.5		42.5			
15		45			
17.5		47.5			
20		50			
22.5		52.5			
25		55			
27.5		57.5			
30		60			

七、教学讨论

(1)对一级反应来说，当某一物理量只与某一种反应物或产物的浓度成正比时，可在速率方程中直接用此物理量代替浓度计算速率常数;但若这一物理量与反应物和产物的浓度都有关系，则须采用涉及反应开始和完毕时的物理量的速率方程。

(2)用 Guggenheim 法处理数据可不必测量反应完结时的物理量，这就大大节约了时间和避免了副反应的干扰。但用 Guggenheim 法处理数据时，时间间隔 Δ 应是半衰期的 2~3 倍。因此进行实验的反应时间不能太短。

八、选做课题

蔗糖转化属于酸催化反应。考虑 H^+ 对反应速率的影响，则:

$$k = k_0 + k_{H^+} \cdot c_{H^+}^n$$

式中 k_0——c_{H^+} 趋于0时的反应速率常数;

k_{H^+}——酸催化速率常数;

k——表观速率常数;

n——H^+ 的反应级数。

用 $6mol \cdot L^{-1}$, $4mol \cdot L^{-1}$, $2mol \cdot L^{-1}$, $1mol \cdot L^{-1}$ HCl 溶液进行实验，测得各表观速率常数后，作 k—c_{H^+} 图，外推求 k_0;再作 $\lg(k-k_0)$—$\lg c_{H^+}$ 图，从直线斜率求 n。

九、实际应用

旋光性是鉴定某些天然物和配合物立体化学结构的有效方法之一。利用旋光度分析蔗糖含量更有其简便和独到之处。

十、参考文献

(1)北京大学物理化学教研室. 物理化学实验(修订本). 北京:北京大学出版社,1985.

(2)Matthews G P. Experimental Physical Chemistry. Oxford: Clarendon Press,1985.

(3)成都科技大学物化教研室. 物理化学实验. 3 版. 北京:高等教育出版社,1991.

6.11　实验 77　过氧化氢的催化分解

一、实验目的

(1)测定 H_2O_2 分解反应的速率常数和半衰期。

(2)熟悉一级反应的特点,了解温度和催化剂等因素对一级反应速率常数的影响。

(3)学会用图解法求一级反应的速率常数。

二、实验原理

过氧化氢是很不稳定的化合物,在没有催化剂作用时也能分解,但分解速率很慢。当加入催化剂时能促使 H_2O_2 较快分解,分解反应按下式进行:

$$H_2O_2 \longrightarrow H_2O + \frac{1}{2}O_2 \tag{6-27}$$

在催化剂 MnO_2 作用下,H_2O_2 分解反应的机理为:

$$H_2O_2 + MnO_2 \longrightarrow MnO_3 + H_2O \quad (慢) \tag{6-28}$$

$$MnO_3 \longrightarrow MnO_2 + \frac{1}{2}O_2 \quad (快) \tag{6-29}$$

MnO_2 与 H_2O_2 生成了中间产物 MnO_3,改变了反应的历程,使反应的活化能降低,反应加快。反应式(6-28)较式(6-29)慢得多,成为 H_2O_2 分解的控制步骤。

H_2O_2 分解反应速率表示为:

$$r = -\frac{dc(H_2O_2)}{dt}$$

反应速率方程为:

$$-\frac{dc(H_2O_2)}{dt} = k'c(H_2O_2)c(MnO_2) \tag{6-30}$$

MnO_2 在反应中不断再生,其浓度近似不变,这样式(6-30)可简化为:

$$-\frac{dc(H_2O_2)}{dt} = kc(H_2O_2) \tag{6-31}$$

式中,$k = k'c(MnO_2)$,k 与催化剂浓度成正比。

由式(6-31)看出 H_2O_2 催化分解为一级反应,式(6-31)积分得:

$$\ln\frac{c_t}{c_0} = -kt \tag{6-32}$$

式中　c_0——H_2O_2 的初始浓度；

c_t——t 时刻 H_2O_2 的浓度。

一级反应半衰期 $t_{1/2}$ 为：

$$t_{1/2}=\frac{\ln 2}{k}=\frac{0.693}{k} \tag{6-33}$$

可见一级反应的半衰期与起始浓度无关，与反应速率常数成反比。

本实验通过测定 H_2O_2 分解时放出 O_2 的体积来求反应速率常数 k。从 $H_2O_2 \longrightarrow H_2O + \frac{1}{2}O_2$ 中可看出，一定温度、一定压力下反应所产生 O_2 的体积 V 与消耗掉的 H_2O_2 浓度成正比，完全分解时放出 O_2 的体积 V_∞ 与 H_2O_2 溶液初始浓度 c_0 成正比，其比例常数为定值，则：

$$c_0 \propto V_\infty,\quad c_t \propto (V_\infty - V_t)\text{（当 } V_0 = 0 \text{ 时）}$$

代入式(6－32)得：

$$\ln\frac{V_\infty - V_t}{V_\infty} = -kt$$

改写成直线方程式：

$$\ln\frac{V_\infty - V_t}{[V]} = -kt + \ln\frac{V_\infty}{[V]} \tag{6-34}$$

以 $\ln\{(V_\infty - V_t)/[V]\}$ 对 t 作图，得一直线，从斜率即可求出反应速率常数 k。

三、仪器试剂

(1)仪器：实验装置如图6－25所示；停表；移液管；滴定管；锥形瓶；水准瓶等。

(2)试剂：3%过氧化氢溶液；分析纯 MnO_2 或 $0.1000mol \cdot L^{-1}$ KI 标准溶液、$0.1000mol \cdot L^{-1}$ $KMnO_4$ 标准溶液、$3mol \cdot L^{-1}$ H_2SO_4 溶液。

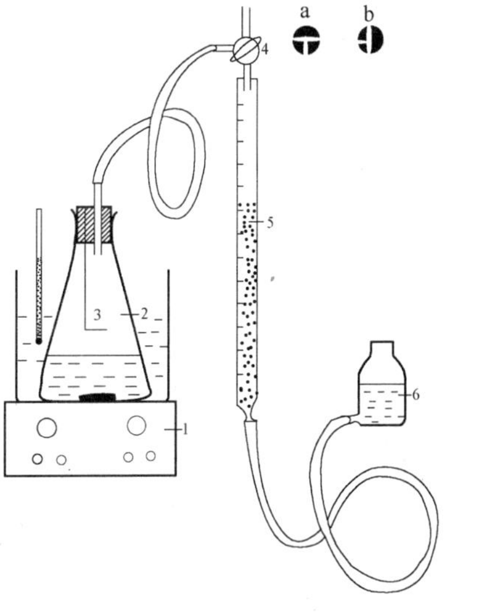

图6－25　过氧化氢分解实验装置

1—电磁搅拌器；2—250mL 锥形瓶；3—催化剂托盘；4—三通旋塞；5—50mL 量气管；6—水准瓶

四、实验步骤

(1)于锥形瓶中加入40mL纯水和5mL3% H_2O_2，在托盘中定量称取 MnO_2 粉5mg，用镊子小心将其放入锥形瓶，塞好瓶塞，检查是否漏气。

(2)右手举高水准瓶，左手将旋塞置b位置，调节水准瓶使量气管的液面恰在零刻度；将旋塞置a位置。摇动锥形瓶使托盘(或塑料小皿)内的催化剂洗入反应液，同时按停表开始计时，开动电磁搅拌器，每隔半分钟记录量气管内收集的氧气体积(读数时管内液面应与水准瓶液面平齐)。

(3)取下锥形瓶冲洗干净，重取试剂(用量同上一次实验)，另取5mLKI为催化剂盛于托盘中，重复前述操作测定速率常数。

(4)测定 H_2O_2 的初始浓度以确定 V_∞。

在酸性溶液中 H_2O_2 与 $KMnO_4$ 按下式反应：

$$5H_2O_2 + 2KMnO_4 + 3H_2SO_4 \xlongequal{} 2MnSO_4 + K_2SO_4 + 8H_2O + 5O_2$$

移取2mLH_2O_2溶液于干净的锥形瓶中，加入约5mLH_2SO_4及20mL纯水，用0.1000mol·L^{-1} KMO_4标准溶液滴定至终点，计算H_2O_2溶液的初始浓度。

五、关键操作及注意事项

(1)若用水浴槽则温度应保持恒定，锥形瓶移入水浴槽中需恒温10min后才能开始实验。

(2)搅拌速率要平稳适中，每次实验的搅拌速率尽量一致。

六、数据处理

(1)列出采用不同催化剂、在不同温度下的H_2O_2分解反应的实验数据记录表格。

(2)V_∞的计算。

由H_2O_2分解反应方程式可知：

$$H_2O_2 \longrightarrow H_2O + \frac{1}{2}O_2$$

每分解出1molO_2需2molH_2O_2，令H_2O_2的初始浓度为c_0，实验所用溶液的体积为$V(H_2O_2)$，则V_∞可用下式求出：

$$V_\infty = \frac{c_0 V(H_2O_2)}{2} \cdot \frac{RT}{p - p_{H_2O}}$$

式中 p——大气压力；

p_{H_2O}——室温下水的饱和蒸气压，可查附录。

(3)以$\ln(V_\infty - V_t)$为纵坐标，t为横坐标作图。从所得直线的斜率即可求得速率常数k。

七、思考题

(1)本实验的反应速率常数与催化剂种类、用量有无关系？

(2)如何检查漏气？

(3)你对本实验所用测定放出气体体积的方法有什么意见？

(4)还有什么其他方法求V_∞？

八、教学讨论

(1)本实验主要考察了不同催化剂对化学反应速率的影响。事实上，除此而外，反应温度、反应物浓度、搅拌等因素也可以改变反应速率。同时，能加速H_2O_2分解的催化剂除了MnO_2和KI以外，还有Pt，Ag，$FeCl_3$等，而且它们对过氧化氢分解反应的催化性能也不相同。学生可自行设计实验，研究上述各种影响因素。

(2)反应器可作成恒温夹套式，由超级恒温槽送来循环水恒温。这样就可作两个以上温度的实验以测定反应的活化能。

(3)也可不测V_∞而用Guggenheim法处理数据(参阅实验76)。

九、实际应用

尖晶石结构型(如 $CuCr_2O_4$)和钙钛矿结构型(如 $LaCoO_3$)催化剂在氧化还原反应中有广阔的应用前景,这方面已作了大量研究工作,也有不少应用实例。学生若有兴趣可进行综合实验“H_2-O_2 燃料电池催化剂研制与活性评价”(参见第10章)。

十、参考文献

(1)成都科技大学物化教研室. 物理化学实验. 3版. 北京:高等教育出版社,1991.
(2)清华大学物化研究室. 物理化学实验. 北京:清华大学出版社,1991.

6.12 实验78 乙酸乙酯皂化反应速率常数的测定

一、实验目的

(1)用电导法测定皂化反应进程中的电导变化,而从计算出反应速率常数及活化能。
(2)掌握二级反应的特点,学会用图解法求二级反应的速率常数。
(3)了解电导仪的构造,掌握其使用方法。

二、实验原理

乙酸乙酯皂化反应属二级反应:

$$CH_3COOC_2H_5 + OH^- \longrightarrow CH_3COO^- + C_2H_5OH$$

	$CH_3COOC_2H_5$	OH^-	CH_3COO^-	C_2H_5OH
$t=0$ 时	a	b	0	0
$t=t$ 时	$a-x$	$b-x$	x	x

其反应速率可用下式表示:

$$\frac{dx}{dt} = k(a-x)(b-x) \tag{6-35}$$

式中,k 为反应速率常数。将式(6-35)积分得到:

$$k = \frac{2.303}{t(a-b)}\lg\frac{b(a-x)}{a(b-x)} \tag{6-36}$$

当初始浓度相同,即 $a=b$ 时,式(6-35)积分得:

$$k = \frac{1}{t\cdot a}\frac{x}{(a-x)} \tag{6-37}$$

随着皂化反应的进行,溶液中导电能力强的 OH^- 逐渐被导电能力弱的 CH_3COO^- 所取代,溶液电导逐渐减小。实际上,溶液的电导是反应物 NaOH 与产物 NaAc 两种电解质的贡献:

$$L_t = l_{NaOH}(a-x) + l_{NaAc}x \tag{6-38}$$

式中 L_t——t 时刻溶液的电导;

l_{NaOH},l_{NaAc}——分别为 NaOH 和 NaAc 的电导与浓度关系的比例常数(在稀溶液中可认为电导与浓度成正比）。

反应开始时溶液电导全由 NaOH 贡献，反应完毕全由 NaAc 贡献，因此：

$$L_0 = l_{\mathrm{NaOH}} \cdot a \tag{6-39}$$

$$L_\infty = l_{\mathrm{NaAc}} \cdot a \tag{6-40}$$

式(6-38)-式(6-40)

$$L_t - L_\infty = (l_{\mathrm{NaOH}} - l_{\mathrm{NaAc}})(a-x) \tag{6-41}$$

式(6-39)-式(6-38)

$$L_0 - L_t = (l_{\mathrm{NaOH}} - l_{\mathrm{NaAc}}) \cdot x \tag{6-42}$$

式(6-41)、式(6-42)代入式(6-37)，得：

$$k = \frac{1}{t \cdot a}\frac{L_0 - L_t}{L_t - L_\infty}$$

移项写成：

$$L_t = \frac{1}{k \cdot t \cdot a}(L_0 - L_t) + L_\infty \tag{6-43}$$

以 L_t 对 $\frac{L_0 - L_t}{t}$ 作图可得一直线，其斜率等于 $\frac{1}{k \cdot a}$。由此可求得反应速率常数 k。

在获得 L_0 的方法中，以曲线外推法最为简单直观。将电导与时间的关系曲线外推到零时刻，再于坐标轴上读出这时的电导即为 L_0。但人工外推有较大的任意性，需多次尝试才能使 L_t 对 $\frac{L_0 - L_t}{t}$ 作图获得满意的直线关系。如按牛顿迭代法用计算机处理数据，可很快获得最佳结果。

反应速率常数 k 与温度 T 的关系一般符合阿累尼乌斯公式：

$$\ln\frac{k}{[k]} = -\frac{E_a}{RT} + B \tag{6-44}$$

式中 E_a 为反应的表观活性能，B 是常数。式(6-44)亦可写成定积分形式，即：

$$\ln\frac{k_1}{k_2} = \frac{E_a}{R}\left(\frac{T_2 - T_1}{T_1 T_2}\right) \tag{6-45}$$

测定不同温度下的 k 值，就可求出 E_a。

三、仪器试剂

(1)仪器：DDS-11 型或 DDS-11A 型电导仪 1 部；混合反应器 1 个；恒温槽 1 套；50～100mL 注射器 1 支；20mL 移液管 2 支；100mL 容量瓶 1 个；1mL 刻度移液管 1 支。

(2)试剂：0.100mol · L^{-1}NaOH 标准溶液；化学纯乙酸乙酯。

四、实验步骤

(1)先按乙酸乙酯的密度及摩尔质量计算配制与 NaOH 标准溶液同浓度的乙酸乙酯水溶液 100mL 所需化学纯乙酸乙酯的体积。于 100mL 容量瓶中装满 $\frac{2}{3}$ 容积的蒸馏水，然后用 1mL 刻度移液管从乙酸乙酯小滴瓶吸取所需乙酸乙酯滴入容量瓶中，加水至刻度，混合均匀。

(2)为了选好电导仪量程选择开关，假定乙酸乙酯的电导与氢氧化钠相比可被忽略，因而反应开始时溶液的电导与相应浓度的氢氧化钠溶液差不多。为此将0.100mol·L^{-1}NaOH溶液用水稀释一倍，把DJS－1型光亮电极插于其中，调电导仪量程选择开关，使电导仪的电表指针位于刻度盘右边的最大读数，如达不到（或超过）这一位置，可调节校正旋钮使之达到，调好后就不要再动校正旋钮。由于只需测定电导变化，而不需准确测定电导值，故不必对仪器进行校正。电导仪的使用见附录。

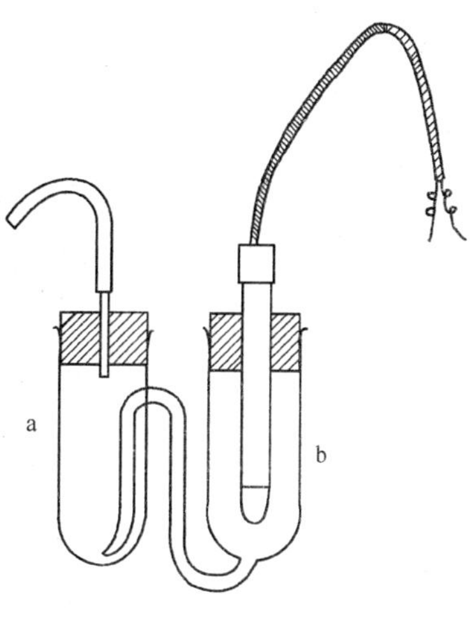

图6－26　混合反应器

(3)于干净混合反应器中，用移液管加20mL 0.100mol·L^{-1} NaOH溶液于a池（图6－26）。加20mL 0.100mol·L^{-1} $CH_3COOC_2H_5$ 于b池。b池插入电极，a池塞上带橡皮管的塞子，然后置20℃的恒温槽中，等约10min恒温后，用洗耳球与a池橡皮管相连，然后以不致使溶液喷出的速度挤压洗耳球，使氢氧化钠进入b池与乙酸乙酯溶液混合，同时按下停表开始计时，再反复抽吸挤压洗耳球几次，使之混合均匀，最后将溶液全部压入b池，并立即用弹簧夹将橡皮管夹死，以免溶液返回a池。混合过程应安全、快速，最好在15s内完成，并于0.25min记下第一个电导读数（若来不及，至少应在0.5min记下第一个电导读数）。以后每0.5min记一次读数，3min后每1min记一次读数，8min后每2min记一次读数，经过约20min，即可停止实验。

(4)重复以上步骤，测定30℃，35℃时反应的电导率变化。

数据记录表见表6－8。

表6－8　数据记录表

反应温度：________℃　　　　L_0 = ________

t,min	0.25	0.5	1	1.5	2	2.5	3	4	5	6
L_t,mS										
$(L_0-L_t)/t$										
t,min	7	8	9	10	11	12	14	16	18	20
L_t,mS										
$(L_0-L_t)/t$										

五、关键操作及注意事项

(1)温度的变化会严重影响反应速率，因此一定要保证恒温。

(2)不要敞口放置NaOH溶液，以防吸收空气中CO_2，使其浓度变化。

(3)混合过程既要快速进行，又要小心谨慎，切勿把溶液挤出混合反应器。

六、数据处理

(1)如图6－27作电导随时间变化关系曲线。将曲线外推至起始混合的时间求得L_0值。

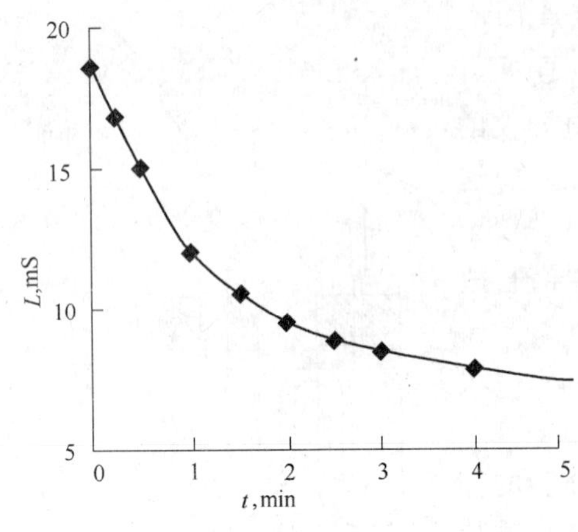

图6-27　电导随时间的变化

(2)以 L_t 对 $(L_0 - L_t)/t$ 作图。由直线斜率求出相应温度下的反应速率常数 k。如果所得线性关系不好,则可能是外推 L_0 不正确,可重推 L_0 再作图计算。

(3)以 $\ln\frac{k}{[k]}$ 对 $\frac{1}{T}$ 作图,由直线斜率求出活化能 E_a[若只有二组数据,亦可由式(6-45)求出]。

(4)按 Guggenheim 法处理数据就不必先求 L_0 或 L_∞(参阅实验76)。

将式(6-43)写成:

$$L_t = L_0 - k \cdot a \cdot t(L_t - L_\infty) \qquad (6-46)$$

较 t 滞后一定时间间隔 Δ 的动力学方程应是:

$$L_{t+\Delta} = L_0 - k \cdot a \cdot (t + \Delta)(L_{t+\Delta} - L_\infty) \qquad (6-47)$$

式(6-46)-式(6-47):

$$L_t - L_{t+\Delta} = k \cdot a[\Delta \cdot L_{t+\Delta} - t(L_t - L_{t+\Delta})] - k \cdot a \cdot \Delta \cdot L_\infty$$

以 $L_t - L_{t+\Delta}$ 对 $[\Delta \cdot L_{t+\Delta} - t(L_t - L_{t+\Delta})]$ 作图,所得直线斜率即为 $k \cdot a$。

本实验可取 $\Delta = 6$min,每隔1min取一次数据。

七、思考题

(1)被测溶液的电导是哪些离子的贡献?反应进程中溶液的电导为何发生变化?

(2)为什么要使两种反应物的浓度相等?如何配制指定浓度的溶液?

(3)为什么要使两溶液尽快混合完毕?开始一段时间的测定间隔期为什么要短?

(4)用作图外推求 L_0 与测定反应开始时相同 NaOH 浓度所得 L_0 是否一致?

八、教学讨论

(1)当碱液足够稀时,才能保证浓度与电导有正比关系。但浓度太稀则反应过程中电导变化小,测量误差大。

(2)用称量法配制乙酸乙酯溶液可得较高准确度。但对动力学实验来说,用本实验采用的方法已能满足精度要求。

(3)可将 $k = \frac{1}{t \cdot a} \cdot \frac{L_0 - L_t}{L_t - L_\infty}$ 改写成不同形式的线性方程进行数据处理。它们有的需要 L_0,有的需要 L_∞,有的二者同时需要。当忽略乙酸乙酯和乙醇的电导时,可直接测定相当于反应开始时 NaOH 浓度溶液的电导为 L_0,相当于反应终了时 NaAc 浓度溶液的电导为 L_∞,尽管各线性方程的形式不同,但只要所得 L_0 和 L_∞ 是正确的,则最终结果并无差别。

九、选做课题

(1)按照以下四种形式的线性方程:

(a) $\dfrac{L_0 - L_t}{L_t - L_\infty} = k \cdot a \cdot t$　　　(b) $L_t = \dfrac{1}{k \cdot a}\dfrac{L_0 - L_t}{t} + L_\infty$

(c) $\dfrac{1}{L_0 - L_t} = \dfrac{k \cdot a}{L_0 - L_\infty}t + \dfrac{1}{L_0 - L_\infty}$　　　(d) $L_t = k \cdot a(L_t - L_\infty)t + L_0$

用作图法或最小二乘法处理数据求 k，比较所得结果，并讨论 L_0 和 L_∞ 的误差对各式求解 k 值的影响。

(2)利用本实验的方法测定哌啶与 2,4－二硝基氯苯反应的速率常数。反应如下：

NO_2　　　　　　　　　　　　　　NO_2

O_2N—⟨苯环⟩—Cl + 2⟨哌啶⟩NH ⟶ O_2N—⟨苯环⟩—N⟨哌啶⟩ + ⟨哌啶⟩$NH_2^+Cl^-$

十、实际应用

采用双室式混合器及连续测定和记录电导变化的方法，在动力学实验及用电导对过程进行监测和控制的场合有一定的实用价值。

十一、参考文献

(1)成都科技大学物化教研室. 物理化学实验. 3 版. 北京：高等教育出版社，1991.
(2)清华大学物化教研室. 物理化学实验. 北京：清华大学出版，1991.

6.13　实验 79　动力学分析法测定乙醇脱氢酶活力

一、实验目的

(1)学习和掌握测定乙醇脱氢酶活力的原理和方法。
(2)学习动力学仪器分析方法。

二、实验原理

动力学实验方法是基于观察样品的某一个物理量随时间变化的关系而建立起来的一种实验方法。如乙醇脱氢酶在有 β－烟酰胺腺嘌呤二核苷酸（氧化形式 NAD^+）存在的弱碱性范围内，催化 C_2H_5OH 的脱氢反应生成 CH_3CHO。这一反应可以用分光光度计于 340nm 处测定吸光度增大的情况来跟踪了解，因为在酶反应过程中 NAD^+ 会变成其还原形式（NADH），而 NADH 在 340nm 处有最大吸收，且这种变化速率随乙醇脱氢酶的不同活性而异。

一个乙醇脱氢酶单位（U）相当于在规定条件下还原 $1molNAD^+ \cdot min^{-1}$ 时所需的酶量。

三、仪器试剂

(一)仪器

吸量管（1mL，2mL）；秒表；分析天平；分光光度计；容量瓶（100mL，50mL）；量筒（100mL，

500mL)。

(二)试剂

(1)$Na_4P_2O_7$ 缓冲液(pH 值为 8.8)。取 1.427g$Na_4P_2O_7 \cdot 10H_2O$(加上水焦磷酸钠)溶于蒸馏水,用 1mol · L^{-1}的 NaOH 溶液将 pH 值调至 8.8,并定容至 100mL。

(2)底物溶液。取 12.12mL 95% 的 C_2H_5OH,溶于蒸馏水,并定容至 100mL。

(3)辅酶溶液。用蒸馏水溶解 897mg$C_{21}H_{27}N_7O_{12}P_2 \cdot 3H_2O$(β-烟酰胺腺嘌呤二核苷酸,NAD),并定容至 50mL。

(4)磷酸盐缓冲液(pH 值为 7.5)。将 0.1mol · L^{-1}的 Na_2HPO_4 溶液加入到 0.1mol · L^{-1} KH_2PO_4 溶液中去,直至 pH 值达到 7.5。

(5)明胶缓冲液(pH 值为 7.5)。取 1.0g 明胶在加热情况下溶于 700mL 左右蒸馏水中,加 100mL 磷酸盐缓冲液。检查 pH 值,如不是 7.5,则须将它调至 7.5。用蒸馏水定容至 1000mL。

(6)酶溶液。将酶溶于磷酸盐缓冲液,使质量浓度达到 1mg · mL^{-1}。在测定即将开始前,用明胶缓冲液稀释该溶液。配制溶液的质量浓度应为 0.05 ~ 0.25U · mL^{-1}。

四、实验步骤

(1)用移液管向 1cm 比色皿内移入 1.50mL$Na_4P_2O_7$ 缓冲液、0.50mL 底物溶液和 1.00mL 辅酶溶液,混合,并加热至 25℃。测定每分钟吸光度的变化。

(2)加入 0.10mL 酶溶液混合,并按动秒表。在连续大约 4min 内,每隔 1min 读取 340nm 处的吸光度(增大值),直至每分钟吸光度的增大值达到稳定为止。

五、数据处理

酶的活力是指每毫克酶制品所含的酶单位数,以 U · mg^{-1}表示。可按以下公式计算:

$$\text{酶的活力} = \frac{A_{340} \times 3.10(\text{mL})}{6.2(\text{L} \cdot \text{mol}^{-1}) \times m_{\text{酶}}}$$

式中 A_{340}——340nm 处每分钟吸光度的增大值,min^{-1};

$m_{\text{酶}}$——所用的酶溶液中所含酶的质量,mg;

6.2L · mol^{-1}——NADH 的摩尔吸收系数;

3.10mL——试液的总体积。

举例:

测定一个乙醇脱氢酶样品。称取 25.8mg 该样品,定容至 250mL,再按 1 ∶ 250 稀释。0.10mL此稀释溶液中含样品 0.00004128mg。每分钟的吸光度增大值为 0.097min^{-1}。

则酶活力为:

$$\frac{0.097 \times 3.10}{6.2 \times 0.00004128} = 1175(\text{U} \cdot \text{mg}^{-1})$$

六、思考题

(1)温度对酶的活性有何影响？反应速率与温度的阿累尼乌斯关系式在此处是否适用？
(2)乙醇脱氢酶在生物体内有何功用？在工业上有何应用价值？
(3)你测得的乙醇脱氢酶活力如何？影响其活力大小的原因可能有哪些？

七、参考文献

刘约权,李贵深.实验化学(下).北京:高等教育出版社,2000.

6.14 实验80 示波电位动力学分析法测定环境水样中的痕量酚

一、实验目的

(1)掌握苯酚标准溶液的配制和标定方法。
(2)学习和掌握测定环境水样中痕量酚的示波电位动力学分析方法。

二、实验原理

示波电位动力学分析法测定水样中痕量酚的原理如下。

当 KBr,$KBrO_3$ 和酚(ArOH)混合溶液被酸化后,体系中可能有三个反应发生:

$$BrO_3^- + 5Br^- + 6H^+ \xrightarrow{k_1} 3Br_2 + 3H_2O \quad (6-48)$$

$$[ArOH]—H + Br_2 \xrightarrow{k_2} [ArOH]—Br + H^+ Br^- \quad (6-49)$$

$$BrO_3^- + [ArOH]—H + H^+ \xrightarrow{k_3} \text{醌类等氧化产物} \quad (6-50)$$

实验表明,常温下 $k_2 \gg k_1 \gg k_3$。反应式(6-48)首先进行,然而,反应式(6-49)的进行是建立在反应式(6-48)发生的基础上的,因为式(6-48)的产物 Br_2 是式(6-49)的反应物,所以整个体系受反应式(6-48)所控制,并以反应式(6-48)产生的 Br_2 被酚及时消耗掉而建立起 Br_2 的稳定态浓度为整个连串反应的特征。其速率方程为:

$$d[Br_2]/dt = k_1[BrO_3^-][Br^-][H^+]^2$$

$$k_1 = 8.15 L^3 \cdot mol^{-3} \cdot s^{-1}, (25℃)$$

当酚全部一溴代完毕,由于芳环上的 Br 的钝化作用,使得二溴代速率变得比反应式(6-48)慢,于是生成的 Br_2 开始积累,当达到一定的浓度时(约 $10^{-6} mol \cdot L^{-1}$),电位 φ_{Br_2/Br^-} 突增,Pt 电极开始对 Br_2 浓度变化所引起的电位变化产生响应。由于 Hg_2Cl_2 电极的电位为常数,所以铂电极电位的变化就直接反映出两电极电位差的变化,于是示波器上荧光点(线)开始突移(移动速率取决于电位差的变化速率,即 Br_2 的生成速率),指示 Br_2 的"出现"。从反应开始到 Br_2 出现所需的时间 t 与酚的初始浓度 c 成正比。实验时,先测量试剂空白或样品空白所需的时间 t_0,再利用 $\Delta t(=t-t_0)$ 与 c 的正比关系进行酚含量的测定。

水中某些与 Br_2 快速反应而与 BrO_3^- 反应慢的还原性物质以及某些氧化性物质含量高时

有干扰,可通过在酸性条件下用蒸馏分离的办法来消除。如此测得的酚是沸点低于 230℃ 的挥发性酚总量(以苯酚计),环境分析中主要检测的也正是这类酚。

本方法的检出限为 $8ng \cdot mL^{-1}$,相对标准偏差小于 2%,测定范围为 $8ng \cdot mL^{-1} \sim 0.2 mg \cdot mL^{-1}$。

三、仪器试剂

(1)仪器:示波电位动力学分析装置(可不带恒温系统);烧杯(100mL);石英(或玻璃);磨口蒸馏器(500mL);小试管;容量瓶(250mL);吸量管(5mL,10mL,20mL);秒表。

(2)试剂:$1.0mg \cdot mL^{-1}$ C_6H_5OH 标准储备溶液和 $0.4mg \cdot mL^{-1}$ C_6H_5OH 工作溶液(用 $0.04mol \cdot L^{-1}$ HCl 配制);$0.04mol \cdot L^{-1}$ 及 $0.1mol \cdot L^{-1}$ HCl 标准溶液;$0.05mol \cdot L^{-1}$ $KBrO_3$;$0.01mol \cdot L^{-1}$ KBr;10% H_3PO_4;10% $CuSO_4$ 溶液。

四、实验步骤

(1)标准曲线的制作:在 6 个 100mL 洁净干燥烧杯中,分别加入 0.00(空白),1.00mL,2.00mL,3.00mL,4.00mL,5.00mL 苯酚工作溶液,各加入 $0.04mol \cdot L^{-1}$ HCl 标准溶液至 20.00mL。放入搅拌子,插入电极,并将其连接到示波器的 Y 轴上。开动电磁搅拌器和示波器,调节示波器的灵敏度和荧光点(线)到适当。移取 5.0mL($0.005mol \cdot L^{-1}$ $KBrO_3$ + $0.01mol \cdot L^{-1}$ KBr)混合液到干燥洁净的小试管中,再将此溶液迅速倒入烧杯中,同时开启秒表,准确记录至荧光点(线)突移所需的时间 t。用 $\Delta t[=t-t_0$(空白)$]$对 C_6H_5OH 质量 m(单位为 mg)作图即得标准曲线。

(2)样品分析:取 250mL 水样于蒸馏器中,用 10% H_3PO_4 调节至 pH = 4 以下(以甲基橙作指示剂),加入 5mL10% $CuSO_4$ 溶液,放入一些玻璃珠,加热蒸馏。当馏出液达 225mL 时,停止蒸馏。冷却后,向蒸馏器内加入 25mL 蒸馏水,继续蒸馏,直到馏出液达 250mL 为止。

吸取 10.0mL 蒸馏液于 100mL 干燥洁净的烧杯中,加 $0.1mol \cdot L^{-1}$ HCl 标准溶液,并使其稀释后的 HCl 的浓度达到 $0.04mol \cdot L^{-1}$。记录所用 $0.1mol \cdot L^{-1}$ HCl 标准溶液的体积。加入 $0.04mol \cdot L^{-1}$ HCl 标准溶液至总体积为 20.00mL。按以上标准曲线的测定方法测出时间 t 和 Δt,再从标准曲线上查得酚含量 m(单位为 μg)。

五、数据处理

水样中的酚含量(以 C_6H_5OH)ρ(单位为 $\mu g \cdot mL^{-1}$)按下式计算:

$$\rho(\text{酚}) = \frac{m}{V}$$

式中　V——测定时所取蒸馏液体积。

六、思考题

(1)该实验中,有关反应的速度常数为 $k_2 \gg k_1 \gg k_3$,其顺序可否变动,为什么?

(2)环境水样在测定前先进行酸性蒸馏的目的是什么?

七、参考文献

刘约权,李贵深. 实验化学. 北京:高等教育出版社,2000.

6.15 实验81 晶体碘的标准熵和升华焓的测定

一、实验目的

(1)用分光光度法测量晶体碘的饱和蒸气压,从而计算晶体碘的标准熵和升华焓。

(2)熟悉统计热力学的一些基本概念及其应用。

(3)独立编写程序,在微处理机上处理数据。

二、实验原理

根据爱因斯坦晶体模型:由 N_s 个碘分子(含 $2N_s$ 个原子)组成的晶体的振动,可以看成 $3\times 2N_s$ 个彼此独立并具有相同振动频率的一维谐振子的振动。因此晶体的振动配分函数 Q_v 可表示为:

$$Q_v = [\mathrm{e}^{-\theta_v/2T}/(1-\mathrm{e}^{\theta_v/T})]^{6N_s} \tag{6-51}$$

式中,$\theta_v=\dfrac{hv}{k}$为晶体碘的振动特征温度。当温度较高($T\gg 0$)时,式(6-51)可简化为:

$$Q_v = (T/\theta_v)^{6N_s} \tag{6-52}$$

通过振动配分函数可以导出由振动贡献的内能、熵、吉布斯自由能等热力学函数。

$$\begin{aligned} S(T) &= kT\frac{\partial \ln Q_v}{\partial T} + k\ln Q_v \\ &= 6N_s k\left(1+\ln\frac{T}{\theta_v}\right) \end{aligned} \tag{6-53}$$

每个碘分子的振动吉布斯自由能为:

$$G(T) = kT\frac{\partial \ln Q_v}{\partial N_s} = -6kT\ln\frac{T}{\theta_v} \tag{6-54}$$

对于晶体碘,除振动外,晶体的电子能量 W_e 也有贡献,因此晶体碘的吉布斯自由能应为:

$$G_s(T) = W_e - 6kT\ln\frac{T}{\theta_v} \tag{6-55}$$

当晶体碘和蒸气处于平衡时,则有:

$$G_s(T) = G_g(T) \tag{6-56}$$

而碘蒸气的吉布斯自由能是平动、转动、振动以及电子贡献的总和,即:

$$G_g(T) = G_g(t) + G_g(r) + G_g(v) + G_g(e)$$

将碘蒸气的 $G_g(t)$,$G_g(r)$,$G_g(v)$,$G_g(e)$ 的统计表达式以及式(6-55)代入式(6-56),得:

$$W_e - 6kT\ln\frac{T}{\theta_v} = kT\ln p - kT\ln\left[\left(\frac{2\pi mkT}{h^2}\right)^{3/2}kT\right]$$

$$-kT\ln\frac{T}{\sigma\theta_r}+kT\ln(1-e^{-\theta_v/T})+D_0$$

上式整理后，得以下形式：

$$\ln[pT^{5/2}(1-e^{-\theta_v/T})]=\ln\left[\left(\frac{2\pi mk}{h^2}\right)^{3/2}\frac{k\theta_v^6}{\sigma\theta_r}\right]-\frac{D_0-W_e}{kT} \tag{6-57}$$

式中　m——碘分子的质量，$m=4.214\times10^{-25}$kg；

p——晶体碘的蒸气压，Pa；

θ_r——转动特征温度，碘蒸气的 $\theta_r=0.0538$K；

θ_v——振动特征温度，碘蒸气的 $\theta_v=306.8$K；

σ——对称数，碘蒸气的 $\sigma=2$；

k——玻耳兹曼常数；

h——普朗克常数；

D_0——相对于振动零点能级所测得的气相碘分子的解离能。

将 $\ln[pT^{5/2}(1-e^{-\theta_v/T})]$ 对 $1/T$ 作图，得一直线。

$$截距=\ln\left[\left(\frac{2\pi mk}{h^2}\right)^{3/2}\frac{k}{\sigma\theta_r}\right]+6\ln\theta_v \tag{6-58}$$

由式(6-58)可求出晶体碘的特征温度 θ_v，再将其代入式(6-53)，可求出不同温度下晶体碘的标准熵 $S_T^\ominus$。

用所测得的不同温度下碘的饱和蒸气压，还可以计算晶体碘的升华焓 $\Delta H_T^\ominus$。因为晶体碘达到升华平衡时有：

$$K_p^\ominus=\frac{p(I_2,g)}{a(I_2,s)}=p(I_2,g)$$

又

$$\Delta G_T^\ominus=-RT\ln K_p^\ominus$$

$$\Delta G_T^\ominus=\Delta H_T^\ominus-T\Delta S_T^\ominus$$

则

$$\Delta H_T^\ominus=T\Delta S_T^\ominus-RT\ln[p(I_2,g)] \tag{6-59}$$

利用式(6-59)，可求出不同温度下的升华焓。计算时，式中 $\Delta S_T^\ominus$ 可近似用 $\Delta S_{298}^\ominus$ 数值。

因为碘蒸气呈紫红色，对可见光有较强的吸收。其蒸气浓度与光密度符合比尔定律：

$$D=-\lg\frac{I}{I_0}=\varepsilon cl \tag{6-60}$$

式中　D——光密度；

ε——摩尔消光系数；

l——比色皿厚度；

c——碘蒸气的物质的量浓度，mol · L^{-1}。

若将碘蒸气认为是理想气体，则：

$$p(I_2,g)=cRT \tag{6-61}$$

将式(6-60)代入式(6-61)：

$$p(I_2,g)=RTD/\varepsilon l \tag{6-62}$$

因此,只要测得定温下的碘蒸气的光密度就可用式(6-62)求得该温度下的碘的蒸气压。

三、仪器试剂

(1)仪器:721 型或 751 分光光度计 1 套、比色皿(带恒温水套)1 个,超级恒温槽 1 台。
(2)试剂:分析纯晶体碘。

四、实验步骤

(1)仪器安装。

将恒温水套放入分光光度计的比色皿架上,接通超级恒温槽与恒温水套之间的循环水路,然后在恒温水套表面盖上保温盖子。

(2)恒温。

开启恒温槽,将恒温槽温度调节到 20℃ ±0.1℃。

(3)加样品。

将两个洗净烘干的 2cm 玻璃比色皿放入恒温水套的两个比色皿框架上,其中之一作为参比。在另一个比色皿中,小心倒入约 200mg 晶体碘,而后立即盖上比色皿盖子。

(4)测定光密度。

当温度恒定后,每隔 3min 测定一次样品蒸气相对于空气的光密度值 D,直到 D 值基本不变,记下数值。

(5)升温实验。

在 20~50℃范围内,每隔 5℃,依次升温,连续测 6~7 个实验温度下的晶体碘的饱和蒸气压。

(6)实验结束。

做完最后一次实验温度(约 50℃),切勿立即打开比色皿盖子,以免碘蒸气污染环境及侵袭人身。待样品冷却至室温,再拆卸装置、清洗比色皿。

五、关键操作及注意事项

(1)系统是否达到真正的恒温及晶体碘与碘蒸气之间是否达到真正的平衡,是本实验成败的关键。因此,每改变一个温度进行测量时,一定要恒温 10~15min 后方可测量光密度值。比色皿和恒温水套之间应紧密配合,为改善其间的热传导,可在比色皿毛玻璃的外表面涂少量油脂。

(2)在比色皿中装样品 I_2 时,严防将 I_2 粉末沾在比色皿光学玻璃面上。

(3)在测定不同温度下 I_2 的蒸气压时,必须从低温逐个测到高温。

六、数据处理

(1)处理实验数据,将 $\ln[pT^{5/2}(1-e^{-\theta_v/T})]$ 对 $\frac{1}{T}$ 作图直线化,由截距按式(6-58)计算晶体碘的振动特征温度 θ_v。

(2)通过配分函数,求算 240K,260K,280K,298K,300K,320K 等 6 个温度下的标准熵 $S_T^{\ominus}$ 值。

(3)计算各实验温度下晶体碘的升华焓 $\Delta H_T^{\ominus}$。

七、思考题

(1)哪些方法可以获得物质的标准熵？本方法的优点在何处？

(2)你所测得的碘的标准熵 $S_T^\ominus$ 与文献值的相对误差有多大？分析产生误差的原因有哪些？如何改进？

(3)请尝试自己编制计算程序处理实验数据,计算晶体碘的振动特征温度 θ_v。

八、教学讨论

(1)本实验方法有其独到之处,即不必用特殊的装置通过在低温下测定热容来计算标准熵,而是使用简单的仪器测定晶体碘的饱和蒸气压,再用统计热力学方法计算标准熵。但用本实验方法测得的 $S_T^\ominus$ 与文献值相对误差较大,据文献(1)的实验数据计算得 $S_{298.15}^\ominus = 113.02$ $J \cdot K^{-1} \cdot mol^{-1}$,而文献(2)报道 $S_{298.15}^\ominus = 116.15 J \cdot K^{-1} \cdot mol^{-1}$,二者相对误差为 -2.7%。误差较大的原因:

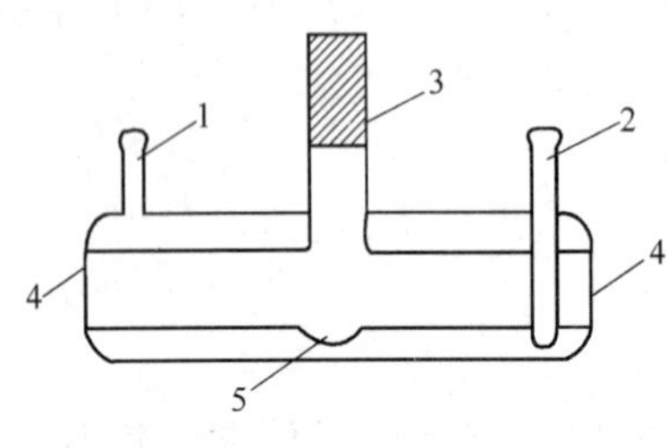

图6-28　带恒温夹套样品管
1—恒温水出口;2—恒温水入口;
3—14号标准磨口(插1/10℃温度计);
4—光学玻璃片;5—放碘的凹坑

①从实验方法分析。如何使系统达到恒温和升华平衡是关键。文献(3)报道用平衡管代替比色皿,并放在通恒温水的金属夹套内,改善了热传导。又有报道,将恒温装置改装为带有玻璃恒温夹套的样品管。见图6-28,管长约10cm,两端磨平,用快速粘合剂固定上两块光学玻璃片,将此带有玻璃恒温夹套的样品管直接放在751分光光度计内测定。这样,测量数据好得多。

②从数据处理方法分析。$S_T^\ominus$ 值是由 θ_v 值计算而得,故 θ_v 值的误差对它产生很大影响。θ_v 值是将 $\ln[pT^{5/2}(1-e^{-\theta_v/T})]$ 对 $1/T$ 作图所得的直线外推至 $1/T=0$ 时,由在纵坐标上的截距得到的,但因实验温度一般在30~50℃,$1/T$ 值与零相差甚远,作图时直线斜率稍有变化,其在纵坐标上的截距就会有相当大的变化。而截距又与 θ_v 值的对数值呈线性关系,所以对 θ_v 值影响甚大,采用回归分析法求 θ_v 值会更可靠些。

(2)文献值:晶体碘的特征温度 $\theta_v = 78.05K$;晶体碘的标准熵 $S_{298}^\ominus = 116.15 J \cdot K^{-1} \cdot mol^{-1}$;晶体碘升华焓的计算值见表6-9。

表6-9　晶体碘升华焓的计算值

T,K	D	$\lg p$,Pa	$\Delta H_{298}^\ominus$,$kJ \cdot mol^{-1}$
303.5	0.175	1.781	62.28
311.8	0.260	1.948	62.91
318.0	0.380	2.1389	63.08
314.7	0.430	2.1879	61.95
309.4	0.360	2.1227	61.65
301.5	0.230	1.8969	61.19

九、选做课题

编制计算机处理实验数据的计算程序，自制带恒温夹套的样品管，重做此实验，讨论分析实验误差。

十、实际应用

众多物质的标准熵数据都是运用统计热力学的方法从光谱数据获得的，故统计熵又称光谱熵。应用本实验装置还可测得溴、硫、磷等挥发物质的标准熵和升华（蒸发）焓。

十一、参考文献

清华大学物化教研室. 物理化学实验. 北京：清华大学出版社，1991.

第7章

电化学、表面与胶体化学

概　述

电化学是研究化学能与电能之间的相互转化及其规律的分支学科；表面与胶体化学研究物质的表面以及胶体体系的各种现象、性质和规律。它们在化学、化工、石油、地质、土壤、生物、医学、环境、能源、材料等学科和日常生活中都有着重要的作用和意义。例如化学电源、燃料电池和电化学防腐在国民经济各部门都相当重要；比表面很大的多孔性固体有很强的吸附能力，可作为工业催化剂或其载体，还可广泛用于产品干燥、脱色、提纯或工业废物处理；表面活性剂能够大幅度降低溶剂的表面张力，因而广泛用于石油开采、选矿、润滑和日常生活中，作为洗涤剂、乳化剂、润湿剂、起泡剂、浮选剂、增溶剂等；胶体体系更是随处可见：钻井液、固井液、完井液、修井液、建筑灰浆、各种涂料、工业油漆……，它们的优良性能是其广泛应用的必备条件。本章围绕上述内容编选了10个实验，其中电化学4个，表面与胶体化学6个。通过这些实验训练，我们不但要掌握电化学、表面与胶体化学的基本理论知识，还要熟悉和掌握从事这些领域研究工作的常用仪器设备、实验技术和研究方法。

7.1　实验82　电解质溶液的电导

一、实验目的

(1)掌握电导率、比电导、摩尔电导率等概念。

(2)用交流电桥测定氯化钾和乙酸溶液的电导。

(3)利用电导测量的结果，进行弱酸解离常数、极限摩尔电导等的计算。

二、实验原理

溶液的导电本领可用电导率χ来表示。将电解质溶液放入两平行电极之间，两电极距离为l(m)，两电极面积均为A(m^2)，这时溶液的电阻是：

$$R=\overline{R}\cdot\frac{l}{A}=\frac{1}{\chi}\cdot\frac{l}{A}$$

所以
$$\chi=\frac{l}{A}\cdot\frac{1}{R}=K_{cell}G \tag{7-1}$$

式中 K_{cell}——对于给定的电导池为一常数(电导池常数);

G——溶液的电导;

χ——电导率。

用已知电导率χ的电解质溶液放入电导池中,在测定其电阻R之后,即可求得电导池常数K_{cell}。确定K_{cell}后,应用同一个电导池,便可通过电阻的测量求其他电解质溶液的电导率。

研究溶液电导时常用到摩尔电导率这个量,它与电导率和浓度的关系为:

$$\Lambda_m=\frac{\chi}{c} \tag{7-2}$$

式中 Λ_m——摩尔电导率,$m^2\cdot S\cdot mol^{-1}$;

χ——电导率,$S\cdot m^{-1}$;

c——物质的量浓度,$mol\cdot m^{-3}$。

Λ_m随浓度变化的规律,对强弱电解质各不相同,对强电解质稀溶液可用下列经验式表示:

$$\Lambda_m=\Lambda_m^0-A\sqrt{c} \tag{7-3}$$

式中 Λ_m^0——无限稀摩尔电导率;

A——常数。

将Λ_m对$\sqrt{c}$作图,外推可求得Λ_m^0。

对弱电解质来说,可以认为它的电离度α等于溶液在浓度为c时的摩尔电导率Λ_m和溶液在无限稀释时的摩尔电导率Λ_m^0之比,即:

$$\alpha=\frac{\Lambda_m}{\Lambda_m^0} \tag{7-4}$$

AB型弱电解质在溶液中电离达到平衡时,电离平衡常数K_c与浓度c和电离度α有以下的关系:

$$K_c=\frac{c\alpha^2}{1-\alpha} \tag{7-5}$$

合并式(7-4)及式(7-5),即得:

$$K_c=\frac{c\Lambda_m^2}{(\Lambda_m^0-\Lambda_m)\Lambda_m^0} \tag{7-6}$$

或写成 $c\Lambda_m=(\Lambda_m^0)^2\cdot K_c\cdot\frac{1}{\Lambda_m}-\Lambda_m^0K_c$,故以$c\Lambda_m$对$\frac{1}{\Lambda_m}$作图应为一直线,从直线的斜率可求得$K_c$。

根据离子独立运动定律,Λ_m^0可从离子的电导(见附录Ⅰ.25)计算出来,Λ_m则可从电导率的测定求得。然后可按式(7-6)算得K_c。

三、仪器试剂

(1)仪器:音频振荡器;简易电桥;耳机;交流指零仪;电阻箱;电导池;25mL 移液管3支;250mL 锥形瓶1个;125mL 锥形瓶1个;恒温槽。

(2)试剂:0.01mol · L^{-1}KCl 标准溶液;0.1mol · L^{-1}乙酸标准溶液。

四、实验步骤

电桥的结构及原理见附录Ⅱ.7。

(1)调整恒温槽的温度在25.0±0.1℃,用蒸馏水淌洗电导池及电极三次,再用0.01mol · L^{-1} KCl 标准溶液淌洗三次。

(2)在广口瓶中,用25mL 移液管加入50ml 0.01mol · L^{-1}KCl 溶液,插入电极,然后置于恒温水浴中(其液面应低于水浴液面),同时以250mL 锥形瓶装电导水,125mL 锥形瓶装乙酸置于恒温槽中备用。等15~20min 温度恒定后,用电桥测定溶液电阻,不时摇动电导池,至三次读数接近为止(交流指零仪的原理及使用见附录)。

(3)用吸取氯化钾溶液的移液管从电导池中吸出25mL 溶液弃去,用取水的移液管取25mL 电导水注入电导池中,混合均匀,等温度恒定后测其电阻。如此稀释四次[1]。

(4)倒出 KCl 溶液,充分洗净电导池,用25mL 移液管取50mL 0.1mol · L^{-1}乙酸标准溶液放入电导池,按同法测定其电阻。测完后,用吸取乙酸的移液管从电导池中吸出25mL 溶液弃去,用另一支移液管取25mL 电导水注入电导池中,混合均匀,等温度恒定后测其电阻。如此稀释四次[1]。

(5)倒去乙酸,洗净电导池,最后用电导水淌洗,取50mL 电导水测其电阻。

(6)也可事先配好浓度为 $c,\frac{c}{2},\frac{c}{4},\frac{c}{8}$和$\frac{c}{16}$五种溶液,再分别测定其电阻。

实验完毕,勿倒掉电导池中的电导水和取出电极。如时间不够,也可不作 KCl 稀释液电导的测定。

五、数据处理

(1)计算电导池常数。已知25℃时0.01mol · L^{-1}KCl 溶液的电导率为9.1413S · m^{-1}。

(2)计算各浓度的乙酸的电导率。乙酸的电导率甚小,其真实的电导率应等于直接测得的数值减去电导水在同温度的电导率χ_{H_2O}。

(3)根据式(7-2)计算乙酸和氯化钾在各个浓度下的摩尔电导率。

(4)计算乙酸在各个浓度下的电离度 α。已知25℃时 Λ_m^0(HAC)=0.03907m^2 · S · mol^{-1},再计算各电离平衡常数 K_c。

(5)以 $c\Lambda_m$ 对$\frac{1}{\Lambda_m}$作图,从直线的斜率求 K_c。

(6)以 KCl 溶液的 Λ_m 对$\sqrt{c}$作图,外推求 Λ_m^0,并与文献值比较。

(7)写出 KCl 溶液的摩尔电导率与浓度的关系式(7-3),求出常数 A 的值。

六、注释

[1]按规定,移液管只能作量出用,当做量入用时,由于操作条件不一样,其体积与量出不完全相等。因此要求在移液管放液入电导池时要多等一段时间,并使管嘴液滴尽可能全部转入电导池中。

七、思考题

(1)什么叫溶液的电导、摩尔电导率和电导率?

(2)强、弱电解质溶液的摩尔电导率与浓度的关系有何不同?

(3)为什么要测电导池常数?如何测定?

(4)为什么测定溶液的电导要用交流电源?在什么情况下可用低频交流电甚至直流电源?

(5)交流电桥平衡的条件是什么?

八、教学讨论

(1)用正确设计的交流电桥测定溶液电导可获得准确的结果。目前市场上出售的各种直读式电导仪只适于对准确度要求不高的场合使用。

(2)应根据溶液电导的大小选用不同电导池常数的电极。对电导大的溶液选电极面积小、距离大的电极。相反则选面积大、距离近的电极。当被测溶液电阻非常大时(例如电导水),则会通过电容漏电,此种情况不可忽略。这时应设法增加测量系统的容抗,减小分布电容,或增设电容补偿电路(如 DDS-11A 型电导仪)。从 $X_c=\frac{1}{2\pi fC}$可知,使用低频电源以减小 f,电极不镀铂黑以减小有效面积,从而减小电容 C,均可使容抗 X_c 增大。其他如使用尽可能短的双股绞线而不用长的平行导线也可减小分布电容。

九、选做课题

(1)测定一氯乙酸和二氯乙酸的电离平衡常数,并与乙酸的结果相比较,解释它们之间差异较大的原因。

(2)用电导滴定法测定 Na_3PO_4 和 Na_2HPO_4 混合溶液的组成。

十、实际应用

电导测定在科研和生产中均有广泛用途。例如电导滴定,电导分析(气体溶解后引起溶液电导变化),测定临界胶束浓度、电离平衡常数、难溶盐溶解度,水质监测(特别是实验室用蒸馏水或离子交换水)、电解质溶液浓度控制及自动记录,物质水分含量测定及控制,借助于电导变化进行动力学研究等。

十一、参考文献

(1)成都科技大学物化教研室. 物理化学实验. 3 版. 北京:高等教育出版社,1991.

(2) Shoemaker D P. Experiments in Physical Chemistry. 5th ed. New York: McGraw - Hill, 1989.

7.2　实验 83　氟离子选择电极测氢氟酸电离常数

一、实验目的

(1)用氟电极与甘汞电极测氢氟酸电离常数。

(2)掌握 pH - 2 型酸度计的使用方法。

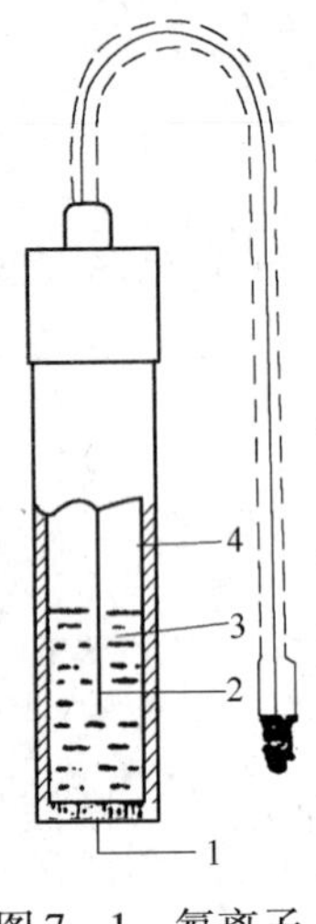

图 7 - 1　氟离子选择电极
1—LaF_3 单晶膜；2—氯化银电极；3—内充液；4—聚乙氟乙烯管

二、实验原理

氟电极是近年发展起来的有效的离子选择电极之一。它的结构如图 7 - 1 所示。

由氟化镧晶体作成的离子交换膜，对氟离子具有特高的选择性。但当溶液 pH 值过高时，则 OH^- 会产生干扰；pH 值过低又会形成 HF 和 HF_2^- 而降低氟离子活度，因此在作氟含量分析时都保持 pH 值为 5 ~ 6。

由于氟电极不受氢离子干扰，对 HF 和 HF_2^- 不产生应答，因而可能在酸性溶液中测定游离的氟离子的量浓度，这就为电化学法测定氢氟酸电离常数创造了条件。

现用氟电极及甘汞电极组成下列两电池：

(1)(-)氟电极 | F_T^- 溶液 | 饱和甘汞电极(+)

(2)(-)氟电极 | F^-，H^+ 溶液 | 饱和甘汞电极(+)

在电池(1)的溶液中，氟化钠的浓度约 $2 \times 10^{-3} mol \cdot L^{-1}$，可认为在这样稀的中性溶液里离解完全，可测得对应于总氟的浓度 $[F_T]$ 等于总氟离子的浓度 $[F_T^-]$ 时的电池电动势 E_1。如在相同总氟的浓度的溶液中加酸，则由于 HF 和 HF_2^- 的生成会降低游离氟离子的浓度，这时测得对应于降低了的游离氟的浓度 $[F^-]$ 的电池电动势 E_2。

当温度一定时，两电池电动势的计算式如下：

$$E_1 = \varphi_{甘汞} - \left\{\varphi^{\ominus} - \frac{RT}{F}\ln[F_T^-]\right\} = 常数 + S\lg[F_T^-] \tag{7-7}$$

$$E_2 = \varphi_{甘汞} - \left\{\varphi^{\ominus} - \frac{RT}{F}\ln[F^-]\right\} = 常数 + S\lg[F^-] \tag{7-8}$$

式中，$S = \frac{2.303RT}{F}$ 称作氟电极的应答系数，通常实测值与理论值相符合。

式(7 - 7)减式(7 - 8)得：

$$\frac{E_1 - E_2}{S} = \lg\frac{[F_T^-]}{[F^-]} = \lg\frac{[F_T]}{[F^-]} \tag{7-9}$$

在加酸后的含氟溶液中存在下列平衡：

$$HF \rightleftharpoons H^+ + F^- \qquad K_c = \frac{[H^+][F^-]}{[HF]} \tag{7-10}$$

$$HF + F^- \rightleftharpoons HF_2^- \qquad K_f = \frac{[HF_2^-]}{[HF][F^-]} \tag{7-11}$$

溶液中总氟的浓度是:

$$[F_T] = [F^-] + [HF] + 2[HF_2^-] \tag{7-12}$$

略去$[HF_2^-]$项,式(7-12)可写成:

$$[F_T] - [F^-] = \frac{[H^+][F^-]}{K_c} \tag{7-13}$$

式(7-13)取对数:

$$\lg\{[F_T] - [F^-]\} - \lg[F^-] = \lg[H^+] - \lg K_c \tag{7-14}$$

在酸性溶液中$[F^-]$很小,与$[F_T]$相比可被忽略,这时式(7-14)可写成:

$$\lg\frac{[F_T]}{[F^-]} = -pH - \lg K_c \tag{7-15}$$

式(7-15)代入式(7-9),得:

$$-\left(\frac{E_1 - E_2}{S}\right) = pH + \lg K_c \tag{7-16}$$

式中 E_1——溶液未加酸时电池(1)的电动势;

E_2——加酸后电池(2)的电动势。

因此,在不加酸时测得E_1(即第7号溶液),然后测得加酸后不同酸度下的E_2(即第1~6号溶液)及pH值,再以$-\left(\frac{E_1 - E_2}{S}\right)$为纵坐标,以pH值为横坐标作图,所得直线在纵轴上的截距即为$\lg K_c$。

三、仪器试剂

(1)仪器:pHS-2型酸度计1台;氟离子选择电极1支,玻璃电极1支,217型饱和甘汞电极1支(或复合氟电极1支,pH复合电极1支);电磁搅拌器1台;100mL硬质烧杯或塑料杯10个;10mL,50mL量筒各1只;2mL,10mL刻度移液管各1支;去离子水;滤纸片。

(2)试剂:0.01mol·L^{-1} NaF溶液;0.5mol·L^{-1} KCl溶液;2mol·L^{-1} HCl溶液;0.2mol·L^{-1} HCl溶液;pH=4.0标准缓冲溶液。

四、实验步骤

(1)氟化钠储备液的配制:准确称取已烘干的分析纯氟化钠0.420g,加去离子水溶成1L,即得浓度0.01mol·L^{-1}的溶液,将其储于塑料瓶中。

(2)洗净100mL硬质玻璃烧杯或塑料杯7个,按表7-1规定配制各种溶液50mL。

(3)按附录Ⅱ.9规定的步骤调整pH计,用pH=4.0的标准缓冲溶液定位,之后从7号溶液开始,按编号由大到小顺序逐个测定各溶液的pH值[1],记录于表7-1中。

表7-1 数据记录表

溶液编号	1	2	3	4	5	6	7
0.01mol · L^{-1} NaF 的体积,mL	10	10	10	10	10	10	10
0.5mol · L^{-1} KCl 的体积,mL	10	10	10	10	10	10	10
2mol · L^{-1} HCl 的体积,mL	5	3	1.5	1	—	—	—
0.2mol · L^{-1} HCl 的体积,mL	—	—	—	—	1	0.5	—
水体积,mL	25	27	28.5	29	29	29.5	30
测得的 pH 值							
测得的电动势,mV							
$-\left(\frac{E_1-E_2}{S}\right)$[2]							

(4)用氟电极取代玻璃电极,参阅附录中测电动势的步骤,从7号溶液开始,按编号由大到小的顺序逐个测定各电池的电动势(mV)。

(5)用氟化钠溶液、氯化钾溶液和去离子水配制含氟从 10^{-4} mol · L^{-1} 到 10^{-3} mol · L^{-1} 的数种浓度的溶液,测得各电池的电动势,用来确定 S 值(若按理论求算 S 值,此项也可不做)。

五、数据处理

(1)列出记录表格,记录实测的 pH 值和电动势。

(2)当要实际测定 S 值时,用实验步骤(5)测得的电动势(mV)对 lg[F^-]作图,从所得直线的斜率求 S[根据式(7-8)]。

(3)以 $-\left(\frac{E_1-E_2}{S}\right)$ 对 pH 值作图,从所得直线的截距求 $\lg K_c$ 及 K_c,并与文献值比较。

六、注释

[1]当溶液中[HF] $<5\times10^{-3}$ mol · L^{-1} 时,在常温下用玻璃电极作短时期的测定,对玻璃电极无损害。

[2] S 值可按室温下的理论值算得,也可实际测定。

七、思考题

(1)本实验的数据处理作了哪些假定?这些假定在什么条件下才合理?

(2)为什么在不加酸的中性稀溶液中可假定总氟的浓度和氟离子的浓度相等?试从测得的氢氟酸的电离常数、7号溶液的 pH 值及[F^-]估计这时[HF]的浓度是否可忽略?

八、教学讨论

(1)本实验中既要测电池的电动势,又要测溶液的 pH 值,充分利用了 pH 计的功能,使学生得到较好的训练。

(2)氟电极之所以得到广泛应用,在于它对氟离子具有特高的选择性,几乎只有 OH^- 对它的测定才有干扰。由于氟化物在商品和技术中日趋重要，氟电极的出现使测定氟的困难得到了解决。

九、选做课题

(1) 在 $[F^-]$ 为 10^{-1} mol · L^{-1}，10^{-3} mol · L^{-1}，10^{-5} mol · L^{-1} 时，测定 pH 值在 1 ~ 10 范围内氟电极的电极电势变化，考查 OH^- 对氟测定的干扰。

(2) 拟定用氟电极测定自来水中氟含量的实验方案，并取水样实际测定。

十、实际应用

氟电极是应用比较成功、使用比较广泛的一种离子选择电极。在环境监测中用于测定大气、水域、土壤、肥料、药物、食品和饮料中的氟。也用于血清、人尿、牙齿、瓷板、各种有机物和矿山、地质各领域中氟的测定。

十一、参考文献

成都科技大学物化教研室. 物理化学实验. 3 版. 北京：高等教育出版社，1991.

7.3　实验 84　电动势的测定及应用

一、实验目的

(1) 掌握电位差计的测量原理和测定电池电动势的方法。

(2) 了解可逆电池、可逆电极、盐桥等概念。

(3) 用补偿法测定电池的电动势。待测的四种电池是：

A (−) Hg(液)，Hg_2Cl_2(固) | KCl(饱和) ‖ $AgNO_3$(0.01mol · L^{-1}) | Ag(固) (+)；

B (−) Ag(固)，AgCl(固) | KCl(0.1mol · L^{-1}) ‖ $AgNO_3$(0.01mol · L^{-1}) | Ag(固) (+)；

C (−) Hg(液)，Hg_2Cl_2(固) | KCl(饱和) ‖ H^+(0.1mol · L^{-1} HAc + 0.1mol · L^{-1} NaAc) Q · QH_2 | Pt (+)；

D (−) Zn(固)，$ZnCl_2$(溶液) | AgCl(固)，Ag(固) (+)。

二、实验原理

(一) 对消法测电动势的原理

电池电动势不能直接用伏特计来测量，因为电池与伏特计连接后有电流通过，就会在电极上产生极化，结果使电极偏离平衡状态。另外，电池本身有内阻，所以伏特计所量得的仅是不可逆电池的端电压。测量电池电动势只能在无电流通过电池的情况下进行，因此需用对消法（又叫补偿法）来测定电动势。

对消法的原理是在待测电池上并联一个大小相等、方向相反的外加电势差，这样待测电池中没有电流通过，外加电势差的大小即等于待测电池的电动势。

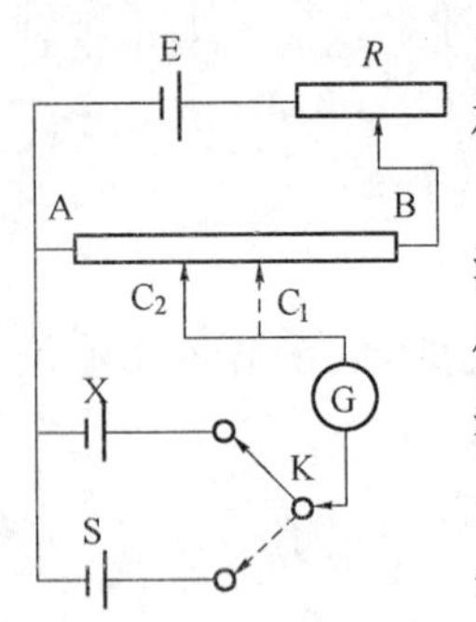

图7－2　对消法测电动势原理图

对消法测电动势常用的仪器为电位差计，其简单原理如图7－2所示。电位差计由三个回路组成：工作电流回路、标准回路和测量回路。

(1)工作电流回路。AB为均匀滑线电阻，通过可变电阻 R 与工作电源E构成回路。其作用是调节可变电阻 R，使流过回路的电流为某一定值，这样AB上有一定的电位降产生。工作电源E可用蓄电池或稳压电源，其输出电压必须大于待测电池的电动势。

(2)标准回路。S为电动势精确已知的标准电池，C是可在AB上移动的接触点，K是双向开关，KC间有一灵敏度很高的检流计G。当K扳向S一方时，AC_1GS 回路的作用是校准工作电流回路以标定AB上的电位降。如标准电池S的电动势是1.01865V，则先将C点移到AB上标记1.01865V的 C_1 处，迅速调节 R 直至使G中无电流通过。此时S的电动势与 AC_1 间的电位降大小相等、方向相反而对消。

(3)测量回路。当双向开关K换向X一方时，用 AC_2GX 回路根据校正好的AB上的电位降来测量未知电池的电动势。在保持校准后的工作电流不变(即固定 R)的条件下，在AB上迅速移动到 C_2 点，使G中无电流通过，此时X的电动势与 AC_2 间的电位降等值反向而对消，于是 C_2 点所标记的电位降数值即为X的电动势。由于使用过程中工作电池的电压会有所变化，要求每次测量前均需重新校正标准回路的电流。

标准电池和电位差计的使用说明请参看本书附录Ⅱ.8。

(二)电极电势的测定原理

电池是由两个电极(半电池)组成的。电池电动势是两电极电势的代数和。当电极电势均以还原电势表示时：

$$E=\varphi_{+}-\varphi_{-}$$

以丹尼尔电池为例：

$$\mathrm{Zn}|\mathrm{Zn}^{2+}(a_1)|\mathrm{Cu}^{2+}(a_2)|\mathrm{Cu}$$

负极反应：

$$\mathrm{Zn}\longrightarrow\mathrm{Zn}^{2+}+2\mathrm{e}^{-}$$

$$\varphi_{-}=\varphi^{\ominus}(\mathrm{Zn}^{2+}/\mathrm{Zn})-\frac{RT}{2F}\ln\frac{1}{a(\mathrm{Zn}^{2+})}\tag{7-17}$$

正极反应：

$$\mathrm{Cu}^{2+}+2\mathrm{e}^{-}\longrightarrow\mathrm{Cu}$$

$$\varphi_{+}=\varphi^{\ominus}(\mathrm{Cu}^{2+}/\mathrm{Cu})-\frac{RT}{2F}\ln\frac{1}{a(\mathrm{Cu}^{2+})}\tag{7-18}$$

电池反应：

$$\mathrm{Zn}+\mathrm{Cu}^{2+}\longrightarrow\mathrm{Cu}+\mathrm{Zn}^{2+}$$

$$E=E^{\ominus}-\frac{RT}{2F}\ln\frac{a(\mathrm{Zn}^{2+})}{a(\mathrm{Cu}^{2+})}\tag{7-19}$$

式中，$\varphi^{\ominus}(\mathrm{Zn}^{2+}/\mathrm{Zn})$，$\varphi^{\ominus}(\mathrm{Cu}^{2+}/\mathrm{Cu})$ 分别为锌电极和铜电极的标准电极电势。$E^{\ominus}$ 为溶液中锌离子的活度 $a(\mathrm{Zn}^{2+})$ 和铜离子的活度 $a(\mathrm{Cu}^{2+})$ 均等于1时的电池电动势。

在电化学中，电极电势的绝对值至今还无法测定，而是以某一电极的电极电势作为零，然后将其他的电极与它组成电池，规定该电池的电动势为该被测电极的电极电势。通常将标准氢电极[即氢气为 100kPa 下的理想气体、溶液中 $a(H^+)$ 为 1]的电极电势规定为零。由于氢电极制备及使用不方便等缺点，一般常用另外一些制备工艺简单、易于复制、电势稳定的电极作为参比电极来代替氢电极。常用的有甘汞电极和氯化银电极等，这些电极与标准氢电极比较而得到的电势已精确测定。

（三）本实验中涉及的电池测定原理

（1）测定电池 A 的电动势，以饱和甘汞电极为参比电极，计算 Ag^+/Ag 电极的电动势。

（2）利用电池 B 的测定结果可计算氯化银的溶度积。这时把电池 B 看成浓差电池，只是与氯化银电极平衡的 a_{Ag^+} 因受到 AgCl 溶度积的制约而非常小，即 $a_{Ag^+(左)} = \frac{K_{sp}}{a_{Cl^-(左)}}$。而浓差电池的电动势为：

$$E_{电池} = \frac{RT}{F}\ln\frac{a_{Ag^+(右)}}{a_{Ag^+(左)}} = \frac{RT}{F}\ln\frac{a_{Ag^+(右)} \cdot a_{Cl^-(左)}}{K_{sp}} \tag{7-20}$$

将有关活度及测得的 $E_{电池}$ 代入上式即可算得 K_{sp}。

（3）为了计算乙酸与乙酸钠配成的缓冲溶液的 pH 值，可将乙酸的电离常数：

$$K_a = \frac{a_{H^+} \cdot a_{Ac^-}}{a_{HAc}}$$

取对数，按 $pH = -\lg a_{H^+}$，即可得到

$$pH = -\lg K_a + \lg\frac{a_{Ac^-}}{a_{HAc}} \tag{7-21}$$

由于乙酸浓度稀，且是分子状态，故可认为它的活度为 1，a_{Ac^-} 则可取为相同浓度 NaAc 的平均活度。已知 $K_a = 1.75\times10^{-5}$ 之后，即可按式(7－21)计算此缓冲溶液的 pH 值，进而可计算电池 D 的电动势。

电池 D 的电动势应是：

$$E = E^{\ominus} - \frac{RT}{2F}\ln a_{Zn^{2+}} \cdot a_{Cl^-}^2$$

因 $a_{Zn^{2+}} \cdot a_{Cl^-}^2 = a_{\pm}^3 = (b_{\pm}\gamma_{\pm})^3 = [b\times(2b)^2]\gamma_{\pm}^3 = 4b^3\gamma_{\pm}^3$

故

$$E + \frac{3RT}{2F}\ln 4^{1/3} b = E^{\ominus} - \frac{3RT}{2F}\ln\gamma_{\pm} \tag{7-22}$$

当浓度无限稀时，$\gamma_{\pm}\to1$，因此如果在一系列浓度下测得电池的电动势，再以 $E + \frac{3RT}{2F}\ln 4^{1/3} b$ 对 $\sqrt{b}$ 作图，外推到浓度为零，即可得出 $E^{\ominus}$，然后可按式(7－22)计算各浓度下的 $\gamma_{\pm}$。

三、仪器试剂

（1）仪器：精密电位差计（包括直流稳压电源、分流器、补偿电位计；标准电池、检流计各 1 台）；甘汞电极、氯化银电极、铂电极、锌电极、银电极各 1 支；50mL 广口瓶 5 个；10mL 移液管 2 支；洗瓶 1 个；饱和 KNO_3 盐桥。

(2)试剂:0.01mol · L^{-1} $AgNO_3$;0.1mol · L^{-1} KCl;饱和 KCl 溶液;氯醌固体粉末;1.00 mol · L^{-1} $ZnCl_2$ 溶液;0.2mol · L^{-1} HAc;0.2mol · L^{-1} NaAc;未知溶液;硝酸亚汞溶液。

四、实验步骤

(1)电极制备:

①锌电极。用抛光砂纸将锌电极表面打磨光滑,然后用自来水冲洗,用滤纸擦干,再浸入饱和硝酸亚汞溶液中 3 ~5s,取出后用滤纸擦拭锌电极,使锌电极表面有一层均匀的汞齐,再用蒸馏水洗净(注意:汞盐有毒,用过的滤纸应投入指定的容器中,容器中应有水淹没滤纸,切勿随便乱丢)。

②银电极。将两根银电极用抛光砂纸轻轻擦亮,再用蒸馏水洗净擦干。把处理好的两根银电极浸入 $AgNO_3$ 溶液中,测量其间的电动势值。两根银电极间的电位差小于 0.005V 方可在浓差电池中使用,否则需重新处理电极或重新挑选电极。

(2)将甘汞电极插入装饱和 KCl 溶液的广口瓶中。另取一广口瓶洗净后用数毫升 0.01 mol · L^{-1} $AgNO_3$ 溶液连同银电极一起淌洗,然后装 0.01mol · L^{-1} $AgNO_3$ 约 2/3,插入银电极,用 KNO_3 盐桥与甘汞电极连接构成电池,电池与电位差计连接时应注意电极的极性。盐桥的两支管应标好记号,让标负号的一端始终与含氯离子的溶液接触。

(3)将电位差计上的伏特读数调整到电动势的计算值附近后,再进行精密测定。测定完毕 A 号电池的溶液不要倒掉。

(4)用浸在 0.1mol · L^{-1} KCl 溶液中的氯化银电极代替甘汞电极作为参比电极,用它与银电极连成 B 号电池,再按上法测其电动势。

(5)吸取 10mL 0.2mol · L^{-1} HAc 及 10mL 0.2mol · L^{-1} NaAc 于洗净的广口瓶中,再于其中加入少量氢醌粉末,摇动使之溶解,但仍保持溶液中含少量固体。然后插入光铂电极,架上盐桥与甘汞电极组成电池 C,测其电动势。最后按相同的方法测未知溶液的 pH 值。

(6)于干净广口瓶中放入 20mL 1.00mol · L^{-1} $ZnCl_2$ 溶液。将锌电极和氯化银电极同放其中,测得电池电动势。然后用成倍稀释法(参见实验 83)从瓶中取出 10mL 溶液,再加入 10mL 蒸馏水,混合均匀后测其电动势,如此稀释 7 次。最后再校正一次氯化银电极电势,取其平均改正值。

(7)测定完毕后,保留饱和 KCl 溶液及氯化银电极的溶液,倒去硝酸银及乙酸溶液。洗净广口瓶,装入蒸馏水,将铂电极和银电极插入其中。盐桥两端淋洗后,浸入硝酸钾溶液中保存。锌电极洗净擦干保存。

五、关键操作及注意事项

半电池管和小烧杯必须清洗干净,制作半电池以及将半电池插入盐桥时,注意不要进入气泡,$AgNO_3$ 废液必须倒入回收瓶中。

六、数据处理

(1)根据电池 A 的测定结果,以饱和甘汞电极为参比,计算 Ag^+(0.01mol · L^{-1})/Ag 电极的电动势。

(2)利用电池B的测定结果计算氯化银的溶度积。

(3)计算室温下缓冲溶液的pH值;计算未知溶液的pH值。

(4)利用电池C的结果,以 $E+\frac{3RT}{2F}\ln 4^{1/3}b$ 对 $\sqrt{b}$ 作图,外推求 $E^{\ominus}$,并由此计算锌电极的 $\varphi^{\ominus}_{Zn,Zn^{2+}}$。

(5)计算各浓度下 $ZnCl_2$ 溶液的平均活度系数,并与文献值比较。

七、附录

(1)有关电解质的离子平均活度系数 $\gamma_{\pm}$ 见表7-2。

表7-2 电解质的离子平均活度系数

电解质溶液	0.01mol·kg^{-1} $AgNO_3$	0.1mol·kg^{-1} KCl	0.1mol·kg^{-1} NaAc
$\gamma_{\pm}$	0.90	0.77	0.79

对1-1价型电解质的稀溶液来说,质量摩尔浓度(mol·kg^{-1})与物质的量浓度(mol·L^{-1})相近,故可认为它们的活度系数没有差别。

(2)电极电势与温度的关系。

①饱和甘汞电极:当其作为氧化极时,电极反应是:

$$Hg(液)+Cl^-(饱和\ KCl)\longrightarrow\frac{1}{2}Hg_2Cl_2(固)+e^-$$

$$\varphi_{甘汞}=\varphi^{\ominus}_{甘汞}-\frac{RT}{F}\ln a_{Cl^-}$$

对饱和甘汞电极来说,其氯离子的物质的量浓度在一定温度下是个定值,故其电极电势只与温度有关,其关系为:

$$\varphi_{甘汞}=0.2415-0.00065(t-25)\qquad(t\ 的单位为℃,下同)$$

②氯化银电极:当其作为氧化极时,电极反应是:

$$Ag(固)+Cl^-\longrightarrow AgCl(固)+e^-$$

$$\varphi_{AgCl}=\varphi^{\ominus}_{AgCl}-\frac{RT}{F}\ln a_{Cl^-}$$

对非饱和型氯化银电极来说,其电极电势与氯离子的物质的量浓度和温度均有关系。但 $\varphi^{\ominus}_{AgCl}$ 只与温度有关。

$$\varphi^{\ominus}_{AgCl}=0.2224-0.000645(t-25)$$

③醌氢醌电极:作为还原极时,电极反应是:

$$C_6H_4O_2+2H^++2e^-\longrightarrow C_6H_4(OH)_2$$

$$\varphi_{Q\cdot QH_2}=\varphi^{\ominus}_{Q\cdot QH_2}-\frac{RT}{F}\ln\frac{1}{a_{H^+}}$$

或

$$\varphi_{Q\cdot QH_2}=\varphi^{\ominus}_{Q\cdot QH_2}-\frac{2.303RT}{F}\times pH$$

而 $$\varphi_{Q \cdot QH_2} = 0.6994 - 0.00074(t - 25)$$

④银电极：作为还原极时，电极反应是：

$$Ag^+ + e^- \longrightarrow Ag$$

$$\varphi_{Ag^+/Ag} = \varphi^{\ominus}_{Ag^+/Ag} - \frac{RT}{F}\ln\frac{1}{a_{Ag^+}}$$

而 $$\varphi^{\ominus}_{Ag^+/Ag} = 0.799 - 0.00097(t - 25)$$

⑤锌电极：作为还原极时，电极反应是：

$$Zn^{2+} + 2e^- \longrightarrow Zn$$

$$\varphi_{Zn^{2+}/Zn} = \varphi^{\ominus}_{Zn^{2+}/Zn} - \frac{RT}{2F}\ln\frac{1}{a_{Zn^{2+}}}$$

$$\varphi^{\ominus}_{Zn^{2+}/Zn} = -0.7628 + 0.0001(t - 25)$$

(3)各温度下 AgCl 的 K_{sp} 见表 7－3。

表 7－3 各温度下 AgCl 的 K_{sp}

温度，℃	4.7	9.7	25	50
K_{sp}	0.21×10^{-10}	0.37×10^{-10}	1.56×10^{-10}	13.2×10^{-10}

八、思考题

(1)对消法测电动势的基本原理是什么？为什么用伏特计不能准确测定电池的电动势？

(2)电位差计、标准电池、检流计及工作电池各有什么作用？

(3)如何维护和使用标准电池及检流计？

(4)参比电极应具备什么条件？它有什么功用？

(5)盐桥有什么作用？应选择什么样的电解质作盐桥？

(6)如果电池的极性接反了，会有什么后果？工作电池、标准电池和未知电池中任一个没有接通会有什么后果？

(7)在饱和锌汞齐中，锌的活度是多少？

(8)为什么电池 D 的锌电极和氯化银电极不通过盐桥而直接浸入 $ZnCl_2$ 溶液组成电池？

九、教学讨论

(1)电位差计是电学测量的基本仪器，也是电学测量的基准器和标准器。但在实验中常使用电子电位差计(记录仪)、晶体管毫伏计(pH 计)和数字电压表测量电池的电动势或电位差，它们的输入阻抗极高，几乎都是在被测系统不消耗能量(电流)的条件下进行测定的，因而其效果与电位差计十分相似。但它们的示值仍需用电位差计进行校验。

(2)测得可逆电池的电动势才具有热力学价值。可逆电池必须由可逆电极组成，并尽可能不使用盐桥，因盐桥也不能完全消除扩散电势。但就实际应用来说(例如 pH 值的测定、电势滴定等)，并不要求全是可逆电池。

十、选做课题

(1)用于 pH 值测量的棒式锑电极的制备和校正。

(2)用电势滴定法测定含 Cl^-,Br^- 和 I^- 三种离子混合液的物质的量浓度。

十一、实际应用

通过可逆电池的电动势的测定可以求得平衡常数、活度系数、溶解度、配合物稳定常数、溶液中离子活度,以及通过测定电池的电动势的温度系数而求得有关反应的热力学函数等。

实验室中常用的 pH 计、离子活度计、自动电势滴定计等是电势测定实际应用的常见例子。

十二、参考文献

(1) Marthews G P. Wxperimental Physical Chemistry. Oxford:Charendon Press,1985.

(2)成都科技大学物化教研室. 物理化学实验. 3 版. 北京:高等教育出版社,1991.

(3)清华大学物化教研室. 物理化学实验. 北京:清华大学出版社,1991.

7.4　实验 85　阳极极化曲线的测定

一、实验目的

(1)测定碳钢在碳铵溶液中的阳极极化曲线。

(2)掌握恒电位仪的使用方法。

(3)掌握利用恒电位仪研究电极行为评价电化学防腐功效的方法。

二、实验原理

在以金属作阳极的电解池中通过电流时,通常将发生阳极的电化学溶解过程。如阳极极化不大,阳极过程的速率随电势变正而逐渐增大,这是金属的正常阳极溶解。在某些化学介质中,当电极电势正移到某一数值时,阳极溶解速率随电势变正反而大幅度降低,这种现象称作金属的钝化。

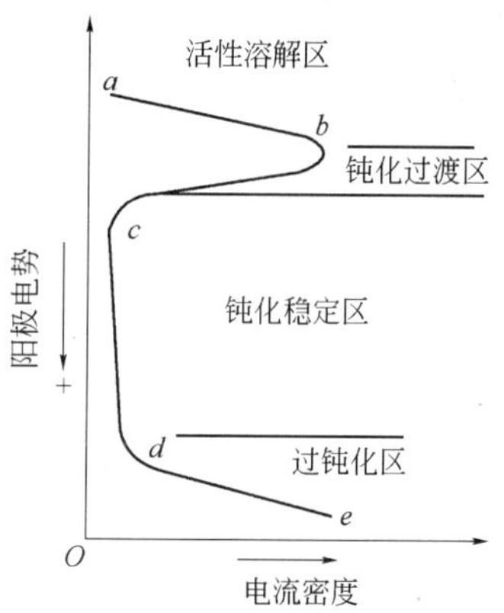

图 7-3　阳极极化曲线

处在钝化状态的金属的溶解速率是很小的,这在金属防腐及作为电镀的不溶性阳极时,正是人们所需要的。而在另外的情况如化学电源、电冶金和电镀中的可溶性阳极,金属的钝化就非常有害。

利用阳极钝化,使金属表面生成一层耐腐蚀的钝化膜来防止金属腐蚀的方法,叫作阳极保护。

用恒电势法测定的阳极极化曲线如图 7-3 所示。曲线表明,电势从 a 点开始上升(即电势正向方向移动),电流也随之增大，电势超过 b 点以后，电流迅速减至很小，这是因为在碳钢表面上生成了一层电阻高、耐腐蚀的钝化膜。到达 c 点以后，电势再继续上升，电流仍保持在一个基本不变的、很小的数值上。电势升至 d 点时，电流又随电势的上升而增大。从 a 点到 b 点的范围称为活性溶解区，b 点到 c 点称为钝化过渡区，c 点到 d 点称为钝化稳定区，d 点以后称为过钝化区。对应于 b 点的电流密度称为致钝电流密度，对应于 $c \sim d$ 段的电流密度称为维钝电流密度。如果对金属通以致钝电流（致钝电流密度与表面积的乘积）使表面生成一层钝化膜（电势进入钝化区），再用维钝电流（维钝电流密度与表面积的乘积）保持其表面的钝化膜不消失，金属的腐蚀速率将大大降低，这就是阳极保护的基本原理。

若用恒电流法，则极化曲线的 abc 段就作不出来，所以需要用恒电势法测定阳极钝化曲线。

三、仪器试剂

（1）仪器：HDV－7 型晶体管恒电位仪（或 JH－2C 型恒电位仪）1 台；H 型电解池 1 套；饱和甘汞电极（参比电极）1 支；碳钢电极（研究电极）1 支；铂或铅电极（辅助电极）1 支。

（2）试剂：25% 氨水被碳酸氯铵饱和的溶液。

四、实验步骤

（1）先将碳钢电极在金相砂纸上磨光，再用绒布磨成镜面，每次测量前都需重复上述步骤。电极除一工作面外，其余五面用环氧树脂或石蜡封住。

（2）研究电极和辅助电极浸入饱和碳酸氢铵溶液中，参比电极浸入饱和硝酸钾溶液中，两溶液通过饱和硝酸钾琼脂盐桥连通，鲁金毛细管小嘴距研究电极约 2mm。

（3）开机前将电流量程旋钮拨到“10mA”档，电位选择旋钮拨到“调零”，工作选择旋钮拨到“恒电位”，电位量程按下“－3V～＋3V”。再把电源开关拨到“自然”，此时指示灯亮。预热约 10min，调节“调零”电位器使伏特计指针指零。

（4）将甘汞电极接“参比”柱，用导线将“研究”和“⏚”短接。碳钢电极接“研究”柱，铂或铅电极接“辅助”柱。为方便读数和提高读数精度，可将数字电压表的“＋”端接“研究”柱，“－”端接“参比”柱，直接从数字电压表读数。

（5）将电位测量选择旋扭拨到“参比”档，这时电表指示出碳钢电极在研究介质中的开路电位，记下读数。

（6）将电位测量选择旋钮拨到“给定”档，调恒电位粗调和细调旋钮，使给定电位等于碳钢的开路电位。

（7）电源开关拨到“极化”，电流量程拨 100μA 档，这时电流表指示应为零，如不为零，调节恒电位细调使之为零，记下电位值。

（8）将电流量程拨到“10mA”档，慢慢调节恒电位“粗”、“细”调旋钮，按顺时针方向转动。每改变 50mV，记录一次相应的电流值。

为避免电流表超载打针，在调电位时应把电流量程调到“10mA”档，读电流时再选择适当的低档量程。

过程中注意观察析出 H_2 和析出 O_2 时的电势。

测定阳极极化曲线的接线图见图7-4。

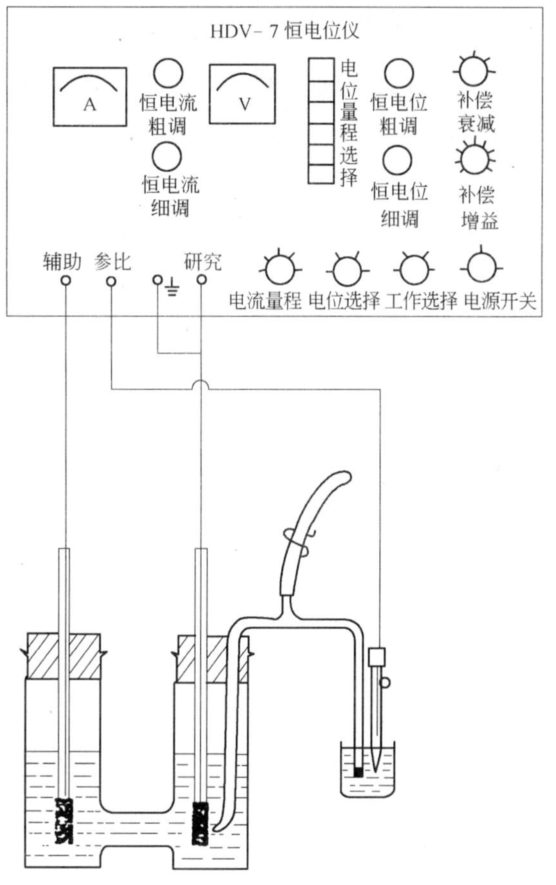

图7-4 测定阳极极化曲线的接线图

五、数据处理

(1)以 E(相对于饱和甘汞电极)为纵坐标,$\lg i$(i 为电流密度)为横坐标作图。

(2)从阳极极化曲线上找出维钝电势范围和维钝电流密度($A \cdot m^{-2}$)。

(3)根据法拉第定律,计算金属的腐蚀速率:

$$K = \frac{I_m \cdot t \cdot n}{26.8 \cdot \rho \cdot 1000}(\mathrm{mm} \cdot 年^{-1})$$

式中 I_m——维钝电流密度,$A \cdot m^{-2}$;

t——时间,h(一年按330天计,共 $24 \times 330h$);

n——金属的电化当量,g$\left(Fe^{3+}\text{为}\frac{56}{3}=18.7g\right)$;

ρ——金属的密度,$g \cdot cm^{-3}$(对碳钢,$\rho = 7.8g \cdot cm^{-3}$)。

六、思考题

(1)阳极保护的基本原理是什么?什么样的介质才适于阳极保护?

(2)什么是致钝电流和维钝电流?它们有什么不同?

(3)在测量电路中,参比电极和辅助电极各起什么作用?

(4)测定阳极钝化曲线为什么要用恒电位仪?

(5)开路电位、析氧电势和析氢电势各有什么意义?

七、教学讨论

(1)金属表面钝化后其整体物性并无变化,只是表面覆盖着一层极薄的、附着力极强的、稳定的钝化膜,对金属起到保护作用。因此化学反应产生的钝化叫化学钝化,如不锈钢在硝酸中的钝化;由于电流作用而产生的钝化叫电化学钝化,如碳钢在硫酸中的阳极保护。

(2)影响金属钝化的重要因素有溶液组成和金属性质两个方面。中性较酸、碱性溶液易钝化,含氧化性阴离子易钝化,含卤素离子易破坏钝化。铬较铁、镍易钝化,不锈钢易钝化。

(3)当阳极发生钝化时,电流急剧减小。用恒电流法作不出完整的极化曲线,因此须采用恒电势法。

八、选做课题

测定碳钢在硫酸中的钝化曲线,并试验氯离子对钝化的影响。

九、实际应用

阳极极化曲线是研究金属表面钝化现象和电化学腐蚀及防腐的重要手段。测试阳极极化曲线是进行阳极保护之前不可缺少的实验室研究步骤。根据实验测得的致钝电流密度、维钝电流密度和钝化稳定电势区均可作为实施阳极保护的参考数据。

十、参考文献

(1)成都科技大学物化教研室. 物理化学实验. 3 版,北京:高等教育出版社,1991.
(2)Riggs, O L. Anodic Protection. New York: Plenum Press, 1981.

7.5　实验 86　表面活性剂临界胶束浓度的测定

一、实验目的

(1)了解胶束形成的原理。
(2)用电导法测定离子型表面活性剂的临界胶束浓度。

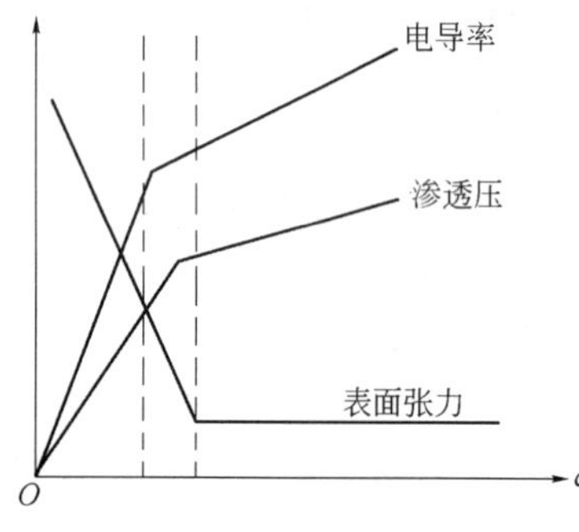

图 7-5　表面活性剂水溶液的物化性质

二、实验原理

表面活性剂溶液具有某些不一般的物化性质。当溶液浓度很稀时,它的性质与一般溶液相同;当浓度增大到一定数值时,某些物化性质如表面张力、渗透压、电导率等,都发生突然变化:表面张力不再随浓度增加而改变;渗透压、电导率随浓度增长的幅度将降低(图 7-5)。Mabain 指出,这些不规则的变化,主要是由于溶液中的表面活性剂分子,聚集在一起形成了胶束。这些物化性质的突变,发生在一个很窄的浓度范围,习惯上称此很窄的浓度范围为临界胶束浓度,简称 CMC。

表面活性剂具有 CMC 值是其结构特征的反映。众所周知,表面活性剂分子具有两亲结构,即既有疏水基团又有亲水基团。当它溶于极性很强的水中时,分子中的一部分可溶于水,而另一部分有自水中“逃离”的趋势。当表面活性剂的浓度较小时,这种双重性质主要促使分子定向排列于液体表面,即产生溶液表面的吸附现象。当溶液表面吸附饱和后,进一步增加表面活性剂的浓度,这种双重性质便会促使表面活性剂分子自相缔合,即疏水基团相互靠拢,亲水基团却与水相接触。这种缔合体即为胶束(图 7-6)。

不同的表面活性剂具有不同的疏水基团和亲水基团,因而 CMC 值也不相同。胶束溶液的许多重要性质,如增溶作用,必须浓度大于 CMC 始能发生。因此测定表面活性剂的 CMC 值,实属必要。

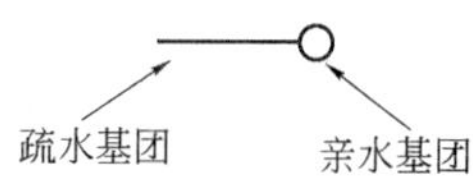

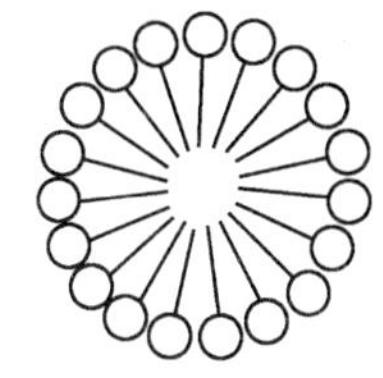

图7－6 表面活性剂胶束

测定CMC值的方法很多,原则上一般的溶液性质如冰点、渗透压、溶解度都可以用于CMC值的测定。也可采用光学的方法如光散射法、吸收光谱法进行测定。从表面活性剂浓度和表面张力曲线确定CMC值,更是常用的经典方法。本实验采用最简便的电导法,测定十二烷基硫酸钠(SDS)的CMC值。

三、仪器试剂

(1)仪器:DDS－11A型电导率仪1台;DJS－1型铂黑电极1支;超级恒温槽1台;夹套玻璃杯1只;容量瓶(50mL)20只;容量瓶(250mL)1只;吸量管(5mL,10mL)各1支。

(2)试剂:十二烷基硫酸钠(AR)。

四、实验步骤

(1)准确称量十二烷基硫酸钠7.209g,加水溶解后,转入250mL容量瓶中,并稀释至刻度。此溶液的浓度为0.1000mol·L^{-1}。储存备用。

(2)用吸量管准确量取不同体积的0.1000mol·L^{-1}SDS溶液,分别置于20个50mL容量瓶中,用水稀释至刻度,配制成不同浓度的SDS待测溶液。浓度范围为$1\times10^{-3}\sim2\times10^{-2}$ mol·L^{-1},浓度差为1×10^{-3}mol·L^{-1}。

(3)开启恒温槽,调节温度使夹套玻璃杯中的温度为30±0.2℃。按浓度由低到高的次序,测定各待测溶液的电导率(DDS－11A型电导率仪的原理和使用方法见附录)。每次换溶液时,必须用待测溶液洗铂黑电极及玻璃杯三次。注入待测溶液,待温度恒定后,再行测定。至少需读数三次。

五、数据处理

(1)按表7－4列出实验数据。

表7－4 实验数据

编号		1	2	3	…	18	19	20
c_{SDS},mol·L^{-1}		1×10^{-3}	2×10^{-3}	3×10^{-3}	…	1.8×10^{-2}	1.9×10^{-2}	2.0×10^{-2}
电导率 S·m^{-1}	1							
	2							
	3							
	平均							

(2)以电导率对浓度作图,绘制电导率随浓度变化的曲线,沿低浓度及高浓度的直线部分,作两直线外延,与其交点相对应的浓度,即CMC值。

六、思考题

(1)试解释表面活性剂的表面张力、电导率、渗透压等性质,为什么在CMC处产生突然变化?

(2)若表面活性剂为脂肪醇聚氧乙烯醚,能否采用电导法测定其CMC值?

七、教学讨论

(1)测定表面活性剂CMC值所用试样必须纯净。若无分析纯的SDS,将化学纯的SDS纯化后亦可使用。纯化的方法如下:取三口烧瓶装入分析纯无水乙醇,在搅拌下加入化学纯SDS,并加热至乙醇开始回流,继续加入SDS,至其不再溶解为止。回流两小时后,趁热过滤。将滤液冷至室温,放入冰盐浴中,使SDS尽量析出。过滤后即得第一次纯化的SDS。将第一次纯化的SDS按上述步骤进行第二次纯化。所得试样的表面张力—浓度曲线,一般无最低点,即可使用。

(2)为了保证读数的精确度,必须等待测溶液的温度恒定后开始读数,一般约需3~5min。

(3)测定各溶液的电导率时,电极与液面的距离,应尽量保持一致。

八、参考文献

(1)Дулицкая Р А, Фелъдман Р И. Практики по физицеской и Коллоидной Химиям. стр,1978,224~245,248.

(2)山东大学. 物理化学与胶体化学实验. 北京:高等教育出版社,1990.

7.6 实验87 单分子膜的制备与测量

一、实验目的

(1)测定硬脂酸分子的截面积及长度。

(2)掌握制备单分子膜的技术。

二、实验原理

凡能引起液体表面张力降低的物质,称为表面活性剂。表面活性剂分子都是由极性基团和非极性基团两部分构成的。极性基团如—COOH,—OH,$—SO_3^-$,$—NH_2$等,它们与水分子相吸引;非极性基团如烷基等,它们与水分子相排斥。假如表面活性剂分子中极性基团占绝对优势,那么表面活性剂分子会溶于水中;相反,如果非极性部分占绝对优势,则分子会呈油滴状浮于水面;若某种表面活性剂分子的极性基团较弱,而非极性基团较强,那么该表面活性剂分子既不会溶于水中,也不会在水面上形成油滴,而是在水面上铺展开来,形成不溶性薄膜,或称表面膜。能形成不溶性薄膜的物质,称为成膜物质。若形成的薄膜只有一个分子厚度,就称为单分子膜。凡含有羟基(—OH)或羧基(—COOH)而碳原子数在14~22之间的长链脂肪族化合物,都能够在水面上形成稳定的单分子膜。

对单分子膜的研究表明:成膜物质分子中的极性基团,仅仅是促使分子具有一定的亲水性,增强它与水分子之间的结合力;而非极性基团能使成膜物质的分子保持其不溶于水的本色。因此,这类分子分布于水面后,极性基团吸附于水面上,非极性基团朝向空气中。成膜物质的分子既难向下溶于水中,也不会向上挥发掉,只会前后、左右来回运动,即只能在二维空间范围内活动。成膜物质分子的这种运动,也会碰撞四周的围栏,从而产生一种二维空间的压力。表面膜对于单位长度围栏所施加的压力,称为膜压力。处于二维空间的表面膜与三维空间的物质既有相似之处,又有其独特的性质。与三维空间中的物质存在气态、液态、固态一样,二维空间中的单分子膜也有气态膜、液态膜和固态膜之分。而且,液态膜还可分为扩张膜、转化膜和凝聚膜。这是三维空间的物质所不具备的。当成膜物质加入量不多时,液面上的分子很少,活动空间大,产生的膜压力也低。其图像如图7-7(a)所示。此膜的物理性质与三维空间中的理想气体很相似,所以称之为气态膜。此时每个分子平均所占的面积比实际分子面积要大得多。当继续加入成膜物质或减小表面积时,液面上的分子逐渐增多,此时虽然分子活动区域变小,产生的膜压力却逐渐增大,但膜结构仍具有一定的松散性和无组织性,类似于液态的分子状态,故称之为液态膜。其图像如图7-7(b)所示,此时每个分子所占的面积还是比分子截面积大。若进一步加入成膜物质或减小表面积,便会产生液面全部被成膜物质的分子排满的情况。这种膜密度大,其性质类似于固态,故称之为固态膜。如果将滑石粉洒在表面上,便可看到整个膜一起移动。许多研究证明,形成固态膜时,成膜物质的碳氢链紧密定向排列于表面上,如图7-7(c)所示。此时,每个分子在表面上所占的面积与实际分子的截面积近乎相等。因此,可通过固态膜的研究,求算成膜物质分子的截面积及其分子长度。

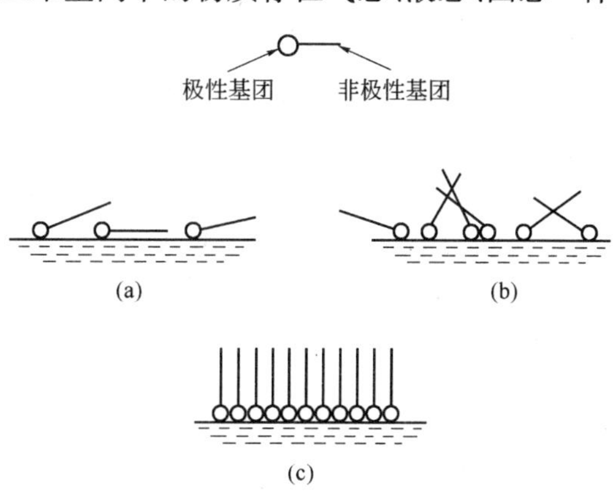

图7-7 成膜物质分子排列情况

若由实验测得固态膜的面积为A,又知道成膜物质的分子数,则每个分子所占的面积——即分子的截面积a_∞为:

$$a_\infty = \frac{AM}{W \cdot N_A} \tag{7-23}$$

式中,M和W分别为成膜物质的摩尔质量和质量,N_A为阿伏加德罗常数。若已知成膜物质的摩尔体积V_m或密度ρ,便可以进一步求算成膜物质的分子长度δ,其关系式为:

$$\delta = \frac{V_m}{a_\infty \cdot N_A} = \frac{M}{a_\infty \cdot N_A \cdot \rho} \tag{7-24}$$

制备单分子膜一般是将少量成膜物质溶解于某种易挥发的溶剂(如苯、石油醚等)中,配成极稀的溶液,再逐滴滴于水面上。待溶剂挥发后,成膜物质的分子即在水面上铺展开来。据此,式(7-23)可改写为:

$$a_\infty = \frac{A \cdot M}{c \cdot V \cdot N_A} \tag{7-25}$$

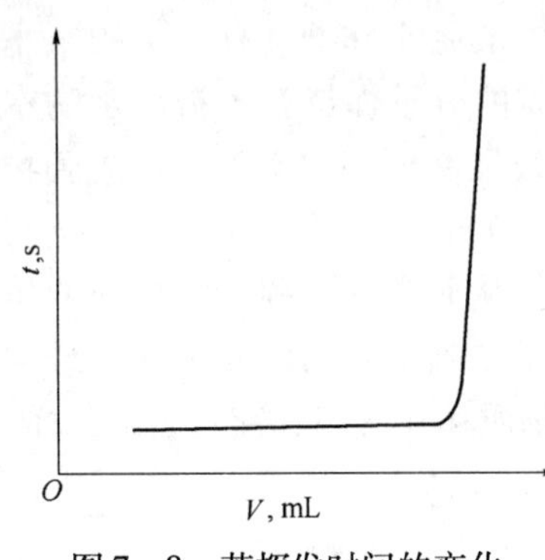

图7-8　苯挥发时间的变化

式中　c——成膜物质溶液的质量浓度,$g \cdot mL^{-1}$;

V——溶液的体积,mL。

本实验以苯为溶剂,成膜物质为硬脂酸。形成固态膜时,硬脂酸的用量是根据苯挥发时间的变化来确定的。在固态膜形成之前,苯在水面上以一定的速率挥发;当液面上形成紧密定向排列的固态膜以后,苯的挥发速率明显变慢。可能是由于非极性基团朝向空气,表面性质发生了变化所致。若以苯挥发时间对所用溶液体积作图,便可从曲线的突变处确定硬脂酸的用量,如图7-8所示。

三、仪器试剂

(1)仪器:大搪瓷盘(30cm×36cm)1个;小搪瓷盘1个(19cm×29cm);筛子1个;直尺1把;秒表1只;微量滴定管1支(5mL);容量瓶2个(100mL);吸量管1支(10mL);玻璃片2块(2cm×22cm)。

(2)试剂:硬脂酸(AR);苯(AR);滑石粉;石蜡。

四、实验步骤

(1)准确称量硬脂酸0.100g,溶于苯中,在100mL容量瓶中稀释至刻度,配成质量浓度为$1mg \cdot mL^{-1}$的溶液,从中取出10mL稀释至100mL,则该溶液的质量浓度为$0.1mg \cdot mL^{-1}$(也可更稀一些)。将配制好的溶液储存于磨口瓶中,放在阴凉处,以防由于苯的挥发,使溶液的浓度改变。

(2)将小搪瓷盘和玻璃片洗净烘干,并趁热将已熔化的石蜡均匀地涂满玻璃片及搪瓷盘的边缘。

(3)将小搪瓷盘放于大搪瓷盘中,注满自来水,使水面略高于小盘上缘。再于小盘一端的水面上,轻轻洒入少许滑石粉(力求均匀),然后将滑石粉轻轻吹到盘的另一端水面,并用涂蜡玻璃片自盘的一端向另一端轻刮水面数次,以便将水面上的污物尤其是油污,与粉末一起除去。如此重复操作两遍,确保水面清洁。

(4)用两块涂蜡玻璃片固定成膜面积,一般不要小于$300cm^2$,用直尺准确测量。

(5)将质量浓度为$0.1mg \cdot mL^{-1}$的硬脂酸—苯溶液,注入微量滴定管中,调整滴速为20s左右一滴。

(6)将硬脂酸—苯溶液逐滴滴于水面上(最好不要滴在同一处),仔细观察苯的挥发及硬脂酸的铺展,用秒表记录每滴苯溶液挥发完毕所需的时间。同时记录所用溶液的体积,直到挥发明显变慢为止。

(7)重复测定两次。

五、数据处理

(1)列出所用溶液体积V与挥发时间t的数据,以V为横坐标,t为纵坐标,绘出V—t曲线,由曲线确定苯挥发时间突变时溶液的体积。

(2)将溶液的浓度、体积、成膜面积以及硬脂酸的摩尔质量代入式(7－25)中,求算硬脂酸分子的横截面积 a_∞,以 nm^2 为单位。

(3)根据式(7－24),计算硬脂酸分子的长度 δ,以 nm 为单位。

六、思考题

(1)形成单分子膜的物质有什么结构特征?二维空间的表面膜与三维空间的物质有何区别?

(2)为什么能根据苯挥发时间的突变,确定单分子膜形成的终点?

(3)试分析若溶液浓度变大或水面有其他油污,将怎样影响实验结果?

七、教学讨论

(1)做好本实验的关键是保持水面清洁,防止油类污染。对此,在整个实验过程中都应密切注意。

(2)为了保证硬脂酸用量准确,应考虑尽量避免苯的挥发而造成浓度改变。

八、参考文献

(1)Salzberg H W. Physical Chemistry Laboratory. New York:Macmillan Publishing Co. ,Inc. , 1978.

(2)亚当森 A W. 表面的物理化学(上册). 顾惕人,译. 北京:科学出版社,1984.

(3)山东大学. 物理化学与胶体化学实验. 北京:高等教育出版社,1990.

7.7 实验 88 溶液表面的吸附

一、实验目的

(1)了解溶液表面的吸附作用,测定不同浓度的正丁醇水溶液的表面张力。

(2)掌握气泡最大压力法测定液体表面张力的原理与技术。

(3)应用吉布斯(Gibbs)公式和朗格谬尔(Langmuir)方程求出正丁醇的饱和吸附量,并计算表面上被吸附的正丁醇分子的截面积。

二、实验原理

液体表面的分子,由于受力不均衡而具有表面张力。当液体中加入溶质时,其表面张力就会升高或降低。若升高,则溶质在表面层的浓度比溶液本体浓度小;若降低,则溶质在表面层的浓度比溶液本体浓度大。人们将溶质在溶液表面的浓度与本体浓度不一致的现象,称为溶液表面的吸附作用。

对于同一种溶质来说,其改变液体表面张力的多少,随溶液浓度的不同而异,而溶质在溶液表面的吸附,亦与此密切相关。吉布斯用热力学方法导出了在一定温度和压力下,吸附量、溶液浓度与表面张力的关系式。对二组分的稀溶液而言,吉布斯公式可表示为:

$$\Gamma = -\frac{c}{RT}\left(\frac{\partial \sigma}{\partial c}\right)_T \quad (7-26)$$

式中　Γ——溶质在表面层的吸附量，$mol \cdot m^{-2}$；

c——溶质在溶液本体中的浓度；

σ——溶液的表面张力，$N \cdot m^{-1}$；

R——摩尔气体常数，$J \cdot mol^{-1} \cdot K^{-1}$；

T——热力学温度。

若$\frac{\partial \sigma}{\partial c}<0$，则 $\Gamma>0$。即溶液的表面张力随着溶液浓度的增加而下降时，吸附量为正值，此时溶质在溶液表面层的浓度大于溶液本体中的浓度，称为正吸附；反之，若$\frac{\partial \sigma}{\partial c}>0$，则 $\Gamma<0$，此时称为负吸附。一般是研究正吸附的情况。

能使液体表面张力降低的物质，称为表面活性物质。从分子结构的观点来看，表面活性物质的分子中都含有亲水性的极性基团和疏水性的非极性基团。在水溶液表面，极性部分指向溶液内部，非极性部分则指向空气。表面活性剂分子在溶液表面的排列状况，随其浓度不同而异，如图 7－9 所示。当浓度极小时，分子平躺在溶液表面上，如图 7－9(a)所示；当浓度较大时，分子排列如图7－9(b)所示；当浓度增大到一定程度时，整个溶液表面完全被表面活性剂分子所占据，形成了单分子饱和吸附层，如图 7－9(c)所示。

通过实验测定不同浓度的表面张力 σ，作 σ—c 的等温曲线，如图 7－10 所示。由图可见，当溶液浓度较小时，σ 随 c 的增大而迅速下降。溶液浓度继续增大，溶液表面张力随浓度的变化渐趋平缓。当浓度增大到某一值后，溶液的表面张力几乎不随浓度的增加而改变。为了求得在不同浓度时的吸附量，可按下述方法进行。在如图 7－10 的 σ—c 曲线上任取一点 a，通过 a 点作曲线的切线 ab 和平行于横轴的直线 ab'，分别交纵轴于 b 和 b'，令 $bb'=z$，则 $z=\left(\frac{\partial \sigma}{\partial c}\right)_T$，代入式(7－26)，得 $\Gamma=\frac{z}{RT}$；从 σ—c 曲线上取不同的点，就可得出不同的 z 值，从而可求出不同浓度时溶质在表面层中的吸附量 Γ。

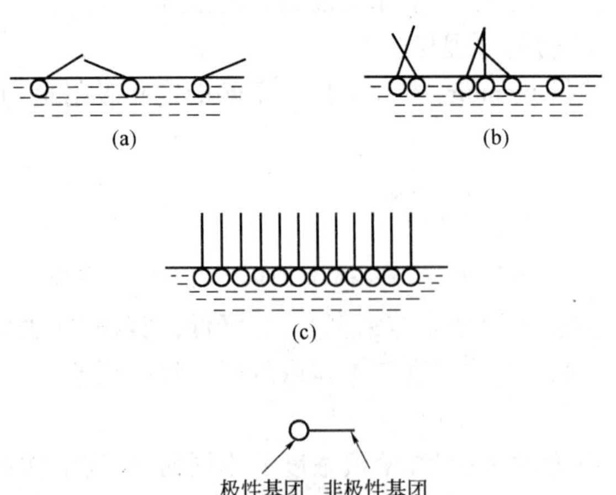

图 7－9　溶液表面上表面活性物质分子的排列情况

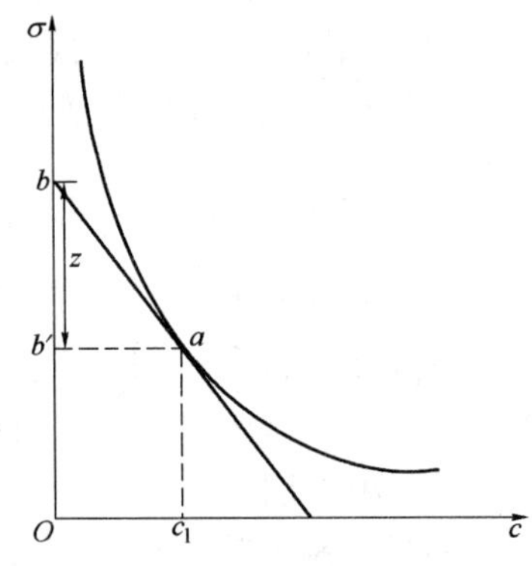

图 7－10　表面张力与浓度的关系

对于单分子层吸附,其吸附量 Γ 与浓度 c 之间的关系,还可以用 Langmuir 等温吸附方程表示,即:

$$\Gamma = \Gamma_{\infty}\frac{bc}{1+bc} \tag{7-27}$$

式中,Γ_{∞} 为饱和吸附量;b 为常数。将此式两边取倒数,可整理成线性方程式:

$$\frac{c}{\Gamma} = \frac{1}{b\Gamma_{\infty}} + \frac{1}{\Gamma_{\infty}}c \tag{7-28}$$

显然,以 $\frac{c}{\Gamma}$ 对 c 作图应为一直线,其斜率的倒数即为 Γ_{∞}。如果以 N 代表饱和吸附时单位面积表面层中的分子数,则 $N = \Gamma_{\infty} \cdot N_A$。而在饱和吸附时,每个被吸附分子在表面上所占的面积,即分子的截面积 a_{∞} 为

$$a_{\infty} = \frac{1}{\Gamma_{\infty} \cdot N_A} \tag{7-29}$$

本实验采用气泡最大压力法测定溶液的表面张力,其简单原理如下。

图 7-11 为气泡最大压力法测定溶液表面张力的装置。其中 B 是管端为毛细管的玻璃管,毛细管端面与液面相切。当从支管 E 处抽气,使 A 管中逐渐减压时,便形成压力差。毛细管中的大气压力,逐渐把管中液面压至管口,形成气泡。此压力差 Δp 与溶液的表面张力 σ 成正比,与气泡的曲率半径 R 成反比。其关系式为

$$\Delta p = \frac{2\sigma}{R} \tag{7-30}$$

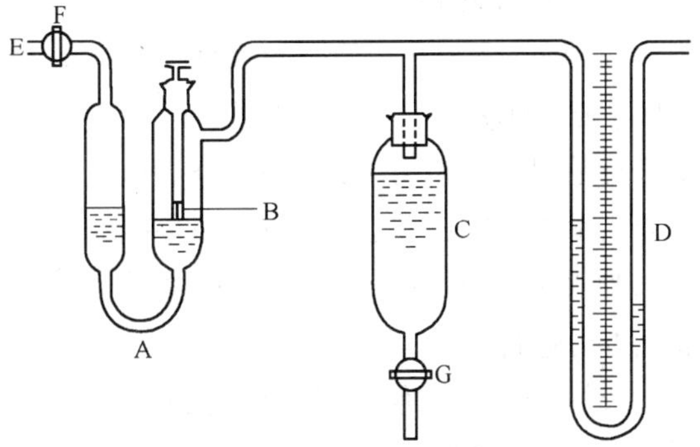

图 7-11 表面张力测定装置

A—表面张力测定管;B—管端为毛细管的玻璃管;C—减压瓶;D—压力计;E—抽气管口;F,G—活塞

因毛细管半径很小,所以形成的气泡基本上是球形。气泡刚开始形成时,表面几乎是平的,此时曲率半径最大;随着气泡的形成,曲率半径逐渐减小,直到形成半球形,这时曲率半径 R 与毛细管半径 r 相等,曲率半径达最小值。根据式(7-30),此时的 Δp 应为最大值,即:

$$\Delta p_{\max} = \frac{2\sigma}{r} \tag{7-31}$$

压力差 $\Delta p_{\max}$ 可以用压力计的最大液柱差 Δh 来表示。它们之间的关系为:

$$\Delta p_{\max} = \rho \cdot g \cdot \Delta h$$

式中 ρ——压力计中介质的密度;

g——重力加速度。

于是

$$\rho \cdot g \cdot \Delta h = \frac{2\sigma}{r}$$

$$\sigma = \frac{r}{2} \cdot \rho \cdot g \cdot \Delta h = B \cdot \Delta h \tag{7-32}$$

B 称为仪器常数,可用已知表面张力的液体测定。

若用同一套仪器,对表面张力分别为 σ_1 和 σ_2 的液体进行实验,则有如下关系:

$$\frac{\sigma_1}{\sigma_2}=\frac{\Delta h_1}{\Delta h_2} \tag{7-33}$$

由此可见，只要分别测出压力计中最大液柱差 Δh，就可从已知表面张力的标准物质求出待测物质的表面张力。

三、仪器试剂

(1)仪器：表面张力测定仪1套；恒温槽1套；移液管10mL，20mL，25mL各1支；吸量管1支(1mL)；烧杯1个(200mL)；洗耳球1个。

(2)试剂：正丁醇(AR)。

四、实验步骤

(1)将恒温槽调至25℃ ±0.05℃。

(2)将已洗净并干燥好的表面张力测定管，按照图7-11安装好。将A置于恒温槽中。用移液管准确量取一定体积的蒸馏水于A中，在E处用洗耳球抽气或打气，以调整液面，使之恰好与毛细管口相切。关闭活塞F，开放活塞G，C中之水即流出，整个系统逐渐降压，压力计上即显示出一定压差。关闭G，停止减压，若两三分钟内压力计中液面高度不变(即压差不变)，则表明系统不漏气，可以开始实验。若有漏气现象，需进行检查，采取措施，直至系统不漏气方可进行实验。

(3)再开启G，使系统减压，当减压至一定程度，即有气泡从B管管口逸出时，控制减压速率，使气泡成单泡逸出，并且使每个气泡形成时间不少于10~20s。当气泡刚刚脱离管口的一瞬间，压力计D中的液面差达到最大值，记下此液面高度差 Δh，连续读取三次，取其平均值。

(4)用吸量管量取0.10mL正丁醇，加入A管中，打开活塞F，用洗耳球从E管充气，使溶液混合均匀。再按上述步骤，测定此溶液的液柱差 Δh_1。然后依次加入0.20mL，0.20mL，0.50mL，0.50mL，1.00mL……每加一次，都按上述步骤测得其最大液柱差 Δh，直到测得的 Δh 几乎不随正丁醇的加量而变化为止。于是可得 Δh_2，Δh_3，Δh_4……一系列数据。

五、数据处理

(1)按下面的格式将实验数据列成表(表7-5)。

(2)绘制 σ—c 等温曲线。

(3)在 σ—c 曲线上取六七个点，如体积分数为0.3%，0.5%，1.0%，1.5%，2.0%，2.5%，3.0%等，绘各点的切线，求出 z 值。按照 $\Gamma=\frac{z}{RT}$ 计算 Γ 值，再计算出 c/Γ 值。z，Γ，c/Γ 一并列入表7-5中。

(4)作 c/Γ—c 图，由直线斜率求出 Γ_∞(单位 $\mathrm{mol\cdot m^{-2}}$)，并计算正丁醇分子的截面积 a_∞(单位 $\mathrm{nm^2}$)。

表 7－5　实 验 数 据

水量：________mL　　　　　　　　实验温度：______℃

正丁醇加量，mL		0.00	0.10	0.20	0.20	0.50	0.50	1.00	…
体积分数，%									
Δh，cm	1								
	2								
	3								
	平均值								
σ，$N \cdot m^{-1}$									
z									
Γ，$mol \cdot m^{-2}$									
$\frac{c}{\Gamma}$									

六、思考题

(1)做好本实验，要注意哪些问题？毛细管不干净，对实验数据有何影响？

(2)为什么毛细管端口必须和液面相切？若气泡不成单泡逸出，或逸出速率太快，将会给实验带来什么影响？为什么？

(3)为什么溶液的浓度可以用体积分数，不一定用物质的量浓度？试用吉布斯公式导出 σ 的量纲。

七、教学讨论

(1)本实验一定要保持温度恒定，若无恒温设备而在室温下进行，则需注意勿使温度有显著变化。

(2)实验用毛细管 B 的管端一定要光滑，平整，力求呈圆形。必要时可自己进一步加工。

八、参考文献

(1)李帕托夫. 胶体物理化学. 北京：高等教育出版社，1955.

(2) Salzberg H W. Physical Chemistry Laboratory. New York：Macmillan Pubishing Co. Inc.，1978.

(3)山东大学. 物理化学与胶体化学实验. 北京：高等教育出版社，1990.

7.8　实验 89　固体自溶液中的吸附

一、实验目的

(1)了解固体在溶液中的吸附作用和 Langmuir 吸附理论。

(2)学习和掌握溶液法测定吸附量、饱和吸附量、吸附平衡常数、固体比表面的基本原理和实验方法。

(3)测定活性炭—乙酸溶液吸附的饱和吸附量,计算活性炭的比表面。验证弗罗因德利希(Freundlich)和朗格谬尔(Langmuir)公式。

二、实验原理

固体表面的分子,由于所受引力的不平衡,存在表面自由能,常常通过吸附气体或溶质以降低系统的能量。这种气体分子或溶质分子在固体表面富集的现象,即为固体的吸附作用。

固体自溶液中的吸附比较复杂。因为系统中至少包含三种成分:固体(吸附剂)、溶质与溶剂。固体不仅可以吸附溶质,还可以吸附溶剂。溶质吸附量的大小,还与其溶解度有关。实际上存在三者之间的相互作用。从一般规律而言,极性物质易吸附于极性吸附剂,非极性物质易吸附于非极性吸附剂;溶质的溶解度越大越不易被吸附,反之亦然。

在稀溶液中,假设溶剂的吸附可以忽略,则溶质的吸附量可用下式计算:

$$\Gamma = \frac{(c_0 - c)V}{m} \qquad (7-34)$$

式中　Γ——吸附量,通常指每克吸附剂上吸附物的物质的量,$mol \cdot g^{-1}$;

c_0, c——吸附前后溶液的浓度,$mol \cdot L^{-1}$;

V——溶液的体积,L;

m——吸附剂的质量,g。

当温度一定时,描述固体自溶液中的吸附,通常可用 Freundlich 公式和 Langmuir 方程。

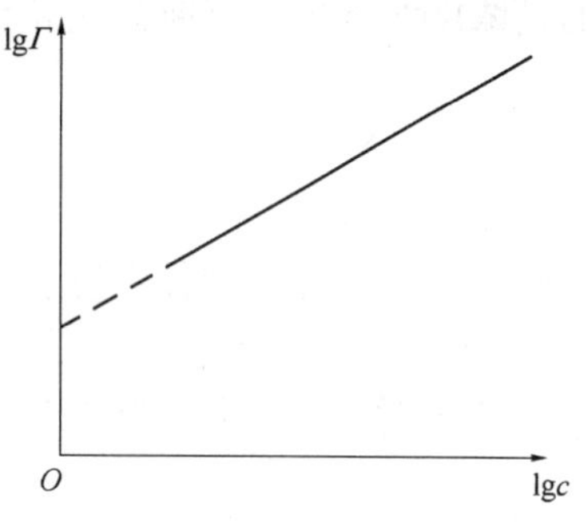

图7-12　根据 Freundlich 直线方程处理

Freundlich 公式系一经验公式,表述如下:

$$\Gamma = k \cdot c^{\frac{1}{n}} \qquad (7-35)$$

式中　c——吸附平衡时溶液的浓度;

Γ——与溶液的浓度 c 相应的吸附量;

k, n——与系统有关的常数。

式(7-35)可以写成直线式:

$$\lg\Gamma = \lg k + \frac{1}{n}\lg c \qquad (7-36)$$

显然,以 $\lg\Gamma$ 对 $\lg c$ 作图应为直线(图7-12)。从直线的斜率及截距,可以求出经验常数 k 及 n。然后根据式(7-35),可以求算在任一平衡浓度时的吸附量。

Langmuir 吸附理论的基本假定是:设固体表面是均匀的,吸附是单分子层吸附,即吸附剂一旦被吸附质覆盖就不能再吸附,因此吸附速率与空白表面成正比,解吸速率与覆盖度成正比。设覆盖度为 θ,溶液中吸附质的浓度为 c,由于存在下列平衡:

$$\text{吸附质分子(在溶液中)} \underset{\text{解吸}}{\overset{\text{吸附}}{\rightleftharpoons}} \text{吸附质分子(在固体表面上)}$$

显然,吸附速率 $v_{吸} = k_{吸}(1-\theta)c$,解吸速率 $v_{解} = k_{解}\theta$。吸附平衡时,$v_{吸} = v_{解}$,即 $k_{吸}(1-\theta) = k_{解}\theta$,重排后得:

$$\theta = \frac{k_{吸} c}{k_{解} + k_{吸} c} = \frac{K_{吸} c}{1 + K_{吸} c} \qquad (7-37)$$

式中，$K_{吸}=\frac{k_{吸}}{k_{解}}$，称为吸附平衡常数，其值决定于吸附剂和吸附质的本性及温度，$K_{吸}$ 越大，吸附剂对吸附质的吸附能力越强，反之则越弱。若以 Γ 表示浓度为 c 时的平衡吸附量，Γ_{∞} 表示全部吸附位置被覆盖的单分子层吸附量即饱和吸附量，则 $\theta=\frac{\Gamma}{\Gamma_{\infty}}$；代入式（7－37）得 $\Gamma=\Gamma_{\infty}\frac{K_{吸}c}{1+K_{吸}c}$，重排后得：

$$\frac{c}{\Gamma}=\frac{1}{K_{吸}\Gamma_{\infty}}+\frac{c}{\Gamma_{\infty}} \tag{7-38}$$

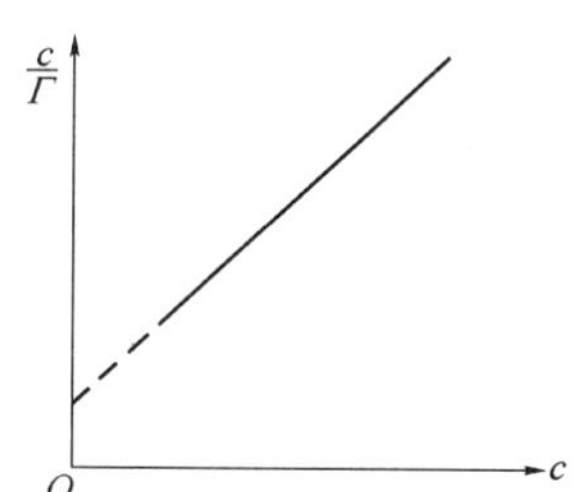

图7－13 根据 Langmuir 直线方程处理

此式称为 Langmuir 吸附等温式。以 $\frac{c}{\Gamma}$ 对 c 作图为一直线（图7－13），从斜率可求得 Γ_{∞}，从截距再结合 Γ_{∞} 可求得 $K_{吸}$。将 Γ_{∞} 和 $K_{吸}$ 代入式（7－38），便可计算任一平衡浓度时的吸附量。

饱和吸附量 Γ_{∞} 是指每克吸附剂饱和吸附吸附质的物质的量，若每个吸附质分子在吸附剂表面上所覆盖的面积为 A，则吸附剂的比表面 S_0 可按式（7－39）计算：

$$S_0=\Gamma_{\infty}N_AA \tag{7-39}$$

式中，N_A 为阿伏加德罗常数，$N_A=6.02\times10^{23}mol^{-1}$，因此比表面 S_0 的单位为 $m^2\cdot g^{-1}$。一般直链脂肪酸分子的截面积为 $24.3\times10^{-20}m^2$，HAc 可取此数值。

由此所得的比表面，往往比实际数值小一些，原因一是忽略了吸附剂对溶剂的吸附；二是吸附剂表面上可能有些小孔，脂肪酸分子不能钻进去。但这一方法操作简便，又不需要特殊仪器，还可以同时测定多个样品，因此溶液法被广泛应用，是了解和研究固体吸附剂性能的一种简便方法。

三、仪器试剂

（1）仪器：恒温振荡装置1套；天平1台（感量1mg）；磨口锥瓶6只（150mL）；锥瓶2只（150mL）；短颈漏斗6只（ϕ7cm）；大试管6支（100mL）；移液管25mL，50mL，100mL各2支；移液管10mL，20mL各1支；碱式滴定管1支（50mL）；称量瓶1只；温度计1支（$\frac{1}{10}$，0～50℃）。

（2）试剂：活性炭；$0.4mol\cdot L^{-1}$；$0.04mol\cdot L^{-1}$ 乙酸溶液；$0.1mol\cdot L^{-1}$ NaOH标准溶液；酚酞指示剂。

四、实验步骤

（1）取6个已编号的洁净干燥的磨口锥瓶，每瓶内称取活性炭约1g，按表7－6配制不同浓度的HAc溶液。

（2）用NaOH标准溶液准确标定 $0.04mol\cdot L^{-1}$，$0.4mol\cdot L^{-1}$ 乙酸溶液的浓度，并计算所配制的各乙酸溶液的浓度 c_0，列于表7－6中。

（3）将各锥形瓶瓶口用橡皮筋束紧，置于25℃±0.2℃恒温振荡器中振荡1h，以达到吸附平衡。分别用干燥的漏斗过滤，滤液收集在相应编号的干燥的大试管中待用。

(4)分别于1号、2号管中取40mL溶液,3号、4号管中取20mL溶液,5号、6号管中取10mL溶液,用NaOH标准溶液分别滴定,计算平衡浓度 c,亦列于表7-6中。

表7-6 实验数据

编　　号	1	2	3	4	5	6
活性炭质量,g						
$0.4mol \cdot L^{-1}$ HAc,mL	0	0	0	25	50	100
$0.04mol \cdot L^{-1}$ HAc,mL	25	50	100	0	0	0
H_2O,mL	75	50	0	75	50	0
c_0						
c						
Γ						

五、数据处理

(1)根据表7-6中的数据,按式(7-34)计算不同浓度乙酸溶液的吸附量。

(2)作 Γ—c 吸附等温线。

(3)以 $\lg\Gamma$ 对 $\lg c$ 作图,按式(7-36)求Freundlich常数 k 及 n。

(4)求饱和吸附量和吸附平衡常数。根据式(7-38)以 $\frac{c}{\Gamma}$ 对 c 作图画出直线,从斜率求出饱和吸附量 Γ_∞,从截距再结合 Γ_∞ 求出吸附平衡常数 $K_{吸}$。

(5)按式(7-39)计算出活性炭的比表面 S_0。

六、思考题

(1)吸附作用与哪些因素有关?固体吸附剂在稀溶液中对溶质分子的吸附与固体吸附剂在气相中对气体分子的吸附有何不同?

(2)本实验中产生误差的因素有哪些?

(3)对比Freundlich公式及Langmuir方程,讨论其优缺点。

(4)讨论溶液浓度对吸附的影响。

七、教学讨论

(1)活性炭需预处理。处理的方法是将活性炭浸没在 $2mol \cdot L^{-1}$ HCl溶液中,水浴加热30min,抽滤并用蒸馏水洗至pH值为5~6,然后在150℃的恒温干燥箱中烘4~8h,置于干燥器中备用。

(2)为保证HAc溶液的浓度准确,在溶液转移时,容器必须干燥。

(3)蒸馏水应不含 CO_2。

八、参考文献

(1)普季洛娃.胶体化学实验作业指南.南开大学化学系物理化学教研组,译.北京:高等教育出版社,1995.
(2)克罗克福特.物理化学实验.郝润蓉,译.北京:人民教育出版社,1980.
(3)山东大学.物理化学与胶体化学实验.北京:高等教育出版社,1990.

7.9 实验90 $Fe(OH)_3$ 溶胶的电泳

一、实验目的

(1)掌握 $Fe(OH)_3$ 溶胶的制备和纯化方法。

(2)学习和掌握电泳法测定溶胶 ζ 电位的原理和技术。

二、实验原理

在胶体分散体系中,由于胶粒表面的电离或胶粒在分散介质中选择性地吸附了某些离子,使胶粒带电,因而在胶粒周围的分散介质中,将有电量相等而电荷相反的离子存在。这些反离子由于受静电引力和热运动的作用,在胶粒周围形成扩散双电层,一部分紧密地吸附在胶粒表面连同离子的溶剂化层一起形成吸附层,另一部分因与胶粒的静电引力较弱而形成扩散层(图7-14)。在外电场作用下,带电胶粒连同吸附层一起向与胶粒电荷相反的电极移动,这种现象称为电泳,由溶剂化层界面到均匀液相内部(此处电位为零)的电位差称为电动电位或 ζ 电位。

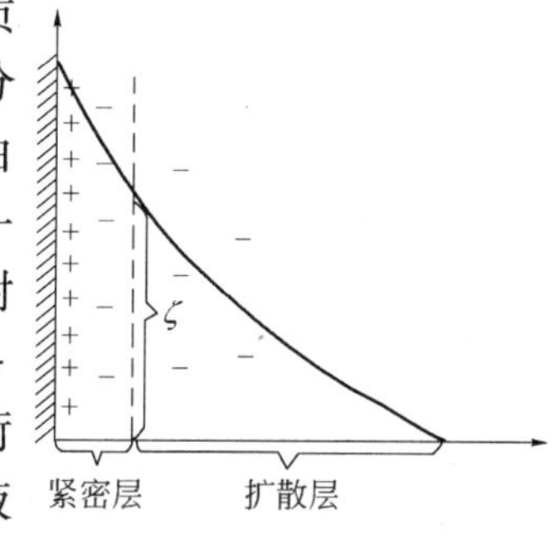

图7-14 双电层示意图

测定 ζ 电位,对了解溶胶的稳定性有重要意义,ζ 电位的测定常用电泳法。电泳法又分为宏观法和微观法两种。宏观法是测定溶胶与另一不含胶粒的无色电导溶液(辅助液)所形成的界面在电场中的移动速率;微观法是直接观测单个胶粒在电场中的泳动速率。对高度分散的溶胶如 $Fe(OH)_3$ 溶胶和 As_2S_3 溶胶或过浓的溶胶,不易观察个别粒子的运动,宜用宏观法;而对颜色极浅或过稀的溶胶,可用微观法。本实验用宏观法测定 $Fe(OH)_3$ 溶胶的 ζ 电位,方法是在U形电泳管下部装入一定量的溶胶,然后在溶胶上面小心加入电导率与溶胶相等的辅助液,使溶胶与辅助液之间形成清晰的界面,在U形管两端各插入一支电极于辅助液中,通电一定时间后,即可看到界面发生了移动。界面移动速率 u 与 ζ 电位有如下关系:

$$\zeta = \frac{K\pi\eta u}{\varepsilon E} \tag{7-40}$$

式中 K——根据溶胶粒子形状而定的常数,对圆柱形粒子 $K=4$,对球形粒子 $K=6$,$Fe(OH)_3$ 溶胶的 $K=4$;

π——圆周率;

η——介质的粘度,$Pa \cdot s$[1];

ε——介质的介电常数,$F \cdot m^{-1}$[1];

E——电位梯度,$V \cdot m^{-1}$;

u——界面移动速率,$m \cdot s^{-1}$。

而　　$$E=\frac{\varphi}{l},\quad u=\frac{s}{t}$$

式中　φ——两极间的电位差；

l——两极间的距离；

s——界面移动的距离；

t——界面移动 s 距离所需的时间。

代入式(7－40)得：

$$\zeta=\frac{K\pi\eta sl}{\varepsilon\varphi t} \tag{7-41}$$

从式(7－41)可以看出，对一定的溶胶，若固定 φ 和 l，则测定在 t 时间内界面移动的距离 s，便可计算出 ζ 电位。

$Fe(OH)_3$ 溶胶可用凝聚法，通过化学反应来制备：

$$FeCl_3+3H_2O \xlongequal{煮沸} Fe(OH)_3\ 溶胶+3HCl$$

用于电泳的溶胶必须纯净，因而制备的 $Fe(OH)_3$ 溶胶必须进行纯化，纯化的方法是渗析。

三、仪器试剂

(1)仪器：直流稳压电源；电泳仪(或 U 形电泳管)；铜电极；烧杯(400mL，1000mL)；电导电极；秒表；电导(率)仪；大试管；电炉；铁架；细铜丝；直尺。

(2)试剂：$FeCl_3$ 0.5mol·L^{-1}；$AgNO_3$ 0.05mol·L^{-1}；KCl 0.01mol·L^{-1}；KSCN 0.1mol·L^{-1}；$CuCl_2$ 饱和溶液；火棉胶。

四、实验步骤

(一)$Fe(OH)_3$ 溶胶的制备

将 200mL 蒸馏水盛于烧杯中煮沸，然后边搅拌边慢慢滴入 10mL 0.5mol·$L^{-1}$$FeCl_3$ 溶液，继续搅拌 1min，即生成红色的 $Fe(OH)_3$ 溶胶。

(二)半透膜的制备

取 200mL 锥形瓶一只，在瓶中倒入约 20mL 火棉胶，小心转动瓶子，使火棉胶在瓶内均匀地形成一薄层，将多余的火棉胶倒回原瓶。将锥形瓶倒置于铁架台的铁圈上，待乙醚挥发完后，在瓶内加入蒸馏水，以溶去剩余的乙醇。在瓶口处剥开一部分膜，往膜与瓶壁之间慢慢注入蒸馏水，使膜与瓶壁脱离，轻轻取出火棉胶袋。将胶袋盛满蒸馏水，检查是否漏水，然后浸入蒸馏水中备用。

(三)$Fe(OH)_3$ 溶胶的纯化

将制得的 $Fe(OH)_3$ 溶胶装入火棉胶半透膜袋内并置于蒸馏水中，加热使水温保持在60～70℃之间进行热渗析，每隔 30min 换一次蒸馏水，直至水中检不出 Cl^- 和 Fe^{3+} 为止(用 0.05mol·$L^{-1}$$AgNO_3$ 和 0.1mol·L^{-1}KSCN 检验)。

(四)KCl 辅助液的准备

将适量纯化后的 $Fe(OH)_3$ 溶胶装于大试管中，测定其在室温下的电导率，然后在一烧杯中加入200mL蒸馏水，插入电导电极，边搅拌边慢慢滴入0.01mol·L^{-1} KCl溶液并同时测定其电导率，直至电导率与 $Fe(OH)_3$ 溶胶的电导率相等为止。

（五）$Fe(OH)_3$ 溶胶的电泳及 ζ 电位的测定

在U形管1（图7-15）上有刻度可以观察界面的移动距离，中部有活塞2和3，它们的孔径与U形管的内径相等，U形管上方用一带有活塞4的横管相连，以使液面水平。U形管上端还有支管5和6，只用于装电解液及插入电极。

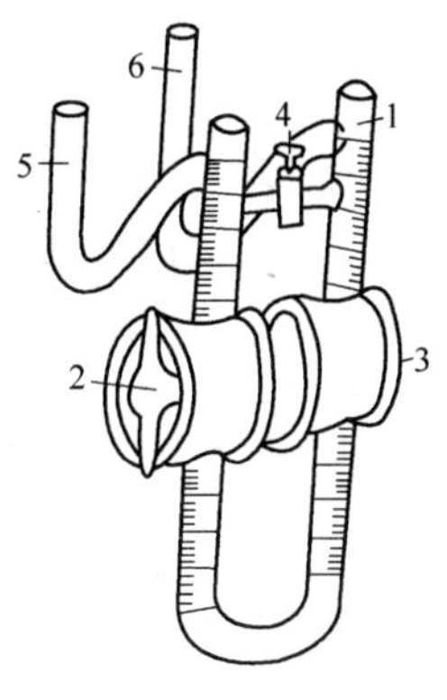

图7-15　U形电泳管
1—U形管；2，3，4—活塞；
5，6—支管

先用蒸馏水及 $Fe(OH)_3$ 溶胶洗涤U形管，并检查活塞是否润滑、不漏液，然后斜持U形管，小心装入 $Fe(OH)_3$ 溶胶至活塞2，3以上，关闭活塞2和3（注意在活塞2和3下不能有气泡），将活塞2，3上部的溶胶倒掉，再用蒸馏水及KCl辅助液洗涤，然后装入辅助液至支管口下部，把U形管固定在铁架上并在两支管中插入Cu电极[2]，用滴管吸取饱和 $CuCl_2$ 电解液注入两支管中，加入量以 $CuCl_2$ 溶液不流入U形管为限。打开活塞4，再装辅助液于U形管内，使液面达支管口上部并且两液面水平，这时KCl溶液与 $CuCl_2$ 溶液在支管内相接，然后关闭活塞4，再小心打开活塞2和3，将两电极与电泳仪连接，接通电源，工作电压调至150～200V之间，观察界面移动的方向，当界面清晰后，用秒表准确测量界面上升0.5cm，1.0cm，1.5cm，2.0cm所需的时间。测量完毕后关闭电源，用细铜丝准确测量两电极间的距离（不是水平距离，而是U形管的导电距离）。

五、数据处理

（1）将实验数据列表记录（表7-7和表7-8）。

表7-7　实验数据(1)

室温，℃	电导率，S·m^{-1}	$\eta_{H_2O}^{t①}$，Pa·s	$\varepsilon_{H_2O}^{t①}$，F·m^{-1}	l，m

①t 为摄氏度（℃）。

表7-8　实验数据(2)

实验编号	φ，V	s，m	t，s	ζ，V	ζ 平均值，V
1					
2					
3					
4					

水的粘度查本书附录，水的介电常数按下式计算：

$\varepsilon_{H_2O}^{t}(F\cdot m^{-1})=8.899\times10^{-9}-4.45\times10^{-11}[T(K)-293]$（$T$ 为实验时的绝对温度）

（2）根据界面移动的方向和电极的正负确定 $Fe(OH)_3$ 胶粒的电荷符号并解释。

（3）根据式（7-39）计算 $Fe(OH)_3$ 溶胶的 ζ 电位并取平均值，列于表7-8。

六、注释

[1] $1Pa = 1N \cdot m^{-2}$; $1F \cdot m^{-1} = 1N \cdot V^{-2}$。

[2]也可以不用 Cu 电极和 $CuCl_2$ 溶液而直接将 Pt 电极插入 KCl 液层中，但操作必须非常细心才能得到清晰的界面。

七、思考题

(1)电泳速率的快慢与哪些因素有关?

(2)辅助液应具备哪些条件? 为什么辅助液的电导率必须与溶胶的电导率一致或十分相近?

八、教学讨论

(1)能否形成清晰的界面是本实验能否按时完成的关键。为此须注意:

①从漏斗注入溶胶和补充溶胶时，千万不要带入气泡；②开启活塞时一定要慢；③辅助液与溶胶的电导率应尽量一致。

若不能形成清晰界面，需将 U 形管中的溶液全部倒掉，用辅助液多次冲洗后重新装管。

(2)制备半透膜时需注意:

用手轻触半透膜，若不粘手即可认为乙醚挥发完毕，即可加水溶去乙醇。

九、参考文献

(1)刘约权，李贵深. 实验化学. 北京:高等教育出版社，2000.

(2)山东大学. 物理化学与胶体化学实验. 北京:高等教育出版社，1990.

7.10　实验 91　粘土阳离子交换量的测定

一、实验目的

(1)掌握粘土阳离子交换吸附的原理。

(2)用 $BaCl_2 - H_2SO_4$ 法测定蒙脱土、高岭土的阳离子交换量。

二、实验原理

粘土是土壤的主要组成部分。它是由层状的硅铝酸盐构成。其基本结构单元为硅氧四面体和铝氧八面体，这两种基本结构单元采取不同的组合形式，便形成了不同类型的粘土，如高岭土、蒙脱土和伊利土等。铝氧八面体中的 Al^{3+} 常常可以被土壤中所含的 Ca^{2+}，Mg^{2+} 取代，硅氧四面体中的 Si^{4+} 也可被 Al^{3+} 取代，因此硅铝酸盐的层面上带有负电荷。这些负电荷以静电引力吸附存在于层间的阳离子，以保持电中性。若吸附的是 Ca^{2+}，则称为钙土；若吸附 Na^+，则称为钠土等。

当粘土分散在中性盐溶液中，被吸附的阳离子可以与中性盐的阳离子交换，因此这些被吸附的阳离子，又称为可交换的阳离子。若交换时无其他副反应发生，则离子交换过程可用下式表示:

$$\text{粘土}\begin{matrix}-M^{+}\\-M^{+}\end{matrix} + M^{2+}Cl_2 \longrightarrow \text{粘土}-M^{2+} + 2M^{+}Cl$$

M^+，M^{2+}分别表示一价和二价阳离子。因此，从中性盐的用量，便可以计算粘土中可交换的阳离子量。交换量一般以100g土可交换阳离子的$\frac{\text{mmol}}{z}$表示。z为中性盐中阳离子的价数。

影响离子交换量的因素甚多，除与系统本身的特性有关外，还与温度、浓度等因素有关。一般而言，中性盐中阳离子的价数越高，交换能力也越强；对于同价离子来说，交换能力随原子序数增加而增加。粘土颗粒越小，交换量越大；不同类型的粘土交换能力也各异。例如蒙脱土的交换量比高岭土的大，因为其基本结构单元的结合形式不尽相同。

离子交换实际上是一个平衡过程。当温度一定时，中性盐的浓度便是主要的影响因素。中性盐的浓度越大，则交换量也越多。为了达到充分交换的目的，可用较浓的盐溶液进行多次交换。

本实验采用$BaCl_2$为中性盐，与粘土中的阳离子交换而形成钡土；再以H_2SO_4与钡土反应而变为氢土。交换过程可用下式表示：

$$Na^{+}\,\overset{Ca^{2+}}{\underset{K^{+}}{(\text{粘土})}} + 2BaCl_2 \longrightarrow \overset{Ba^{2+}}{\underset{Ba^{2+}}{(\text{粘土})}} + CaCl_2 + NaCl + KCl$$

$$\overset{Ba^{2+}}{\underset{Ba^{2+}}{(\text{粘土})}} + aH_2SO_4 \longrightarrow H^{+}\,\overset{H^{+}}{\underset{H^{+}}{(\text{粘土})}}\,H^{+} + 2BaSO_4 + (a-2)H_2SO_4$$

因为H^+的交换吸附能力很强，可以认为上述反应能进行完全。所以从消耗掉的H_2SO_4量，即可得到阳离子交换总量。

三、仪器试剂

(1)仪器：天平(感量0.01g)1台；离心机1台；离心管6支；试管(25mL)6只；锥形瓶(150mL)6只；移液管(25mL)1支；移液管(10mL)2支；微量滴定管(5mL)1支；量筒(25mL)1只。

(2)试剂：蒙脱土；高岭土；$0.5mol \cdot L^{-1}$ $BaCl_2$溶液；$0.1mol \cdot L^{-1}$ NaOH标准溶液；$0.025mol \cdot L^{-1}$ H_2SO_4溶液；酚酞指示剂。

四、实验步骤

(1)称取已干燥的蒙脱土、高岭土各三份于已知质量的离心管中。蒙脱土每份约0.5g，高岭土每份约1g。称准至0.01g即可。

(2)往各离心管中分别加入25mL $0.5mol \cdot L^{-1}$ $BaCl_2$溶液(用量筒取即可)，充分搅拌1min，放入离心机中离心沉降，至离心管底部形成紧密土层，而上部为清液，即停止离心。弃去上部清液，再往离心管中加入$0.5mol \cdot L^{-1}$ $BaCl_2$溶液，同上操作。此时粘土已为钡土，保留待用。

(3)用量筒量取25mL蒸馏水,加入离心管中,充分搅拌,离心操作同上。弃去上层清液,保留下部土层,并称重。

(4)用移液管准确量取25mL 0.025mol · L^{-1} H_2SO_4 溶液,加入离心管中,充分搅拌数分钟,放置半小时后,离心。

(5)准确量取离心管中上部清液10mL,放入锥形瓶中,加入酚酞指示剂,用0.1mol · L^{-1} NaOH标准溶液滴定。消耗掉的NaOH溶液的体积为 V_2。另外准确量取0.025mol · L^{-1} H_2SO_4 溶液10mL,亦用NaOH标准溶液滴定,消耗掉的NaOH溶液的体积为 V_1。

五、数据处理

(1)按表7-9列出实验数据。

表7-9　实验数据(NaOH标准溶液的准确浓度 c)

编　号	1	2	3	4	5	6
离心管的质量						
土的质量 m						
湿土与离心管的质量						
湿土的质量						
湿土中水的质量 W						
V_1						
V_2						
阳离子交换量						

(2)根据下式计算阳离子交换量 A:

$$A = \frac{25V_1c - (25 + W)V_2c}{10m} \times 100$$

式中25是与钡土进行交换的 H_2SO_4 溶液的用量(单位mL),10是滴定过剩的 H_2SO_4 溶液时吸出的上层清液量(单位mL)。其他符号的意义与上表中相同。

六、思考题

(1)试比较溶液中的分子吸附与离子交换吸附的异同。

(2)试总结影响离子交换吸附的若干因素。

七、教学讨论

实验中需多次进行水土分离。为了尽量避免土的损失并在离心的条件下易形成紧密的土层,一般采用钙土较好,因为钠土易于分散。

八、参考文献

(1)尚仰震. 物理化学与胶体化学. 北京:四川科学技术出版社,1986.

(2)于天仁. 土壤的电化学性质及其研究法(修订本). 北京:科学出版社,1976.

(3)山东大学. 物理化学与胶体化学实验. 北京:高等教育出版社,1990.

第 8 章

光谱与色谱分析

概 述

仪器分析法是以测量物质的物理性质为基础，使用特殊仪器的分析方法。仪器分析实验是仪器分析课的重要教学环节之一。通过实验，可以使学生巩固和加深对仪器分析理论的理解，了解常用仪器的性质、原理和使用方法，掌握基本实验技能和实验数据处理方法，养成严格、认真、实事求是的科学态度，提高观察、分析和解决问题的能力，为后继课程的学习和工作打下良好的基础。

仪器分析种类繁多，新的仪器分析方法还在不断产生和发展，我们可以根据其主要特性，将其分为四个大类：(1)光学分析法；(2)色谱分析法；(3)电化学分析法；(4)上述三类之外的其他仪器分析法。仪器分析法的主要特点是操作简便、灵敏度高、分析速率快，易于实现自动化，对于痕量或微量组分的分析有较高的准确度，而对于常量组分的分析，其误差比化学分析法大。用仪器分析法定量，通常需要用标准物来进行校准，而标准物通常要用化学分析法标定。对复杂样品的仪器分析，样品的预处理是一个重要的环节，因此对于样品的制备、分离、提纯、富集等预处理技术也需要特别关注。

本章主要涉及光学分析法和色谱分析法。光学分析法是建立在物质对光的发射、吸收、散射、衍射、偏振等性质基础上的分析方法，比如可见—紫外吸光光度法、原子吸收分光光度法、发射光谱法、荧光分析法、磷光分析法、化学发光法、红外光谱法、核磁共振波谱法、拉曼光谱法、偏振法等等。其中以测量电磁波与物质间相互作用所引起的原子、分子能级跃迁而产生的吸收、发射、散射等的波长、强度的变化为基础的分析方法叫光谱分析法。这是应用最广泛的仪器分析法。光谱分析仪器通常由光源系统、样品池、色散系统、检测系统、信号处理系统等组成。近年来，由于许多新技术、新材料和新器件的采用(如卤钨灯、激光、硅光敏电阻、电荷耦合阵列检测器、光电二极管阵列检测器、电感耦合等离子炬、傅里叶变换技术、联用技术、微型化技术、超大规模集成技术、高性能计算机等等)，使得光谱分析仪器的结构有所变化，性能大大提高，应用日益广泛，已成为工业、农业、医药卫生、食品、环保、公安、商检、生命科学、地球和宇宙科学等领域中必不可少的分析手段。

在进行光谱分析实验前,应了解仪器的工作原理、基本性能和操作方法、干扰因素及其消除方法等。然后通过实验,选择出最佳分析测试条件,再在此条件下对样品进行分析测试。分析结果的数据处理方法也是定量分析的重要内容之一。

色谱分析法是当代最重要的分离分析方法,它是基于混合物在作相对运动的互不相溶的两相间反复分配而分离的分析方法,可以分为气相色谱法(GC)和液相色谱法(LC)两大类。1906 年茨维特报告了最早的色谱实验,1941 年马丁和辛格等建立了液液分配色谱法,1952 年他们又创立了以气体为流动相,以固定在吸附剂表面的固定液为固定相的气液色谱法。之后又陆续出现了一系列气相色谱检测器,如热导池检测器、氢焰离子化检测器、电子捕获检测器、红外检测器、火焰光度检测器等。1956 年出现了毛细管气相色谱柱,1957 年出现了 GC 与质谱(MS)联用的仪器,1970 年出现了带微机的气相色谱仪。而沉寂了多年的液相色谱法在 20 世纪 60 年代重新引起了人们的重视,开发出了有高效分离柱、高压输液泵、高灵敏度检测器、用微机控制操作和处理数据的高效液相色谱仪(HPLC)。进入 20 世纪 80 年代后,又陆续发展了超临界流体色谱法(SEC)、高速逆流色谱法(HSCCC)、毛细管电泳法(CE)等新的强有力的分离分析方法。

当前,色谱分析法以其分离效能高、分析速率快、分析灵敏度高、应用范围广等特点,广泛地应用于石油、化工、化学、医药、卫生、生物、轻工、农林、环保、食品等许多领域的生产和科研中,成为最重要的分离分析手段之一。

通过本章选出的几个色谱实验,我们能进一步加深对色谱分离分析技术的基本原理的理解,更好地了解气相色谱仪和高效液相色谱仪的基本结构、工作原理和使用方法,有利于学习选择色谱分离操作条件的方法,熟悉色谱定性、定量分析的基本过程。

8.1　实验 92　水样中微量铁的测定——可见吸光光度法

一、实验目的

(1) 了解 721A 等型号的可见分光光度计的结构及使用方法。

(2) 掌握运用可见吸光光度法进行定量分析时,确定测定条件的方法。

(3) 掌握吸光光度法测定水样中微量铁的原理和方法。

二、实验原理

在用吸光光度法定量测定之前,必须进行最佳条件选择,主要包括显色反应的条件选择和吸光度测量的条件选择。前者包括显色剂用量、溶液酸度、显色时间、显色温度的选择以及干扰物质消除方法的选择等;后者包括入射光波长、参比溶液和吸光度的读数范围的选择等。只有通过实验,选定了最佳条件后,分析测定才能取得满意的结果。

显色反应:邻菲罗林(即 1,10 - 邻二氮杂菲)是测定微量铁的一种较好显色剂。在 pH 值为 2 ~ 9 的条件下,Fe^{2+} 与其反应生成稳定的橘红色配合物,反应式如下:

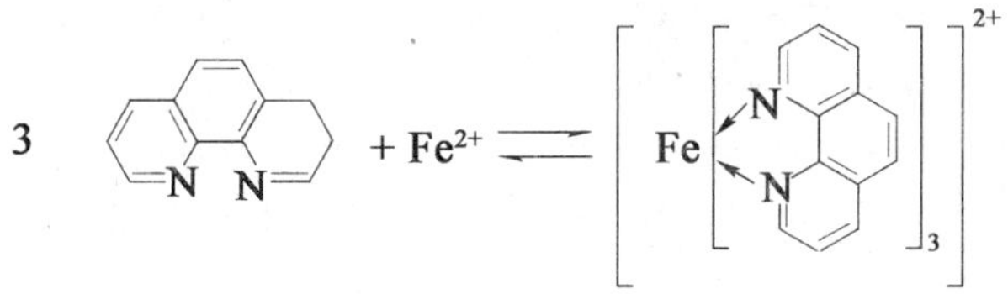

$$3\ \mathrm{N\ N} + Fe^{2+} \rightleftharpoons \left[Fe\ \mathrm{N\ N} \right]_3^{2+}$$

此配合物的 $\lg K_{稳}=21.3$,摩尔吸光系数 $\varepsilon_{510}=1.1\times10^4$。

若测定总铁含量,显色前应用盐酸羟胺将溶液中的 Fe^{3+} 还原为 Fe^{2+},其反应式如下:

$$2Fe^{3+} + 2NH_2OH \cdot HCl \longrightarrow 2Fe^{2+} + N_2 + 2H_2O + 4H^+ + 2Cl^-$$

显色时,溶液酸度(pH 值)在 5 左右较好。若酸度太高,则反应太慢;而酸度太低,则 Fe^{2+} 水解,影响显色。

Bi^{3+},Cd^{2+},Hg^{2+},Zn^{2+} 等离子与显色剂生成沉淀,Ca^{2+},Cu^{2+},Ni^{2+} 等离子与显色剂形成有色配合物。当有上述离子共存时,应注意其干扰作用。

三、仪器试剂

(1)仪器:721A 型分光光度计(仪器结构和使用方法见附录Ⅱ)。

(2)试剂:$100\mu g\cdot mL^{-1}$ 的铁标准溶液:准确称取 0.864g 分析纯 $NH_4Fe(SO_4)_2\cdot 12H_2O$,置于烧杯中,以 30mL $2mol\cdot L^{-1}$ HCl 溶液溶解后移入 1000mL 容量瓶中,定容、摇匀。

$10\mu g\cdot mL^{-1}$ 的铁标准溶液:由 $100\mu g\cdot mL^{-1}$ 的铁标准溶液准确稀释 10 倍而成。

10% 盐酸羟胺溶液:因其不稳定,需临用时配制。

0.1% 邻菲罗林溶液:新配制。

$1mol\cdot L^{-1}$ NaAc 溶液。

四、实验步骤

(一)条件实验

(1)吸收曲线的绘制。准确移取 $10\mu g\cdot mL^{-1}$ 铁标准溶液 3mL 于 50mL 容量瓶中,加入 10% 盐酸羟胺溶液 1mL,摇匀,再加 $1mol\cdot L^{-1}$ NaAc 溶液 5mL 和 0.1% 邻菲罗林溶液 3mL,用纯水稀释到刻度,摇匀。注意加药顺序不能调换。

用 2cm 比色皿,以纯水为参比溶液,在分光光度计上测定其不同波长下的吸光度。波长从 570nm 开始到 430nm 为止,每隔 10nm 测定一次吸光度,注意每次改变波长后,都得用参比溶液调零,然后再测取吸光度。

在直角坐标纸上以波长(λ)为横坐标,吸光度(A)为纵坐标作图,得到邻菲罗林—铁配合物的吸收曲线。根据吸收曲线确定测定波长。

(2)显色物的稳定性实验。按上述(1)的操作方法进行显色反应,当加完各种试剂后,立即开始计时;紧接着用纯水定容,摇匀显色配合物溶液,倒入 3cm 比色皿中,在选定的最大吸收波长处,用纯水作参比溶液,测得并记录溶液的吸光度,同时记录反应时间,然后分别在第 10min,20min,30min,60min,90min 时测定并记录其吸光度。以时间(t)为横坐标、吸光度(A)为纵坐标,在坐标纸上作图,得显色物的稳定性曲线。

(3)显色剂用量的选择。取 50mL 容量瓶 7 个,编号,用 10mL 移液管准确移取 $10\mu g \cdot mL^{-1}$ 铁标准溶液 10.0mL 于各容量瓶中,加入 1mL 10% 盐酸羟胺溶液,经 2min 后,再加入 5mL $1mol \cdot L^{-1}$ NaAc 溶液,然后分别加入 0.1% 邻菲罗林溶液 0.3mL,0.6mL,1.0mL,2.0mL,3.0mL,4.0mL,5.0mL,用水稀释至刻度,摇匀。在分光光度计上,用选定波长,2cm 比色皿,以纯水为参比溶液测定上述各溶液的吸光度。然后以显色剂邻菲罗林用量(mL)为横坐标,吸光度为纵坐标作图,从曲线上找出显色剂的最佳用量。

(4)溶液酸度对配合物的影响。准确移取 $100\mu g \cdot mL^{-1}$ 铁标准溶液 5mL 于 100mL 容量瓶中,加入 5mL $2mol \cdot L^{-1}$ HCl 溶液和 10mL 10% 盐酸羟胺溶液,摇匀,再加入 0.1% 邻菲罗林溶液 3.0mL,用纯水稀释至刻度,摇匀,备用。

取 50mL 容量瓶 7 只,编号,准确移取上述溶液 10.0mL 分别于各容量瓶中。在滴定管中装 $0.5mol \cdot L^{-1}$ NaOH 溶液,依次放入各容量瓶中 0.0mL,2.0mL,3.0mL,4.0mL,6.0mL,8.0mL及 10.0mL,用纯水稀释至刻度,摇匀,使各溶液 pH 值从小于或等于 2 开始逐步增加至 12 以上。测定各容量瓶中溶液的 pH 值(可用广泛 pH 试纸和精密 pH 试纸测量,也可以用 pH 计测量)。然后在分光光度计上用选定波长,2cm 比色皿,纯水为参比溶液,测定溶液的吸光度。以 pH 值为横坐标,吸光度为纵坐标,绘制曲线,从曲线上找出适宜的 pH 值范围。

根据以上实验结果,可以拟出邻菲罗林分光光度法测铁的条件和分析方法。

(二)水样中铁含量的测定

取 50mL 容量瓶 7 只,编号。分别准确移取 $10\mu g \cdot mL^{-1}$ 铁标准溶液 0.0mL,2.0mL,4.0mL,6.0mL,8.0mL,10.0mL 于前 6 个容量瓶中,组成标准系列;向第 7 只容量瓶中移入 10.0mL水样。分别向各容量瓶中加入 1mL 10% 盐酸羟胺溶液,摇匀,再各加 5mL $1mol \cdot L^{-1}$ NaAc 溶液及优选出的显色剂的最佳用量(mL),然后用纯水稀释至刻度,摇匀。在分光光度计上,用 2cm 比色皿,在选定波长下,以铁标准溶液为 0.0mL 的溶液(空白溶液)作参比溶液,测定各溶液的吸光度。

(1)标准曲线的绘制。以标准系列的铁含量(μg)为横坐标,吸光度为纵坐标,在坐标纸上绘制标准曲线。

(2)水样中铁含量的求法。由第 7 个容量瓶内的溶液测得的吸光度值在标准曲线上查出 10.0mL 水样中的铁含量,然后以 $\mu g \cdot mL^{-1}$ 为单位表示测定结果。

(3)计算"邻菲罗林—铁(Ⅱ)"配合物的摩尔吸光系数 ε,并说明该显色反应是否灵敏。

五、数据记录

(1)仪器型号:________

(2)分析时间:______年______月______日

(3)吸收曲线的测绘: 比色皿________

λ,nm	570	560	550	540	530	520	510	500	490	480	470	460	450	440	430
吸光度 A															

(4)显色物“邻菲罗林—铁(Ⅱ)”的稳定性实验:比色皿________　波长________

显色时间 t,min	10	20	30	60	90
吸光度 A					

(5)显色剂用量实验:比色皿________　波长________

容量瓶编号	1	2	3	4	5	6	7
显色剂用量,mL	0.3	0.6	1.0	2.0	3.0	4.0	5.0
吸光度 A							

(6)标准曲线的测绘与水样中铁含量的测定:比色皿________　波长________

容量瓶编号	1	2	3	4	5	6	7(水样)
$V_{标}$,mL	0.00	2.00	4.00	6.00	8.00	10.00	$V_{水样}$ =
含铁量,μg	0.0	20.0	40.0	60.0	80.0	100	
吸光度 A							

在实验报告中,应对上述各项测定结果进行分析处理,并作出结论,比如选什么测定波长,稳定性如何,显色剂用量为多少等等。

做完实验后,应将数据提交教师检查。然后用自来水洗净容器和比色皿,再用吸水纸吸干比色皿上的水分,装入比色皿盒内,关好仪器,搞好桌面和地面的清洁卫生,经教师同意后方可离开实验室。

六、思考题

(1)在显色前加入盐酸羟胺溶液的目的是什么?加入 NaAc 的目的是什么?

(2)怎样测定样品中的总含铁量?是否可以分别测定样品中的 Fe^{2+} 及 Fe^{3+} 的含量?

(3)为什么显色时要用新配的盐酸羟胺溶液和邻菲罗林溶液?

(4)在本实验中,有的溶液需要准确量取,而有的溶液量取则不必非常准确,为什么?

(5)在测定标准系列和水样溶液时,是否可以用纯水做参比溶液?

(6)为什么仪器通电后,在未测定时最好将样品室盖板打开?

8.2　实验93　废水中微量酚的测定——4－氨基安替比林法(部分设计实验)

一、实验目的

(1)能熟练使用分光光度计。

(2)利用所给的信息,设计用吸光光度法测定酚的部分实验方案,拟定具体的实验步骤。

(3)掌握4－氨基安替比林法测定酚的原理和方法。

二、实验原理

挥发酚是指沸点在 230℃以下的酚类，是油气田水和石油化工废水的常规测定项目之一。酚类化合物主要来源于石油开发、炼油、炼焦、化工、合成氨、造纸等工业的废水和废弃物。水体受酚类污染后，会影响水生物的生长繁殖，甚至导致其大量死亡。饮用水中的少量酚类会产生令人厌恶的气味。我国规定地面水中挥发酚的质量浓度不得超过 $0.01\mu g \cdot mL^{-1}$，新建油田企业的工业废水中酚类的最高允许排放质量浓度为 $0.5\mu g \cdot mL^{-1}$，其他各类油气田企业的工业废水中酚类的最高允许排放质量浓度为 $1.0\mu g \cdot mL^{-1}$，并且这些标准有逐渐趋于严格的倾向。

4 - 氨基安替比林（4 - AAP）法是应用最广泛的测定酚类的标准方法之一。显色剂 4 - AAP 和苯酚及其邻、间位取代酚在微碱性溶液中，在有氧化剂存在的条件下，能发生反应而生成橘红色的吲哚酚安替比林染料。反应如下：

$$\text{4-AAP} + C_6H_5OH \xrightarrow[pH=10.0\pm0.2]{K_3Fe(CN)_6} \text{吲哚酚安替比林}$$

(4-AAP)

（吲哚酚安替比林，橘红色染料）

芳胺、氧化性物质、还原性物质、某些金属离子对测定有干扰。当 pH 值为 9.6 ~ 11.5 时，芳胺的干扰最小，选用 $NH_3—NH_4Cl$ 缓冲溶液可以使显色反应在 pH = 10.0 ± 0.2 下进行。反应中的氧化剂是 Fe（Ⅲ）盐———铁氰化钾。反应在室温下进行得较慢，生成的显色物的稳定性也不太好，经过一段时间后会逐渐分解褪色，因此测定应控制在一定时间内完成。

本实验用苯酚作标准，邻位和间位取代酚显色后，吸光度值都低于苯酚显色物，因此测得的水样的结果仅仅能代表其挥发酚的最小质量浓度。

水样中的酚类不稳定，易挥发，易被氧化和受微生物作用而损失，因此在采集了水样后应立即加入保存剂，并尽快测定。通常，若水样放置时间超过 4h，应加 H_2PO_4 调节 pH = 4，然后每升水样中加 1g 硫酸铜。这样处理后的水样可以稳定 24h。若在小于或等于 4℃下保存，效果更佳。

对于污染严重的水样，可以用预蒸馏的方法来除去干扰物质。

用氯仿（三氯甲烷）作溶剂来萃取显色物，可以大大提高反应的灵敏度。这时酚的最低检出质量浓度为 $0.002\mu g \cdot mL^{-1}$，测定上限为 $0.06\mu g \cdot mL^{-1}$，这种方法叫萃取吸光光度法。

若水样中含酚浓度为 $0.1 \sim 5\mu g \cdot mL^{-1}$，可以不必萃取而直接显色测定（直接吸光光度法）。

三、仪器试剂

（1）仪器：可见分光光度计，其使用见附录Ⅱ。

（2）试剂：苯酚标准储备液：称取 0.500g 苯酚溶于新煮沸并冷却了的纯水中，稀释至 1L（可用溴酸钾法进行标定），得质量浓度为 $500\mu g \cdot mL^{-1}$ 的苯酚溶液。

铁氰化钾溶液:称取 $K_3Fe(CN)_6$ 8.0g,溶于100mL水中,储于棕色试剂瓶内,可以保存一周。

缓冲溶液:称取 NH_4Cl 7.0g,溶于少量水中,再加浓氨水570mL,稀释至1000mL,其 $pH = 10.0 \pm 0.2$。

4－AAP溶液:称取1.0g 4－AAP,溶于100mL水中,储于棕色试剂瓶中,可保存一周。

四、实验步骤

(1)显色操作过程。取标准溶液或废水样若干毫升于50mL容量瓶中,加入约20mL纯水,加缓冲溶液1mL,摇匀,再加显色剂(4－AAP)溶液2mL,摇匀,然后加铁氰化钾溶液1mL,摇匀,最后用纯水稀释至刻度,摇匀。放置一定时间后,迅速测定其吸光度。

(2)标准系列的含量范围。根据本方法的最低检出浓度($0.1\mu g \cdot mL^{-1}$)和测定上限($2.5\mu g \cdot mL^{-1}$),可以确定酚标准系列的含量范围,如表8－1所示。

表8－1 标准系列的含量范围

编号	1	2	3	4	5	6
含量,μg	0.00	10.0	20.0	40.0	60.0	80.0

(3)废水中酚类的浓度范围为 $1 \sim 5\mu g \cdot mL^{-1}$。

五、教学讨论

(1)根据给出的标准系列的含量范围,确定标准工作溶液的浓度(即确定酚标准储备液的稀释倍数),然后再确定配制标准系列时应取标准工作溶液的体积。

(2)由于铁氰化钾及4－AAP溶液均有颜色,因此应该怎样选择测定时所用的参比溶液?是否可以套用实验92的方法?

(3)怎样选择测定波长?是否可以完全照搬实验92的方法?

(4)怎样选择显色时间?注意,此显色反应比实验92的显色反应的稳定性略差。

(5)根据废水中酚类的浓度范围,确定取样显色的体积。

(6)用什么方法来控制整个测试都在吸光度的适宜范围内进行?

(7)根据实验选定的条件,在仪器上测定显色后的标准系列和废水样的吸光度。作标准曲线,从标准曲线上查出水样中的酚含量,然后换算出废水中酚的浓度($\mu g \cdot mL^{-1}$)。

(8)实验前必须认真写出预习报告,设计出测定废水中微量酚类的实验方案,拟出具体的实验步骤,画出实验记录表格。

(9)按规定写出实验报告。

六、思考题

(1)怎样根据本方法的最低检出浓度和测定上限来确定标准系列的含量范围?

(2)作吸收曲线时,是否可以用纯水作参比溶液?为什么?

(3)为什么要选择比色皿的厚度?为什么要作 A—t(min)关系曲线?

(4)如果显色配合物的稳定时间较短,在实验时怎样保证在其稳定的时间内测定?

(5)在实验中,怎样提高效率,缩短分析时间?

8.3　实验94　废水中油的测定——紫外吸光光度法

一、实验目的

(1)了解紫外分光光度计的基本结构和使用方法。
(2)理解用紫外吸光光度法测定废水中油的基本原理。
(3)掌握废水中油的测定方法。

二、实验原理

石油及其产品在紫外光区有特征吸收,其中带有苯环的芳香族化合物的主要吸收波长之一为250~260nm;带有共轭双键的化合物主要吸收波长为215~230nm。一般原油的两个主要吸收波长为225nm及254nm。石油产品中,燃料油、润滑油等的吸收峰与原油接近。因此,波长的选择应视实际情况而定,原油和重质油可选254nm,而轻质油及炼油厂的油品可选225nm。

标准油采用污染水样中的经纯化石油醚萃取出来的废油。也可采用15号机油、20号重柴油或环保部门批准的标准油品配制。

水样中加入1~5倍含油量的苯酚,对测定结果无干扰,动、植物性油脂的干扰作用比红外线法小。用塑料桶采集或保存水样,会引起测定结果偏低。可用定容的(500mL或100mL)清洁玻璃瓶定容采样。若需保存水样,可在采样之前向瓶内加入(1+1)硫酸(每升水样加5mL),采样后于4℃以下保存。

三、仪器试剂

(1)仪器:紫外分光光度计;1cm石英比色皿;1000mL分液漏斗;50mL容量瓶;G_3型25mL玻璃砂芯漏斗。

(2)试剂:标准油。用经脱芳烃并重蒸馏过的30~60℃石油醚,从待测水样中萃取油品,经无水硫酸钠脱水后过滤。将滤液置于65℃±5℃水浴上蒸出石油醚,然后置于65℃±5℃恒温箱内赶尽残留的石油醚,即得标准油。

标准油储备溶液。准确称取标准油0.100g溶于石油醚中,移入100mL容量瓶内,稀释至标线,储于冰箱中。此溶液每毫升含1.00mg油。

标准油使用溶液。临用前把上述标准油储备溶液用石油醚稀释10倍,此溶液每毫升含10mg油。

无水硫酸钠。在300℃下烘1h,冷却后装瓶备用。

石油醚(60~90℃馏分)。

脱芳烃石油醚:将60~100目粗孔微球硅胶和70~120目中性层析氧化铝(150~160℃活化4h),在未完全冷却前装入内径25mm(其他规格也可)、高750mm的玻璃柱中。下层硅胶高600mm,上面覆盖50mm厚的氧化铝,将60~90℃石油醚通过此柱以脱除芳烃。收集石油醚于细口瓶中,以纯水为参比溶液,在225nm处测定处理过的石油醚,其透光率不应小于80%。

(1+1)硫酸(AR)。

氯化钠(AR)。

若从废水中提取标准油有困难,亦可用20号重柴油、15号机油或其他认定的标准油品,按上述方法配制标准油储备溶液和使用溶液。

四、实验步骤

(1)向7个50mL容量瓶中,分别加入0mL,2.00mL,4.00mL,8.00mL,12.00mL,20.00mL和25.00mL标准油使用溶液,用石油醚(60~90℃)稀释至标线。在选定波长处,用1cm石英比色皿,以石油醚为参比溶液测定吸光度,经空白校正后,绘制标准曲线。

(2)将已测量体积的1000mL水样,仔细移入1000mL分液漏斗中,加入(1+1)硫酸5mL酸化(若采样已酸化,则不需加酸)。加入氯化钠,其量约为水量的2%(质量分数)。用20mL石油醚(60~90℃馏分)清洗采样瓶后,移入分液漏斗中。充分振摇3min(注意放气),静置使之分层,将水层移入采样瓶内。

(3)将石油醚萃取液通过内铺约5mm厚度无水硫酸钠层的砂芯漏斗,滤入50mL容量瓶内。

(4)将水层移向分液漏斗内,用20mL石油醚重复萃取一次,同上操作。然后用10mL石油醚洗涤漏斗,其洗涤液均收集于同一容量瓶内,并用石油醚稀释至标线。

(5)在选定的波长处,用1cm石英比色皿,以石油醚为参比溶液,测量其吸光度。

(6)取和水样相同体积的纯水,与水样同样操作,进行空白实验,测量吸光度。

(7)由水样测得的吸光度,减去空白实验的吸光度后,从标准曲线上查出相应的油含量。

五、数据处理

可用下式计算油含量($mg \cdot L^{-1}$):

$$\text{油的含量} = \frac{m \times 1000}{V}$$

式中 m——从标准曲线中查出的相应的油含量,mg;

V——水样体积,mL。

六、注意事项

(1)不同油品的特征吸收峰不同,如难以确定测定的波长时,可向50mL容量瓶中移入标准油使用溶液20~25mL,用石油醚稀释至标线,在波长为215~300nm间,用1cm石英比色皿测得吸收光谱图(以吸光度为纵坐标,波长为横坐标的吸光度曲线),得到最大吸收峰的位置,一般为220~225nm。

(2)使用的器皿应避免有机物污物。

(3)水样及空白测定所使用的石油醚应为同一批号,否则会由于空白值不同而产生误差。

(4)如石油醚纯度较低,或缺乏脱芳烃条件,亦可采用已烷作萃取剂。把已烷进行重蒸馏后使用,或用水洗涤3次,以除去水溶性杂质。以水作参比溶液,于波长225nm处测定,其透光度应大于80%方可使用。

七、思考题

(1)在紫外吸光光度法测定废水中油的实验中,为什么要制备标准油? 怎样制备?

(2)实验中用的石油醚起什么作用? 为什么要进行脱芳烃处理?

(3)怎样选择适当的测定波长?

8.4 实验 95 原子吸收分光光度计的主要技术指标的检验

一、实验目的

(1)了解原子吸收分光光度计的结构和操作方法。

(2)了解原子吸收分光光度计的主要技术指标及其检验方法。

(3)掌握原子吸收光谱分析仪器的工作原理。

二、仪器设备

WYX－402 型原子吸收分光光度计介绍如下(见附录Ⅱ)。

(一)规格

(1)本仪器为单道单光束火焰型原子吸收仪,可配无火焰原子化器。

(2)光源为采用 400Hz 方波供电的空心阴极灯。

(3)单色器的波长范围为 190～860nm,焦距 400mm,光栅刻划面积 56mm×56mm,光栅刻线 1200 条·mm^{-1},入射狭缝与出射狭缝同步,分三档可调,分别对应于单色器的光谱通带为 0.2nm,0.4nm,2.0nm。波长读数从四位数字计数器上读出。光栅倒线色散率 $D=2.0nm \cdot mm^{-1}$。

(4)信号检测采用 R456 型光电倍增管作光电转换,负高压电源为它激换流器型电路,检测电路为狭带放大与相敏检波相结合的方式,再经过对数转换,曲线校直和量程扩展,最后以直流信号输出,由微安表头显示。

(5)通过状态选择按键,可以从表头上读出透光度 T、吸光度 A 和浓度值。

(6)主机电源为 220V,50Hz,功率约 100W。

(二)主要指标

(1)波长读数精度,是指谱线波长标称值与波长显示器显示值之间的偏差。本仪器在 190～860nm 范围内,其偏差应小于 ±0.5nm。

(2)分辨率,是指单色器能分开相邻谱线的能力。实际分辨率以能分开 Ni 三线(232.0nm,231.6nm,231.0nm)时,达 0.4nm 以上;以能分开 Hg 三线(265.20nm,265.37nm,265.50nm)时,达 0.1nm。

(3)静态稳定性,是指在主机和空心阴极灯预热 30min 后,不点火不通气时,仪器表头指针在“消光档”(即“吸光度档”)时指示值的波动与漂移。表头指针指示值的波动与漂移在 30min 内,不应超过 0.005 吸光度单位。

(4)边缘能量,是指仪器对短波谱线和长波谱线能否给出满信号,且同时满足瞬时噪声要求。仪器应能对 As193.7nm 谱线和 Cs852.1nm 谱线进行100%调节。其瞬时噪声(表头指针的瞬时波动)应不大于0.03 吸光度单位。

(5)典型元素的1%吸收灵敏度(特征浓度)和检出限。1%吸收灵敏度是指能产生1%吸收(即吸光度为0.0044)信号时所对应的待测元素的质量浓度,单位为 $\mu g \cdot mL^{-1}/1\%$,检出限指产生的吸收信号为三倍噪声电平时所对应的待测元素的质量浓度,也可以说它是能以99.7%的置信度被检出的待测元素的最小质量浓度。噪声电平为空白溶液(或接近空白溶液)进行10次以上的吸光度测定结果的标准偏差。几种元素的特征质量浓度和检出限如表8-2所示。

表8-2 几种元素的特征质量浓度和检出限

元 素	波长,nm	原子化形式	特征质量浓度 $\mu g \cdot mL^{-1}/1\%$	检出限,$\mu g \cdot mL^{-1}$
Zn	213.9	空气-乙炔焰	≤0.008	≤0.0017
Mg	285.2	空气-乙炔焰	≤0.003	≤0.0007
K	766.2	空气-乙炔焰	≤0.017	≤0.0018

三、原子吸收分光光度计主要技术指标的检验

仪器的主要技术指标包括:波长精度、分辨率、静态稳定性、灵敏度和检出限等,它们的具体意义如前所述,现逐项予以检验。

(一)波长精度的测定

规定在仪器正常预热30min后,用Hg空心阴极灯所发射的六条已知谱线来测定和校正波长精度。这六条谱线波长分别是:253.7nm,365.0nm,435.8nm,546.1nm,730.0nm,871.6nm。

(1)仪器:WYX-402型原子吸收分光光度计,Hg灯。

(2)步骤:

①装好Hg灯,按仪器操作程序规定,依次打开仪器的总开关、灯开关、高压开关。

②调节灯电流为1mA左右。转动"灯位旋钮",使灯位上、下、左、右移动,让光斑对准入射狭缝。

③调"狭缝选择旋钮"至光谱通带为0.2nm处。

④按"操作程序"所说的方法,先调至波长显示器显示253.7nm。然后再慢慢增减波长(同时稍微调整"增益档",不可猛调"增益调节旋钮"),使表针在 $T=50\%$ 左右,仔细调整灯位及波长,直到表针最大偏转为止。至此,波长显示器所显示的波长数与单色器实际输出的253.7nm的波长值之差,即为仪器波长显示的偏差。

⑤按④所述的方法,再分别测定Hg365.0nm,435.8nm,546.1nm,730.0nm,871.6nm的波长显示值与实际输出值(即"标称值")的差值。

(3)波长精度的评价。若在190~860nm范围内,测得的偏差在±0.5nm之间,则仪器波长精度符合要求,否则应进行校正。

(二)分辨率的测定

规定在仪器预热 30min 后,以 Ni 三线在光谱通带为 0.2nm、灯电流为 3mA 时的实际分辨情况检查本项指标。

(1)仪器:WYX-402 型原子吸收分光光度计,自动记录仪,Ni 灯。

(2)步骤:

①装好 Ni 灯,调灯电流为 3mA,光谱通带为 0.2nm(狭缝 0.1mm),“状态选择开关”置于“T 键”。

②将自动记录仪的“输入”接至原子吸收仪的“输出”端。

③仔细寻找出 Ni232.0nm 谱线,同时调好灯位。调节“增益档”至 $T=100\%$。

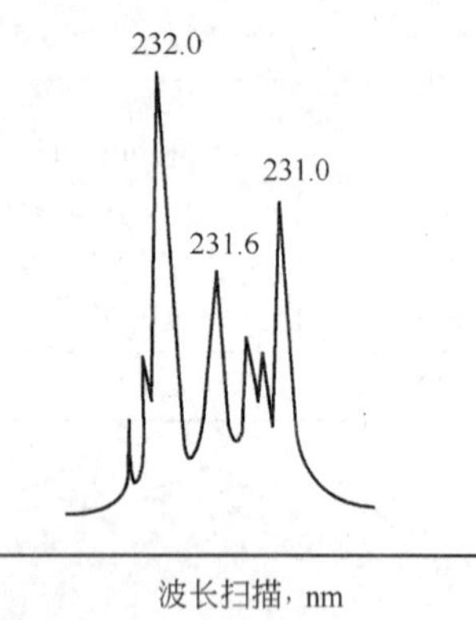

图 8-1 Ni 三线的分辨情况

④调整记录仪的灵敏度和走纸速率($1cm \cdot min^{-1}$),将记录笔放在适当位置,使得当仪器的 T 从 0 到 100% 时,记录笔移动到满量程的 50% ~90% 左右。

⑤调整波长显示 233.0nm,然后缓慢均匀地转动“波长选择手轮”直到显示 230.0nm。记录纸上将记录出 Ni 三线的分辨情况,如图 8-1 所示。

⑥改变狭缝宽度,重新扫描一次,看看分辨有何变化。

(3)分辨率的评价。如果能清晰地分辨 Ni 三线(232.0nm,231.6nm,231.0nm)说明仪器的实际分辨率达 0.4nm以上。否则说明单色器分辨率差,需维修调整。

(三)静态稳定性的测量

规定在仪器预热 30min 后,不点火焰,以稳定的 Cu 灯作光源,在标尺扩展 10 倍的情况下检查本项指标。测定波长为 Cu 324.7nm。

(1)仪器:WYX-402 型原子吸收分光光度计,Cu 灯。

(2)步骤:

①装好 Cu 灯,灯电流调至 3mA,光谱通带选 0.2nm,“状态开关”置“T”档,将“曲线校直旋钮”和“标尺扩展旋钮”逆时针方向旋转到底。

②找出 324.7nm 谱线,用“增益调节”旋钮将表头指针调至 $T=100\%$,然后将“状态开关”置于“消光 Ⅰ”档。调节“增益细调旋钮”,使表针到 $A=0.100$ 处。

③调节“标尺扩展旋钮”,使表针指至 1.00,这时量程扩展 10 倍。

④调节“增益细调旋钮”,使表针回到 $A=0.500$ 处,每 5min 读取一次吸光度,连续观察 30min,用时间 t 为横坐标,吸光度值为纵坐标作图,得仪器静态稳定性曲线(连成折线形式)。

(3)静态稳定性的评价。在 30min 内,指针示值的波动与漂移不应超过 0.005 吸光度单位。若超过,则表明仪器静态稳定性差,应予以修调。

(四)1% 吸收灵敏度(特征质量浓度)的测定

规定在预热仪器 30min 以后,待仪器正常运行时,方可用 Zn,Mg,K 三种元素进行测定。本实验仅用 Mg 元素测定。

(1)仪器:WYX-402 型原子吸收分光光度计,Mg 灯。

(2)步骤:

①装好Mg灯,按照仪器操作程序操作。调节好规定的测定条件,波长:285.2nm,灯电流:________,狭缝宽度:0.1mm,乙炔流量:________,空气流量:________,燃烧器高度________。

②按规定操作点燃火焰。用纯水喷雾调 $T=100\%$,然后再转至"消光Ⅰ"档,调"增益细调旋钮"使表针刚好在 $A=0$ 处(不使用"标尺扩展"和"曲线校直")。

③用标准系列溶液喷雾,读取相应吸光度值。标准系列的镁的质量浓度如表8-3所示。作标准曲线(c—A 曲线),在曲线的中部查出一点所对应的 c,A 值,用以下公式:

$$c_c = \frac{0.0044c}{A}$$

计算镁的1%吸收灵敏度(单位 $\mu g \cdot mL^{-1}/1\%$)。

表8-3 Mg标准系列的质量浓度

编　号	1	2	3	4	5
c_{Mg}, $\mu g \cdot mL^{-1}$	0.000	0.100	0.200	0.300	0.400

(3)1%吸收灵敏度的评价。Mg元素在本仪器上测定的1%吸收灵敏度应小于或等于 $0.003\mu g \cdot mL^{-1}/1\%$,若超过此值,则说明灵敏度不符合规定,需要调整及选择更好的工作条件和仪器装配条件。

(五)检出限的测定

检出限测试中使用浓度大约为其规定值10倍的标准溶液。应采用稳定的元素灯,在仪器的最佳工作条件下进行,"标尺扩展"应旋至最大(10倍)。规定在15min之内对空白溶液和标准溶液交替测定11次。本实验用Mg元素测定。

(1)仪器:WYX-402型原子吸收分光光度计,Mg灯。

(2)步骤:

①操作条件和1%吸收灵敏度测定相同。另将"标尺扩展"旋至10倍。

②配制质量浓度为 $0.01\mu g \cdot mL^{-1}$ 的Mg标准溶液。

③在15min之内对空白溶液和标准溶液交替喷雾,测得11个吸光度值。

④用记录的 A_i 值计算标准偏差:

$$S_b = \sqrt{\frac{\sum(\bar{A} - A_i)^2}{n-1}}$$

式中 $\bar{A}$——平均吸光度值;

A_i——每次测得的吸光度值;

n——测定次数。

⑤以 S_b 作为仪器的噪声电平,计算检出限 D_c:

$$D_c = \frac{3S_b c}{\bar{A}} \quad (\mu g \cdot mL^{-1})$$

式中 c——标准溶液中Mg的质量浓度。

(3)检出限的评价。在本仪器上Mg的检出限应小于或等于 $0.0007\mu g \cdot mL^{-1}$,若测出值高于此值,则说明仪器工作性能欠佳,需要调整改善。

四、思考题

(1)原子吸收分光光度计的工作原理是什么?

(2)WYX-402 型原子吸收分光光度计有哪些主要操作部件?它们的功用是什么?

(3)原子吸收分光光度计的一般操作程序是什么?要注意什么问题?

(4)原子吸收分光光度计的主要技术指标有哪些?它们的意义是什么?怎样检验这些指标?

8.5　实验 96　自来水中镁的测定——原子吸收分光光度法

一、实验目的

(1)掌握原子吸收分光光度法的基本原理。

(2)熟悉原子吸收分光光度计的使用方法。

(3)学习选择原子吸收分析操作条件的方法。

(4)掌握原子吸收光谱定量分析的基本方法。

(5)了解加标回收率的意义和测定方法,用加标回收率来评价分析方法的准确度。

二、实验原理

溶液中的镁元素在原子化器的火焰中形成镁的基态原子蒸气,对由镁空心阴极灯辐射出的波长为 285.2nm 的特征谱线产生吸收,其吸光度与溶液中镁浓度成正比:

$$A = Kc$$

在一定的条件下,吸收系数 K 为常数,A 为吸光度,c 为镁的质量浓度。利用上式可以在原子吸收分光光度计上测得镁标准系列的相应吸光度,作出标准曲线。然后用在同样条件下测得的样品溶液的吸光度,在标准曲线上查出对应的镁含量,进而计算出样品溶液中的镁的质量浓度。

自来水中共存的其他离子会干扰对镁的测定,使得结果偏低,可以加入锶离子作为干扰抑制剂。

标准加入回收法是评价分析方案的可靠性和分析方法的准确度的常用方法之一。它是在样品中加入一定量的待测组分的标准物质,测定其回收率,根据回收率的大小来确定方法的准确度。

计算公式为:

$$\text{加标回收率}\ P = \frac{\text{加标试样测定值} - \text{试样测定值}}{\text{加标量}} \times 100\%$$

一般来说,回收率越接近 100%,测定的准确度可能越高。通常加入的标准物质的量宜与样品中原有的待测物质的量大致相当,二者相差太大会影响回收率。

三、仪器试剂

(1)仪器:WYX-402型原子吸收分光光度计;Mg灯;乙炔钢瓶;无油空气压缩机;50mL,100mL,1000mL容量瓶;吸量管;洗瓶。

(2)试剂:镁标准储备溶液,溶解1.000g纯金属镁于少量1+1盐酸中,然后用1%(体积分数)盐酸稀释至1000mL,该标准储备溶液的镁浓度为1.00mg·mL^{-1}。

镁标准工作溶液,临用时取镁标准储备溶液,稀释成浓度为5.00μg·mL^{-1}的镁标准工作溶液。

锶溶液(化学干扰抑制剂),称取30.4g$SrCl_2 \cdot 6H_2O$溶于纯水,稀释至1000mL,其中Sr浓度为10.0mg·mL^{-1}。

盐酸(AR),高纯水。

四、实验步骤

按照仪器操作程序操作。选波长为285.2nm,狭缝宽度为0.1mm(W=0.2nm),灯电流适当,负高压适当,调好仪器后,点燃空气-乙炔焰。

(一)操作条件的选择

(1)燃气和助燃气比例的选择。吸取镁标准工作溶液(5.00μg·mL^{-1})4.00mL于100mL容量瓶中,加锶溶液3mL,用水稀释至刻度,摇匀。

测定前调节空气压缩机输出压力为0.2MPa,将原子吸收分光光度计上的助燃气流量调至最大;固定乙炔钢瓶上的减压阀压力为0.05MPa,调节原子吸收分光光度计上的燃气控制阀,改变乙炔流量,用纯水喷雾调零,测定上述溶液的吸光度。记录燃气和助燃气的流量及相应吸光度值,从记录结果中选择出稳定性好、吸光度值大所对应的乙炔和空气的流量作为以后测定的燃助比条件。

(2)燃烧器高度的选择。在上述选定的燃助比条件下,改变燃烧器高度,用纯水喷雾调零,测定上述镁溶液的吸光度。记录不同燃烧器高度时溶液的吸光度值,选择稳定性好、吸光度值大所对应的高度作为以后测定的燃烧器高度条件。

注意,在选燃烧器高度前,可以仔细调整燃烧器角度。一般要求光辐射正好平行地穿过火焰,这时吸收光程最长,吸光度值最大。调整时先用纯水喷雾调零,然后用上述溶液喷雾,一边轻微转动燃烧器角度,一边观察吸光度值的变化,当吸光度达最大值时为止。但是,在某些情况下,比如测定吸光度很高的溶液时,也可以将燃烧器转动一个微小角度,使吸收光程变短,吸光度值减小。

(二)锶溶液加入量的选择

取6份1.00mL自来水,分别放入6只50mL容量瓶中,编号,并按下述体积加入锶溶液:0.00mL,0.50mL,1.00mL,1.50mL,2.00mL,4.00mL。用纯水稀释至刻度,摇匀。在上述操作条件下,用纯水喷雾调零,依次测定各容量瓶水样的吸光度。选择吸光度大的溶液的加锶量作为抑制干扰的最佳锶溶液的加入量。

(三)标准曲线的绘制和自来水样的测定

取8只50mL容量瓶,编号。在前6瓶中分别加入0.00μg,5.00μg,10.0μg,15.0μg,20.0μg,25.0μg镁标准工作溶液,后两瓶中加入准确吸取的自来水样1.00mL。然后向每瓶中加入选定的最佳锶溶液量,用纯水稀释至刻度,摇匀。在选定的操作条件下,用纯水喷雾调零,依次测定各瓶溶液的吸光度。用前6瓶测得的吸光度值与其对应的镁含量(μg)作图,得到标准曲线。用后两瓶测得的吸光度的平均值从标准曲线上查出对应的镁含量m(μg),再由水样的体积V计算出镁的质量浓度c:

$$c = \frac{m}{V} \quad (\mu g \cdot mL^{-1})$$

(四)加标回收率的测定

平行准确吸取自来水样1.00mL两份,分别移至50mL容量瓶中,再加入2.00mL镁标准工作溶液以及最佳量的锶溶液,稀释至刻度,摇匀。用纯水喷雾调零,测出其吸光度,并在标准曲线上查出对应的镁含量。用下面的公式计算加标回收率:

$$加标回收率 = \frac{加标水样镁含量 - 水样中镁含量}{加入的镁量} \times 100\%$$

取加标回收率的平均值作为评价分析方法准确度的依据。

五、思考题

(1)原子吸收分光光度法与可见分光光度法有何异同?怎样选择原子吸收分析的操作条件?

(2)在原子吸收分析中可能产生哪些干扰?本实验的主要干扰是什么?可采取什么方法消除其影响?

(3)为什么在原子吸收分析中对纯水的质量要求比较高?连续测定几个试样时,为什么每次都要用纯水喷雾调零?若不这样做,将产生什么结果?

(4)在本实验中,是否可以用自来水清洗容量瓶,为什么?

(5)为什么必须对废液管进行水封?如果废液不能畅通,会发生什么现象?

(6)根据燃助比的不同,可以将原子化火焰分为哪几种类型?请在仪器上产生这些类型的火焰,观察并描述它们的特点。

(7)请设计一个用标准加入法测定自来水中镁浓度的方案,并将测定结果与上述标准曲线法的结果相比较。

8.6　实验97　气相色谱柱的制备

一、实验目的

(1)了解气相色谱固定相的制备方法。

(2)掌握气相色谱柱的装填技术。

二、仪器设备

真空泵，缓冲瓶，漏斗，色谱仪。

三、实验步骤

色谱柱是色谱仪的心脏，样品的分离就是在色谱柱中进行的。制备出分离性能良好的色谱柱，是完成色谱分离的关键。

（一）色谱柱的制备

（1）选择固定相。根据分析对象，选择适当的固定液、担体，确定"液担比"。

（2）柱管的试漏和清洗。试漏的方法是将柱子一端堵死，从另一端通气，在高于使用压力下不应有气泡冒出。对于玻璃柱可先用洗液浸泡洗涤，然后用自来水洗净；对于铜柱需用10%盐酸浸泡抽洗，然后用自来水洗净；对于不锈钢柱，可用5% ~10%的热 NaOH 溶液抽洗数次，然后用自来水冲洗干净。将洗净的柱子烘干待用。

（3）担体的处理。担体表面往往有活性吸附中心和催化作用点，易对样品发生吸附作用和催化反应，形成拖尾峰或假峰，因此在使用前必须进行处理。

①酸和碱处理：用 1 +1 盐酸浸泡担体 2h，以除去表面的铁等金属氧化物；用 10% NaOH—甲醇溶液浸泡担体，以除去表面的氧化铝等酸性作用点。用水洗至中性，烘干备用。

②硅烷化处理：用硅烷化剂与担体表面的硅醇、硅醚反应，以除去表面的氢键结合能力，常用的硅烷化剂有二甲基二氯硅烷和六甲基二硅胺。

③釉化处理：用 2% Na_2CO_3 水溶液浸泡担体，吸滤、烘干、高温熔融烧结，使担体表面形成一层玻璃化釉质，以改善表面结构。

④化学物理覆盖处理：用化学物理方法给担体表面覆盖上一层适宜的物质（如镀银、涂聚四氟乙烯等），以改表面性质。

（4）涂渍固定液。根据确定的液担比，准确称取一定量的固定液和担体。先将固定液溶解在适当的有机溶剂中，再将处理后的担体倒入其中，在通风橱中和适当温度下轻轻摇动烧杯，让溶剂均匀挥发完毕，过筛，除去细粉，备用。

（5）色谱柱的装填（见后述）。

（6）色谱柱的老化。将装好的色谱柱接入色谱仪气路中，接通载气，在稍高于操作柱温但又低于固定液的最高使用温度的条件下加热 4 ~8h，以彻底除去残余溶剂和挥发性杂质，促进固定液均匀牢固地分布在担体表面，促使柱内填充物排布均匀。老化时不能接检测器，以免沾污检测器。色谱柱经老化后，便可接入气路使用。

（二）色谱柱的装填

装填色谱柱是每个色谱操作者必备的基本技能之一。装填的质量直接影响"充填不规则因子"，进而影响柱效能和分离效能。装柱有两点基本要求：一是固定相应填充得均匀、紧密，即柱内各处应尽可能一致，不得留有大的空隙；二是不得造成担体碎裂，否则会使担体粒度不均匀，并在碎裂面产生新的活性吸附附中心，严重影响柱的分离效能。通常有三种装柱的方法：真空泵抽装法，载气吹装法，手工装填法。其中真空泵抽装法最方便，其装置如图 8 -2 所示。

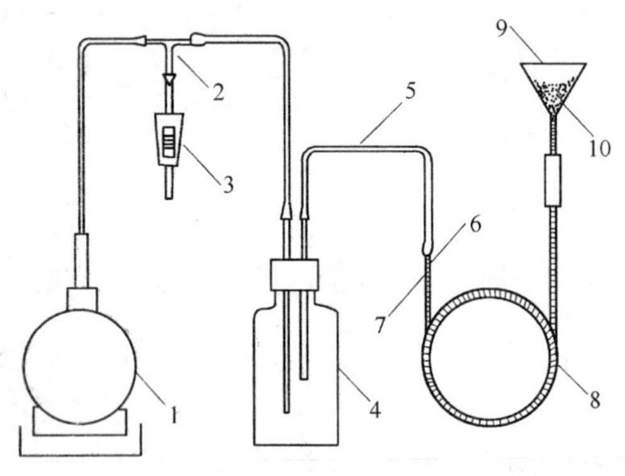

图 8－2　色谱装柱图

1—真空泵;2—三通;3—控气阀;4—缓冲瓶;5—塑料管;6—铜丝网;7—玻璃棉;8—色谱柱;9—漏斗;10—填充物

装柱的操作过程如下：

(1)将已试漏、洗净、烘干的色谱柱的一端塞上玻璃棉和铜丝网，按图 8－2 所示的方法用塑料管与漏斗、缓冲瓶、三通、控气阀和真空泵相连接。

(2)装填时，首先关好控气阀，然后启动真空泵，再从漏斗中加入固定相，同时不断轻轻敲击色谱柱(可用铅笔杆)，或同时在桌面上轻轻抖动，千万不能猛烈振动，直到固定相不再进入柱内时为止。柱端应留一小段不装固定相。

(3)徐徐打开控气阀，然后关上真空泵，取下色谱柱，在入口端也塞上玻璃棉和铜丝网，并作好记号，以便在装入柱箱时，将接真空泵的一端接检测器。柱子不用时，两端可用一根软管短接，并在柱上挂牌写明固定相种类、液担比、填充固定相质量、填充时间等。

如果要装填两根相同的柱子，在装前装后都应称重，计算出填入柱的固定相质量，使两柱的固定相质量相等，并且尽量用相同的方式装柱，使两柱的填充紧密程度尽量一致。

装填好的色谱柱经过老化处理后，便可使用了。

四、思考题

(1)气相色谱仪由哪些主要部分组成，它们各起什么作用？其工作原理是什么？

(2)色谱柱的制备有哪些步骤？为什么要对担体进行处理？

(3)装柱有什么基本要求？怎样达到这些基本要求？

8.7　实验 98　石油裂解气 $C_1 \sim C_3$ 的分析——气相色谱法

一、实验目的

(1)掌握气相色谱分析的基本原理，了解常规气相色谱仪的基本结构，掌握气体样品色谱分析的基本操作技能。

(2)学习峰面积的测量方法。

(3)掌握用归一化法定量的方法和分离度的计算方法。

二、实验原理

石油裂解气 $C_1 \sim C_3$ 混合气体主要成分为含 $C_1 \sim C_3$ 的饱和及不饱和烃、CO_2 和空气。由于它们在固定相和流动相之间的分配系数不同，在通过色谱柱时，经过反复在两相间的分配，最后得到分离。$C_1 \sim C_3$ 混合气体色谱如图 8－3 所示。

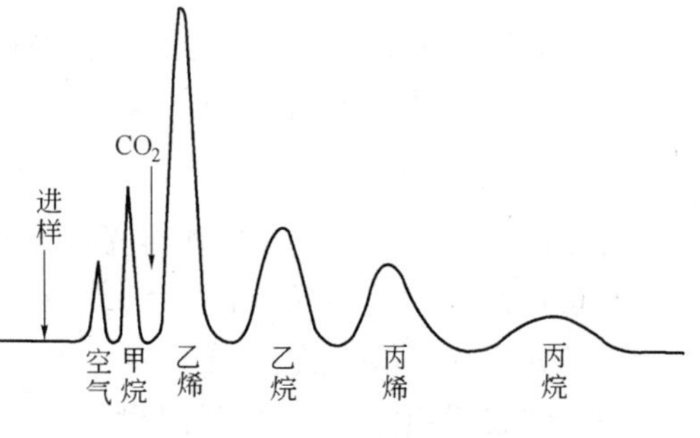

图 8－3　$C_1 \sim C_3$ 混合气体色谱图

分离度 R 是色谱柱的总分离效能指标，计算式为：

$$R = \frac{t_{R2} - t_{R1}}{\frac{1}{2} \times (W_2 + W_1)}$$

$$= \frac{2 \times (t_{R2} - t_{R1})}{1.699 \times [Y_{\frac{1}{2}(1)} + Y_{\frac{1}{2}(2)}]}$$

式中 t_{R1}, t_{R2}——分别为组分 1、组分 2 的保留时间；

W_1, W_2——分别为组分 1、组分 2 的色谱峰峰底宽；

$Y_{1/2(1)}, Y_{1/2(2)}$——分别为组分 1、组分 2 的色谱峰半峰宽。

注意，在计算 R 时，应该首先将 t_R 与 W、$Y_{1/2}$ 统一单位。

三、仪器试剂

(1) 仪器：气相色谱仪；氢气钢瓶或氢气发生器；1mL 或 2mL 医用注射器。

(2) 试剂：十六烷（固定液）；乙醚；6201 红色担体（酸洗过，40 ~ 60 目）。

四、实验步骤

（一）色谱柱的准备

液担比：十六烷/6201 红色担体 = 25/100；

柱管规格：不锈钢柱，内径 4 ~ 1mm，长 2 ~ 5m；

涂渍溶剂：乙醚；

制柱方法：见实验 97。

（二）操作条件（参考）

检测器：热导池，桥电流 150mA；记录仪灵敏度：适当；$T_{柱} = 40℃$；$T_{池} = 40℃$；$T_{气} = 40℃$；载气：H_2；载速：约 $40\text{mL} \cdot \text{min}^{-1}$；纸速：$2\text{cm} \cdot \text{min}^{-1}$；进样量：1mL。

在实验完成后，应如实记录实际操作条件。

（三）操作步骤

见本章末“附”：SC - 200 型气相色谱仪简介。

（四）进样技术

(1) 取样方法。气体进样常用医用注射器。取样前应检查是否漏气。将针芯向后拖动约 1cm，然后将针头刺入橡皮塞。轻推针芯，使筒内气体压缩，然后放开，若针芯恢复到原来位置，即说明不漏气。然后将针头刺入气样袋口的橡胶连接管，抽取气样，拔出针头，把气样全部推出。如此反复抽取和推出三次，即将针筒清洗干净。然后可取样至略超过所需刻度，抽出针头，眼睛与所需刻度保持水平，用手指夹紧针筒并用一个手指扶住针芯，另一只手慢慢推动针芯，直到刚好到达刻度时为止。注意取样之后不能向外拉动针芯，以免将空气抽入针筒内。

(2) 进样方法。将针头以垂直于面板的方向插入气化室进样口的硅橡胶密封垫，同时用力扶住针芯，以免机内气体压力将针芯压出。一旦针头完全插入气化室，应立即迅速推压针芯进样，停顿数秒后，迅速拔出针头，然后才能松手，否则针芯将被弹出。进针时若遇到硬物，说明针头偏离垂直方向，应退回针头，重新进针，不要硬推，以免损坏针头。

(五) 载气流速的测量

转子流量计显示的流速误差较大，通常要用皂膜流量计对其校正。将肥皂水倒入皂膜流量计下端的橡皮球内，用橡皮管连接皂膜流量计侧管和色谱仪上的载气出口。轻轻挤压橡皮球，使肥皂水液面上升至侧管上部，载气将吹出皂膜。载气驱动皂膜沿流量计刻度管向上移动，当皂膜经过 0 刻度时开始计时，到达总刻度时停止计时。用刻度管总体积(mL)除以所得时间差(min)，即得到载气的柱后流速。可重复测量 2～3 次，取平均值作为结果。

五、实验记录及数据处理

(1) 在记录本及色谱图上记录实验时间、仪器型号、固定相、流动相、检测器、衰减、各种温度条件、载气流速、纸速、样品名称、进样量、进样记号、保留时间等，谱图由实验者保存。

(2) 若运用“浙大智达 GC 工作站”，获取色谱图的方法见本章末“附”。

(3) 对照给出的标准谱图，确定每一个色谱峰所对应的组分。

(4) 用直尺量出每一组分的峰高和半峰宽，计算峰面积，再用归一化法计算出各组分的质量分数：

$$C_i = \frac{f_i' A_i}{\sum f_i' A_i} \times 100\%$$

式中 f_i'——i 组分的质量相对校正因子；

A_i——i 组分的峰面积。

各组分以乙烯为标准的质量相对校正因子 f_i' 如表 8-4 所示。

表 8-4 组分的质量相对校正因子

组分	空气	甲烷	乙烷	乙烯	丙烷	丙烯	CO_2
f_i'	0.84	0.74	1.05	1.00	1.36	1.28	1.00

注：进行定量分析，一般至少重复进样两次，将所得结果取平均值。

(5) 根据色谱图，计算乙烯与乙烷的分离度，并评价柱的分离效能。

六、思考题

(1) 本实验为什么选用十六烷作固定液？根据如表 8-5 所示的样品中各组分的沸点，预测它们的流出顺序。如果改用强极性的固定液，是否会有良好的分离效果？

表 8-5 各组分的沸点

组 分	甲烷	乙烷	乙烯	丙烷	丙烯
沸点，℃	-161.5	-88.0	-103.9	-42.2	-47.0

(2) 气体样品用医用注射器进样时应注意哪些问题？

(3) 为什么要使用定量校正因子，其物理意义是什么？

(4) 用归一化法定量有什么先决条件？是否需要准确进样？

(5) 根据色谱图，计算色谱柱对于乙烯和乙烷的有效塔板数。

8.8 实验99 乙醇中甲醇的测定——气相色谱法

一、实验目的

(1)掌握液态样品的色谱进样方法。

(2)掌握气相色谱仪的操作方法,了解醇系物的色谱分析过程。

(3)学会测定保留值和利用保留值定性的方法。

(4)掌握相对校正因子的测量方法。

(5)学会用单点内标法对样品中的待测组分定量分析。

二、实验原理

乙醇样品中含有甲醇和其他杂质,用 DNP 或 GDX-103 作固定相,用热导检测器,在适当条件下,可使各组分完全分离。

在操作条件不变的情况下,某组分的流出时间基本不变,因此可以用纯组分的保留值与样品中各组分的保留值相对照,来确定样品中的相应组分。由于在同一色谱柱上不同组分可能有相同的保留值,所以在色谱定性时往往需要用两种以上不同极性固定液制成的柱子,才能得到比较可靠的结论。

有关保留值的计算公式如下。

调整保留时间:

$$t'_R = t_R - t_M$$

式中 t_R——保留时间;

t_M——死时间。

保留体积:

$$V_R = F_o \cdot t_R$$

$$F_o = \frac{p_o - p_{水}}{p_o} \cdot \frac{T_{柱}}{T_{室}} \cdot F_{皂} \tag{8-1}$$

式中 F_o——载气柱后流速,$mL \cdot min^{-1}$;

p_o——大气压力,一般取 101.3kPa;

$p_{水}$——室温时饱和水蒸气压力,在本书附录 I 中可查出;

$F_{皂}$——皂膜流量计测出的柱后载气流速,$mL \cdot min^{-1}$。

调整保留体积:

$$V'_R = F_o(t_R - t_M)$$

相对保留值:

$$r_{12} = \frac{t'_{R1}}{t'_{R2}} \tag{8-2}$$

在定量分析中,常常需要测定待测组分的相对校正因子,它是该组分的绝对校正因子与基准物的绝对校正因子之比:

$$f'_i = \frac{f_i}{f_s} = \frac{A_s m_i}{A_i m_s} \quad (8-3)$$

若测定条件稳定，色谱峰很狭窄，可以用峰高代替峰面积，求出峰高相对较正因子：

$$f_i'' = \frac{h_s m_i}{h_i m_s} \quad (8-4)$$

当样品中的所有组分不能全部出峰，或只要求测定样品中某个或某几个组分时，可以用内标法定量。其作法是准确称取 W(g)样品，再加入准确称取的内标物 m_s(g)，充分混匀。然后取一定量进样，得色谱图。从色谱图中测得待测组分 i 和内标物 s 峰面积，由下式计算待测组分的百分含量：

$$C_i = f_i' \frac{A_i m_s}{A_s W} \times 100\% \quad (8-5)$$

若测定条件稳定，色谱峰很窄，可以用峰高代替峰面积计算：

$$C_i = f_i'' \frac{h_i m_s}{h_s W} \quad (8-6)$$

内标物必须是试样中不存在的纯物质，其加入量应接近待测组分的量，其色谱峰应独立且位置接近待测组分的峰位。在本实验中以丙酮为内标物。

三、仪器试剂

(1)仪器：气相色谱仪；氢气钢瓶或氢气发生器；1μL、10μL 微量注射器；1mL 医用注射器；DNP 或 GDX－103 高分子多孔微球固定相；秒表。

(2)试剂：乙醇样品；乙醇(AR)；甲醇(AR)；丙酮(AR)。所用试剂最好进一步提纯。

四、实验步骤

(一)色谱柱的准备

将内径4mm、长2m 的不锈钢色谱柱洗净，烘干，照实验97中装柱的方法，把固定相装入柱内。将装好的柱子安装到色谱仪上，在略高于操作温度下老化数小时。

(二)参考操作条件

检测器：热导池；桥电流：160mA；载气：H_2；载速：约 40mL · min^{-1}；纸速：1～2cm · min^{-1}；$T_{柱}$：80℃；$T_{气}$：110℃；$T_{检}$：100℃；记录仪灵敏度：适当。

(三)操作步骤

(1)仪器启动和调整。见本章末“附”：SC－200 型气相色谱仪简介。

(2)进样方法。取样前应将微量注射器清洗干净，方法是将微量注射器插入待分析液体中，慢慢拖动针芯，抽入液体，使液面高于针管满刻度；取出注射器，推出针管内的液体，用脱脂棉擦掉针尖上附着的液滴，如此反复三次即可。

对于0.5μL 或1μL 规格的微量注射器，应特别注意抽取液样时针芯拉动不得超过商标图案。若不小心将针芯拉出针筒，千万不要硬行塞入，否则会损坏注射器。这时应轻轻将针芯和针筒放在桌上，请老师处理。

取样时，先慢慢拖动针芯，将样品抽过所需刻度，取出注射器，将针尖垂直向上，眼睛与所需刻度保持水平，逐渐将针芯推至刻度线上，用脱脂棉迅速擦掉溢出的液体；然后轻轻向后拖动针芯，让少量空气进入针筒内，便可进样分析了。

进样时，用一只手的手指扶住针头，使针尖垂直向下对准进样口，另一只手的手指拿住针筒，并向下用力，使针尖刺穿硅橡胶密封垫，直到针头完全进入气化室内；迅速推进针芯，停顿1s后，拔出针头，即完成一次进样。若进针时感觉针头刺上硬物，应立即退回，调整方向，重新进针；不能硬推，以免折弯针头。

注意，取样时，注射器上的标签要与样品瓶上的标签相符；取样后，应立即盖好瓶盖，将样品瓶放回原处。

(3)利用保留值定性。取纯丙酮0.3μL进样，记录其保留时间；取纯甲醇0.2μL进样，记录其保留时间；取纯乙醇0.3μL进样，记录其保留时间。

比较纯物质与后面的混合物中各组分的保留值，若二者保留值相等，便可基本认定二者为同一物质。

(4)相对校正因子的测定(以丙酮为基准物测定甲醇的相对校正因子)准确称取丙酮$m_{丙}$(g)和甲醇$m_{甲}$(g)于小容量瓶中，立即盖好瓶塞，并充分混匀。用微量注射器从容量瓶中取出0.5μL混合物，进样，同时计时，在色谱峰旁标明相应的t_R。

(5)乙醇样品中甲醇含量的测定(内标法)。准确称取纯内标物丙酮m_s(g)，乙醇样品W(g)，在小容量瓶内充分混匀。用微量注射器抽取4μL进样，同时计时，控制记录仪灵敏度档，使色谱峰大小适当。

(6)死时间t_M的测定。用1mL医用注射器吸取约0.2mL空气，注入气化室内，记录空气峰的出柱时间，即为t_M。

五、实验记录和数据处理

(1)在记录本及色谱图上记录实验时间、仪器型号、固定相、流动相、检测器、衰减、各种温度条件、载气流速、纸速、样品名称、进样量、进样记号、保留时间等，谱图由实验者保存。

(2)若运用“浙大智达GC工作站”，获取色谱图的方法见本章末附。

(3)相对校正因子的计算。从色谱图上测量出丙酮和甲醇的峰面积，从甲醇和丙酮混合物的称量计算出其质量比($m_{甲}/m_{丙}$)，然后计算出$f'_{甲}$。

(4)保留值的计算。根据色谱图中查出的t_M和t_R，分别计算出丙酮和甲醇的各种保留值，列出表来。

(5)甲醇含量的计算。从乙醇样品色谱图上量取内标物丙酮的峰面积和甲醇的峰面积，查出丙酮和样品混合物的质量比(m_s/W)，计算出乙醇样品中甲醇的百分含量。

当色谱峰很窄时，可以用峰高代替峰面积来计算校正因子和甲醇的百分含量。

注意：一般应重复进样两次以上，取平均值作为分析结果。

六、思考题

(1)为什么用热导检测器时，H_2作载气比N_2作载气的灵敏度高得多？为什么用N_2作载气时，桥电流要降低一些？

(2)使用微量注射器进样应注意些什么问题？为什么取样后要稍微向后拖动针芯，让空气进入针筒？

(3)说明在本实验中选择柱温、热导池温度和气化室温度的理由。

(4)用保留值定性是否完全可靠？怎样才能获得比较可靠的定性结果？

(5)哪些物质可以作为内标物？用内标法定量是否要求准确进样？为什么？

(6)如果本实验改用 FID 检测器，测得的结果是否相同？此时应选用什么气体作载气？

8.9　实验 100　二组分液体混合物活度系数的测定

一、实验目的

(1)用蒸气压法测定丙酮和氯仿在不同浓度下的活度系数。

(2)了解气相色谱仪的基本构造及原理，掌握其使用方法。

二、实验原理

由 A，B 两物质组成的溶液中，它们的活度分别是：

$$a_A = \frac{f_A}{f_A^*}, a_B = \frac{f_B}{f_B^*} \tag{8-7}$$

式中　f_A, f_B———分别为液体混合物中 A，B 的逸度；

f_A^*, f_B^*———分别为纯 A、纯 B 的逸度。

当它们的蒸气压都比较低时，可假定服从理想气体定律，此时逸度近似等于压力：

$$a_A = \frac{p_A}{p_A^*}, a_B = \frac{p_B}{p_B^*} \text{或} \gamma_A x_A = \frac{p_A}{p_A^*}, \gamma_B x_B = \frac{p_B}{p_B^*} \tag{8-8}$$

式中　γ_A, γ_B———分别为 A，B 的活度系数；

x_A, x_B———分别为 A、B 在液体混合物中的摩尔分数；

p_A, p_B———分别为 A、B 与液体混合物平衡的蒸气分压；

p_A^*, p_B^*———分别为该温度下纯 A、纯 B 的饱和蒸气分压。

因此，测得给定温度下与组成为 x_A、x_B 的液体混合物的平衡蒸气压 p_A、p_B，以及该温度下纯物质的饱和蒸气压 p_A^*，p_B^*，就可按式(8-8)计算出相应的 γ_A、γ_B。

用两种液体配制出不同摩尔分数的混合物，用气相色谱法测定与之平衡的气相组成。在温度和总压一定的情况下，每次在液体混合物上方取等体积的饱和蒸气，立即送入气相色谱分析，记录的色谱峰高与蒸气压成正比：

$$\frac{p_A}{p_A^*} = \frac{h_A}{h_A^*}, \frac{p_B}{p_B^*} = \frac{h_B}{h_B^*}, \gamma_A = \frac{h_A}{h_A^* x_A^*}, \gamma_B = \frac{h_B}{h_B^* x_B^*} \tag{8-9}$$

式中　h_A, h_B———与液体混合物平衡的蒸气中 A、B 的色谱峰高；

h_A^*, h_B^*———与纯 A、纯 B 液体平衡的蒸气的色谱峰高。

三、仪器试剂

(1)仪器:气相色谱仪1套;电磁搅拌器1台;50mL锥形瓶6个(带密封像皮塞);50mL注射器1个。

(2)试剂:丙酮(分析纯);氯仿(分析纯)。

四、实验步骤

(一)配制样品

用纯丙酮和氯仿配制6种不同质量分数的液体混合物(以丙酮含量计),0%、20%,40%,60%,80%,100%,每种混合物总体积约25mL,配制在50mL锥形瓶中,并立即塞紧密封。

(二)调试色谱仪

按本章附介绍的SC-200型气相色谱仪工作原理的要求,调试气相色谱仪。操作条件为:柱温90℃,采用热导池检测器,氢气为载气,出口流速40~60mL·min^{-1},桥流105mA,记录仪灵敏度适当,走纸速率0.5cm·min^{-1}。

(三)取样进行色谱分析

待记录仪基线稳定后(开机后约1~2h),取样进色谱柱分析。

取样方法:将盛有试样并密封的锥形瓶放在电磁搅拌器上搅拌数分钟。用注射器取1mL气相样品,迅速注入色谱仪中分析。待记录仪走出丙酮和氯仿的峰后,用同样方法继续进行其余试样的测试。

五、关键操作及注意事项

本实验中,由于是使用注射器吸取二元液体上方的平衡气相进色谱柱分析,所以操作难度较大,数据很难重复,试验时应注意以下几个关键问题:

(1)一定要将二元溶液充分搅拌,使气液两相真正达到平衡后,再取样分析。

(2)取气样时,注射器要慢慢往后拉,确保1mL针筒内充满与大气压力相等的平衡蒸气。

(3)用针管将样品打进色谱柱时,操作要快而准,做好重复性操作。

六、数据处理

(1)将配制的各样品的质量分数换算成相应的摩尔分数。

(2)用式(8-9)分别计算丙酮和氯仿在不同浓度的液体混合物中的活度系数。

七、思考题

(1)本实验结果说明丙酮-氯仿的液体混合物是否符合拉乌尔定律?它们对拉乌尔定律是发生正偏差还是负偏差?

(2)用蒸气压法测定活度系数有哪些优缺点?从实践中体会如何才能取得较满意的结果?请设计一套取样方法附在实验报告讨论栏中。

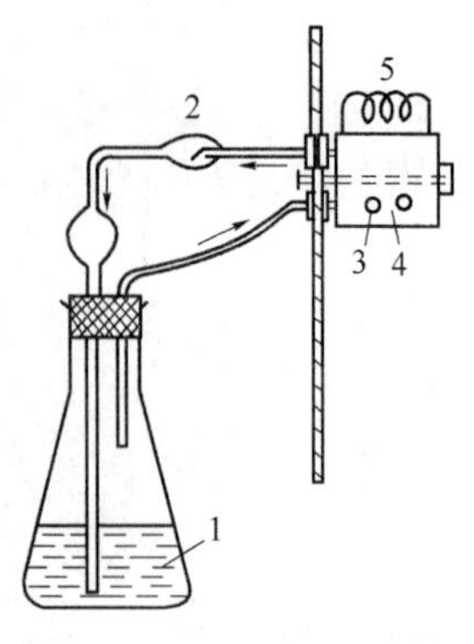

图 8-4　饱和蒸气进样器

1—溶液；2—单向阀；3—进色谱柱 4—六通阀；5—定量管（1mL）

八、教学讨论

（1）据文献（2），改进饱和蒸气的进样方法：用六通阀，通过 1mL 定量管直接进样，可以取得更可靠重复的结果，装置见图 8－4。用手挤压单向阀 10～15 次后，便可拉动六通阀进样。

（2）测定二组分液体混合物活度系数的方法很多，常用的还有凝固点降低法。

在稀溶液或理想溶液中存在下述关系式：

$$\ln x_A = \frac{\Delta_{fus}H_{m,A}}{R}\left(\frac{1}{T_f^*} - \frac{1}{T_f}\right)$$

式中　T_f^*，T_f——分别为纯溶剂和稀溶液的凝固点。

对于任意浓度的溶液，有：

$$\ln a_A = \frac{\Delta_{fus}H_{m,A}}{R}\left(\frac{1}{T_f^*} - \frac{1}{T_f}\right) = \frac{\Delta_{fus}H_{m,A}}{R(T_f^*)^2}\Delta T \qquad (8-10)$$

由实验测定凝固点降低值 ΔT，则可求得该浓度下溶剂的活度，然后根据 $a_A = x_A f_A$，求得凝固点温度下溶剂的活度及活度系数。如欲求其他温度下的活度或活度系数，要作相应的换算。

九、参考文献

（1）ArnikarH J. J. Chem. Educ，1970：826.

（2）北京大学化学系物理化学教研室. 物理化学实验. 北京：北京大学出版社. 1985.

（3）清华大学物化教研室. 物理化学实验. 北京：清华大学出版社，1990.

8.10　实验 101　萘、联苯、菲的高效液相色谱分析

一、实验目的

（1）理解反相色谱的基本原理、优点及应用。

（2）掌握归一化定量方法。

二、实验原理

在液相色谱中，若采用非极性固定相（如十八烷基键合相）和极性流动相，则这种色谱法称为反相色谱法。这种分离方式特别适合于同系物、苯并系物等。萘、联苯、菲在 ODS 柱上的作用力大小不等，它们的分配比 k' 值不等，在柱内的移动速率不同，因而先后流出柱子。根据组分峰面积大小及测得的定量校正因子，就可由归一化定量方法求出各组分的含量：

$$p_i = \frac{A_i f'_i}{A_1 f'_1 + A_2 f'_2 + \cdots + A_n f'_n} \times 100\% \qquad (8-11)$$

式中　A_i———i 组分的峰面积；

f'_i———i 组分的相对定量校正因子。

采用归一化定量方法的条件是:样品中所有组分都能出峰,并且有每一组分的相对校正因子。此法简便、准确,对进样量的要求不十分严格。

三、仪器试剂

(1)仪器:ShimadzuLC－10A型高效液相色谱仪或其他型号高效液相色谱仪;紫外检测器(254nm);柱 Econosphere C_{18}(3μm),10cm×4.6mm;微量注射器。

(2)试剂:甲醇(AR),重蒸馏一次;二次蒸馏水;萘(AR);联苯(AR);菲(AR);流动相:甲醇/水＝88/12。

四、实验步骤

(1)按操作说明书使色谱仪正常运行,并对实验条件进行调节——柱温:室温;流动相流量:1.0mL·min^{-1};检测器工作波长:254nm。

(2)标准溶液配制。准确称取萘0.08g,联苯0.02g,菲0.01g,用重蒸馏的甲醇溶解,并转移至50mL容量瓶中,用甲醇稀释至刻度。

(3)在基线平直后,注入标准溶液3.0μL,记下各组分保留时间;再分别注入纯物质对照,以确定各蜂所对应的物质。

(4)注入样品3.0μL,记下保留时间。重复两次。

(5)实验结束后,按要求关好仪器。

五、数据处理

(1)确定未知样品中各组分的出峰次序,对照纯物质的保留时间定性。

(2)求出各组分的相对定量校正因子。

(3)用归一化定量方法计算样品中各组分的质量分数。

(4)计算以萘为标准时的柱效。

六、注意事项

(1)熟悉仪器说明书。

(2)室温较低时,为加速萘的溶解,可用红外灯稍稍加热。

七、思考题

(1)观察分析所得的色谱图,解释不同组分之间分离差别的原因。

(2)为什么高效液相色谱法一般可在室温下进行分离,而气相色谱法则通常要在高于室温下进行分离?为什么高效液相色谱法有时也进行恒温分析?

(3)说明紫外检测器的工作原理。它适用于哪些样品的分析检测?

(4)高效液相色谱的梯度洗提和气相色谱的程序升温各有什么作用?

八、参考文献

(1)陈集,饶小桐.仪器分析.重庆:重庆大学出版社,2002.

(2)华东理工大学分化组,成都科技大学分化组. 分析化学. 4 版. 北京:高等教育出版社,1997.

(3)朱明华. 仪器分析. 3 版. 北京:高等教育出版社,2000.

附:SC－200 型气相色谱仪

SC－200 型气相色谱仪为实验室用分析仪器,其主机按不同规格装有单或双载气路、填充柱、四路恒温控制、热导池检测器、氢焰离子化检测器(或两种检测器之一),为通用型高性能分析仪器,可对沸点在 350℃以下的多组分液体、气体物质进行常量、微量,甚至痕量分析,广泛应用于国防、科研、石油、化工、食品检验、卫生防疫、医药、环保等部门。

一、工作原理

图 8－5 是仪器原理及流程示意图。

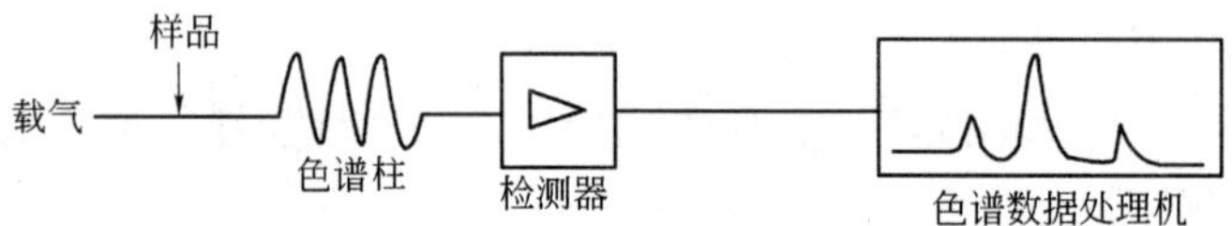

图 8－5　气相色谱仪工作原理及流程

其工作原理如下,当经净化处理、流量适当的载气在仪器内流过时,若有样品注入,则样品在载气冲洗下流经一定长度的色谱柱,在柱内的流动相和固定相之间反复多次分配,最后被分离成各种单一成分,并按一定时间顺序,依次进入检测器,通过非电量—电量变换,将化学成分信号变成电信号(电压或电流),送入色谱数据处理机,记录下色谱谱图并进行处理。这样,根据特定条件下出峰的时间,即可确认其化学成分;根据峰面积的大小,可确定其含量;从而达到对混合物进行定性定量分析的目的。

二、仪器的组成及作用

仪器的主要组成部分见图 8－6,仪器构成见图 8－7。

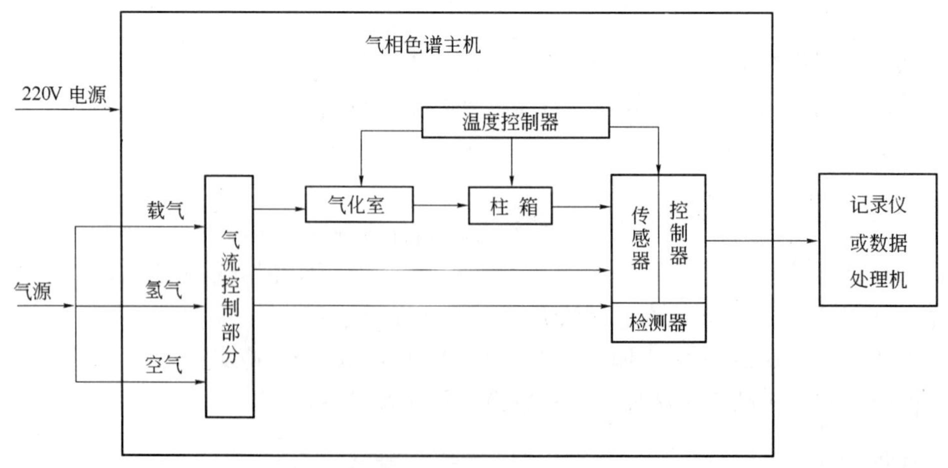

图 8－6　SC－200 型气相色谱仪主要组成部分

(一)气路系统

SC－200－1 型气相色谱仪的气路流程见图 8－8。气流控制部分的作用是为色谱柱及检测器提供正常工作所必须的稳定气流。该部分装于仪器右上侧,向后推开小盖,即可看见操作调节部分,具体调节旋钮见图 8－7(18,19,20,21,22)。

载气输入压力为 0.5～0.6MPa 氢气、空气输入压力为 0.3～0.4MPa。

载气经调压净化,通过过滤接头进入仪器,由稳压阀稳压,进入稳流阀,由稳流阀稳流和调节流量。从稳流阀流出的气流,流入气化室,若有需要可在稳压阀与气化室之间接入六通阀,样品由六通阀或气化室注入,由载气带入色谱柱进行分离,然后进入相应检测器变换成电信号输出记录,分析后的样品及载气流出仪器。当使用氢焰检测器时,燃气(H_2)经调压、净化,通过过滤接头进入仪器,经开关阀及其接头进入稳压阀稳压,再通过阻尼器,然后进入离子头,与载气、辅助气(Air)混合燃烧,然后排出机外。

正常使用时,关闭开关阀,调节稳压阀流量,使离子头处于最佳工作状态。重新开机后,该氢气流量较小,不容易点火,这时应打开开关阀,增大氢气流量,点火后再关闭开关阀。

刻度旋钮用于指示稳流阀调节杆转动的圈数,盘孔内显示转动的整圈数,外圈显示分数。调节中若发现旋转不动,表示已调节到极限,不要强行扭动。使用中应在仪器所附的范围内调节,不要调得过小过大,以免损伤阀针。

流量表载气通过稳流阀调节流量,其圈数对应流量;氢气、空气是通过压力调节流量,用面板上压力表所示值对应流量值;也可用仪器所附的浮子流量计测量流量。

(二)气化室

仪器气化室装于仪器的左上方,见图 8－7 中,它是样品引入口,液体样品进样后瞬时气化。为确保定量分析的准确性,注入时应快、准,每次尽量一致。旋开其顶上的散热器,可看到硅橡胶密封垫。多次进样后,应更换密封垫,以免漏气。气化室温度应严格控制。

(三)柱箱及色谱柱

柱箱的作用主要是为色谱柱分离样品提供一个高精度和稳定的温度环境。柱箱内温度应严格控制。色谱柱是分离样品的关键部分,可根据分析对象选用装有适当固定相的色谱柱。

(四)检测器

检测器的作用是将色谱柱分离出的样品中的各组分转变为电信号。其位置在柱箱上的中部,前面是热导池检测器,后面是氢焰离子化检测器。检测器的控制电路板装在仪器右下方的电器部件箱内,其操作旋钮在面板上。其输出端可接记录仪或数据处理机,信号的衰减由记录仪或数据处理机实现。

(五)记录仪及数据处理机

记录仪及数据处理机(工作站)应另行配置,其最小量程应小于或等于 1mV/满度,最大量程应大于或等于 1V/满度。应注意"信号负端与屏蔽地线绝对不能短接。"

(六)温度控制系统

SC－200 型气相色谱仪温度控制器(以下简称温控)是仪器的重要组成部分,其主要功能是对仪器的四个温度控制对象——检测器Ⅰ、检测器Ⅱ、气化室、色谱柱箱进行精密的温度调节与控制,并可对温度、电源电压、桥流、氢焰极化极电压等参数的具体值用 3 位半数字表精确、直观地实时显示,使仪器操作更为方便。

1. 主要技术特性

(1)温度控制方式:零交触发,四路定温温控。

(2)温控精度:180℃以下,±0.15℃;180℃以上,±0.2℃。

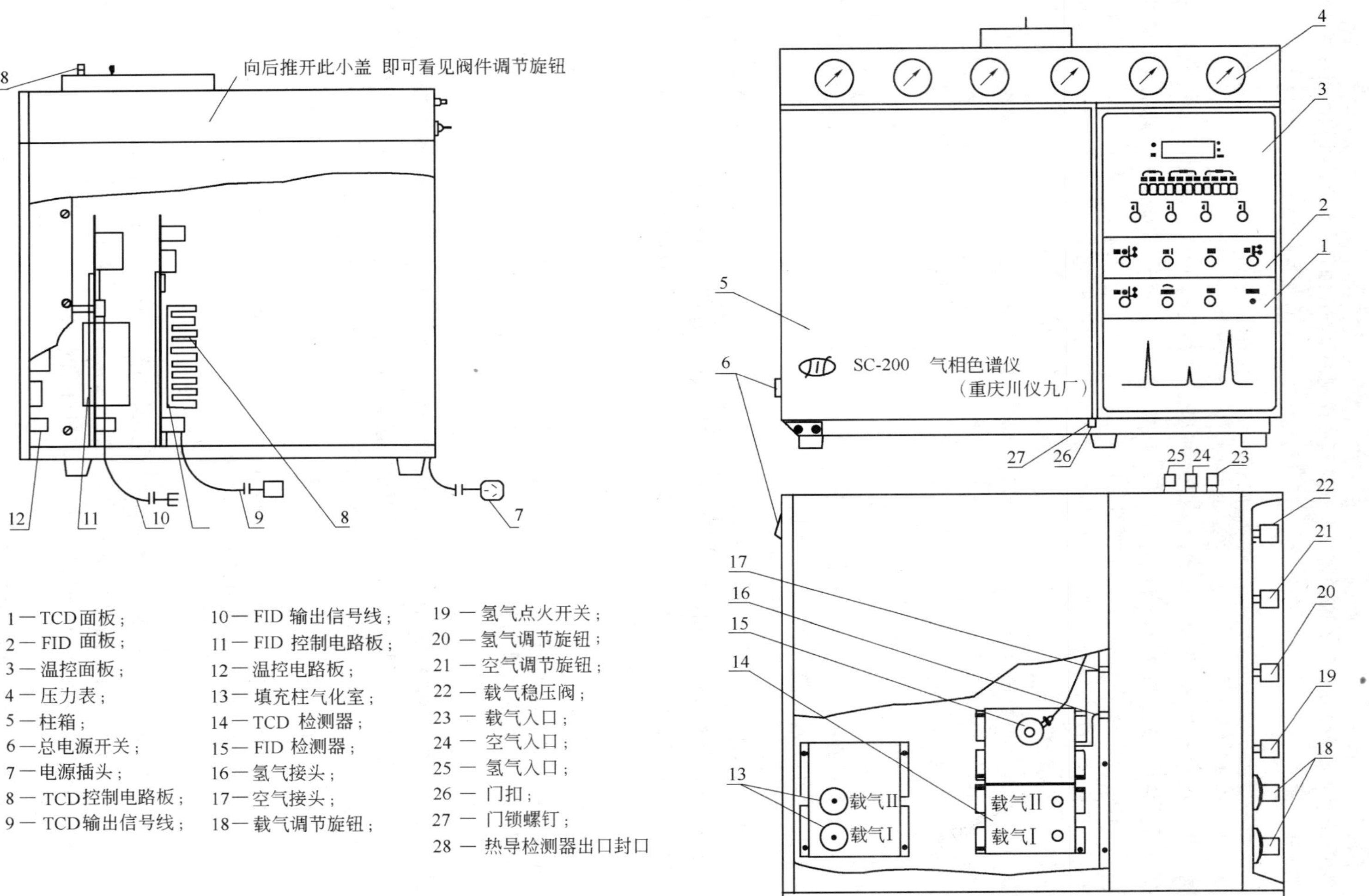

1 — TCD面板；
2 — FID 面板；
3 — 温控面板；
4 — 压力表；
5 — 柱箱；
6 — 总电源开关；
7 — 电源插头；
8 — TCD控制电路板；
9 — TCD输出信号线；
10 — FID 输出信号线；
11 — FID 控制电路板；
12 — 温控电路板；
13 — 填充柱气化室；
14 — TCD 检测器；
15 — FID 检测器；
16 — 氢气接头；
17 — 空气接头；
18 — 载气调节旋钮；
19 — 氢气点火开关；
20 — 氢气调节旋钮；
21 — 空气调节旋钮；
22 — 载气稳压阀；
23 — 载气入口；
24 — 空气入口；
25 — 氢气入口；
26 — 门扣；
27 — 门锁螺钉；
28 — 热导检测器出口封口

图8-7　SC-200型气相色谱仪构成图

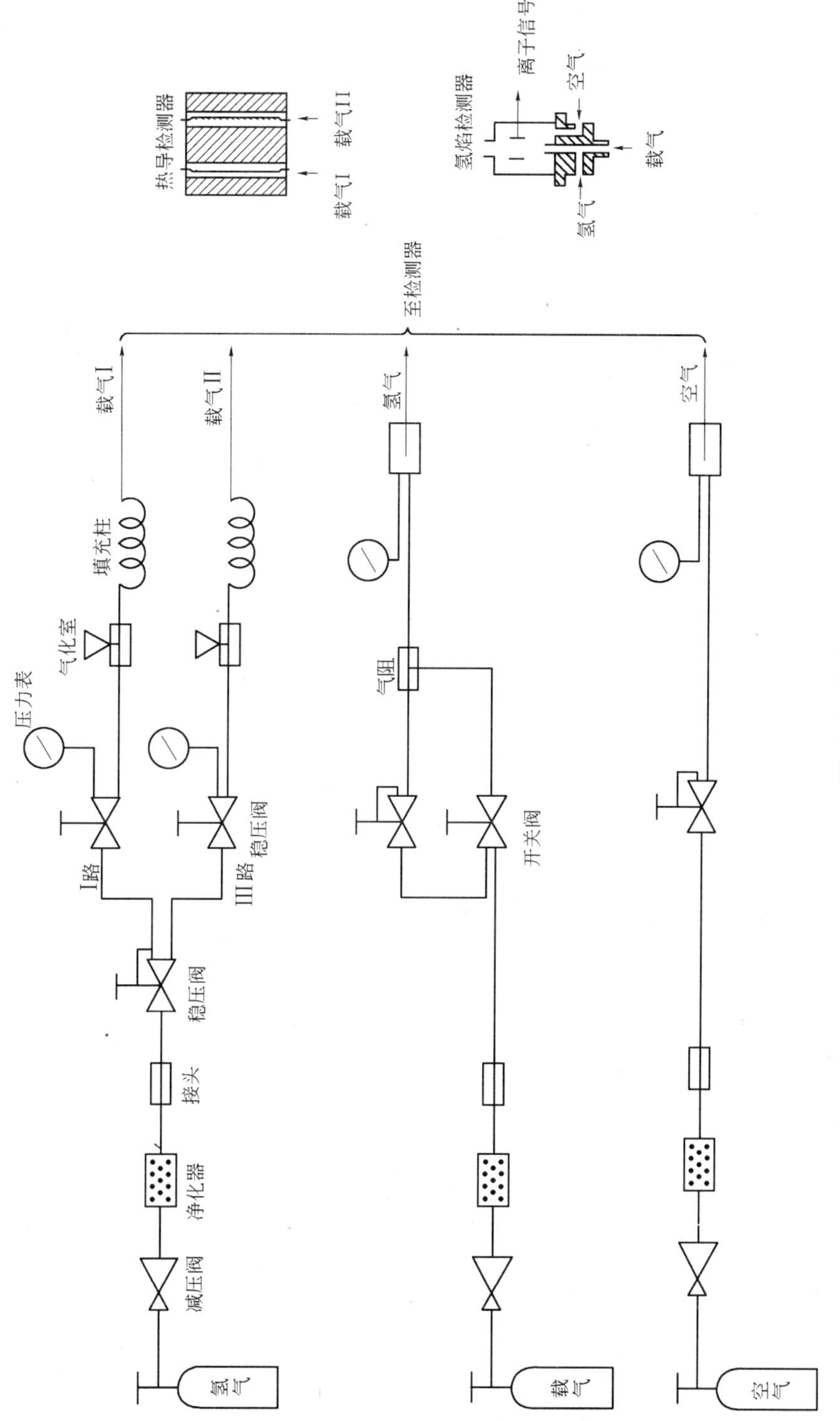

图8－8 SC－200－1型气相色谱仪气路流程图

(3)温控范围:室温以上 30℃至 400℃(对 TCD 只使用至 270℃,对柱箱只使用至 340℃)。

(4)过温保护:仪器具有过温保护。出厂时,柱箱保护温度校定于 300℃,其余校订于 350℃。也可根据用户需求改变。

(5)设定温度与实际温度偏差:不大于 5%。

2. 工作原理

温控有四路独立的控制系统,电路工作原理如图 8－9 所示。

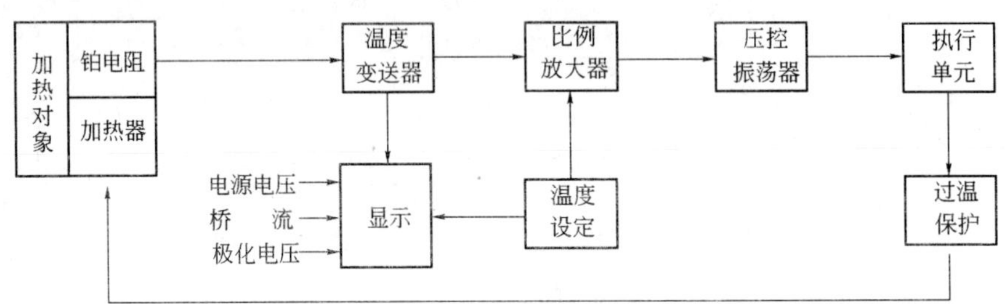

图 8－9　温控原理方框图

当加热对象(检测器Ⅰ、检测器Ⅱ、气化室、色谱柱箱)的温度传感器(铂电阻)将温度信号送入温度变送器后,由变送器分两路送出电压信号,一路送入显示电路,可随时观察;另一路送入比例放大器,与设定的温度电压值进行比较,并将差值按比例放大,放大后的信号送入压控振荡器,把模拟信号转为脉宽随信号变化的脉冲信号,并用该信号去控制执行单元及随后的加热器,从而改变加热对象的温度。当设定温度高于加热对象温度时,比例放大器送出正信号,差值越大,信号越大,脉冲越宽,加热量越大;当设定温度低于加热对象温度时,比例放大器送出负信号,脉冲消失不加热;当二者温度相当时,有一较小的稳定信号输出,维持一定的加热量,弥补散失的热量,使设定温度与加热器对象温度基本相等(差量闭环控制),从而达到控温的目的。

由于加热器功率较大,直接使用 220V 市电对加热器供电,而内部控制电路使用低电压,因此执行单元采用了固态继电器,对高低电压线路之间进行光电隔离,以确保仪器运行和人身安全。

温度值、电源电压、桥流、极化极电压均可经开关切换送入显示电路,由数码管(LED)准确显示出来,供观察用。

控制器具有过温保护功能,当加热温度超过规定值时,加热器电源切断,并发出报警信号,以确保仪器的安全运行。根据实际使用情况,色谱柱箱和另外三个加热对象可分设两种保护温度值。

3. 温度控制器的使用

仪器温控的操作面板见图 8－10,上面为视窗。视窗右侧有一过温保护灯,正常工作时不发光;当仪器温度超过规定值时,发光报警。视窗中可根据琴键的选择,显示电源电压(V)、桥流(mA)、氢焰检测器极化极电压及温度的设定值或实时值(℃)。中间的 11 个琴键全为显示切换用,按下其中一个则显示该项内容,每次只可按下一个键。

下边一排为温度设定电位器。以柱箱一路为例说明其使用方法:如需将柱箱温度控制到 80℃,开机后则先按下“设定”中的“柱箱”键,调节“柱箱”旋钮,使表头显示为 80℃,然后再按下“实时”中的“柱箱”键,即可见到表头的值在变化。过一段时间后,温度稳定,表头显示 80℃ ±2℃,说明实验温度已达到设定要求。当仪器使用完后,若下次仍使用该温度,则可不调电位器,开机时只须先通载气,开关电源即可。若改作其他分析时,仪器开机前应将设定旋钮逆时针旋到底。开机后,设定值显零(低于实际温度值),不加热。需重复前述方法,重新调节所需温度。其余三路控温方法与“柱箱”同,但达到设定值的时间要长一些(10～40min)。

仪器使用热导检测器(TCD)时,通电前需先通入载气,开总电源前使 TCD 单元处于“关”状态,桥流旋钮逆时针旋到底。开机时,按下桥流键,该单元灯亮,桥流显示“0”左右,慢慢调大桥流,观看显示值,当达到所需值后,热导池即按该值供电,此时可调零,使信号输出为零。观察一下基线应基本正常,然后按分析所需温度进行升温,待仪器稳定后,即可进样。关机时,若下次重复该分析,只关总电源即可。否则应关该单元桥流,重新调整分析条件。

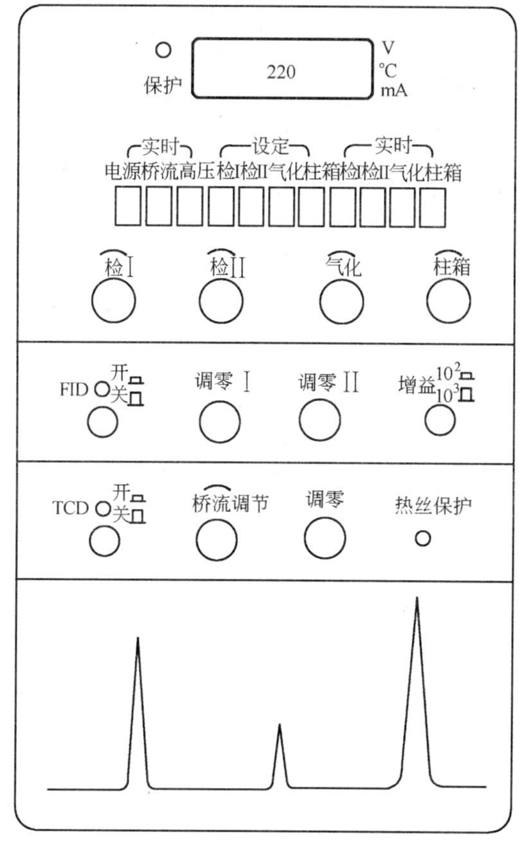

图 8－10　SC－200 型温度面板控制示意图

4. 控制器使用注意事项

(1)面板上的旋钮调节均会改变仪器的工作状态,因此使用中应小心调节,并且无关人员不可随意调动。

(2)为安全起见,第一次使用时,应多监视一下"实时"温度与"设定"温度的值。

(3)一般情况下,尽量少旋动设定电位器旋钮,以延长使用寿命;但长期不用时,应重新调整一下设定值。

(4)加热器由 220V 供电,检查时应注意安全。若作清洁保养,应拔下 220V 电源插头后进行。

(5)若温控发生故障,用户无把握检修时,不要随意更换插头与元件,应与维修人员联系解决。

三、仪器的使用

(一)注意事项

(1)先通载气,后通电;先关电,后关载气。当连续使用或作精细分析时,晚上最好不关载气,可适当调低入口压力至 0.1MPa,保证系统内的正压状态。当 TCD 高温运行结束时,应关热导控制器和温度控制器 30min 后才能关载气,以保护传感器元件。

(2)当第一次使用气瓶减压阀时,请将减压阀原出口接头取下,用附件箱中的序 18 接头(CF8.470.080)替代。可用 $\phi3\times0.5$ 软管连接减压阀、净化管及仪器。减压阀、净化管、接头处连接必须保证不漏气。

(3)开气源时,气瓶开关阀应开足,减压阀开关右旋至最松,查看减压阀的压力表应压力足够,然后逐渐调减压阀。仪器正常运行时,使减压阀低压测压力输出为:载气在 0.5～0.6MPa 之间;氢气、空气在 0.3～0.4MPa之间。若压力过大会损坏仪器内部阀件,甚至引起净化管炸裂;若压力过小,稳压阀不能正常工作。

(4)一般情况下,气源应用净化管再次净化,并经常查看其变色分子筛是否吸水过多变白。若变白应及时更换或处理。可将分子筛倒出装在瓷盘内,在400℃下烘烤4h,待其自然冷却后及时装入瓶中备用。活性炭(黑色)和105催化剂(浅棕色)再处理很麻烦,可买新的更换。

(5)仪器的载气稳压阀出厂时已校至0.4MPa,一般情况下用户不要自己调整,以免流量表不准确,若调整,载气流量需重新校正。

(6)接入检测器的色谱柱必须事先经过严格老化,其老化温度低于固定相的最高使用温度,高于分析样品时的温度,老化时间应长于36h,并通过适当的流量,避免分析时固定相流失引起检测器污染和基线漂移。若用柱箱老化色谱柱,柱出口不能接在检测器上,应使其出气排出仪器外。

(7)用氢气作燃烧气的检测器工作温度应不低于120℃,并且应达到该温度才可点火,否则会因燃烧后生成的水气积水,严重影响检测器的使用寿命和性能。关机时也应先关辅助气,待氢气、空气压力降至零,火熄灭后方可降温。

(8)稳流阀使用中不宜将流量调得过小(接近零),以免损坏其阀针;调节刻度旋钮时应缓慢,并认准每次是一种旋向(顺时针或逆时针),以保证流量的重复性。

(9)通电使用中不能拆接任何电气部件,若需维修,可关电后再操作,并且应搞清楚毛病后再进行,不要随便拆换,以免扩大故障范围。

(10)气化室用进样密封片,在注射10~20次后,应及时更换,以免漏气。进样垫使用前应先在苯或酒精中浸泡清洗30min,然后在220℃下烘干备用。

(二)仪器分析使用程序

(1)准备。根据样品性质,选好分析方法。即确定用什么色谱柱、什么检测器;分析中采用气源种类及纯度、流量;工作中气化室、柱箱、检测器温度;样品的处理及进样量;记录仪或数据处理机的通道、量程、纸速等。

(2)老化色谱柱。将外购或自制的色谱柱置入柱箱,把柱入口先接入气化室,柱出口不要与任何检测器连接,让柱出口排出仪器外。根据需要通入载气,升温充分老化。

(3)通气。将色谱柱接入检测器,根据检测器和分析的要求接通所需气源。

(4)通电。接好电源插头,即可通电、升温、开检测器电气单元。TCD根据载气和温度选择桥电流。FID当其温度升到120℃以上后,便可通H_2、空气,用电子点火器点火。

(5)进样分析。待仪器基线基本稳定后,即可试进样,看出峰分离情况和检测器灵敏度,再细调流量、温度,使其处于分析的最佳工作状态后,方可正式进样分析。

(6)关机。仪器使用完毕,若用TCD,应先关电,后关气;若用FID,则应先关H_2和空气,待火灭后再关电,最后关载气。

(三)运用“浙大智达GC工作站”获取色谱图的方法

1.在线检测(online)

待仪器基线稳定后,进样,同时点击“采集数据”。当出峰完毕后,点击“停止采集”。此时本次实验数据已自动保存在“c:\浙大智达\N2000\样品”文件夹里。分析下一个样品时,可重复以上操作。每次进样后应记下保存于文件夹里的样品文件编号。待样品分析完后,可进行离线分析。

2.离线分析(offline)

在电脑桌面上打开“离线工作站”—“打开”—“org”—选择前面记下的样品文件编号,并点击该编号,点击“确定”,出现“当前工作会被覆盖,需要保存吗?”对话框,点击“NO”,即可得到所选实验的色谱图。

3.获取色谱图

方法一:点击“谱图”—“输出到位图文件”—“保存在桌面”—“复制”—“粘贴”至事先建立的“Word文档”—“打印”。

方法二:在离线色谱工作站里找到所需的色谱图后,通过截屏的方式将图片导出,然后打印。

第 9 章

有机波谱与结构解析

概　述

以紫外光谱法、红外光谱法、核磁共振波谱法和质谱法为主的波谱分析法在鉴定化合物的种类、确定化合物的结构、测定化合物的含量、研究化学反应的机理等方面具有极其重要的作用，它们在化学、化工、石油、地质、食品、医药、轻工、环保等许多领域中的应用越来越广泛，已成为化学工作者不可缺少的分析研究手段和必须具备的专业知识。与经典的有机化合物结构分析相比，有机波谱法具有灵敏度高、速度快、准确性高、试样用量少、对样品无破坏性、能提供分子结构的全面信息等优点，因此已成为有机结构分析的核心和发展方向。

紫外吸收光谱是由于分子中的价电子吸收了一定能量的紫外光，产生能级跃迁而形成的，它主要能提供分子中共轭体系的结构信息。

红外吸收光谱是由分子的振动—转动能级跃迁所产生的，它能反映出分子的某些总体结构特征，通过谱图中特征吸收带的位置、形状和强度，可以鉴定分子中官能团和化学键的类型，从而有助于结构的确定。

核磁共振波谱是由分子中具有核磁矩的原子核（如^{1}H、^{13}C 等）在外磁场中，吸收了一定频率的射频辐射，从核自旋低能级跃迁到高能级时所产生的共振信号，其中^{1}H 的共振信号能提供有机化合物中官能团、化学键、分子结构等许多重要信息，而近年发展起来的^{13}C 谱还能提供有机化合物的骨架碳原子的信息。核磁共振波谱在有机结构分析中起着重要的作用。

质谱法是使待测试样分子在离子源内离子化后，裂解为多种正离子，在外电场和磁场的作用下，这些正离子将按质荷比的大小被逐一分离和检测，从而得到质谱图，并据此推断出试样的相对分子质量、分子式和分子结构。

在进行波谱分析时，待测物的纯度将对结果的可靠性产生巨大的影响，因此在分析之前必须将样品提纯。除了采用传统的分离提纯方法之外，近年来发展起来的多种联用技术，如色谱－质谱联用，色谱－红外光谱联用技术等，将试样的分离和鉴定紧密结合，能快速准确地得到结构分析的结果。同时，对各种谱图的综合解析也是十分重要的。

本章编选了 5 个波谱分析、1 个 X 衍射和 3 个用其他方法获得结构信息的实验。通过这些实验,可以使学生了解有机波谱和结构解析的基本方法,使学生对波谱分析仪器的基本原理、基本结构、应用范围等有所理解,对各种结构解析手段的信息获取过程有所认识,并能提高学生解析谱图的能力。

9.1 实验 102 乙酰乙酸乙酯的互变异构现象研究——紫外光谱法

一、实验目的

(1)学会用紫外分光光度计研究 β 二酮类化合物的互变异构现象。

(2)掌握测定乙酰乙酸乙酯在不同极性溶剂中烯醇式含量的方法。

二、实验原理

具有 β 二酮结构的化合物在溶液中存在着酮式和烯醇式的互变异构现象,在一定条件下,两种异构体处于平衡状态,例如乙酰乙酸乙酯溶液有如下的互变异构平衡:

$$\underset{\text{(酮式)}}{CH_3-\overset{\overset{\displaystyle O}{\|}}{C}-CH_2-\overset{\overset{\displaystyle O}{\|}}{C}-OCH_2-CH_3} \rightleftharpoons \underset{\text{(烯醇式)}}{CH_3-\overset{\overset{\displaystyle OH\cdots\cdots O}{|\qquad\quad \|}}{C=CH-C}-O-CH_2-CH_3}$$

其酮式中只有孤立羰基,它的 $\pi\rightarrow\pi^*$ 跃迁吸收为 204nm,而 $n\rightarrow\pi^*$ 跃迁在 272nm 处产生一弱吸收带。其烯醇式中存在烯键与羰基的共轭结构,它的 K 带在 243nm 处产生强吸收($\varepsilon=1.6\times10^4$),在此波长下可测得溶液中烯醇式的物质的量浓度 c 和质量分数 w:

$$A=\varepsilon c \qquad\qquad w=\frac{c}{c_0}\times100\%=\frac{A}{\varepsilon c_0}\times100\%$$

式中 c_0———溶酸中乙酰乙酸乙酯的总物质的量浓度;

A———测得的吸光度。

溶剂极性对两种异构体的比例有很大的影响。由于酮式结构的羰基易与极性溶剂分子形成分子间氢键而使体系的稳定性增大,而烯醇式结构能形成分子内氢键而获得稳定性。因此溶剂极性越大,酮式的比例就越高;反之,烯醇式的比例就越高。

三、仪器试剂

(1)仪器:紫外分光光度计;分析天平;容量瓶;吸量管。

(2)试剂:乙酰乙酸乙酯(AR);正己烷(AR);无水乙醇(AR)。

四、实验步骤

(1)配制乙酰乙酸乙酯溶液。用逐级稀释法分别配制乙酰乙酸乙酯的浓度为 4.0×10^{-5} $mol\cdot L^{-1}$ 的正己烷溶液、浓度为 $3.6\times10^{-4}mol\cdot L^{-1}$ 的乙醇溶液。

(2)用1cm吸收池,以相应的溶剂作参比,分别测定乙酰乙酸乙酯的正己烷溶液和乙酰乙酸乙酯的乙醇溶液的紫外吸收光谱,确定每一吸收带的最大吸收波长和吸光度。

五、现象分析和数据处理

(1)比较乙酰乙酸乙酯的正己烷溶液和乙醇溶液的吸收带、最大吸收波长和吸光度的变化。

(2)计算乙酰乙酸乙酯的正己烷溶液和乙醇溶液中烯醇式的含量(烯醇式的 $\varepsilon = 18000$),并计算互变异构平衡的平衡常数。

(3)依照α、β不饱和羰基化合物K带最大吸收波长的计算规则,计算乙酰乙酸乙酯的烯醇式异构体共轭 $\pi \rightarrow \pi^*$ 跃迁吸收波长,并与实验测定结果进行比较。

六、思考题

(1)如何测定烯醇式吸收带的摩尔吸光系数?请设计一个实验方案。

(2)为什么在实验中,乙酰乙酸乙酯溶液在不同的溶剂中其配制浓度各不相同?怎样才能准确地配制一定浓度的溶液?

七、教学讨论

利用紫外—可见分光光度计和所学的紫外光谱的知识,自行设计和完成一个探究性实验。

可参考以下研究方向,或自拟研究方向。

(1)利用含有共轭体系的化合物的溶剂效应,分析讨论化合物的紫外光谱的变化规律和原因。

(2)有机或无机化合物的分离提纯及其效果检验(根据提纯前后紫外光谱的变化)。

(3)样品中某些成分的分析检验,这些成分或其转化的产物在紫外—可见吸收光区能产生明显的吸收光谱。

(4)样品(包括有机、无机、合成的或天然的样品)的紫外—可见光谱的特点与其分子结构的关系。

(5)含有共轭体系的有机污染物(如染料)废水的处理及其效果分析(根据处理前后吸收光谱的变化和吸光能力的变化)。

9.2 实验103 有机化合物 $C_7H_6O_2$ 的红外光谱分析

一、实验目的

(1)通过对有机化合物 $C_7H_6O_2$ 的红外光谱分析,掌握一种红外光谱分析中常用的制样方法——KBr压片法。

(2)了解FITR-PARAGON 1000型红外光谱仪的基本性能和操作方法。

(3)通过有机化合物 $C_7H_6O_2$ 红外光谱图的解析,了解红外谱图解析的基本方法。

二、实验原理

在色散型红外光谱仪中,当用一束红外光(具有连续波长)照射某一物质时,该物质的分子就要吸收一部分光能,并将所吸收的光能转变为分子的振动能量和转动能量。这种能量的转换使被吸收的红外光频率与物质的分子结构之间建立了某种特定的关系。因此,物质对红外光的吸收就表现出选择性,即一种物质只吸收某些特定波长的红外光。在红外分光光度计中,将透过物质(样品)后的红外光用单色器予以色散,按其波长(或波数)依序排列,并测量在不同波长处的光强度,就得到了红外吸收光谱。仪器绘出的红外光被吸收后的强度(用透光度表示)与波长(用波数表示)的关系曲线,也就是我们所说的红外谱图。

傅里叶变换红外光谱仪(FTIR)与色散型仪器的工作原理有很大不同,光源发出的红外辐射,经迈克尔逊干涉仪转变成干涉光,通过试样后,获得含有试样结构信息的干涉图,再由计算机将干涉图进行快速傅里叶变换而得到通常表示的红外光谱图。

色散型红外光谱仪与 FTIR 的测定示意图见图 9 - 1。

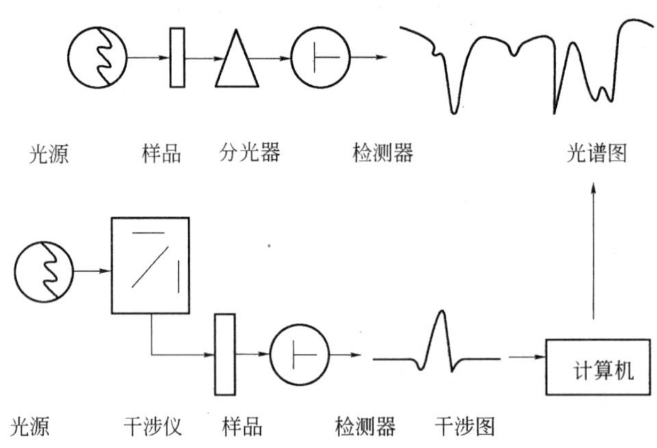

图 9 - 1　色散型红外光谱仪与 FTIR 的测定示意图

在红外分析中,把样品分散在碱金属卤化物中,并压成透明的薄片来进行红外光谱测定,是处理固体样品最常用的方法之一。最常用的碱金属卤化物是 KBr。这是因为 KBr 在中红外区有很高的透过率,其折射率和样品相近,且具有较低的晶格能,易于压成透明的薄片。

三、仪器试剂

(1)仪器:FTIR - PARAGON 1000 型红外光谱仪;压片机;13mm 压模;玛瑙研钵。

(2)试剂:化合物 $C_7H_6O_2$;溴化钾。

四、实验步骤

(1)制作压片。压片方法见附:样品处理技术及红外通用附件。

(2)谱图绘制。将制好的含有样品的 KBr 压片小心地放入样品架中,将样品架放入 FTIR - PARAGON 1000 型红外光谱仪内,快速扫描,得到样品的红外光谱图。

五、实验报告要求

(1)记录实验过程。

(2)解析红外光谱图,确定有机化合物 $C_7H_6O_2$ 的分子结构。

六、思考题

(1)产生红外吸收的条件是什么? 是否所有分子的各种振动形式都会产生红外吸收光谱? 为什么?

(2)红外光谱定性分析的基本依据是什么?

(3)各种样品在进行红外光谱分析前应该怎样处理? 有什么特别值得注意的地方?

七、教学讨论

利用红外光谱仪并根据所学的红外光谱知识,设计和完成一个探究性实验。

可参考以下研究方向,或自拟研究方向。

(1)有机或无机样品的制备及其红外结构表征。

(2)试剂的提纯及其提纯效果分析。

(3)天然物质分子的红外光谱特点及其主要官能团的指认。

附:样品处理技术及红外通用附件

一、气体样品

由于气体分子密度小,在红外分析中需要较大的光程长度。用以盛装气体样品的气体槽也都有较大的体积。最常使用的是光程长为 10cm 的气体槽。

气体槽主要由槽体、窗片、旋塞、密封垫片几部分组成,见图 1。为了便于抛光(或更换)槽两端的窗片,气体槽多作成可拆的。使用时先将槽抽成真空,然后按需要充入气体样品到某一压力,即可将样品槽置于仪器的一个专门的插架上进行分析。

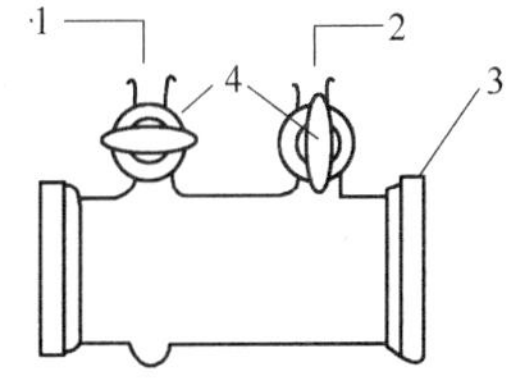

图 1　气槽

1—试样入口;2—抽气口(接真空泵);3—红外透光窗片;4—旋塞

另外,还有用于低浓度气体分析、弱吸收气体分析、痕量气体分析以及测量空气污染的长光程气体槽。长光程气体槽采用多次反射以增加光程长度,其光程可由 1m 变至数 10m。为了满足某些特殊的需要,气体槽还可以作成可加热的形式,即可加热气体槽等。

二、液体样品

用于盛装液体样品的红外附件叫液体槽。液体槽虽有不同的形式,但基本结构差不多,主要部分由两片透光窗片夹一间隔片所组成。垫片通常由聚四氟乙烯或汞齐化的铅做成。仪器提供一套不同厚度的垫片。可按需要选择垫片厚度以得到所需要的光程长度。在向槽中灌注样品时应将液体槽倾斜放置,样品用注射器由下方灌入,以利槽中空气由上方排出。样品充满后拔下注射器,用聚四氟乙烯塞子盖好出入口,再用棉球将液槽擦净即可进行测定。分析结束后要用既能溶解样品又易于挥发的溶剂仔细清洗液槽,必要时还要对窗片进行抛光处理。

液体槽主要有固定式液体槽、可拆式液体槽、可变层厚液体槽和微量液体槽等。

可拆式液体槽如图2所示。由于拆洗方便常用于分析常温下不易挥发的样品，对于粘度较大不易流失的样品可不用衬垫，而靠两窗片间的毛细作用保持在窗片间的液体层。

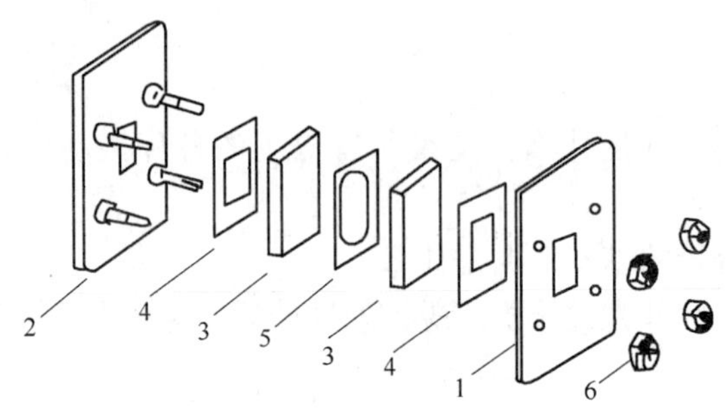

图2 可拆式液体槽

1—前框；2—后框；3—红外透光窗片；4—氯丁橡胶垫；5—间隔片；6—螺帽

固定式液体槽用于分析易挥发的液体和溶液样品，每次测定后要立即倒出样品并用溶剂清洗，最后用气球吹入干燥空气使液体槽干燥。

可变层厚液体槽常用在参比光路中，用以补偿溶剂的吸收，这对于某些溶液的分析是很有必要的。可变层厚液体槽结构非常精密，其样品液层厚度（即光程长度）可在一定范围内连续可调，通过调节液层厚度可方便地补偿稀溶液中溶剂的吸收或在定量分析中补偿非待测组分的吸收。由于这种液体槽结构精密，故使用时要特别注意，一般不易清洗或未经脱水处理的溶剂不能充入这种液体槽。

在红外附件中凡涉及要透过红外光的元件多是盐（NaCl，KBr，CsI 等）片做成的。由于盐片极易溶于水，故在空气中会很快潮解发毛而变得不透明。因此，窗片在使用过程中必须注意防潮。一般操作均应在红外灯下进行，使窗片温度略高于室温，这样可减缓窗片的吸潮。不能使用含水的样品和溶剂，也不允许用手直接拿取窗片，以免手汗腐蚀窗片，需要用手拿取窗片时必须戴上橡皮手套。每次使用结束后，要对窗片仔细清洗并立即放入干燥器中保存。

三、固体样品

对于固体样品，若能找到合适的溶剂，就可制成溶液按照处理液体样品的办法处理。此外，处理固体样品还常用糊状法、压片法和薄膜法等。

（一）糊状法

这种方法是把样品的细粉悬浮在糊剂如液体石蜡油中。石蜡油是一种精制过的长链烷烃，其红外光谱非常简单，对样品谱图的干扰很小。使用两种不同糊剂可得到相互补充的两张谱图，则可了解样品在中红外区的吸收全貌。

具体做法是：首先在玛瑙研钵中进行研磨，直到形成均匀的浆糊状，取一些糊状物质于可折液体槽的后窗片上，放上垫片，压上前窗片使成均匀薄层即可进行测定。样品厚度的调节可通过调整垫片厚度来达到。

（二）压片法

把样品分散在碱金属卤化物（常用KBr）中并压制成透明的薄片，是处理固体样品最常用的方法之一。压片法的最大优点是没有溶剂或糊剂的吸收干扰，能一次完整地得到样品的吸收光谱。压片是在专用的模具中用压片机加压制得的，如图3所示。

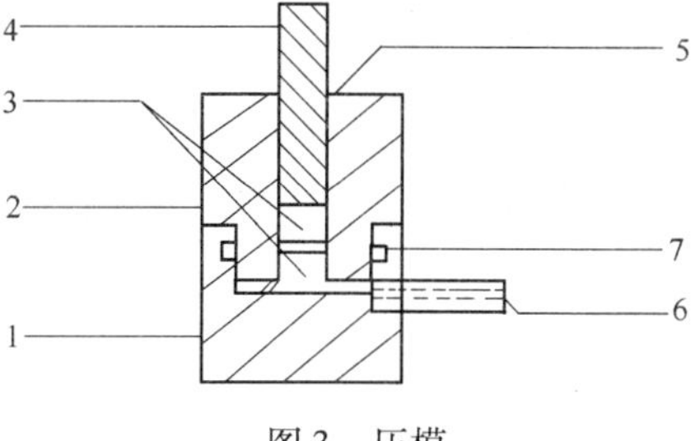

图3 压模

1—基座;2—筒体;3—压舌;4—压杆;5—密封圈;6—抽气管;7—垫圈

制取压片的具体方法是:

(1)将样品与KBr[样品/KBr=(0.5~1)/100]在玛瑙研钵中仔细研磨使其达到高度分散和均匀混合。为了保证样品的分散性,往往采用先研磨样品,再加KBr一起研磨的办法。

(2)将压模的一片压舌光面向上放入压模。

(3)把研磨好的均匀混合物(约200mg)装入压模,即放在已装入压舌的光面上。

(4)放入压杆,一面捻动压杆一面稍加压力,待混合物完全铺平后取出压杆。

(5)把另一片压舌光面向下装入压模。

(6)再装入压杆,把密封圈装到位。

(7)把压模放在压片机上,抽空压模2~5min,然后加压8t左右,再压制2~3min即可得到透明的压片。

把压模基座与筒体分开,倒转压模即可用压杆把压舌和压片顶出。将压片安放在专门的托架上便能在仪器上进行测定。吸收谱带的强度可通过样品与溴化钾的比例来调节。在样品与溴化钾的比例不变的情况下,改变压片的厚度也可在一定范围内调节吸收谱带的强度。为了得到高质量的压片,应在红外灯下将样品与溴化钾充分研磨,并在整个过程中避免溴化钾吸潮。

操作时还要十分注意保护压舌的抛光面不受损伤。

(三)薄膜法

把固体样品加工成膜来进行红外测定也是处理固体样品的一种方法。制膜的方法有两种,一种是直接加热样品至熔融,然后涂制或压制成膜;另一种是先把样品制成溶液,然后蒸干溶剂以形成薄膜。

成膜可在任何物体的表面进行,只要成膜后可以方便地把膜从物体表面揭下来即可。在实际分析中应用更多的是直接在盐片上成膜,这样避免了揭膜的问题,也可以比较方便地调整膜的厚度。由于溶剂的除去要花费较多的时间,所以必须注意选择低沸点的溶剂。溶剂也应有较高的纯度以免将杂质带入样品,影响样品的吸收。同时,溶剂必须是无水的。

9.3 实验104 核磁共振^{1}H谱法测定化合物的结构

一、实验目的

(1)了解核磁共振^{1}H谱法测定化合物结构的原理和方法。

(2)学习核磁共振仪的使用方法。

(3)掌握一级图谱的解析方法。

二、实验原理

在核磁共振^{1}H谱中,分子中不同类型的质子的吸收峰出现在谱图的不同位置,即它们的化学位移(δ)不同。受相邻近的质子的自旋干扰,吸收峰要发生裂分,若为低级耦合,则裂分峰数与干扰质子数的关系符合“$n+1$规律”。裂分峰间的距离叫耦合常数(J)。δ、J与化合物的结构密切相关。同时,各种类型质子的吸收峰的面积比等于它们的质子数量比,也等于谱图中各对应的积分曲线高度比。利用上述信息,可以由谱图推断出化合物的结构。

三、仪器试剂

(1)仪器:PMX - 60SI 核磁共振波谱仪;NMR 管,外径 5mm,1 支;标准样品管 1 支。
(2)试剂:四甲基硅烷(TMS);氘氯仿;分子式为 $C_4H_8O_2$ 的化合物。

四、实验步骤

(1)样品溶液的配制:取 10 ~ 15mg 纯样品,溶于 0.20 ~ 0.30mL 氘氯仿中,再加入约 2mgTMS。
(2)样品^{1}HNMR 的测定,按仪器说明书操作仪器,记录其^{1}HNMR 谱图,并扫出积分曲线。

五、谱图解析

由此一级谱图所提供的信息,解析化合物 $C_4H_8O_2$ 的结构。

六、注意事项

(1)要保证样品管以一定转速平稳旋转;匀场旋钮要交替、有序调节;调节好相位旋钮,保证样品峰前峰后在一条直线上。
(2)温度变化会引起磁场漂移,故在记录样品谱图前必须随时检查 TMS 零点。

七、思考题

(1)从^{1}HNMR 谱图上,能获得哪些分子结构的信息?
(2)是否是所有有机化合物的^{1}HNMR 谱图都可以按“$n+1$ 规律”进行分析?

9.4 实验 105 轻质油的分析——色-质联用法

一、实验目的

(1)了解气相色谱 - 质谱(色 - 质)联用仪的工作原理。
(2)了解气相色谱 - 质谱联用仪分离操作条件的选择及其工作原理。
(3)进行轻质油中各组分的定性、定量分析。

二、实验仪器

5890 - 5989B - 气相色谱 - 质谱联用仪。

三、实验内容

(1)根据分析对象选择适当的色谱分离条件。
(2)确定质谱工作条件。
(3)取轻质油样品进行分析。
(4)根据仪器给出的色谱图、质谱图以及有关数据,进行轻质油的定性、定量分析。

四、思考题

(1)GC与MS是怎样实现联用的？色-质联用仪有什么优点？
(2)有哪些气相色谱分离操作条件需要选择？
(3)简述四极质谱仪的工作原理,它与单聚焦质谱仪有什么异同？

9.5 实验106 正二十四烷的质谱分析

一、实验目的

(1)了解质谱仪的结构和工作原理。
(2)了解质谱分析的操作条件和操作方法。
(3)了解质谱图的构成及正构烷烃质谱图的主要特点。
(4)识别分子离子峰、同位素离子峰、亚稳离子峰,解析主要碎片离子峰的来历。

二、仪器试剂

(1)仪器:KYKY-7070E-HF或VGAnalytical70-SE双聚焦质谱仪;电子轰击源。
(2)试剂:正二十四烷,色谱纯,白色片状结晶,相对分子质量为338。

三、实验步骤

(1)装入样品。将2~4μg正二十四烷固体样品放入直接探头进样杆的样品杯中,将样品杯牢固装在杆子支架上,然后将进样杆推入真空锁阀第一个“停止”处,此时进样杆上的卡口已进入真空锁阀边缘的槽里。抽净空气再慢慢打开球阀并注意离子源规的读数小于10^{-4}mbar[1],再旋转真空锁阀边缘槽上的轴,使卡口对准闭锁柄的导入管,再缓缓平稳推动进样杆至第二个“停止”处,使探头顶端到位与电离室入口密封,开动真空系统使电离室的真空度达10^{-6}Torr[2]。

(2)设定样品加热温度。将探头控温电缆线接至探头末端的五蕊插座上,再调节探头加热温度指示到所需的250℃位置。

(3)扫描条件的设置。将扫描控制单元的主扫描速率调节为20s扫速下获线性扫描所需的质量范围(400amu[3]),将紫外记录仪的纸速调至5mm·s^{-1}。然后将积分扫描开关置于磁档,调“低质量”和“间隔”旋钮;与主扫描一样,给出扫描为0.1~1s的积分磁扫描。

(4)电子轰击源工作条件的设定。发射电流500μA,电子能量70eV,离子源温度200℃。

(5)质谱图的获取。接通直接探头进样的电加热电源,升高探头温度,在监视器监测样品升温蒸发情况。将紫外记录仪接在监视器输出端,当达样品蒸发分布图的最强处,启动主扫描按钮,紫外记录仪能自动启动并记录质谱图。

---

[1] 1bar = 10^5Pa。

[2] 1Torr = 133.322Pa。

[3] amu:原子质量单位。

(6)解析所得的质谱图，写出形成主要碎片离子峰的开裂反应式，说明长链正构烷烃的开裂规律。

四、思考题

(1)由获得的质谱图中找出基峰、分子离子峰、同位素离子峰和亚稳离子峰。

(2)确定相对丰度大于 50% 的离子峰的结构式，这些相邻离子峰的质量数相差多少？其碎片离子峰的通式是什么？

五、参考文献

(1)林水水，吴平平，周文敏，等. 实用傅里叶变换红外光谱学. 北京：中国环境科学出版社，1991.

(2)赵瑶兴. 光谱解析与有机结构鉴定. 2 版. 合肥：中国科学技术大学出版社，2003.

(3)北京化工学院，北京轻工学院. 波谱分析法实验与习题. 重庆：重庆大学出版社，1993.

9.6 实验 107 偶极矩的测定

一、实验目的

(1)测定氯苯的偶极矩，了解偶极矩与分子电性的关系。

(2)掌握测定偶极矩的原理和方法。

二、实验原理

分子是由带正电的原子核和带负电的电子所组成。在分子中正负电荷的总值相等，但正负电荷的中心可以重合也可以不重合，重合者称为非极性分子，不重合者称为极性分子。

分子极性的大小，常用(永久)偶极矩 μ 来量度。两个带有电荷 $+q$ 和 $-q$ 的质点，其中心距离为 l，则其偶极矩为：

$$\mu = ql$$

偶极矩是一个向量，它的方向规定为从正到负。因为分子中原子距离的数量级为 10^{-8} cm，电荷的数量级为 10^{-10}，所以偶极矩的数量级是 10^{-18}。习惯上把 10^{-18} cgs 单位作为偶极矩的单位，称之为“Dcbye”，以 D 表示。例如硝基苯的偶极矩为 3.9D，氯代苯为 1.58D，水为 1.85D 等。

当电场不存在时，对非极性分子虽然由于振动运动，正负电荷中心可能有暂时的位移，产生瞬间变化的偶极矩，但实验上只能测量某一段时间内偶极矩的平均值，而这一平均值等于零。极性分子有永久偶极矩，但是由于分子的热运动，偶极矩在空间取向的机会相同，所以总的平均偶极矩仍然等于零。

在电场中，电场可以使分子极化，分子中电子与原子核发生相对位移，原子核间也发生相对位移，即产生键角及键长的改变。前者称为电子极化，后者称为原子极化；两者总称为诱导极化或变形极化。诱导极化产生一诱导偶极矩，诱导偶极矩可用摩尔诱导极化度 $P_{诱}$ 来衡量。

显然，$P_{诱}$ 为电子极化度 P_E 和原子极化度 P_A 之和，即：

$$P_{诱} = P_E + P_A \tag{9-1}$$

极性分子在电场中有取向作用以降低其位能，由于分子有规则地排列，所以在电场方向上也表现出一定大小的偶极矩。由于分子的取向而表现出的偶极矩，称为转向偶极矩，转向偶极矩可用摩尔转向极化度 P_μ 来衡量。P_μ 与分子永久偶极矩的平方成正比，与绝对温度 T 成反比，即：

$$P_\mu = \frac{4}{3}\pi N_A \frac{\mu^2}{3kT} \tag{9-2}$$

式中 N_A——阿伏加德罗常数；

k——玻耳兹曼常数。

物质分子的总摩尔极化度 P 为 P_E、P_A 和 P_μ 之和，即：

$$P = P_E + P_A + P_\mu \tag{9-3}$$

摩尔极化度与物质的介电常数 ε 有关，它们的关系可用克劳修斯－莫索第－德拜（Clausius-Mosoti-Debye）方程式表示：

$$P = \frac{\varepsilon - 1}{\varepsilon + 2} \cdot \frac{M}{d} \tag{9-4}$$

式中 M——物质的相对分子质量；

d——密度。

一个物质在电场中会表现出偶极矩，当电场方向改变时，偶极矩的方向也要随之改变，偶极矩转向所需要的时间，称为松弛时间。极性分子转向极化的松弛时间为 $10^{-11} \sim 10^{-12}$s，原子极化的松弛时间约为 10^{-14}s，而电子极化的松弛时间却小于 10^{-15}s。

显然，在静电场或频率小于 $10^9 \sim 10^{10}\text{s}^{-1}$ 的电场中，测得的总摩尔极化度应该是由电子极化度 P_E、原子极化度 P_A 及转向极化度 P_μ 之和。若在频率为 $10^{12} \sim 10^{14}\text{s}^{-1}$（红外区）的电场中，因为电场的交变周期小于极性分子转向的松弛时间，极性分子来不及转向，$P_\mu = 0$；测得的总摩尔极化度应该是电子极化度与原子极化度之和，即：

$$P = P_E + P_A \tag{9-5}$$

对于频率为 10^{15}s^{-1} 的电场中（可见光及紫外区），电场交变周期小于 10^{-15}s，这时极性分子的转向极化和原子极化都来不及，即 $P_\mu = 0$，$P_A = 0$，所测得的总摩尔极化度实际上只是电子极化度，即：

$$P = P_E \tag{9-6}$$

而且，此时电子极化度可由摩尔折射度 R 代替。即：

$$R_E = R \tag{9-7}$$

原子极化度 P_A 和总摩尔极化度比较起来只占极小的一部分，在作粗略测定时可以忽略不计。由此可得：

$$P = P_E + P_\mu = R + P_\mu = R + \frac{4\pi N_A}{9kT}\mu^2 \tag{9-8}$$

因此只要在频率小于 $10^9 \sim 10^{10}\text{s}^{-1}$ 的电场或静电场中测得总摩尔极化度 P，则 μ 值即可按下式算出：

$$\mu = \sqrt{\frac{9k}{4N_A\pi}} \cdot \sqrt{(P-R)T} = 0.0128\sqrt{(P-R)T} \tag{9-9}$$

严格而论，式(9－9)只能用于气体状态，即分子间相互作用可忽略不计时。但一般而论，所研究的物质在普通的条件下并不一定以气体状态存在，或者在加热气化时早已分解，因此通常将极性化合物溶于非极性溶剂中，配成稀溶液，来代替理想的气体状态，而使式(9－9)仍可以应用。

在稀溶液中，极性分子间若无相互作用，也不发生溶剂化现象，则稀溶液在此实验中的各有关物理量，均可认为具有加合性。由此，Clausius-Mosoti-Debye 方程式可写成：

$$P_{1,2} = \frac{\varepsilon_{1,2}-1}{\varepsilon_{1,2}+2} \cdot \frac{M_1x_1+M_2x_2}{d_{1,2}} = x_1\overline{P}_1 + x_2\overline{P}_2 \tag{9-10}$$

式中，x_1，M_1，$\overline{P}_1$ 和 x_2，M_2，$\overline{P}_2$ 分别代表溶液中溶剂与溶质的摩尔分数、相对分子质量和摩尔极化度；$\varepsilon_{1,2}$，$d_{1,2}$和 $P_{1,2}$分别代表溶液的介电常数、密度和摩尔极化度。对稀溶液而言，可以假设溶液中溶剂的性质与纯溶剂的性质相同，则：

$$\overline{P}_1 = P_1^0 = \frac{\varepsilon_1-1}{\varepsilon_1+2} \cdot \frac{M_1}{d_1} \tag{9-11}$$

$$\overline{P}_2 = \frac{P_{1,2}-x_1P_1}{x_2} = \frac{P_{1,2}-x_1P_1^0}{x_2} \tag{9-12}$$

对不同成分的溶液，可得不同的 $\overline{P}_2$ 值，这是由于极性分子间相互作用的结果。若测得几种不同浓度的 $\overline{P}_2$ 值，外推得 x_2 等于零时的 $\overline{P}_2$ 值 $\overline{P}_2^0$，可用 $\overline{P}_2^0$ 来代替溶质的摩尔极化度。$\overline{P}_2^0$ 还可以根据 Hedestrand 提出的公式进行计算：

$$\overline{P}_2^0 = A(M_2 - bB) + aC \tag{9-13}$$

式中

$$A = \frac{\varepsilon_1-1}{\varepsilon_1+2} + \frac{1}{d_1},\quad B = \frac{M_1}{d_1},\quad C = \frac{3M_1}{(\varepsilon_1+2)^2d_1}$$

$$\varepsilon_{1,2} = \varepsilon_1 + ax_2,\quad d_{1,2} = d_2 + bx_2$$

作 $\varepsilon_{1,2} \sim x_2$ 图，由直线斜率得 a；作 $d_{1,2} \sim x_2$ 图，直线斜率为 b。求得 $\overline{P}_2^0$ 后，据式(9－9)可得：

$$\mu = 0.0128\sqrt{(P_2^0 - R)T} \tag{9-14}$$

本实验就是通过测定溶液的密度和溶液在无线电波电场中的介电常数，求得总摩尔极化度；同时测定其在光波电场中的摩尔折射度，求得电子极化度；从两者之差来求氯苯的偶极矩。

三、仪器试剂

(1)仪器：小电容测定仪；电容池；阿贝折光仪；U 形比重管；电吹风机；100mL 磨口锥形瓶。

(2)试剂：苯；氯苯(或其他体系)。

四、实验步骤

(一)溶液样品的配制

在 100mL 磨口锥形瓶中，准确配制含氯苯的苯溶液，其摩尔分数为 0.05，0.08，0.10，

0.15,0.20,0.30。配好后,在瓶上贴好标签,并注明各个样品中所加氯苯及苯的数量。

(二)介电常数ε的测定

任何物质的介电常数ε可借助于一个电容器的电容值来表示,即:

$$\varepsilon = \frac{C}{C_0} \tag{9-15}$$

式中　C——某电容器以该物质为介质时的电容值;

C_0——同一电容器真空时的电容值。

通常空气的介电常数接近于1,故介电常数可近似地写成:

$$\varepsilon = \frac{C}{C'_{空}} \tag{9-16}$$

$C'_{空}$为上述电容器以空气为介质时的电容值。因此介电常数的测定就变为测定电容的问题了。电容的测定方法很多,有桥法、拍频法和谐振电路法等。本实验所用的是桥法,选用的仪器为CC-6型小电容测定仪,其测量电容的原理如图9-2所示。

电桥平衡条件是:

$$\frac{C_x}{C_s} = \frac{U_s}{U_x}$$

式中　C_x——电容池二极之间的电容;

C_s——标准的差动电容。

调节C_s,当$C_s = C_x$时,$U_s = U_x$,此时指示放大器的输出趋近于零,C_s值可由刻度盘上直接读出,C_x值也即测得。

电容池的结构如图9-3所示。可将欲测样品置于电容池的样品室中测量。

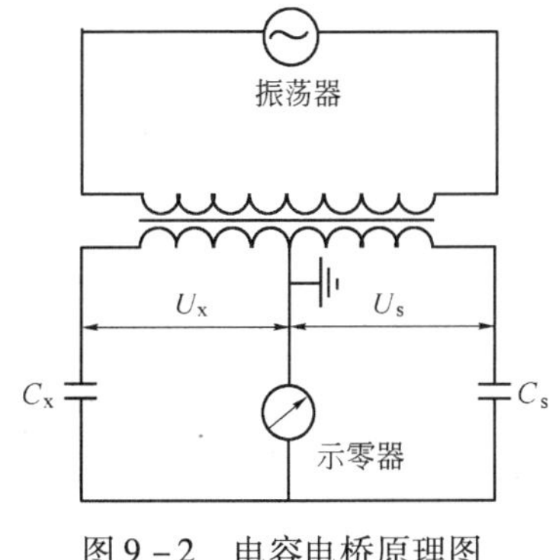

图9-2　电容电桥原理图

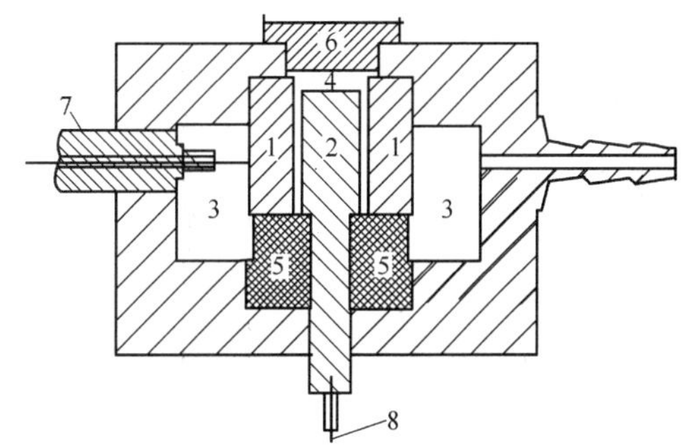

图9-3　电容池

1—外电极;2—内电极;3—恒温室;4—样品室;
5—绝缘板;6—池盖;7—外电极接线;8—内电极接线

实际所测电容C_x是包括了样品的电容$C_{样}$和电容池的分布电容$C_{分}$之和,即:

$$C_x = C_{样} + C_{分} \tag{9-17}$$

求算$C_{分}$可采用如下方法。用一已知介电常数ε的标准物,测其电容$C'_{标}$,即:

$$C'_{标} = C_{标} + C_{分} \tag{9-18}$$

再测电容池中不放样品时的电容$C'_{空}$,即:

$$C'_{空} = C_{空} + C_{分} \tag{9-19}$$

由式(9－18)和式(9－19)可得:

$$C'_{标} - C'_{空} = C_{标} - C_{空} \tag{9-20}$$

又因为:

$$\varepsilon_{标} = \frac{C_{标}}{C_0} \approx \frac{C_{标}}{C_{空}} \tag{9-21}$$

由式(9－19)、式(9－20)和式(9－21)可得:

$$C_{分} = C'_{空} - \frac{C'_{标} - C'_{空}}{\varepsilon_{标} - 1} \tag{9-22}$$

$$C_0 = \frac{C'_{标} - C'_{空}}{\varepsilon_{标} - 1} \tag{9-23}$$

(1)电容 $C_{分}$ 和 C_0 的测定。本实验用纯溶剂苯作介电常数的标准物质,$\varepsilon_{苯}$ 与摄氏温度 t 的关系为:

$$\varepsilon_{苯} = 2.283 - 0.0019 \times (t - 20)$$

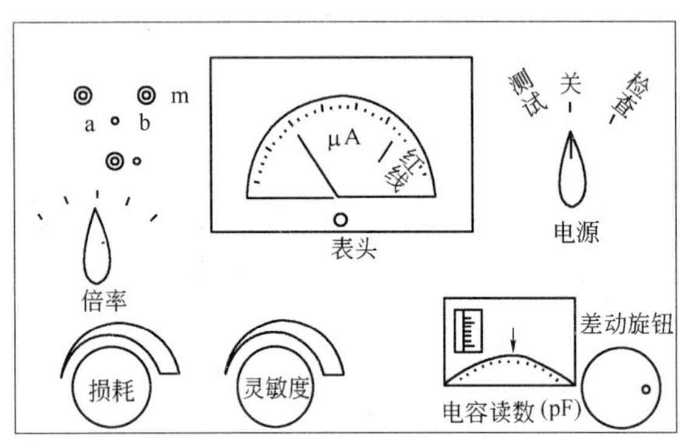

图9－4 小电容测定仪面板图

用吹风机将电容池的样品室吹干,盖上池盖,将电容池的内电极接线插头插入小电容仪的插口 m 上,将外电极接线插头插入 a 上。小电容测定仪的面板如图9－4所示。

将小电容测定仪的电源旋钮转到“检查”位置,此时表头指针的偏转应大于红线,表示仪器电源电压正常。然后把电源旋钮转到“测试”档,倍率旋钮转到位置“1”,调节灵敏度旋钮,使表头指针有一定偏转(灵敏度旋钮不可一下子开得太大,否则会使表头指针打出格),旋转“差动旋钮”,寻找电桥的平衡位置(指针应向小的方向偏转),继续调节“差动旋钮”和“损耗旋钮”并逐步增大灵敏度,使表头的指针趋于最小。电桥平衡后,读取电容值。重复调节三次,三次电容读数的平均值即为 $C'_{空}$。

用滴管吸取干燥过的纯苯,加入电容池的样品室中,使液面超过二电极,盖上池盖以防挥发。按上述步骤测定其电容值。重新装样再测其电容值。两次读数的平均值即为 $C'_{标}$。

将 $C'_{空}$、$C'_{标}$ 值代入式(9－22)、式9－(23)中,计算出 $C_{分}$、C_0 值。

(2)溶液电容的测定。测定方法同上。重复测定时,不但要用滴管吸尽电极间的溶液,还要用吹风机将样品室吹干,然后再测 $C'_{空}$ 值。两次测定数据差值应小于0.05pF,否则要重测。每个样品测两次,各取其平均值。

按式(9－17)计算 $C_{样}$,按式(9－15)计算样品的介电常数 ε。

(三)密度的测试

参见本书末附录Ⅱ.16,用比重瓶法测定各溶液的密度。

(四)折光率的测定

测定氯苯的折光率,方法参见本书末附录Ⅱ.11。

五、数据处理

(1)由测得的电容值计算各个溶液的介电常数。

(2)计算苯、氯苯及各个溶液的密度。

(3)由测得的氯苯折光率,用实验108中式(9-24)计算摩尔折射度 R。

(4)按配制溶液的质量计算各溶液组分的摩尔分数(精确到4位有效数字)。

(5)作 $\varepsilon_{1,2} \sim x_2$ 图,求出直线截距 ε_1 和斜率 a。

(6)作 $d_{1,2} \sim x_2$ 图,求出直线截距 d_1 和斜率 b。

(7)用式(9-13)计算 $\overline{P}_2^0$。

(8)用式(9-14)计算氯苯的偶极矩 μ,并与文献值比较。

上述实验步骤也完全适用于测定其他体系的介电常数和偶极矩,如硝基苯-苯、氯苯-环己烷和苯乙酮-苯体系等。测电容时如要恒温,可采用介电常数很小的变压器油为恒温介质,由超级恒温槽使电容池恒温。

六、思考题

(1)在本实验中转向极化率是如何进行测量的?

(2)变形极化由哪些部分组成?本实验在求偶极矩时,是如何考虑这一问题的?

(3)若电容测定中有 ±0.1 读数误差时,将对 $\overline{P}_2^0$ 的结果引起多大误差?

七、参考文献

(1)徐光宪.物质结构(上册).北京:高等教育出版社,1961.

(2)北京大学化学系物化教研室.物理化学实验.北京:北京大学出版社,1988.

9.7 实验108 摩尔折射度的测定

一、实验目的

(1)测定某些化合物的折射率和密度。

(2)求算这些化合物、基团或原子的摩尔折射度并判断分子中原子的连接形式。

二、实验原理

摩尔折射度(R)定义为:

$$R = \frac{n^2 - 1}{n^2 + 2} \cdot \frac{M}{d} \qquad (9-24)$$

式中 n——折光率;

M——相对分子质量;

d——密度。

R 是分子中电子极化率的量度。其数值和波长有关,若以钠光D线($\lambda = 5893\text{Å}$)为光源,

所测得的折光率以 n_D 表示，而摩尔折射度以 R_D 表示。根据光的电磁理论：

$$n^2 = \varepsilon \tag{9-25}$$

则

$$R = \frac{\varepsilon - 1}{\varepsilon + 2} \cdot \frac{M}{d} \tag{9-26}$$

式中介电常数 ε 通常是在静电场或低频电场中（此时 λ 趋于∞）测定的，因此折光率也应该用外推法求波长趋于∞时的 n_∞，其结果才更为准确，这时摩尔折射度以 R_∞ 表示。R_D 和 R_∞ 一般很接近，相差不过百分之几，只对少数物质是例外，例如水 $n_D^2 = 1.75$，而 $\varepsilon = 81$。

摩尔折射度的单位通常以"cm^3"表示，它决定于分子中电子云（主要是价电子云）受外电场的影响对核产生相对移动的结果。实验结果表明，摩尔折射度等于分子中各原子折射度及形成化学键时折射度的增量之总和，这种性质称为摩尔折射度的加和性。典型的离子化合物其克式量折射度可根据晶体中离子折射度加和而得。在求算固体物质的折射度时，折光率用平均值，因为除立方晶系晶体的折光率各向同性外，其他晶系各向异性。对中级晶系折光率平均值为 $\bar{n} = \sqrt{n_0 n_s}$，对低级晶系 $\bar{n} = \sqrt[3]{n_p n_m n_g}$，式中 n_0, n_s, n_p, n_m, n_g 等为主折光率。折射度具有加和性就可根据物质的化学式算出某物质的各种同分异构体的折射度，与实验测定结果比较，这对于探讨原子间的键型、分子的结构提供了很有意义的数据，应用相当广泛。表9－1列出了几种常见原子的折射度和形成化学键时折射度的增量。

表9－1　原子折射度及形成化学键时折射度的增量

原　子	R_D	键的增量	R_D
H	1.028	单键	0
C	2.591	双键	1.575
O（酯类）	1.764	三键	1.977
O（缩醛类）	1.607	三元环	0.614
OH（醇）	2.546	四元环	0.317
Cl	5.844	五元环	－0.19
Br	8.741	六元环	－0.15
I	13.954		
N（脂肪族的）	2.744		
N（芳香族的）	4.243		
S（硫化物）	7.921		
CN（腈）	5.459		

表中数据是归纳大量化合物的摩尔折射度求得的，例如乙酸甲酯（CH_3COOCH_3）和乙酸乙酯（$CH_3COOC_2H_5$）的摩尔折射度之差为 CH_2 基团的折射度；而二氯乙烷（CH_2ClCH_2Cl）的摩尔折射度减去两个 CH_2 基团的折射度即为两个 Cl 原子的折射度；四氯化碳（CCl_4）的摩尔折射度减去四个 Cl 原子的折射度即得 C 原子的折射度等。分子中若有共轭键存在，电子活动性提高，会产生超加折射度。若某化合物的摩尔折射度的实验值远超过由原子加和所得的理论值，则可以判断分子中有共轭体系、复键或成环的可能性。

三、仪器试剂

(1)仪器:阿贝折光仪;U 形比重管;注射器;小烧杯。
(2)试剂:CCl_4;$CH_3COOC_2H_5$;CH_3COOCH_3;CH_2ClCH_2Cl;$(CH_3)_2CO$;C_6H_6 及 C_2H_5OH 等。

四、实验步骤

(1)折光率的测定。将阿贝折光仪放在灯前,打开棱镜,滴入两滴丙酮,并用镜头纸轻拭镜面边缘,待丙酮全部挥发后,按书末附录Ⅱ“阿贝折光仪”的介绍用已知折光率流体校正仪器。

仪器校正后,洗净,轻轻地关闭棱镜,用滴管在加样孔中加入待测溶液,旋紧棱镜,测定所给样品的折光率。详细方法见附录Ⅱ。

(2)密度的测定。用附录Ⅱ中“密度的测定”的方法测定几个价廉易得的样品的密度,其余样品的密度数据由文献查找。

五、数据处理

(1)求 CCl_4,$(CH_3)_2CO$,C_6H_6,C_2H_5OH,CH_3COOCH_3,$CH_3COOC_2H_5$,CH_2ClCH_2Cl 等液体的密度(未测定的样品由手册中查得)和折光率的实验值,按式(9-24)求算摩尔折射度。

(2)根据 CH_3COOCH_3,$CH_3COOC_2H_5$,CH_2ClCH_2Cl,CCl_4 等化合物的摩尔折射度,求出 CH_2,Cl,C,H 等原子的折射度,与表 9-1 中数据相比较。

六、思考题

(1)按表 9-1 中数据,计算上述化合物的摩尔折射度的理论值,并与实验结果比较。
(2)估算摩尔折射度的标准误差,并讨论该误差的主要来源是什么?

七、参考文献

(1)[苏]巴查诺夫. C C. 结构的折光测定法. 北京:科学出版社,1962.
(2)徐光宪. 物质结构(上册). 北京:人民教育出版社,1961.
(3)北京大学化学系物化教研室. 物理化学实验. 北京:北京大学出版社,1985.

9.8 实验 109 氢原子光谱的测定

一、实验目的

(1)采用石英棱镜光谱仪摄取氢原子的巴尔麦系光谱,计算其波长、里德堡常数和电离能。
(2)了解光谱仪的使用和暗室技术。

二、实验原理

原子由原子核和核外电子组成。核外电子绕原子核运动。由于电子运动状态不同,原子所处状态的能级高低也不同。当电子在不同能级之间跃迁时，吸收或发射光子，就产生原子光谱。光的波长（λ）与能量（E）之间的关系如下：

$$\frac{1}{\lambda} = \frac{E_2 - E_1}{hc} \tag{9-27}$$

式中　h——普朗克（Planck）常数；

　　　c——光速。

电子从一个能级跃迁到另一个能级并不是任意的，而是要遵守一定的光谱选律，因此原子只能吸收或发射一系列固定波长的光，产生不连续的线光谱。不同的原子具有不同的能级，因而具有不同的特征光谱。根据原子的特征光谱可测定物质的组成及含量，这是原子光谱分析的依据。

氢原子光谱是最简单的光谱。当氢原子由高能级跃迁到低能级时，发射光谱线的波长可由下式表示：

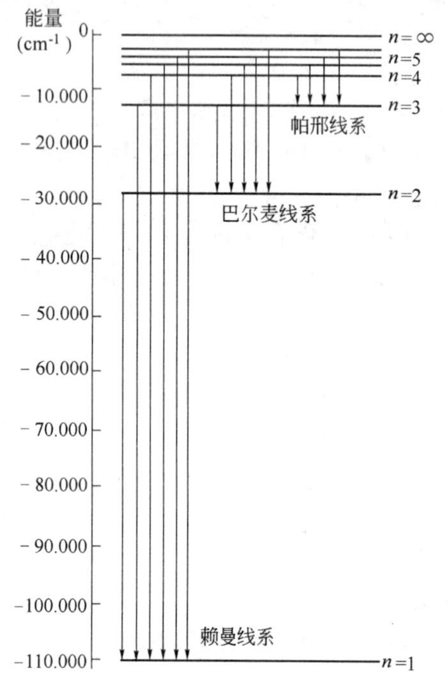

图 9-5　赖曼、巴尔麦和帕邢线系的跃迁情况

$$\frac{1}{\lambda} = \bar{\nu} = R\left(\frac{1}{n_f^2} - \frac{1}{n_i^2}\right) \tag{9-28}$$

式中　n_f, n_i——分别为终态和始态的主量子数，在此 $E_{n_i} > E_{n_f}$；

　　　ν——波数；

　　　R——里德伯（Rydberg）常数。

已观察到的氢原子光谱有赖曼（Lyman）线系、巴尔麦（Balmer）线系、帕邢（Paschen）线系，布拉克特（Bracket）线系和苏德（Pfund）线系。它们分别相当于式（9-28）中：

$n_f = 1$，　$n_i = 2, 3, 4, \cdots$　Lyman 线系

$n_f = 2$，　$n_i = 3, 4, 5, \cdots$　Balmer 线系

$n_f = 3$，　$n_i = 4, 5, 6, \cdots$　Paschen 线系

$n_f = 4$，　$n_i = 5, 6, 7, \cdots$　Bracket 线系

$n_f = 5$，　$n_i = 6, 7, 8, \cdots$　Pfund 线系

的各光谱线系。图 9-5 示出氢原子前三组线系的跃迁情况。图 9-6 为氢原子在可见光区的发射光谱。

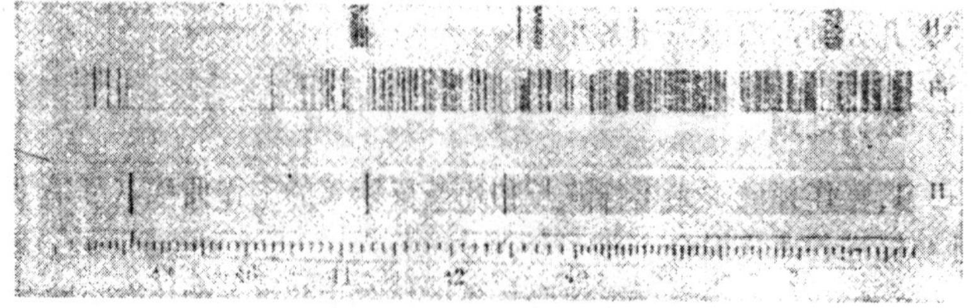

图 9-6　氢原子光谱（效果图）

对于可见光区的巴尔麦线系,式(9-28)可改写为:

$$\frac{1}{R}=\lambda_1\left[\frac{1}{2^2}-\frac{1}{n_1^2}\right]=\lambda_2\left[\frac{1}{2^2}-\frac{1}{n_2^2}\right]=\lambda_3\left[\frac{1}{2^2}-\frac{1}{n_3^2}\right]\cdots \quad (9-29)$$

$$\frac{1}{R}=\lambda_i\left[\frac{1}{2^2}-\frac{1}{n_i^2}\right] \quad 即 \quad \frac{1}{\lambda_i}=\frac{R}{2^2}-\frac{R}{n_i^2} \quad (9-30)$$

从式(9-30)可以看出$\frac{1}{\lambda_i}$与$\frac{1}{n_i^2}$成直线关系,该直线的斜率为$-R$,截距为$\frac{R}{2^2}$。$\frac{R}{2^2}$等于$\frac{1}{n_i}$为零时(即$n_i=\infty$时)的$\frac{1}{\lambda}$。根据式(9-27),当电子从$n=\infty$跃迁到$n=2$时,放出的能量为:

$$\frac{E_\infty-E_2}{hc}=\frac{1}{\lambda}$$

将$\frac{R}{2^2}$代入得:

$$\frac{E_\infty-E_2}{hc}=\frac{R}{2^2},E_\infty-E_2=hc\cdot\frac{R}{2^2}$$

相反,若电子从$n=2$跃迁到离核无穷远处(即$n=\infty$),则需吸收$\Delta E=hc\cdot\frac{R}{2^2}$的能量。该能量即为氢原子第一激发态($n=2$时)的电离能。

本实验拍摄氢原子可见光区的发射光谱,从所拍摄的光谱测量巴尔麦线系的波长,计算里德堡常数,求氢原子第一激发态(主量子数$n=2$的状态)的电离能。

三、仪器试剂

光谱仪(石英棱镜或光栅);高压变压器;汞灯和氢放电管;比长仪;感光板;暗室设备。

四、实验步骤

(一)装感光板和调整摄谱仪

先在暗室内将感光板装入暗盒(应将底板乳剂面朝下),再将暗盒装在光谱仪上并取下暗盒插片叶门,将光谱仪的狭缝宽度调到6μm,板移调到32mm,光栏高度调到2mm,并拍摄波长标尺。

(二)对光

插上氢灯电源。调节高压变压器,使高压变压器输出为5000V(事先已调好)。待氢灯发光后,调节灯距使光聚焦于遮光板上。关闭氢灯。

(三)摄谱

(1)拍摄氢原子光谱。光栏调到3mm。打开氢灯,按下快门,曝光3min。

(2)拍摄标准汞光谱。将光栏调到4mm处。换上汞灯并点燃,打开快门,曝光3min(具体曝光时间,要根据光源的情况而定)。

(四)洗片

拍摄完后,将暗盒插片叶门插入,取下暗盒。在暗室中取出感光板,注意乳剂面向上。先放在清水盘中润湿后，再转入显影盘中（显影液为20℃），显影1.5min。取出，在清水盘中洗去显影液再放入定影液中定影，直到感光板完全透明，再用自来水冲洗几分钟，取出晾干备用。

五、数据处理

（1）作标准汞光谱线波长和比长仪读数的工作曲线（可采用计算机进行曲线拟合）。

（2）在氢原子光谱上读取各条谱线在比长仪上的读数，然后根据工作曲线确定氢原子光谱线的精确波长（精确到 ±0.2Å）。

（3）参照图9-6决定各光谱线的 n 值，分别将 λ 及 n 值代入式（9-29）求算里德伯常数（取平均值）。

（4）以各条光谱线的$\frac{1}{\lambda}$对$\frac{1}{n^2}$作图，从截距求氢原子第一激发态（$n=2$ 时）的电离能（以 $kJ\cdot mol^{-1}$为单位）。

六、思考题

（1）氢原子（基态）的电离能是多少?

（2）计算赖曼线系和帕邢线系的第一条光谱线的波长，并指出这两个线系应出现在哪个光区?

七、参考文献

（1）[美]赫兹堡 G. 原子光谱与原子结构. 北京：科学出版社，1959.

（2）Crockford H D. Laboratory Manual of Physical Chemistry. New York：JohnWiley，1975.

（3）北京大学化学系物化教研室. 物理化学实验. 北京：北京大学出版社，1985.

9.9 实验110 X射线粉末图的测定

一、实验目的

（1）采用衍射仪拍摄 NaCl 的粉末图，测定 NaCl 的点阵型式并计算其晶体密度。

（2）掌握实验原理，了解衍射仪的构造和使用方法，学习有关 X 射线的防护知识，查阅 PDF 卡片。

二、实验原理

X 射线是一种波长范围在0.01~100Å 之间的电磁波。晶体衍射用的 X 射线波长约在1Å左右。当 X 射线通过晶体时，可以产生衍射效应。衍射方向与所用波长（λ）、晶体结构和晶体取向有关。

若以（$h'k'l'$）代表晶体的一族平面点阵（或晶面）的指标（$h'k'l'$为互质的整数），$d_{(h'k'l')}$是这族平面点阵中相邻两平面之间的距离，入射 X 射线与这族平面点阵的夹角 $\theta_{(nh'nk'nl')}$ 满足下面的布拉格（Bragg）公式时，就可产生衍射：

$$2d_{(h'k'l')}\sin\theta_{(nh'nk'nl')} = n\lambda \qquad (9-31)$$

式中，n 为整数，表示相邻两平面点阵的光程差为 n 个波，所以 n 又叫衍射级数。式中，$nh'nk'nl'$常用 hkl 表示，hkl 称为衍射指标，它和平面点阵指标是整数倍关系。

当一束 X 射线照到单晶体上，和$(h'k'l')$平面点阵族的夹角为 θ 满足布拉格公式时，衍射线方向与入射线方向相差 2θ，如图 9-7(a)所示。

对于粉末晶体，晶粒有各种取向，同样一族平面点阵和 X 射线夹角为 θ 的方向有无数个，产生无数个衍射，分布在顶角为 4θ 的圆锥上，如图 9-7(b)所示。晶体中有许多平面点阵族，当它们符合衍射条件时，相应地会形成许多张角不同的衍射线，共同以入射的 X 射线为中心轴，分散在 $2\theta=0°\sim180°$的范围内。

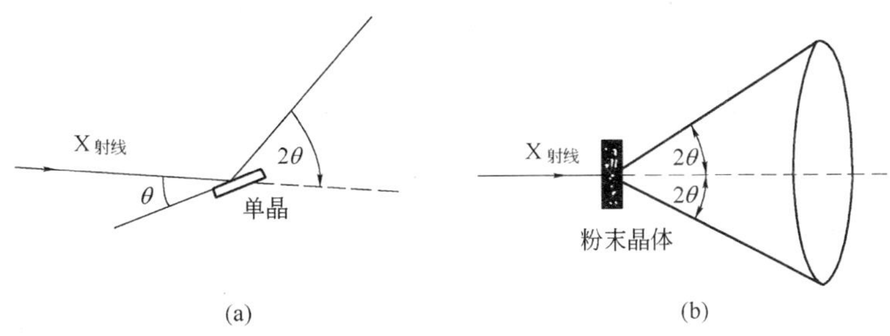

图 9-7 单晶(a)和粉末晶体(b)衍射示意图

收集记录粉末晶体衍射线，常用的方法有德拜-谢乐(Debye-Schrer)照相法和衍射仪法。本实验是采用衍射仪法。

X 光衍射仪主机由三个基本部分构成：(1)X 光源(是一台发射 X 光强度高度稳定的 X 光发生器)；(2)衍射角测量部分(一台精密分度的测角仪)；(3)X 光强度测量记录部分(X 光检测器及与之配合的一套量子计数测量记录系统)。图 9-8 表示衍射仪法的原理。实验时，将样品磨细，在样品架上压成平片，安置在衍射仪的测角器中心底座上，计数管始终对准中心，绕中心旋转。样品每转 θ，计数管转 2θ，电子记录仪的记录纸也同步地转动，逐一地把各衍射线的强度记录下来。在记录所得的衍射图中，一个坐标代表衍射角 2θ，另一坐标表示衍射强度的相对大小。

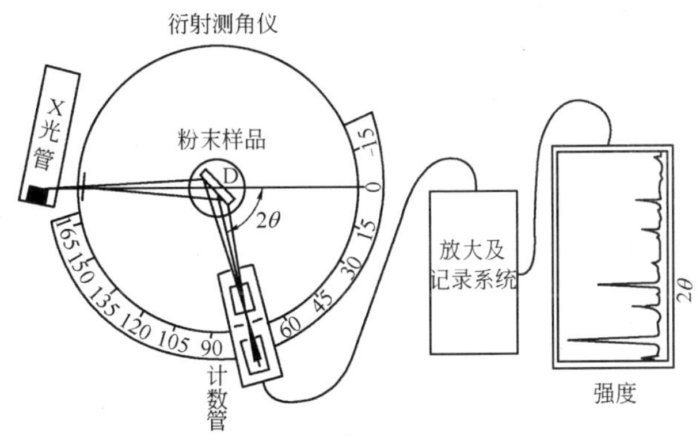

图 9-8 X 射线衍射仪原理示意图

从粉末衍射图上量出每一衍射线的 2θ，根据式(9－31)求出各衍射线的 d/n 值，各衍射线的强度(I)可由衍射峰的面积求算，或近似地用峰的相对高度计算。这样即可获得"$d/n \sim I$"的数据。

由于每一种晶体都有它特定的结构，不可能有两种晶体的晶胞大小、形状、晶胞中原子的数目和位置完全一样，因此晶体的粉末图就像人的指纹一样各不相同，即每种晶体都有它自己的"$d/n \sim I$"的数据。由于衍射线的分布和强度与物质内部的结构有关，因此根据粉末图得到的"$d/n \sim I$"数据，查对 PDF 卡片（该卡又称《X 射线粉末衍射数据资料集》，它汇集了数万种晶体的 X 射线粉末数据）就可鉴定未知晶体，进行物相分析，这是 X 射线粉末法的重要应用。PDF 卡片的查阅方法见本章附。粉末法的另一方面的应用是测定简单晶体的结构。本实验着重于后一方面。

在立方晶体中，晶面间距 $d_{(h'k'l')}$ 与晶面指标间存在下列关系：

$$d_{(h'k'l')} = \frac{a}{[(h')^2 + (k')^2 + (l')^2]^{\frac{1}{2}}} \tag{9-32}$$

式中，a 为立方晶体晶胞的边长。将式(9－31)和式(9－32)合并，整理得：

$$\sin^2\theta = \frac{\lambda^2}{4a^2}(h^2 + k^2 + l^2) \tag{9-33}$$

属于立方晶系的晶体有三种点阵型式：简单立方（以 P 表示）、体心立方（以 I 表示）和面心立方（以 F 表示）。它们可以由 X 射线粉末图来鉴别。

从式(9－33)可见，$\sin^2\theta$ 与($h^2 + k^2 + l^2$)成正比。三个整数的平方和只能等于 1，2，3，4，5，6，8，9，10，11，12，13，14，16，17，18，19，20，21，22，24，25……因此，对于简单立方点阵，各衍射线相应的 $\sin2\theta$ 之比为：

$\sin^2\theta_1 : \sin^2\theta_2 : \sin^2\theta_3 \cdots = 1:2:3:4:5:6:8:9:10:11:12:13:14:16\cdots$　　（缺 7，15……）

对于体心立方点阵，由于系统消光的原因，所有($h^2 + k^2 + l^2$)为奇数的衍射线都不会出现。因此，体心立方点阵各衍射线 $\sin^2\theta$ 之比为：

$$\sin^2\theta_1 : \sin^2\theta_2 : \sin^2\theta_3 \cdots = 2:4:6:8:10:12:14:16:18:20\cdots$$
$$= 1:2:3:4:5:6:7:8:9:10\cdots \quad \text{（不缺 7，15……）}$$

对于面心立方点阵，也由于系统消光原因，各衍射线 $\sin^2\theta$ 之比为：

$$\sin^2\theta_1 : \sin^2\theta_2 : \sin^2\theta_3 \cdots = 1:1.33:2.67:3.67:4:5.33:6.33:6.67:8\cdots$$
$$= 3:4:8:11:12:16:19:20:24\cdots \quad \text{（谱线疏密相间）}$$

从以上 $\sin^2\theta$ 比可以看到，简单立方和体心立方的差别在于前者无"7"，"15"，"23"等衍射线，而面心立方则具有明显的二密一疏分布的衍射线。因此，根据立方晶体衍射线 $\sin^2\theta$ 之比可以鉴定立方晶体所属的点阵型式。表 9－2 列出了立方点阵三种型式的衍射指标及其平方和。

立方晶体的密度可由下式计算：

$$\rho = \frac{Z(M/N_A)}{a^3} \tag{9-34}$$

式中,Z 是晶胞中相对分子质量(或化学式量)为 M 的分子(或化学式单位)的个数;N_A 为阿伏加德罗常数。如果把一个分子或化学式单位与一个点阵联系起来,则简单立方的 $Z=1$,体心立方的 $Z=2$,面心立方的 $Z=4$。

表9-2 立方点阵的衍射指标及其平方和

$h^2+k^2+l^2$	简单(P)	体心(I)	面心(F)	$h^2+k^2+l^2$	简单(P)	体心(I)	面心(F)
1	100	—	—	14	321	321	—
2	110	110	—	15	—	—	—
3	111	—	111	16	400	400	400
4	200	200	200	17	410322	—	—
5	210	—	—	18	411330	411330	—
6	211	211	—	19	331	—	331
7	—	—	—	20	420	420	420
8	220	220	220	21	421	—	—
9	300,221	—	—	22	332	332	—
10	310	310	—	23	—	—	—
11	311	—	311	24	422	422	422
12	222	222	222	25	500432	—	—
13	320	—	—	⋮			

三、仪器试剂

BD-74X射线衍射仪;NaCl;玛瑙研钵等。

四、实验步骤

(1)在玛瑙研钵中将NaCl晶体磨至340目左右(手摸时无颗粒感)。将样品框放于表面平滑的玻璃板上,把样品均匀地洒入框内,略高于样品框板面。用不锈钢片压样品,使样品足够紧密且表面光滑平整,附着在框内不致于脱落。将样品框插在测角仪中心的底座D上。

(2)不同型号的衍射仪具体操作步骤略有差别。要拍摄出一张较好的粉末图,需选择合适的衍射仪使用条件。本实验使用铜靶($Cu-K_a$,Ni片滤波),闪烁计数器。选用狭缝:发射1°,散射1°,接收0.4mm。探头扫描速率4°·min^{-1},走纸速率20mm·min^{-1}。时间常数1s,记录仪满刻度3000脉冲·s^{-1}。管压40kV,管流20mA,探头高压1kV。

开启计数系统电源,调好探头高压、计数率量程、时间常数、扫描速率、走纸速率等。

开启X光机冷却水(在开X光机高压前一定要先开冷却水),开启X光机高压(有的衍射仪先开低压钮,后开高压),调到40kV,开管流,调到20mA。

(3)用手将测角仪上探头调至25°;调好记录纸起点,打开角标钮,打开X光管窗口闸门,按下"连动"钮(有的衍射仪要同时打开测角仪扫描开关和记录仪运转开关),则自动地将各衍射线的位置(2θ)和强度记录下来。当2θ到达87°时,按下"停止"钮,停止扫描,关闭X光管窗口闸门。取下样品框,动作要轻,不要将样品洒落在样品框插座上。将探头位置复原,用手转动测角仪时动作要轻。

(4)结束实验后,关闭记录系统、X光机和冷却水等。

(5)实验时应注意安全,有关X射线的防护见仪器使用说明。

五、数据处理

(1)在图谱上标出每条衍射线的2θ的度数。计算各衍射线的$\sin^2\theta$之比,与表9-2比较,确定NaCl的点阵型式。

(2)根据表9-2标出各衍射线的指标hkl,选择较高角度的衍射线,将$\sin\theta$、衍射指标以及所用X射线的波长代入式(9-33)求a。

(3)用式(9-34)计算NaCl的密度。

(4)用各衍射线的2θ值计算(或查表)相应的d值,估算各衍射线的相对强度,同文献值(PDF卡片)相比较。

(5)解释图谱中衍射(111)和(200)间出现的小衍射峰。

六、思考题

(1)X射线对人体有什么危害?应如何防护?

(2)计算晶胞常数a时,为什么要用较高角度的衍射线?

七、参考文献

(1)唐有祺.结晶化学.北京:高等教育出版社,1957.

(2)北京大学化学系物化教研室.物理化学实验.北京:北京大学出版社,1985.

附:PDF卡片的使用说明

任何晶态物质都具有其特征的X光粉末衍射图谱。由粉末衍射标准联合会(Joint Commitee on Powder Difraction Standard,缩写为JCPDS)编辑出版的粉末衍射谱集(Powder Difraction File,缩写为PDF,原称ASTM卡)就是汇集了世界各国发表的各种单相物质(包括各种元素、合金、化合物)X光粉末衍射数据。将它们的"$d/n \sim I/I_1$"列成卡片(PDF卡片中把d/n简化为d,I/I_1是表示以最强线的强度I_1为100时的相对强度),按一定的方式编排成的。

一、PDF粉末衍射卡片的内容

(1)"1A","1B","1C"三栏列有试样衍射图谱上最强、次强、再次强三条衍射线对应的面间距d/n,简写为d,"1D"栏是试样中能产生衍射的最大面间距。

(2)"2A","2B","2C","2D"分别表示上述各衍射线的相对强度I/I_1(以最强衍射线的强度为100,偶尔也给出比100大的数值)。

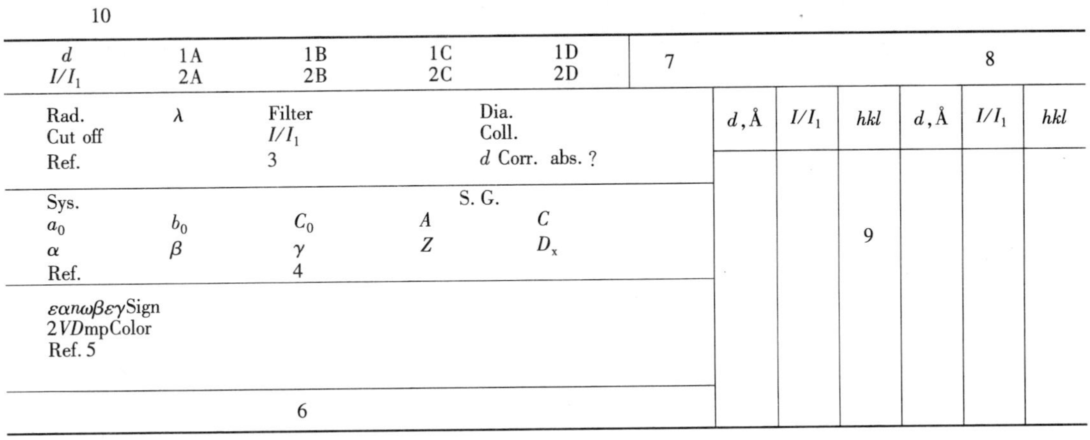

10

<table>
<tr><td>d
I/I_1</td><td>1A
2A</td><td>1B
2B</td><td>1C
2C</td><td>1D
2D</td><td colspan="6">7   8</td></tr>
<tr><td colspan="5">Rad.   λ   Filter   Dia.
Cut off I/I_1 Coll.
Ref.   3   d Corr. abs. ?</td><td>d,Å</td><td>I/I_1</td><td>hkl</td><td>d,Å</td><td>I/I_1</td><td>hkl</td></tr>
<tr><td colspan="5">Sys.   S. G.
a_0 b_0 C_0 A   C
α   β   γ   Z D_x
Ref.   4</td><td rowspan="3" colspan="6">9</td></tr>
<tr><td colspan="5">εαnωβεγSign
2VDmpColor
Ref. 5</td></tr>
<tr><td colspan="5">6</td></tr>
</table>

(3)“3”栏为所用的实验条件。其中各符号的意义为:

Rad. ——所用特征 X 射线(如 Cu – K_a,Fe – K_a 等);

λ——所用特征 X 射线波长;

Filter——滤波片材料;

Dia. ——照相机直径;

Cut off——所用的摄谱方法所能测得的最大晶面间距;

Coll. ——光栏狭缝的宽度或圆孔光栏的直径;

I/I_1——测定相对强度的方法;

dCorr. abs. ? ——指 d 值是否经过吸收校正;

Ref. ——“3”和“9”栏中所用的文献。

(4)“4”栏为有关晶体结构的资料。其中符号的意义为:

Sys. ——样品所属的晶系;

S. G. ——空间群;

a_0, b_0, c_0——晶胞参数,$A=\frac{a_0}{b_0}, c=\frac{c_0}{b_0}$;

α, β, γ——晶轴之间夹角;

Z——单位晶胞中化学式单位的数目;

D_x——根据 X 射线测量计算的密度;

Ref. ——本栏数据的参考文献。

(5)“5”栏为该物质一些性质的说明:

$\varepsilon\alpha, n\omega\beta, \varepsilon\gamma$——折射率;

Sign——晶体光学性质的“正”(+)或“负”(–);

2V——光轴角;

D——测量的密度;

mp——熔点;

Color——肉眼或显微镜下观察到的颜色;

Ref. ——本栏参考文献。

偶尔,其他数据如硬度(H)和矿物光泽等也列在这一栏中。

(6)“6”栏包括:样品来源,样品化学分析数据,升华点(S. P),分解温度(D. T),转化点(T. P),样品处理条件,衍射图摄取的温度以及卡片使用、更正等作进一步的说明。

(7)“7”栏为试样的化学式和英文名称(组成复杂时,化学式可能省略)。

(8)“8”栏为试样的结构式或其矿物学名称和通用名称。括弧内的名字表示人工合成的物质。右上角有

☆者表示卡片数据有高度的可靠性,有“o”表示可靠程度较低;反之,无“o”表示可靠程度较高。

(9)“9”栏(表中第9栏在卡片中是空白,以下说明供初学者参考)为所摄取的全部衍射线条的面间距及其相应的相对强度和衍射指标。“9”栏中下述省略的字的意义为:

b——变宽,不清楚或弥散线;

d——双线;

n——由于各种原因不能得出的线;

n_c——所提出的单位晶胞不能证实的线;

n_i——所给出的单位晶胞不能指标化的线;

n_p——所给定的空间群不允许的指标;

β——由于β线的存在或重叠而不能确定的强度;

t_r——trace,即痕量(非常弱的线);

+——可能是其他指标。

(10)“10”栏为衍射卡片的编号。

×——××××中第一个数字为集号,后四位数字表示卡片在该集中的顺序号。PDF卡片分为无机类和有机类两大部分。到1980年各发表了30集,收集物相在35000种以上,并且以每年约2000种的速度增长。为了检索这样大量的标准谱,JCPDS编制了几种检索索引,如Hanawalt索引,Fink索引,文字索引等。分别编有无机类和有机类卡片索引。

卡片分为无机类和有机类两大部分。到1972年为止,无机类共分22集,有机类也共分22集。

二、卡片索引的用法

(一)数字索引及其用法

数字索引的编排是采用哈那瓦特(Hanawalt)组合法,即将全部衍射卡片按其中最强衍射线所对应的面间距$d(d/n)$值的大小次序分成若干大组。例如,d值为5.99~5.50Å为一大组,5.49~5.00Å为一大组。从大到小归成几十个大组。在每一个大组内各衍射卡片又按次强线的面间距的减小顺序排列。对于每一种物质,按强度由强到弱的次序列出8条衍射线的d值。d值小数后第三位用下标小字表示出相对强度,x表示最强线强度为10。同时,列出该物质的化学式和卡片编号。例如:

4.05_x　2.49_2　2.84_1　3.14_1　1.87_1　2.47_1　2.12_1　1.93_1

SiO_2　11-695

2.34_x　2.02_5　1.22_2　1.43_2　0.93_1　0.91_1　0.83_1　1.17_1

Al　4-787

在实际编排时,为查找方便,每张卡片上的三条强度的d值分别归入相应的三个大组。这样,每张卡片在索引中出现了三次。

当对所测试样的物相组成完全不知道时,可以利用数字索引,具体方法如下:

(1)从试样的衍射图谱的“$d/n \sim I$”数据中按强度次序抽出3~8条强线的面间距$d_1 \sim d_8$。

(2)根据最强线条的面间距d_1,在数字索引上找到所属的哈那瓦特大组,根据d_2大致判断试样可能是哪些物质,再根据d_3,d_4……进一步确定可能是什么物质。若d_1,d_2,d_3……及相对强度次序与索引上列出的某一物质的数据基本一致,可初步确定试样中含有该种物质。记下该物质的卡片号。

(3)按索引上列出的卡片号找出卡片。将卡片上全部线条的“$d \sim I/I_1$”值与试样的“$d/n \sim I$(或I/I_1)”值对比。如果完全符合,则可以最后确定试样即是卡片上所载的物质。

应当注意:①在将试样的“$d/n \sim I$”与卡片上的“$d \sim I/I_1$”对比时,必须有“整体”观念。因为并不是一条衍射线代表一个物相,而是一整套特定的“$d/n \sim I/I_1$”才代表某一个特定的物相。因此,若有一条强线对不上,即可以否定。②对d值精确度的要求应该比较严,对于普通物相分析,小数后第二位上允许有些误差(±0.02Å)。有时由于实验上的原因(例如,用衍射仪记录时,起始位置2θ的标度与实际起始位置2θ数值有偏离)可以引起 2θ 系统偏离,应进行修正。③对于强度 I(或 I/I_1),由于实验条件上的种种原因,会有些出入,有时还会有较大出入(例如,摄谱方法与条件不同。PDF 卡片上的数据通常是由照相法得到的,与衍射仪法所得的数据会有不同。此外,在衍射仪法中,若样品磨得不细,会产生一定程度的择优取向等),因此最强线、次强线、再次强线的次序可能有颠倒。但一般说来,强线还应该是强的,弱线还应该是弱的,某些强度弱的衍射线也可能没有出现。

(二)文字索引及其用法

试样中可能包含的物相,若可以通过其他各种途径查到或估计出来,而用 X 光物相分析最终确定;或者分析试样的目的只是要求确定其中有无某种物相存在,此时便可利用"文字索引"。

"文字索引"是根据物质的英文名称,按字母的顺序编排而成。1972 年版的文字索引中列出物质的英文名称、化学式、三条最强线的面间距和物质的卡片号。例如:

Chloride Sodium	NaCl	2.82_x	1.99_6	1.63_2
	5-628			
Copper Sulfate Hydrate	$CuSO_4 \cdot 5H_2O$	4.73_x	3.71_9	3.99_6
	11-646			
Aluminum	Al	2.34_x	2.02_5	1.22_2
	4-787			

在进行物相分析时,按试样中可能包含的物相,根据它们的英文名称,从文字索引中找到它们的卡片编号,然后找出卡片。将试样衍射数据"$d/n \sim I$"与卡片上的衍射数据一一对比,若试样与某张卡片上的衍射数据很好符合,即可确定该试样中含有此卡片上所载的物相。

上面讲的是单个物相分析,用 PDF 卡片很容易进行。对混合物的物相分析则要困难一些。尤其当混合物是由两个以上物相组成时,情况就更为复杂。因为各个物相的衍射线条是同时出现在试样的衍射图上,衍射线条有可能相互重叠。因此,混合物试样衍射图上的最强线可能并非是单相物质的最强线,而是某些次强线叠加的结果。其他衍射线的强度次序也可能发生变化。所以,当以图谱上的最强线作为某物相的最强线而找不到任何对应卡片时,就应重新假定试样图谱上的次强线为某物相的最强线,而选其他强线作为此物相的次强线和再次强线,重新从数字索引中寻找所对应的卡片。当物相 A 被确定后,把与物相 A 相应的衍射线挑出或作上记号。再对试样衍射图谱上的其余线条重复上述操作,直至逐步确定出混合物试样中其他各个物相,使试样衍射图谱上的各条衍射线都有着落。对混合物试样分析常同其他方法配合,先了解试样的情况,可以少走弯路。

除了数字索引和文字索引外,在有机类中还有分子式索引,在无机类中还有矿物名称索引,以便查找。

目前,不少衍射仪配有计算机。用计算机存储标准谱并进行检索已经有了很大发展,已出现包括自动物相分析功能的全自动 X 射线衍射仪。

第 10 章

综合实验、研究实验及设计实验

概　　述

通过近代化学实验的各项基本训练，学生已初步掌握了化学实验中的基本知识与技术。在此基础上安排一些难度较大的综合型实验、研究型实验和设计型实验，有利于培养学生的科学治学态度、研究方法和思维能力，可以发展和体现学生的开拓精神和创新能力。本章安排的综合实验、研究实验及设计实验具有以下特点：(1)在综合实验中，有意识地将教学大纲所要求的基本技能，如制备、合成、蒸馏、重结晶、化学分析、波谱及结构解析等融合于一个实验中，把过去单一进行的操作训练有机地组合起来，贯穿于解决实际问题的始终。(2)实验有较强的连续性和一定的难度。从原料选择到产品合成、分离提纯、物质鉴定、性能测试形成连续过程，对学生思维能力以及科学研究能力的培养较为有利。(3)突出石油天然气特色，将科研成果引入教学，力求改变实验内容单一且与专业脱节的现象，拓展学生的知识面。(4)编入一些比较新颖、“热点”的研究型、设计型实验，以满足部分学生“个性化”培养及化学实验教学改革的要求。

编入本章的自行设计实验，要求学生根据实验指导书中的提示，进一步学会查阅文献，利用化学实验方面的参考书、手册，设计实验方案，拟定实验步骤。此外，由于原始文献中记载的实验步骤和条件往往没有教材详细，所以实际样品的处理方法、仪器设备的安装、操作条件的选择等，都需要学生独立思考，灵活而正确地运用以往所学的知识和技能。这些无疑将有效地培养和锻炼学生的独立工作能力。

10.1　实验 111　碘与健康——加碘食盐中碘含量的测定

一、实验背景

我国是世界上碘缺乏病流行最严重的国家之一，坚持普及碘盐是持续纠正人群碘营养缺乏的唯一有效途径。10 多年来，我国通过实施全民食盐加碘为主的综合防治措施，使人群碘营养状况总体得到改善。但是,一些原盐产区,西部边远、贫困及少数民族聚居地区的人群仍在遭受缺碘危害,防治任务十分艰巨。医学上将因碘的摄入不足导致的疾病统称为碘缺乏病,其中最典型的是甲状腺肿和克汀病。成人碘摄入不足,甲状腺会代偿性增大,形成甲状腺肿;孕妇怀孕期间碘摄入不足,胎儿中枢神经系统的发育和分化出现障碍,胎儿出生后即会成为克汀病患儿。

人主要通过食物摄入碘。动物性食品、海产品中碘的含量比较高;植物性食品,特别是谷物中的碘主要决定于土壤中碘的含量,而土壤中碘的含量受地球化学条件控制,在不同的地区差别非常大。山区、远离海洋的地区土壤和植物中的碘含量很低,生活在这些地区的人长期从植物性食品中得不到足够的碘,由于经济条件和交通的问题又不能通过动物性食品和海产品补充碘,地方性甲状腺肿和克汀病就会流行。目前地方性碘缺乏病病区的概念是:7~14岁的中小学生中甲状腺肿患病率高于5%的即为病区;只要有一个村达到病区标准,这个县就是病区县,这个省就是病区省。目前,全国除上海外其余每个省或直辖市都有病区。

目前我国在食盐中加碘主要使用碘酸钾,而过去则是碘化钾。碘化钾的优点是含碘量高(76.4%),缺点是容易氧化,稳定性差,使用时需在食盐中同时加稳定剂。碘酸钾稳定性高不需要加稳定剂,但含碘量较低(59.3%)。相比之下使用碘酸钾效果更好,因此1990年开始,我国规定民用食盐的碘添加剂为碘酸钾。

二、实验目的

(1)学会查阅本实验的相关资料。

(2)掌握该实验的实验原理。

(3)拟定该实验所需试剂及仪器。

(4)设计完成该实验的具体步骤。

三、仪器试剂

(1)仪器:酸式滴定管;锥形瓶(250mL);容量瓶(250mL);移液管(25mL);FA/JA1004型电子天平;称量瓶;滴定管夹;托盘天平;滤纸;药匙;铁架台;小烧杯;量筒(5mL,10mL);恒温箱;分光光度计。

(2)试剂:食用加碘盐;蒸馏水;2mol · L^{-1}盐酸;10%的KI溶液;0.003mol · L^{-1}的$Na_2S_2O_3$溶液;1%的淀粉试液;碘酸钾;甲酸钠(10%);饱和溴水。

四、实验要求

加碘食盐中碘元素绝大部分是以IO_3^-存在,少量的是以I^-存在。国家规定,加碘食盐中碘的标准值是35mg/kg,即每千克食盐中含有35mg碘,同时允许在35mg · kg^{-1} ± 15mg · kg^{-1}范围内波动。

(一)间接碘量法测定加碘食盐中碘元素的含量

查阅相关资料后,掌握用间接碘量法测定加碘食盐中碘元素含量的实验原理;拟定所需主要试剂及仪器;提出具体实验步骤。

（二）分光光度法测定加碘食盐中碘元素的含量

查阅相关资料后，掌握用分光光度法测定加碘食盐中碘元素含量的实验原理；拟定所需主要试剂及仪器；提出具体实验步骤。

五、实验步骤（以间接碘量法为例）

（1）配制碘酸钾标准溶液。

（2）标定硫代硫酸钠溶液。

（3）加碘食盐中碘含量的测定。①用托盘天平称取20.0g加碘食盐，置于250mL锥形瓶中，加入100mL蒸馏水，使溶解完全。②用$Na_2S_2O_3$标准溶液润洗碱式滴定管2～3次，装满试液，固定在滴定管夹上。除去尖嘴部分气泡，调整液面至零刻度或零刻度以下。③向锥形瓶中加入2mol·L^{-1}盐酸2mL，饱和溴水1mL，摇匀后，放置3min。④在摇动下加入3mL10%的甲酸钠，放置3min。⑤再加入5mL10%KI溶液，振动，使溶液静置5min。⑥用$Na_2S_2O_3$标准溶液进行滴定，至锥形瓶中溶液呈浅黄色时，加入2mL1%淀粉溶液，继续滴至蓝色恰好消失为止，记录所用$Na_2S_2O_3$标准溶液的体积，求出食盐中碘的含量。

六、思考题

（1）$Na_2S_2O_3$标准溶液应装在酸式滴定管还是碱式滴定管中，为什么？

（2）间接碘量法测定加碘食盐中碘元素的含量时，淀粉指示剂在什么时候加入最合适？能不能在装入试剂后就加入淀粉指示剂，为什么？

（3）间接碘量法测定加碘食盐中碘元素的含量时，为什么要在酸性溶液中进行？用什么试剂调节pH值？

七、参考文献

（1）胡世斌. 无机及分析化学实验. 北京：中国农业出版社，2003.

（2）崔学桂，张晓丽. 基础化学实验（Ⅰ）——无机及分析化学部分. 北京：化学工业出版社，2003.

（3）徐莉英. 无机分析化学实验. 上海：上海交通大学出版社，2005.

10.2　实验112　钙与健康——新盖中盖高钙片中钙含量的测定

一、实验背景

钙是生物体从环境中选择吸收的必需元素之一，而且是生物体内含量最高的无机元素，约占人体体重的2%，其中99%以上的钙都存在于骨骼和牙齿当中。成年人骨骼含钙总量约为180g；牙齿含钙总量约为70g；软组织含钙总量约为7g；细胞外液钙含量约占体重的0.0015%，总量约为1g，其中血浆钙总含量为300～350mg，组织间液钙总含量为650～700mg。

钙主要作为细胞壁的结构因素，成为骨骼和牙齿的必要结构成分。钙离子在蛋白质中桥联临近的羧酸根而使细胞膜得到强化，如果没有钙，细胞膜将变成多孔结构。钙还作为细胞外酶的辅助因子发挥重要作用，它们大部分是消化酶。在复杂的生命活动中，钙离子参与了神经传导、肌肉收缩、激素的分泌、细胞的分裂以及DNA的合成等过程，还在促进血液的凝固、维持心脏的正常收缩和保持细胞的完整性等方面起着重要的调控作用。

钙在人体中的主要生理功能简述如下：

(1)维持细胞的生存和功能。细胞分裂繁殖，数目渐增，功能渐显，都需要钙的参加。细胞的单个功能和互联网络都不能缺少钙，甚至老化、疾病、死亡都可以用钙的平衡予以说明。充分摄入钙质，细胞才能保持健康活跃，人也才能朝气蓬勃。

(2)参与神经肌肉的应激过程。在细胞水平上，钙作为神经和肌肉兴奋—收缩之间的藕联因子，促进神经介质释放，调节腺体的激素分泌，传导神经冲动，维持心跳节律。钙有镇静作用：当体液中钙浓度降低时，神经和肌肉的兴奋度增高，肌肉出现自发性收缩，严重时出现抽搐；当体液中钙浓度增加时，则抑制神经和肌肉的兴奋性。

(3)钙对维持体内酸碱平衡，维持和调节体内许多生化过程都是必需的。它能促进体内多种酶的活动，是多种酶的激活剂，如脂肪酶、淀粉酶等均受钙离子调节。

(4)钙是一种凝血因子，在凝血酶原转变为凝血酶时起催化作用，然后凝血酶使纤维蛋白原聚合为纤维蛋白而使血液凝固。钙与磷脂结合，维持细胞膜的完整性和通透性。钙离子能使体液正常通过细胞膜，通常用来缓解由于过敏等症所引起的细胞膜渗透压的改变。

机体缺钙主要影响骨齿发育；血液缺钙就会引起四肢痉挛、头脑迟钝、烦躁不安、意识丧失、心脏功能失调等症，严重时心跳甚至会停止。可见钙浓度失调，就会引起身体疾病，甚至危及生命。

一个人是否缺钙，有科学的判断标准。成年人每克头发中含有900～3200μg的钙都属于正常范围，低于900μg为缺钙；儿童每克头发中的含钙量在500～2000μg之间为正常，低于250μg为严重缺钙，在350μg左右为中度缺钙，在450μg的为一般性缺钙。卫生部的调查资料显示，我国国民的钙摄入量仅为标准量的50%左右，尤其是中小学生及50岁以上的中老年，钙摄入量普遍不足。针对以上现实情况，中国消费者协会警示消费者要科学补钙，方能永葆健康。

二、实验目的

(1)学会查阅相关资料；

(2)根据所学知识，提出补钙药物中钙含量测定的实验方法；

(3)设计一些问题，了解人们对补钙药物的认识，提出一些好的建议。

三、仪器试剂

(1)仪器：酸式滴定管；锥形瓶(250mL)；容量瓶(250mL)；移液管(25mL)；FA/JA1004型电子天平；称量瓶；台秤。

(2)试剂：EDTA溶液($0.01mol \cdot L^{-1}$左右，待标定)；NaOH溶液($2mol \cdot L^{-1}$)；HCl溶液

(2mol · L^{-1});H_2SO_4溶液(2mol · L^{-1});乙二酸四乙酸二钠(固体,AR);$CaCO_3$(固体,GR 或 AR);$KMnO_4$(固体);$Na_2C_2O_4$(AR 或基准试剂);钙指示剂;镁溶液;新盖中盖高钙片。

四、实验要求

新盖中盖高钙片中钙是以 $CaCO_3$形式存在的。通过酸溶后,$CaCO_3$以 Ca^{2+}形式存在于溶液中。

(1)用直接滴定法测定新盖中盖高钙片中的钙含量(用 EDTA 为标准溶液,以钙指示剂为指示剂进行滴定),阐述直接滴定法的原理,设计出所需主要试剂及仪器、实验步骤。

(2)用间接滴定法测定新盖中盖高钙片中的钙含量(用高锰酸钾为标准溶液进行滴定),阐述间接滴定法的原理,设计出所需主要试剂及仪器、实验步骤。

注意:(1)根据"新盖中盖高钙片"说明书,每 2.5g 药片含 $CaCO_3$1.25g,即 $w_{CaCO3}=50\%$。

(2)查阅资料了解钙与健康:①钙与心血管疾病;②钙在预防肿瘤中的作用;③钙在人体内的基本作用;④补钙的标准;⑤补钙药物的种类。

五、实验步骤(以直接滴定法为例)

(1)EDTA(0.01mol · L^{-1})溶液的配制:称取 2gEDTA 二钠盐于 250mL 的烧杯中,加水溶解后稀释至 500mL,储于聚乙烯瓶中备用。

(2)$CaCO_3$标准溶液(0.01mol · L^{-1})的配制:准确称取基准物质 $CaCO_3$0.25g,先用少量水润湿,再逐滴加入 2mol · L^{-1} HCl 至恰好完全溶解,转移到 250mL 容量瓶中,加水稀释至刻度。

(3)EDTA 浓度的标定:准确移取 25.00mL$CaCO_3$标准溶液 3 份分别于 250mL 锥形瓶中,加 10mLNaOH 溶液,钙指示剂 30mg,EDTA 滴定至纯蓝色。

(4)钙制剂中钙含量的测定:准确称取新盖中盖高钙片,逐滴滴加 2mol · L^{-1} HCl 至刚好溶解完全(溶解时注意用玻璃棒捣碎钙片)。加蒸馏水继续蒸发除去过量的酸至 pH = 6 ~ 7,转移到 250mL 容量瓶中,蒸馏水定容,摇匀。准确移取上述溶液 25.00mL 于 250mL 锥形瓶中,加入 NaOH 溶液 10mL,蒸馏水 25mL,摇匀,加入钙指示剂 30mg,用已经标定的 EDTA 标准溶液滴至酒红色变为蓝色。平行滴定三次。

六、思考题

(1)为什么通常使用乙二胺四乙酸二钠盐配制 EDTA 标准溶液,而不是乙二胺四乙酸?

(2)以 HCl 溶液溶解 $CaCO_3$基准物时,操作中应注意些什么?

(3)以 $CaCO_3$为基准物标定 EDTA 溶液时,加入镁溶液的目的是什么?

(4)以 $CaCO_3$为基准物,以钙指示剂为指示剂标定 EDTA 溶液时,应控制溶液的酸度为多少? 为什么? 怎样控制?

(5)直接滴定法测定新盖中盖高钙片中钙含量的原理是什么?

(6) 以 HCl 溶液溶解钙片时,操作中应注意些什么?

七、参考文献

(1)胡世斌. 无机及分析化学实验. 北京:中国农业出版社,2003.

(2)崔学桂,张晓丽.基础化学实验(Ⅰ)——无机及分析化学部分.北京:化学工业出版社,2003.

(3)徐莉英.无机分析化学实验.上海:上海交通大学出版社,2005.

10.3 实验113 苯甲酸的制备

一、实验目的

(1)学习制备苯甲酸的原理和方法。

(2)初步掌握资料查阅、实验方案设计的一般程序。

(3)学习和掌握从查阅资料、设计实验方案到实验合成、产物检验的各个环节。

二、实验原理

苯甲酸是羧基直接与苯环碳原子相连接的最简单的芳香酸,分子式 C_6H_5COOH,又称安息香酸。主要以游离酸、酯或其衍生物的形式广泛存在于自然界中,例如,在安息香胶内以游离酸和苄酯的形式存在;在一些植物的叶和茎皮中以游离酸的形式存在;在香精油中以甲酯或苄酯的形式存在;在马尿中以其衍生物马尿酸的形式存在。

苯甲酸为无色、无味片状晶体。熔点122.13℃,沸点249℃,相对密度1.2659(15/4℃)。在100℃时迅速升华,它的蒸气有很强的刺激性,吸入后易引起咳嗽。微溶于水,易溶于乙醇、乙醚等有机溶剂。苯甲酸是弱酸,其酸性比脂肪酸强,而化学性质相似,都能形成盐、酯、酰卤、酰胺、酸酐等,都不易被氧化。苯甲酸的苯环上可发生亲电取代反应,主要得到间位取代产物。

最初苯甲酸是由安息香胶干馏或碱水水解制得,也可由马尿酸水解制得。工业上苯甲酸是在钴、锰等催化剂存在下用空气氧化甲苯制得,或由邻苯二甲酸酐水解脱羧制得。实验室中可以采用甲苯氧化法、苯甲醛歧化法、格氏试剂法等方法制备。以甲苯氧化法合成苯甲酸为例,甲苯经高锰酸钾氧化、盐酸酸化,可得苯甲酸。反应式为:

$$C_6H_5-CH_3 + 2KMnO_4 \longrightarrow C_6H_5-COOK + KOH + 2MnO_2 + H_2O$$

$$C_6H_5-COOK + HCl \longrightarrow C_6H_5-COOH + KCl$$

苯甲酸及其钠盐可用作乳胶、牙膏、果酱或其他食品的抑菌剂,也可作染色和印色的媒染剂。

三、仪器试剂

根据具体设计的实验方案,自行拟订出实验所需要的仪器和试剂。

四、实验步骤

(1)查阅相关参考书和文献,归纳目前工业上和实验室中合成苯甲酸的方法。

(2)分析各种方法的优缺点,在此基础上设计出各自的合成苯甲酸的方案。

(3)指导教师审查设计方案,进行可行性分析。

(4)在实验室中合成出苯甲酸,并分离得到纯品。
(5)用测定熔点的方法检验苯甲酸。

五、结果与讨论

(1)写出苯甲酸合成方法综述,并完成实验方案的设计。
(2)写出实验报告,将产率与文献值对照,并进行分析讨论。

六、思考题

(1)在氧化反应中,影响苯甲酸产量的因素有哪些?
(2)在格氏试剂法中对反应仪器有哪些特别要求?

七、参考文献

根据所查阅的资料列出主要参考文献。

10.4 实验 114 三甲基苄基氯化铵的合成

一、实验目的

(1)进一步巩固回流、减压蒸馏、减压过滤等基本操作。
(2)学习滴加回流装置的安装和使用。
(3)学习季铵盐的制备方法,了解其一般性质、检验方法和实际应用。
(4)学习从查阅资料、设计实验方案到实验合成、产物检验的各个环节。

二、实验原理

(一)季铵盐的一般制备方法

$$R_3N + RX \longrightarrow \left[\begin{array}{c} R \\ | \\ R—N—R \\ | \\ R \end{array} \right]^+ X^-$$

氯化苄是一个较好的苄基化试剂,很容易与三甲胺反应,在三甲胺的氮原子上发生苄基化反应,使之由叔胺转变成季铵盐,从而获得我们要制备的目标分子——三甲基苄基氯化铵。

$$C_6H_5—CH_2Cl + (CH_3)_3N \longrightarrow \left[\begin{array}{c} CH_3 \\ | \\ C_6H_5—CH_2N—CH_3 \\ | \\ CH3 \end{array} \right] Cl$$

(二)季铵盐的一般性质

季铵盐具有盐的性质,易溶于水,而不溶于非极性的有机溶剂。当加热到一定的温度时,可分解为叔胺和卤代烃。

(三)季铵盐的检验方法

(1)定性检验。季铵盐能与溴酚蓝反应生成蓝色盐,这种盐能被氯仿从碱性溶液中萃取出来,因而氯仿层显蓝色。

(2)定量分析。季铵盐可用重量分析或滴定分析的方法进行定量。在一般情况下,季铵盐与四苯硼酸钠形成不溶于水的沉淀,因此可用四苯硼酸钠法对季铵盐进行重量分析。

三、仪器试剂

(1)仪器:三口烧瓶;搅拌器;恒压滴液漏斗;冷凝管;温度计;控温仪;恒温水浴;减压蒸馏装置;泵。

(2)试剂:三甲胺(30%,$M=59$,0.52mol,过量4%);氯化苄($M=126.5$,0.5mol);活性炭;0.05%的溴酚蓝试剂;氯仿;氢氧化钠;1mol/L的四苯硼酸钠溶液;10%的$AlCl_3$溶液;1%的乙酸溶液;pH试纸。

四、实验步骤

(一)粗产物的合成

在装有恒压滴液漏斗、温度计和回流冷凝管的250mL三口烧瓶中,加入63.3g氯化苄,在搅拌下滴加102.3g三甲胺水溶液(30%),常温水浴和调节滴加速率控制温度在35~45℃,30~50min内滴加完毕,无明显分层后再在60℃水浴中搅拌约2h,即得无色或微黄均匀的透明液体。

(二)粗产物的分离纯化

(1)活性炭脱色:在反应液中加入3g活性炭,加热沸腾3min,减压过滤。

(2)减压蒸馏:将滤液倒入250mL蒸馏瓶内(烧瓶已称重),加入几粒沸石,设备安装为减压蒸馏装置,加热,进行减压蒸馏,浓缩滤液,直至蒸馏不出水为止,得到无色粘稠液体,即目标产物三甲基苄基氯化铵。

(3)称重,计算产率。

(三)三甲基苄基氯化铵的定性及定量分析

(1)定性检验:

在具塞大试管中加入5~10mL氯仿,5~10mL1%的待测三甲基苄基氯化铵水溶液,滴加NaOH溶液使水相呈碱性,滴加浓度为0.05%的溴酚蓝试剂,震荡。氯仿层呈蓝色,油水界面清晰,说明产物较纯且是三甲基苄基氯化铵。

(2)定量分析:可以自行设计定量分析的方法,以下为一个设计的例子。

取1.0mL已提纯的产品,准确称量后置于锥形瓶中,加水稀释至25mL,加入1%的乙酸溶液30滴和10%的$AlCl_3$溶液5mL左右,调节pH值为4.5,控制水浴温度为50~60℃,滴加过量的0.1$mol\cdot L^{-1}$的四苯硼酸钠溶液,不断摇动锥形瓶,使沉淀反应均匀,在室温下过夜老化沉淀。将沉淀进行减压过滤,真空干燥至恒重,记下沉淀的重量。计算产品中三甲基苄基氯化铵的含量。

五、课后延伸——三甲基苄基氯化铵的应用性能评价

(1)可作为钻井、采油及油层保护用粘土稳定剂,试评价产品的此种应用性能。

(2)可作为水处理用杀菌剂和防腐剂,试评价产品的此种应用性能。

六、结果与讨论

(1)查阅文献,写出季铵盐的合成方法综述,完善实验方案。

(2)写出合成实验报告,并对制备过程进行分析讨论。

(3)设计定性及定量分析方案,报告分析结果,计算产品中三甲基苄基氯化铵的含量。

(4)预测产品的应用性能及应用前景。

七、参考文献

根据所查阅的资料列出主要参考文献。

10.5 实验 115 H_2-O_2 燃料电池催化剂的研制与活性评价

一、实验目的

(1)学习和了解 H_2-O_2 燃料电池催化剂的研制现状,展望高环保要求的清洁能源。

(2)用沉淀法制备 $Cu_xFe_{3-x}O_4$,$Co_xFe_{3-2x}O_4$ 等对 O_2 的还原具有较高活性的催化剂。

(3)以 H_2O_2 的催化分解反应评价所制备的催化剂的活性。

二、实验原理

在以 KOH 溶液为电解质的 H_2-O_2 燃料电池中进行的电化学反应是:

$$H_2\text{ 电极}\quad 2H_2+4OH^- = 4H_2O+4e^- \tag{10-1}$$

$$O_2\text{ 电极}\quad O_2+2H_2O+4e^- = 4OH^- \tag{10-2}$$

室温下 O_2 在一般电极材料上还原很慢,必须选用有效的催化剂加速这一反应,才能使燃料电池具有实用价值。

铂黑或银黑有很高的催化活性,但价格太高。已经发现具尖晶石结构的 $Cu_xFe_{3-x}O_4$,$Co_xFe_{3-2x}O_4$ 等对 O_2 的还原具有较高活性,而用沉淀法制备这类催化剂并不困难。

根据对 O_2 电极反应机理的研究得出,电极催化反应最初生成 H_2O_2 中间物(实际上在碱性溶液中 H_2O_2 主要以 HO_2^- 的形式存在:$H_2O_2+OH^- = HO_2^-+H_2O$),其反应为:

$$O_2+2H_2O+2e^- = H_2O_2+2OH^- \tag{10-3}$$

$$\text{或}\quad O_2+H_2O+2e^- = HO_2^-+OH^-$$

H_2O_2 继续分解:

$$H_2O_2 = \frac{1}{2}O_2+H_2O \tag{10-4}$$

或
$$HO_2^- = \frac{1}{2}O_2 + OH^-$$

再生的$\frac{1}{2}O_2$ 又循环发生式(10－3)的反应，因而式(10－3)的 O_2 只有一半是外界供给的。生成的 H_2O_2(或 HO_2^-)中间物必须尽快分解以降低其浓度才会有足够的还原电势，因此它是电极催化还原的控制步骤。

按上述机理，可根据催化剂在 KOH 溶液中分解 H_2O_2 的能力来考察其对 O_2 电极催化还原的活性。反应速率常数的大小直接反映了反应的快慢，因此用它来评价催化剂活性是比较合理的。

在碱性溶液中 H_2O_2 将按式(10－4)分解，已证实此反应属一级反应，其速率方程可写成：

$$-\frac{dc_t}{dt} = kc_t$$

积分得：

$$\ln\frac{c_t}{c_0} = -kt \tag{10-5}$$

式中 c_t——t 时刻 H_2O_2 的浓度；

c_0——H_2O_2 的初始浓度；

k——反应速率常数。

令 V_∞ 表示 H_2O_2 全部分解放出氧气的体积；V_t 表示 H_2O_2 经时间 t 后分解放出氧气的体积；f 表示一定体积溶液中 H_2O_2 的浓度与可放出氧气体积的比例常数，则因：

$$V_\infty = fc_0 \qquad V_\infty - V_t = fc_t$$

将其代入式(10－5)，即得：

$$\ln\frac{V_\infty - V_t}{V_\infty} = -kt$$

或

$$\ln V_\infty - V_t = -kt + \ln V_\infty \tag{10-6}$$

以 $\ln(V_\infty - V_t)$ 对 t 作图，从所得直线斜率求得速率常数 k。

反应速率常数 k 与温度 T 的关系一般符合阿累尼乌斯公式：

$$\ln\frac{k}{[k]} = -\frac{E_a}{R}\cdot\frac{1}{T} + B \tag{10-7}$$

式中，E_a 为反应的表观活化能，亦可用定积分形式表达为：

$$\ln\frac{k_2}{k_1} = \frac{E_a}{R}\left(\frac{T_2 - T_1}{T_1T_2}\right) \tag{10-8}$$

测定不同温度下的速率常数 k，即可求出 E_a。也可以比较不同催化剂的表观活化能 E_a 的大小，来评价催化剂的活性。

三、仪器试剂

(1)仪器：仪器装置同实验77；恒温水浴；电子秒表。

(2)试剂：3% H_2O_2 溶液；$1mol\cdot L^{-1}$ KOH 溶液；$0.1000mol\cdot L^{-1}$ $KMnO_4$ 标准溶液；$3mol\cdot L^{-1}$ H_2SO_4 溶液；化学纯 $CuCl_2\cdot 6H_2O$，$FeCl_3\cdot 6H_2O$，$CoCl_2\cdot H_2O$；$5mol\cdot L^{-1}$ NaOH 溶液；

MnO_2 粉。

四、实验步骤

(1)催化剂制备。

现以制备 $Cu_{1.5}Fe_{1.5}O_4$ 为例予以说明。其主要过程是先用 NaOH 溶液沉淀出 Cu(Ⅱ)和 Fe(Ⅲ)的氢氧化物,再将所得沉淀在空气中加热,进行氧化还原和脱水反应,生成尖晶石结构氧化物:

$$1.5CuCl_2 + 1.5FeCl_3 + 7.5NaOH \longrightarrow Cu_{1.5}Fe_{1.5}(OH)_{7.5} + 7.5NaCl$$

$$0.5O_2 + 4Cu_{1.5}Fe_{1.5}(OH)_{7.5} \longrightarrow 4Cu_{1.5}Fe_{1.5}O_4 + 15H_2O$$

称取 2.41g(0.01mol) $CuCl_2 \cdot 6H_2O$ 于 50mL 烧杯中,加 20mL 水溶解。称取 2.69g (0.01mol) $FeCl_3 \cdot 6H_2O$ 于另一 50mL 烧杯中,加 20mL 水溶解,然后将其洗入 250mL 烧杯内,在搅拌下将氯化铜溶液缓缓加入氯化铁溶液中,连同洗水共约 50~60mL。在剧烈搅拌下缓缓滴加 $5mol \cdot L^{-1}$ NaOH 溶液,直到棕色沉淀生成,这时 pH 值约 12.5。在蒸汽浴上保温 30min,然后在室温下静置沉降,用蒸馏水滗洗沉淀,直到洗水接近中性为止。将沉淀抽滤,在 85~100℃下干燥过夜,然后研磨成细粉。

也可用硫酸铜和硫酸铁作原料制备催化剂。

按 Cu ∶Fe(物质的量比)及 Co ∶Fe(物质的量比)分别为 1 ∶3;2 ∶3;3 ∶3;3 ∶2;3 ∶1 制备两个系列的尖晶石类催化剂备用。

(2) H_2O_2 催化分解速率的测定(参见实验77):

①于反应器中加入 10mL $1mol \cdot L^{-1}$ KOH 溶液和 5mL 3% H_2O_2 溶液及 20mL 纯水。于托盘中准确称取 5mg 催化剂。塞好瓶塞,检查是否漏气。

②调节水准瓶使量气筒初始液面在零刻度。关闭旋塞,摇动锥形瓶洗入催化剂,同时按动停表开始计时,开动电磁搅拌器,并且记录各时刻 O_2 体积。

③取下锥形瓶冲洗干净,重取催化剂和试剂同样用量,将水浴温度升高 5℃恒温,重复以上操作测定速率常数。

④以 MnO_2 为催化剂,称取 5mg,其他条件不变,作对比评价试验。

(3)测定 H_2O_2 的原始浓度以确定 V_∞。

五、操作注意

(1)水浴槽温度应保持恒定,反应瓶移入水浴槽中需恒温 10min 后才能开始实验。

(2)搅拌速率要平稳适中,每次实验的搅拌速率应尽量一致。

六、数据处理

(1)列出采用不同催化剂、不同温度下 H_2O_2 分解反应的实验数据记录表格。

(2)计算 V_∞。

(3)以 $\ln(V_\infty - V_t)$ 为纵坐标,t 为横坐标作图,从所得直线的斜率求速率常数 k。

(4)以同一催化剂的 $\ln k$ 为纵坐标,$\frac{1}{T}$ 为横坐标作图,求其表观活化能 E_a。

(5)以 E_a(或同一温度下的 k)为纵坐标,以 Cu ∶ Fe 或 Co ∶ Fe 为横坐标作图,讨论尖晶石系列催化剂活性与组成的关系,并与 MnO_2 的催化活性作比较。

七、思考题

(1)新能源、清洁能源研究的现状如何?请就你的阅读、了解,写出文献综述。

(2)本实验是否可以不测 V_∞,而用 Guggenheim 法处理数据?

(3)你所研究的催化剂活性与原料组成之间的关系如何?依据你的实验结果,对下一步研究工作有何建议?

八、教学讨论

尖晶石结构型(如 $CuCr_2O_4$)和钙钛矿结构型(如 $CaCoO_3$)催化剂在氧化还原反应中有广阔的应用前景。学生可参阅资料,自行设计实验作进一步深入研究。

九、参考文献

(1)申泮文. 近代化学导论(下). 北京:高等教育出版社,2002.

(2)清山哲郎. 金属氧化物及其催化作用. 黄敏明,译. 合肥:中国科学技术大学出版社,1991.

10.6 实验116 过渡金属配离子的解离速率与配位体场稳定化能(LFSE)的研究

一、实验目的

(1)测定某些过渡金属配离子的解离速率常数,并从这些配合物的配位体场稳定化能(LFSE)来解释实验结果。

(2)掌握使用紫外分光光度计追踪动力学过程并求算动力学参数的原理和方法。

二、实验原理

(1)本实验将讨论六配位的过渡金属配离子$(ML_6)^{2+}$,M 是带正电荷的中心金属离子,L 是配位体(中性分子或离子)。实验将用六配位的 Co^{2+},Ni^{2+},Cu^{2+} 配离子与 Hg^{2+} 反应而解离出原来的中心金属离子,并形成新的 Hg^{2+} 配合物离子。实验表明这些配离子的解离速率有明显的差异,我们将根据这些配离子的电子结构和几何构型来解释这种差异。

Co^{2+},Ni^{2+},Cu^{2+} 配离子在本实验中具有$(ML_6L'_2)^{2+}$的形式。这里 L 是 H_2O。L'_2 是双配位的配体 $C_{12}H_8N_2$(o-1,10phenothroline,邻菲罗林),它同时有两个配位键与中心金属离子键合。在配离子进行金属离子取代反应时,反应以 SE-1 型机理进行,属于亲电取代反应:

$$(ML_5L')^{2+} \rightleftharpoons (ML_5)^{2+} + L'$$

$$M'^{2+} + L' \rightleftharpoons (M'L')^{2+}$$

M 和 M′是两种不同的金属离子。

为简单描述本实验所涉及的配离子取代反应，忽略配位水分子并以 Co^{2+} 为例说明整个反应的进程(图 10－1)。

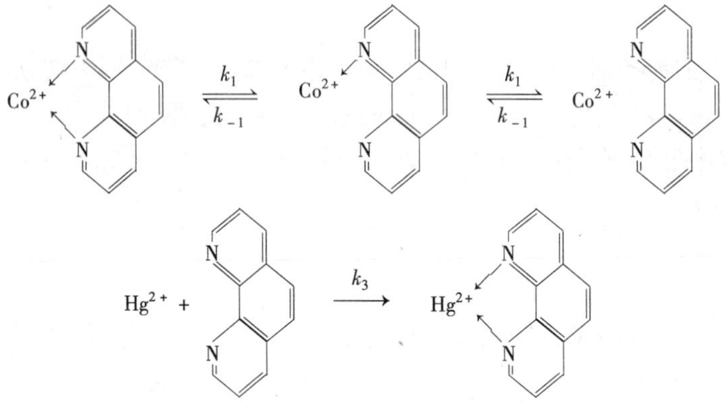

图 10－1　反应机理

这里步骤 3 进行得很快，而步骤 1 进行得最慢，是速率控制步骤。因此，汞配合物生成的速率或钴配合物解离的速率都可以由步骤 1 的速率直接测量而得到。

研究表明，在步骤 1 中初始配合物和产物的稳定性是关联反应动力学数据的两个重要因素。初始配合物的稳定性与中心金属离子的大小、电荷和 d 电子构型有关。一般地，具有较小离子半径和较多电荷的中心金属离子能使配位体键合得更牢固，因而配合物的解离速率就慢。Cu^{2+}，Ni^{2+} 和 Co^{2+} 等离子有相同的电荷量，而它们的离子半径分别为 0.072nm，0.078nm 和 0.082nm。根据上述规则，它们的配合物解离速率应该是 $Cu^{2+} < Ni^{2+} < Co^{2+}$。然而实验得到的次序却是 $Cu^{2+} \gg Ni^{2+} < Co^{2+}$。这样我们就必须进一步考虑 d 电子构型的影响。

这三种离子基态的电子构型为：

$$Co^{2+}:(1s)^2(2s)^2(2p)^6(3s)^2(3p)^6(4s)^0(3d)^7$$

$$Ni^{2+}:(1s)^2(2s)^2(2p)^6(3s)^2(3p)^6(4s)^0(3d)^8$$

$$Cu^{2+}:(1s)^2(2s)^2(2p)^6(3s)^2(3p)^6(4s)^0(3d)^9$$

这些离子满配位以后能形成八面体构型的配合物，如图 10－2 所示。图中金属离子处于坐标系原点，四个单配位的水分子和一个双配位的邻菲罗林在 x,y,z 轴的两端。

孤立的金属离子其 d 轨道在能量上是简并的，但是形成配合物以后，根据配位场理论，将引起金属离子 d 轨道能级的分裂。这种情形的发生是由于金属离子的 d 轨道和配位体电子轨道之间的静电排斥。这种排斥增加了势能。由于五种 d 轨道构型的差异以及配位数的不同，各个 d 轨道能量受到的这种扰动是各不相同的，在八面体配合物中 d 轨道因微扰而分裂成能级较高的 e_g 和能级较低的 t_{2g} 两组轨道，其能量差以 $10D_q$ 表示(如图 10－3 所示)。

若 e_g 轨道未充满，由实验通过配离子的吸收光谱可以得到 $10D_q$ 值，因为把一个 d 电子从 t_{2g} 激发至 e_g 相应地会吸收一个能量为 $10D_q$ 的光子。很显然，$10D_q$ 值取决于金属原子和配位体的性质，不同的配合物 $10D_q$ 值是不同的。

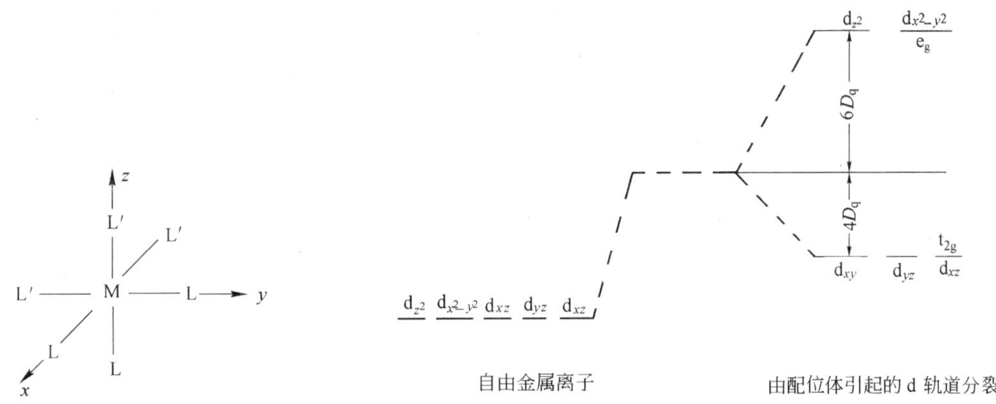

图 10-2 八面体配合物的几何构型

图 10-3 八面体场中金属离子 d 轨道的分裂

根据配位场理论,中心离子的 d 电子因进入分裂的 d 轨道,与 d 轨道不分裂时相比,引起能量降低的总值,称为离子的配位体场稳定化能,用符号 LFES 表示。配合物的相对稳定性取决于电子实际占据图 10-3 中分裂能级的数目。t_{2g}能级每填充一个电子,稳定能增加 $4D_q$, e_g能级每填充一个电子,稳定能减少 $6D_q$。具有 4 个 d 电子的金属原子,其 4 个 d 电子可以占有 3 个 t_{2g}能级和一个 e_g 能级,或者仅占有 3 个 t_{2g}能级,其中一个 t_{2g}级能上填充有一对电子。这种不同的填充方式决定于以下两点:(1)能级分裂值的大小;(2)占据同一轨道的电子排斥能(成对能)的大小。当配位体排斥力很强,$10D_q$ 很大(强场)时,填充 e_g 能级引起的总位能的升高比两个电子占据同一能级引起的位能升高更大,则配合物将采取电子在 t_{2g}能级中成对排列的低自旋方式:如果是弱场,则配合物采取高自旋的填充方式,各电子先独自占据一个能级。这种观点对 d 电子数目为任何值的情形都是适用的,如表 10-1 所示。

对于步骤 1 的反应,仅知道初始八面体配合物的配位场稳定化能还不足以确定反应的活化能,还必须知道步骤 1 的产物$(ML_4L'-L')^{2+}$的配位场稳定化能。用两者之差可以确定活化能的下限。假定上述产物为四方锥体配合物,其 d 轨道配位场的分裂和配合物几何构型如图 10-4 所示,计算获得的 LFSE 值列入表 10-2。

表 10-1 配位体稳定化能(八面体)

d 电子构型	低自旋(或强场)(D_q)	高自旋(或弱场)(D_q)
d^0	0	0
d^1	4	4
d^2	8	8
d^3	12	12
d^4	16	6
d^5	20	0
d^6	24	4
d^7	18	8
d^8	12	12
d^9	6	6
d^{10}	0	0

表 10－2　从八面体(强场)转化为四方锥体配合物的 LFSE 和 LFAE 值

d 电子构型	LFSE(D_q)	LFAE(D_q)
d^0	0	0
d^1	4.57	-0.57
d^2	9.14	-1.14
d^3	10.00	2.00
d^4	14.57	1.43
d^5	19.14	0.86
d^6	20.00	4.00
d^7	19.14	-1.14
d^8	10.00	2.00
d^9	9.14	-3.14
d^{10}	0	0

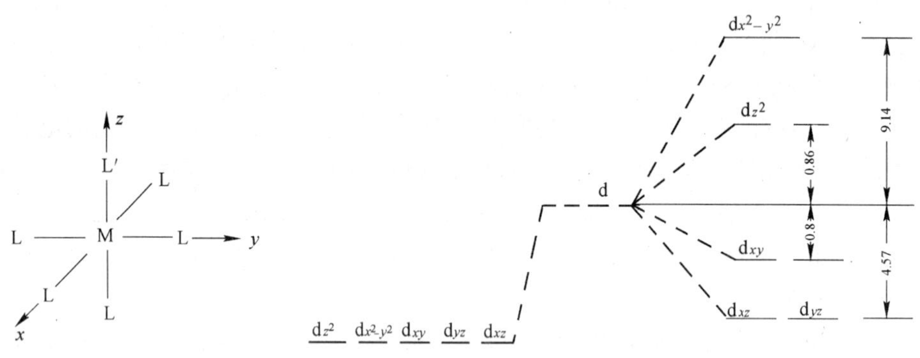

图 10－4　四方锥体配合物的几何构型及 d 轨道在配位体场中的分裂

还可计算出强场和弱场中,正八面体配合物转化为正四方锥体配合物时 LFSE 值的改变,称其为配位体场活化能 LFAE,也列于表 10－2 中。表中负值表示从八面体配合物转化为四方锥体的中间产物时配位体场稳定化能增加,这样反应的活化能小,反应就快。根据这个理论,因为 Co^{2+},Ni^{2+},Cu^{2+} 的构型分别为 d^7,d^8,d^9,所以它们在步骤 1 中的反应速率是不同的,并且也可以解释 Cu^{2+} 配离子解离最快的这种实验现象。

(2)本实验中,过渡金属配合物的解离速率可以从该配合物的光学性质加以计算。解离反应可以表达如下:

$$(ML'_2)^{2+} \xrightarrow{k_1} (ML' - L')^{2+}$$

其反应速率方程式为:

$$-d[(ML'_2)^{2+}]/dt = k[(ML'_2)^{2+}] \tag{10-9}$$

积分得:

$$\ln\frac{[(ML'_2)^{2+}]_{t_0}}{[(ML'_2)^{2+}]_t}=k_1(t-t_0) \tag{10-10}$$

紫外分光光度计提供的光密度 OD 定义为:

$$OD=\lg\frac{I_0}{I}=\sum_i(\varepsilon_i c_i)l \tag{10-11}$$

式中 I_0——入射光强;

I——透过光强;

ε——消光系数;

c——溶液的浓度;

l——液层厚度。

为了用溶液的光密度性质代替动力学方程(10-10)中的浓度项,必须细致分析溶液各组分对光密度的贡献以及各组分在化学反应中的计量关系。

在实验中,紫外区的吸收主要与配位体的电子结构有关。当配位体与金属离子配合后,不同的金属离子对配位体的电子能级产生微扰,使吸收谱线出现不同的位移。实验选择的条件是使自由配位体的浓度与配离子的浓度非常小,因而光密度可以简单地由两种组分$(ML'_2)^{2+}$和$(HgL'_2)^{2+}$的浓度所决定,M 代表 Co,Ni 或 Cu。由化学计量系数得知,这两种浓度有如下关系:

$$[(HgL'_2)^{2+}]_t=[(ML'_2)^{2+}]_{t_0}-[(ML'_2)^{2+}]_t \tag{10-12}$$

t 代表反应时间,代入方程(10-11)得:

$$(OD)_t=l\{\varepsilon_1[(ML'_2)^{2+}]_t+\varepsilon_2[(ML'_2)^{2+}]_{t_0}-\varepsilon_2[(ML'_2)^{2+}]_t\} \tag{10-13}$$

假设反应在 $t\to\infty$ 时完成,式(10-12)成为:

$$[(HgL'_2)^{2+}]_\infty=[(ML'_2)^{2+}]_{t_0} \tag{10-14}$$

代入式(10-13),得到:

$$(OD)_\infty=l\varepsilon_2[(ML'_2)^{2+}]_{t_0} \tag{10-15}$$

由式(10-13)、式(10-14)和式(10-10)可以导出:

$$[(ML'_2)^{2+}]_t=[(OD)_t-(OD)_\infty]/(\varepsilon_1-\varepsilon_2)l \tag{10-16}$$

$$\lg\frac{(OD)_{t_0}-(OD)_\infty}{(OD)_t-(OD)_\infty}=\frac{k_1(t-t_0)}{2.303} \tag{10-17}$$

利用式(10-17),测得溶液在三个不同时刻的光密度变化即可求出速率常数 k_1。然而由于$(OD)_{t_0}$无法准确测得,采用式(10-17)的微分形式:

$$k_1=-d\{\lg[(OD)_t-(OD)_\infty]\}/dt\times 2.303$$

以 $\lg[(OD)_t-(OD)_\infty]$对时间 t 线性回归或作图,其斜率除以 -2.303 即为 k_1 值。

在紫外区测定配离子的动力学变化时,可以选择的波长很多。选择波长时应注意满足 $\varepsilon_1\neq\varepsilon_2$,否则上述公式不能应用。而且应使$|\varepsilon_1-\varepsilon_2|$较大,以取得较好的测量灵敏度。

实验必须使反应在扩散控制以外的范围进行,否则 OD 的变化不能反映反应进行的速率,为此要求迅速地将两种反应液用注射针同时注入石英比色皿,以消除扩散。

三、仪器试剂

(1)仪器:751 紫外可见分光光度计 1 台;石英比色皿 4 个;双针停表 1 块;2mL 注射针筒 8

支;可编程计算器(或计算机,处理数据用)。

(2)试剂:$Co(NO_3)_2$,$Cu(NO_3)_2$,$Hg(NO_3)_2$,邻菲罗林,均为分析纯(AR)。

四、实验步骤

(1)在天平上依次准确称取(称准至0.0001g)上述$Co(NO_3)_2$、$Cu(NO_3)_2$、$Hg(NO_3)_2$和邻菲罗林于500mL容量瓶中,稀释至刻度,分别配制成$2\times10^{-3}mol\cdot L^{-1}$ $Co(NO_3)_2$水溶液、$2\times10^{-3}mol\cdot L^{-1}$ $Cu(NO_3)_2$水溶液、$2\times10^{-2}mol\cdot L^{-1}$ $Hg(NO_3)_2$水溶液、$2\times10^{-4}mol\cdot L^{-1}$邻菲罗林水溶液,放置待用(预习实验时完成)。

(2)启动751紫外可见分光光度计,预热氢灯和各组件20min。有关分光光度计操作方法参阅附录Ⅱ.12。

(3)作配合物、配位体及$Hg(NO_3)_2$溶液的紫外谱图。

首先稀释已配制好的原始溶液($25mLH_2O+10mL$原始溶液),写好标签,放置备用。然后作下述溶液的谱图。

CoL_2:混合2mLCo^{2+}稀释溶液和2mL配位体稀释溶液。5min后注入石英比色皿,从360nm到220nm,每间隔10nm读一次数,并作记录。

CuL_2,HgL_2:分别混合2mLCu^{2+}及Hg^{2+}稀释溶液和2mL配位体稀释溶液,其他操作同前。

Hg^{2+}溶液及配体溶液:分别将2mLHg^{2+}及2mL配位体的稀释溶液与2mLH_2O混合于比色皿,重复前项操作。

(4)在方格纸上画出上述五条吸光度—波长谱图,找出Co^{2+},Cu^{2+}与配体反应的灵敏波长。每个反应选两个灵敏波长。

(5)配合物解离常数测定(注意用原始溶液测定):

①配制反应物。取10mL $2\times10^{-3}moL\cdot L^{-1}$ $Cu(NO_3)_2$溶液于小广口瓶中,再加入10mL $2\times10^{-4}moL\cdot L^{-1}$的配位体溶液,摇动,放置,待反应完全。取20mL $2\times10^{-2}moL\cdot L^{-1}$ $Hg(NO_3)_2$于另一广口瓶中。

②制备参比溶液。取2mL反应物$(CuL'_2)^{2+}$与2mL Hg^{2+}于比色皿中,放置,反应完后即为参比溶液。

③Co反应物及参比溶液的配制与①、②项操作相同。只需将$Cu(NO_3)_2$溶液换成$Co(NO_3)_2$溶液。

④调至所选取的灵敏波长,将参比溶液注入比色皿,调好零点,检查好停表。

⑤将一支空比色皿放入光路中,同时迅速地将两种反应溶液各2mL以同样的速度注入比色皿。盖好盖,在选定好的波长下追踪动力学过程,记录下不同时刻的光密度值。待光密度不再变化时,记录下终点光密度值。

⑥实验要求:每个反应选两个灵敏波长进行实验,每一波长下的数据用计算器(或计算机)编程拟合,相关系数应达0.990~0.999。每一反应两个波长拟合得出的反应半衰期相差不超过1s。

五、操作注意事项

(1)测定解离速率常数时,两种反应液的加入要迅速、同速,以消除扩散因素的影响。

(2) $Hg(NO_3)_2$ 为剧毒物质，使用完的反应液要倒入规定的容器内，实验后要认真洗手。

(3)仪器打开光电管闸门后，切勿打开样品室盖，以保护好光电管。

(4)仪器使用完后，要洗净比色皿，并将狭缝调至0.01mm。校正开关、暗电流开关等一律复原。

(5)谱图测定时用蒸馏水作参比。

六、数据处理

(1)记录下各种配合物溶液的浓度、参比物、狭缝宽度及每组溶液测试的波长和对应的光密度值。用以上数据将各种配合物的紫外谱图绘制在同一张纸上，列出 Cu^{2+}，Co^{2+} 在交换反应中的灵敏波长及每种配合物的 λ_{max}。

(2)记录下各反应体系名称、选取的最佳测试波长、室温、参比溶液、参比光密度、狭缝宽度等数据。在进行反应动力学追踪时，列出时间、光密度及 $[(OD)_t-(OD)_\infty]$ 表格，用计算器处理数据。列出计算所得 $r,k,t_{1/2}$。

(3)以 $\lg[(OD)_t-(OD)_\infty]$ 对 t 在坐标纸上作图，求出 k 及 $t_{1/2}$。

七、思考题

(1)作动力学追踪时，参比溶液的光密度值定为多少？为什么？

(2)为什么在反应溶液中配位体的浓度比金属离子的浓度要小许多？

(3)波长选择的原则是什么？当 $\varepsilon_1>\varepsilon_2$ 或 $\varepsilon_1<\varepsilon_2$ 时数据处理方法有什么不同？

(4)为什么要采用双针注射的进样方式？

(5) $Hg(NO_3)_2$ 溶液与配位体溶液的谱图有何用处？为什么动力学追踪与选波长时要用两种不同浓度的溶液？

(6)你对提高实验的准确度和精度有何见解？

(7)试用配位体场理论来解释 Cu^{2+} 的配合物比 Co^{2+} 的配合物反应要快，为什么？

八、参考文献

(1) 郭自敏，周月芬. 经验交流. 化学通报，1985，1.

(2) 清华大学物化教研室. 物理化学实验. 北京：清华大学出版社，1990.

10.7 实验117 可见、紫外吸收光谱法研究溶液中的化学反应

一、实验目的

(1)用可见、紫外分光光度法测定碘与三乙胺反应的标准平衡常数 $K^\ominus$ 及吉布斯自由能变化 $\Delta_r G_m^\ominus$。

(2)测定碘—正庚烷溶液的吸收光谱，求算碘的跃迁矩及振子强度。

(3)掌握751可见、紫外分光光度计的基本测量原理及使用方法。

二、实验原理

分子内的电子能量是量子化的，量子化的电子能量状态叫作电子能级。分子内的各个电子依次从最低能级配置到高能级。若电子状态为整个分子的最低能级，叫作基态。电子从基态跃迁到能量高的、空的能位，这种电子移动叫作电子跃迁。伴随着电子跃迁，分子吸收频率 $\nu = \Delta E/h$ 的光（ΔE 为两个能级的能量差，h 为普朗克常数）。基于电子跃迁而产生的吸收光谱，通常出现在可见和紫外区。因此，如果在这个区域内测定吸收光谱，可以了解分子内的电子状态。

原子和分子中情况一样，也会发生电子跃迁，由此而产生的吸收光谱，一般具有非常狭窄的宽度，即所谓线光谱。在分子中，由于各个不同的电子能级里还附属了该分子中固有的振动能级和转动能级，所以伴随着一个电子的跃迁，在具有不同振动量子数和转动量子数的能级间，会产生很多的跃迁，因此分子吸收光谱一般具有很宽的吸收带。

假设分子中两个电子状态的波函数为 ψ_1, ψ_2，分子吸收光后，从 ψ_1 的状态跃迁到 ψ_2 的状态的几率，根据量子力学的计算用式（10－18）表示：

$$P_{12} = \frac{8\pi^3}{3h^2}\mu_{12}^2\rho \tag{10-18}$$

$$\mu_{12} = \int \psi_1 \sum_i eP_i \psi_2 \mathrm{d}\tau \tag{10-19}$$

式中　ρ——辐射密度，表示单位体积内电磁波能量的大小，与光强成正比；

μ_{12}——跃迁矩；

P_i——电子 i 的位置矢量；

$\mathrm{d}\tau$——体积元。

振子强度 f 定义为：

$$f = \frac{8\pi^2 m_e \sigma_{max} c\mu_{12}^2}{3he^2} \tag{10-20}$$

式中　σ_{max}——最大的吸收波数；

m_e——电子的静止质量；

c——真空光速；

h——普朗克常数；

e——基本电荷。

当光强为 I_0 的单色光进入浓度为 C 的溶液，通过厚度为 l 的液层，光强减弱到 I。为了表示溶液对某波长光的吸收程度，定义以下各量：

透光率 T：$T = I/I_0$

吸收率 A：$A = 1 - T$

光密度 D：$D = \lg(I_0/I) = -\lg T$

摩尔消光系数 ε：$\varepsilon = \lg(I_0/I)/(Cl)$

测定某物质的吸收光谱，用消光系数 ε 对波数 σ 作图，可求出积分强度 S：

$$S = \int \varepsilon \mathrm{d}\sigma \tag{10-21}$$

利用在线光谱情况下,积分强度 S 与跃迁几率成正比,可推导出另一种积分强度的表达式:

$$S = \frac{10^3}{\ln 10} \cdot \frac{N_A}{c} \cdot \frac{8\pi^3}{3h} \sigma_{max} \mu_{12}^2 = 108.91 \sigma_{max} \mu_{12}^2 \tag{10-22}$$

式中 N_A——阿伏加德罗常数。

式(10-22)中所有物理量用 cgs 制单位代入时所计算得到的跃迁矩 μ_{12} 的单位为德拜,化为相应的国际单位制(C·m),1 德拜(Debye)$=3.33\times10^{-30}$ C·m。

两种分子结合生成分子间化合物后,往往在可见、紫外区有新的特有的吸收带。例如碘的正庚烷溶液,在 520nm 附近有吸收带;加三乙胺后,此吸收带的强度显著减弱了,而在 280nm[见图 10-5(a)]和 410nm[见图 10-5(b)]附近出现了两个极强的吸收带。其中,410nm 的吸收带是由分子间化合物中的碘所产生,而 280nm 是新的吸收带。由图 10-5(b)还可清楚地看到:不同三乙胺浓度的样品的吸收光谱全部交于 480nm 附近的一点,该点被称为等吸收点。表明在该波长下,碘与分子间化合物的摩尔消光系数相等。

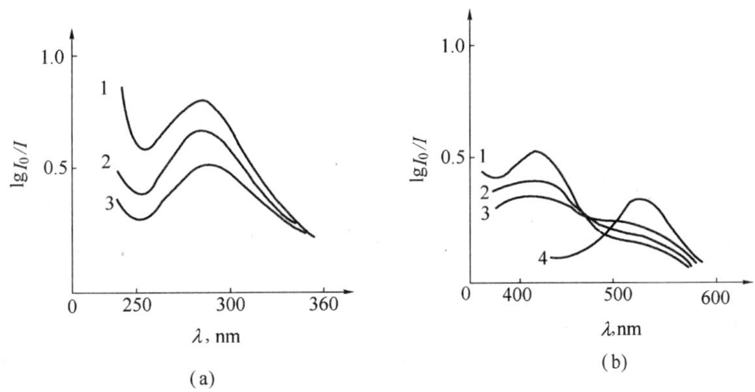

图 10-5 不同浓度的 I_2—三乙胺溶液的紫外(a)和可见(b)区吸收光谱

曲线 1,2,3—三乙胺浓度依次递减;曲线 4—I_2 溶液

碘与三乙胺之间形成分子间化合物的过程中,三乙胺为电子供给体(D),碘是电子受体(A)。它们之间存在着化学平衡:

$$A + D \rightleftharpoons A \cdot D \tag{10-23}$$

在温度 T 时,反应平衡常数 $K^\ominus$ 为:

$$K^\ominus = \frac{C_{AD}}{(C_A - C_{AD})(C_D - C_{AD})} \cdot C^\ominus \tag{10-24}$$

式中 C_A, C_D——A 和 D 在初始时物质的量浓度;

C_{AD}——分子间化合物在平衡时物质的量浓度;

$C^\ominus$——物质的量浓度单位,mol·L^{-1}。

式(10-24)中,理应采用各组分的活度,但考虑是稀溶液,可用浓度代替。

若配制的溶液是 $C_A \ll C_D$,则式(10-24)可改写为:

$$K^\ominus = \frac{C_{AD}}{(C_A - C_{AD})C_D} \cdot C^\ominus \tag{10-25}$$

又
$$C_{AD}/C^{\ominus} = \frac{\lg(I_0/I)}{\varepsilon_{AD}l/[l]} \tag{10-26}$$

将式(10－26)代入式(10－25),整理得:

$$\frac{(l/[l])(C_A/C^{\ominus})}{\lg(I_0/I)} = \frac{1}{\varepsilon_{AD}K^{\ominus}} \cdot \frac{C^{\ominus}}{C_D} + \frac{1}{\varepsilon_{AD}} \tag{10-27}$$

若将 $lC_A/\lg(I_0/I)$ 对 $1/C_D$(此处为简略形式表达,下同)作图,得一直线,由直线的斜率和截距可求得 ε_{AD} 和 $K^{\ominus}$。

本实验是在270nm,280nm,290nm,320nm 波长下,分别测定6个三乙胺浓度不同的反应溶液的光密度 D,由此可计算得到 $lC_A/\lg(I_0/I)$,再对 $1/C_D$ 作图,求得4个不同波长下的平衡常数 $K^{\ominus}$,取其平均值。

用碘的摩尔消光系数 ε 对波数 σ 作图,在520nm 吸收带处求其积分强度 S,用式(10－20)和式(10－22)计算出振子强度 f 和跃迁矩 μ_{12}。

三、仪器试剂

(1)仪器:751可见、紫外分光光度计1台;比色皿(1cm 石英皿4个、3cm 玻璃皿4个);容量瓶(50mL 6个、100mL 和150mL 各1个);移液管(25mL 6支、20mL 7支,50mL 1支);磨口锥形瓶(100mL 6个)。

(2)试剂:分析纯 I_2;正庚烷;三乙胺。

四、实验步骤

(一)配制溶液

(1)精确配制浓度为 8×10^{-5}mol·L^{-1}的碘的正庚烷原液150mL。

(2)精确配制浓度为 24×10^{-3}mol·L^{-1}的三乙胺的正庚烷原液100mL。

(3)用稀释原液的方法,分别配制三乙胺浓度为原液的1/2,1/4,1/8,1/16,1/32,1/64的各种三乙胺的正庚烷溶液各50mL。

(二)配制反应溶液

在6个洗净干燥的磨口锥形瓶中,分别加入20mL I_2 的正庚烷原液,然后将6种不同浓度的三乙胺—正庚烷溶液各移取20mL,分别加入上述6个锥形瓶中进行反应。

(三)分别测定6个反应液在不同波长下的光密度 D

(1)开启751分光光度计(实验前必须预习本书附录中有关分光光度计的说明)。

(2)洗净晾干4个1cm 的石英比色皿。在其中之一装入正庚烷,其余3个比色皿中装入3种反应液,然后在240～360nm 波长段,每隔10nm 测定光密度 D。

(3)选用4个3cm 的玻璃比色皿,在360～600nm 波长段每隔20nm 测定各反应液的光密度 D。

(4)用正庚烷将 I_2 的正庚烷原液稀释一倍,用3cm 玻璃比色皿在360～700nm 处,每隔20nm 测定光密度 D。

五、关键操作及注意事项

(1)I_2－正庚烷溶液很稀,一定要精确配制,而且在确认晶体碘已全部溶解于正庚烷中之后才能使用。注意其溶解速率比较慢。

(2)反应液配制好后,最好放在黑暗处,以防在光的作用下发生其他反应。

(3)比色皿一定要认真清洗,禁止用手触摸光面玻璃。加入溶液时要细心,以防溶液溢出沾污光面玻璃。

六、数据处理

(1)分别作出6个反应溶液的吸收光谱图(见图10-5)。

(2)在270nm,280nm,290nm,320nm波长下,分别计算出6个反应溶液的$lC_A/\lg(I_0/I)$值,并对$1/C_D$作图,得4条直线,从直线的斜率和截距,得到4个$K^{\ominus}$值,取其平均值,即为反应温度下的平衡常数$K^{\ominus}$。

(3)用I_2的摩尔消光系数ε_A对波数$\sigma=1/\lambda$作图。根据式(10-21)求出积分强度S,用式(10-22)求出跃迁矩μ_{12},用式(10-20)算出振子强度f。

七、思考题

(1)使用分光光度法研究溶液中化学反应有哪些优点?需要具备哪些条件?

(2)试分析讨论引起本实验误差的主要因素。

八、教学讨论

(1)本实验是用紫外分光光度法研究溶液中的化学反应平衡问题。与此相关的研究工作报道甚多,说明该种研究方法的重要性。这是因为利用物质对辐射选择性吸收的分光光度法,在特定的条件下,比传统的化学法、电动势法等研究化学平衡更为简便。下面简单介绍几种常用的化学反应平衡实验方法:

①化学法。化学法的基本原理是,当化学反应达到平衡后,用化学分析的方法对平衡系统的各组分进行分析,然后求出化学反应的表观平衡常数。使用该种方法必须事先选择好合适的分析手段,确保取出的分析样品在离开平衡系统后不再继续发生反应,也就是说要采取"冻结"反应的措施。

②电动势法。化学反应平衡也可以通过测定电池的电动势来研究。根据热力学公式:

$$\Delta G_T^{\ominus} = -RT\ln K^{\ominus}$$

$$\Delta G_T^{\ominus} = -nFE^{\ominus}$$

所以

$$nFE^{\ominus} = RT\ln K^{\ominus}$$

因此,只要测得$E^{\ominus}$,就可计算出化学平衡常数$K^{\ominus}$。是否能应用电动势法研究化学平衡问题,关键是能不能将待研究的化学反应设计成相应的原电池。

(2)在设计用分光光度法测定溶液中化学反应平衡的实验方案中,溶剂的选择和显色剂的选择尤为重要。

①溶剂的选择。选择合适的溶剂将各种样品转变为一定浓度的溶液。在本实验中选用正庚烷作为碘(固)和三乙胺的溶剂。一般选择溶剂的原则是:对试样有良好的溶解能力;在测定波段,溶剂本身没有明显的吸收;被测组分在该溶剂中具有良好的吸收峰;溶剂挥发性小,价

格便宜等。

②显色剂的选择。为了在可见、紫外区进行分光光度测定,通常将被测组分转变为有色化合物。为了使分析的灵敏度高和选择性好,就必须选择合适的显色剂。常用的显色剂大多数是配位剂。本实验中由于碘本身具有颜色,所以不必再选用显色剂。

(3)由于分光光度法是建立在物质对辐射的选择性吸收的基础上,而基于电子跃迁产生的吸收光谱,通常出现在可见、紫外区,因此通过在可见、紫外区测定吸收光谱,可以得到物质内部的一些微观结构的信息。

九、参考文献

(1) [日]千原秀昭. 基础物理化学实验. 东京:化学同人,1979.

(2) [日]鲛岛美三郎. 物理化学实验法(新版). 东京:裳华房发行,1980.

(3) 清华大学物化教研室. 物理化学实验. 北京:清华大学出版社,1990.

10.8　实验 118　B – Z 振荡反应

一、实验目的

(1)了解 B – Z 振荡反应的机理。

(2)测定振荡反应的表观活化能。

二、实验原理

所谓化学振荡就是反应系统中某些物理量(如组分的浓度)随时间作周期性的变化。1958 年,Belousov 首次报道在以金属铈离子作催化剂的条件下,柠檬酸被溴酸氧化的均相系统可呈现这种化学振荡现象。随后,Zhabotinsky 继续了该反应的研究。到目前为止,人们发现了一大批可呈现化学振荡现象的含溴酸盐的反应系统。例如,除了柠檬酸以外,还有许多有机酸(如丙二酸、苹果酸、丁酮二酸等)的溴酸氧化反应系统能出现振荡现象,而且所用的催化剂也不限于金属铈离子,铁和锰等金属离子可起同样的作用。后来,人们笼统地称这类反应为 B – Z 反应。目前,B – Z 反应是最引人注目的实验研究和理论分析的对象之一。该系统相对来说比较简单,其振荡现象易从实验中观察到。由实验测得的 B – Z 体系典型铈离子和溴离子浓度的振荡曲线如图 10 – 6 所示。

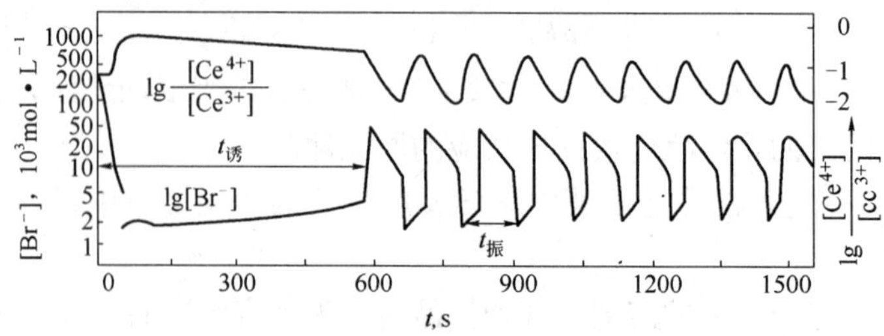

图 10 – 6　B – Z 反应中的浓度振荡

$t_{诱}$—诱导期(从反应开始到出现振荡的时间);$t_{振}$—振荡周期

关于B－Z反应的机理，已做了大量的研究，并取得了一些结果。目前为人们普遍接受的是由Field，Körös和Noyes提出的关于在硫酸介质中以金属铈离子作催化剂的条件下，丙二酸被溴酸氧化的机理，简称为FKN机理。其主要的反应步骤及各步骤的速率或速率系数归纳如表10－3所示。

表10－3 FKN机理

序号	机理步骤	速率或速率常数
(1)	$HOBr + Br^- + H^+ \underset{k_{-1}}{\overset{k_1}{\rightleftharpoons}} Br_2 + H_2O$	$k_1 = 8\times10^9 mol^{-2}\cdot L^2\cdot s^{-1}$ $k_{-1} = 110 s^{-1}$
(2)	$HBrO_2 + Br^- + H^+ \xrightarrow{k_2} 2HOBr$	$k_2 = 2\times10^9 mol^{-2}\cdot L^2\cdot s^{-1}$
(3)	$BrO_3^- + Br^- + 2H^+ \xrightarrow{k_3} HBrO_2 + HOBr$	$k_3 = 2.1 mol^{-3}\cdot L^3\cdot s^{-1}$
(4)	$2HBrO_2 \xrightarrow{k_4} BrO_3^- + HOBr + H^+$	$k_4 = 4\times10^7 mol^{-1}\cdot L\cdot s^{-1}$
(5)	$BrO_3^- + HBrO_2 + H^+ \underset{k_{-5}}{\overset{k_5}{\rightleftharpoons}} 2BrO_2 + H_2O$	$k_5 = 1.0\times10^4 mol^{-2}\cdot L^2\cdot s^{-1}$ $k_{-5} = 2\times10^7 mol^{-1}\cdot L\cdot s^{-1}$
(6)	$BrO_2 + Ce^{2+} + H^+ \overset{k_6}{\rightleftharpoons} HBrO_2 + Ce^{4+}$	快速
(7)	$Br_2 + MA \xrightarrow{k_7} BrMA + Br^- + H^+$	$k_7 = 1.3\times10^{-2}[H^+][MA]$
(8)	$6Ce^{4+} + MA + 2H_2O \xrightarrow{k_8} 6Ce^{3+} + HCOOH + 2CO_2 + 6H^+$	$k_8 = \dfrac{8.8\times10^{-2}[Ce^{4+}][MA]}{0.53+[MA]}$
(9)	$4Ce^{4+} + BrMA + 2H_2O \xrightarrow{k_9} 4Ce^{3+} + Br^- + HCOOH + 2CO_2 + 5H^+$	$k_9 = \dfrac{1.7\times10^{-2}[Ce^{4+}][BrMA]}{0.20+[BrMA]}$
(10)	$Br_2 + HCOOH \xrightarrow{k_{10}} 2Br^- + CO_2 + 2H^+$	$k_{10} = \dfrac{7.5\times10^{-3}[Br_2][HCOOH]}{[H^+]}$

注：k_i 代表第 i 个反应步骤的速率，MA和BrMA分别为 $CH_2(COOH)_2$ 和 $BrCH(COOH)_2$ 的缩写。

按照FKN机理，可对化学振荡现象解释如下：

当$[Br^-]$较大时，反应主要按表中的(1)、(2)、(3)进行，总反应为：

$$BrO_3^- + 5Br^- + 6H^+ \longrightarrow 3Br_2 + 3H_2O \qquad (10-28)$$

生成的Br_2按步骤(7)消耗掉。步骤(1)、(2)、(3)、(7)组成了一条反应链，称为过程A，其总反应为：

$$BrO_3^- + 2Br^- + 3CH_2(COOH)_2 + 3H^+ \longrightarrow 3BrCH(COOH)_2 + 3H_2O \qquad (10-29)$$

当$[Br^-]$较小时，反应按步骤(5)和(6)进行，总反应为：

$$2Ce^{3+} + BrO_3^- + HBrO_2 + 3H^+ \longrightarrow 2Ce^{4+} + 2HBrO_2 + H_2O \qquad (10-30)$$

步骤(5)为该反应的速率控制步骤[(5)的逆反应速率可忽略]，这样有：

$$k_{13} = \frac{d[HBrO_2]}{dt} = k_5[BrO_3^-][HBrO_2][H^+] \qquad (10-31)$$

式(10－31)表明$HBrO_2$的生成具有自催化的特点，但$HBrO_2$的增长要受到步骤(4)的限制。步骤(4)、(5)、(6)组成了另一个反应链，称为过程B。其总反应为：

$$BrO_3^- + 4Ce^{3+} + 5H^+ \longrightarrow HOBr + 4Ce^{4+} + 2H_2O \qquad (10-32)$$

最后 Br^- 可通过步骤(9)和(10)而获得再生，这一过程叫作 C。总反应为：

$$HOBr + 4Ce^{4+} + BrCH(COOH)_2 + H_2O \longrightarrow 2Br^- + 4Ce^{3+} + 3CO_2 + 6H^+ \quad (10-33)$$

过程 A，B，C 合起来组成了反应系统中的一个振荡周期。

当 $[Br^-]$ 足够大时，$HBrO_2$ 按 A 中的步骤(2)消耗。随着 $[Br^-]$ 的降低，B 中的步骤(5)对 $HBrO_2$ 的竞争越来越重要。当 $[Br^-]$ 达到某个临界值 $[\widetilde{Br^-}]$ 时，自催化步骤(5)引起的 $HBrO_2$ 的生成速率正好等于过程 A 中由步骤(2)引起的 $HBrO_2$ 的消耗速率，即：

$$\frac{d[HBrO_2]}{dt} = k_5[BrO_3^-][H^+][HBrO_2] - k_2[\widetilde{Br}][HBrO_2][H^+] = 0 \quad (10-34)$$

由式(10－34)易得：

$$[\widetilde{Br^-}] = \frac{k_5}{k_2}[BrO_3^-] \quad (10-35)$$

若已知实验的初始浓度 $[BrO_3^-]$，由式(10－35)可估算 $[\widetilde{Br^-}]$。

当 $[Br^-] < [\widetilde{Br^-}]$ 时，$[HBrO_2]$ 通过自催化反应[式(10－30)]很快增加，导致 $[Br^-]$ 通过反应步骤(2)而迅速下降。于是系统的主要过程从 A 转换到 B。B 中产生的 Ce^{4+} 通过过程 C 使 Br^- 再生，$[Br^-]$ 慢慢回升，当 $[Br^-] > [\widetilde{Br^-}]$ 时，体系中 $HBrO_2$ 的自催化生成受到抑制，系统又从 B 转换到 A，从而完成一个循环。

从上述的分析可以看出，系统中 $[Br^-]$、$[HBrO_2]$ 和 $[Ce^{4+}]/[Ce^{3+}]$ 都随时间作周期性地变化。在实验中可以用溴离子选择电极和铂丝电极分别测定 $[Br^-]$ 和 $[Ce^{4+}]/[Ce^{3+}]$ 随时间变化的曲线。另外，如果用 $1/t_{诱}$ 和 $1/t_{振}$ 分别衡量诱导期和振荡期间反应速率的快慢，那么通过测定不同温度下的 $t_{诱}$ 和 $t_{振}$ 可估算表观活化能 $E_{诱}$ 和 $E_{振}$。

三、仪器试剂

(1)仪器：自动平衡记录仪 1 台；超级恒温槽 1 台；反应器 2 个；电磁搅拌器 1 台；秒表 1 只；铂丝电极、饱和甘汞电极及溴离子选择电极各 1 支；1/10 温度计(0～50℃)1 支。

(2)试剂：丙二酸；溴酸钾；硝酸铈铵；硫酸(均分析纯)。

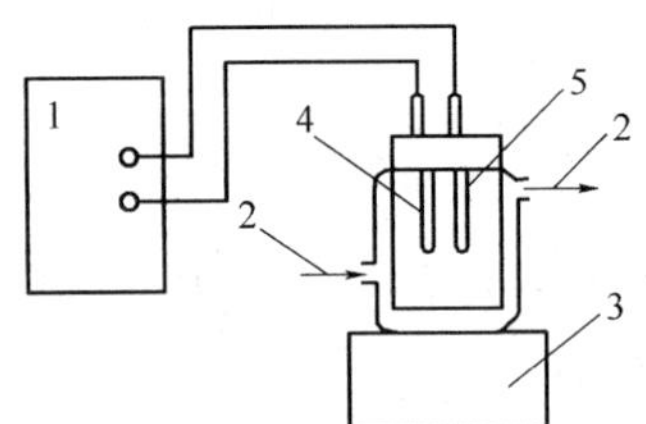

图 10－7　B－Z 反应实验装置图
1—自动平衡记录仪；2—恒温水；3—电磁搅拌器；4—甘汞电极；5—铂丝电极或溴离子选择电极

四、实验步骤

(1)分别配制 1.0mol · L^{-1}丙二酸、0.20mol · L^{-1}溴酸钾、0.04mol · L^{-1}硝酸铈铵及 0.8mol · L^{-1}硫酸溶液。

(2)按装置图 10－7 接好线路。

(3)分别取 10mL 丙二酸、15mL 溴酸钾、15mL 硫酸溶液于反应器中，开动搅拌器。打开记录仪，待基线走稳后，加入 2mL 硝酸铈铵溶液。记录溴离子选择电极和铂丝电极的电位变化曲线，并观察溶液颜色的变化。

(4)调节恒温槽温度为 25℃。分别取 7mL 丙二酸、15mL 溴酸钾、18mL 硫酸溶液于另一反应器中，开动搅拌器。打开记录仪，待基线走稳后，加入 2mL 硝酸铈铵溶液，记录下诱导期 $t_{诱}$ 和振荡周期 $t_{振}$。

(5)升高温度约 2℃，重复步骤(4)，直到温度为 35℃。

五、关键操作及注意事项

(1)各个组分的混合顺序对体系的振荡行为有影响。建议在丙二酸、溴酸钾、硫酸混合均匀后，且当记录仪的基线走稳后，再加入硝酸铈铵溶液。

(2)反应温度可明显地改变诱导期和振荡周期，故应严格控制温度恒定。

六、数据处理

(1)根据电位振荡曲线分析体系中[Br^-]和[Ce^{4+}]的变化规律，并由此说明溶液的颜色变化。

(2)分别作 $\ln(s/t_{诱})$—$1/T$ 和 $\ln(s/t_{振})$—$1/T$ 图，由直线的斜率求出表观活化能 $E_{诱}$ 和 $E_{振}$。

七、思考题

(1)已知卤素离子(Cl^-，Br^-，I^-)都很易和 $HBrO_2$ 反应，如果在振荡反应的开始或中间加入这些离子，将会出现什么现象？试用 FKN 机理加以分析。

(2)体系中什么样的反应步骤对振荡行为最为关键？

八、教学讨论

(1)本实验系统的颜色在黄色和无色之间振荡，如果再加入适量的 $FeSO_4$ 和邻菲咯林溶液，那么溶液的颜色会在蓝色和红色之间振荡。

下面再介绍一个在实验室中容易做的振荡实验。

分别在 3 个容量瓶中配制如下 3 种溶液：

①0.14mol·L^{-1}的 KIO_3 溶液。

②0.15mol·L^{-1}丙二酸＋0.024mol·$L^{-1}$$MnSO_4$＋约 2g·$L^{-1}$的淀粉。

③3.2mol·$L^{-1}$$H_2O_2$＋0.17mol·$L^{-1}$$HClO_4$。

将上述三种溶液等体积混合，过一会儿后，溶液会在深黄、蓝色和无色之间振荡。

(2)化学振荡现象的研究是目前非平衡非线性化学动力学研究的一个非常活跃的方向。在实验上，除了前面介绍过的振荡反应系统外，还发现了许多可呈现化学振荡现象的系统，如过氧化氢催化分解振荡反应系统和一系列包含亚氯酸盐的振荡反应系统等。另外，人们还发现了生命系统中存在的从分子、细胞到机体、群体的不同水平上的时间振荡现象，如新陈代谢过程中的糖耗解振荡现象等。

对于化学振荡现象，人们不仅做了大量的实验研究，同时也进行了理论模拟，提出了不少理论模型。例如李如生提出的一个双分子反应模型，说明即使在一个简单的反应体系中也有可能出现化学振荡现象。

九、参考文献

(1) Orban M et al. J. Am. Chem. Soc. ,104,5911,1982.

(2) Ru Sheng Li. J. Chem. Soc. ,Faraday Trans. 2,1988,84(6).

(3) 清华大学物化教研室. 物理化学实验. 北京:清华大学出版社,1990.

10.9 实验 119 磷化液的制备及钢铁表面的磷化

一、实验目的

(1)了解磷化的原理及实用意义。

(2)学习磷化液的制备、检测及磷化处理。

(3)通过本实验,熟悉配方型化学品的研制,并会查阅有关国家标准,用国家标准检测产品。

二、实验原理

钢铁制件及设备往往须在涂漆前进行表面处理,其目的在于其增强油漆在钢铁表面的附着力,提高金属的防蚀能力,同时也可改善涂层的装饰性效果。采用化学反应使金属表面形成一层化学转化膜,是常用的表面处理方法。磷化处理是其中最主要的一种。

磷化是用磷酸及其盐的水溶液处理钢铁制件表面,在其表面获得一层磷酸盐覆盖层(磷化膜)的过程。磷化膜生长在清洁的钢铁表面上,并含一定的孔隙,故能提高涂层的附着力。磷化膜本身具有一定的防锈能力,因而可用于工序间防锈;配合油漆涂装后,可大大提高涂层的防锈能力。自行车、摩托车、汽车外壳及防盗门等涂漆前,均须磷化处理。此外,磷化膜还可作为钢材冷加工的润滑层。

磷化膜的形成机理比较复杂,一般可分为两类。一类是金属表面自身转化的磷酸盐膜,其组成为 $FePO_4$ 及 Fe_2O_3。这类磷化液主要含碱金属的磷酸盐、多聚磷酸盐等。其配方往往以每升磷化液中含组分的质量(单位为 g)表示,如一种转化型磷化液的组成及工作条件如下。

组成(单位为 $g \cdot L^{-1}$):草酸 5,磷酸 10,草酸钠 4,磷酸二氢钠 10;浸泡温度 20℃;浸泡时间 5min。

这类磷化液的成膜机理可简要描述如下。金属裸露部位(阳极)的电化学反应为:

$$Fe \longrightarrow Fe^{2+} + 2e^-$$

$$Fe^{2+} + PO_4^{3-} \longrightarrow FePO_4 + e^-$$

在形成金属氧化物 Fe_xO_y 的部位(阴极),氢离子接受来自阳极的电子而成氢气。因而处理表面往往有气泡产生。但因氢气的生成会产生较高的超电势而使磷化难于继续进行,故在配方中往往加入促进剂(氧化剂)如 $NaNO_3$,$NaClO_3$ 等,以便降低超电势。阴极反应可表示为:

$$2H^+ + 2e^- \longrightarrow H_2 \xrightarrow{[O]} H_2O$$

总反应可表示为:

$$4Fe + 4NaH_2PO_4 + 6[O] \longrightarrow (2FePO_4) \cdot Fe_2O_3 \downarrow + 2Na_2HPO_4 + 3H_2O$$

另一类转化膜称为假转化膜,磷化液的组成主要是 Zn^{2+},Ca^{2+},Mn^{2+},Fe^{2+} 等的磷酸二氢盐。以磷酸二氢锌为主体的磷化液称为锌系磷化液,其转化膜称为锌系膜,如配以适当 Ca^{2+},则称为锌—钙系膜,这种磷化膜质量好,防蚀能力强,是目前用于涂装的最常见的磷化液。这类磷化液的成膜机理可称为水解机理,其反应也包括钢铁表面的弱腐蚀,导致局部 pH 值升高,而使磷酸锌沉积,总反应可表示为:

$$Fe + Zn(H_2PO_4)_2 \xrightarrow{[O]} Fe \cdot Zn(PO_4)_2 \downarrow + 2H_2O$$

这类磷化液的工作温度往往较高,酸度较低,有利于成膜,目前发展的方向是探讨合适的配方,降低工作温度,使磷化处理在常温(不加热)下进行。如一种锌系磷化液的组成及工作温度如下。

Zn^{2+}:6.2g·L^{-1};PO_4^{3-}:13.2g·L^{-1};NO_3^-:8.1g·L^{-1};$NaClO_3$:1.5g·L^{-1};间硝基苯磺酸钠:1.5g·L^{-1};Na_2SiF_6:0.2g·L^{-1};酒石酸:0.2g·L^{-1}。该磷化液工作温度为 25~35℃,浸泡 1.5~3min 可得到均匀细致的灰色膜,膜重在 1.5~2.5g·m^{-2}。

磷化处理是技术性很强的工作,磷化液的配方及调整往往是技术秘密。因而按文献查到的配方配制的磷化液总是得不到最佳的效果。此外,磷化液的稳定性也十分重要。经过一段时间磷化处理后,有效成分下降,因此必须对其成分进行监测,及时补充新鲜的浓缩液。其中,总酸度(TA)和游离酸度(FA)的控制十分重要。游离酸度是指取 10.00mL 磷化液以 0.1000mol·L^{-1}标准氢氧化钠溶液滴定,以甲基橙作指示剂时所消耗氢氧化钠的体积(单位为 mL),一般称为点数或滴数。总酸度测定时用酚酞作指示剂,其他操作与游离酸度测定完全相同,其终点相当于磷酸滴定曲线中的第二个化学计量点。由此可知,纯磷酸的总酸度是游离酸度的 2 倍。对于磷化液,总酸度与游离酸度之比在 15~25 间。总酸度除磷酸及磷酸二氢根的贡献外,还有金属离子的贡献;游离酸度是 H_3PO_4 的贡献,一般控制在 10 点以下。因此,总酸度减去游度酸度的 2 倍,便是加入的 $Zn(H_2PO_4)_2$ 的贡献,其中 Zn^{2+} 的贡献是 $H_2PO_4^-$ 的 2 倍。设计配方时,先确定 FA 及 TA。制备时往往以 H_3PO_4 同 ZnO 反应的方法提供 $Zn(H_2PO_4)_2$,因此可按设计的 FA 及 TA 计算出制备一些磷化液所需 85% 磷酸和 ZnO 固体的量。

配方中除磷酸及磷酸盐外,还有促进剂、稳定剂及其他添加剂。促进剂有 $NaNO_3$,$NaNO_2$,$NaClO_3$,硝基化合物等。工作温度高或用喷淋工艺时,可不外加促进剂,这时空气中氧起促进剂作用。低温(<35℃)磷化液往往要加较多的促进剂。稳定剂如氟化物,主要用缓冲原理稳定 pH 值。有机酸或其盐往往具有均匀成膜功能。目前,在 0~25℃ 间工作的常温磷化液不少,但稳定性仍存在问题。同时磷化膜太薄,耐蚀性较差等,均须进一步研究解决。

钢铁制件在磷化处理前须除油、除锈。油可用除油剂、擦洗、浸泡、碱煮等方法除去。除锈一般以酸浸法。为避免将除油及除锈后的杂质带入磷化液槽,除油和除锈后都要经中和、水洗。近年研究的多功能磷化液,将除锈与磷化,或除油、除锈、磷化、钝化等工序合为一步进行。这类磷化液往往是高游离酸度(FA 在 200~400 点间)。这种磷化工艺简单,但磷化膜质量不高,仅适用于油、锈均不严重的钢铁制件。

三、仪器试剂

(1)仪器:电动搅拌器;电子天平;恒温烘箱;碱式滴定管;锥形瓶(250mL);烧杯(250mL、

500mL)；移液管(10mL)；50cm × 10cm A3 钢片(数片)。

(2)试剂：85% 磷酸(CP)；ZnO(CP)；酒石酸(CP)；柠檬酸(CP)；Na_2SiF_6；NaF；间硝基苯磺酸钠(CP)；$NaNO_3$(CP)；$NaClO_3$(CP)；$NaNO_2$(CP)；三乙醇胺(CP)；$Na_2Cr_2O_7$(CP)；NaCl(CP)；$CuSO_4$(CP)；盐酸(CP)；NaOH 标准溶液($0.1000mol \cdot L^{-1}$)；甲基橙；酚酞。

四、实验步骤

(1)查阅指定参考文献，自拟一种锌系磷化液配方(500mL)，请指导教师审查认可后，开始制备磷化液。

(2)按配方称取少量磷酸，用水按 1 : 1 稀释后，分批加入 ZnO，启动搅拌器搅拌至 ZnO 溶解完全，再加水至约 400mL，逐步加入其余组分，溶完后稀释至 500mL。

(3)磷化液酸度的测定。以 10mL 移液管取样品 10mL，以甲基橙为指示剂，用 $0.1000mol \cdot L^{-1}$ NaOH 标准溶液滴定至终点，所耗 NaOH 体积(单位为 mL)即为游离酸度“点数”；以酚酞为指示剂的滴定结果为总酸度“点数”。比较实验数据和由配方计算的理论数据，如比较接近，则可进行下一步实验。当测定结果偏差较大时，可按下述方法调整：游离酸度偏低可补加 H_3PO_4，偏高可补加 ZnO；总酸度过高可加水稀释，过低则须同时补加 ZnO 及 H_3PO_4(这种情况可能是配方计算有错)。总酸度相差 ±5% 可不必调整。

(4)取约 200 mL 磷化液于 250mL 烧杯中，以电炉升温至工作温度后停止加热，浸入除过锈的钢片数分钟后(确认表面成灰色膜)取出，水洗(如配方要求钝化者，则进行钝化处理)，干燥后进行膜性能测定。

(5)按 GB/T 9792—1988《金属材料上的转化膜　单位面积上膜层质量的测定重量法》测定膜重和耐蚀性。要求：3% 盐水浸渍实验时间大于 1h；硫酸铜点滴实验时间大于 1min。如学时受限，可不测膜重。

五、实验提示

(1)参考文献(1)中的复合促进剂(代号为 PC 和 PN)，可用 $NaClO_3$(或 $KClO_3$)和间硝基苯磺酸钠(工业品名：防染盐 S)代替，其用量分别为 $1.5 \sim 3.0g \cdot L^{-1}$。

(2)ZnO 在稀 H_3PO_4 中不易溶解，可将 85% H_3PO_4 稀释 2 ~ 3 倍后在搅拌下逐渐加入 ZnO，至溶完后再稀释。

(3)如检测结果酸度不合要求，可能配方计算有误，或操作中取样不准确。可按下述方法调整：游离酸度偏低可加 H_3PO_4，偏高可加 ZnO 或 $Zn(H_2PO_4)_2$；两者均偏高须加水稀释。

(4)因浓 H_3PO_4 粘度大，取样时量体积有较大误差，最好用称量法。

六、思考题

(1)为什么磷化膜本身的耐蚀性并不强，但经过磷化处理、涂装后耐蚀性却大大提高？

(2)磷化膜必须保持一定的孔隙度，为什么？

(3)硫酸铜点滴实验的原理是什么？

(4)根据原理部分所述，归纳出一个计算锌系磷化液游离酸度及总酸度的公式。

七、参考文献

(1)杨世珧,赵立志. 高速钻头磷化工艺研究. 西南石油学院科研报告,1985.
(2)浙江大学,华东理工大学,四川大学. 新编大学化学实验. 北京:高等教育出版社,2002.

10.10 实验120 用废牙膏皮为原料制备氢氧化铝

一、实验目的

(1)了解用废牙膏皮制备氢氧化铝的方法。
(2)变废为宝,化害为利,增强环保意识。
(3)训练查阅资料、设计实验方案的能力。

二、实验原理

$Al(OH)_3$ 为白色沉淀,难溶于水($K_{sp}^{\ominus}=1.3\times10^{-33}$)。$Al(OH)_3$ 为两性氢氧化物,新鲜制备的 $Al(OH)_3$ 既可溶于酸也可溶于碱,但随时间的推移其溶解能力下降,直至不溶。$Al(OH)_3$ 主要用于制备各种铝盐及三氧化二铝,经一定处理后还能作为吸附剂、阻燃剂等。

本实验用人们在生活中大量废弃的铝牙膏皮❶为原料,将其转变为 $Al(OH)_3$,达到变废为宝,化害为利的目的。

由金属铝制备氢氧化铝的方法很多,较为简单、副反应较少的一种方法是采用铝酸盐法制备氢氧化铝。其原理为:金属铝与 NaOH 溶液反应,产生铝酸盐。其反应式如下:

$$2Al+2NaOH(aq)+6H_2O\longrightarrow 2Na[Al(OH)_4](aq)+3H_2(g)$$

在铝酸盐溶液中加入 NH_4HCO_3 的饱和溶液(或通入 CO_2),即有 $Al(OH)_3$ 沉淀析出:

$$2Na[Al(OH)_4](aq)+NH_4HCO_3(aq)\longrightarrow Na_2CO_3(aq)+2Al(OH)_3(s)+NH_3(g)+2H_2O$$

$$2Na[Al(OH)_4](aq)+CO_2(g)\longrightarrow Na_2CO_3(aq)+2Al(OH)_3(s)+H_2O$$

经减压过滤、洗涤、干燥,得产品。

三、仪器试剂

(1)仪器:台秤;烧杯;布氏漏斗;吸滤瓶;称量瓶;电子天平;酸式滴定管。
(2)试剂:NaOH($3\ mol\cdot L^{-1}$);HNO_3($2\ mol\cdot L^{-1}$);EDTA 等。

四、实验步骤

(1)将废铝牙膏皮外的油漆用砂布擦去,用热的 Na_2CO_3 溶液洗涤后,再用自来水、去离子水冲洗干净,剪成细条待用。

---

❶ 学生自己准备。

(2)称量剪细的铝条 5g,分次少量地加入到 50 mL,3 mol · L^{-1}的 NaOH 溶液中(由于强烈放热和释放 H_2,实验应在通风柜中进行,并远离火源),反应结束后过滤。

(3)滤液稀释至 200mL,在搅拌下逐渐加入 2 mol · L^{-1} HNO_3 溶液直至中性,过滤析出 $Al(OH)_3$沉淀,洗涤、干燥,得 $Al(OH)_3$。

(4)用 EDTA 反滴法测定产品中的铝含量。

五、结果和讨论

(1)计算 $Al(OH)_3$ 产率及纯度,讨论提高产品质量和产率的措施。

(2)所制产品 $Al(OH)_3$ 应为白色、无定形粉末,能溶于强酸、强碱,符合工业级标准。$Al(OH)_3$工业级标准列于表 10 -4。

表 10 -4　$Al(OH)_3$ 的工业级标准

项目	$Al(OH)_3$	H_2O	Cl^-	SO_4^{2-}
质量分数,%	≥98	≤1.2 ~1.8	≤0.2	≤0.1

六、思考题

能否用 EDTA 直接滴定法测定产品中的铝含量？为什么？

七、参考文献

浙江大学,华东理工大学,四川大学.新编大学化学实验.北京:高等教育出版社,2002.

10.11　实验 121　废干电池的综合利用

一、实验目的

日常生活中用的干电池为锌锰干电池。其负极为电池壳体的锌电极,正极是被二氧化锰(为增强导电能力,填充有炭粉)包围的石墨电极,电解质是氯化锌及氯化铵的糊状物,其电池反应为:

$$Zn + 2NH_4Cl + 2MnO_2 = Zn(NH_3)_2Cl_2 + 2MnOOH$$

在使用过程中,锌皮消耗最多,二氧化锰只起氧化作用,糊状氯化铵作为电解质没有消耗,炭粉是填料。因而回收处理废干电池可以获得多种物质,如铜、锌、二氧化锰、氯化铵和炭棒等,是变废为宝的一种可利用资源。为了防止锌皮因快速消耗而渗漏电解质,通常在锌皮中掺入汞,形成汞齐。而汞对环境极为有害,因此乱扔废干电池将对环境造成危害。

本实验对废干电池进行如下回收:

废干电池——{锌皮——制备 $ZnSO_4 \cdot 7H_2O$；黑色糊状物——{回收二氧化锰；回收氯化铵}}

通过实验将达到如下目的:

(1)了解废干电池对环境的危害,以及有效成分的利用方法。

(2)掌握无机物的提取、制备、提纯、分析等方法与技能。

(3)学习实验方案的设计。

二、实验原理

将电池中的黑色混合物溶于水,可得氯化铵和氯化锌混合的溶液。依据两者溶解度的不同可回收氯化铵。氯化铵和氯化锌两者在不同温度下的溶解度(g/100g 水)列于表 10-5。

表 10-5 氯化铵和氯化锌的溶解度 g/100g 水

温度,K	273	283	293	303	313	333	353	363	373
NH_4Cl	29.4	33.2	37.2	31.4	45.8	55.3	65.6	71.2	77.3
$ZnCl_2$	342	363	395	437	452	488	541	—	614

氯化铵在 100℃时开始显著地挥发,338℃时解离,350℃时升华。

氯化铵产品中的氯化铵含量可由酸碱滴定法测定。氯化铵先与甲醛作用生成六亚甲基四胺和盐酸,后者用氢氧化钠标准溶液滴定。有关反应为:

$$4NH_4Cl + 6HCHO = (CH_2)_6N_4 + 4HCl + 6H_2O$$

黑色混合物中还含有二氧化锰、炭粉和其他少量有机物,它们不溶于水,过滤后存在于滤渣之中。将滤渣加热除去炭粉和有机物后,可得到二氧化锰。

锌皮溶于硫酸可制备 $ZnSO_4 \cdot 7H_2O$。$ZnSO_4 \cdot 7H_2O$ 极易溶于水(在 20℃时,$ZnSO_4 \cdot H_2O$ 的溶解度为 53.8g/100g 水)。硫酸锌不溶于乙醇,在 39℃时溶于结晶水,100℃开始失水,在水中水解呈酸性。锌皮中所含的杂质铁也同时溶解,除铁后可以得到纯净的 $ZnSO_4 \cdot 7H_2O$。

除铁的方法为:先加少量 H_2O_2 氧化 Fe^{2+} 成为 Fe^{3+},控制 pH 值为 8,使 Zn^{2+} 和 Fe^{3+} 均沉淀为氢氧化物,再加硫酸控制溶液 pH 值为 4,此时氢氧化锌溶解而氢氧化铁不溶解,可过滤除去。

三、仪器试剂

(1)仪器:台秤;蒸发皿;布氏漏斗;吸滤瓶;称量瓶;电子天平;碱式滴定管;烧杯。

(2)试剂:废干电池;NaOH(AR);甲醛(40%);酚酞;草酸;$KMnO_4$(0.020 mol · L^{-1});H_2SO_4(2 mol · L^{-1});HNO_3(2 mol · L^{-1});HCl(2 mol · L^{-1});H_2O_2(3%);$AgNO_3$(0.1 mol · L^{-1});KSCN(0.5 mol · L^{-1})等。

四、实验步骤

(1)材料准备。取废干电池一个,剥去电池外层包装纸,用螺丝刀撬去顶盖,用小刀挖去顶盖下面的沥青层,即可用钳子慢慢拔出炭棒(连同铜帽),可留着作电解用的电极。用剪刀(或钢锯片)把废干电池外壳剥开,即可取出里面黑色的物质,它为二氧化锰、炭粉、氯化铵、氯化锌等的混合物。电池的锌壳可用以制备 $ZnSO_4 \cdot 7H_2O$。

(2)从黑色混合物的滤液中提取氯化铵。称取 20g 黑色混合物放入烧杯,加入约 50 mL 蒸馏水,搅拌,加热溶解,抽滤,滤液用以提取氯化铵,滤渣留用,以制备二氧化锰及锰的化合物。

把滤液放入蒸发皿，加热蒸发，至滤液中有晶体出现时，改用小火加热，并不断搅拌（以防止局部过热导致氯化铵分解）。待蒸发皿中只留有少量母液时，停止加热，冷却后即得氯化铵固体。用滤纸吸干，称量。用酸碱滴定法测定产品中氯化铵的含量。

（3）从黑色混合物的滤渣中提取二氧化锰。将上述20g电池黑色混合物的滤渣，用水冲洗2～3次，冲洗后将滤渣放入蒸发皿中，先用小火烘干，再在搅拌下用强火灼烧，以除去其中所含炭粉和有机物。到不冒火星时，再灼烧5～10min，冷却后即得二氧化锰。用氧化还原滴定法测定得到的二氧化锰的纯度。

（4）从废干电池锌壳制备 $ZnSO_4 \cdot 7H_2O$。废干电池表面剥下的锌壳，可能粘有氯化锌、氯化铵及二氧化锰等杂质，应先用水刷洗除去，然后把锌壳剪碎。锌皮上还可能粘有石蜡、沥青等有机物，用水难以洗净，但它们不溶于酸，可将锌皮溶于酸后过滤除去。

将洁净的5g碎锌片以适量的酸（如2 $mol \cdot L^{-1}$硫酸）溶解，加热，待反应较快时停止加热，澄清后过滤。把滤液加热近沸，加入3%双氧水溶液10滴，在不断搅拌下滴加2$mol \cdot L^{-1}$氢氧化钠溶液，逐渐有大量白色氢氧化锌沉淀生成。当加入氢氧化钠溶液20mL时，加水150mL，充分搅拌下继续滴加至溶液 pH＝8 时为止（为什么？）。用布氏漏斗减压抽滤，取后期滤液2mL，加2$mol \cdot L^{-1}$硝酸溶液2～3滴和0.1$mol \cdot L^{-1}$硝酸银溶液2～3滴，振荡试管，观察现象（可用去离子水代替滤液作对照实验）。如有浑浊，说明沉淀中有可溶性杂质，需用去离子水洗涤，直至滤液中不含氯离子时为止，弃去滤液。

将氢氧化锌沉淀转入烧杯中，取2$mol \cdot L^{-1}$硫酸溶液约30mL，滴加到氢氧化锌沉淀中去（不断搅拌），当溶液 pH＝4 时，即使还有少量白色沉淀未溶，也不必再加酸，加热搅拌后自会逐渐溶解。将溶液加热至沸，促使铁离子水解完成，生成 $Fe(OH)_3$ 沉淀，趁热过滤，弃去沉淀。在除铁的滤液中，滴加2$mol \cdot L^{-1}$硫酸，使溶液 pH＝2（为什么），将其转入蒸发皿中，在水浴上蒸发、浓缩至液面上出现晶膜。自然冷却后，用布氏漏斗减压抽滤，将晶体放在两层滤纸间吸干，称量。计算产品 $ZnSO_4 \cdot 7H_2O$ 的产率。

取制得的 $ZnSO_4 \cdot 7H_2O$ 1g，加水10mL溶解，设计检验其中的 Cl^- 和 Fe^{3+} 的方法，并与实验室中的化学纯 $ZnSO_4 \cdot 7H_2O$ 对照。

五、结果和讨论

计算氯化铵、二氧化锰和 $ZnSO_4 \cdot 7H_2O$ 的产率及纯度，讨论提高产品质量和产率的措施。

六、思考题

（1）设计用酸碱滴定法测定产品中 NH_4Cl 含量的实验步骤。

（2）设计用氧化还原滴定法测定得到的 MnO_2 纯度的实验步骤。

（3）制备 $ZnSO_4 \cdot 7H_2O$ 实验过程中调节 pH 值几次？它们分别起什么作用？

（4）将 Fe^{2+} 氧化为 Fe^{3+} 为什么要加少量 H_2O_2？

（5）是否还有其他除杂质的方法？请设计实验步骤。

七、参考文献

（1）江体乾. 化工工艺手册. 上海：上海科学技术出版社，1998.

(2) 中山大学. 无机化学实验. 北京:高等教育出版社,1999.
(3) 浙江大学,华东理工大学,四川大学. 新编大学化学实验. 北京:高等教育出版社,2002.

10.12　实验122　果胶的提取和应用

一、实验目的

(1)了解果胶的性质和提取原理。
(2)学习果胶的提取工艺,了解果胶在食品工业中的用途。

二、实验原理

果胶广泛存在于水果和蔬菜中,例如苹果(以湿品计)中含量为0.7%~1.5%,蔬菜以南瓜中含量最多,达7%~17%。其主要用途是作为酸性食品的胶凝剂、增稠剂和乳化剂等。目前果酱、果冻仍然是果胶的主要产品。

果胶是每个分子含有几百到几千个结构单元的线性多糖,平均相对分子质量大约在50000~180000之间,其基本结构是以α-1,4苷键结合的聚半乳糖醛酸。其中,一部分半乳糖醛酸的羧基被甲醇酯化,剩余的部分与钾、钠或铵等离子结合。可将高甲氧基化的果胶分子的部分链节表示如下:

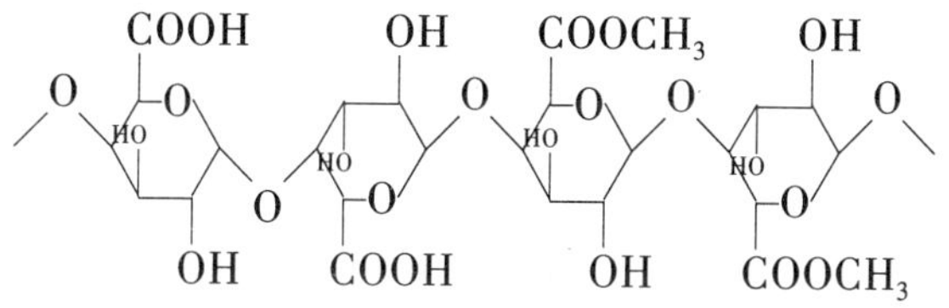

果蔬中的果胶多以原果胶的形式存在。在原果胶中,聚半乳糖醛酸可被甲基部分酯化,并以金属离子桥(特别是钙离子)将多(两)个聚半乳糖醛酸链残基上的游离羧基相连接,其结构为:

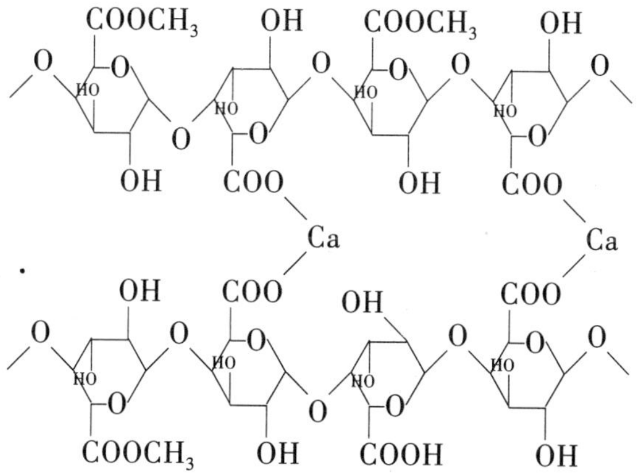

原果胶不溶于水，用酸水解时这种金属离子桥（离子键）被破坏，即得到可溶性果胶，再进行纯化干燥即为商品果胶。

甲氧基化的半乳糖醛酸残基数与半乳糖醛酸残基总数的比值称为甲氧基化度或酯化度。果胶的胶凝强度是果胶的重要质量标准之一，而影响胶凝强度的主要因素是果胶的相对分子质量及酯化度。酯化度增大，其胶凝强度增大，同时胶凝速率也加快。从天然原料中提取的果胶最高酯化度为 75% 左右，更高酯化度的果胶可通过将醇羟基甲氧基化来获得。理论上完全酯化的聚半乳糖醛酸的甲氧基含量是 16.32%，但实际上能得到的甲氧基含量最高是 12% ~ 14%。一般规定甲氧基含量大于 7% 的为高甲氧基果胶，小于和等于 7% 的为低甲氧基果胶。食品工业中常用高甲氧基果胶来制果冻、果酱和糖果，以及在汁液类食品中用作增稠剂、乳化剂等。若在酸性和碱性条件下加热果胶，会使甲酯水解、苷键断裂，变成低酯化度或低相对分子质量的果胶，从而降低果胶的胶凝强度和胶凝速率。因此，在提取果胶时要严格控制其水解温度、时间和 pH 值。

世界上柑橘年产量超过 5×10^8t，其果皮约占 20%，为提取果胶提供了丰富的原料。故本实验以柑橘皮为原料，采用酸法萃取、酒精沉淀这一工艺路线来制备果胶。

三、仪器试剂

（1）仪器：烧杯（100mL、250mL）；纱布；锥形瓶；温度计（100℃）；布氏漏斗；抽滤瓶；pH 试纸。

（2）试剂：0.3% KOH 溶液；1% 氨水；95% 乙醇；0.1mol · L^{-1} NaOH；0.5mol · L^{-1} HCl 溶液；活性炭。

四、实验步骤

（1）原材料预处理。在 250mL 烧杯中加入 25g 新鲜柑橘皮和 120mL 水，加热到 90℃，恒温 10min（灭酶）。取出果皮，用水冲洗后切成 3 ~ 5mm 大小的颗粒，用 50 ~ 60℃ 的热水漂洗，直至漂洗水无色，果皮无异味为止。

（2）酸法萃取。将果皮放入烧杯中，加 60mL 0.3% HCl（以浸没果皮为度），pH 值控制在 2.0 ~ 2.5 之间，加热到 90℃ 左右。恒温 50min，趁热用四层纱布过滤。

（3）脱色。在上述滤液中加约 0.5g 活性炭，加热至 80℃，恒温 20min 进行脱色处理，以除去色素和异味等；趁热抽滤。

（4）酒精沉淀。将脱色后的溶液冷却，用稀氨水调节 pH 值达 3 ~ 4。在不断搅拌下加入等体积的乙醇，然后静置 10min 让果胶沉淀完全。用纱布滤取果胶后，将其置于小烧杯中，用 10mL95% 的酒精使果胶沉淀物脱水，用纱布榨干（乙醇溶液回收）。

（5）干燥。产品在 105℃ 下烘干，称重，计算产率，观察产品的外观质量。

五、注意事项

为了提高漂洗效果，每次漂洗后必须把果皮粒转移到纱布上挤压干后再进行下一次漂洗。

六、思考题

（1）什么是果胶的甲氧基化度？它与果胶的性质、用途有何关系？

(2)提取果胶前原材料为何要预处理?

(3)酸法萃取时,温度、时间、pH 值的控制为什么十分重要?

七、参考文献

(1)武汉大学.分析化学实验·3版.北京:高等教育出版社,1994.

(2)赵若珍,康振晋.生活化学实验百例.北京:龙门书局,1995.

(3)邹文军.柑橘.广西师范大学学报(自然科学版),1988.

10.13　实验123　无铅汽油抗震剂甲基叔丁基醚的合成

一、实验背景

铅尘是大气中对人体(特别是对儿童)危害较大的一种污染物,由于其性能稳定,不易降解,一旦进入人体就会积累滞留,破坏肌体组织。铅尘污染主要来源于汽车排放的尾气。为了减少大气中的铅尘污染,世界上许多发达国家都在推广使用无铅汽油,我国也确定了加快实施汽油无铅化的发展方向。所谓无铅汽油,就是将甲基叔丁基醚取代原汽油中的抗震剂四乙基铅调配而成的汽油。

燃料在引擎中的燃烧反应过程非常复杂。汽缸中的燃料和空气的混合物在充分燃烧的同时还常常伴随着所谓的爆震过程,后者的产生会大大降低引擎的动力。不同结构的烷烃有不同的爆震情况,人们把燃料的相对抗震能力以“辛烷值”来表示。抗震性很差的正庚烷的辛烷值定为0,抗震性较好的2,2,4-三甲基戊烷的辛烷值定为100。

油品中正构烷烃的辛烷值最低,其抗爆性最差。主要是正构烷烃氧化生成的过氧化物ROOH很容易生成两个自由基RO·和·OH,每个自由基又引发一个新的反应链,使未燃区的过氧化物反应链越来越多,过氧化物浓度越来越高,当温度超过自燃点时形成爆震燃烧。芳香烃和高度分支的异构烷烃生成的过氧化物分解时不易生成新的反应链。

甲基叔丁基醚(tert-butyl methyl ether)具有优良的抗爆性,对环境无污染,工业上可由异丁烯和甲醇为原料,经强酸性阳离子交换树脂催化反应而制得:

$$CH_3-\underset{\displaystyle CH_3}{\underset{|}{C}}=CH_2 + CH_3OH \xrightarrow{\text{酸性催化剂}} CH_3-\overset{\displaystyle CH_3}{\overset{|}{\underset{\displaystyle CH_3}{\underset{|}{C}}}}-OCH_3$$

在实验室制备中,甲基叔丁基醚可用威廉森(Williamson)制醚法制取:

$$CH_3-\overset{\displaystyle CH_3}{\overset{|}{\underset{\displaystyle CH_3}{\underset{|}{C}}}}-ONa + CH_3X \longrightarrow CH_3-\overset{\displaystyle CH_3}{\overset{|}{\underset{\displaystyle CH_3}{\underset{|}{C}}}}-OCH_3 + NaX$$

也可用硫酸脱水法合成:

$$(CH_3)_3C\text{—}OH + CH_3OH \xrightarrow{15\%\ H_2SO_4} (CH_3)_3C\text{—}OCH_3 + H_2O$$

因为叔丁醇在酸性催化下容易形成较稳定的碳正离子，继而与甲醇作用生成混合醚：

$$(CH_3)_3C\text{—}OH \xrightarrow{H^+} (CH_3)_3C\text{—}\overset{+}{O}H_2 \xrightarrow{-H_2O} (CH_3)_3C^+$$

$$(CH_3)_3C^+ + HO\text{—}CH_3 \longrightarrow (CH_3)_3C\text{—}\overset{+}{O}(H)\text{—}CH_3 \xrightarrow{-H^+} (CH_3)_3C\text{—}O\text{—}CH_3$$

从以上几种方法选择一种最适合本实验的合成方法，并说明理由。

二、实验要求

学习、了解、比较各种醚的制备方法及操作条件。

三、仪器试剂

(1)仪器：圆底烧瓶(250mL)；刺形分馏柱；直形冷凝管等。

(2)试剂：叔丁醇 14.8g(19mL，0.2mol)；甲醇 12.8g(16mL，0.4mol)；15%硫酸(70mL)。

四、实验提示

(1)实验前需查阅反应物和生成物的有关数据。

(2)叔丁醇熔点为 25.5℃，有少量水存在时呈液体，如室温较低，加料困难时，可以加入少量水，使之液化后再加料。

(3)反应时应小火加热。

(4)粗产品可收集 49～53℃时的馏分，接受瓶应置于冰水浴中。

(5)粗产品应分别用水、10% Na_2SO_3 水溶液、水洗涤，然后用无水 Na_2CO_3 干燥。

(6)精制时收集 55～56℃时的馏分。

五、参考文献

(1) 焦家俊．有机化学实验．上海：上海交通大学出版社，2000.

(2) 格根托雅．几种无铅汽油抗爆剂作用机理及工业应用．辽宁化工，1999(5).

(3) 浙江大学，华东理工大学，四川大学．新编大学化学实验．北京：高等教育出版社，2002.

10.14 实验124 蛋黄卵磷脂的提取

一、实验背景

磷脂酰胆碱(PC)最早是从蛋黄中提出来的,因而得名"卵磷脂",现在人们把自然界中广泛分布的和所有细胞中存在的甘油磷脂和神经鞘脂类统称为卵磷脂。卵磷脂大量存在于油料作物种子、蛋黄,以及动物的脑、肝脏、肾脏中。目前,卵磷脂产品主要为大豆卵磷脂和蛋黄卵磷脂。蛋黄卵磷脂具有磷脂酰胆碱含量高的特点(约含磷脂酰胆碱73%),而作为药品和保健品的卵磷脂中主要的有效生理物质是磷脂酰胆碱。蛋黄卵磷脂的提取有助于解决目前国内鸡蛋丰产、供过于求、难于保存的问题。

卵磷脂以其良好的乳化特性被用作静脉注射脂肪乳的乳化剂和胆固醇结石的防治药物;也被用在生产人工血浆、脂乳剂、β-内酰胺抗菌素、抗腹泻吸收剂和维生素上;临床上可用于治疗动脉粥样硬化、脂肪肝、神经衰弱及营养不良;还广泛应用于色拉、奶油、巧克力、冰淇淋、饮料的加工中。目前,在美国和国内的保健品市场上,卵磷脂产品的消费已经占到了前两三位。

在蛋黄卵磷脂的提取上,有的采用单一溶剂,有的采用二元混合溶剂提取。工业生产上更为先进的是二氧化碳超临界萃取,用这种方法除了可以得到高纯度的卵磷脂外,还可以得到高纯度的蛋黄油。

在使用溶剂提取卵磷脂时,必须注意蛋黄是一种相当稳定的乳状液,其中乳化剂是磷脂与蛋白质结合的脂蛋白复合物。要充分地把磷脂提取出来,所用溶剂必须能破坏这种复合物,并且对脂质有良好的溶解能力。极性溶剂甲醇、乙醇、丙醇对脂质的溶解能力较差,非极性溶剂乙烷、乙醚、氯仿等难以破坏脂蛋白复合物。极性溶剂与非极性溶剂混合使用可以很好地满足提取要求。

提取过程中增加溶剂的用量、搅拌、减小颗粒度、提高温度都有利于提高产率。但是,由于卵磷脂中含有不饱和脂肪酸,易氧化使颜色变深。为防止氧化,在提取及浓缩时温度最好不超过45℃,同时最好通氮气加以保护。

磷脂酰胆碱与浓碱液共热会产生腥臭的三甲胺气体,可以作为定性检验方法。薄层色谱分析可以区分卵磷脂的不同组分,但同样不能定量。国内外采用硅胶G双向薄层层析,不仅过程复杂,而且成功率不高。高效液相色谱法分析速率快、分离效率高、检出极限低,是国内外蛋黄卵磷脂生产厂家较多使用的方法。

二、实验要求

(1)根据卵磷脂在蛋黄中的特殊存在形式,阐述单一溶剂在卵磷脂提取中的缺陷,并根据资料确定二元混合溶剂。

(2)绘出提取卵磷脂的装置图。

(3)根据卵磷脂的性质寻找纯化卵磷脂的方法。

(4)掌握高效液相色谱法的梯度洗脱技术。

三、仪器试剂

(1)仪器:三口烧瓶;烧杯;分液漏斗;机械搅拌器;减压蒸馏装置;高效液相色谱仪。

(2)试剂:氯仿;乙醇;乙醚;氯化钠溶液(10%);无水硫酸钠;丙酮;HPLC级纯庚烷;HPLC级纯异丙烷;参比磷脂;纯水。

四、实验提示

(1)蛋黄卵磷脂的提取。取新鲜的熟鸡蛋一个,完整地取出蛋黄,置于装有搅拌器、回流冷凝管和温度计的100mL三口烧瓶中。加入20mL混合溶剂(氯仿∶乙醇=1∶3),控制三口烧瓶内温度为35~40℃,搅拌30min。抽滤,滤饼在同样条件下再提取一次。滤液转入分液漏斗,以5mL氯仿淌洗抽滤瓶后一并倒入分液漏斗,加入40mL 10%氯化钠溶液洗涤。分出氯仿层,用无水硫酸钠干燥。

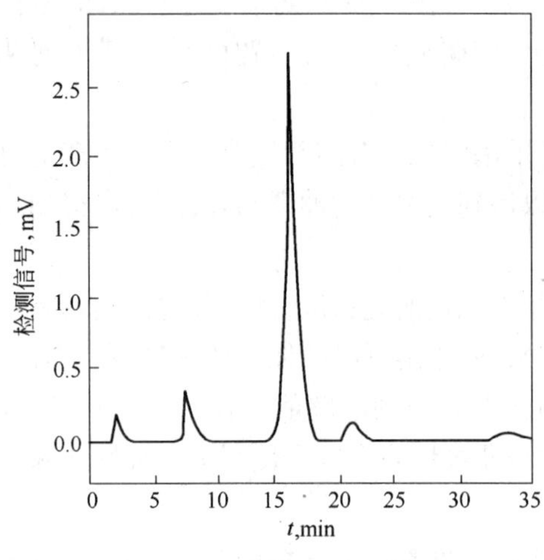

图10-8　蛋黄卵磷脂高效液相色谱图

干燥后的氯仿层减压蒸馏近干,加入10mL丙酮,搅拌,冰水冷却后分离沉淀物。用尽可能少的乙醚溶解沉淀后,转入100mL烧杯,用1mL乙醚淌洗烧瓶后也转入烧杯。在搅拌下缓缓加入10mL丙酮,冰水冷却后倾去丙酮层,在真空干燥箱中,使固体产物挥发掉残留溶剂后称量,得白色或浅黄色蜡状卵磷脂产品。图10-8为产品的高效液相色谱图。

(2)色谱法测定所提取蛋黄卵磷脂的含量。将得到的卵磷脂与参比磷脂分别用洗脱液B溶解并配成$4mg \cdot mL^{-1}$的溶液,在Alltech Altima硅胶色谱柱上进行高效液相色谱分析,采用外标法定量。色谱条件如下:

①HPLC梯度洗脱泵。流量:$1.0mL \cdot min^{-1}$。

洗脱液A:庚烷/异丙烷=86/144(体积比);

洗脱液B:庚烷/异丙烷/水=31/62/12(体积比)。

B的含量见表10-6。

表10-6　B的含量

t,min	0	3	6	15	17	30
B的含量,%	35	50	100	100	35	35

②色谱柱:美国Alltech Altima硅胶柱(5μm,250mm×4.6mm)。

③检测器:美国Alltech500型Elsd质量检测器。

蒸发器设定:大约80℃;

氮气流量:3L(标准)·min^{-1}。

④进样阀:美国 Alltech7725i 20μL。

五、注意事项

(1)提高提取温度有利于提高产率,但卵磷脂中常含有不饱和脂肪酸,易氧化使颜色变深,故需严格控制提取温度在45℃以下,同时最好通氮气保护。

(2)使用丙酮、乙醚,室内应严格避免明火且有良好的通风条件。

(3)如果色谱间的 R_s 小于1.5,需要调整洗脱梯度。

六、思考题

(1)单一溶剂在蛋黄卵磷脂提取中的缺陷是什么?

(2)可以用什么化学方法鉴别卵磷脂?

(3)在梯度洗脱时,洗脱液A的比例高和洗脱液B的比例高形成的色谱图有何不同?

(4)写出外标法分析磷脂各组分含量的计算公式。

七、参考文献

(1) 谢宪章.蛋黄中卵磷脂提取方法的研究.食品工业科技,1997(6).

(2) 田冰.高效快速提取蛋黄卵磷脂的新方法.食品科学,2000(2).

(3) 浙江大学,华东理工大学,四川大学.新编大学化学实验,北京:高等教育出版社,2002.

10.15 实验125 红辣椒中红色素的提取及分离

一、实验背景

色素作为一种着色剂,已被广泛应用于食品、化妆品等与日常生活密切相关的行业。天然植物色素与人工合成色素相比,因原料来源充足,对人体无毒副作用,正日益受到人们的重视,有着广阔的发展前景。红辣椒色素以其色泽鲜艳、稳定性好而广泛用于食品着色剂。研究红辣椒色素中红、黄色素的分离和分析方法,具有重要的现实意义。

红辣椒色素中红、黄色素主要存在于辣椒的果皮中,不溶于水,易溶于有机溶剂,主要是由辣椒红的脂肪酸酯、辣椒玉红素的脂肪酸酯和β-胡萝卜素组成,属于类胡萝卜色素,都是由八个异戊二烯单元组成的四萜化合物。

类胡萝卜色素类化合物的颜色是由长的共轭双键体系产生的,该体系使得化合物能够在可见光范围吸收能量。对辣椒红来说,是由它的脂肪酸酯对光的吸收而使其产生深红的颜色。

辣椒红和辣椒黄色素可以通过柱色谱进行分离。辣椒红、辣椒红的脂肪酸酯、辣椒玉红素及β-胡萝卜素的结构式如下:

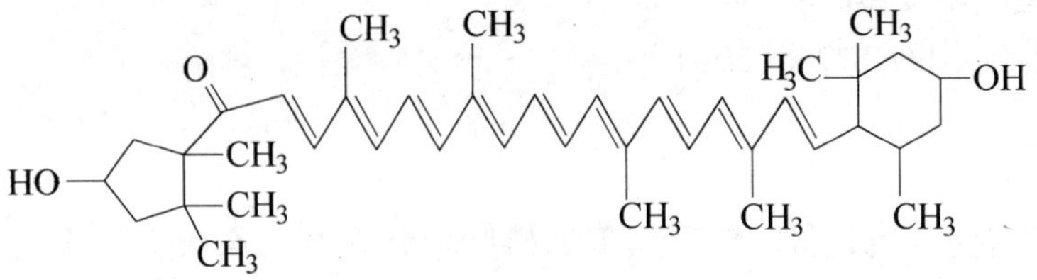

辣椒红

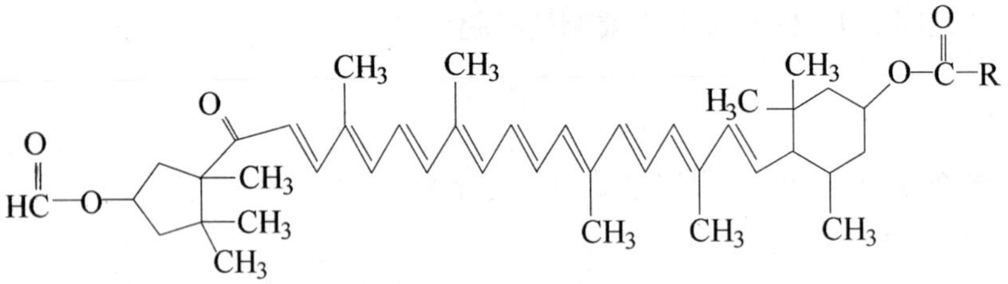

辣椒红的脂肪酸酯（R = 3 个或更多碳的链）

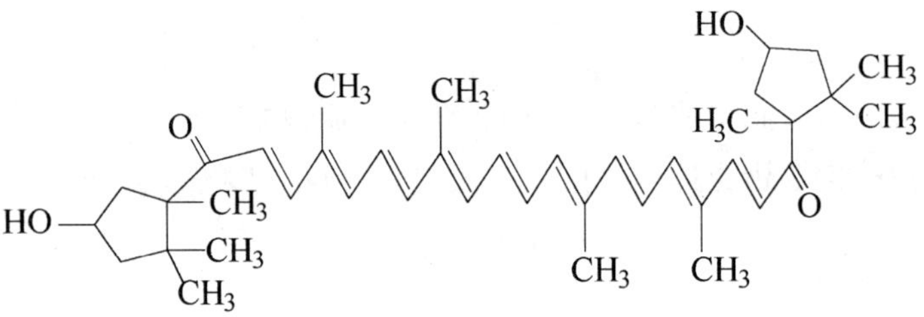

辣椒玉红素

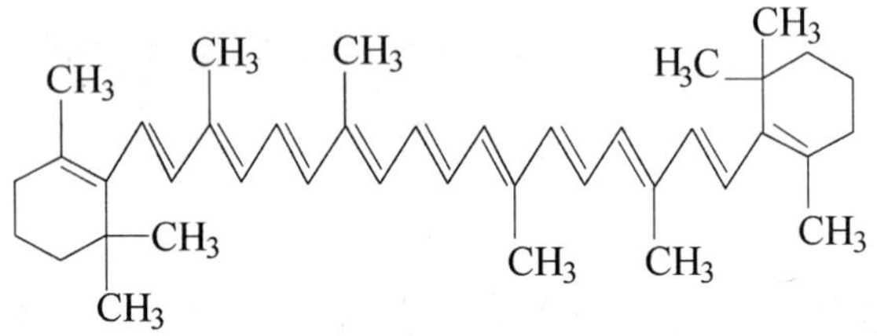

β－胡萝卜素

二、实验要求

查阅相关文献，设计可行的实验方案，做到：

(1) 选择合适的有机溶剂萃取红辣椒中的色素，得一混合物色素粗品。

(2) 用薄层层析(TLC)分离红色素。

(3) 用梯度淋洗法在层析柱中将红色素分离。

(4) 将分离得到的红色素进行红外光谱和紫外光谱测定，并将得到的红外光谱图与红色素纯样的图谱相比较，找出分离得到的红色素的红外光谱中的重要吸收峰，进一步验证其结构。

三、仪器试剂

(1)仪器:载玻片;层析柱;层析缸;蒸馏装置;布氏漏斗;抽滤瓶;水泵;滴液漏斗;红外光谱仪。

(2)试剂:硅胶(10g,60~200 目);二氯甲烷;无水乙醇;干红辣椒。

四、实验提示

(1)选择合适的有机溶剂萃取红辣椒中的色素,得到一种混合物。

(2)选择合适的展开剂,用 TLC 将红色素斑点和其他成分的斑点在层析板上分开,并计算其 R_f 值,来鉴定红色素。

(3)再用柱层析,以 TLC 的展开剂作为参考,选择适当的淋洗剂将红色素的红色谱带洗脱完全。

(4)将分离得到的红色素进行红外光谱和紫外光谱测定。

五、参考文献

浙江大学,华东理工大学,四川大学. 新编大学化学实验. 北京:高等教育出版社,2002.

10.16 实验 126 桂皮中肉桂油的提取及鉴定

一、实验背景

香精油是植物组织经水蒸气蒸馏得到的挥发性成分的总称。许多植物具有独特的令人愉快的气味,植物的这种香味是由其所含的香精油所致。在工业上经常用水蒸气蒸馏的方法来收集香精油。

肉桂树皮具有宜人的气味,通过水蒸气蒸馏可得到一种主要成分是肉桂醛的香精油,称为肉桂油,其含量约为 1%,其中肉桂醛占 80% 以上,它能随水蒸气挥发。肉桂醛结构式如下:

肉桂醛(反 -3 - 苯基丙烯醛,沸点 252℃)

二、实验要求

利用水蒸气蒸馏的方法提取出肉桂树皮中的香精油,并对香精油中主要成分肉桂醛进行定性和定量分析。

三、仪器试剂

(1)仪器:水蒸气蒸馏装置;三口烧瓶;红外光谱仪;高效液相色谱仪。

(2)试剂:桂皮;乙醚;2,4-二硝基苯肼;溴的四氯化碳溶液;托伦(Tollens)试剂。

四、实验提示

(1)样品预处理:干燥及粉碎。

(2)加水回流适当时间,使样品充分湿润。

(3)用水蒸气蒸馏的方法提取肉桂油。

(4)测定肉桂油的折射率。

(5)肉桂油的定性实验。

(6)测定肉桂油的红外光谱,将结果与标准图谱(图10-9)对照。

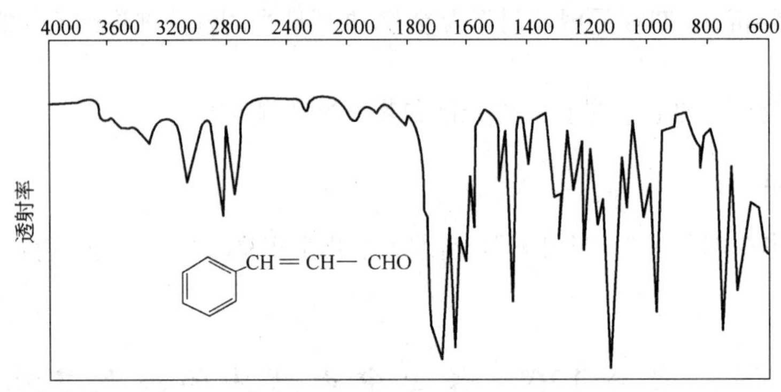

图10-9 肉桂油的标准图谱

(7)用液相色谱法对肉桂油中的肉桂醛进行定量分析。

五、参考文献

浙江大学、华东理工大学、四川大学. 新编大学化学实验. 北京:高等教育出版社,2002.

10.17 实验127 新颖食品抗氧剂TBHQ的合成

一、实验背景

油脂及富脂产品在储存和运输过程中常常会发生氧化变质现象。氧化后,产品发生色变,产生异味,同时破坏其中的维生素等营养成分,产生有害的物质,严重降低产品品质。为了阻止或延缓这些过程的发生,通常的做法是在其中添加抗氧剂成分。

经FAO/WHO认可,允许作为食品用的合成抗氧剂主要有BHT,BHA,PG,TBHQ等。其中的BHT价廉,但毒性较大;BHA近年被发现存在致癌的可能,许多国家已开始禁用;PG主要原料来源于自然,毒性小,潜在的危险性也较小,但却易与产品中的金属离子结合而显现颜色,从而破坏产品的原有外观。TBHQ的安全性已由FAO/WHO评价,属安全A(Ⅰ)类。TBHQ对植物性油脂抗氧化性有特效,同时还兼有良好的抗细菌、霉菌、酵母菌的能力,属高效新颖的食用抗氧剂。

TBHQ 的化学名为 2－叔丁基氢醌或 2－叔丁基对苯二酚，是一种新的食品抗氧剂。TBHQ 通常用下述反应合成：

$$\text{HO-C}_6\text{H}_4\text{-OH} + (\text{CH}_3)_3\text{C-OH} \xrightarrow[90\sim95^\circ\text{C}]{\text{H}_3\text{PO}_4/\text{甲苯}} \text{HO-C}_6\text{H}_3(\text{C(CH}_3)_3)\text{-OH} + \text{H}_2\text{O}$$

二、实验要求

(1)查阅相关文献，设计可行的实验方案，合成 5g TBHQ。

(2)采用合适的方法(如水蒸气蒸馏、重结晶)提纯粗产品。

(3)对合成的 TBHQ 结构进行表征。

三、仪器试剂

(1)仪器：三口烧瓶；电动搅拌器；油浴(或水浴)；水蒸气蒸馏装置；水泵；热滤漏斗；熔点测定仪；红外光谱仪等。

(2)试剂：对苯二酚；浓磷酸；甲苯；叔丁醇。

四、实验提示

(1)设计可行的合成方案和实验装置，合成 TBHQ，考察反应温度、反应时间、加料方式、催化剂用量以及物料配比对 TBHQ 产率及副反应产物种类和产量的影响。

(2)用水蒸气蒸馏法提纯粗产品，主要试剂及产物的物理常数见表 10－7。

表 10－7 主要试剂及产物的物理常数

名 称	相对分子质量	存在状态	熔点,℃	沸点,℃	相对密度	水溶解度 $g\cdot100mL^{-1}$水
对苯二酚	110	无色针状结晶	172～175	285	—	6
叔丁醇	74	无色液体	25	83	0.7887	易溶
TBHQ	166	无色针状结晶	129	—	—	易溶于热水，微溶于冷水
2,5－二叔丁基对苯二酚	212	—	219	—	—	难溶于热水

(3)通过重结晶进一步纯化产品。

(4)选择合适的方法表征 TBHQ 的结构。

(5)TBHQ 的红外光谱图见图 10－10。

五、参考文献

浙江大学，华东理工大学，四川大学. 新编大学化学实验. 北京：高等教育出版社，2002.

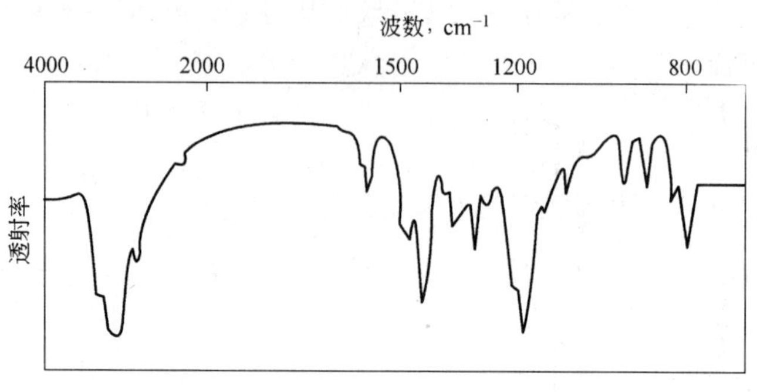

图 10－10　TBHQ 的红外光谱图

10.18　实验 128　热致变色材料的合成与结构表征

一、实验背景

在温度高于或低于某个特定温度区间会发生颜色变化的材料叫作热致变色(thermochromic)材料。颜色随温度连续变化的现象称为连续热致变色；而只在某一特定温度下发生颜色变化的现象称为不连续热致变色；能够随温度升降，反复发生颜色变化的现象称为可逆热致变色；而随温度变化只能发生一次颜色变化的现象称为不可逆热致变色。热致变色材料已在工业和高新技术领域得到广泛应用，有些热致变色材料也用于儿童玩具和防伪技术中。

热致变色的机理复杂，其中无机氧化物的热致变色多与晶体结构的变化有关，无机配合物的热致变色则与配位结构或水合程度有关，有机分子的异构化也可以引起热致变色。

四氯合铜二乙基铵盐$[(CH_3CH_2)_2NH_2]_2CuCl_4$ 在温度较低时，由于氯离子与二乙基铵离子中氢之间的氢键较强和晶体场稳定化作用，处于扭曲的平面正方形结构。随着温度升高，分子内振动加剧，其结构就从扭曲的平面正方形转变为扭曲的正四面体，相应的其颜色也就由亮绿色转变为黄色。可见配合物结构变化是引起系统颜色变化的重要因素之一。

胆甾型液晶具有螺旋结构，随着温度的变化，螺距会发生变化，因而干涉光的波长随之而变，也就引起反射光波长的变化，导致热致变色现象。

二、实验要求

(1)了解热致变色材料的制备。

(2)了解热致变色的机理及影响因素。

三、仪器试剂

(1)仪器：台秤；锥形瓶(50mL)；烧杯(150mL)；量筒(10mL，50mL)；抽滤泵；抽滤瓶；布氏漏斗；玻璃干燥器；毛细管；温度计；熔点仪(附偏振镜片)；液晶片子；示温儿童水杯或奶瓶；液晶温度计;体温表;冰块。

(2)试剂:盐酸二乙基铵;异丙醇;$CuCl_2 \cdot 2H_2O$;无水乙醇;经活化的3A分子筛;凡士林。

四、实验提示

(1)热致变色材料四氯合铜二乙基铵盐的制备。称取3.2g盐酸二乙基铵溶于装有15mL异丙醇的50mL锥形瓶中;另取1个同样的锥形瓶,称取1.7g $CuCl_2 \cdot 2H_2O$,加3mL无水乙醇,微热使其全部溶解。然后将二者混合,加入3粒经活化的3A分子筛,以促进晶体的形成。用冰冷却后析出亮绿色针状结晶,迅速抽滤,并用少量异丙醇洗涤沉淀,将产物放入干燥器中保存(此产物吸温自溶,操作要快,在干燥的冬季做此实验效果极好)。

(2)热致变色材料的表征。表征手段为红外光谱、元素分析等。

(3)热致变色现象的观察:

①取上述样品1~2mg装入一端封口的毛细管中墩结实,用凡士林把毛细管管口堵住,以防其中样品吸湿。用橡皮筋将此毛细管固定在温度计上,让样品部位靠近温度计下端水银泡。将带有毛细管的温度计一起放入装有约100mL水的150mL烧杯中,缓慢加热,当温度升高至40~55℃时,注意观察变色现象,并记录变色温度。然后从热水中取出温度计,室温下观察随着温度降低样品颜色的变化,并记录变色温度。

②取一液晶片子,观察其颜色,并用吹风机热风加热1~2min,观察液晶随温度升降反复发生颜色变化的可逆热致变色现象。观察用可逆热致变色材料制造的有示温功能的儿童水杯和奶瓶倒入冷水或热水时的颜色变化。

五、思考题

(1)制备过程中,加入3A分子筛的作用是什么?

(2)在制备四氯合铜二乙基铵盐时要注意什么?

(3)四氯合铜二乙基铵盐热致变色的原因是什么?

六、参考文献

(1) 张勇,胡忠鲠.现代化学基础实验.北京:科学出版社,2000.

(2) 朱传方,徐汉红.可逆热色性化合物的研究进展.化学进展,2001,13(4).

(3) 浙江大学,华东理工大学,四川大学.新编大学化学实验.北京:高等教育出版社,2002.

10.19 实验129 离子浮选法处理印染废水中的活性染料

一、实验背景

离子浮选是一种新型的分离技术和净化手段。它以其分离设备简单、投资少、能耗低、提取率高、能迅速处理大量试液并可实现自动化和连续化的特点,引起了环保、医药、生物工程等行业的广泛注意,成为一种很有发展前途的分离技术。

在离子浮选中，根据被浮选离子在溶液中的状态，选用与被浮选离子具有相反电性的阴离子或阳离子表面活性剂作为浮选剂。它们在液气两相界面上吸附，形成定向的离子层，使泡沫带电，对溶液中的异电离子有静电吸引作用。基于浮选剂对不同电性离子的吸引力不同，可以把某些离子富集在泡沫中，利用气泡本身受浮力作用上升，将被分离组分带出溶液主体，从而达到分离目的。用离子浮选法处理印染废水中的活性染料，解决了印染废水处理中污泥处理量大、原料和设备费用高、脱色率低这一难题。

活性染料以其色谱齐全、色泽鲜艳、成本低廉、染色牢度强、匀染性好等特点而在印染工业中广泛使用，但是印染废水中的活性染料母体结构具有亲水性能良好的—SO_3Na 基团（常见活性染料名称、结构式、类型、摩尔质量见表 10－8），致使印染废水色度达不到国家规定的排放标准。

表 10－8　不同染料的分子结构

染料名称	类型	结　构　式	摩尔质量 $kg \cdot mol^{-1}$
活性艳红 X－B	X 型	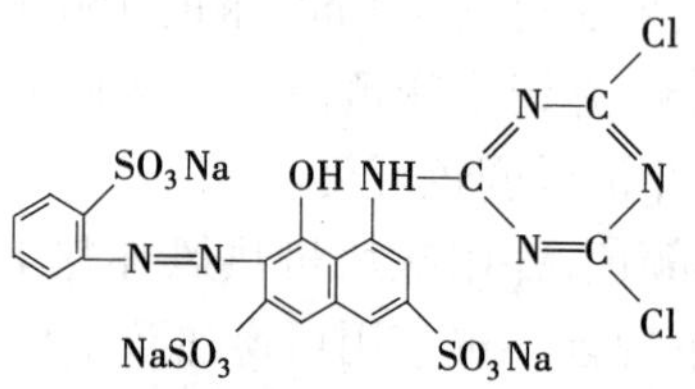 SO_3Na, OH NH—C, N—C, N, N=C, Cl, Cl, N=N, $NaSO_3$, SO_3Na	0.7175
活性艳蓝 X－BR	X 型	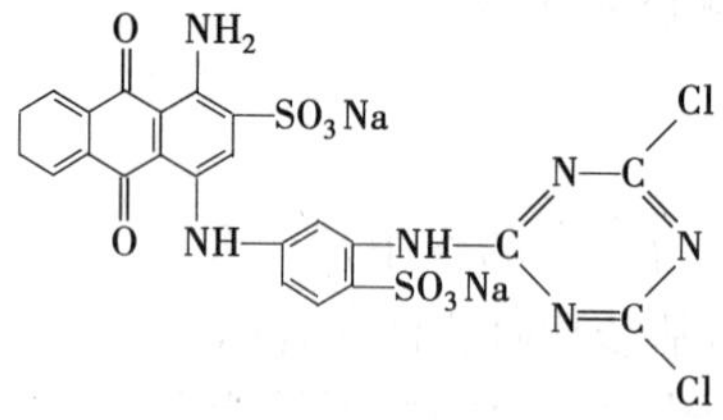 O NH_2, SO_3Na, O NH, NH—C, SO_3Na, N—C, N, N=C, Cl, Cl	0.6785
活性金黄 K－NG	KN 型	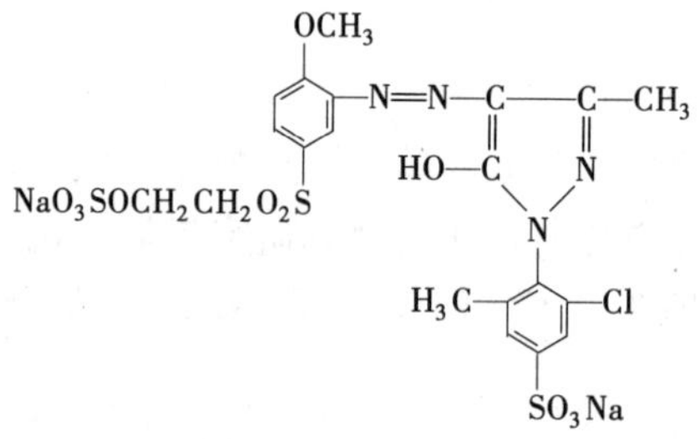 OCH_3, N=N—C—C—CH_3, HO—C, N, N, $NaO_3SOCH_2CH_2O_2S$, H_3C, Cl, SO_3Na	0.6445
活性黄 K－6G	K 型	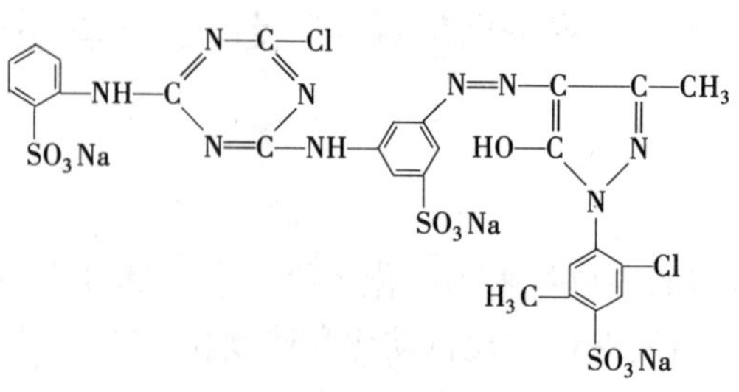 N—C—Cl, NH—C, N, N=C—NH, SO_3Na, N=N—C—C—CH_3, HO—C, N, N, SO_3Na, H_3C, Cl, SO_3Na	0.8561

续表

染料名称	类型	结构式	摩尔质量 $kg \cdot mol^{-1}$
活性嫩黄 M－5G	M 型	$NaO_3SOCH_2CH_2O_2S$—⟨苯环⟩—NH—C(三嗪环：N，N，N，C—Cl)—NH—⟨苯环，SO_3Na⟩—N=N—C—C—CH_3；HO—C，N，N—⟨苯环：—Cl，H_3C—，SO_3Na⟩	0.9642

针对活性染料中所含的—SO_3Na 基团在水中解离成带有负电的—SO_3^- 基团这一特点，加入带有阳离子的十六烷基三甲基溴化铵(CTAB)表面活性剂作气泡剂(浮选剂)，进行离子浮选。由于 CTAB 中的阳离子与染料二聚体的—SO_3^- 基团在溶液中结合成疏松的胶体(见图 10－11)，经鼓泡后在气泡上定向排列并形成多层吸附，导致电子云相互作用形成新的分子轨道，使结合物紧密聚合成为不溶性浮渣除去，从而达到印染废水脱色目的。

二、实验要求

运用所学的界面化学知识，将诸多表征界面性质的基本物理量(例如 σ, σ_t, CMC, ζ, Γ_2)的测量实验作为研究手段融入整个实验中，研究影响离子浮选效率(即染料废水脱色率)的主要因素，寻找最佳工艺条件，探讨浮选机理。

(1)学会间歇式离子浮选设备的安装与调试。按图 10－12 所示安装好间歇式离子浮选设备，关闭间歇式浮选柱气室下方阀门，打开充气泵，待送入浮选塔的空气流量达到 1.6～2.0$mL \cdot s^{-1}$时，在间歇式浮选塔内加入印染废水，约 1～2min 后从浮选柱底部一次将表面活性剂 CTAB 注入柱内。将流量计压差调至所需流量位置，同时开始计时。

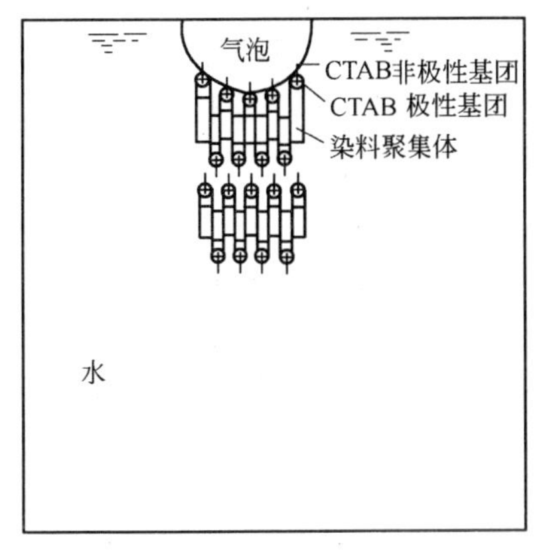

图10－11 CTAB－染料结合物在气泡表面聚集状态

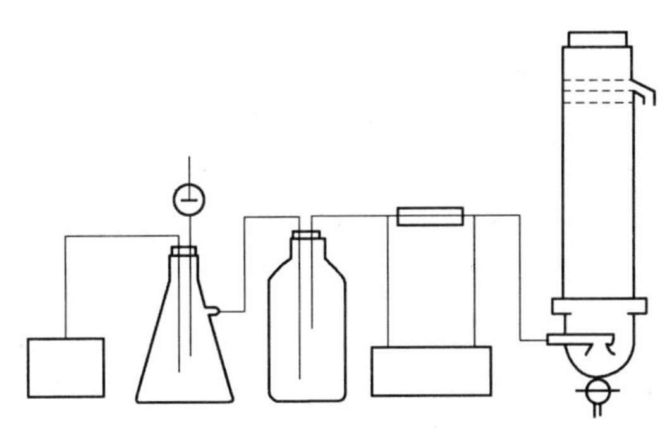
图 10－12 间歇式离子浮选装置

(2)印染废水脱色率测定。每隔 10min 在离表面层液面 15cm 处，取样进行比色分析。泡沫液由溢流口溢出，收集在大烧杯中。浮选至浮选液变得清澈透明，记下所需的时间和与之对应的吸光度，计算脱色率。

印染废水中的活性染料浓度 c 与吸光度 A 关系如下：

$$A = \kappa cb \tag{10-36}$$

式中　κ——摩尔吸收系数，$cm^2 \cdot mol^{-1}$；

b——液层厚度，cm。

$$\text{脱色率 } D = \left(1 - \frac{A_t}{A_0}\right) \times 100\% \tag{10-37}$$

式中　A_0——浮选前原液的吸光度；

A_t——浮选后溶液的吸光度。

$$\text{浮选效率 } \eta = \frac{c_0 - c_t}{c_0} \times 100\% \tag{10-38}$$

式中　c_0——浮选前浮选液中染料的浓度，$mol \cdot L^{-1}$；

c_t——浮选后浮选液中染料的浓度，$mol \cdot L^{-1}$。

(3)各因素对离子浮选效率的影响。

①表面活性剂的物质的量浓度：表面活性剂在界面上的吸附量与其非极性部分的链长度有关。对某一确定的表面活性剂而言，它与待分离物的适宜比例（即表面活性剂的物质的量浓度）对浮选效率的影响很大。

表面活性剂溶液的临界胶束浓度（CMC）可以看作是表面活性剂溶液表面活性的一种量度。因为 CMC 越小，则表示此种表面活性剂形成胶束所需的浓度越低，达到表面饱和吸附的浓度越低。也就是说，只要很少的表面活性剂就可以起到润湿、乳化、加溶气泡等作用。当表面活性剂浓度大于 CMC 时，由于形成表面活性剂胶束而降低其吸附作用。因此表面活性剂溶液 CMC 的测量可以帮助确定离子浮选中所需表面活性剂的浓度。

②浮选溶液的 pH 值：浮选溶液的 pH 值影响分离物和表面活性剂在溶液中的存在形式以及颗粒表面的荷电性质，从而对浮选效率有很大影响。

③气体流量：气体流量、气泡尺寸分布、泡沫层厚度以及浮选剂的加入方式对浮选效率均有影响。气体流量决定了气泡从气体分布器（多孔板）上升到浮选柱顶所需的时间 t。测量不同气体流量时的脱色率，同时用最大气泡法测量表面活性剂的动态表面张力，探讨气体流量 q、有效吸附时间 t_e 与浮选效率之间的关系，确定最适宜气体流量范围。

(4)探讨离子浮选机理。

①推断 CTAB－染料结合物的电性质：将染料与 CTAB 以不同的摩尔比浮选后所得的结合物分别进行电泳测定，推断浮选后所得结合物的结构。

②证实 CTAB－SO_3^- 基团：用分光光度计分别测定未加 CTAB 的活性染料水溶液和 CTAB－活性染料结合物的洗涤液（即结合物经水洗后解离出来的染料形成的染液）的吸收光谱，证实 CTAB－SO_3^- 基团存在。

③探讨有关浮选机理：分别测量染料与 CTAB 在不同的摩尔比时的脱色率，结合上述①、②结论探讨浮选机理。

三、仪器试剂

(1)仪器：721 型分光光度计；DPM－1 型微电泳仪；酸度仪；间歇式离子浮选装置（见

图10－12)。

(2)试剂:十六烷基三甲基溴化铵;染料(见表10－6)。

四、实验提示

(1)实验前必须查阅要分离的活性染料的分子结构,了解该染料中所含的—SO_3Na基团的数量以及表面活性剂CTAB的CMC。

(2)实验所用表面活性剂CTAB的浓度应低于其CMC,同时又必须与要分离的活性染料中所含的—SO_3Na基团数相对应。

(3)由于活性染料在酸性或碱性溶液中都会产生不同程度的水解,所以浮选时溶液的pH值控制在7左右。

(4)送入浮选柱的空气流量约为1.6～2.0$mL \cdot s^{-1}$时浮选效率较高。

五、参考文献

(1) Galv K P,张登福.金氰化物离子浮选中药剂循环利用的可能性——中间工厂试验.湿法冶金,1995(4).

(2) Engel M D,许鹏秋.离子浮选在稀溶液金回收中的一种特殊应用.国外黄金参考,1992(3).

(3) 浙江大学,华东理工大学,四川大学.新编大学化学实验.北京:高等教育出版社,2002.

附录

附录Ⅰ 重要理化数据

附Ⅰ.1 国际单位制(SI)

国际单位制是1960年第11届国际计量大会通过的一套计量单位制,以Systéme International的缩写SI作为国际单位制的简称。国际单位制的构成如下：

- 国际单位制(SI)
  - SI单位
    - SI基本单位(见表Ⅰ-1)
    - SI辅助单位
    - SI导出单位
      - 具有专门名称的SI导出单位
      - 组合形式的SI导出单位
  - SI词冠(见表Ⅰ-3)
  - SI单位的倍数单位(十进倍数单位和分数单位)

表Ⅰ-1 SI基本单位

物理量	单位名称	单位代号	
		国际	中文
长度	米(meter)	m	米
质量	千克(kilogram)	kg	千克
时间	秒(second)	s	秒
电流	安培(Ampare)	A	安
热力学温度	开尔文(Kelvin)	K	开
物质的量	摩尔(mole)	mol	摩
发光强度	坎德拉(candela)	cd	坎

七个基本单位的规定是：

(1)米的长度等于氪-86原子的$2p_{10}$和$5d_5$能级之间跃迁的辐射在真空中波长的1650763.73倍。

(2)千克是质量(而非重量或力)的单位,它等于国际千克原器的质量。

(3)秒是铯-133原子基态的两个超精细能级之间跃迁的辐射周期的9192631770倍的持续时间。

(4)安培是一恒定电流强度,若将其通入保持在真空内相距1m的两无限长的圆截面极小的平行直导线内,其电流在两导线之间每米长度上产生的力等于 2×10^{-7}N。

(5)热力学温度单位开尔文是水三相点热力学温度的1/273.16。

(6)摩尔是一物系的物质的量,该物系中所包含的结构粒子数与0.012kg碳-12的原子数目相等。

在使用摩尔时应指明结构粒子,它可以是原子、分子、离子、电子以及其他粒子;或是这些粒子的特定组合体。

(7)坎德拉是在101325Pa压力下,处于铂凝固温度的黑体的 $1/600000\text{m}^2$ 表面在垂直方向上的发光强度。

按照一定关系,把上述的两个基本量的单位相乘、相除,便可以得出国际单位制的导出单位(表Ⅰ-2);导出单位是基本单位的代数式。有些导出单位具有专门名称和特有代号,这些专门名称和特有代号本身又可以用来表示其他更复杂一点的导出单位,使得后者的形式更简便些。

表Ⅰ-2　国际单位制一些导出单位

物理量	名称	代号		用国际制基本单位表示的关系式
		国际	中文	
频率	赫兹	Hz	赫	s^{-1}
力	牛顿	N	牛	$m\cdot kg\cdot s^{-2}$
压力	帕斯卡	Pa	帕	$m^{-1}\cdot kg\cdot s^{-2}$
能、功、热	焦耳	J	焦	$m^2\cdot kg\cdot s^{-2}$
功率、辐射通量	瓦特	W	瓦	$m^{-1}\cdot kg\cdot s^{-3}$
电量、电荷	库仑	C	库	$s\cdot A$
电位、电压、电动势	伏特	V	伏	$m^2\cdot kg\cdot s^{-3}\cdot A^{-1}$
电容	法拉	F	法	$m^{-2}\cdot kg^{-1}\cdot s^4\cdot A^2$
电阻	欧姆	Ω	欧	$m^2\cdot kg\cdot s^{-3}\cdot A^{-2}$
电导	西门子	S	西	$m^{-2}\cdot kg^{-1}\cdot s^3\cdot A^2$
磁通量	韦伯	Wb	韦	$m^2\cdot kg\cdot s^{-2}\cdot A^{-1}$
磁感应强度	特斯拉	T	特	$kg\cdot s^{-2}\cdot A^{-1}$
电感	亨利	H	亨	$m^2\cdot kg\cdot s^{-2}\cdot A^{-2}$
光通量	流明	lm	流	$cd\cdot sr$
光照度	勒克斯	lx	勒	$m^{-2}\cdot cd\cdot sr$
粘度	帕[斯卡]秒	Pa·s	帕·秒	$m^{-1}\cdot kg\cdot s^{-1}$
表面张力	牛顿每米	$N\cdot m^{-1}$	牛/米	$kg\cdot s^{-2}$
热容、熵	焦耳每开	$J\cdot K^{-1}$	焦/开	$m^2\cdot kg\cdot s^{-2}\cdot K^{-1}$
比热容	焦[耳]每千克开(尔文)	$J\cdot kg^{-1}\cdot K^{-1}$	焦/(千克·开)	$m^2\cdot s^{-2}\cdot K^{-1}$
电场强度	伏特每米	$V\cdot m^{-1}$	伏/米	$m\cdot kg\cdot s^{-3}\cdot A^{-1}$
密度	千克每立方米	$kg\cdot m^{-3}$	千克/米^3	$kg\cdot m^{-3}$

另外,还有表示平面角、立体角的国际单位制辅助单位:弧度(rad)和球面度(sr),它们是具有专门名称和符号的量纲一的量的导出单位。在许多实际情况中,用专门名称弧度(rad)和球面度(sr)分别替代数字1是方便的。例如角速度的SI单位可写成弧度每称(rad·s^{-1})。

表Ⅰ-3给出了SI词冠的名称、符号。词冠用于构成倍数单位(十进倍数单位和分数单位),但不得单独使用。

表Ⅰ-3　国际制词冠

因　数	词　冠	名　称	词冠符号	因　数	词　冠	名　称	词冠符号
10^{12}	tera	太	T	10^{-2}	centi	厘	c
10^{9}	giga	吉	G	10^{-3}	milli	毫	m
10^{6}	méga	兆	M	10^{-6}	micro	微	μ
10^{3}	kilo	千	k	10^{-9}	nano	纳	n
10^{2}	hecto	百	h	10^{-12}	pico	皮	p
10^{1}	déca	十	da	10^{-15}	femto	飞	f
10^{-1}	déci	分	d	10^{-18}	atto	阿	a

附Ⅰ.2　部分物理常数

表Ⅰ-4　物理化学常数

常　　数	符号	数　值	SI　单　位	cgs　单　位
标准重力加速度	g	9.80665	$m \cdot s^{-2}$	$\times 10^{2} cm \cdot s^{-2}$
光速	C	2.9979	$\times 10^{8} m \cdot s^{-1}$	$\times 10^{10} cm \cdot s^{-1}$
普朗克常数	h	6.6261	$\times 10^{-34} J \cdot s$	$\times 10^{-27} erg \cdot s$
玻耳兹曼常数	K	1.3806	$\times 10^{-23} J \cdot K^{-1}$	$\times 10^{-16} erg \cdot K^{-1}$
阿伏加德罗常数	N_A	6.0221	$\times 10^{23} mol^{-1}$	—
法拉第常数	F	9.64853	$\times 10^{4} Cmol^{-1}$	—
电子电荷	e	1.60218	$\times 10^{-19} C$	—
		4.803	—	$\times 10^{-10} esu$
电子静质量	m_e	9.1093	$\times 10^{-31} kg$	$\times 10^{-28} g$
质子静质量	m_p	1.6726	$\times 10^{-27} kg$	$\times 10^{-24} g$
玻尔半径	a_0	5.2918	$\times 10^{-11} m$	$\times 10^{-9} cm$
玻尔磁子	μ_B	9.2940	$\times 10^{-24} J \cdot T^{-1}$	$\times 10^{-21} erg \cdot G^{-1}$
核磁子	μ_N	5.0508	$\times 10^{-27} J \cdot T^{-1}$	$\times 10^{-24} erg \cdot G^{-1}$
理想气体标准态体积	V_0	22.4138	$m^{3} \cdot kmol^{-1}$	—
摩尔气体常数	R	8.31451	$J \cdot mol^{-1} \cdot K^{-1}$	$\times 10^{7} erg \cdot mol^{-1} \cdot K^{-1}$
		1.9872	$cal \cdot mol^{-1} \cdot K^{-1}$	—
		8.2056	$\times 10^{-2} m^{3} \cdot atm \cdot kmol^{-1} \cdot K^{-1}$	—
水的冰点	—	273.15K	—	—
水的三相点	—	273.16K	—	—

注:1atm(标准大气压)=101325Pa(帕斯卡)=1.01325bar(巴)=760mmHg(毫米汞柱)(0℃)。

表 I -5 力单位换算

牛顿,N	千克力,kgf	达因,dyn
1	0.102	10^5
9.80665	1	9.80665×10^5
10^{-5}	1.02×10^{-6}	1

表 I -6 压力单位换算

帕斯卡,Pa	工程大气压,$kgf\cdot cm^{-2}$	毫米水柱,mmH_2O	标准大气压,atm	毫米汞柱,mmHg
1	1.02×10^{-5}	0.102	0.99×10^5	0.0075
98067	1	10^4	0.9678	735.6
9.807	0.0001	1	0.9678×10^{-4}	0.0736
101325	1.033	10332	1	760
133.32	0.00036	13.6	0.00132	1

注:$1Pa=1N/m^2$;1at(工程大气压)$=1kgf/cm^2$;1mmHg=1Torr;$1bar=10^5N/m^2$;标准大气压即物理大气压。

表 I -7 能量单位换算

尔格,erg	焦耳,J	千克力米,$kgf\cdot m$	千瓦小时,$kW\cdot h$	千卡,kcal(国际蒸气表卡)	升大气压,$L\cdot atm$
1	10^{-7}	0.102×10^{-7}	27.78×10^{-15}	23.9×10^{-12}	9.869×10^{-10}
10^7	1	0.102	277.8×10^{-9}	239×10^{-6}	9.869×10^{-3}
9.807×10^7	9.807	1	2.724×10^{-6}	2.342×10^{-3}	9.679×10^{-5}
36×10^{12}	3.6×10^6	367.1×10^3	1	958.845	3.553×10^4
41.87×10^9	4186.8	426.935	1.163×10^{-3}	1	41.29
1.013×10^9	101.3	10.33	2.814×10^{-5}	0.024218	1

注:$1erg=1dyn\cdot cm$;$1J=1N\cdot m=1W\cdot s$;$1eV=1.602\times10^{-19}J$;1 国际蒸气表卡 = 1.00067 热化学卡。

附 I.3 元素及相对原子质量表

表 I -8 元素及相对原子质量

原子序	名 称	符 号	相对原子质量	原子序	名 称	符 号	相对原子质量
1	氢	H	1.0079	11	钠	Na	22.98977
2	氦	He	4.00260	12	镁	Mg	24.305
3	锂	Li	6.941	13	铝	Al	26.98154
4	铍	Be	9.01218	14	硅	Si	28.0855
5	硼	B	10.81	15	磷	P	30.97376
6	碳	C	12.011	16	硫	S	32.66
7	氮	N	14.0067	17	氯	Cl	35.453
8	氧	O	15.9994	18	氩	Ar	39.948
9	氟	F	18.99840	19	钾	K	39.098
10	氖	Ne	20.179	20	钙	Ca	40.08

续表

原子序	名　称	符　号	相对原子质量	原子序	名　称	符　号	相对原子质量
21	钪	Sc	44.9559	56	钡	Ba	137.33
22	钛	Ti	47.90	57	镧	La	138.9055
23	钒	V	50.9415	58	铈	Ce	140.12
24	铬	Cr	51.996	59	镨	Pr	140.9077
25	锰	Mn	54.9380	60	钕	Nd	144.24
26	铁	Fe	55.847	61	钷	Pm	[145]
27	钴	Co	58.9332	62	钐	Sm	150.4
28	镍	Ni	58.70	63	铕	Eu	151.96
29	铜	Cu	63.546	64	钆	Gd	157.25
30	锌	Zn	65.38	65	铽	Tb	158.9254
31	镓	Ga	69.72	66	镝	Dy	162.50
32	锗	Ge	72.59	67	钬	Ho	164.9304
33	砷	As	74.9216	68	铒	Er	167.26
34	硒	Se	78.96	69	铥	Tm	168.9342
35	溴	Br	79.904	70	镱	Yb	173.04
36	氪	Kr	83.80	71	镥	Lu	174.967
37	铷	Rb	85.4678	72	铪	Hf	178.49
38	锶	Sr	87.62	73	钽	Ta	180.9479
39	钇	Y	88.9059	74	钨	W	183.85
40	锆	Zr	91.22	75	铼	Re	186.207
41	铌	Nb	92.9064	76	锇	Os	190.2
42	钼	Mo	95.94	77	铱	Ir	192.22
43	锝	Tc	[77][99]	78	铂	Pt	195.09
44	钌	Ru	101.07	79	金	Au	196.9665
45	铑	Rh	102.9055	80	汞	Hg	200.59
46	钯	Pd	106.4	81	铊	Tl	204.37
47	银	Ag	107.868	82	铅	Pb	207.2
48	镉	Cd	112.41	83	铋	Bi	208.9804
49	铟	In	114.82	84	钋	Po	[210][209]
50	锡	Sn	118.69	85	砹	At	[210]
51	锑	Sb	121.75	86	氡	Rn	[222]
52	碲	Te	127.60	87	钫	Fr	[223]
53	碘	I	126.9045	88	镭	Ra	226.0254
54	氙	Xe	131.30	89	锕	Ac	227.0278
55	铯	Cs	132.9054	90	钍	Th	232.0381

续表

原子序	名 称	符 号	相对原子质量	原子序	名 称	符 号	相对原子质量
91	镤	Pa	231.0359	100	镄	Fm	[257]
92	铀	U	238.029	101	钔	Md	[258]
93	镎	Np	237.0482	102	锘	No	[259]
94	钚	Pu	[239][244]	103	铹	Lr	[260]
95	镅	Am	[243]	104		Unq	[261]
96	锔	Cm	[247]	105		Unp	[262]
97	锫	Bk	[247]	106		Unh	[263]
98	锎	Cf	[251]	107			[261]
99	锿	Es	[254]				

附Ⅰ.4 常见化合物的摩尔质量表

表Ⅰ-9 常见化合物的摩尔质量

化合物	摩尔质量 g · mol^{-1}	化合物	摩尔质量 g · mol^{-1}	化合物	摩尔质量 g · mol^{-1}
Ag_3AsO_4	462.52	$Ca(NO_3)_2 \cdot 4H_2O$	236.15	$FeCl_3 \cdot 6H_2O$	270.30
AgBr	187.77	$Ca(OH)_2$	74.09	$FeNH_4(SO_4)_2 \cdot 12H_2O$	482.18
AgCl	143.32	$Ca_3(PO_4)_2$	310.18	$Fe(NO_3)_3$	241.86
AgCN	133.89	$CaSO_4$	136.14	$Fe(NO_3)_3 \cdot 9H_2O$	404.00
AgSCN	165.95	$CdCO_3$	172.42	FeO	71.846
Ag_2CrO_4	331.73	$CdCl_2$	183.32	Fe_2O_3	159.69
AgI	234.77	CdS	144.47	Fe_3O_4	231.54
$AgNO_3$	169.87	$Ce(SO_4)_2$	322.24	$Fe(OH)_3$	106.87
$AlCl_3$	133.34	$Ce(SO_4)_2 \cdot 4H_2O$	404.30	FeS	87.91
$AlCl_3 \cdot 9H_2O$	241.43	$CoCl_2$	129.84	Fe_2S_3	207.87
$Al(NO_3)_3$	213.00	$CoCl_2 \cdot 6H_2O$	237.93	$FeSO_4$	151.90
$Al(NO_3)_3 \cdot 9H_2O$	375.13	$Co(NO_3)_2$	132.94	$FeSO_4 \cdot 7H_2O$	278.01
Al_2O_3	101.96	$Co(NO_3)_2 \cdot 6H_2O$	291.03	$FeSO_4 \cdot (NH_4)_2SO_4 \cdot 6H_2O$	392.13
$Al(OH)_3$	78.00	CoS	90.99	H_3AsO_3	125.94
$Al_2(SO_4)_3$	342.14	$CoSO_4$	154.99	H_3AsO_4	141.94
$Al_2(SO_4)_3 \cdot 18H_2O$	666.41	$CoSO_4 \cdot 7H_2O$	281.10	H_3BO_3	61.83
As_2O_3	197.84	$CO(NH_2)_2$	60.06	HBr	80.912
As_2O_5	229.84	$CrCl_3$	158.35	HCN	27.026
As_2S_3	246.02	$CrCl_3 \cdot 6H_2O$	266.45	HCOOH	46.026
$BaCO_3$	197.34	$Cr(NO_3)_3$	238.01	CH_3COOH	60.052
BaC_2O_4	225.35	Cr_2O_3	151.99	H_2CO_3	62.025

续表

化合物	摩尔质量 g · mol^{-1}	化合物	摩尔质量 g · mol^{-1}	化合物	摩尔质量 g · mol^{-1}
$BaCl_2$	208.24	$CuCl$	98.999	$H_2C_2O_4$	90.035
$BaCl_2 \cdot 2H_2O$	244.27	$CuCl_2$	134.45	$H_2C_2O_4 \cdot 2H_2O$	126.07
$BaCrO_4$	253.32	$CuCl_2 \cdot 2H_2O$	170.48	HCl	36.461
BaO	153.33	$CuSCN$	121.62	HF	20.006
$Ba(OH)_2$	171.34	CuI	190.45	HI	127.91
$BaSO_4$	233.39	$Cu(NO_3)_2$	187.56	HIO_3	175.91
$BiCl_3$	315.34	$Cu(NO_3)_2 \cdot 3H_2O$	241.60	HNO_3	63.013
$BiOCl$	260.43	CuO	79.545	HNO_2	47.013
CO_2	44.01	Cu_2O	143.09	H_2O	18.015
CaO	56.08	CuS	95.61	H_2O_2	34.015
$CaCO_3$	100.09	$CuSO_4$、	159.60	H_3PO_4	97.995
CaC_2O_4	128.10	$CuSO_4 \cdot 5H_2O$	249.68	H_2S	34.08
$CaCl_2$	110.99	$FeCl_2$	126.75	H_2SO_3	82.07
$CaCl_2.6H_2O$	219.08	$FeCl_3$	162.21	H_2SO_4	98.07
$Hg(CN)_2$	252.63	$Mn(NO_3)_2 \cdot 6H_2O$	287.04	$Na_2S_2O_3 \cdot 5H_2O$	248.17
$HgCl_2$	271.50	MnO	70.937	$NiCl_2 \cdot 6H_2O$	237.69
Hg_2Cl_2	472.09	MnO_2	86.937	NiO	74.69
HgI_2	454.40	MnS	87.00	$Ni(NO_3)_2 \cdot 6H_2O$	290.79
$Hg_2(NO_3)_2$	525.19	$MnSO_4$	151.00	NiS	90.75
$Hg_2(NO_3)_2 \cdot 2H_2O$	561.22	$MnSO_4 \cdot 4H_2O$	223.06	$NiSO_4 \cdot 7H_2O$	280.85
$Hg(NO_3)_2$	324.60	NO	30.006	P_2O_5	141.94
HgO	216.59	NO_2	46.006	$PbCO_3$	267.20
HgS	232.65	NH_3	17.03	PbC_2O_4	295.22
$HgSO_4$	296.65	CH_3COONH_4	77.083	$PbCl_2$	278.10
Hg_2SO_4	497.24	NH_4Cl	53.491	$PbCrO_4$	323.20
$KAl(SO_4)_2 \cdot 12H_2O$	474.38	$(NH_4)_2CO_3$	96.086	$Pb(CH_3COO)_2 \cdot 3H_2O$	379.30
KBr	119.00	$(NH_4)_2C_2O_4$	124.10	PbI_2	461.00
$KBrO_3$	167.00	$(NH_4)_2C_2O_4 \cdot H_2O$	142.11	$Pb(NO_3)_2$	331.20
KCl	74.551	NH_4SCN	76.12	PbO	223.20
$KClO_3$	122.55	NH_4HCO_3	79.055	PbO_2	239.20
$KClO_4$	138.55	$(NH_4)_2MoO_4$	196.01	$Pb_3(PO_4)_2$	811.54
KCN	65.116	NH_4NO_3	80.043	PbS	239.30
$KSCN$	97.18	$(NH_4)_2HPO_4$	132.06	$PbSO_4$	303.30
K_2CO_3	138.21	$(NH_4)_2S$	68.14	SO_3	80.06

续表

化合物	摩尔质量 g·mol^{-1}	化合物	摩尔质量 g·mol^{-1}	化合物	摩尔质量 g·mol^{-1}
K_2CrO_4	194.19	$(NH_4)_2SO_4$	132.13	SO_2	64.06
$K_2Cr_2O_7$	294.18	NH_4VO_3	116.98	$SbCl_3$	228.11
$K_3Fe(CN)_6$	329.25	Na_3AsO_3	191.89	$SbCl_5$	299.02
$K_4Fe(CN)_6$	386.35	$Na_2B_4O_7$	201.22	Sb_2O_3	291.50
$KFe(SO_4)_2 \cdot 12H_2O$	503.24	$Na_2B_4O_7 \cdot 10H_2O$	381.37	Sb_3S_3	339.68
$KHC_2O_4 \cdot H_2C_2O_4 \cdot 2H_2O$	254.19	$NaBiO_3$	279.97	SiF_4	104.08
$KHC_4H_4O_6$	188.18	NaCN	49.007	SiO_2	60.084
$KHSO_4$	136.16	NaSCN	81.07	$SnCl_2$	189.62
KI	166.00	Na_2CO_3	105.99	$SnCl_2 \cdot 2H_2O$	225.65
KIO_3	214.00	$Na_2CO_3 \cdot 10H_2O$	286.14	$SnCl_4$	260.52
$KMnO_4$	158.03	$Na_2C_2O_4$	134.00	$SnCl_4 \cdot 5H_2O$	350.596
$KNaC_4H_4O_6 \cdot 4H_2O$	282.22	CH_3COONa	82.034	SnO_2	150.71
KNO_3	101.10	$CH_3COONa \cdot 3H_2O$	136.08	SnS	150.776
KNO_2	85.104	NaCl	58.443	$SrCO_3$	147.63
K_2O	94.196	NaClO	74.442	SrC_2O_4	175.64
KOH	56.106	$NaHCO_3$	84.007	$SrCrO_4$	203.61
K_2SO_4	174.25	$Na_2HPO_4 \cdot 12H_2O$	358.14	$Sr(NO_3)_2$	211.63
$MgCO_3$	84.314	$Na_2H_2Y \cdot 2H_2O$	372.24	$Sr(NO_3)_2 \cdot 4H_2O$	283.69
$MgCl_2$	95.211	$NaNO_2$	68.995	$SrSO_4$	183.68
$MgCl_2 \cdot 6H_2O$	203.30	$NaNO_3$	84.995	$UO_2(CH_3COO)_2 \cdot 2H_2O$	424.15
MgC_2O_4	112.33	Na_2O	61.979	$ZnCO_3$	125.39
$Mg(NO_3)_2 \cdot 6H_2O$	256.41	Na_2O_2	77.978	ZnC_2O_4	153.40
$MgNH_4PO_4$	137.32	NaOH	39.997	$ZnCl_2$	136.29
MgO	40.304	Na_3PO_4	163.94	$Zn(CH_3COO)_2$	183.47
$Mg(OH)_2$	58.32	Na_2S	78.04	$Zn(CH_3COO)_2 \cdot 2H_2O$	219.50
$Mg_2P_2O_7$	222.55	$Na_2S \cdot 9H_2O$	240.18	$Zn(NO_3)_2$	189.39
$MgSO_4 \cdot 7H_2O$	246.47	Na_2SO_3	126.04	$Zn(NO_3)_2 \cdot 6H_2O$	297.48
$MnCO_3$	114.95	Na_2SO_4	142.04	ZnO	81.38
$MnCl_2 \cdot 4H_2O$	197.91	$Na_2S_2O_3$	158.10	ZnS	97.44
				$ZnSO_4$	161.44
				$ZnSO_4 \cdot 7H_2O$	287.54

附 I.5　弱酸及其共轭碱在水中的解离常数

表 I -10　弱酸及其共轭碱在水中的解离常数(25℃, $I=0$)

弱　酸	分子式	K_a	pK_a	共轭碱	
				pK_b	K_b
砷酸	H_3AsO_4	$6.3\times10^{-3}(K_{a1})$	2.20	11.80	$1.6\times10^{-12}(K_{b3})$
		$1.0\times10^{-7}(K_{a2})$	7.00	7.00	$1\times10^{-12}(K_{b2})$
		$3.2\times10^{-12}(K_{a3})$	11.50	2.50	$3.1\times10^{-3}(K_{b1})$
亚砷酸	$HAsO_2$	6.0×10^{-10}	9.22	4.78	1.7×10^{-5}
硼酸	H_3BO_3	5.8×10^{-10}	9.24	4.76	1.7×10^{-5}
焦硼酸	$H_2B_4O_7$	$1\times10^{-4}(K_{a1})$	4	10	$1\times10^{-10}(K_{b2})$
		$1\times10^{-9}(K_{a2})$	9	5	$\times10^{-5}(K_{b1})$
碳酸	H_2CO_3	$4.2\times10^{-7}(K_{a1})$	6.38	7.62	$2.4\times10^{-8}(K_{b2})$
	(CO_2+H_2O)①	$5.6\times10^{-11}(K_{a2})$	10.25	3.75	$1.8\times10^{-4}(K_{b1})$
氢氰酸	HCN	6.2×10^{-10}	9.21	4.79	1.6×10^{-5}
铬酸	H_2CrO_4	$1.8\times10^{-1}(K_{a1})$	0.74	13.26	$5.6\times10^{-14}(K_{b2})$
		$3.2\times10^{-7}(K_{a2})$	6.50	7.50	$3.1\times10^{-8}(K_{b1})$
氢氟酸	HF	6.6×10^{-4}	3.18	10.82	1.5×10^{-11}
亚硝酸	HNO_2	5.1×10^{-4}	3.29	10.71	1.2×10^{-11}
过氧化氢	H_2O_2	1.8×10^{-12}	11.75	2.25	5.6×10^{-3}
磷酸	H_3PO_4	$7.6\times10^{-3}(K_{a1})$	2.12	11.88	$1.3\times10^{-12}(K_{b3})$
		$6.3\times10^{-8}(K_{a2})$	7.20	6.80	$1.6\times10^{-7}(K_{b2})$
		$4.4\times10^{-13}(K_{a3})$	12.36	1.64	$2.3\times10^{-2}(K_{b1})$
焦磷酸	$H_4P_2O_7$	$3.0\times10^{-2}(K_{a1})$	1.52	12.48	$3.3\times10^{-13}(K_{b4})$
		$4.4\times10^{-3}(K_{a2})$	2.36	11.64	$2.3\times10^{-12}(K_{b3})$
		$2.5\times10^{-7}(K_{a3})$	6.60	7.40	$4.0\times10^{-8}(K_{b2})$
		$5.6\times10^{-10}(K_{a4})$	9.25	4.75	$1.8\times10^{-5}(K_{b1})$
亚磷酸	H_3PO_3	$5.0\times10^{-10}(K_{a1})$	1.30	12.70	$2.0\times10^{-13}(K_{b2})$
		$2.5\times10^{-7}(K_{a2})$	6.60	7.40	$4.0\times10^{-8}(K_{b1})$
氢硫酸	H_2S	$1.3\times10^{-7}(K_{a1})$	6.88	7.12	$7.7\times10^{-8}(K_{b2})$
硫酸	HSO_4^-	$1.0\times10^{-2}(K_{a2})$	1.99	12.01	$1.0\times10^{-12}(K_{b1})$
亚硫酸	H_2SO_3	$1.3\times10^{-2}(K_{a1})$	1.90	12.10	$7.7\times10^{-13}(K_{b2})$
	(SO_2+H_2O)	$6.3\times10^{-8}(K_{a2})$	7.20	6.80	$1.6\times10^{-7}(K_{b1})$
偏硅酸	H_2SiO_3	$1.7\times10^{-10}(K_{a1})$	9.77	4.23	$5.9\times10^{-5}(K_{b2})$
		$1.6\times10^{-12}(K_{a2})$	11.8	2.20	$6.2\times10^{-3}(K_{b1})$
甲酸	HCOOH	1.8×10^{-4}	3.74	10.26	5.5×10^{-11}
乙酸	CH_3COOH	1.8×10^{-5}	4.74	9.26	5.5×10^{-10}
一氯乙酸	$CH_2ClCOOH$	1.4×10^{-3}	2.86	11.14	6.9×10^{-12}
二氯乙酸	$CHCl_2COOH$	5.0×10^{-2}	1.30	12.70	2.0×10^{-13}
三氯乙酸	CCl_3COOH	0.23	0.64	13.36	4.3×10^{-14}
氨基乙酸盐	$^+NH_3CH_2COOH$	$4.5\times10^{-3}(K_{a1})$	2.35	11.65	$2.2\times10^{-12}(K_{b2})$
	$^+NH_3CH_2COO^-$	$2.5\times10^{-10}(K_{a2})$	9.60	4.40	$4.0\times10^{-5}(K_{b1})$
乳酸	$CH_3CHOHCOOH$	1.4×10^{-4}	3.86	10.14	7.2×10^{-11}
苯甲酸	C_6H_5COOH	6.2×10^{-5}	4.21	9.79	1.6×10^{-10}

续表

弱　酸	分子式	K_a	pK_a	共轭碱	
				pK_b	K_b
草酸	$H_2C_2O_4$	$5.9\times10^{-2}(K_{a1})$	1.22	12.78	$1.7\times10^{-13}(K_{b2})$
		$6.4\times10^{-5}(K_{a2})$	4.19	9.81	$1.6\times10^{-10}(K_{b1})$
d－酒石酸	CH(OH)COOH | CH(OH)COOH	$9.1\times10^{-4}(K_{a1})$	3.04	10.96	$1.1\times10^{-11}(K_{b2})$
		$4.3\times10^{-5}(K_{a2})$	4.37	9.63	$2.3\times10^{-10}(K_{b1})$
邻苯二甲酸	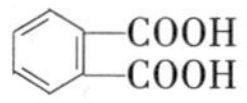 —COOH —COOH	$1.1\times10^{-3}(K_{a1})$	2.95	11.05	$9.1\times10^{-12}(K_{b2})$
		$3.9\times10^{-5}(K_{a2})$	5.41	8.59	$2.6\times10^{-9}(K_{b1})$
柠檬酸	CH_2COOH | C(OH)COOH | CH_2COOH	$7.4\times10^{-4}(K_{a1})$	3.13	10.87	$1.4\times10^{-11}(K_{b3})$
		$1.7\times10^{-5}(K_{a2})$	4.76	9.26	$5.9\times10^{-10}(K_{b2})$
		$4.0\times10^{-7}(K_{a3})$	6.40	7.60	$2.5\times10^{-8}(K_{b1})$
苯酚	C_6H_5OH	1.1×10^{-10}	9.95	4.05	9.1×10^{-5}
乙二胺四乙酸	H_6-EDTA^{2+}	$0.13(K_{a1})$	0.9	13.1	$7.7\times10^{-14}(K_{b6})$
	H_5-EDTA^{+}	$3\times10^{-2}(K_{a2})$	1.6	12.4	$3.3\times10^{-13}(K_{b5})$
	H_4-EDTA	$1\times10^{-2}(K_{a3})$	2.0	12.0	$1\times10^{-12}(K_{b4})$
	H_3-EDTA^{-}	$2.1\times10^{-3}(K_{a4})$	2.67	11.33	$4.8\times10^{-12}(K_{b3})$
	H_2-EDTA^{2-}	$6.9\times10^{-7}(K_{a5})$	6.16	7.84	$1.4\times10^{-8}(K_{b2})$
	$H-EDTA^{3-}$	$5.5\times10^{-11}(K_{a6})$	10.26	3.74	$1.8\times10^{-4}(K_{b1})$
氨离子	NH_4^+	5.5×10^{-10}	9.26	4.74	1.8×10^{-5}
联氨离子	$^+H_3NNH_3^+$	3.3×10^{-9}	8.48	5.52	3.0×10^{-6}
羟氨离子	NH_3^+OH	1.1×10^{-6}	5.96	8.04	9.1×10^{-9}
甲胺离子	$CH_3NH_3^+$	2.4×10^{-11}	10.62	3.38	4.2×10^{-4}
乙胺离子	$C_2H_5NH_3^+$	1.8×10^{-11}	10.75	3.25	5.6×10^{-4}
二甲胺离子	$(CH_3)_2NH_2^+$	8.5×10^{-11}	10.07	3.93	1.2×10^{-4}
二乙胺离子	$(C_2H_5)_2NH_2^+$	7.8×10^{-12}	11.11	2.89	1.3×10^{-3}
乙醇胺离子	$HOCH_2CH_2NH_3^+$	3.2×10^{-10}	9.50	4.50	3.2×10^{-5}
三乙醇胺离子	$(HOCH_2CH_2)_3NH^+$	1.7×10^{-8}	7.76	6.24	5.8×10^{-7}
六亚甲基四胺离子	$(CH_2)_6N_4H^+$	7.1×10^{-6}	5.15	8.85	1.4×10^{-9}
乙二胺离子	$^+H_3NCH_2CH_2NH_3^+$	1.4×10^{-7}	6.85	7.15	$7.1\times10^{-8}(K_{b2})$
	$H_2NCH_2CH_2NH_3^+$	1.2×10^{-10}	9.93	4.07	$8.5\times10^{-5}(K_{b1})$
吡啶离子	 NH^+	5.9×10^{-6}	5.23	8.77	1.7×10^{-9}

①如果不计水合 CO_2，H_2CO_3 的 $pK_{a1}=3.76$。

附 I.6　微溶化合物的溶度积

表 I -11　微溶化合物的溶度积(18 ~ 25℃, $I=0$)

微溶化合物	K_{sp}	pK_{sp}	微溶化合物	K_{sp}	pK_{sp}
AgAc	2×10^{-3}	2.7	$CaSO_4$	9.1×10^{-6}	5.04
Ag_3AsO_4	1×10^{-22}	22.0	$CaWO_4$	8.7×10^{-9}	8.06
AgBr	5.0×10^{-13}	12.30	$CdCO_3$	5.2×10^{-12}	11.28
Ag_2CO_3	8.1×10^{-12}	11.09	$Cd_2[Fe(CN)_6]$	3.2×10^{-17}	16.49
AgCl	1.8×10^{-10}	9.75	$Cd(OH)_2$ 新析出	2.5×10^{-14}	13.60
Ag_2CrO_4	2.0×10^{-12}	11.71	$CdC_2O_4\cdot3H_2O$	9.1×10^{-8}	7.04
AgCN	1.2×10^{-16}	15.92	CdS	8×10^{-27}	26.1
AgOH	2.0×10^{-8}	7.71	$CoCO_3$	1.4×10^{-13}	12.84
AgI	9.3×10^{-17}	16.03	$Co_2[Fe(CN)_6]$	1.8×10^{-15}	14.74
$Ag_2C_2O_4$	3.5×10^{-11}	10.64	$Co(OH)_2$ 新析出	2×10^{-15}	14.7
Ag_3PO_4	1.4×10^{-16}	15.84	$Co(OH)_3$	2×10^{-44}	43.7
Ag_2SO_4	1.4×10^{-5}	4.84	$Co[Hg(SCN)_4]$	1.5×10^{-8}	5.82
Ag_2S	2×10^{-49}	48.7	α − CoS	4×10^{-21}	20.4
AgSCN	1.0×10^{-12}	12.00	β − CoS	2×10^{-25}	24.7
$Al(OH)_3$ 无定形	1.3×10^{-33}	32.9	$Co_3(PO_4)_2$	2×10^{-35}	34.7
$As_2S_3$①	2.1×10^{-22}	21.68	$Cr(OH)_3$	6×10^{-31}	30.2
$BaCO_3$	5.1×10^{-9}	8.29	CuBr	5.2×10^{-9}	8.28
$BaCrO_4$	1.2×10^{-10}	9.93	CuCl	1.2×10^{-3}	5.92
BaF_2	1×10^{-6}	6.0	CuCN	3.2×10^{-20}	19.49
$BaC_2O_4\cdot H_2O$	2.3×10^{-8}	7.64	CuI	1.1×10^{-12}	11.96
$BaSO_4$	1.1×10^{-10}	9.96	CuOH	1×10^{-14}	14.0
$Bi(OH)_3$	4×10^{-31}	30.4	Cu_2S	2×10^{-48}	47.7
BiOOH②	4×10^{-10}	9.4	CuSCN	4.8×10^{-15}	14.32
BiI_3	8.1×10^{-19}	18.09	$CuCO_3$	1.4×10^{-10}	9.68
BiOCl	1.8×10^{-31}	30.75	$Cu(OH)_2$	2.2×10^{-20}	19.66
$BiPO_4$	1.3×10^{-23}	22.89	CuS	6×10^{-36}	35.2
Bi_2S_3	1×10^{-97}	97.0	$FeCO_3$	3.2×10^{-11}	10.50
$CaCO_3$	2.9×10^{-9}	8.54	$Fe(OH)_2$	8×10^{-16}	15.1
CaF_2	2.7×10^{-11}	10.57	FeS	6×10^{-18}	17.2

续表

微溶化合物	K_{sp}	pK_{sp}	微溶化合物	K_{sp}	pK_{sp}
$CaC_2O_4 \cdot H_2O$	2.0×10^{-9}	8.70	$Fe(OH)_3$	4×10^{-38}	37.4
$Ca_3(PO_4)_2$	2.0×10^{-29}	28.70	$FePO_4$	1.3×10^{-22}	21.89
$Hg_2Br_2$③	5.8×10^{-23}	22.24	PbF_2	2.7×10^{-8}	7.57
Hg_2CO_3	8.9×10^{-17}	16.05	$Pb(OH)_2$	1.2×10^{-15}	14.93
Hg_2Cl_2	1.3×10^{-18}	17.88	PbI_2	7.1×10^{-9}	8.15
$Hg_2(OH)_2$	2×10^{-24}	23.7	$PbMoO_4$	1×10^{-13}	13.0
Hg_2I_2	4.5×10^{-29}	28.53	$Pb_3(PO_4)_2$	8.0×10^{-43}	42.10
Hg_2SO_4	7.4×10^{-7}	6.13	$PbSO_4$	1.6×10^{-8}	7.79
Hg_2S	1×10^{-47}	47.0	PbS	8×10^{-28}	27.9
$Hg(OH)_2$	3.0×10^{-25}	25.52	$Pb(OH)_4$	3×10^{-66}	65.5
HgS 红色	4×10^{-53}	52.4	$Sb(OH)_3$	4×10^{-42}	41.4
HgS 黑色	2×10^{-52}	51.7	Sb_2S_3	2×10^{-93}	92.8
$MgNH_4PO_4$	2×10^{-13}	12.7	$Sn(OH)_2$	1.4×10^{-23}	27.85
$MgCO_3$	3.5×10^{-8}	7.46	SnS	1×10^{-25}	25.0
MgF_2	6.4×10^{-9}	8.19	$Sn(OH)_4$	1×10^{-56}	56.0
$Mg(OH)_2$	1.8×10^{-11}	10.74	SnS_2	2×10^{-27}	26.7
$MnCO_3$	1.8×10^{-11}	10.74	$SrCO_3$	1.1×10^{-10}	9.96
$Mn(OH)_2$	1.9×10^{-13}	12.72	$SrCrO_4$	2.2×10^{-5}	4.65
MnS 无定形	2×10^{-10}	9.7	SrF_2	2.4×10^{-9}	8.61
MnS 晶形	2×10^{-13}	12.7	$SrC_2O_4 \cdot H_2O$	1.6×10^{-7}	6.80
$NiCO_3$	6.6×10^{-9}	8.18	$Sr_3(PO_4)_2$	4.1×10^{-28}	27.39
$Ni(OH)_2$ 新析出	2×10^{-15}	14.7	$SrSO_4$	3.2×10^{-7}	6.49
$Ni_3(PO_4)_2$	5×10^{-31}	30.3	$Ti(OH)_3$	1×10^{-40}	40.0
α - NiS	3×10^{-19}	18.5	$TiO(OH)_2$④	1×10^{-29}	29.0
β - NiS	1×10^{-24}	24.0	$ZnCO_3$	1.4×10^{-11}	10.84
γ - NiS	2×10^{-26}	25.7	$Zn_2[Fe(CN)_6]$	4.1×10^{-16}	15.39
$PbCO_3$	7.4×10^{-14}	13.13	$Zn(OH)_2$	1.2×10^{-17}	16.92
$PbCl_2$	1.6×10^{-5}	4.79	$Zn_3(PO_4)_2$	9.1×10^{-33}	32.04
PbClF	2.4×10^{-9}	8.62	ZnS	2×10^{-22}	21.7
$PbCrO_4$	2.8×10^{-13}	12.55			

①为下列平衡的平衡常数 $As_2S_3 + 4H_2O \rightleftharpoons 2HAsO_2 + 3H_2S$。

②BiOOH 的 $K_{sp} = [BiO^+][OH^-]$。

③$(Hg_2)_mX_n$ 的 $K_{sp} = [Hg_2^{2+}]^m[X^{-2m/n}]^n$。

④$TiO(OH)_2$ 的 $K_{sp} = [TiO^{2+}][OH^-]^2$。

附 I.7　配合物的稳定常数

表 I －12　配合物的稳定常数(18 ~ 15℃)

金属离子	I, mol · L^{-1}	n	$\lg\beta_n$
氨配合物			
Ag^{+}	0.5	1,2	3.24,7.05
Cd^{2+}	2	1,…,6	2.65,4.75,6.19,7.12,6.80,5.14
Co^{2+}	2	1,…,6	2.11,3.74,4.79,5.55,5.73,5.11
Co^{3+}	2	1,…,6	6.7,14.0,20.1,25.7,30.8,35.2
Cu^{+}	2	1,2	5.93,10.86
Cu^{2+}	2	1,…,5	4.31,7.89,11.02,13.32,12.86
Ni^{2+}	2	1,…,6	2.80,5.04,6.77,7.96,8.71,8.74
Zn^{2+}	2	1,…,4	2.37,4.81,7.31,9.46
溴配合物			
Ag^{+}	0	1,…,4	4.38,7.33,8.00,8.73
Bi^{3+}	2.3	1,…,6	4.30,5.55,5.89,7.82,—,9.70
Cd^{2+}	3	1,…,4	1.75,2.34,3.32,3.70
Cu^{+}	0	2	5.89
Hg^{2+}	0.5	1,…,4	9.05,17.32,19.74,21.00
氯配合物			
Ag^{+}	0	1,…,4	3.04,5.04,5.04,5.30
Hg^{2+}	0.5	1,…,4	6.74,13.22,14.07,15.07
Sn^{2+}	0	1,…,4	1.51,2.24,2.03,1.48
Sb^{3+}	4	1,…,6	2.26,3.49,4.18,4.72,4.72,4.11
氰配合物			
Ag^{+}	0	1,…,4	—,21.1,21.7,20.6
Cd^{2+}	3	1,…,4	5.48,10.60,15.23,18.78
Co^{2+}	3	6	19.09
Cu^{+}	0	1,…,4	—,24.0,28.59,30.3
Fe^{2+}	0	6	35
Fe^{3+}	0	6	42
Hg^{2+}	0	4	41.4
Ni^{2+}	0.1	4	31.3
Zn^{2+}	0.1	4	16.7
氟配合物			
Al^{3+}	0.5	1,…,6	6.13,11.15,15.00,17.75,19.37,19.84

续表

金属离子	I,mol · L^{-1}	n	lgβ_n
Fe^{3+}	0.5	1,…,6	5.28,9.30,12.06,—,15.77,—
Th^{4+}	0.5	1,…,3	7.65,13.46,19.97
TiO_2^{2+}	3	1,…,4	5.4,9.8,13.7,18.0
ZrO_2^{2+}	2	1,…,3	8.80,16.12,21.94
碘配合物			
Ag^{+}	0	1,…,3	6.58,11.74,13.68
Bi^{3+}	2	1,…,6	3.63,—,—,14.95,16.80,18.80
Cd^{2+}	0	1,…,4	2.10,3.43,4.49,5.41
Pb^{2+}	0	1,…,4	2.00,3.15,3.92,4.47
Hg^{2+}	0.5	1,…,4	12.87,23.82,27.60,29.83
磷酸配合物			
Ca^{2+}	0.2	CaHL	1.7
Mg^{2+}	0.2	MgHL	1.9
Mn^{2+}	0.2	MnHL	2.6
Fe^{3+}	0.66	FeL	9.35
硫氰酸配合物			
Ag^{+}	2.2	1,…,4	—,7.57,9.08,10.08
Au^{+}	0	1,…,4	—,23,—,42
Co^{2+}	1	1	1.0
Cu^{+}	5	1,…,4	—,11.00,10.90,10.48
Fe^{3+}	0.5	1.2	2.95,3.36
Hg^{2+}	1	1,…,4	—,17.47,—,21.23
硫代硫酸配合物			
Ag^{+}	0	1,…,3	8.82,13.46,14.15
Cu^{+}	0.8	1,2,3	10.35,12.27,13.71
Hg^{2+}	0	1,…,4	—,29.86,32.26,33.61
Pb^{2+}	0	1.3	5.1,6.4
乙酰丙酮配合物			
Al^{3+}	0	1,2,3	8.60,15.5,21.30
Cu^{2+}	0	1,2	8.27,16.34
Fe^{2+}	0	1,2	5.07,8.67
Fe^{3+}	0	1,2,3	11.4,22.1,26.7
Ni^{2+}	0	1,2,3	6.06,10.77,13.09
Zn^{2+}	0	1,2	4.98,8.81

续表

金属离子	I, mol · L^{-1}	n	$\lg\beta_n$
柠檬酸配合物			
Ag^{+}	0	Ag_2HL	7.1
Al^{3+}	0.5	AlHL	7.0
		AlL	20.0
		AlOHL	30.6
Ca^{2+}	0.5	CaH_3L	10.9
		CaH_2L	8.4
		CaHL	3.5
Cd^{2+}	0.5	CdH_2L	7.9
		CdHL	4.0
		CdL	11.3
Co^{2+}	0.5	CoH_2L	8.9
		CoHL	4.4
		CoL	12.5
Cu^{2+}	0.5	CuH_3L	12.0
	0	CuHL	6.1
	0.5	CuL	18.0
Fe^{2+}	0.5	FeH_3L	7.3
		FeHL	3.1
		FeL	15.5
Fe^{3+}	0.5	FeH_2L	12.2
		FeHL	10.9
		FeL	25.0
Ni^{2+}	0.5	NiH_2L	9.0
		NiHL	4.8
		NiL	14.3
Pb^{2+}	0.5	PbH_2L	11.2
		PbHL	5.2
		PbL	12.3
Zn^{2+}	0.5	ZnH_2L	8.7
		ZnHL	4.5
		ZnL	11.4
草酸配合物			
Al^{3+}	0	1,2,3	7.26,13.0,16.3

续表

金属离子	I,mol·L^{-1}	n	lgβ_n
Cd^{2+}	0.5	1,2	2.9,4.7
Co^{2+}	0.5	CoHL	5.5
		CoH_2L	10.6
		1,2,3	4.79,6.7,9.7
Co^{3+}	0	3	~20
Cu^{2+}	0.5	CuHL	6.25
		1,2	4.5,8.9
Fe^{2+}	0.5~1	1,2,3	2.9,4.52,5.22
Fe^{3+}	0	1,2,3	9.4,16.2,20.2
Mg 2 +	0.1	1,2	2.76,4.38
Mn(Ⅲ)	2	1,2,3	9.98,16.57,19.42
Ni^{2+}	0.1	1,2,3	5.3,7.64,8.5
Th(Ⅳ)	0.1	4	24.5
TiO^{2+}	2	1,2	6.6,9.9
Zn^{2+}	0.5	ZnH_2L	5.6
		1,2,3	4.9,7.60,8.15
磺基水杨酸配合物			
Al^{3+}	0.1	1,2,3	13.20,22.83,28.89
Cd^{2+}	0.25	1,2	16.68,29.08
Co^{2+}	0.1	1,2	6.13,9.82
Cr^{3+}	0.1	1	9.56
Cu^{2+}	0.1	1,2	9.52,16.45
Fe^{2+}	0.1~0.5	1,2	5.90,9.90
Fe^{3+}	0.25	1,2,3	14.64,25.18,32.12
Mn^{2+}	0.1	1,2	5.24,8.24
Ni^{2+}	0.1	1,2	6.42,10.24
Zn^{2+}	0.1	1,2	6.05,10.65
酒石酸配合物			
Bi^{3+}	0	3	8.30
Ca^{2+}	0.5	CaHL	4.85
	0	1,2	2.98,9.01
Cd^{2+}	0.5	1	2.8
Cu^{2+}	1	1,…,4	3.2,5.11,4.78,6.51
Fe^{3+}	0	3	7.49

续表

金属离子	I, mol · L^{-1}	n	$\lg\beta_n$
Mg^{2+}	0.5	MgHL	4.65
		1	1.2
Pb^{2+}	0	1,2,3	3.78,—,4.7
Zn^{2+}	0.5	ZnHL	4.5
		1,2	2.4,8.32
乙二胺配合物			
Ag^{+}	0.1	1,2	4.70,7.70
Cd^{2+}	0.5	1,2,3	5.47,10.09,12.09
Co^{2+}	1	1,2,3	5.91,10.64,13.94
Co^{3+}	1	1,2,3	18.70,34.90,48.69
Cu^{+}	—	2	10.8
Cu^{2+}	1	1,2,3	10.67,20.00,21.0
Fe^{2+}	1.4	1,2,3	4.34,7.65,9.70
Hg^{2+}	0.1	1,2	14.30,23.3
Mn^{2+}	1	1,2,3	2.73,4.79,5.67
Ni^{2+}	1	1,2,3	7.52,13.80,18.06
Zn^{2+}	1	1,2,3	5.77,10.83,14.11
硫脲配合物			
Ag^{+}	0.03	1,2	7.4,13.1
Bi^{3+}	—	6	11.9
Cu^{+}	0.1	3,4	13,15.4
Hg^{2+}	—	2,3,4	22.1,24.7,26.8
氢氧基配合物			
Al^{3+}	2	4	33.3
		$Al_6(OH)_{15}^{3+}$	163
Bi^{3+}	3	1	12.4
		$Bi_6(OH)_{12}^{6+}$	168.3
Cd^{2+}	3	1,…,4	4.3,7.7,10.3,12.0
Co^{2+}	0.1	1,3	5.1,—,10.2
Cr^{3+}	0.1	1,2	10.2,18.3
Fe^{2+}	1	1	4.5
Fe^{3+}	3	1,2	11.0,21.7
		$Fe_2(OH)_2^{4+}$	25.1
Hg^{2+}	0.4	2	21.7

续表

金属离子	I,mol·L^{-1}	n	$\lg\beta_n$
Mg^{2+}	0	1	2.6
Mn^{2+}	0.1	1	3.4
Ni^{2+}	0.1	1	4.6
Pb^{2+}	0.3	1,2,3	6.2,10.3,13.3
		$Pb_2(OH)^{3+}$	7.6
Sn^{2+}	3	1	10.1
Th^{4+}	1	1	9.7
Ti^{3+}	0.5	1	11.8
TiO^{2+}	1	1	13.7
VO^{2+}	3	1	8.0
Zn^{2+}	0	1,…,4	4.4,10.1,14.2,15.5

注：

(1)β_n 为配合物的累积稳定常数，即

$$\beta_n = K_1K_2K_3\cdots K_n$$

$$\lg\beta_n = \lg K_1 + \lg K_2 + \lg K_3 + \cdots + \lg K_n$$

例如 Ag^+ 与 NH_3 的配合物，$\lg\beta_1 = 3.24$ 即 $\lg K_1 = 3.24$；$\lg\beta_2 = 7.05$ 即 $\lg K_1 = 3.24$，$\lg K_2 = 3.81$。

(2)酸式、碱式配合物及多核氢氧基配合物的化学式标明于 n 栏中。

附Ⅰ.8　标准电极电位

表Ⅰ-13　标准电极电位(18~25℃)

半　　反　　应	$\varphi^\ominus$,V
$F_2(g) + 2H^+ + 2e^- = 2HF$	3.06
$O_3 + 2H^+ + 2e^- = O_2 + H_2O$	2.07
$S_2O_8^{2-} + 2e^- = 2SO_4^{2-}$	2.01
$H_2O_2 + 2H^+ + 2e^- = 2H_2O$	1.77
$MnO_4^- + 4H^+ + 3e^- = MnO_2(s) + 2H_2O$	1.695
$PbO_2 + SO_4^{2-} + 4H^+ + 2e^- = PbSO_4(s) + 2H_2O$	1.685
$HClO_2 + 2H^+ + 2e^- = HClO + H_2O$	1.64
$HClO + H^+ + e^- = \frac{1}{2}Cl_2 + H_2O$	1.63
$Ce^{4+} + e^- = Ce^{3+}$	1.61
$H_5IO_6 + H^+ + 2e^- = IO_3^- + 3H_2O$	1.60

续表

半　反　应	$\varphi^{\ominus}$,V
$HBrO + H^+ + e^- = \frac{1}{2}Br_2 + H_2O$	1.59
$BrO_3^- + 6H^+ + 5e^- = \frac{1}{2}Br_2 + 3H_2O$	1.52
$MnO_4^- + 8H^+ + 5e^- = Mn^{2+} + 4H_2O$	1.51
$Au(Ⅲ) + 3e^- = Au$	1.50
$HClO + H^+ + 2e^- = Cl^- + H_2O$	1.49
$ClO_3^- + 6H^+ + 5e^- = \frac{1}{2}Cl_2 + 3H_2O$	1.47
$PbO_2(s) + 4H^+ + 2e^- = Pb^{2+} + 2H_2O$	1.455
$HIO + H^+ + e^- = \frac{1}{2}I_2 + H_2O$	1.45
$ClO_3^- + 6H^+ + 6e^- = Cl^- + 3H_2O$	1.45
$BrO_3^- + 6H^+ + 6e^- = Br^- + 3H_2O$	1.44
$Au(Ⅲ) + 2e^- = Au(Ⅰ)$	1.41
$Cl_2(g) + 2e^- = 2Cl^-$	1.3595
$ClO_4^- + 8H^+ + 7e^- = \frac{1}{2}Cl_2 + 4H_2O$	1.34
$Cr_2O_7^{2-} + 14H^+ + 6e^- = 2Cr^{3+} + 7H_2O$	1.33
$MnO_2(s) + 4H^+ + 2e^- = Mn^{2+} + 2H_2O$	1.23
$O_2(g) + 4H^+ + 4e^- = 2H_2O$	1.229
$IO_3^- + 6H^+ + 5e^- = \frac{1}{2}I_2 + 3H_2O$	1.20
$ClO_4^- + 2H^+ + 2e^- = ClO_3^- + H_2O$	1.19
$Br_2(aq) + 2e^- = 2Br^-$	1.087
$NO_2 + H^+ + e^- = HNO_2$	1.07
$Br_3^- + + 2e^- = 3Br^-$	1.05
$HNO_2 + H^+ + e^- = NO(g) + H_2O$	1.00
$VO_2^+ + 2H^+ + e^- = VO^{2+} + H_2O$	1.00
$HIO + H^+ + 2e^- = I^- + H_2O$	0.99
$NO_3^- + 3H^+ + 2e^- = HNO_2 + H_2O$	0.94
$ClO^- + H_2O + 2e^- = Cl^- + 2OH^-$	0.89
$H_2O_2 + 2e^- = 2OH^-$	0.88
$Cu^{2+} + I^- + e^- = CuI(s)$	0.86
$Hg^{2+} + 2e^- = Hg$	0.845
$NO_3^- + 2H^+ + e^- = NO_2 + H_2O$	0.80
$Ag^+ + e^- = Ag$	0.7995
$Hg_2^{2+} + 2e^- = 2Hg$	0.793

续表

半 反 应	$\varphi^{\ominus}$,V
$Fe^{3+} + e^- = Fe^{2+}$	0.771
$BrO^- + H_2O + 2e^- = Br^- + 2OH^-$	0.76
$O_2(g) + 2H^+ + 2e^- = H_2O_2$	0.682
$AsO_2^- + 2H_2O + 3e^- = As + 4OH^-$	0.68
$2HgCl_2 + 2e^- = Hg_2Cl_2(s) + 2Cl^-$	0.63
$Hg_2SO_4(s) + 2e^- = 2Hg + SO_4^{2-}$	0.6151
$MnO_4^- + 2H_2O + 3e^- = MnO_2(s) + 4OH^-$	0.588
$MnO_4^- + e^- = MnO_4^{2-}$	0.564
$H_3AsO_4 + 2H^+ + 2e^- = HAsO_2 + 2H_2O$	0.559
$I_3^- + 2e^- = 3I^-$	0.545
$I_2(s) + 2e^- = 2I^-$	0.5345
Mo(Ⅵ) + e^- = Mo(Ⅴ)	0.53
$Cu^+ + e^- = Cu$	0.52
$4SO_2(aq) + 4H^+ + 6e^- = S_4O_6^{2-} + 2H_2O$	0.51
$HgCl_4^{2-} + 2e^- = Hg + 4Cl^-$	0.48
$2SO_2(aq) + 2H^+ + 4e^- = S_2O_3^{2-} + H_2O$	0.40
$Fe(CN)_6^{3-} + e^- = Fe(CN)_6^{4-}$	0.36
$Cu^{2+} + 2e^- = Cu$	0.337
$VO^{2+} + 2H^+ + e^- = V^{3+} + H_2O$	0.337
$BiO^+ + 2H^+ + 3e^- = Bi + H_2O$	0.32
$Hg_2Cl_2(s) + 2e^- = 2Hg + 2Cl^-$	0.2676
$HAsO_2 + 3H^+ + 3e^- = As + 2H_2O$	0.248
$AgCl(s) + e^- = Ag + Cl^-$	0.2223
$SbO^+ + 2H^+ + 3e^- = Sb + H_2O$	0.212
$SO_4^{2-} + 4H^+ + 2e^- = SO_2(aq) + 2H_2O$	0.17
$Cu^{2+} + e^- = Cu^+$	0.159
$Sn^{4+} + 2e^- = Sn^{2+}$	0.154
$S + 2H^+ + 2e^- = H_2S(g)$	0.141
$Hg_2Br_2 + 2e^- = 2Hg + 2Br^-$	0.1395
$TiO^{2+} + 2H^+ + e^- = Ti^{3+} + H_2O$	0.1
$S_4O_6^{2-} + 2e^- = 2S_2O_3^{2-}$	0.08

续表

半　反　应	$\varphi^{\ominus}$, V
$AgBr(s) + e^- = Ag + Br^-$	0.071
$2H^+ + 2e^- = H_2$	0.000
$O_2 + H_2O + 2e^- = HO_2^- + OH^-$	-0.067
$TiOCl^+ + 2H^+ + 3Cl^- + e^- = TiCl_4^- + H_2O$	-0.09
$Pb^{2+} + 2e^- = Pb$	-0.126
$Sn^{2+} + 2e^- = Sn$	-0.136
$AgI(s) + e^- = Ag + I^-$	-0.152
$Ni^{2+} + 2e^- = Ni$	-0.246
$H_3PO_4 + 2H^+ + 2e^- = H_3PO_3 + H_2O$	-0.276
$Co^{2+} + 2e^- = Co$	-0.277
$Tl^+ + e^- = Tl$	-0.3360
$ln^{3+} + 3e^- = ln$	-0.345
$PbSO_4(s) + 2e^- = Pb + SO_4^{2-}$	-0.3553
$SeO_3^{2-} + 3H_2O + 4e^- = Se + 6OH^-$	-0.366
$As + 3H^+ + 3e^- = AsH_3$	-0.38
$Se + 2H^+ + 2e^- = H_2Se$	-0.40
$Cd^{2+} + 2e^- = Cd$	-0.403
$Cr^{3+} + e^- = Cr^{2+}$	-0.41
$Fe^{2+} + 2e^- = Fe$	-0.440
$S + 2e^- = S^{2-}$	-0.48
$2CO_2 + 2H^+ + 2e^- = H_2C_2O_4$	-0.49
$H_3PO_3 + 2H^+ + 2e^- = H_3PO_2 + H_2$	-0.50
$Sb + 3H^+ + 3e^- = SbH_3$	-0.51
$HPbO_2^- + H_2O + 2e^- = Pb + 3OH^-$	-0.54
$Ga^{3+} + 3e^- = Ga$	-0.56
$TeO_3^{2-} + 3H_2O + 4e^- = Te + 6OH^-$	-0.57
$2SO_3^{2-} + 3H_2O + 4e^- = S_2O_3^{2-} + 6OH^-$	-0.58
$SO_3^{2-} + 3H_2O + 4e^- = S + 6OH^-$	-0.66
$AsO_4^{3-} + 2H_2O + 2e^- = AsO_2^- + 4OH^-$	-0.67
$Ag_2S(s) + 2e^- = 2Ag + S^{2-}$	-0.69
$Zn^{2+} + 2e^- = Zn$	-0.763

续表

半 反 应	$\varphi^{\ominus}$,V
$2H_2O + 2e^- = H_2 + 2OH^-$	-0.828
$Cr^{2+} + 2e^- = Cr$	-0.91
$HSnO_2^- + H_2O + 2e^- = Sn + 3OH^-$	-0.91
$Se + 2e^- = Se^{2-}$	-0.92
$Sn(OH)_6^{2-} + 2e^- = HSnO_2^- + H_2O + 3OH^-$	-0.93
$CNO^- + H_2O + 2e^- = CN^- + 2OH^-$	-0.97
$Mn^{2+} + 2e^- = Mn$	-1.182
$ZnO_2^{2-} + 2H_2O + 2e^- = Zn + 4OH^-$	-1.216
$Al^{3+} + 3e^- = Al$	-1.66
$H_2AlO_3^- + H_2O + 3e^- = Al + 4OH^-$	-2.35
$Mg^{2+} + 2e^- = Mg$	-2.37
$Na^+ + e^- = Na$	-2.714
$Ca^{2+} + 2e^- = Ca$	-2.87
$Sr^{2+} + 2e^- = Sr$	-2.89
$Ba^{2+} + 2e^- = Ba$	-2.90
$K^+ + e^- = K$	-2.925
$Li^+ + e^- = Li$	-3.042

附 I.9 实验室中常用溶剂的性质

表 I -14 实验室中常用溶剂的性质

溶剂	沸点 ℃	熔点 ℃	相对分子质量	相对密度 (20℃)	介电常数	溶解度[①] g·(100g 水)$^{-1}$	与水共沸物		闪点 ℃	推荐极限值[②]	
							沸点,℃	含水量,%		μg·g^{-1}	mg·m^{-3}
乙醚	35	-116	74	0.71	4.3	6.0	34	1	-45	400	1200
戊烷	36	-130	72	0.63	1.8	不溶	35	1	-49	600	1800
氯甲烷	40	-95	85	1.33	8.9	1.3	39	2	无	100(CL)	350
二硫化碳	46	-111	76	1.26	2.6	0.29(20℃)	44	2	-30	10(CL)	30
丙酮	56	-95	58	0.79	20.7	∞	无	—	-18	1000(CL)	2400
氯仿	61	-64	119	1.49	4.8	0.82(20℃)	56	3	无	10	50
甲醇	65	-98	32	0.79	32.7	∞	无	—	11	200	260
四氢呋喃	66	-109	72	0.89	7.6	∞	64	5	-18	200	590

续表

溶剂	沸点 ℃	熔点 ℃	相对分子质量	相对密度(20℃)	介电常数	溶解度① g·(100g水)$^{-1}$	与水共沸物		闪点 ℃	推荐极限值②	
							沸点,℃	含水量,%		μg·g^{-1}	mg·m^{-3}
己烷	69	-95	86	0.66	1.9	不溶	62	6	-23	100	360
四氯化碳	77	-23	154	1.59	2.2	0.08	66	4	无	10	65
乙酸乙酯	77	-84	88	0.90	6.0	8.1	71	8	-4	400	1400
乙醇	78	-114	46	0.79	24.6	∞	78	4	12	1000	1900
苯	80	5.5	78	0.88	2.3	0.18	69	9	-11	10	30
丁酮	80	-87	72	0.80	18.5	24.0(20℃)	73	11	-6	200	590
环己烷	81	6.5	84	0.78	2.0	0.01	70	8	-20	300	1000
乙腈	82	-44	41	0.78	37.5	∞	77	16	6	40	70
三乙胺	90	-115	101	0.73	2.4	∞	75	10	-7	10	40
水	100	0	18	1.00	80.2	—	—	—	无	—	—
甲酸	101	8	46	1.22	58.5	∞	107	26	—	5	—
二氧六环	101	12	88	1.03	2.2	∞	88	18	12	50	18
甲苯	111	-95	92	0.87	2.4	0.05	85	20	4	100	37
吡啶	115	42	79	0.98	12.4	∞	94	42	20	5	1
正丁醇	118	-89	74	0.81	17.5	7.45	93	43	29	50	150
乙酸	118	17	60	1.05	6.2	∞	无	—	40	10	25
氯苯	132	-46	113	1.11	5.6	0.05(30℃)	90	28	24	75	350
乙酸酐	140	-73	102	1.08	20.7	反应	—	—	54	5	20
二甲基甲酰胺	153	60	73	0.95	36.7	∞	无	—	58	10	30
二甲基亚砜	189	18	78	1.10	46.7	25.3	无	—	95	—	—
乙二醇	197	-16	62	1.11	37.7	∞	无	—	112	—	60
硝基苯	211	6	123	1.20	34.8	0.19(20℃)	99	88	88	1	5
三乙醇胺	335	72	149	1.12(25℃)	29.4	∞	—	—	179	—	—
邻苯二甲酸二丁酯	340	-35	278	1.05	6.4	不溶	无	—	171	—	5

①除有说明外,温度为25℃。

②推荐极限值是工作环境中容许的最高极限值。

附Ⅰ.10 实验室常用酸碱溶液的密度、质量分数和浓度

表Ⅰ-15 实验室常用酸碱溶液的密度、质量分数和浓度

试剂名称	密度,$g\cdot cm^{-3}$	质量分数,%	物质的量浓度,$mol\cdot L^{-1}$
浓硫酸	1.84	98	18.4
稀硫酸	—	9	1
浓盐酸	1.19	38	12.4
稀盐酸	—	7	2
浓硝酸	1.41	68	15.2
稀硝酸	1.2	32	6
稀硝酸	—	12	2
浓磷酸	1.7	85	14.7
稀磷酸	1.05	9	1
浓高氯酸	1.67	70	11.6
稀高氯酸	1.12	19	2
浓氢氟酸	1.13	40	23
氢溴酸	1.38	40	7
氢碘酸	1.70	57	7.5
冰乙酸	1.05	99	17.5
稀乙酸	1.04	30	5
稀乙酸	—	12	2
浓氢氧化钠	1.44	~41	~14.4
稀氢氧化钠	—	8	2
浓氨水	0.91	~28	14.8
稀氨水	—	3.5	2
氢氧化钙水溶液	—	0.15	—
氢氧化钡水溶液	—	2	~0.1

附Ⅰ.11 常用缓冲溶液

表Ⅰ-16 常用缓冲溶液

缓冲溶液	酸	共轭碱	pK_a
氨基乙酸-HCl	$^{+}NH_3CH_2COOH$	$^{+}NH_3CH_2COO^-$	2.35(pK_{a1})
一氯乙酸-NaOH	$CH_2ClCOOH$	CH_2ClCOO^-	2.86
邻苯二甲酸氢钾-HCl	$C_6H_4(COOH)_2$（邻苯二甲酸，结构式）	$C_6H_4(COO^-)(COOH)$（结构式）	2.95(pK_{a1})

续表

缓冲溶液	酸	共轭碱	pK_a
甲酸 - NaOH	HCOOH	$HCOO^-$	3.76
HAc - NaAc	HAc	Ac^-	4.74
六亚甲基四胺 - HCl	$(CH_2)_6N_4H^+$	$(CH_2)_6N_4$	5.15
NaH_2PO_4 - Na_2HPO_4	$H_2PO_4^-$	HPO_4^{2-}	7.20(pK_{a2})
三乙醇胺 - HCl	$^+NH(CH_2CH_2OH)_3$	$N(CH_2CH_2OH)_3$	7.76
Tris① - HCl	$^+NH_3C(CH_2OH)_3$	$NH_2C(CH_2OH)_3$	8.21
$Na_2B_4O_7$ - HCl	H_3BO_3	$H_2BO_3^-$	9.24(pK_{a1})
$Na_2B_4O_7$ - NaOH	H_3BO_3	$H_2BO_3^-$	9.24(pK_{a1})
NH_3 - NH_4Cl	NH_4^+	NH_3	9.26
乙醇胺 - HCl	$^+NH_3CH_2CH_2OH$	$NH_2CH_2CH_2OH$	9.50
氨基乙酸 - NaOH	$^+NH_3CH_2COO^-$	$NH_2CH_2COO^-$	9.60(pK_{a2})
$NaHCO_3$ - Na_2CO_3	HCO_3^-	CO_3^{2-}	10.25(pK_{a2})

①三(羟甲基)氨基甲烷。

附 I.12 酸碱指示剂

表 I -17 酸碱指示剂

指示剂	变色范围 pH 值	颜色		pK_{HIn}	质量分数,%
		酸色	碱色		
百里酚蓝（第一次变色）	1.2~2.8	红	黄	1.6	0.1(20%乙醇溶液)
甲基黄	2.9~4.0	红	黄	3.3	0.1(90%乙醇溶液)
甲基橙	3.1~4.4	红	黄	3.4	0.05 水溶液
溴酚蓝	3.1~4.6	黄	紫	4.1	0.1(20%乙醇溶液),或指示剂钠盐的水溶液
溴甲酚绿	3.8~5.4	黄	蓝	4.9	0.1 水溶液,每 100mg 指示剂加 0.05 $mol \cdot L^{-1}$ NaOH2.9mL
甲基红	4.4~6.2	红	黄	5.2	0.1(60%乙醇溶液),或指示剂钠盐的水溶液
溴百里酚蓝	6.0~7.6	黄	蓝	7.3	0.1(20%乙醇溶液),或指示剂钠盐的水溶液
中性红	6.8~8.0	红	黄橙	7.4	0.1(60%乙醇溶液)
酚 红	6.7~8.4	黄	红	8.0	0.1(60%乙醇溶液),或指示剂钠盐的水溶液
酚 酞	8.0~9.6	无	红	9.1	0.1(90%乙醇溶液)
百里酚蓝（第二次变色）	8.0~9.6	黄	蓝	8.9	0.1(20%乙醇溶液)
百里酚酞	9.4~10.6	无	蓝	10.0	0.1(90%乙醇溶液)

附Ⅰ.13 常见基团和化学键的红外吸收特征频率

表Ⅰ-18 常见基团和化学键的红外吸收特征频率

化合物	基团	频率,cm^{-1}	波长,μm	强度	振动类型
烷烃	$-CH_3$	2926 ± 10	3.37	强	C—H 伸缩
		2927 ± 10	3.48	强	C—H 伸缩
		1450 ± 10	6.89	中	C—H 弯曲
		1375 ± 10	7.25	强	C—H 弯曲
	$-CH_2-$	2926 ± 5	3.42	强	C—H 伸缩
		2853 ± 5	3.51	强	C—H 伸缩
		1465 ± 20	6.83	中	C—H 弯曲
	$-(CH_3)_3$	1395 ~ 1385	7.16 ~ 7.22	中	C—H 弯曲
		1365 ± 5	7.33	强	C—H 弯曲
		1250 ± 5	8.00	—	C—C 伸缩
		1250 ~ 1200	8.00 ~ 8.33	—	C—C 伸缩
	$-(CH_3)_2$	1385 ± 5	7.22	强	C—H 弯曲
		1370 ± 5	7.30	强	C—H 弯曲
		1170 ± 5	8.55	—	C—C 伸缩
		1170 ~ 1140	8.55 ~ 8.77	—	C—C 伸缩
	$-(CH_2)_n-$	750 ~ 720	13.33 ~ 13.88	—	C—C 伸缩($n=4$)
不饱和烃	C═C	1680 ~ 1620	5.95 ~ 6.17	变化	C═C 伸缩
	C═C(共轭)	~ 1600	6.25	强	C═C 伸缩
	R—C≡CH	2140 ~ 2100	4.67 ~ 4.76	中	C≡C 伸缩
	R—C≡C—R	2260 ~ 2190	4.47 ~ 4.57	中	C≡C 伸缩
	—C≡C—(共轭)	2260 ~ 2235	4.42 ~ 4.47	强	C≡C 伸缩
	≡C—H	3320 ~ 3310	3.01 ~ 3.02	中	C—H 伸缩
		680 ~ 610	14.71 ~ 16.39	中	C—H 伸缩
芳烃	(苯环)	3070 ~ 3030	3.25 ~ 3.30	强	C—H 伸缩
		1600 ~ 1450	6.25 ~ 6.89	中	C—C 伸缩
		900 ~ 695	11.11 ~ 14.39	强	C—H 伸缩

续表

化合物	基团	频率，cm^{-1}	波长，μm	强度	振动类型
醇和酚	OH(二聚)（分子间键）	3550～3450	2.82～2.90	变化	O—H 伸缩
	（多聚）	3400～3200	2.94～3.13	强	O—H 伸缩
	伯醇	3643～3630	2.74～2.75	强	O—H 伸缩
		1075～1000	9.30～10.00	强	C—O 伸缩
		1350～1260	7.41～7.93	强	O—H 伸缩
	仲醇	3635～3630	2.75～2.76	强	O—H 伸缩
		1120～1030	9.83～9.71	强	C—O 伸缩
		1350～1260	7.41～7.93	强	O—H 弯曲
	叔醇	3620～3600	2.76～2.78	强	O—H 伸缩
		1170～1100	8.55～9.09	强	C—O 伸缩
		1410～1310	7.09～7.63	中	O—H 弯曲
	酚	3612～3593	2.77～2.78	强	O—H 伸缩
		1230～1140	8.13～8.77	强	C—O 伸缩
		1410～1310	7.09～7.63	中	O—H 弯曲
胺	伯胺	3398～3381	2.92～2.96	弱	N—H 伸缩
		3344～3324	2.99～3.01	弱	N—N 伸缩
		1079±11	9.27	中	C—N 伸缩
		3400～3100	2.94～3.23	强	N—H 伸缩(氢键)
		1650～1590	6.06～6.29	强	N—H 弯曲
		900～650	11.11～15.38	弱	N—H 弯曲
	仲胺	3360～3310	2.76～3.02	弱	N—H 伸缩
		1139±7	8.78	中	C—N 伸缩
		1650～1550	6.06～6.45	弱	N—H 弯曲
羰基化合物	酮	1725～1705	6.00～5.87	强	C═O 伸缩
	芳酮	1690～1680	5.92～5.95	强	C═O 伸缩
	醛	1745～1730	5.73～5.78	强	C═O 伸缩
		2900～2700	3.45～3.70	弱	C—H 伸缩
		1440～1325	6.94～7.55	强	C—H 弯曲
	酯	1750～1730	5.71～5.78	强	C═O 伸缩
		1300～1000	7.69～10.00	强	C—O—C 伸缩
	酸	1725～1700	5.80～5.88	强	C═O 伸缩
		1700～1680	5.88～5.95	强	C═O 伸缩(芳酸)
		2700～2500	3.70～4.00	弱	O—H 伸缩(二聚体)
		3560～3500	2.81～2.86	中	O—H 伸缩(单体)
		1440～1395	6.94～7.19	弱	C—O 伸缩
		1320～1211	7.58～8.26	强	O—H 弯曲

续表

化合物	基团	频率,cm^{-1}	波长,μm	强度	振动类型
羧基化合物	COO^-	1610~1560	6.21~6.45	强	C=O 伸缩
		1420~1300	7.04~7.69	中	C=O 伸缩
	酰卤	1810~1970	5.53~5.59	强	C=O 伸缩
	伯酰胺	1690~1650	5.92~6.06	强	C=O 伸缩
		~3520	2.84	中	N—H 伸缩
		~3410	2.93	中	N—H 伸缩
		1420~1405	7.04~7.12	中	C—N 伸缩
	仲酰胺	1680~1630	5.95~6.13	强	C=O 伸缩
		~3440	2.91	强	N—H 伸缩
		1570~1530	6.37~6.54	强	N—H 弯曲
		1300~1260	7.69~7.94	中	C—N 伸缩
	叔酰胺	1670~1630	5.99~6.13	强	C=O 伸缩
硝基化合物	$C—NO_2$（脂肪族）	1554±6	6.44	极强	N—O 伸缩
		1383±6	7.24	极强	N—O 伸缩
	$C—NO_2$（芳香族）	1555~1478	6.43~6.72	强	N—O 伸缩
		1357~1348	7.37~7.59	强	N—O 伸缩
		875~830	11.42~12.01	中	C—N 伸缩
	O—N=O	1640~1620	6.10~6.17	强	—N=O 伸缩
		1285~1270	7.78~7.87	强	—N=O 伸缩
有机卤合物	C—F	1100~1000	9.09~10.00	强	C—F 伸缩
	C—Cl	830~500	12.04~20.00	强	C—Cl 伸缩
	C—Br	600~500	16.67~20.00	—	C—Br 伸缩
	C—I	600~465	16.67~21.50	—	C—I 伸缩
其他有机化合物	—C—S—H	2950~2500	3.38~3.90	弱	S—H 伸缩
		700~590	14.28~16.95	弱	C—S 伸缩
	C=S	1270~1245	7.87~8.03	强	C=S 伸缩
	C—P—C	2475~2270	4.04~4.40	中	P—H 伸缩
		1250~950	8.00~10.53	弱	P—H 弯曲
	C—Si—H	2280~2050	4.39~4.88	极强	Si—H 伸缩
		890~860	11.24~11.63	—	Si—H 弯曲

续表

化合物	基团	频率, cm^{-1}	波长, μm	强度	振动类型
无机化合物	CO_3^{2-}	1490 ~ 1410	6.71 ~ 7.09	极强	C—O 伸缩
		880 ~ 860	11.36 ~ 12.50	中	C—O 弯曲
	SO_4^{2-}	1130 ~ 1080	8.85 ~ 9.62	极强	S—O 伸缩
		680 ~ 610	14.71 ~ 16.40	中	S—O 弯曲
	NO_2^-	1250 ~ 1230	8.00 ~ 8.13	强	N—O 伸缩
		1360 ~ 1340	7.35 ~ 7.46	强	N—O 伸缩
		840 ~ 800	11.90 ~ 12.50	弱	N—O 弯曲
	NO_3^-	1380 ~ 1350	7.25 ~ 7.41	极强	N—O 伸缩
		840 ~ 815	11.90 ~ 12.26	中	N—O 弯曲
	NH_4^+	3300 ~ 3030	3.03 ~ 3.33	极强	N—H 伸缩
		1485 ~ 1390	6.73 ~ 7.19	中	N—H 弯曲
	PO_4^{3-}				
	HPO_4^{2-}	1100 ~ 1000	9.09 ~ 10.00	强	P—O 伸缩
	$H_2PO_4^-$				
	ClO_3^-	980 ~ 930	10.20 ~ 10.75	极强	Cl—O 伸缩
	ClO_4^-	1140 ~ 1060	8.77 ~ 9.43	极强	Cl—O 伸缩
	$Cr_2O_7^{2-}$	950 ~ 900	10.35 ~ 11.11	强	Cr—O 伸缩
	CN^-, CNO^-, CNS^-	2200 ~ 2000	4.55 ~ 5.00	强	C—N 伸缩

附 I.14　低共熔混合物的组成和低共熔温度

表 I －19　低共熔混合物的组成和低共熔温度

组　分　I		组　分　Ⅱ		$t_{C,E}$, ℃[①]	低共熔混合物的组成, %（按质量分数）	
金属	$t_{C,m}$, ℃[②]	金属	$t_{C,m}$, ℃			
Sn	232	Pb	327	183	Sn, 63.0	Pb, 37.0
Sn	232	Zn	420	198	Sn, 91.0	Zn, 9.0
Sn	232	Ag	961	221	Sn, 96.5	Ag, 3.5
Sn	232	Cu	1083	227	Sn, 99.2	Cu, 0.8
Sn	232	Bi	271	140	Sn, 42.0	Bi, 58.0
Sb	630	Pb	327	246	Sb, 12.0	Pb, 88.0
Bi	271	Pb	327	124	Bi, 55.5	Pb, 44.5
Bi	271	Cd	321	146	Bi, 60.0	Cd, 40.0
Cd	321	Zn	420	270	Cd, 83.0	Zn, 17.0

①低共熔温度 $t_{C,E}$ 是一种混合物的两种固态组分与液相达到平衡时的最低温度。

② $t_{C,m}$ 表示熔化温度。

附Ⅰ.15 不同温度下液体的密度

表Ⅰ-20 不同温度下液体的密度(ρ,g·cm^{-3})

t,℃	水	苯	甲苯	乙醇	氯仿	汞	乙酸
0	0.9998425	—	0.886	0.80625	1.526	13.5955	1.0718
5	0.9999668	—	—	0.80207	—	13.5832	1.0660
10	0.9997026	0.887	0.375	0.79788	1.496	13.5708	1.0603
11	0.9996081	—	—	0.79704	—	13.5684	1.0591
12	0.9995004	—	—	0.79620	—	13.5659	1.0580
13	0.9993801	—	—	0.79535	—	13.5634	1.0568
14	0.9992474	—	—	0.79451	—	13.5610	1.0557
15	0.9991026	0.883	0.870	0.79367	1.486	13.5585	1.0546
16	0.9989460	0.882	0.869	0.79283	1.484	13.5561	1.0534
17	0.9987779	0.882	0.867	0.79198	1.482	13.5536	1.0523
18	0.9985986	0.881	0.866	0.79114	1.480	13.5512	1.0512
19	0.9984082	0.880	0.865	0.79029	1.478	13.5487	1.0500
20	0.9982071	0.879	0.864	0.78945	1.476	13.5462	1.0489
21	0.9979955	0.879	0.863	0.78860	1.474	13.5438	1.0478
22	0.9977735	0.878	0.862	0.78775	1.472	13.5413	1.0467
23	0.9975415	0.877	0.861	0.78691	1.471	13.5389	1.0455
24	0.9972995	0.876	0.860	0.78606	1.469	13.5364	1.0444
25	0.9970479	0.875	0.859	0.78522	1.467	13.5340	1.0433
26	0.9967867	—	—	0.78437	—	13.5315	1.0422
27	0.9965162	—	—	0.78352	—	13.5291	1.0410
28	0.9962365	—	—	0.78267	—	13.5266	1.0399
29	0.9959478	—	—	0.78182	—	13.5242	1.0388
30	0.9956502	0.869	—	0.78079	1.460	13.5217	1.0377
40	0.9922187	0.858	—	0.772	1.451	13.4973	—
50	0.9880393	0.847	—	0.763	1.433	13.4729	—
90	0.9653230	0.836	—	0.754	1.411	13.3762	—

附 I.16　不同温度下水的折光率

表 I －21　不同温度下水的折光率(n_D)

t,℃	n_D	t,℃	n_D	t,℃	n_D	t,℃	n_D
10	1.33370	16	1.33331	22	1.33281	28	1.33219
11	1.33365	17	1.33324	23	1.33272	29	1.33208
12	1.33359	18	1.33316	24	1.33263	30	1.33196
13	1.33352	19	1.33307	25	1.33252	—	—
14	1.33346	20	1.33299	26	1.33242	—	—
15	1.33339	21	1.33290	27	1.33231	—	—

附 I.17　水的表面张力

表 I －22　水的表面张力(σ,mN · m^{-1})

温度,℃	表面张力	温度,℃	表面张力	温度,℃	表面张力
15	73.49	21	72.59	27	71.66
16	73.34	22	72.44	28	71.50
17	73.19	23	72.28	29	71.35
18	73.05	24	72.13	30	71.18
19	72.90	25	71.97	31	70.38
20	72.75	26	71.82	32	69.56

附 I.18　水的饱和蒸气压

表 I －23　水的饱和蒸气压

温度,℃	p,mmHg	p,Pa	温度,℃	p,mmHg	p,Pa
0	4.579	610.5	21	18.650	2486.5
1	4.926	656.7	22	19.827	2643.4
2	5.294	705.8	23	21.068	2808.8
3	5.685	757.9	24	22.377	2983.3
4	6.101	813.4	25	23.756	3167.2
5	6.543	872.3	26	25.209	3360.9
6	7.013	935.0	27	26.738	3564.9
7	7.513	1001.6	28	28.349	3779.5
8	8.015	1072.6	29	30.043	4005.2
9	8.609	1147.8	30	31.824	4242.8
10	9.209	1227.8	31	33.695	4492.3

续表

温度,℃	p,mmHg	p,Pa	温度,℃	p,mmHg	p,Pa
11	9.844	1312.4	32	35.663	4754.7
12	10.518	1402.3	33	37.729	5030.1
13	11.231	1497.3	34	39.898	5319.3
14	11.987	1598.1	35	42.175	5622.9
15	12.788	1704.9	40	55.324	7375.9
16	15.634	1817.7	45	71.88	9583.2
17	14.630	1937.2	50	92.51	12334
18	15.447	2063.4	60	149.38	19916
19	16.477	2196.7	80	355.1	47343
20	17.535	2337.8	100	760	101325

附Ⅰ.19 水的绝对粘度

表Ⅰ-24 水的绝对粘度(η,mPa·s)

温度,℃	0	1	2	3	4	5	6	7	8	9
0	1.787	1.728	1.671	1.618	1.567	1.519	1.427	1.428	1.386	1.346
10	1.307	1.271	1.235	1.202	1.169	1.139	1.109	1.081	1.053	1.027
20	1.002	0.9779	0.9548	0.9325	0.9111	0.8904	0.8705	0.8513	0.8327	0.8148
30	00.7975	0.7808	0.7647	0.7491	0.7340	0.7194	0.7025	0.6915	0.6783	0.6654
40	0.6529	0.6408	0.6291	0.6178	0.6067	0.5960	0.5856	0.5755	0.5656	0.5561

附Ⅰ.20 一些液体的蒸气压

表Ⅰ-25 一些液体的蒸气压(p)

常数 / 物质	$\lg p = A - B/(t+C)$ 式中:p,mmHg;t,℃			$\ln p = b - M/T$ 式中:p,Pa;T,K	
	A	B	C	M	b
丙酮(5~50℃)	7.1171	1210.59	229.66	1654.09	13.6349
乙酸(10~100℃)	7.3878	1533.31	222.31	2160.99	14.1614
苯(8~103℃)	6.39057	1211.03	220.79	1724.91	13.4892
苯(-12~3℃)	9.1064	1885.9	244.2	2370.22	15.7864
环己烷(20~81℃)	6.8413	1201.53	222.65	1693.54	13.3974
环己烯(20~80℃)	6.8862	1229.97	224.10	1714.95	13.4288
乙酸乙酯(15~76℃)	7.1018	1244.95	217.88	1829.92	123.8396
乙醇(-2~100℃)	8.3211	1718.1	237.52	2190.37	14.8405
溴(5~50℃)	6.8778	1119.68	221.38	1606.03	13.4428
碘(5~50℃)	9.1809	2901.0	256.00	3246.67	16.0998
乙醚(-61~20℃)	6.9203	1064.07	228.80	1580.07	13.7790
氯仿(-35~61℃)	6.4934	929.44	196.03	1779.47	13.9681

附Ⅰ.21　几种常用液体的折光率

表Ⅰ-26　几种常用液体的折光率(n_D^t)

物　质	t,℃		物　质	t,℃	
	15	20		15	20
苯	1.50439	1.50110	四氯化碳	1.46305	1.46044
丙酮	1.38175	1.35911	乙醇	1.36330	1.36048
甲苯	1.4998	1.4968	环己烷	1.42900	—
乙酸	1.3776	1.3717	硝基苯	1.5547	1.5524
氯苯	1.52748	1.52460	正丁醇	—	1.39909
氯仿	1.44853	1.44550	二硫化碳	1.62935	1.62546

附Ⅰ.22　几种阳离子的迁移数

表Ⅰ-27　几种阳离子的迁移数

名　　称	物质的量浓度 c,mol·L^{-1}				
	0.01 (18℃)	0.1 (18℃)	0.1 (25℃)	1.0 (18℃)	1.0 (25℃)
硝酸银	0.471	0.471	0.465	0.465	0.465
硝酸钾	—	0.502	0.5703	—	0.508
氯化钾	0.496	0.495	0.4907	—	0.490
硝　酸	—	0.855	—	—	—
盐　酸	0.833	0.835	0.8314	—	0.825
氯化钠	—	—	0.3854	—	0.392
氯化锂	—	—	0.3168	—	0.329

附Ⅰ.23　KCl溶液的电导率

表Ⅰ-28　KCl溶液的电导率(χ,S·m^{-1})

t,℃	物质的量浓度 c,mol·L^{-1}			
	1.0	0.1	0.02	0.01
10	8.319	0.933	0.1994	0.1020
15	9.252	1.048	0.2243	0.1147
16	9.441	1.072	0.2294	0.1173

续表

t,℃	物质的量浓度 c,mol·L⁻¹			
	1.0	0.1	0.02	0.01
17	9.631	1.095	0.2345	0.1199
18	9.822	1.119	0.2397	0.1225
19	10.014	1.143	0.2449	0.1251
20	10.207	1.167	0.2501	0.1278
21	10.400	1.191	0.2553	0.1305
22	10.594	1.215	0.2606	0.1332
23	10.789	1.239	0.2659	0.1359
24	10.984	1.264	0.2712	0.1386
25	11.180	1.288	0.2765	0.1413
26	11.377	1.313	0.2819	0.1441
27	11.574	1.337	0.2873	0.1468
28	—	1.362	0.2927	0.1469
29	—	1.387	0.2981	0.1524
30	—	1.412	0.3036	0.1552

附Ⅰ.24　298K时电解质水溶液的摩尔电导率

表Ⅰ-29　298K时电解质水溶液的摩尔电导率($\lambda_m \times 10^4$,$S \cdot m^2 \cdot mol^{-1}$)

浓度 mol·L⁻¹	电　解　质					
	$\frac{1}{2}CuSO_4$	HCl	KCl	NaCl	NaOH	NaAc
0.1	50.58	391.32	128.96	106.74	—	72.8
0.05	59.05	399.09	133.37	111.06	—	76.92
0.02	72.20	407.24	138.31	115.51	—	81.24
0.01	83.12	412.00	141.27	118.51	238.0	83.76
0.005	94.07	415.80	143.35	120.65	240.8	85.72
0.001	115.26	421.36	146.95	123.74	244.7	88.5
0.0005	121.6	422.74	147.81	124.50	245.6	89.2
0	133.6	426.16	149.86	126.45	247.8	91.0

附 I.25　无限稀释离子摩尔电导率

表 I –30　无限稀释离子摩尔电导率（$\lambda_m^\infty \times 10^4$，$S \cdot m^2 \cdot mol^{-1}$）

离子 \ 温度，℃	0	18	25	50
H^+	240	314	350	465
K^+	40.4	64.6	74.5	115
Na^+	26	43.5	50.9	82
NH_4^+	40.2	64.5	74.5	115
Ag^+	32.9	54.3	63.5	101
$\frac{1}{2}Ba^{2+}$	33	55	65	104
$\frac{1}{2}Ca^{2+}$	30	51	60	98
$\frac{1}{3}La^{3+}$	35	61	72	119
OH^-	105	172	192	284
Cl^-	41.1	65.5	75.5	116
NO_2^-	40.4	61.7	70.6	104
$C_2H_2O_2^{2-}$	20.3	34.6	40.8	67
$\frac{1}{2}SO_4^{2-}$	41	68	79	125
$\frac{1}{2}C_2O_4^{2-}$	39	63	73	115
$\frac{1}{3}C_6H_5O_7^{3-}$	36	60	70	113
$\frac{1}{4}Fe(CN)_6^{4-}$	58	95	111	173

附 I.26　强电解质的离子平均活度系数

表 I –31　强电解质的离子平均活度系数 $\gamma_\pm$（25℃）

物质 \ 质量摩尔浓度 $mol \cdot kg^{-1}$	0.001	0.002	0.005	0.01	0.02	0.05	0.1	0.2	0.5	1.0
HCl	0.966	0.952	0.928	0.904	0.875	0.830	0.796	0.767	0.758	0.809
HNO_3	0.965	0.951	0.927	0.902	0.871	0.823	0.785	0.748	0.715	0.720
H_2SO_4	0.830	0.757	0.639	0.544	0.453	0.340	0.265	0.209	0.154	0.130
$AgNO_3$	—	—	0.92	0.90	0.86	0.79	0.72	0.64	0.51	0.40
$CuCl_2$	0.89	0.85	0.78	0.72	0.66	0.58	0.52	0.47	0.42	0.43
$CuSO_4$	0.74	—	0.53	0.41	0.31	0.21	0.16	0.11	0.068	0.047
KCl	0.965	0.952	0.927	0.901	—	0.815	0.769	0.719	0.651	0.606

续表

质量摩尔浓度 $mol \cdot kg^{-1}$ / 物质	0.001	0.002	0.005	0.01	0.02	0.05	0.1	0.2	0.5	1.0
K_2SO_4	0.89	—	0.78	0.71	0.64	0.52	0.43	0.36	—	—
$MgSO_4$	—	—	—	0.40	0.32	0.22	0.18	0.13	0.088	0.064
NH_4Cl	0.961	0.944	0.911	0.88	0.84	0.79	0.74	0.69	0.62	0.57
NH_4NO_3	0.959	0.942	0.912	0.88	0.84	0.78	0.73	0.66	0.56	0.47
NaCl	0.966	0.953	0.929	0.904	0.875	0.823	0.780	0.73	0.68	0.66
$NaNO_3$	0.966	0.953	0.93	0.90	0.87	0.82	0.77	0.70	0.62	0.55
Na_2SO_4	0.887	0.847	0.778	0.714	0.641	0.53	0.45	0.36	0.27	0.20
$PbCl_2$	0.86	0.80	0.70	0.61	0.50	—	—	—	—	—
$ZnCl_2$	0.88	0.84	0.77	0.71	0.64	0.56	0.50	0.45	0.38	0.33
$ZnSO_4$	0.70	0.61	0.48	0.39	—	—	0.15	0.11	0.065	0.045

附Ⅰ.27 原子折射度

表Ⅰ-32 原子折射度(R_D, $cm^3 \cdot mol^{-1}$)

物质	R_D	物质	R_D	物质	R_D
氢	1.100	氮		增量	
碳	2.418	脂肪伯胺	2.322	双键	1.733
CH_2-基	4.618	脂肪仲胺	2.502	三键	2.398
羟基中的氧	1.525	脂肪叔胺	2.840	三环	0.7
酯中的氧	1.643	芳香伯胺	3.213	四环	0.46
羰基中的氧	2.211	腈	3.118	环 $C_8 \sim C_{15}$	0.55
氟	0.997	亚胺	3.776		
氯	5.967	在氨中	2.48		
羰基氯	6.336	硝基(在硝酸烷酯中)	7.59		
溴	8.865	硝基(在芳香硝基中)	7.30		
碘	13.900				
R-SH 中的酸	7.69				

附录Ⅱ　常用实验仪器简介

附Ⅱ.1　天平和称量

一、天平的种类

天平是进行化学实验不可缺少的重要称量仪器。由于对质量准确度的要求不同,需要使用不同类型的天平进行称量。常用的天平种类很多,如托盘天平、光电天平、单盘分析天平等,它们都是根据杠杆原理设计制造的。20世纪90年代开始使用的电子天平则是利用电磁力平衡样品的重力,以精确测得样品质量的仪器。

天平按精度分级和命名是最常用的方法。过去天平的分级,单纯以能称准的最小质量来划分,例如能称准到0.1mg或0.2mg的天平称为"万分之一天平"或"分析天平";能称准到0.01mg的天平称为"十万分之一天平"或"半微量分析天平";能称准到0.001mg的天平称为"百万分之一天平"或"微量天平",这实际上是单纯以分度值来分类的。但是仅有分度值还不全面,载荷也是反映天平性能的一个重要指标,于是就出现了把两项指标联系起来的按相对精度分类的方法,即以天平分度值与最大载荷之比来划分的精度级别。目前我国采用的就是这种分类法,根据《天平检定规程JJG 98—72》(试行本)的规定,把天平分为10级,如表Ⅱ-1所示。

表Ⅱ-1　天平精度分级表

精度级别	1	2	3	4	5	6	7	8	9	10
名义分度值与最大载荷之比	1×10^{-7}	2×10^{-7}	5×10^{-7}	1×10^{-6}	2×10^{-6}	5×10^{-6}	1×10^{-5}	2×10^{-5}	5×10^{-5}	1×10^{-4}

一级天平精度最好,十级天平精度最差。常用的分析天平载荷为200g,分度值(感量)为0.1mg,其精度为:$\frac{0.0001}{200}=5\times10^{-7}$,即相当于三级天平。

在选用天平时,不仅要注意天平的精度级别,还必须考虑最大载荷,以满足工作需要。

在常量分析中,使用最多的是最大载荷为100~200g的分析天平,属于三、四级;在微量分析中,常用最大载荷为20~30g的一至三级天平。

国产分析天平的型号与规格见表Ⅱ-2。

表Ⅱ-2　国产分析天平的型号与规格

名　　称	型　　号	最大载荷,g	分度值(感量),mg
分析天平(摆动式)	TG-628A	200	1
阻尼分析天平	TG-528B	200	0.4
半机械加码电光天平	TG-328B	200	0.1
全机械加码电光天平	TG-328A	200	0.1
单盘减码式全自动电光天平	TG-729B	100	1
单盘电光天平	TG-429	100	0.1
单盘精密天平	DT-100	100	0.1

二、天平的结构

目前我国制造的天平主要是依据杠杆原理设计的。杠杆天平尽管种类繁多,名称各异,其基本结构却大体相同,它们都有底板、立柱、横梁、刀口、刀承、悬挂系统和读数装置等,其他部分如制动器、阻尼器、光学读数系统、机械加减码装置等都可看作是天平的附属机构。这些附属机构有的天平全部具备,有的只具备一部分。

三、托盘天平

托盘天平又叫台秤,它能快速地称取物体的质量,但精确度不高。最大载荷为200g的托盘天平能称准至0.1g(即感量为0.1g),最大载荷为500g的托盘天平能称准至0.5g(即感量为0.5g)。

(一)构造

如图Ⅱ-1所示,天平的横梁架在底座上,横梁左右各有一个托盘,横梁中部有指针与刻度盘相对,称量时根据指针在刻度盘上左右摆动的情况,可以看出天平是否处于平衡状态。

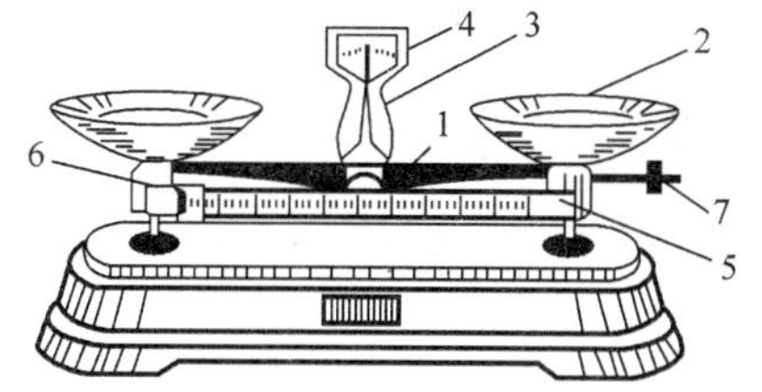

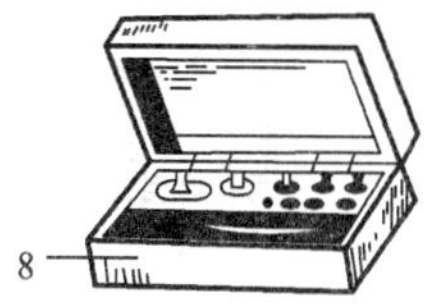

Ⅱ-1 托盘天平

1—横梁;2—托盘;3—指针;4—刻度牌;5—游码标尺;6—游码;7—平衡调节螺丝;8—砝码盒

(二)称量

称量前首先检查天平的零点。将游码拨到游码标尺的"0"处,检查天平的指针是否停在刻度盘的中间位置;如果不在中间位置,可调节天平托盘下面的平衡调节螺丝;当指针左右摆动的幅度大致相同时,天平指针就能停在刻度盘的中间位置,将此位置称为天平的零点。

称量时,左盘放被称量物,右盘放砝码,砝码必须用镊子夹取;10g或5g以下,可移动游码标尺上的游码来添加。添加砝码后,天平指针所停位置称为停点,停点与零点重合时(允许偏差在一小格以内),砝码所表示的就是被称量物的质量。

称量完毕,将砝码放回砝码盒,游码拔到"0"处,取下托盘上物品,将托盘放在一侧或用橡皮圈架起,以免天平摆动。

(三)注意事项

称量时必须注意以下几点:

(1)不能称量过热的物品。

(2)化学药品不能直接放在托盘上,应根据情况决定被称量物放在洁净的表面皿、烧杯或光洁的纸上;湿的或有腐蚀性的药品必须盛放在玻璃容器内。

(3)经常保持托盘干净,如有药品或污物,应立即清除。

(4)砝码不能放在托盘和砝码盒以外的其他任何地方。

四、电子天平

用现代电子控制技术进行称量的天平称为电子天平。其称量原理是利用电磁力平衡。若把通电导线置于磁场中,导线将产生磁力;而当磁场强度不变时,力的大小与流过线圈的电流强度成正比。若物体的重力方向向下,电磁力方向向上,二者达到平衡,则通过导线的电流与被称物体的质量成正比。

电子天平采用弹性簧片为支承点，无机械天平的玛瑙刀口，采用数字显示代替指针显示，具有性能稳定、灵敏度高、精确度高、操作方便快捷（放上被称物后，几秒内即能读数）等优点。电子天平还具有自动校正、全量程范围实现去皮重、累加、超载显示、故障报警等功能。有克、米制仑拉、金盎司三种单位可供选择。并且具有质量电信号输出，可以与计算机、打印机连接，实现称量、记录和计算的自动化。这些优点是机械天平所无法比拟的，故电子天平的应用越来越广泛。

电子天平可分为上皿式和下皿式两种结构。所谓上皿式指的是称量盘在支架上面；而称量盘吊挂在支架下面的为下皿式。目前使用较为广泛的是上皿式电子天平。

（一）FA1004 上皿式电子天平

FA1004 上皿式电子天平的外形结构如图Ⅱ－2 所示。

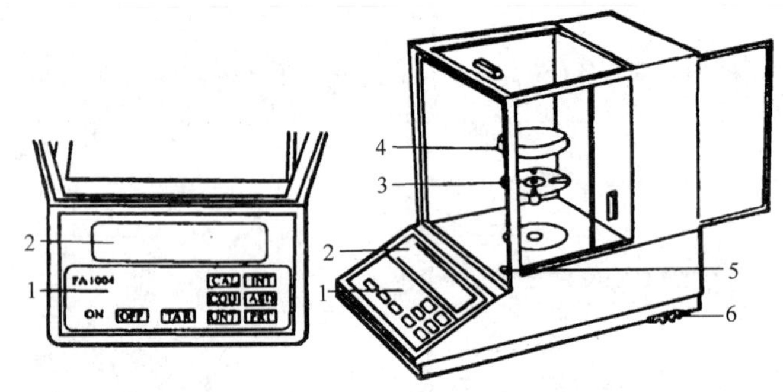

图Ⅱ－2　FA1004 上皿式电子天平外形图

1—键盘（控制板）；2—显示器；3—盘托；4—称盘；5—水平仪；6—水平调节脚

其主要技术指标为，称量范围：0～100g；读数精度：0.1mg；皮重称量范围（减）：0～100g；再现性（标准偏差）：0.0002g；线性误差：±0.0005g；稳定时间：≤6s；自校砝码量值：100g；开机预热时间：120min。

（二）电子天平的操作

使用前先观察水平仪。如水平仪水泡偏移，需调整水平调节脚，使水泡位于水平仪中心。

键盘的操作功能：（1）ON 为开启显示器键。只要轻按一下 ON 键，显示器全亮，出现 [±8888888 % g]，对显示器的功能进行检查，约 2s 后，显示天平的型号 [—1004—]，然后是称量模式 [0.0000g]。（2）OFF 为关闭显示器键。轻按 OFF 键，显示器即关闭，天平停止使用。若较长时间不再使用天平，应拔去电源线。（3）TAR 为清零、去皮键。置称量瓶或容器于称量盘上（最好是正中间），荧屏显示出容器的质量，如 [+18.9001g]，然后轻按 TAR 键，显示消隐，随即出现全零状态，表明容器质量已去除，即去"皮重"；当拿去容器，就出现容器质量的负值 [－18.9001g]；再轻按 TAR 键，显示器为全零，即天平清零；若从容器中倒出一部分样品后，再把容器放回称量室，荧屏上就出现一个负值，此负值即为从容器中倒出的那部分样品的质量（在实际操作过程中就是这样称量的）。

五、试样的称取方法

试样的称取方法有以下两种。

（1）减量法。一般称取试样都是采用减量法，即称取试样的量是以两次称量之差来计算的。取一个洗净并干燥的称量瓶，用小角匙将试样装入称量瓶中，其量较需要量稍多（必要时，需经烘箱干燥并在干燥器中冷却），置天平盘上准确称量，设为 W_1；然后用左手以纸条套住称量瓶，将它从天平盘上取下（见图Ⅱ－3），举在准备要盛放试样的容器上方，用右手将其盖打开，并将盖也举在容器上方（以防沾在盖上的试样撒落在容器之外），将称量瓶左右转动并慢慢向下倾斜，使试样沿瓶壁缓缓滑落在容器中心；如试样粘紧，也可用盖轻轻敲击瓶口，注意不要使试样细粒撒落在容器外（见图Ⅱ－4）。倾出适当量的试样后，把称量瓶慢慢立起，在容器上方将盖盖好，再将称量瓶放在天平盘上称量。倾样时很难一次倾准，因此要试称，即第一次倾出需要量的几分之一，粗称此质量，据此估计倾出不足的量，然后再将称量瓶准确称量，设为 W_2，则 $W_1 - W_2$ 即为试样的质量。减量法适用于连续称取几份试样的情形，特别是吸湿性强的试样必须采用此法取样。

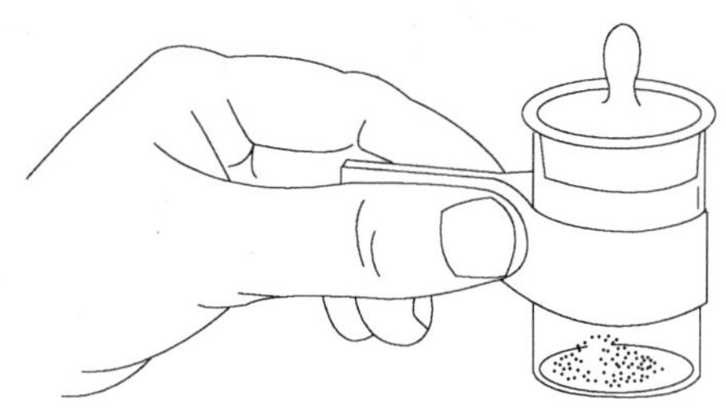

图Ⅱ-3　用纸条套住称量瓶

图Ⅱ-4　试样敲击的方法

(2)增重法。对某些在空气中没有吸湿性的试样或试剂，例如金属或合金等可用此法。预先准备盛放试样用的洁净干燥的小表面皿或经特殊处理的称量纸，置于天平之一盘，然后在另一盘加上一定质量的砝码，用小角匙将试样逐步加在表面皿或称量纸上，使之平衡，即得一定质量的试样，最后将称量的试样转移至准备好的容器中。

六、天平的使用规则

(1)应爱护天平，小心使用。注意保持天平内外的清洁。天平内如有灰尘，应用软毛刷轻轻扫净。要保持天平室整洁、安静。走路、开门、关门，搬运凳子等一切动作都要轻。

(2)每次称量前检查天平是否处于水平状态，检查砝码是否缺少，然后测定零点，因为天平的零点是经常改变的。

(3)不要称量过热或过冷的物体，被称物体的温度应接近室温。

(4)绝不可使天平的载重量(质量)超过限度，否则会损坏天平。

(5)被称物体及较大的砝码应尽可能放在天平盘的中央。

(6)使用砝码时，必须用镊子，不得直接用手拿取；应轻拿轻放，避免相互碰击，防止酸、碱、油脂等沾污。

(7)称量结果必须记在记录本上，不可记在零星纸片上，以免遗失。

(8)称量完毕后，检查砝码是否全部安放在砝码盒中，称量瓶等物是否已从天平盘上取出，天平门是否关好。最后罩好天平罩，然后才能离开天平室。

附Ⅱ.2　温度控制

一、恒温槽

恒温槽是实验工作中常用的一种以液体为介质的恒温装置。用液体作介质的优点是热容量大和导热性好，从而使温度控制的稳定性和灵敏度大为提高。

根据温度控制的范围，可采用下列液体介质：

-60～30℃——乙醇或乙醇水溶液；

0～90℃——水；

80～160℃——甘油或甘油水溶液；

70～200℃——液体石蜡、汽缸润滑油、硅油。

恒温槽通常由下列构件组成：

(1)槽体。如果控制的温度同室温相差不是太大，则用敞口大玻缸作为槽体是比较满意的。对于较高和较低温度,则应考虑保温问题。具有循环泵的超级恒温槽,有时仅作供给恒温液体之用,而实验则在另一工作槽中进行。

(2)加热器及冷却器。如果要求恒温的温度高于室温,则需不断向槽中供给热量以补偿其向四周散失的热量;如恒温的温度低于室温,则需不断从恒温槽取走热量,以抵偿环境向槽中的传热。在前一种情况下,通常采用电加热器间歇加热来实现恒温控制。对电加热器的要求是热容量小,导热性好,功率适当。选择加热器的功率最好能使加热和停止加热的时间约各占一半。

装配低温恒温槽就需要选用适当的冷冻剂和液体工作介质,下面列出常用的几种(表Ⅱ -3)。

表Ⅱ -3 常用的冷冻剂和液体工作介质

能达到的温度,℃	冷 冻 剂	液体工作介质
+5	冰水	水
-3	1 份食盐 +3 份冰	20%食盐溶液
-60	干冰	乙醇

通常是把冷冻剂装入蓄冷桶(图Ⅱ -5)中(使用干冰时应加甲醇以利热传导),配合超级恒温槽使用。由超级恒温槽的循环泵送来的工作液体在夹层中被冷却后,再返回恒温槽进行温度的精密调节。如果不是在恒温槽中进行实验,则可按图Ⅱ -6 的流程连接。根据所需冷量的大小,可利用旁路活门 D 调节通向蓄冷桶的流量。

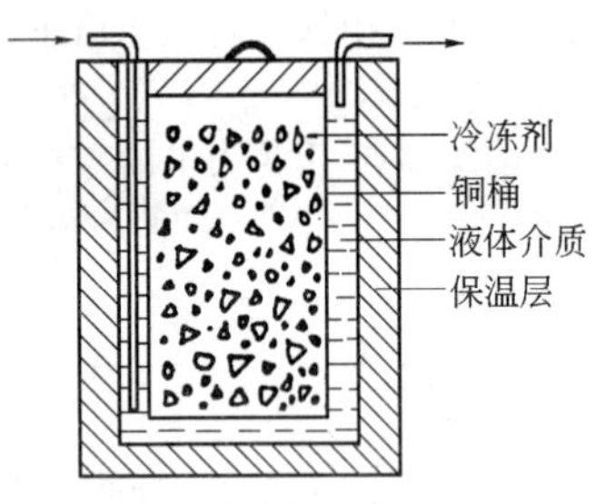

图Ⅱ -5 蓄冷桶

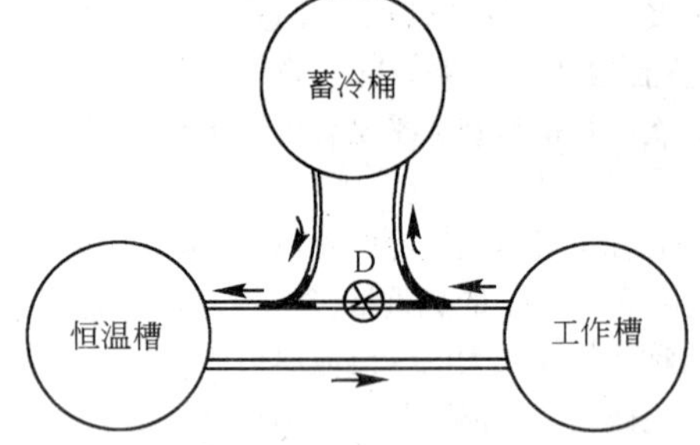

图Ⅱ -6 低温恒温循环

如果实验室有现成的制冷设备,可将其冷冻剂通过恒温槽的冷却盘管,或使工作液体通过浸于冷冻剂的冷却盘管来达到降温目的。

当控制温度不低于5℃时,最简单的办法是在恒温槽中装一个盛冰块的多孔圆筒,并经常向其中补加冰块作为冷源,再由恒温槽进行温度的精密调节。

为了节省冷冻剂,过冷的工作液体回到恒温槽作温度精密调节时,加热器加热时间不应太长,一般控制加热和停止加热的时间比在 1∶10 ~ 1∶20 之间(例如每隔 60s 加热 4s)。

(3)温度调节器。温度调节器的作用是当恒温槽的温度被加热或冷却到指定值时发出信号,命令执行机构停止加热或冷却;离开指定温度时则发出信号,命令执行机构继续工作。

目前普遍使用的温度调节器是汞定温计(图Ⅱ -7)。它与汞温度计的不同之处在于毛细管中悬有一根可上下移动的金属丝。从汞球也引出一根金属丝,两根金属丝再与温度控制系统连接。

在定温计上部装有一根可随管外永久磁铁而旋转的螺杆 6,螺杆上有一指示铁(螺帽)4 与钨丝 5 相连,当螺杆转动时,螺帽上下移动,即能带动钨丝上升或下降。

汞定温计只能作为温度的触感器,不能作为温度的指示器。恒温槽的温度另由精密温度计指示。调节温度时,先转动调节帽 1,使指示铁上端与辅助温度标尺相切的温度示值较希望控制的温度低 1 ~ 2℃。

当加热至汞柱与钨丝接触时,定温计导线成通路,给出停止加热的信号(可从指示灯辨明)。这时观察槽中的精密温度计,根据其与控制温度差值的大小,进一步调节钨丝尖端的位置。反复进行,直到指定温度为止。最后将调节帽上的固定螺丝2旋紧,使之不再转动。

汞定温计的控制灵敏度通常是±0.1℃,最高可达±0.05℃,已能满足一般实验的要求,当要求更高的控温精度时,可自己安装汞-甲苯球。对于要求不高的水浴锅则可用更简单的双金属温度调节器。

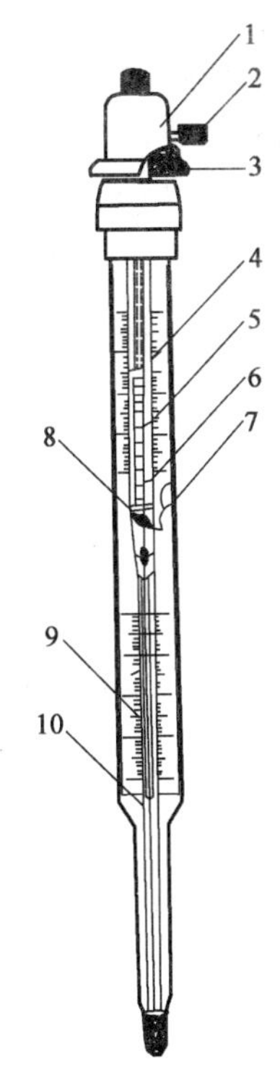

图Ⅱ-7 汞定温计
1—调节帽;2—固定螺丝;3—磁钢;4—指示铁;5—钨丝;6—调节螺杆;7—铂丝接点;8—铂弹簧;9—汞柱;10—铂丝接点

(4)温度控制器。温度控制器常由继电器和控制电路组成,故又称电子继电器。从定温计发来的信号,经控制电路放大后,推动继电器去开关电热器。电子继电器的类型很多,下面介绍比较简单的一种(图Ⅱ-8),它的工作原理可作如下的简单说明。

可以把电子管的工作看成一个半波整流器,R_e-C_1并联电路是整流电路的负载。负载两端的交流分量用来作为栅极的控制电压。当定温计触点为断路时,栅极与阴极之间由于R_1的耦合而处于同电位,也即栅偏压为零,这时板流较大,约有18mA通过继电器,能使衔铁吸下,加热器通电加热;当定温计为通路,板极是正半周时,这时R_e-C_1的负端通过C_2和定温计加在栅极上,栅极出现负偏压,使板极电流减少到2.5mA,衔铁弹开,电热断路。

因控制电压是利用整流后的交流分量,R_e的旁路电容C_1不能过大,以免交流电压值过小,引起栅偏压不足,衔铁吸下不能断开;C_1太小,则继电器衔铁会颤动,这是因为板流在负半周时无电流通过,继电器会停止工作,并联电容后依靠电容的充放电而维持其连续工作,如果C_1太小,就不能满足这一要求。C_2用来调整板极的电压相位,使其与栅极电压有相同峰值。R_2用来防止触电。

电子继电器控制温度的灵敏度很高。通过定温计的电流最多不过30μA,因而定温计的寿命很长,故在实验工作中获得普遍使用。

(5)搅拌器。加强液体介质的搅拌,对保证恒温槽温度均匀起着非常重要的作用。搅拌器的功率,安装位置和桨叶的形状,对搅拌效果有很大影响。恒温槽越大,搅拌功率也相应增大。搅拌器应装在加热器上面或与加热器靠近,使加热后的液体及时混合均匀再流至恒温区。搅拌桨叶应是螺旋桨式或涡轮式,且有适当的片数、直径和面积,以使液体在恒温槽中循环。为了加强循环,有时还需要装导流装置。在超级恒温槽中用循环泵代替搅拌,效果仍然很好。

设计一个优良的恒温槽应满足的基本条件是:(1)定温计灵敏度高;(2)搅拌强烈而均匀;(3)加热器导热良好而且功率适当;(4)搅拌器、定温计和加热器相互接近,使被加热的液体能立即搅拌均匀并流经定温计及时进行温度控制。

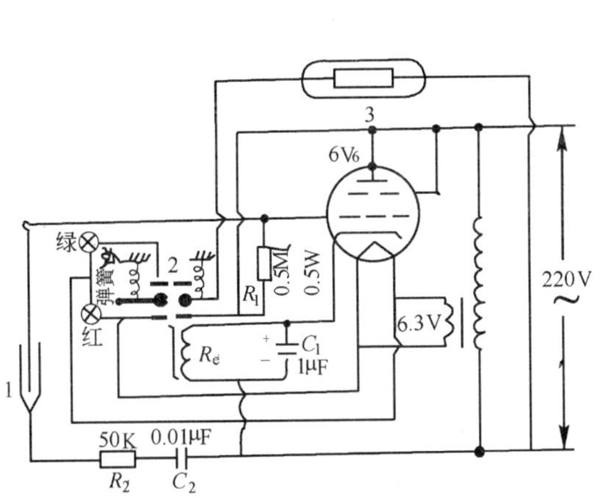

图Ⅱ-8 电子继电器线路图
R_e—220V,直流电阻约2200Ω的电磁继电器;
1—汞定温计;2—衔铁;3—电热器

二、电炉温度控制

电炉温度常用热电偶为传感器,动圈式温度指示调节仪为控制器(见图Ⅱ-9)以实现自动控制。在调节仪刻度板下方有一个可以左右移动的给定针,给定针上固定一个检测线圈。测量指针上固定一铝旗。当电炉温度低于给定值较多时,铝旗在检测线圈之外,由检测器控制的晶体管振荡器处于振荡状态,这时输出最大,通过检波和功率放大后,使继电器吸合,或使连续输出起调节作用的电流达最大值;当温度高于给定值时,铝旗完全进入检测线圈,这样由于隔断了检测线圈两半之间的磁耦合,减小了检测线圈的电感量,使振荡器停振，这时输出甚小，促使继电器释放，或者使连续输出的调节电流降低到零。因此在振荡器－放大器基础上附加各种形式的反馈和控制电路，可以得到不同的调节动作。例如 XCT－101 型动圈式温度指示调节仪配上交流接触器，即可实现断续二位式控制；XCT－191型配上 ZK－50 型可控硅电压调整器及可控硅元件，即可实现比例、积分和微分（简称 PID）控制（接线见图Ⅱ－10）。

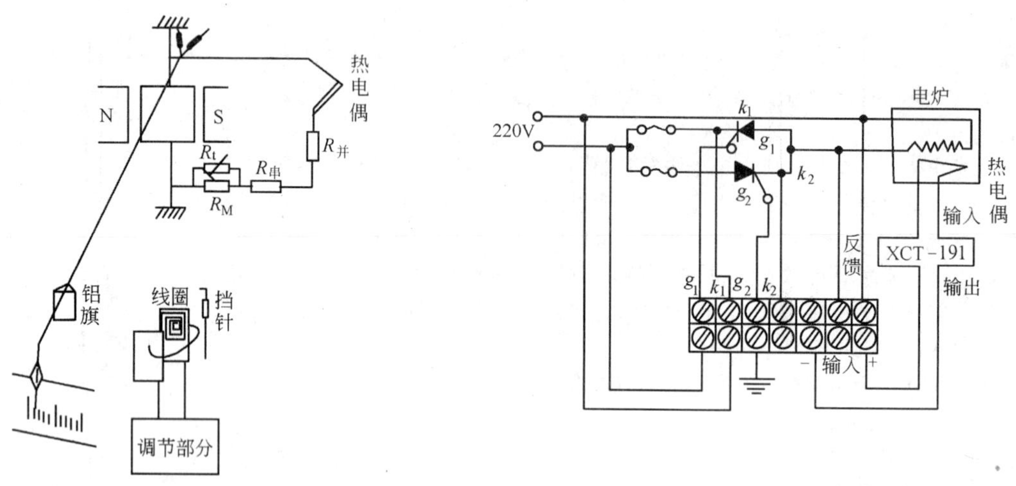

图Ⅱ－9　动圈式温度指示调节仪　　　图Ⅱ－10　ZK－50 用于电炉温度控制接线图

所谓 PID 控制，是指在过渡时间（被控体系受到扰动后恢复到设定值所需时间）内，能按偏差信号的变化规律，自动地调节通过加热器的电流，故又称自动调流。当偏差信号一开始很大时，加热电流也很大；当偏差信号逐渐变小时，加热电流会按比例相应地降低，这就是所谓比例调节规律，它有效地克服了二位控制引起的温度波动。但当被控体系温度达到设定值时，偏差为零，加热电流也将为零，就不能补偿体系向环境的热耗散，体系温度必然下降。因此需在此基础上加上积分调节规律。当过渡时间将近结束时，尽管偏差信号极小，但因其在前期有偏差信号的积累，故仍会产生一个足够大的加热电流，保持体系与环境间的热平衡。如在比例、积分调节规律的基础上再加上微分调节规律，那么在过渡时间一开始，就能输出一个较比例调节大得多的加热电流，使体系温度迅速回升，缩短过渡时间。这种加热电流具有按微分指数曲线降低的规律，随着时间的增长，加热电流会逐渐降低，控制过程随即从微分调节规律过渡到比例、积分调节规律。加上微分调节后，能有效地控制热惰性大的体系。

目前国内生产的控温仪器已有不少类型，但在实验室中也可根据需要购买必要的仪表和元件自己组装。

附Ⅱ.3　水银温度计

水银温度计（汞温度计）是常用的测温工具。它的优点是使用简便，准确度也较高，测温范围可以从－35～600℃（测高温的温度计毛细管充有高压惰性气体，以防汞气化）。但汞温度计的缺点是其读数易受许多因素的影响而引起误差，在精确测量中必须加以校正。下面提出有关的主要校正项目。

（1）示值校正。温度计的刻度是按定点（水的冰点及正常沸点）将毛细管等分刻度，但由于毛细管直径的不均匀及汞和玻璃膨胀系数的非严格线性关系，因而读数不完全与国际温标一致。对标准温度计或精密温度计，可由制造厂或国家计量管理机构进行校正，给予检定证书，附有每 5℃或 10℃的改正值。这种检定的手续比较复杂，要求比较严格。在一般实验室中对于没有检定证书的温度计，可把它与另一支同量程的标准温度计同置于恒温槽中，在露出度数相同时进行比较，得出相应改正值。其余没有检定到的温度示值可由相邻两个检定点的改正值线性内插而得。如果作成图Ⅱ－11 所示的校正曲线，使用起来就比较方便，这时：

改正值＝标准值－读数值

故

标准值＝读数值＋改正值

例如,具有图Ⅱ-11这种校正曲线的温度计,其35℃读数的实际温度=35.00+0.03=35.03℃。

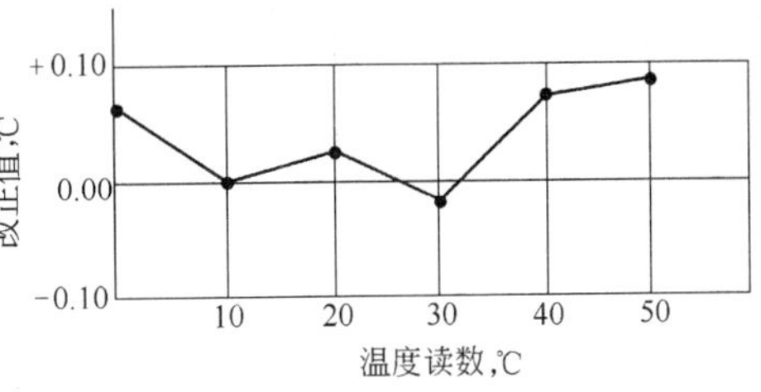

图Ⅱ-11 汞温度计示值校正曲线

(2)零点校正(冰点校正)。因为玻璃属于一种过冷液体,属热力学不稳定体系,体积随时间有所改变。另一方面,当玻璃受到暂时加热后,玻璃球不能立即回到原来体积,这些因素都会引起零点的改变。对于标准温度计和精密温度计都附有零点标记。因为冰点的检验简单,因而对于要求不太高的温度计可每两个月或半个月检定一次,要求高时(如标准温度计)则每次测定完后都应检定冰点,这样才能把加热引起的暂时变化考虑在内。对不超过400℃的温度计,可认为冰点位置的改变会引起温度计所有示值的位置都有相同的改变。例如,温度计原检定证书上注明的零点位置是-0.02℃,而现在测得零点位置是+0.03℃,这说明零点位置已升高了0.03-(-0.02)=0.05(℃),所以温度计的读数也相应增加了0.05℃,这时,应从读数中减去0.05℃才得到正确温度。因此考虑了零点改变后的示值改正应按下式计算:

改正值 = 原证书上的改正值 + (证书上的零点位置 - 新测得零点位置)

如图Ⅱ-12(a)所示是由一个夹层玻璃容器做成的冰点器,空气夹套起绝热作用,以免冰很快熔化,熔化的冰水从底部小管排出。容器中水面比冰面稍低,冰粒必须很细,应很好地围绕温度计,注意冰水混合物中不应含有空气泡。也可用图Ⅱ-12(b)所示的保温瓶作冰点器,用虹吸管排出水。此外,可用一大漏斗,下接橡皮管做成简单冰点器[图Ⅱ-12(c)]。要求准确度高时,需用蒸馏水凝成的冰。一般可从冰厂购得的冰中选出洁白的冰块,用蒸馏水洗净,并注意粉碎时不引入杂质,用预冷的蒸馏水淹没冰层,用清洁木片搅拌压紧,从橡皮管把水放到上层变白为止。将已预冷的温度计垂直插入冰点器,零点标线露出冰面不超过5mm。温度计插入后不得任意提起,以免底部形成孔隙。等待10~15min后,每1~2min读数一次,读数稳定后,以连续三次读数的平均值作为冰点测定值。

(3)露茎校正。如果只将汞球浸入被测介质中而让温度计杆露出介质,则读数准确性将受到两方面的影响:第一是露出部分的汞和玻璃的温度不同于浸入部分,且随环境温度而改变,因而其膨胀情况不同;第二是露出部分长短不同受到的影响也不同。为了保证示值的准确,校正温度计时将杆浸入被测介质中只露出很小一段(一般不超过10mm),以便读数,这样读数的温度计叫全浸温度计。但在实际使用时不便于全浸读数,故只得对露出部分引起的误差设法进行校正,露茎校正公式是:

$$露茎改正值 = K \cdot n(t - t_s)$$

式中 K——汞在玻璃中的视膨胀系数,对汞温度计为0.00016,对多数有机液体温度计为0.0001;

n——露出部分的温度度数;

t——被测介质温度;

t_s——露出汞柱的平均温度,由辅助温度计测定。

例 设某一温度计经示值和零点改正后读数为84.76℃,开始露出温度示值为20℃,测得露出部分汞柱平均温度为38℃,因此:

$$露茎改正值 = 0.00016 \times (85 - 20) \times (85 - 38) = 0.49(℃)$$

故

$$实际温度 = 84.76 + 0.49 = 85.25(℃)$$

由此可见;当使用全浸温度计时,如忽略露茎校正,可能引起很大误差。露茎校正的准确度主要取决于露茎平均温度测定的准确度。如果用悬挂另一支温度计靠近露出汞柱中部来测其平均温度,可能使测定误差达到10℃。这时上例中改正值误差就达到0.00016×65×10=0.12(℃)。如将辅助温度计汞球贴近露出汞柱中部,再用锡箔小条将二者包裹在一起,可使测定误差小于5℃。

为避免露茎校正的麻烦,在要求准确度不很高时,也可采用非全浸式温度计。如果按说明书指定的浸入深度和环境温度使用,也可得到较正确的结果。

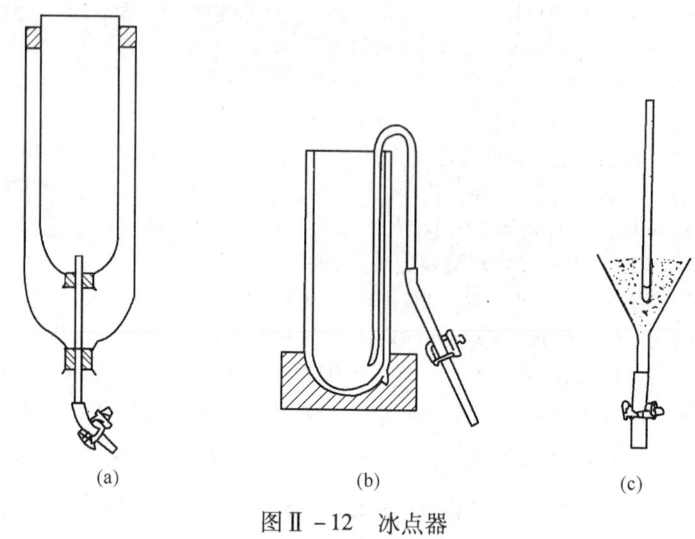

图Ⅱ -12 冰点器

附Ⅱ.4 贝克曼温度计

贝克曼(Beckmann)温度计(图Ⅱ -13)是一种能够精密测量温度差值的温度计。用于冰点降低、沸点升高、燃烧热等实验中测量温度差值。

一、贝克曼温度计的特点

(1)全长只有5 ~6℃,但可测量 -20 ~155℃范围内不超过5 ~6℃的体系温差。

(2)刻度精细,每一度分100 等份,可以估计到0.002℃,精密度较高。

(3)它与普通温度计不同,在毛细管的上端加装了一个水银储管用来调节水银球中的水银量,所以可在不同的温度范围内测量。

(4)由于水银球中的水银量是可变的,因此水银柱的刻度值就不是温度的绝对值,只能在量程范围内读出温度的差值。如在0℃左右测量温度差时,水银球中需要的水银量较多,可以从水银储管中移一部分水银到水银球中来,以满足测量的需要;如在100℃左右测量温差时,水银球中需要的水银量较少,则可将水银球中的水银移一部分到水银储管中去。因此,使用时要根据需要调节。贝克曼温度计调节的方法有两种。

二、调节方法

(一)恒温水浴调节法

(1)连接水银。见图Ⅱ -13,为了调节水银球中的水银量,首先要将上下两部分的水银连接起来。将贝克曼温度计倒立(水银球向上),此时水银由于重力作用沿毛细管向下流动,与水银储管中的水银在5 处相连接。然后慢慢正立(使水银球向下),动作要缓慢,否则上下两部分水银又可能在5 处断开。

(2)调节水银球中的水银量。根据使用要求,确定水银柱升高到5 处时的温度。例如测定水的冰点降低时,希望水的冰点在贝克曼温度计标尺3℃附近,由3℃到5 处约升高4℃,这时水浴的温度等于水的冰点温度加上4℃。将连接好水银的贝克曼温度计放入4℃水浴中(水浴温度要用1/10℃水银温度计测量),恒温5min 以上,取出贝克曼温度计。用左手紧握其中部,使它垂直于地面,靠近胸部,用右手轻击左手背或左手小臂,水银柱即可在5 处断开。当贝克曼温度计从恒温水浴中取出后,由于温度的差异,水银柱内的水银会迅速上升，因此要求动作轻快迅速，但不必慌乱，以免造成失误。

（3）检验。调节好后将贝克曼温度计放入0℃冰水中检验。观察贝克曼温度计的读数是否在3℃左右，一般测水的冰点下降时，贝克曼温度计上的读数，调节到2～5℃是合适的，否则需要重调。

（二）标尺读数调节法

此法简便，是直接利用其上部水银储管处的小标尺来调节，不必要恒温水浴，但调节的误差较大。

（1）连接水银。同恒温水浴调节法。

（2）调节水银球中的水银量。在调节前最好先校正一下标尺的刻度，其方法是：将上下水银连接好后，在室温下等5min左右，观察水银面在标尺上的位置和室温差值。调节时要考虑此差值。若调节的温度比室温高，可将贝克曼温度计倒立，水银球中的水银流入水银储管中。当水银储管中的水银下切面正好移动到小标尺上估计的温度位置时，倒转贝克曼温度计，立即将水银柱切断，切断的方法同前。若调节的温度比室温低，可将贝克曼温度计放入冷水或冰水中，观察储管中水银下切面，当正好移动到小标尺上估计的温度位置时，将贝克曼温度计从冰水中取出，立即切断水银柱。

（3）检验。同恒温水浴调节法。

三、贝克曼温度计的校正

在不同的温度下，贝克曼温度计水银球内的水银量是不同的。通常情况下，它的刻度是在调整温度为20℃（即在贝克曼温度计上水银柱高度指示在0℃时，相当于实际温度20℃）时确定的。当调整温度是其他数值时必须加以校正。表Ⅱ-4为不同调节温度时的校正值。

四、使用注意事项

（1）贝克曼温度计尺寸较大，由玻璃制成；价格较贵，易损坏；所以不要任意放置，一般只能放置在以下三处：①不用时放在盒内；②调节时拿在手中；③调节后安装在仪器上。

（2）调节时不能重击，以免毛细管震断。

（3）安装时不可夹得过紧，拆卸时要注意保护温度计。

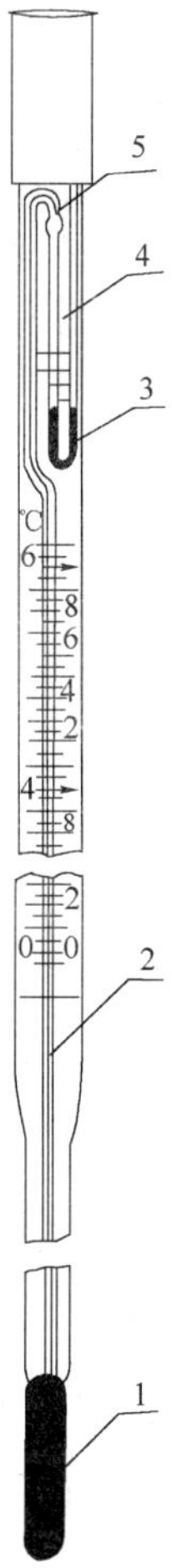

图Ⅱ-13　贝克曼温度计
1—水银球；2—毛细管；3—水银储管；4—温度标尺；5—上下水银连接处

表Ⅱ-4　不同调节温度时的校正值

调整温度，℃	与读数1°相当的摄氏度数，℃	调整温度，℃	与读数1°相当的摄氏度数，℃
0	0.9936	55	1.0093
5	0.9953	60	1.0104
10	0.9969	65	1.0115
15	0.9985	70	1.0125
20	1.0000	75	1.0135
25	1.0015	80	1.0144
30	1.0029	85	1.0153
35	1.0043	90	1.0161
40	1.0056	95	1.0169
45	1.0069	100	1.0176
50	1.0081	⋮	⋮

附Ⅱ.5　热电偶和电阻温度计

将两种金属导线首尾相接如图Ⅱ－14(a)所示,保持一个接点(冷端)的温度不变,改变另一个接点(热端)的温度,则在线路里会产生相应的热电势。这一热电势只与热端的温度有关,而与导线的长短、粗细和导线本身的温度分布无关。因此,只要知道热端温度与热电势的依赖关系,测得热电势后即可求出热端温度,这是热电偶温度计测温的原理。

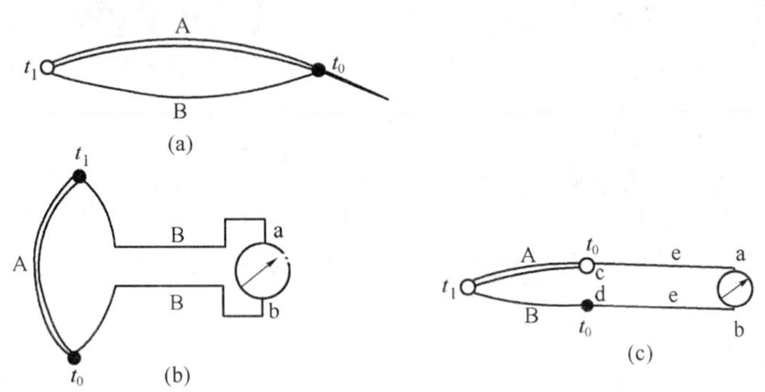

图Ⅱ－14　热电偶回路

为了测定热电势,需使导线与测量仪表连成回路。在图Ⅱ－14(b)中将作为电偶的导线B接于毫伏表的a,b端形成回路。如果t_0保持不变,a,b接点温度一致(中间由仪表动圈的铜导线连接),则此第三金属导线的引入不会影响整个线路的热电势。再如按图Ⅱ－14(c)的接法,保持c,d接点温度于t_0不变,用导线e与仪表a,b端连接,只要保持a,b端温度相同,则整个线路热电势亦只取决于t_1的温度。

一、热电偶的分类

热电偶测温的适用范围很广,而且容易实现远距离测量、自动记录和自动控制,因而在科学实验和工业生产中获得了广泛应用。热电偶的种类比较多,下面介绍常用的几种。

(1)铂－铂铑热电偶。通常由直径0.5mm的纯铂丝和铂铑(铂10%,铑90%)丝做成。分度号以LB－3表示。它可在1300℃以内长期使用,短期可测1600℃。这种热电偶的稳定性和重现性均很好,因此可用于精密测温和作为基准热电偶。缺点是价贵、低温区热电势太小和不适于在高温还原气氛中使用。

(2)镍铬－镍硅(铝)热电偶。由镍铬(镍90%,铬10%)和镍硅(镍95%,硅、铝、锰5%)丝做成。分度号以EU－2表示。可在氧化性和中性介质中900℃以内长期使用,短期可测1200℃。这种热电偶有良好的复制性,热电势大,线性好,价格便宜,测量精度虽较低,但能满足一般要求,故是最常用的一种热电偶。目前我国已开始用镍硅材料代替镍铝合金,使得在抗氧化和热电势稳定性方面都有所提高。由于两种热电偶的热电性质几乎完全一致,故可互相代用。

(3)镍铬－考铜热电偶。由上述镍铬与考铜(铜56%,镍44%)丝做成。分度号以EA－2表示。可在还原性和中性介质中600℃以内长期使用,短期可测800℃。

(4)铜－康铜热电偶。由铜和康铜(铜60%,镍40%)丝做成。特点是热电势大,价格便宜,实验室中易于制作。但其再现性不佳,只能在低于350℃使用。

随着生产和科学技术的发展,对热电偶提出了适用范围广、使用寿命长、稳定性高、小型化和反应迅速等要求。目前我国已能生产在保护介质中用到2800℃的钨铼超高温热电偶;测低温达271℃的金铁－镍铬低温热电偶;快速反应的薄膜热电偶;从室温到2000℃的各种套管(铠装)热电偶等。

二、铠装热电偶

为解决对热电偶小型化、寿命长和结构牢固的要求,在20世纪60年代发展了一种由金属套管、陶瓷绝缘粉和热电偶丝三者组合加工而成的铠装热电偶(图Ⅱ－15)。当使用温度不超过1000℃时多用不锈钢做套管,电熔氧化镁做绝缘材料,由后者把热电偶固定在套管中间。这种热电偶的外径通常是2mm,最小可达0.25mm。其特点是:(1)热惰性小,反应快,如ϕ2.5mm的套管电偶的时间常数不超过1.5s。(2)套管材料经过了退火处理,可以任意弯曲,故能适应复杂设备上的安装要求。(3)耐压和耐强烈振动和冲击。(4)由于偶丝材料有外套管的气密性保护和化学性能稳定的绝缘材料的牢固覆盖,因此寿命较长。

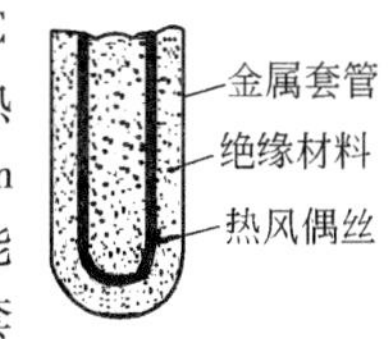

图Ⅱ－15　铠装电偶结构

铠装热电偶的内阻较大,经常会超过XC系列动圈仪表所规定的外接电阻15Ω。因此这种热电偶最好是与电子电位差计或数字电压表配用。目前市场上已出现改进的XF系列动圈表,其输入阻抗高,外线路电阻不影响测温精度,可与铠装电偶配套使用。

三、热电偶的使用

(1)热电偶保护管。为了避免热电偶遭受被测介质的侵蚀和便于热电偶的安装,使用保护管是必要的。根据温度要求,可用石英、刚玉、耐火陶瓷做保护管。低于600℃可用硬质玻管。在实验工作中有时为了提高测温和控温的反应速率,在对热电偶损害不大的气候中短期使用,可以不用保护管。但这时应经常进行校正工作,才能保证结果可靠。

(2)冷端补偿。表明热电偶的热电势与温度的关系的分度表,是在冷端温度保持0℃时得到的。因此在使用时最好能保持这种条件,即直接把热电偶冷端,或用补偿导线把冷端延出来,放在冰水浴中。如果没有冰水,则应使冷端处于较恒定的室温,在确定温度时,将测得的热电势加上0℃到室温的热电势(室温高于0℃时),然后再查分度表。如果用直读式高温表,则应把指针零位拨于相当于室温的位置。热电偶冷端温度波动引起的热电势变化,也可用补偿电桥法来补偿。市售的冷端补偿器有按冷端是0℃或20℃设计的。购买时要说明配用的热电偶。如热电偶长度不够,也需用补偿导线与补偿器连接。使用补偿导线时切勿用错型号或把正负号接错。

(3)温度的测量。要使热端温度与被测介质温度完全一致,首先要求有良好的热接触,使二者很快建立热平衡;其次要求热端不向介质以外传递热量,以免热端与介质永远达不到热平衡而存在一定温差。

例如,当用热电偶测量管道中流动气体的温度时,由于管内气体和热端温度较管壁为高,热端将不断向管壁辐射热量;同时热电偶和保护管将从温度较高的热端向温度较低的冷端传导热量。与此同时,气体不断以对流和传导的方式向热电偶补偿其损失的热量,一直达到动态平衡。由于这种传热过程的存在,气体和热端之间就存在一定温差。为了减少这一温差,可采取如下措施:(1)增大气体流速,即把热电偶装在流速最大的地方或装有喉管处,并把热端露出,以增大气体与热端的热交换速率;(2)为减少辐射损失,可在热端部位装表面光滑的防辐罩,并将此部分管段包上良好的绝热层,以减小管壁和热端间的温差;(3)为减少传导损失,应增加热电偶插入深度,例如从直角弯管处平行插入管中。

还需指出,热电偶只能测得热端所在处的温度,当被测介质温度分布不均时,要用多支热电偶去测定各区域的温度,例如固定床催化剂层就是如此。

四、热电偶的检定

通常采用比较检定法,即将被测热电偶与标准热电偶的热端露出,用铂丝捆在一起置于管式电炉中心位置,或放于管中心的金属块里。冷端则置冰水浴中。再用切换开关使两电偶与同一电位差计相连。控制电炉缓慢升温,每隔50～100℃读取一次热电势。如果用两台电位差计由两人同时读数,则对温度恒定的要求可放宽些;如果只用一台电位差计,或两电偶粗细不同,则对温度恒定的要求就较严格。用检定结果作热电势与温度的关系曲线,以便应用。热电偶校验装置参看图Ⅱ－16。

当用指示仪表配合热电偶测温时,则可配套检定或分别检定。指示仪表的检定方法与检定毫伏计相同,即用电位差计检查其指示温度相应的毫伏读数是否与分度表规定相符。检定时需注意按仪表要求配置附加电阻。

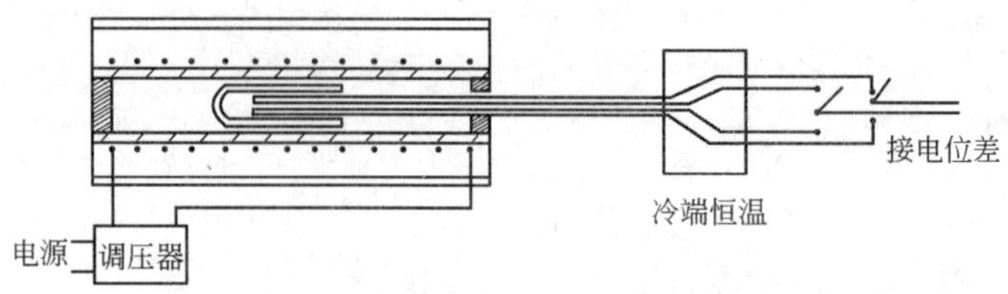

图Ⅱ－16　热电偶校验装置示意图

五、金属电阻温度计

铂丝的化学和物理稳定性很好，电阻随温度变化的再现性高，采用精密的测量技术可使测温的精度达到0.001℃。因此国际温标规定铂电阻温度计作为－183～630℃之间的基准器。

铂电阻是用直径0.03～0.07mm的铂丝绕在云母、石英或陶瓷支架上做成的。0℃时的电阻10～100Ω，用金、银或镀银铜丝作引出线，放在导热良好的保护管中。可配合电桥或直读式动圈仪表测量温度。

除铂电阻外，在－50～150℃之间还广泛采用铜电阻温度计，在上述温度范围内，铜电阻值与温度的关系是线性的。缺点是铜的比电阻小，因而热感元件无法做得很小；其次是铜易于氧化，故测温范围受到限制。

六、热敏电阻温度计及恒灵敏度测温电桥

热敏电阻是用Fe，Ni，Mn，Mo，Ti，Mg，Cu等金属氧化物为原料熔结而成，可以作成各种形状。实验工作者最感兴趣的是珠状。半导体小珠外表被一层玻璃膜保护，由两根很细的导线引出，外套玻璃保护管（图Ⅱ－17）。热敏电阻温度计的优点是：(1)电阻系数大，约为－3%～－6%，例如从20℃升到21℃，对电阻为2000Ω的热敏电阻，其电阻下降约100Ω，对25Ω的铂电阻，其电阻只增加0.1Ω。因此对热敏电阻温度计用一般电桥测量电阻变化即可达0.001℃的灵敏度。(2)热敏电阻温度计的阻值大，因而由于导线和接点引起的阻值变化可以忽略，从而简化测量技术。(3)热敏电阻温度计构造简单、体积小、热惰性小，反应迅速。目前，热敏电阻温度计尚存在稳定性欠佳、产品制造误差大，因而互换性差等缺点，但已不断取得改进。

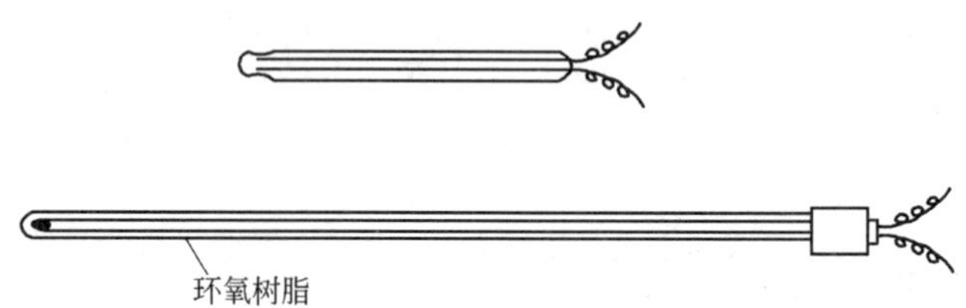

图Ⅱ－17　热敏电阻温度计

使用热敏电阻温度计时应注意：(1)通过热敏电阻的电流应该很小，以免温度计产生自热，使电阻本身温度高于介质。因此加强搅拌或增大流速以强化传热，对测温有利。(2)热敏电阻对强烈的光、压力变化、振动等敏感，故必须封闭牢固。(3)电阻与温度的关系非线性，而且不稳定，需经常校正。

由于热敏电阻温度计具有较多的特点，在量热、测定冰点降低与沸点升高、测温滴定等方面有取代贝克曼温度计的趋势。

由于热敏电阻的阻值随温度的变化不是线性的，因而测温电桥的灵敏度，即温度变化1K，电桥不平衡输出电流或电压的变化，将随温度而变。这就给利用电桥不平衡输出进行温差的测定带来极大的不便。Pitts根据测温电桥线路分析，设计出了恒灵敏度电桥，经实验检验，它在温差15℃范围内保持灵敏度不变。

电桥线路如图Ⅱ－18所示。随被测介质温度的升高，热敏电阻阻值将减小，其电阻随温度的变化率也减小，其电阻随温度的变化率也减小，电桥灵敏度下降。为补偿灵敏度的下降，可增大电源电压以提高电桥灵敏度。从图Ⅱ－18可看出，当热敏电阻R减小时，在电桥其他三个臂的电阻不变的条件下，必须增大y的阻

值,才能维持电桥平衡,这样一来就相应减小了它与电源串联的电阻,从而提高了电源电压,起到了补偿的作用。

根据分析,为达到补偿的目的,还必须按热敏电阻的温度特性选择电桥其他电阻的阻值,其步骤如下:

(1)先将热敏电阻与标准汞温度计捆在一起同置超级恒温水浴中,用直流电桥或精密数字万用表在使用温度范围内定若干点,测定电阻与温度的关系,并按关系式 $R = ae^{b/T}$ 确定常数 a, b 。

(2)设被测介质的最低、最高温度分别为 T_1 和 T_2,相应温度下热敏电阻的阻值是 R_1 和 R_2,则电位器 A 的阻值应是:$R_A = R - R_2$(为便于电位器的选用,可将测温上下限作适当调整)。

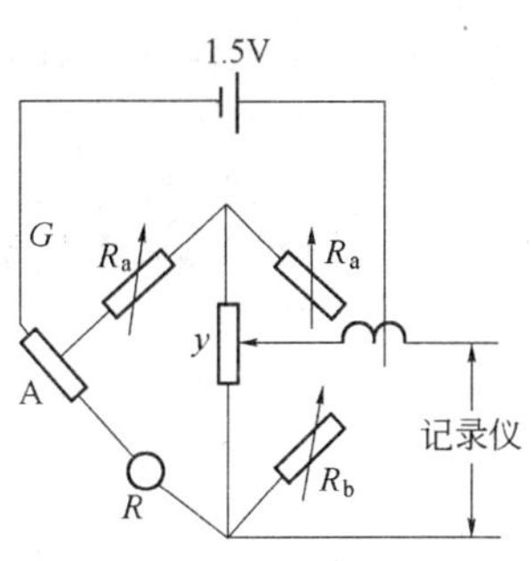

图Ⅱ-18　恒灵敏度测温电桥

(3) 选 $R_b = R_1$。

(4) 根据 $\frac{1}{R_a} = \frac{2}{(R_1 - R_2)}\left[\frac{R_1}{R_2}\left(\frac{T_2}{T_1}\right)^2 - 1\right] - \frac{1}{R_1}$ 计算出 R_a 的值。

这样便确定了电桥的全部电阻。所选阻值都用可变电阻或电位器调定。电位器 A 可选用带指针的多圈电位器,并把指针位置与被测介质温度的关系用曲线绘出备用。

为了确定电桥灵敏度,还必须知道 $R = ae^{b/T}$ 中的 b 值,电桥电源电压 V、电阻 G(使用检流计时为检流计内阻,使用记录仪时可接 1kΩ 电位器),再根据下式计算电桥灵敏度:

$$\frac{dI_G}{dT} = \frac{bVR_2}{2R_1T_2^2(2G + R_a + R_1)}$$

式中,$\frac{dI_G}{dT}$ 是指温度变化 1K 时,检流计电流 I_G 的变化量,单位为 $A \cdot K^{-1}$;当电桥输出接记录仪时,则电压输出灵敏度是:$\frac{dI_G}{dT} \cdot G\ (V \cdot K^{-1})$。实测值与计算值的相对误差小于 1%。电压灵敏度还可由 G 的分压进行调整。

由于电桥灵敏度与电源电压有关,因此应保持电源电压稳定,如有变化应重新确定灵敏度。

当用记录仪记录温差时,先根据已作出的关系曲线将电位器 A 调到被测介质相应的温度,然后按待测温差的大小和变化方向调整记录仪量程和记录笔位置。从记录曲线的峰高和电桥灵敏度即可算出温差值。

这种测温电桥适用于燃烧热、溶解热、凝固点降低和液体比热容测定等实验。

附Ⅱ.6　气压计和负压传感器

大气压是用上部完全为真空的汞柱与大气压力相平衡时的汞柱高来表示的,并规定在海平面、纬度 45°及温度为 0℃时的大气压为 760mmHg 或 101325Pa 为标准大气压。

用汞柱高来计量大气压力虽很方便,但外界条件对汞柱高的计量有一定影响,因此需把汞柱高的计量统统校正到标准状况。

气压计通常用 mbar 刻度,1mbar = 100Pa。也有用 mmHg 刻度的,1mmHg = 133.32Pa。目前还未见用 Pa 刻度的气压计。

一、气压计的读数修正

(1)温度的修正。温度会影响汞的密度及黄铜刻度标尺的长度,考虑了这两个因素之后,得到下列修正公式:

$$H_0 = H_t - \frac{H_t(\beta - \alpha)t}{1 + \beta t}$$

式中　H_0——将汞柱修正到0℃时的读数；

H_t——在t℃时的读数；

α——黄铜的线膨胀系数，0.0000184/℃；

β——汞的体膨胀系数，0.0001818/℃；

t——读数时的温度，℃。

将膨胀系数值代入上式经过化简可得到下列修正式：

$$H_0 = H_t(1 - 0.000163t) \tag{Ⅱ-1}$$

可按式(Ⅱ-1)作出各温度下的校正表或校正曲线放在气压计旁，使用起来就比较方便。应该指出，气压计上的温度计在精密测量中也要经过修正，如果这个温度偏差1℃，则气压计读数对101325Pa来说就会相差16Pa。

(2)重力加速度g的修正。在海平面、纬度45°的重力加速度是$9.807\text{m}\cdot\text{s}^{-2}$，当纬度及海拔高度改变时，$g$值也有所改变。因此需要把在各地区的重力加速度下测得的汞柱高换算成在标准重力加速度$9.807\text{m}\cdot\text{s}^{-2}$下的汞柱高，修正公式如下：

$$\Delta H_0 = H_0(1 - 2.6 \times 10^{-3}\cos 2L - 3.14 \times 10^{-7} \times H) \tag{Ⅱ-2}$$

式中　H_0——已校正到0℃的气压读数；

L——当地纬度；

H——海拔高度，m。

(3)仪器的修正。这是由于压力计构造上的缺陷或长期使用后汞中溶解微量空气渗入真空部分所引起的。当与标准气压相比较之后，即可得到这项修正值，这项修正值常附于仪器的检定证书中。

(4)高度差的修正。由气压计下部汞面与实验进行的所在地存在高度差所引起的，通常在地球表面，10m空气柱大致相当于120Pa，即每高于地面10m，气压应减少120Pa。

例　在成都地区用福廷式气压计(带黄铜标尺)读出汞柱高为716.5mm，这时气压计上的温度计读数为22℃，试求修正后的正确气压。

仪器修正值(检定证书注明)	+0.1mmHg
温度修正值[按式(Ⅱ-1)计算]	-2.6mmHg
纬度和海拔高修正值[按式(Ⅱ-2)计算]	-0.9mmHg
	-3.4mmHg

修正后的气压=716.5-3.4=713.1(mmHg)或95070Pa。

为使用方便，对于一个已安装好的气压计可把仪器修正、纬度修正、海拔修正合并成一个修正值。在要求不高的场合下，也可以只做温度修正。

二、气压计的构造和使用

实验室中常用的为福廷式汞气压计。它的构造如图Ⅱ-19所示。

福廷式气压计的主要部分为一盛汞的玻璃管倒置于汞槽中，玻璃管顶部绝对真空。汞槽底由一羚羊皮袋封住，可以通过调整下部的螺丝使羚羊皮袋上下移动，从而调整下部槽中的汞面，使之刚好与固定在槽顶的象牙针尖接触，这个面就是测定汞柱高的基准面。盛汞玻璃管装于具有刻度的黄铜外管中，黄铜管上部的读数部分，相对两边开有槽缝，通过槽缝可观察玻璃管中的汞面。在相对的槽缝中装有可上下滑动的游标。气压计必须垂直安装，如果偏离垂直位置1°，则对760mm来说就会造成0.1mm的误差。读取气压计读数时可按下列步骤进行。

（1）读出附于气压计上的温度读数。

（2）调整气压计底部螺丝，使汞面与象牙针刚好接触。

（3）调整控制游标上下移动的螺丝，将其上升到较汞面略高，然后缓慢下降，直到眼睛看来游标前边缘、后边缘与汞弯月面三者均在一平面上（刚好相切）。按游标尺零点对准的下面一个刻度读出压力的毫米整数部分，再按游标尺与刻度尺重合得最好的一条线，从游标尺上读出毫米的小数部分。

（4）将读数修正到0℃及标准重力加速度时的相应数值。考虑高度差和仪器修正值后，得出气压的最后结果。

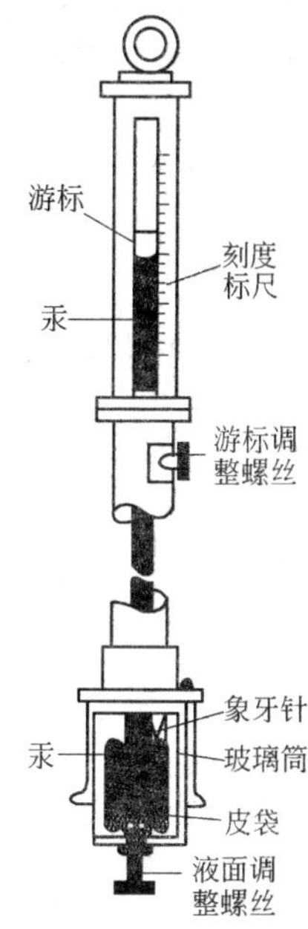

图Ⅱ-19 福廷式气压计

最后，值得提醒的是，在实验室中用玻璃管U形汞压计测量压差时，也应进行读数修正。特别是当大气压读数已经修正，再用汞压差计读数与大气压相加减来测定设备内部压力时，更不能忽略这项修正。为简便起见，对玻璃管U形汞压计可只做汞的体膨胀修正，这时：

$$H_0 = \frac{H_t}{1 + 0.00018t}$$

式中 H_0——修正到0℃时的读数；

H_t——温度为t℃时的读数；

t——汞压差计所在地的温度；

0.00018/℃——汞的体膨胀系数。

三、负压传感器

实验室经常用U形汞压计测定从真空到大气压这一区间的压力。虽然这种方法很简单，但由于汞害及不便于远距离测量和自动记录，因而不算是最好的方法。

负压传感器体积小、灵敏度高，输出电信号便于远距离测量、自动记录和自动控制，目前已获得广泛应用。下面介绍BFP-1型负压传感器的工作原理。

负压传感器外形见图Ⅱ-20。它主要由波纹管、应变梁和半导体应变片组成。应变片粘贴于应变梁的两侧，组成如图Ⅱ-21所示的电桥。在桥路AB端输入适当电压（例如6V）后，调整调零电位器R_x（10kΩ多圈电位器）使电桥平衡，这时传感器内压力与大气压相等，压差为零。当接入负压系统后，负压经波纹管产生一个应力，使应变梁发生形变，贴在应变梁上的应变片受力后，电阻值发生变化，电桥失去平衡，从CD端输出一个与压差成正比的电压信号，可用数字电压表或电位差计测得。在实验室中用U形汞压计对传感器进行标定，得出输出信号与压差之间的比例常数$k = \frac{\Delta p}{V}$。测量精度可达±0.5mmHg或±60Pa。

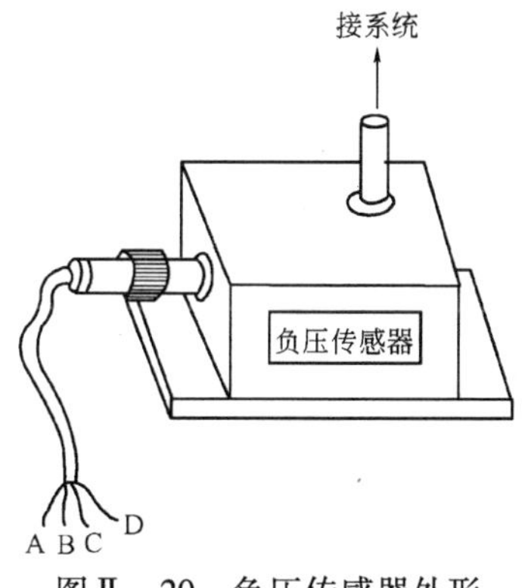

图Ⅱ-20 负压传感器外形

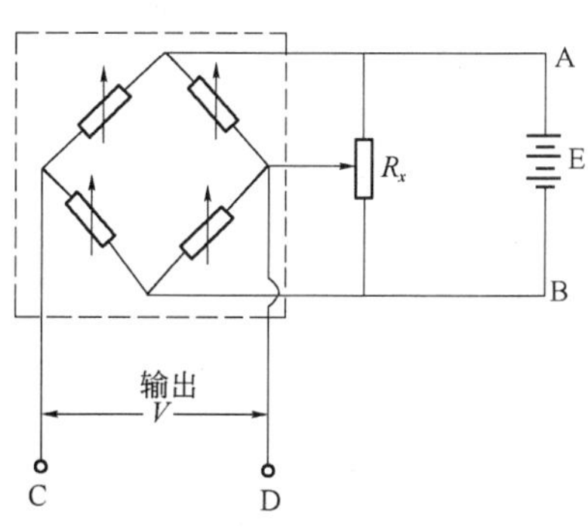

图Ⅱ-21 负压传感器电桥线路

负压传感器可用于氨基甲酸铵分解平衡、液体饱和蒸气压、环己烯气相热分解、BET 法测比表面等实验中，以代替 U 形汞压计。

附Ⅱ.7　交流电桥及电导仪

一、电解质溶液电阻

在电解质溶液中插入两片惰性电极并通以直流电时，常伴随电解过程，有时还在电极上析出气体。电解的结果就使溶液的组成发生改变，因而引起电导的改变，而气体的析出则加剧电极极化，从而增大溶液电阻。因此用直流电源测定溶液电阻难以获得准确的结果。通常解决的方法是用较高频率的交流电，并将电极镀以铂黑。在交流电波形对称的条件下，电解作用便可避免，镀铂黑电极便能减轻极化。

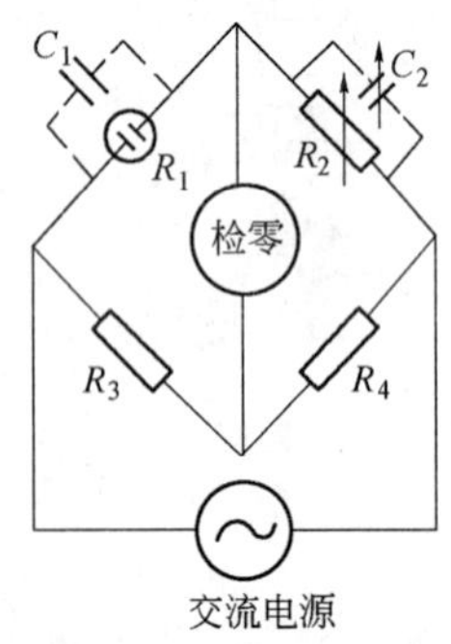

图Ⅱ-22　交流电桥

二、交流电桥和电导池

交流电桥广泛用于电阻、电容和电感的测量。在化学领域中交流电桥常用于测量溶液电阻和电容，也就是溶液的电导和介电常数。

(1)交流电桥的平衡条件。当直流电通过导体时，漏电的原因仅限于绝缘不良。但对交流电来说，漏电的原因则较复杂，它可能通过电路的各部分之间及电路和大地之间的电容耦合而漏电；也可通过电路间的互感及外界电磁场的耦合而漏电，漏电现象随频率增高而加剧。另外，由于电导池两极片间形成电容，可使图Ⅱ-22 中 R_1，R_2 两支线的电流不同相位，因而使平衡指示器难于找到平衡点。

对于交流电来说，欧姆定律的表达式如下：

$$E = IZ \tag{Ⅱ-3}$$

式中，Z 为电路的阻抗。

这时惠斯登电桥平衡的条件将具有下面的形式：

$$\frac{I_1Z_1}{I_2Z_2} = \frac{I_3Z_3}{I_4Z_4}$$

如果电桥的电路对地没有漏电，电桥各部分之间也不漏电，并且电桥各支线间没有互感，则平衡时 $I_1 = I_2$，$I_3 = I_4$，从而：

$$\frac{Z_1}{Z_2} = \frac{Z_3}{Z_4} \tag{Ⅱ-4}$$

因此，当满足上述条件时，对交流电来说，在惠斯登电桥不是电阻平衡而是阻抗平衡。

实际用于测量的交流电桥，都把两邻边 R_3，R_4 用阻值和结构相同的两个无感电阻作成，因此认为：

$$Z_3 = R_3 \qquad Z_4 = R_4$$

而另两臂的阻抗复量等于：

$$Z_1 = \frac{1}{\dfrac{1}{R_1} + j\omega C_1} \qquad Z_1 = \frac{1}{\dfrac{1}{R_2} + j\omega C_2}$$

代入式(Ⅱ-4)得：

$$\frac{1}{\dfrac{1}{R_1} + j\omega C_1}R_4 = \frac{1}{\dfrac{1}{R_2} + j\omega C_2}R_3$$

因 $R_3 = R_4$，解上式得：$R_1 = R_2$；$C_1 = C_2$。也就是说要在与电导池的 R_1 相邻的 R_2 并联一个与电导池的电容 C_1

相等的电容 C_2，达到两臂的相位角相等。

总的说来，用交流电桥测定溶液电阻应该做到：①不应漏电；②相邻两臂的相位角应相等。为了满足第一个条件，需要合理安排电桥元件的位置，使它们相互之间以及与外界磁场源之间保持一定距离，以减少相互间的耦合。同时应对元件采取完善的电磁屏蔽和接地措施，使各种电磁耦合对测量的影响减至最小。为满足第二个条件，主要是调整与电导池相邻的一个臂的电容，使之与电导池电容相等（因为电导池两平行电极在空气中的电容虽然很小，但放在介电常数大的水溶液中时，其电容值就较大了）。

（2）交流电源和指零仪器。如前所述，为了避免电极极化，应采用较高频率的交流电源。交流电的波形应该对称，谐波系数要小，最好是纯的正弦波，这样一来，正反两方向流过的电量完全相等，因而要认为在电极上没有化学反应发生。如果交流波形不对称，则总的说来，某一方向通过的电量就会过剩，从而产生与直流电相同的效应，使电极极化。

使电桥通过弱电流的目的在于防止电导池中产生热效应而使温度发生变化，同时也是为了减少极化。所以电源电压一般不超过10V，甚至可低到0.5V。

通常所用交流电频率在1000Hz左右。频率过低，难于消除极化，增高频率虽有利于消除极化，但漏电现象，即杂散场对测量的影响就更加严重，故对高阻溶液宜采用低频。当以耳机作指零仪器时，以频率为1000Hz的灵敏度最高。

目前多采用电子管振荡器作交流电源，最好是采用变压器对称输出。耳机可检查出 10^{-9}A 的电流，是简单而灵敏的检流仪器，如在耳机之前装音频放大器，还可把耳机的灵敏度大大提高。

耳机示零的缺点是主观任意性大，难以获得准确一致的结果。如用交流指零仪配合耳机示零，则可收到较好效果。简易交流指零仪线路如图Ⅱ－23所示，其基本原理可简单说明如下：当无信号输入时，调限流电位器至微安表指针接近满刻度。当有交流信号输入时，通过741CDP集成块放大约1000倍后，经桥式整流输出一负的直流电压，此电压叠加在场效应三极管栅极上，从而导致源极电流显著下降，电表指针向零靠近。如不回零，可调调零电位器。

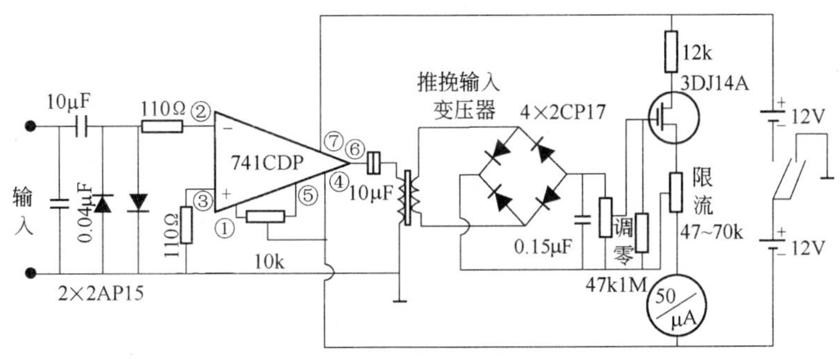

图Ⅱ－23　交流指零仪线路图

随着电桥趋于平衡，输入信号逐渐减小，负偏压也随之减小，源极电流相应增加，电表指示增大，直到电桥平衡，输入信号极小，电表指针达最大值，此即电桥平衡点。这种指零方式的优点是避免了电桥不平衡时，微安表超量程打针。

使用这种指零仪时需先由耳机找出粗略的平衡位置，然后再由指零仪确定准确的平衡点。如果单用指零仪，就很难找到平衡位置。

此外，采用示波器指零，效果也很好。

（3）电导池。为了防止极化，一般都用镀铂黑的铂电极，但铂黑可能对某些物质起催化作用，也可能从溶液中吸附溶质，从而改变其浓度，这对特别稀的溶液就更为严重，这时就宁愿用光铂电极。为了减少测量误差，可以适当改变电导池结构，以适应测量不同阻值范围的需要。对电阻大的溶液宜用面积大、距离近的电极，对电阻小的溶液宜用面积小、距离大的电极，实质上就是要求电导池常数不同。电解质水溶液的电导率通常在 $10 \sim 10^{-5} S \cdot m^{-1}$ 之间，要准备三种不同电导池常数的电导池。

电导池常数可用已知电导率的氯化钾溶液来测定。25℃时 KCl 的电导率见表Ⅱ－5。

表Ⅱ－5　25℃时 KCl 的电导率

溶液的浓度，$mol \cdot L^{-1}$	1	0.1	0.01	0.001	0.0001
电导率，$S \cdot m^{-1}$	11.19	1.289	0.1413	0.01469	0.001489

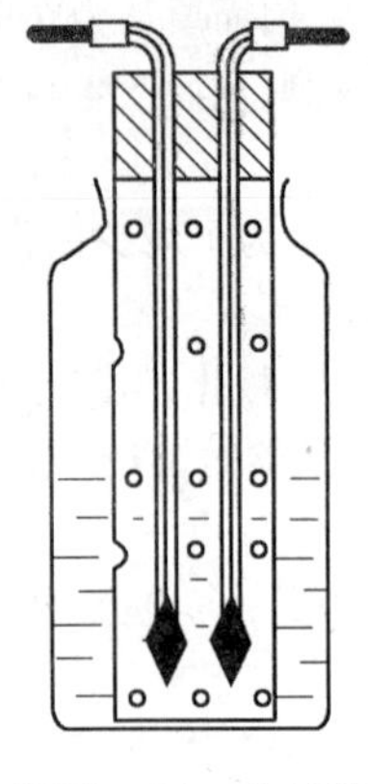
图Ⅱ－24　电导池

按照 $k = L \cdot \frac{l}{A} = \frac{K}{R}$，测得已知电导率的 KCl 溶液的电阻 R 后，即可求得电导池常数 K。式中，k 为电导率，$S \cdot m^{-1}$；R 为电阻，Ω；L 为电导，S；l 为电极距离，m；A 为电极面积，m^2；K 为电导池常数，m^{-1}。

电导池的形式很多，并有多种现成的商品电极出售。一般实验用也可做成如图Ⅱ－24所示的电导池。这种电导池的制作比较简单。如果没有铂金片，也可用黄金片，并镀上铂黑，仍然适用。黄金和铂丝可直接在喷灯上焊接。

（4）电极镀铂黑方法。将铂电极先在热的 KOH 酒精溶液中浸洗几分钟，再用热的浓硝酸浸洗，最后用蒸馏水洗净。镀液由3%氯铂酸和0.03%乙酸铅组成。将电导池电极浸入镀液中，两电极分别接电池或直流电源正负极，串联电阻箱控制电流至电极上有小气泡逸出即可。每半分钟交换正负极性一次，10min 左右即成。镀好铂黑的电极浸入 $1mol \cdot L^{-1} H_2SO_4$ 溶液中，同上法电解几分钟以除去电极表面吸附的氯气。最后将电极放入蒸馏水中保存。

三、电导仪

目前国内广泛使用 DDS－11 电导仪和 DDS－11A 电导率仪。这种仪器是直读式的，测量范围广，操作简便，当配上适当的组合单元后，可达到自动记录的目的。

电导仪的测量原理可用图Ⅱ－25来说明。由振荡器输出一个稳定的音频标准电压 E，通过电导池 R_x 和电阻 R_m 的回路，产生电流 i_x，根据欧姆定律：$i_x = \frac{E}{R_x + R_m}$。由于 R_m 和 E 都是不变的，且设定 $R_m \ll R_x$，则 $i_x \propto \frac{1}{R_x}$，即电流 i_x 的大小正比于电导池两极间溶液的电导 $\frac{1}{R_x}$。此电流在 R_m 所产生的电压降 E_m 也将正比于 i_x，因此 E_m 经放大器线性放大后，经毫安表显示的示值也就直接与电导成正比。在放大器的输出回路里串联了一个10Ω的标准电阻，由于指示仪表是满量程 1mA 的毫安表，故此标准电阻两端的最大电压输出是 10mV。接上 10mV 的记录仪，便可把电导随时间的变化规律显示出来。当用 DDS－11A 型电导率仪时（图Ⅱ－26），需按所用电极的电池常数拨正仪器上的电池常数旋钮。下面简单介绍仪器的使用方法。

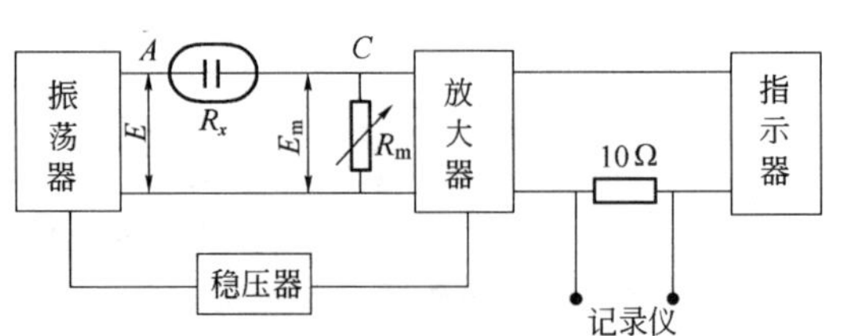

图Ⅱ－25　DDS－11 型电导仪原理图

（1）未通电前，拨正表头零点，然后通电预热 10min。

（2）选择电极。对电导很小的溶液用光亮铂电极；电导中等的，用铂黑电极；电导很高的，用 U 形电极。电极接好插入被测溶液中。使用 DDS－11A 型电导率仪时，使电池常数开关所指数值与所用电极上的常数值相符。

（3）将开关拨向“校正”，再拨“调整”旋钮使指针停在指定处。

（4）将量程选择开关拨到所需的测量范围，开关拨向“测量”。如预先不知被测溶液电导的大小，应先从最高档逐档下降达到所需量程范围。

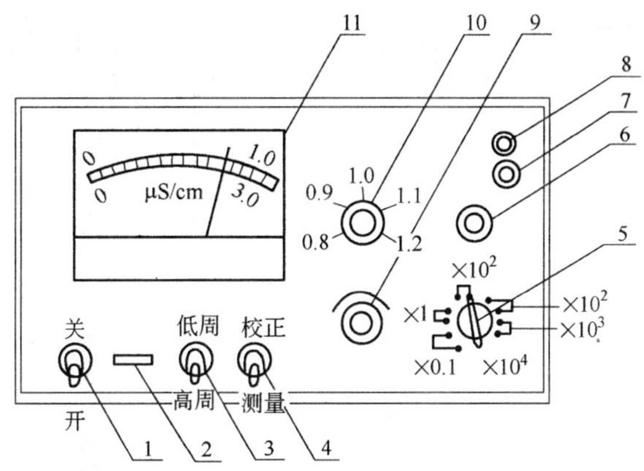

图Ⅱ-26　DDS-11A 型电导率仪的面板图

1—电源开关;2—指示灯;3—高周、低周开关;4—校正、测量开关;5—量程选择开关;6—电容补偿调节器;7—电极插口;8—10mV 输出插口;9—校正调节器;10—电极常数调节器;11—表头

附Ⅱ.8　电位差计和数字电压表

电位差计是电学测量的基本仪器。除了它自身是一种用途广泛的测量仪器外,它也是检验各种电学仪表不可缺少的比较测试仪。根据被测体系内阻的大小,还可选用高阻或低阻直流电位差计。下面介绍一种低阻直流电位差计,通过对它的线路分析,可进一步了解电位差计的设计和工作原理。

一、UJ1 型电位差计

图Ⅱ-27 是 UJ1 型电位差计的线路图。下面所作线路分析均是插头插入(×1)插孔中时作出的。

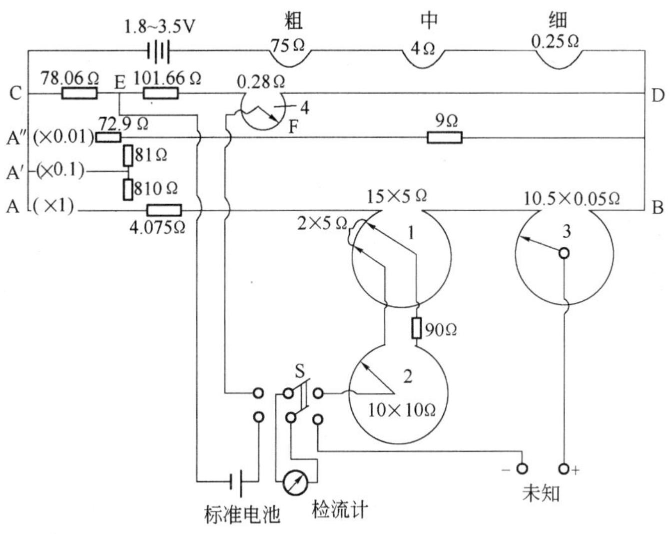

图Ⅱ-27　UJ1 电位差计线路图

(1)校正线路 CD 中的电流及电位降。调转盘 4,使 EF 间电阻(Ω)为室温下标准电池电势(V)的 100 倍,例如 20℃时为 101.83Ω。再调节粗、中、细电阻至检流计无电流通过,这时说明通过 101.83Ω 电阻的电位降正是1.0183V,因而通过电阻的电流为:

$$\frac{1.0183}{101.83} = 0.01(A)$$

UJ1 型电位差计板面布置见图Ⅱ-28。

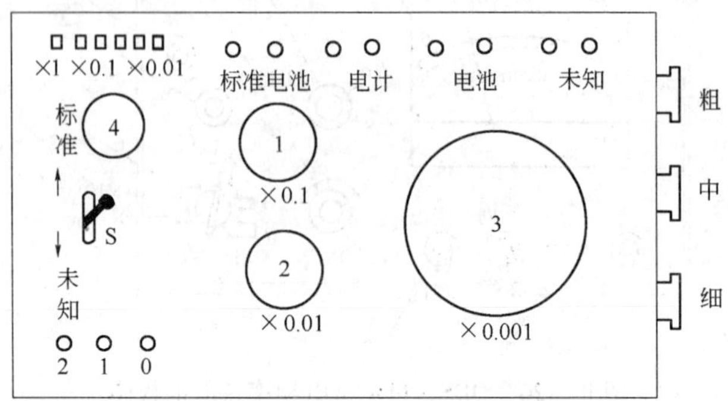

图Ⅱ-28　UJ1 型电位差计板面布置

对于各并联电路来说，当插头插入（×1）、（×0.1）或（×0.01）插孔中可得下列电位降：

$$\text{CD 电位降} = \text{AB 电位降} = \text{A}'\text{B 电位降} = \text{A}''\text{B 电位降}$$
$$= (78.06 + 101.66 + 0.28) \times 0.01 = 1.8(V)$$

（2）测量线路 AB 中的电流及电位降：

$$\text{AB 段总电阻} = 4.975 + 15 \times 5 + 10.5 \times 0.05 + \frac{1}{\frac{1}{2 \times 5} + \frac{1}{10 \times 10 + 90}} = 90(\Omega)$$

通过 1 盘和 3 盘电流：$\frac{1.8}{90} = 0.02(A)$

1 盘每档电位降：$0.02 \times 5 = 0.1(V)$

　　总电位降：$0.1 \times 15 = 1.5(V)$

3 盘每档电位降：$0.02 \times 0.05 = 0.001V$

　　总电位降：$0.001 \times 10.5 = 0.0105(V)$

通过 2 盘电流：$0.02 \times \frac{2 \times 5}{2 \times 5 + 10 \times 10 + 90} = 0.001(A)$

2 盘每档电位降：$0.001 \times 10 = 0.01(V)$

　　总电位降：$0.01 \times 10 = 0.1(V)$

因此电位差计总电位降：$1.5 + 0.1 + 0.0105 = 1.6105(V)$

用相同的方法可以算出当插头插入（×0.1）插孔中时，工作电流每减小 10 倍，相应各档电位降亦降低 10 倍；当插入（×0.01）插孔时，工作电流再减小 10 倍，相应各档电位降再降低 10 倍。

（3）UJ1 型电位差计的操作步骤。按照电位差计上标明的接线柱接好线路，注意极性不要接错。使旋钮 4 调至室温下所相当的标准电池电势值，开关 S 倒向标准，轻按按钮 2（与按钮 2 串联有高电阻以保护检流计），观察检流计指针偏转，调节电阻“粗”、“中”至指针接近于零，再调节电阻“细”，揿按钮 1 至指针指零。过程中如指针偏转厉害，振荡不已，可按短路按钮 0，使指针很快停下。

然后将开关 S 倒向未知，顺次调节转盘 1 和盘 2，这时使用按钮 2。最后调转盘 3，使用按钮 1，至检流计指零，这时电位差计上的伏特读数即未知电池电势。对较小电动势的测量可改用插孔（×0.1）或（×0.01），这时测得的实际电势应是电位差计上的读数乘 0.1 或 0.01。

二、标准电池、甘汞电极和检流计

（一）标准电池

韦斯顿标准电池是最方便和最常用的一种标准电池。这种标准电池不仅容易再现（即用同样方法制造的电池电动势数值一致)，而且电动势的温度系数很小，温度和电动势的关系为：

$$E/V = 1.01860 - 4.06 \times 10^{-5}[t/(℃) - 20]$$

其结构见图Ⅱ-29(a)。电池图式可写成：

$$Cd(Hg)\left|CdSO_4 \cdot \frac{8}{3}H_2O(固), CdSO_4(饱和溶液), HgSO_4(糊体)\right|Hg$$

使用标准电池时应注意：

(1)避免振动和倒置。

(2)通过电池的电流不能大于0.0001A，绝对避免短路和长期与外电路接通。

(3)使用温度不超过40℃和低于4℃。

(4)每隔1~2年检验一次电池电动势。

(二)甘汞电极

甘汞电极是常用的参比电极之一，其结构见图Ⅱ-29(b)。电极图式为：

$$Hg | Hg_2Cl_2(固体) | KCl 溶液$$

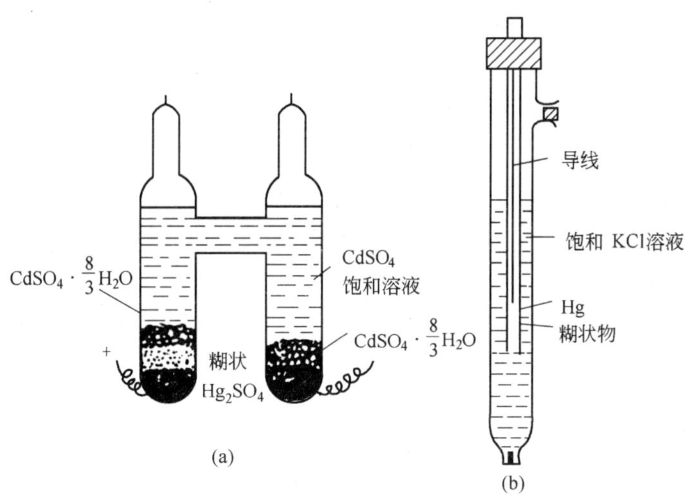

图Ⅱ-29　标准电池(a)及甘汞电极(b)

电极反应为：

$$Hg_2Cl_2(固) + 2e^- \rightleftharpoons 2Hg(液) + 2Cl^-$$

它的电极电势随 Cl^- 浓度不同而改变。电极电势为：

$$\varphi = \varphi^{\ominus} - \frac{RT}{F}\ln a(Cl^-)$$

式中　$\varphi^{\ominus}$——甘汞电极的标准电极电势；

$a(Cl^-)$——溶液中 Cl^- 的活度。

KCl溶液的浓度通常为 $0.1mol \cdot L^{-1}$，$1mol \cdot L^{-1}$ 和饱和溶液。三种浓度下电极的电极电势和温度的关系如下。

(1) $0.1mol \cdot L^{-1}$ KCl甘汞电极：

$$\varphi(V) = 0.3337 - 8.75 \times 10^{-5} \quad (t - 25)$$

(2) $1mol \cdot L^{-1}$ KCl甘汞电极：

$$\varphi(V) = 0.2801 - 2.75 \times 10^{-4} \quad (t - 25)$$

(3)饱和KCl甘汞电极：

$$\varphi(V) = 0.2412 - 6.61 \times 10^{-4} \quad (t - 25)$$

式中，t 为摄氏温度。

(三)检流计

低电阻直流电位计一般用于测定内阻较小的电动势或电位差。设未知电池的内阻为100Ω，则通过此内阻产生0.0001V的电位降时所流过的电流为 $0.0001/100=10^{-6}$(A)，只要检流计灵敏度达到 $10^{-6}\mathrm{A\cdot mm^{-1}}$，就能检出这个电流，因此用这种灵敏度的指针检流计就可使测量精度达±0.0001V。但如电池内阻为10000Ω，则产生0.0001V电位降相应流过的电流为 $0.0001/10^4=10^{-8}$(A)，这时就需换用灵敏度为 $10^{-8}\mathrm{A\cdot mm^{-1}}$ 的光点反射式检流计。当用玻璃电极时，其内阻达 $5\times10^8\Omega$，即使要求测量精度为0.001V(约相当于0.02pH)，则对检流计就要求能检查出 $0.001/5\times10^8=2\times10^{-12}$(A)的电流，这时无法用电位差计进行测量，只好使用pH计或数字电压表了。

检流计的铭牌上通常标明有临界电阻 $R_{临}$ 值，它是指包括检流计内阻在内的测量回路较合适的总电阻 $R_{回}$。当回路总电阻与临界电阻数值相近时，检流计光点能较快达到新的平衡位置。若 $R_{回}\ll R_{临}$，则光点移动缓慢；$R_{回}\gg R_{临}$，则光点振荡不已，读数困难。因此在选用检流计时除考虑灵敏度外，还必须根据测量回路电阻选择检流计的临界电阻。例如用于低阻直流电位差计、低阻电桥的检零，测量热电偶的微小热电势，应选用低临界电阻的检流计。反之，用于高阻电位差计、高阻电桥的检零，测内阻很高的光电池光电流，则应选临界电阻高的检流计。

使用检流计时应注意：(1)当测量电路未完全补偿时，应使用串有高电阻的按钮；(2)未补偿时按钮接触应短促；(3)指针或光点振荡不已时，使用短路开关使之停于零点；(4)指针检流计在使用前须将指针锁打开，用毕锁上；对光点反射式检流计，在停止使用时将两接线柱短路，以防止线圈振荡。

检流计悬丝比较脆弱，容易损坏。光点易振荡，使用不方便。近来已出现一种电子指零仪，其输入阻抗常大于20kΩ，电压常数达0.5μV/格，响应时间小于4s(例如上海电表厂产AZ23型电子指零仪)，作为电位差计和直流电桥指零，使用非常方便。

三、桥式电位差计

这种电位差计是在教学实践过程中设计制成的。它的原理简明易懂，成本低廉，易于制作，在数量上容易满足一班学生同时进行实验的需要。

电位差计由电桥法测电阻和补偿法测电位差的测量线路结合而成(见图Ⅱ-30和图Ⅱ-31)，用它既可测量电阻，也可测量电位差。

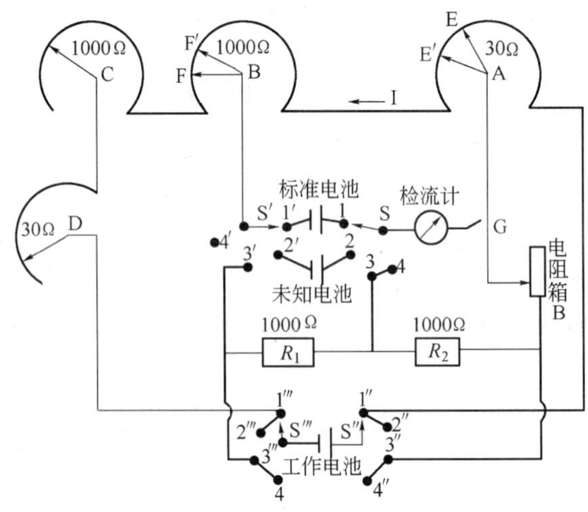

图Ⅱ-30　桥式电位差计线路图

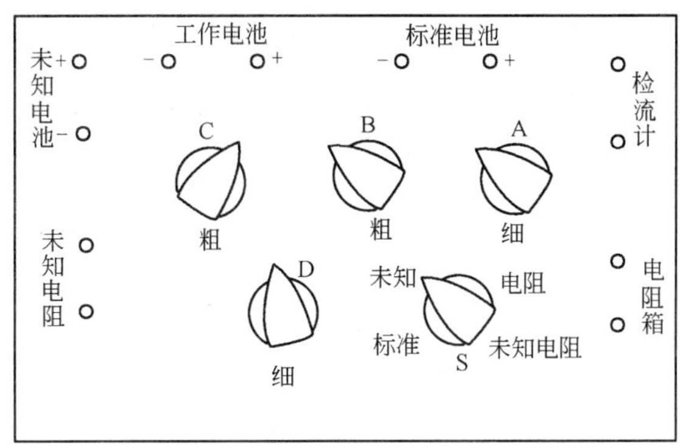

图Ⅱ-31 桥式电位差计板面布置图

电位差计主要由A,B两绕线电位器构成,绕线电位器C,D作为控制工作电流之用。

如果把A,B,C,D线路的工作电流准确调到1mA,则A,B电阻上每1Ω的电位降就是1mA。为此,把波段开关S拨至第3档,即指向"电阻",把电阻箱欧姆读数调到与室温下标准电池电势的毫伏数同一数值(例如20℃时标准电池电势为1018.3mV,这时电阻箱调到1018.3Ω),再调A,B至检流计指零。由于电桥比例臂是1:1,故这时EF段的电阻与电阻箱读数相同。然后把波段开关拨至第1档,即指向"标准",保持EF不变,调C,D至检流计指零,这时EF段的电位降与标准电池电势相等,即:

$$IR_{\mathrm{EF}} = E_{\text{标准}}$$

故

$$I = \frac{E_{\text{标准}}}{R_{\mathrm{EF}}} = 0.001\mathrm{A}$$

调好工作电流之后,保持C,D不变,以免工作电流改变,然后测定未知电势,这时把波段开关拨至第2档,即指向"未知",调A,B至检流计指零,这时E′F′段的电位降与未知电势相等,即:

$$IR_{\mathrm{E'F'}} = E_{\text{未知}}$$

然后保持E′F′不变,将波段开关拨至"电阻",调电阻箱至检流计指零,所得电阻箱的电阻(Ω)即相当于未知电势(mV)。

当作直流电桥使用时,把待测电阻接至"未知电阻"接线柱,波段开关拨至第4档,即指出"未知电阻",调电阻箱至检流计指零。

四、电子电位差计

电子电位差计是一种自动平衡显示仪表,可以自动测量和记录各种直流输出的电量。它同各种手动的直流电位差计(如UJ1型,703型等)一样,是根据电压平衡法进行工作的,只不过它是自动、连续地进行测量。

晶体管电位差计的测量电路,一般都采用桥式电路的型式。图Ⅱ-32中,R_1,R_2,R_3,R_4和滑线电阻R_p组成一电桥,稳压直流电源$E_{\text{稳}}$接在电桥C,D两端。选定合适的R_1,R_2,R_3,R_4的阻值后,移动滑线电阻R_p的滑动点B,则A,B间的相对电压V_{AB}可以在从负到正的一段范围内连续变动。在电压V_{AB}输入晶体管放大器J的回路中,串接被测电势E_x(例如热电偶所产生的热电势),则放大器J中得到的输入讯号电压是E_x和V_{AB}的代数和。当E_x+V_{AB}不等于零时,经放大器放大后即输入足够大的电能给可逆电机$M_{\text{可逆}}$,使$M_{\text{可逆}}$转动,它能同时带动滑线电阻R_p的滑动接点B和记录笔F(图中虚线所示),直到B达到一新的平衡位置B′,使得B′和A点的电压$V_{AB'}$正好和E_τ平衡,即$E_x+V_{AB'}$为零而止,这时放大器无电能输出,$M_{\text{可逆}}$停止转动。滑线电阻接触点B的位置可以表示未知电压E_x的值,而B点的位置则由记录笔F在记录纸上显示出来。同步电机$M_{\text{同步}}$使记录纸恒速移动。

在使用长图自动平衡记录仪时,应注意下列事项:

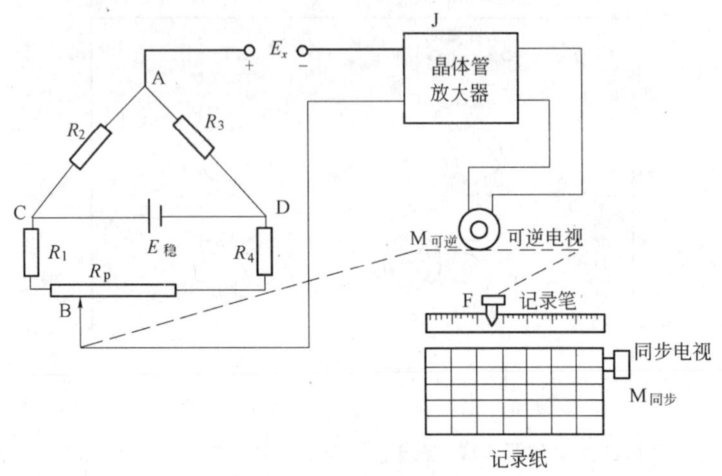

图Ⅱ-32　电子电位差计原理图

(1)按仪表背面接线端子板规定位置接线,注意"相"线、"中"线位置不可接错,牌"220V"为相线端子,"0"为中线端子。输入信号屏蔽线接"P"端子。注意良好接地。

(2)灵敏度及阻尼调整。灵敏度太高,仪表指针产生抖动;灵敏度太低,在相当大的区域内记录笔都能停下来(用手拨动记录笔架感到无力),可调节放大器上灵敏度电位器来调整灵敏度。用手轻轻拨动记录笔架使之移动数毫米,然后徐徐放开,数十秒后记下线条,反向再作一次,两次记录线之间的距离不超时 0.5mm 即可。

阻尼调整得不当,有过阻尼现象,则记录笔行动过于缓慢(尤其在接近平衡位置时);欠阻尼则摇动次数增加,甚至停不下来,这时可拨动阻尼电位器进行调节。

(3)加墨水。于墨水瓶中加好墨水后,用洗耳球在塑料吹气口加压把墨水从笔尖压出一小滴,如果吹不出,可能笔尖堵塞,应先用金属丝疏通笔尖。

五、数字电压表

许多物理量如电压、电阻、电流、温度、压力、化学成分及含量等,都可通过适当的传感器转换为直流电压,然后用数字电压表测量。因此数字电压表在近代测量技术中已获得广泛的应用。

数字电压表是把电子技术、计算机技术和自动化技术与精密电测技术结合在一起的新型精密仪表。它的输入阻抗高(大于 10MΩ),因此几乎是在不耗被测系统能量(电流)的条件下进行测量的,其效果与直流电位差计相似。数字电压表测量速率快,准确度高,分辨能力强,视差小,用四位或五位数字电压表已能满足实验室一般测量要求。

许多数字电压表还备有输出插座,可供打印、自动记录或遥控测量。因此实验工作者都乐于使用,在一般测量中,它有取代电位差计之势。

附Ⅱ.9　pH 计

根据定义,溶液的 pH 值等于氢离子活度的负对数。现代 pH 值的测量都毫无例外地用电化学方法。但是单独离子的活度是无法用实验测得的,因此用电化学方法测得的 pH 值只能作为酸度量度的经验数字,它的严格热力学含义是不明确的。

一、pH 值的标度

为了使 pH 值的测量有一个统一的标准,提出了为国际承认的 pH 值实用标度,它是以测定下列电池的电动势为基础的：

指示电极|被测溶液 ‖ 盐桥溶液|参考电极

在同一温度下，两种溶液 x 和 s 的 pH 值分别为 pH_x 和 pH_s，则其 pH 值和电池电动势之间存在下列关系：

$$pH_x - pH_s = \frac{E_x - E_s}{2.303RT/F}$$

式中，E_x 和 E_s 分别为电池装待测液和标准液时的电动势。这样一来就和温度的标度一样，可以由规定出“基准点”来确定全部 pH 值。通常用作 pH 值基准点的有三种标准溶液（见表Ⅱ-6）。国际上采用 $0.05mol \cdot L^{-1}$ 邻苯二甲酸盐标准液作原始基准点，它的 pH 值在 0 ~60℃范围内按下式确定：

$$pH = 4.000 + \frac{1}{2}\left(\frac{t-15}{100}\right)^2$$

剩下的问题是选择合适的电极和测量仪器。

表Ⅱ-6　三种标准溶液的 pH 值

pH 值 \ 溶液		邻苯二甲酸氢钾 $0.05mol \cdot L^{-1}$	磷酸二氢钾 $0.025mol \cdot L^{-1}$ 磷酸氢二钾 $0.025mol \cdot L^{-1}$	硼砂 $0.05mol \cdot L^{-1}$
温度，℃	0	4.01	6.98	9.46
	5	4.01	6.95	9.39
	10	4.00	6.92	9.33
	15	4.00	6.90	9.27
	20	4.00	6.88	9.22
	25	4.01	6.86	9.18
	30	4.01	6.85	9.14
	35	4.02	6.84	9.10
	40	4.03	6.84	9.07
	45	4.04	6.83	9.04

二、玻璃电极

严格说来，玻璃电极属于膜电极的一种，在很宽的 pH 值范围内对 H^+ 具有特殊的选择性。

玻璃电极的构造如图Ⅱ-33 所示。在玻璃膜内部装有氯化银或甘汞内参考电极和盐酸或其他缓冲溶液。当内参考电极与另外参考电极组成电池时，这两个电极电位是不变的，所改变的只是玻璃膜电位，而玻璃膜电位取决于内膜及外膜溶液的 a_{H^+}。

$$\underbrace{内参考电极, a_{H^+(1)}}_{E_1} \Big| \underbrace{玻璃膜}_{E_2} \Big| \underbrace{a_{H^+(2)}, 外参考电极}_{E_3}$$

上列电池中 E_1 和 E_3 保持不变，E_2 随膜内外 a_{H^+} 而改变。当 $a_{H^+(1)}$ 一定时，则电池电势仅随 $a_{H^+(2)}$ 而改变。当膜内外溶液的 pH 值完全相同时，膜电势 E_2 就应为零，但实际上总有 1 ~2mV 的电位差，这个电位差称为不对称电位。在 pH 计上装置了定位调节器，用标准缓冲液进行读数校准时，即可使不对称电位消除。

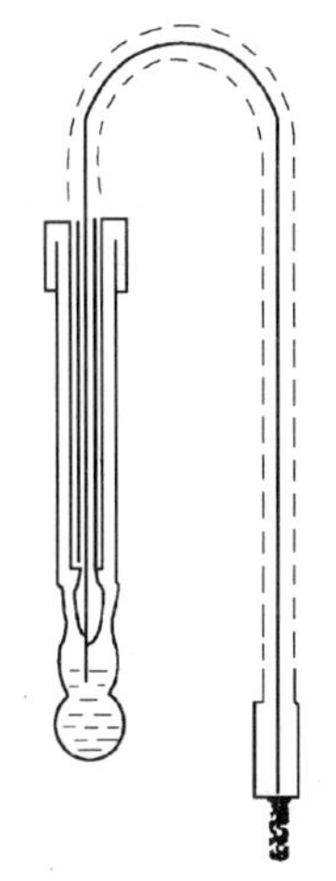

图Ⅱ-33　玻璃电极

用玻璃电极测定 pH 值超过 9 的溶液时，会产生“钠差”，这是因为在强碱性溶液中 H^+ 浓度很小，Na^+ 扩散作用的影响相应增大所致。采用锂玻璃代替钠玻璃可以做成测量到 pH 值达 13 而无钠差的玻璃电极。不过这种玻璃电极的电阻和不对称电位均较普通玻璃电极高。

玻璃电极在使用前必须在水中浸泡一定的时间（数小时至数天），使表面形成有离子交换能力的溶胀了的硅酸层。使用后最好是经常浸泡在水中，虽然长期浸泡会把可溶组分萃出（有人认为用自来水浸泡较用蒸馏水的萃出速度小），使玻璃电极电阻增加，寿命缩短，但仍比间歇地使玻璃电极在干态保存和重新浸泡所受的损伤要小些。另外须注意玻璃电极在高温和强碱溶液中损坏较快，不宜在这种条件下长期使用。

三、pH 值的测定

如上所述，pH 值的测定实际上就是电池电动势的测定，因此 pH 计也就是一个电位差计。但由于玻璃电极的内阻很高，一般在 5～500MΩ，这就要求测量仪器在测量过程中电池的电流极小。这一要求的重要性，可用图Ⅱ－34 的测量电路来说明。设玻璃电极的内阻为 100MΩ（$10^8\Omega$），玻璃电极与参考电极间的电动势 E_0 是 1.0V，测量仪器的内阻也达到 $10^8\Omega$，则通过电路的电流是：

$$I = \frac{E_0}{R_e + R_V} = \frac{1.0}{10^8 + 10^8} = 5 \times 10^{-9}(\mathrm{A})$$

通过电池内阻产生的电压降是：

$$IR_e = (5 \times 10^{-9})(1 \times 10^8) = 0.5(\mathrm{V})$$

这个电压降与 E_0 的极性相反，因此测量仪表上表现出的仅是 0.5V。由这个微小电流所引起的测量误差竟达 50%。如果要使误差减少到 0.1%，需使流过的电流不大于 10^{-11}A，则要求测量仪表的内阻至少是 $10^{11}\Omega$，因而广泛采用高输入阻抗的电子管或晶体管电压表来满足这一要求。

酸度计的种类很多，现以 PHS－2 型为例说明酸度计的使用。此酸度计测 pH 值分 7 档，每档 2pH，最小分度0.02pH。测电动势也分 7 档，每档 200mV，最小分度 2mV。板面布置见图Ⅱ－35。

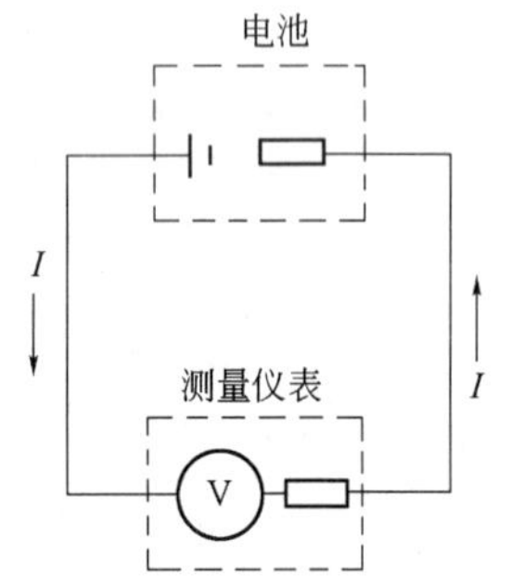

图Ⅱ－34　电动势测量示意图

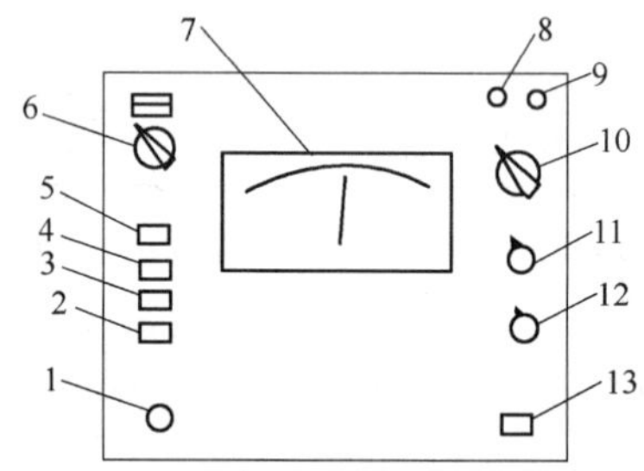

图Ⅱ－35　PHS－2 型酸度计板面图

1—零点调节器；2— －mV 按钮；3— ＋mV 按钮；4—pH 按钮；5—电源开关；6—温度补偿旋钮；7—刻度盘；8—甘汞电极接线柱；9—玻璃电极插口；10—分档开关；11—校正旋钮；12—定位旋钮；13—读数按钮

测 pH 值时操作步骤如下：

（1）将电极夹在电极杆的夹子上。拔去甘汞电极上下端的小橡皮塞，引线接在 8，玻璃电极插头插入 9，按下后旋紧固定小螺钉。

（2）按下 pH 按钮 4，左上角指示灯亮。一般短时间测量只需预热数分钟，但要保持零点稳定，必须预热 0.5h 或 1h 以上。

（3）调节温度补偿旋钮 6，使其指在待测溶液温度值。当分档开关 10 不处于校正位置时，调节零点调节器1使指针在分度盘中心,即 pH = 1.00 处。

(4)将分档开关10拨至校正位置,调校正旋钮11使指针满刻度,再将分档开关10拨回零位,检查指针位置,重新调整至分度盘中心。反复进行这一操作直到示值稳定为止。

(5)在试杯内放入已知pH值的标准缓冲溶液,将两电极浸入溶液中,把分档开关10拨至已知pH值相应的档,按下读数按钮13,调定位旋钮12使指针指在该pH值(10的指示数加上刻度示值),并摇动试杯至示值稳定为止。

(6)按读数按钮13,将电极夹上移,用洗瓶喷水洗电极头,再用滤纸片吸干,放入待测溶液中,按下读数按钮13,调分档开关10至能读出示值。摇动试杯,至读数稳定,再按读数按钮13。

测电动势时操作步骤如下:

(1)将待测电池两电极分别接到相应的接线柱上。接负极的电极如不带插头,可接电极接续器。

(2)按下 +mV 按钮3,将分档开关10拨至零,调零点调节器1至指针在刻度中心。

(3)将分档开关10拨至校正,调校正旋钮11至指针满刻度。

(4)将分档开关10拨至零,拔出电极接续器,按下读数旋钮13,调定位旋钮12使指针在刻度盘左0点。

(5)插入电极接续线,调分档开关10至能读出示值,则指示数加上刻度示值即为所测电动势。

(6)测 -mV 时,按下 -mV 按钮2。除调定位旋钮12时使指针在刻度盘右0点外,其余步骤同前。

pH计常见故障的处理:

当测量出现毛病时,应分别对电极系统和仪器部分进行检查。

(1)检查玻璃电极的薄膜是否有裂纹或不透明,如果薄膜已坏,应更换新电极。薄膜不透明可能是某些化合物沉积在膜上。脂类有机物可用丙酮洗,某些无机物可用 $0.1mol \cdot L^{-1}$ HCl 洗。或因使用时间太长,可溶离子被大量萃出,表面形成电阻很大的硅胶膜,也应更换新电极。

(2)如果发现仪器无法调整,则除玻璃电极可能有问题外,应检查甘汞电极,一般pH计用的是饱和甘汞电极,其电阻约 5000 ~ 10000Ω,电阻过大则表明有问题(如有未排尽的空气泡或漏泄处堵塞)。用万用表测甘汞电极电阻时,应注意其有单向导电性,应把表笔交换一下,取其低欧姆值。

(3)玻璃电极接线受潮或绝缘不良,有时用手接触玻璃电极也会使指针偏转,应设法加强绝缘和保持干燥。

(4)如果仪器接上电源发现指示灯不亮,则需要对整个电路系统进行全面检查。

附Ⅱ.10 旋 光 仪

非偏振光通过各向异性晶体(如方解石)时由双折射产生两条互相垂直的平面偏振光。由于这两条光线的折射率不同,因而当非偏振光S以一定的入射角投射到尼科耳棱镜上时,称之为寻常光线的O光线,在第一块直角棱镜与树胶的交界面上全反射后即为棱镜框子上涂黑的表面所吸收,称之为非常光线的E光线(振动方向与主截面平行),透过树胶层及第二棱镜而射出,从而获得单方向的平面偏振光。折射光线与晶体光轴所构成的平面称为主截面,见图Ⅱ-36和图Ⅱ-37。

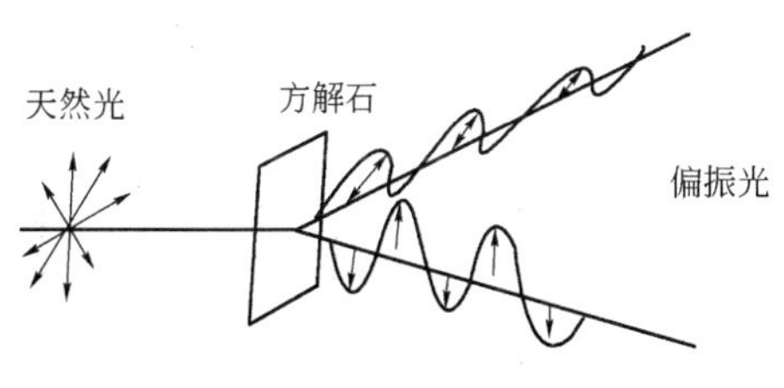

图Ⅱ-36 天然光被分解为偏振光

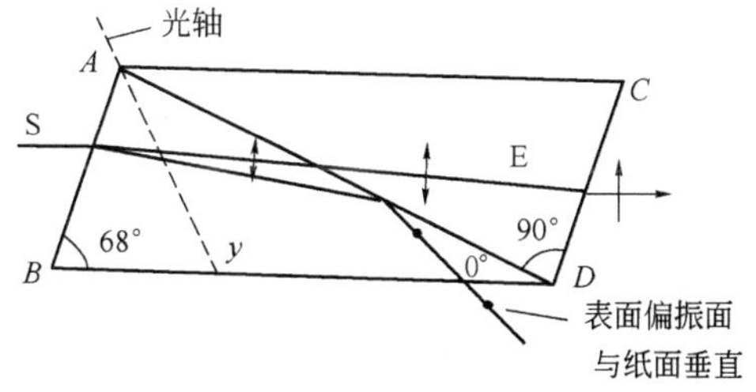

图Ⅱ-37 尼科耳棱镜主截面图

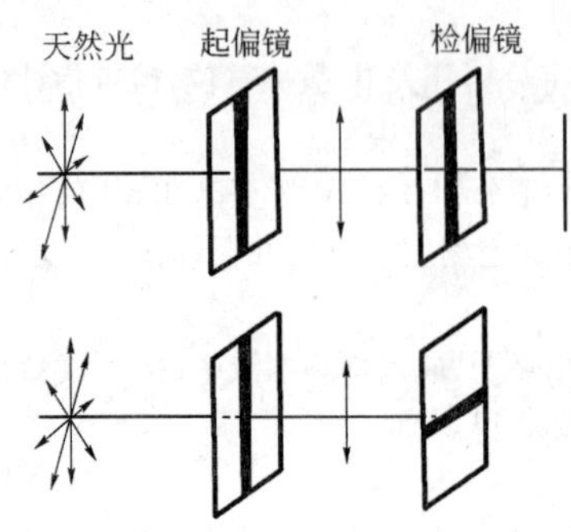

图Ⅱ-38　光通过尼科耳棱镜示意图

若在一个尼科耳棱镜后另置一尼科耳棱镜,两者主截面互相平行,由第一尼科耳棱镜(称起偏棱镜)射达第二尼科耳棱镜(称为检偏棱镜)的偏振光全能通过;当两个主截面互相垂直时,则由第一尼科耳棱镜射到第二尼科耳棱镜的偏振光将全不能通过;当两个主截面的夹角介于0°~90°之间时,透过的光强度将减弱。设在两个主截面互相垂直的起偏镜和检偏镜之间放置一个玻璃旋光管,当管内无溶液时,视野是黑暗的。当管内充满含有旋光物质的溶液(如蔗糖溶液)时,因溶液使光的偏振平面旋转了某一个角度,从视野可见到一定的光亮。这时,如将检偏镜相应旋转某一角度后,又可使视野重新变暗,检偏镜旋转的角度即等于光的偏振平面在通过溶液后的旋转角(见图Ⅱ-38)。

要将起偏镜和检偏镜的主截面转在相互垂直的位置是不容易做得十分准确的,为了克服这一困难,在起偏镜后另置一狭长石英片4(图Ⅱ-39)。石英片具有旋光性,使石英片和起偏镜的主截面间夹一小角度δ(2°~3°)。如检偏镜主截面与起偏镜及石英片主截面相交的角度相等(即$\delta/2$),旋光管未装旋光物质时,则视野内各部分亮度相同[图Ⅱ-40(a)],以此作为零点。若在旋光管中放置旋光物质,则将使偏振面旋转某一角度,视野中出现明暗不等两个区域[图Ⅱ-40(b)]。将检偏镜旋转一角度使亮度重新相等,所旋角度即溶液使光偏振面所旋角度。

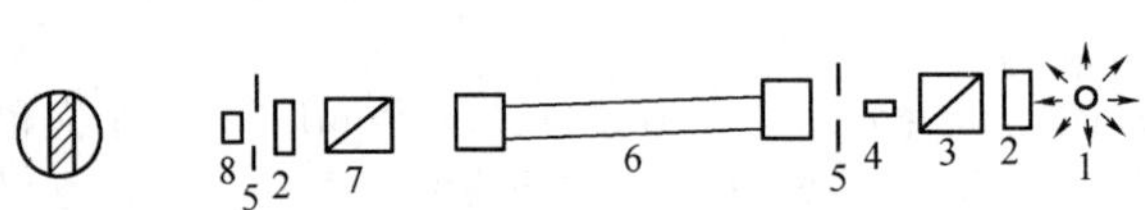

图Ⅱ-39　旋光仪光学系统

1—光源;2—透镜;3—起偏镜;4—石英片;5—光栏;6—旋光管;7—检偏镜;8—目镜

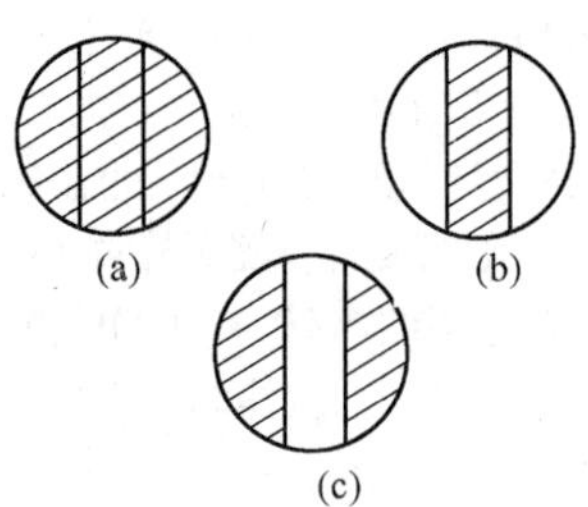

图Ⅱ-40　旋光镜的视野

对于具有旋光性物质的溶液,当溶媒不具旋光性时,旋转角α与溶液的浓度c和溶液层厚度l成正比,即:

$$\alpha = \beta cl$$

式中,β称为旋光常数,它除依赖于旋光性物质的特性外,还与光的波长及溶液温度有关。

一般以"比旋光度"作为量度物质旋光能力的标准。偏振光通过10cm长的每毫升含有1g旋光性物质的溶液所产生的旋光角,称为该溶液的比旋光度,即:

$$[\alpha]_t^\lambda = \frac{10\alpha}{lc}$$

式中　α——所观察到的旋光角;

λ——所用光的波长;

t——测定温度;

l——光通过溶液柱的长,cm;

c——1mL溶液中旋光性物质的质量,g。

一般在25℃用D线(钠光5890~5896Å)波长的光源测定,所得比旋光度记作$[\alpha]_{25}^{D}$。由于旋光度与溶剂有关,故表示$[\alpha]$值时还应说明溶剂(如不说明,一般指水溶液)。

在测旋光度时,若检偏镜是向右旋的(顺时针方向)则称为右旋,用"+"号表示,相反则是左旋的(反时针方向),用"-"号表示。

附Ⅱ.11 阿贝折光仪

一、原理

单色光从一种介质进入另一种介质即发生折射现象。在一定温度下，入射角β的正弦和折射角α的正弦之比等于它在两种介质中传播速率之比，即：

$$\frac{\sin\beta}{\sin\alpha}=\frac{v_B}{v_A}=n_{BA} \qquad (Ⅱ-5)$$

n_{BA}称为折射率，对一定的温度和介质折射率为常数。

当$n_{BA}>1$时，从式(Ⅱ-5)可知，β角必须大于α角。这时光线由第一种介质B进入第二种介质A时折向法线(见图Ⅱ-41)。在一定温度下，折射率n_{BA}对于给定的两种介质而言为一常数，故当入射角β增大时，折射角α也相应增大；当β达到极大值$\beta_0=\pi/2$时，所得到的折射角α_0称为临界折射角。显然，从图中法线右边入射的光线折射入第二种介质A时，折射线都应落在临界折射角α_0之内。此时若在M处放置一目镜，则目镜内会出现半明半暗的图像。从式(Ⅱ-5)不难看出，当固定一种介质时，临界折射角α_0的大小和折射率(表征第二种介质的性质)有简单的函数关系。阿贝折光仪正是根据这个原理而设计的。

阿贝折光仪的外形如图Ⅱ-42所示。仪器的主要部分为两个直角棱镜P_i和P_y(见图Ⅱ-43)。两棱镜中间留有微小的缝隙，可以铺展一层待测的液体。光线从反射镜射入棱镜P_i后，在A，D面上发生漫射(A，D面为毛玻璃面)。漫射所产生的光线透过缝隙的液层后，从各个方向进入折射棱镜P_y。根据前面的讨论：从各个方向进入棱镜P_y的光线均产生折射，其折射角都落在临界折射角之内。具有临界折射角α_0的光射出棱镜P_y，经阿密西棱镜消除色散，再经聚焦后射于目镜上，此时，转动棱镜组的手柄，调整棱镜组的角度，使临界线正好落在目镜视野的"+"字线的交叉点上。由于刻度盘与棱镜组的转轴是同轴的，因此与试样折射率相对应的临界角位置能通过刻度盘反映出来。刻度盘上的示值为两行：一行直接读出试样的折射率(从1.3000至1.7000)；另一行为0~95%，当测定糖溶液时，用此刻度可直接得到糖溶液的质量分数。

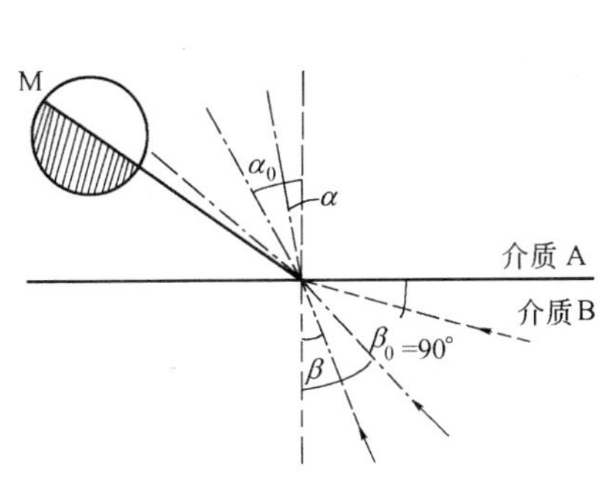

图Ⅱ-41 光的折射

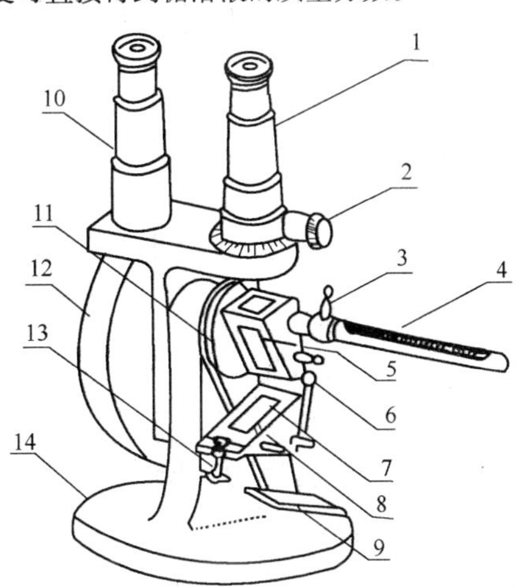

图Ⅱ-42 阿贝折光仪外形图

1—测量望远镜；2—消色散手柄；3—恒温水出口；4—温度计；5—测量棱镜；6—铰链；7—辅助棱镜；8—加液槽；9—反射镜；10—读数望远镜；11—转轴；12—刻度盘罩；13—锁钮；14—底座

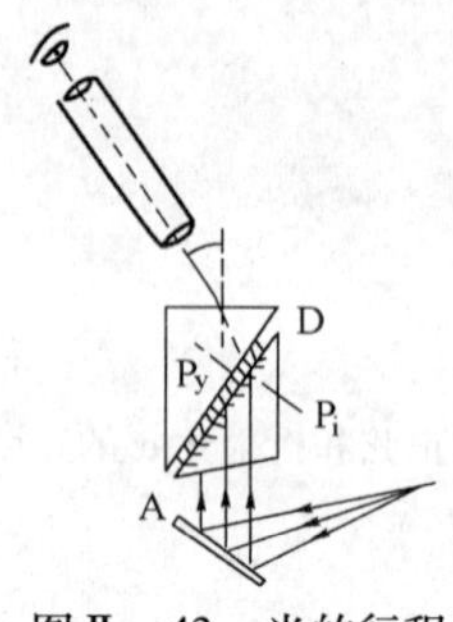

图Ⅱ-43　光的行程

为了方便，阿贝折光仪光源是日光而不是单色光。日光通过棱镜时因其不同波长的光的折光率不同而产生色散，使临界线模糊，因而在目镜镜筒下面安装了一套消色散棱镜，旋转消色散手柄就可使色散现象消除。

二、使用方法

(1)将超级恒温槽中的恒温水通入两棱镜夹套中。

(2)打开锁钮，把待测液体滴在洗净擦干的辅助棱镜的毛玻璃面上。合上棱镜，旋紧锁钮。

(3)调节反射镜，使光线从测量棱镜的窗口射出。转动刻度盘罩外的旋钮，使测量望远镜的目镜中出现半明半暗现象，调节目镜，使十字线清晰。

(4)调节消色散手柄，使彩色消失。再次调节刻度盘外的旋钮，使明暗界线正好在十字线的交点上。从读数望远镜中读取折射率。

(5)仪器的校正。校正时可用已知折射率的标准液体(如蒸馏水)或已知折射率的标准玻璃块。用标准玻璃块校正时，先用一滴溴代萘把玻璃块的光学面固定在测量棱镜上。掀开测量棱镜前面的金属盖，调节刻度盘的读数等于玻璃块上注明的折射率，用专用方孔调节扳手，转动测量望远镜上的调节螺钉，使明暗分界线正好在十字线的交点上。

附Ⅱ.12　分光光度计

一、原理

分光光度计的基本原理是基于物质对光的吸收效应。物质对不同波长的光的吸收是有选择性的，各种不同的物质都有各自的吸收光带。当色散后的光谱通过某一溶液时，其中某些波长的光线会被溶液吸收。在一定的波长下，溶液中某种物质的浓度与它对光的吸收程度成正比。因此应用分光光度计测定一定波长的光线通过溶液中吸光物质(溶质)时的透光率或吸光度，即可利用朗伯-比尔定律的公式计算出溶液的浓度。

根据朗伯-比尔定律：当入射光波长、溶剂、溶质以及溶液的温度一定时，溶液的吸光度与液层厚度和溶液浓度的乘积成正比。若液层厚度一定，则溶液的吸光度只与溶液浓度成正比。

$$T = \frac{I}{I_0} \tag{Ⅱ-6}$$

$$A = -\lg T = \lg \frac{1}{T} = \varepsilon bc \tag{Ⅱ-7}$$

$$c = \frac{A}{\varepsilon b} = \frac{-\lg T}{\varepsilon b} \tag{Ⅱ-8}$$

式中　c——吸光物质的物质的量浓度，$mol \cdot L^{-1}$；

A——某一单色光波长下的吸光度(又称光密度 D 与消光度 E)；

I_0——入射光强度(入介质前)；

I——透射光强度(出介质后)；

T——透射比或透光度(用百分比表示即为透光率)；

ε——摩尔吸光系数(或摩尔消光系数)；

b——溶液液层厚度，cm。

若吸光物质的浓度单位取 $g \cdot L^{-1}$，则有：

$$A = abc \tag{Ⅱ-9}$$

式中,a 为吸光物质的吸光系数。

由于吸光物质对不同波长的光的吸收具有选择性,所以当溶液的层厚、浓度、溶剂、溶质和温度不变时,用不同波长的入射光测得一系列对应的吸光度,用波长作横坐标,吸光度作纵坐标,便可得到该吸光物质的吸收光谱。选其中最大吸收时的波长作为比色分析时的入射光波长,可以提高测定的灵敏度。

二、721A 型分光光度计的性能、结构和使用方法

(一)721A 型分光光度计的主要技术性能

波长范围:360~800mm。

波长准确度:(360~600)±3nm;

(600~700)±5nm;

(700~800)±8nm。

波长重复性:相应波长准确度绝对值的$\frac{1}{2}$。

测量范围:透光度 T:0~199.9%;

吸光度 A:0~1.999(0~2);

浓度 c:0~199.9(小数点可选择)。

电源电压:220V。

功率:约 40W。

(二)721A 型分光光度计的结构

721A 型分光光度计由光路系统和电气系统组成,如图Ⅱ-44 所示。光路为自准式单光束光路,其波长范围 360~800nm,可调,采用 12V30W 卤钨灯作为光源,棱镜式单色器。电气系统主要由稳压电源、微电流放大器、对数放大器、浓度调节器、数字显示表头等组成。采用 GD-7 真空光电管作为光电转换元件。晶体管稳压电源输出的±15V 电压供光电管和放大器使用,而输出的 1.5~12V 电压供卤钨灯使用。本仪器备有 0.5cm,1cm,2cm,3cm 规格的光学玻璃比色皿各 4 只。

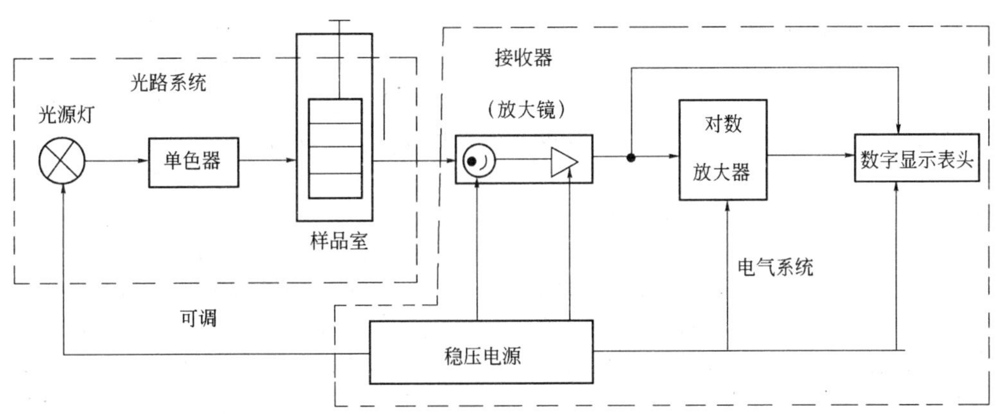

图Ⅱ-44 721A 型可见分光光度计结构示意图

(三)721A 型分光光度计的使用

仪器的安装环境应干燥、工作台应结实平稳、室内光线不宜太强或太弱,不能用强烈灯光直射仪器。

使用前应了解仪器的结构和工作原理,认真对照仪器外形图(见图Ⅱ-45)所示的各个开关、按键和旋钮,明确它们的名称、作用和操作方法。

仪器放大器暗盒和单色器下的两个硅胶筒(在仪器的底部)内的变色硅胶不应受潮变色,否则应及时更

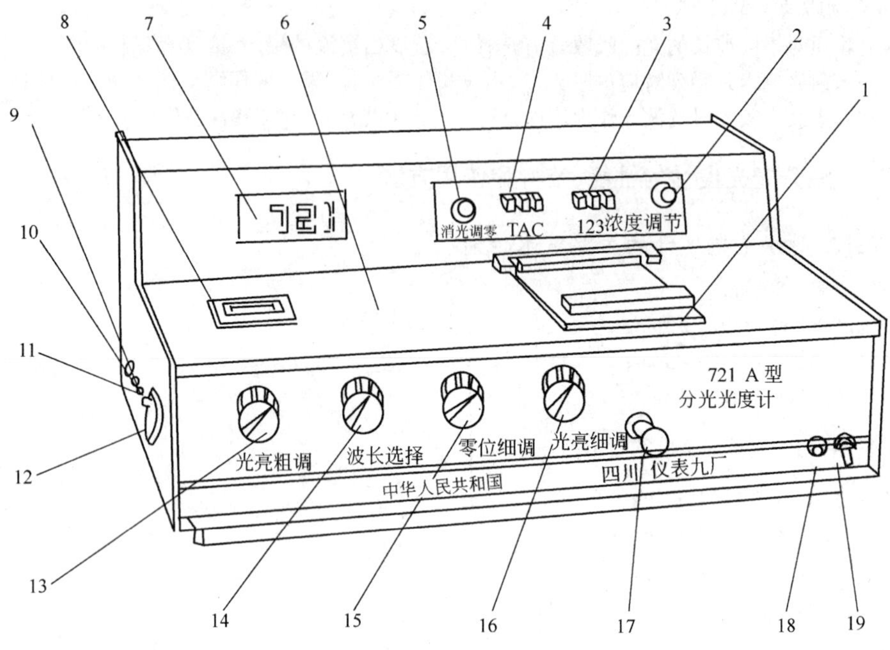

图Ⅱ-45 仪器外形图

1—样品室盖板;2—浓度调节旋钮;3—小数点按键;4—T,A,C按键;5—消光调零旋钮;6—仪器外壳;7—数字表头;8—波长显示窗;9—*K*值调节;10—消光粗调;11—零位粗调;12—波长调节窗口;13—光亮粗调旋钮;14—波长选择旋钮;15—零位细调旋钮;16—光亮细调旋钮;17—比色皿拉杆;18—电源指示灯;19—电源开关

换,以免影响仪器的稳定性和寿命。

721A型分光光度计的使用要点如下:

(1)首先按下"T"键,打开样品室盖板,然后再打开电源开关,预热仪器。

(2)转动"波长选择"旋钮,选好所需波长,调节"零位细调"旋钮,使仪器显示百分透光度为"0.00"。

(3)将参比溶液置于光路中,合上样品室盖板,调节"光亮粗调"旋钮,使百分透光度在"100.0"左右,然后再调节"光亮细调"旋钮,使百分透光度为"100.0"。若百分透光度显示"1.",则表明透光度超过规定的"199.9"范围,透过光太强,这时应逆时针方向旋转"光亮粗调"旋钮,使透光度减小。

(4)打开样品室盖板,观察仪器"零位"是否显示百分透光度为"0.00",若不是,则调节"零位细调"旋钮是"0.00",再合上盖板,调节"光亮细调"旋钮至百分透光度为"100.0"。反复几次,直到稳定为止。

(5)合上盖板,百分透光度显示"100.0"时,按下"A"键,仪器应显示A="．000";若否,则应调节"消光调零"旋钮,使A显示"．000";再按下"T"键,仪器显示若偏离"100.0",则用"光亮细调"旋钮调至"100.0";然后再按下"A"键,使仪器显示"．000",按下"T"键仪器显示"100.0",直到最后稳定地显示A="．000"为止。

(6)拖动比色皿拉杆,将待测试液依次拉入光路,显示稳定后,立即读取其吸光度值。

(四)注意事项

(1)拿比色皿时,只能拿其毛面,切勿触及透光面,以免沾污、磨损透光面。

(2)测定时最好按从稀到浓的顺序进行,先将比色皿用待测液淌洗2~3次,然后倒入待测液,液面高度为比色皿高度的$\frac{3}{4}$即可。用细软的吸水纸轻轻拭干比色皿外壁的液体,然后将比色皿整齐地放到比色皿座的左边或右边,再用卡子卡紧。

(3)测定完毕后,应用水将比色皿冲洗干净,拭干备用。若有有机物沾污,可用盐酸-乙醇混合液(1+2)浸泡,再用水冲洗干净。亦可用洗洁剂溶液浸泡或用铬酸洗液淌洗,然后再用自来水冲洗。不要用硬毛刷洗刷比色皿，以免损伤透光面。比色皿不宜用强碱性溶液浸泡。

(4)仪器通电后未测定时，必须将样品室盖板打开，以免光电管被长时间光照而产生“疲劳现象”。

(5)停止工作后，应立即切断电源，将电源开关拨至“关”，然后用罩套罩住仪器。

(6)若电源电压波动太大，应加接1台电子交流稳压器。

三、UV762型紫外－可见分光光度计简介

(一)仪器的特点和用途

UV762型紫外－可见分光光度计为双光束扫描型分光光度计，它具有较宽的光谱范围，有优良的光学系统、电路系统和机械结构，采用液晶屏幕显示和中文人机对话的操作方式，简便易学，仪器的软件程序设计具有自动保护功能，保证在操作失误时，仍能立即恢复正常工作。

UV762型紫外－可见分光光度计适用于有机、无机、石油、制药、环境、生化、医学、食品等多种领域样品的分析测试工作，是性能优良的实用型分析仪器。

(二)主要技术参数

波长范围：200～1100nm；

波长准确度：±0.5nm；

波长重复性：≤0.2nm；

透光度(T)测量范围：0～300%；

吸光度(A)测量范围：－0.477～3.000A；

透光度准确度：±0.5%；

透光度重复性：≤0.2%；

漂移：≤0.004A/h(开机2h后，500nm处)；

扫描速度：快、中、慢；

光谱通带：2nm。

(三)仪器使用条件

环境温度：5～35℃；

环境温度：≤85%；

工作电压：220±22V，50±1Hz或110±11V，60±1Hz；

功率：180W。

(四)仪器的主要功能

1. 自动控制功能

(1)开机后仪器内部系统工作状态自检及自动校正波长；

(2)波长变换自动定位；

(3)滤光片自动切换；

(4)光源自动切换；

(5)自动选择光源的最佳切换点；

(6)图谱、数据显示、打印；

(7)显示各种出错原因。

2. 分析测试及数据处理功能

(1)光谱扫描；

(2)单波长定量分析(含多阶回归浓度参数测定)；

(3)二波长、三波长定量分析(含多阶回归浓度参数测定)；

(4)多阶导数测定；

(5)多波长测定;

(6)化学动力学测量;

(7)曲线的组合及运算,曲线多阶微分平滑,图谱缩放,曲线保存调用;

(8)峰值标定、搜索、打印输出。

(五)仪器的结构

UV762 型紫外－可见分光光度计的结构布局如图Ⅱ－46 所示,主要由光学系统、电气系统和微机系统三部分组成。

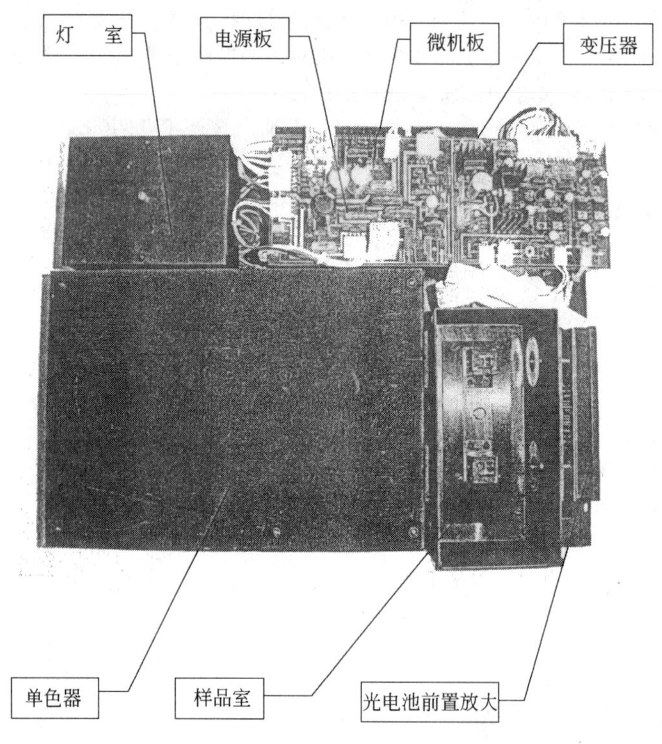

图Ⅱ－46　UV762 型仪器的主机结构(顶视)图

(1)光学系统。UV762 型仪器为双光束型紫外－可见分光光度计,其光学系统结构如图Ⅱ－47 所示。

本仪器的光源由卤钨灯 W_1、氘灯 D_2、球面镜 M_1 组成,其中 W_1 为紫外光源,D_2 为可见光源,M_1 能将光源发出的光聚焦于单色器的入射狭缝 S_1 上。光源灯的切换由微机控制的步进电机带动球面镜 M_1 转动来完成。

本仪器的单色器由入射狭缝 S_1、出射狭缝 S_2,准直镜 M_3,M_4,光栅 G、滤光片 F 等组成。光栅和滤光片组分别由微机控制的波长步进电机和滤光片步进电机来控制运转。当波长步进电机转动时,带动光栅转动,波长的变化与光栅转角成正弦关系,在出射狭缝口可以得到不同波长的单色光。

分光光度计要实现光谱自动扫描必须具备两个条件:一是有独立的参比光束,二是有自动能量补偿系统。UV762 中由平面反射镜 M_5、球面镜 M_6,M_8,M_9 和半透反射镜 M_7 将单色器中产生的同一束单色光分成相同的两束单色光,并让此两束单色光分别通过样品池和参比池透过光,经电路的比较处理,就能得到扫描谱图。参比光又能反馈给自动能量补偿系统作能量调节。

保护片 M_{10},M_{11} 能使本仪器的光路密封性能更佳。

样品室内可以同时放置两个比色皿于比色皿架 C_1 和 C_2 上。通常 C_1 放置参比溶液,C_2 放置样品溶液。透镜 L_1,L_2 会将透过光会聚于光电池 PD_1 和 PD_2 上。

(2)电路系统。电路系统由电源变压器、各种模拟稳压电路、三路电机驱动电路、前置放大器、微机控制系统电源组成。

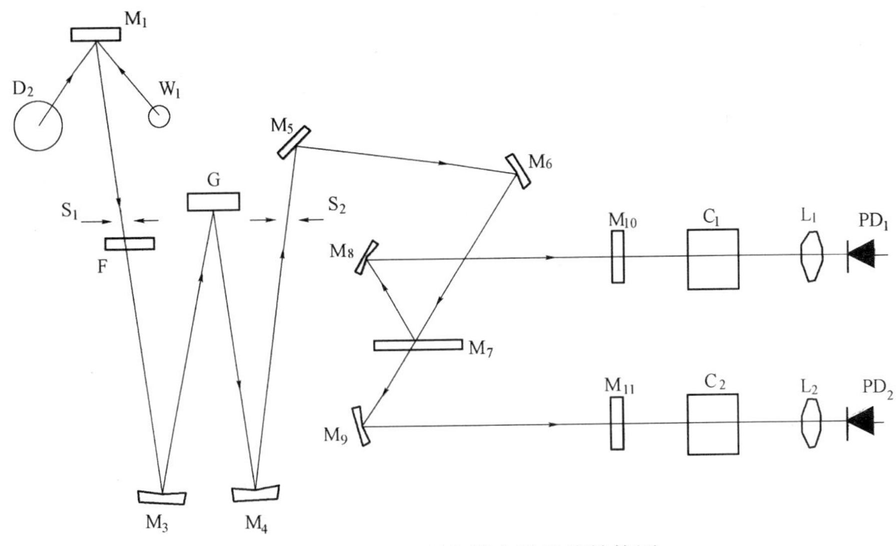

Ⅱ－47　UV762 型仪器光学系统结构图

W_1—卤钨灯；D_2—氘灯；F—滤光片；L_1，L_2—透镜；M_1，M_3，M_4，M_6，M_8，M_9—球面镜；M_5—平面反射镜；M_7—半透反射镜；M_{10}，M_{11}—保护片；G—光栅；PD_1，PD_2—光电池；S_1—入射狭缝；S_2—出射狭缝；C_1，C_2—比色皿架

电源变压器提供仪器所必须使用的各组交流电源。稳压电路包括 12V，20W 的卤钨灯恒压电源，300mA 电流的氘灯恒流电源，±15V 稳压工作电源，12V 直流风扇供电电源，－18V 稳压液晶显示供电电源，供步进电机工作的 15V 直流电源以及供计算机工作的大电流稳压 5V 电源。

本机前置系统包括光电流放大，程控增益放大器及（D/F）转换三路电路。光电转换元件采用硅光电池，具有寿命长、耐疲劳、不易受潮等优点。

（3）微机系统。UV762 的微机控制部分采用 MCS－51 系统中 80C32 作为 CPU，以 8155 作为 I/O 接口器件，技术可靠稳定，带有 RS232 接口供仪器与外部微机系统通信，有专用打印接口。仪器的显示部分采用大屏幕 LCD，背景紫色，亮度可调，图像清晰。系统存储器配置为 256K ROM 加带断电保护的 128K RAM。

仪器的接线口和电源开关如图Ⅱ－48 所示。

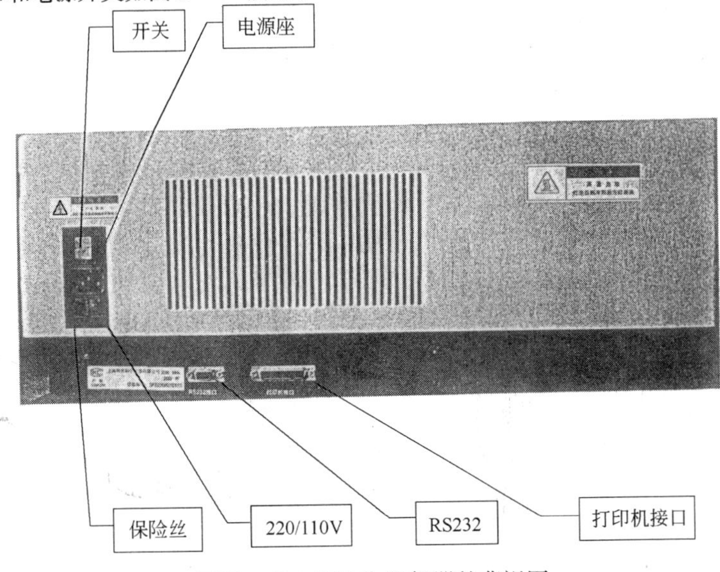

图Ⅱ－48　UV762 型仪器的背视图

(六)UV762 的使用方法

1. UV762 的操作键盘

仪器主机的工作状态全部由键盘设定,仪器的功能状态及测量结果均在液晶显示器上显示。仪器的控制键盘如图Ⅱ－49 所示。各键的功能如下所述。

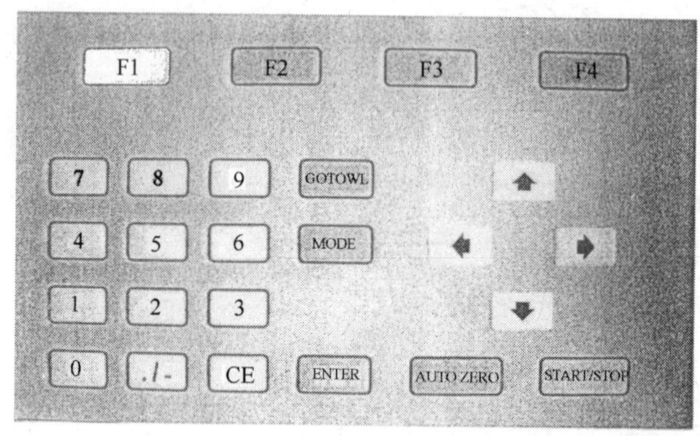

图Ⅱ－49　UV762 控制键盘

F1－F4 键:在不同的菜单中有不同的功能,具体操作方法见各菜单。

0－9,·/－键:共 11 个,分别为数字键、小数点和正负选择键,可在仪器规定的范围内选择键入某一特定的参数,比如选定的波长值,A,T,E 的上、下限值,浓度参数等。

|→|、|←|、|↓|、|↑|**键:**光标移动键。可用来使光标上、下、左、右移动,以便选择需要的状态或参数。

[ENTER]键:输入确认键。按下此键,可以确认已输入的数字或选择好的菜单。若输入或选择被仪器接受,便立即可进入下一个输入过程。

[CE]键:清除键。当输入错误或想改变输入时,按下此键,即重新输入设定。

[GOTOWL]键:在仪器进行单波长测定时,按下此键,便可重新设定一个新的工作波长。

[AUTO ZERO]键:在定量测定时,按下此键,便能自动校正零点,即 $T = 100\%$ 或 $A = 0.000$。

[START/STOP]键:运行键和程序动作停止键。在完成一个测定过程的参数输入以后,按动此键,仪器开始执行所设定的程序。或当完成一个测定过程后,若要继续下一个测定过程,只要再按此键,就可以继续测定一次。如完成一个扫描测定样品以后,按下此键,可以再进行下一个样品的测定。或想停止正在进行的程序动作,按动此键后,仪器当前的测定程序立即停止,仪器将等待选择新的程序方式后,再继续工作。

[MODE]键:在任何情况下,按下此键均可返回到上一级菜单。

2. 仪器的开机自检

仪器开机后,首先进入自检状态,将分别显示微机系统是否正常、滤光片驱动电动机定位是否正确(卤钨灯电压和氘灯电流是否正常、光源灯初始位是否正常)、卤钨灯能量及氘灯能量是否正常,并自动校准波长(以氘灯 656.1nm 谱线为基准)。若其中任一环节出错,屏幕将显示[Failure]并终止运行。

仪器通过自检后,将进入主菜单,屏幕显示如下(见图Ⅱ－50)。

按"↑""↓"键选择所需功能项,选中项将反显,按[ENTER]键进入子菜单功能块。

注意:在自检完成后,若需要单灯工作,可在主菜单的第 7 项中,分别对氘灯或钨灯进行点亮或熄灭控制。

3. 光度测量

选中主菜单的第 1 项,按[ENTER]键即可进入此功能块。屏幕显示如图Ⅱ－51 所示。

按[GOTOWL]键,可以修改波长,用数字键输入选定的波长值,然后按[ENTER]键加以确定,仪器将自动将波长调到选定的波长处。如果输入值有错,可按[CE]键清除后重新输入。

屏幕中最下方的四个功能分别由仪器键盘上的四个功能键来实现:

F1——测试透光度,T%;

F2——测试吸光度,Abs;

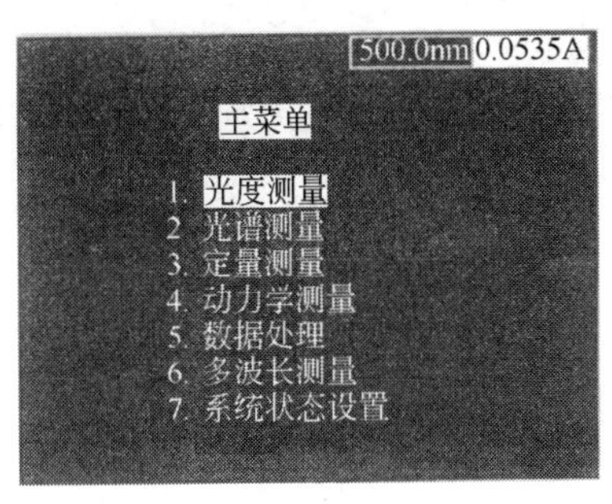

图Ⅱ-50　主菜单

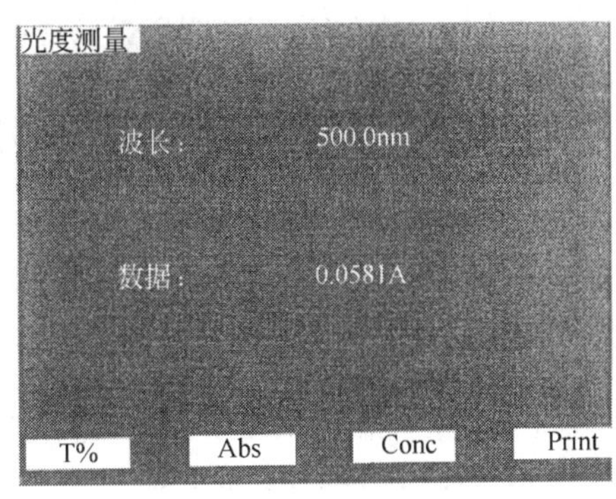

图Ⅱ-51　进入光度测量功能块

F3——测试浓度，Conc；

F4——对所得数据进行打印。

当输入所需参数后，取一对配套的石英比色皿，倒入参比样品（例如可取空气为参比），分别放入参比光路和样品光路，然后按[AUTO ZERO]键。

屏幕提示："BlanKing 100%"。

此时仪器将自动调整0%（暗电流）和100%（满度）。自调结束后，屏幕提示消失，取出样品光路中的比色皿，重新倒入待测样品，并放回到样品光路中，盖上样品室盖板，此时屏幕上将显示样品溶液的测定数据。

依次测定所有样品后，按下[F4]键，对所测得的数据进行打印输出。

注意：

（1）单波长测定时，仪器工作灯的选定要在主菜单中第7项[系统状态设置]中完成。

（2）标准样品池和参比样品池的确定要在主菜单第7项中完成。标准状态为图Ⅱ-47中的 C_1 放置参比溶液，C_2 放置标准样品或待测样品；非标准状态反之。

（3）需返回主菜单时，请按[Mode]键。

4. 光谱测量

（1）光谱测量菜单：在主菜单中选中"2. 光谱测量"项后，按[ENTER]键即可进入此功能块。屏幕显示如图Ⅱ-52所示。

按光标移动键达到需要设定的行。对每一设定行参数，屏幕首次显示的是该参数的选择范围的最大值或最小值。如果输入数值有错，可按[CE]键清除后重新输入正确数据即可。设定完成后，需要按[ENTER]键，加以确认。

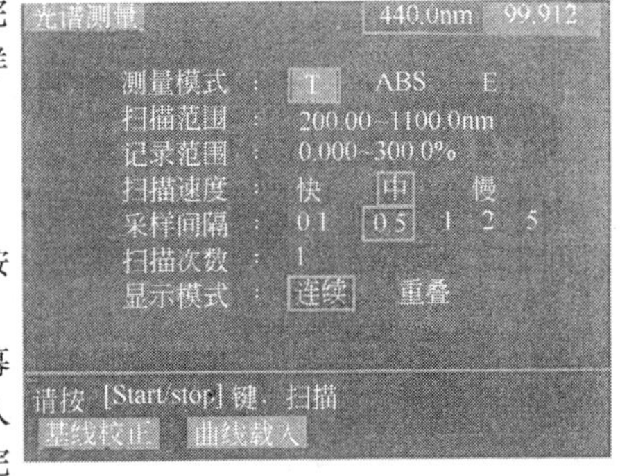

图Ⅱ-52　光谱测量菜单

（2）菜单说明。

①测量模式：有三种模式可供选择：透光度（T）、吸光度（ABS）、能量（E）。当选用能量（E）时，菜单中将增加一项（倍率1　2　3　4）。

②扫描范围：从左至右依次输入开始波长和结束波长。若输入顺序有误，则在进入测量工作时，屏幕将提示：[输入错误]，此时改正即可。

③记录范围：测量模式为T时，0.000～300.0%；测量模式为ABS时，-0.0477～3.000A；测量模式为E时，0.0000～300.00E。

④扫描速度：分三档可选，即快速、中速、慢速。

⑤采样间隔：分五档可选，即0.1nm，0.5nm，1nm，2nm，5nm。

本仪器各条曲线最大存储扫描点数不大于1800点，如果采样间隔为0.1nm，扫描波长范围应小于等于180nm，否则屏幕提示：扫描波长大于180nm，需要对参数进行重新设定。

⑥扫描次数：可选择1～9次。

⑦显示模式:可分为“连续”和“重叠”两种可选。

(3)功能键[基线校正]:即[F1]键。

将“光谱测量”菜单参数设定完成后,用一对配套的石英比色皿倒入参比样品(倒如空气参比),分别放入参比光路和样品光路,盖好样品室盖板。按“F1”键进行基线校正。

屏幕提示:“基线校正,准备”。

准备结束后,屏幕提示:“基线校正,进行中”。

按[START/STOP]键停止。

基线扫描结束后,取出样品光路中的比色皿,重新倒入待测样品,然后放回样品光路中,盖好样品室盖板。屏幕下端提示:“请按[START/STOP]键,扫描”。

仪器开始扫描,屏幕显示扫描谱图。

扫描结束后,屏幕下端显示功能键提示栏:[比例]、[峰/谷]、[存储]、[打印]。

①按功能键[F1],对应[比例]功能,进入标尺修改,屏幕自动反显所需修改的字段,修改完毕后,按[ENTER]键确认,屏幕自动进入下一修改字段。在最后一个字段修改结束后,按[START/STOP]键,屏幕按新设定坐标被刷新。其主要功能为将所需范围内的图形部分放大。

②按功能键[F2],对应[峰/谷]功能,屏幕将显示扫描区域的所有峰、谷值。若一幅屏幕显示不完,按键[F2]、[F3]可对应[上一页]、[下一页]翻屏。

③按功能键[F3],对应[存储]功能,共可存储9条曲线,每条曲线最大存储扫描点不大于1800点。此时屏幕显示“曲线文件清单”,并提示:“请输入文件序列”。在输入文件序列时,如输入数值有错,可按[CE]键清除后重新输入正确数据即可。输入完毕,按[ENTER]键确认。

用“←”、“→”键可任意选择10个数字和26个字母中的任何字为当前要存储文件,文件名最多为8个字,选择完成后,按[ENTER]键确认,按[END]即[F4]键存储并返回。

对已存入文件的序列号,若选择该序列号,只要对文件名加以重新输入,原文件将被覆盖,新文件自动生成。

④按功能键[F4],对应[打印]功能,随即打印输出已完成的扫描图,峰谷值等。

(4)功能键[曲线载入]:即[F2]内存曲线调用键。

在[光谱测量]菜单中,按下[F2]键,屏幕将显示:“曲线文件清单”,“请输入文件序列”,当输入曲线载入序号后,按[ENTER]键,屏幕自动清屏并显示调入曲线。

若无内存曲线,屏幕请求重新输入曲线序号,此时输入正确数值即可。

注意:

每次开机后若要进行光谱扫描,在所需波长范围内必须进行基线校正,如以后光谱扫描波长范围不变,而且采样间隔相同,则不需再作基线校正,否则必须重新作基线校正。

四、UV-2601紫外/可见分光光度计使用方法简介

(一)仪器基本参数

波长范围:190~1100nm;

透光度范围:0~220%;

吸光度范围:-0.342~3.5Abs;

光谱带度:2nm;

最小取样间隔:0.1nm;

能量范围:0.000~9.999V。

(二)主要技术指标

波长准确度:±0.3nm;

波长重复性:≤0.15nm;

杂散光:≤0.1%(NaI 溶液,220nm);

基线直线性:±0.002A;

透光度准确度:±0.3%(0~100%);

透光度重复性:≤0.15%;

稳定性:≤0.001A/h(500nm,预热后)。

(三)仪器操作

1.使用注意

(1)出现询问提示时,按[CE]键表示对询问的否定,按[ENTER]键表示对询问的确认。

(2)不能无目的地触摸键盘,以免引起误操作。

(3)不要挤压仪器,不要随意打开样品室盖板(测量时)。

(4)样品室中,参比位在右角,样品位与参比位成90°,如图Ⅱ-53所示。放置比色皿时,应注意透光面的方向与光路方向一致。

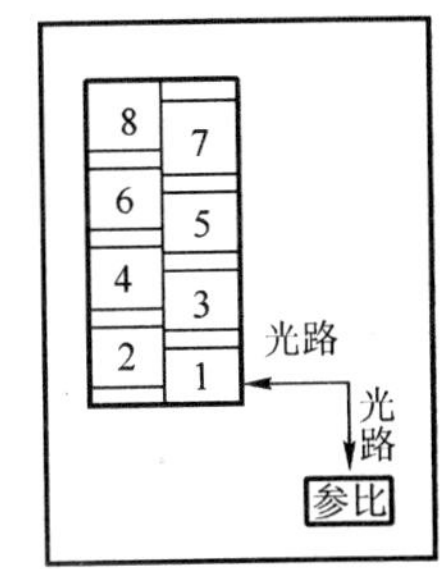

图Ⅱ-53 样品室

2.数据输入的规则

(1)波长值、T(%)值、取样间隔最多允许输入至一位小数。

(2)曲线参数K与B、A值、C值及活性系数最多允许输入三位小数。

(3)如果参数是一个范围值,应该按照从小到大的顺序输入。

3.参数设置的方法

(1)选择型参数,如测量方式、测量速度、波长、取样间隔、钨灯和氘灯的开关等,可通过上下箭头键将游标停在相应的选项上,用左右箭头键选择即可。若是用"√"表示选中的项,则选中与取消用[ENTER]键操作。

(2)输入需确认型参数,如波长范围、光度范围、换灯点等,通过上下箭头键将游标停在相应的选项,选输入数据,屏显,若错,可按[CE]键取消,然后重新输。若确认无误,按[ENTER]键确认,则输入的数据取代原来的数据。

(3)输入不需确认型参数,如样池数、样口位置等,可由上下键将游标停在相应的选项,再输入数据即可。

4.开机自检

(1)开启打印机电源。

(2)开启仪器电源开关(位于仪器右侧面),仪器自动开始自检,若正确时屏显"OK",按除[RESET]键之外的任意键,进入主菜单界面。若自检出错时,屏显"ERR",使用者可按[RESET]键重新自检,如果重新自检三次仍不能通过,需厂家检查维修。

(3)开机自检后,应预热10~30min后,再进行测量。

5.主菜单

主菜单包括以下5个功能模块:

(1)波长扫描;(2)光度测量;(3)定量分析;(4)时间扫描;(5)系统放置。根据使用需要,按相应的数字键,即可进入不同的功能模块。

6.波长扫描测量方式

可将样品吸收光谱显示在液晶显示屏幕上,或打印出来。

(1)参数设置。

在波长扫描主操作界面按[F1]键进入参数设置菜单,其中测量方式、测量速度、取样间隔均为选择型参数,其余为输入需确认型参数,使用者可按前述的方法进行设置。

注意:①"光度范围"指屏显的坐标范围,与测量无关,若选择档,得到的谱图可以利用"图谱缩放"功能重新设定此参数。本仪器的光度测量范围为0~220% τ(或-0.30~3.000Abs),超出此范围的设置可能引起显示错误。

②光谱复杂时应选取较小的取样间隔,大的取样间隔可能产生光谱失真。但过小的取样间隔会影响扫描速度及扫描范围。全波长范围扫描时,最小间隔为0.5nm。使用时应注意波长范围与取样间隔相匹配。

③换灯点可随需要而定。一般在测量吸光度和透光度时,换灯点应设置在340nm。

设置好全部参数后,按[RETURN]键返回波长扫描主操作界面。

(2)扫描测量。

将参比位及样品位都放入参比溶液,按[ZERO]键,进行基线校正,待校正完成时,"基线校正"字样会自动清除。

将样品位中的参比溶液取出,放入待测样品,盖好样品定盖板,按[F2]键,开始扫描测量。

在测量中途,若欲取消测量,可按[CE]键,返回到波长扫描主操作界面(此时对键盘响应较慢,应耐心等待)。

测量结束后,一切动态显示将停止,此时可进行谱图处理操作。

(3)图谱处理。

①游标功能。

按[·]键,游标从图谱左侧向右侧移动,按方向键停止并显示对应位置和数据。按左右箭头键分别左移或右移一个数据点。按数字键"0~4",分别对应5级速度左移;按数字键"5~9",分别对应5级速度右移;按左右箭头键,可以随时停止移动。

②图谱缩放。

在扫描完成后,进入参数设置菜单,修改波长范围的上下限和光度范围的上下限,其中波长范围必须在波长扫描的范围内。然后返回波长扫描菜单,按左右箭头键即可调出图谱。

③图谱转换。

进入参数设置菜单,修改测量方式,然后返回波长扫描菜单,按左右箭头键即可调出A-T转换后的图谱。

④峰谷检测。

按[F3]键可进入峰谷检测界面。

峰谷检测灵敏度是指得到的每组峰与谷的最小差值。灵敏度的选择应根据需要进行。过小,则检测峰谷过多,不好判断;过大,则检测不出,也影响分析。灵敏度为输入需确认型参数,视图谱方式可输入一位或三位小数,并用[ENTER]键确认。然后按[F2]键,开始检测。检测完成后将显示结果,每页可显示3组峰谷数据,按上下箭头键可翻页。

按[F4]键可打印出峰谷检测结果。

按[RETURN]键返回波长扫描主操作界面。

(4)打印。

在波长扫描主操作界面下按[F4]键进入打印状态,屏幕右上方提示"打印……"。如果出现"ERR",表明打印机出错或未连接。打印谱图时间较长。按[CE]键可取消打印,但键盘响应较慢。

本仪器每次只允许一条图谱存在,每当进入波长扫描测量时,原来的图谱就会被清除。

7.光度测量方式

可用于多个波长的定点测量,最大波长点数9个,即设置的波长对应每个样品。光度测量主界面如图Ⅱ-54所示。

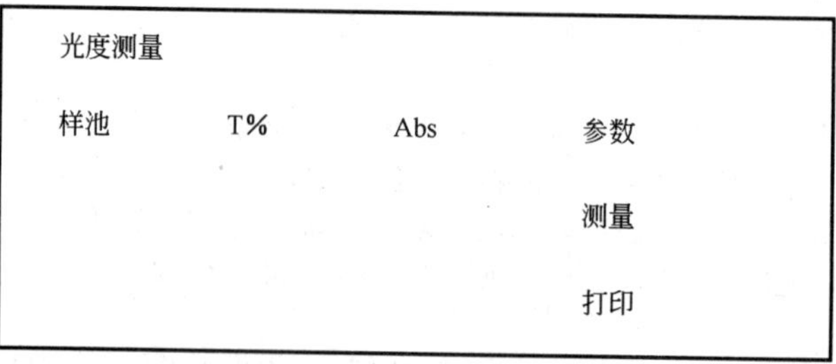

图Ⅱ-54 光度测量主界面

（1）参数设置。

按[F1]键，进入参数设置菜单。样池数与波长数直接按数字键进行设置。多波长测量时，波长应由小到大设置。波长设置后应按[ENTER]键确认，然后再按[RETURN]键返回（换灯点最好设置为340.0）。

（2）测量运行。

将参比溶液放置到参比位和样品位，按[ZERO]键进行基线校正，完成后，将待测样品放入样品池和样品位，盖好样品定盖板，按[F2]键，开始测量，屏显测量结果，可记录或打印。

测量完成后，可按左右箭头键对各个波长下的测量结果进行查询，或按[F4]键打印数据。

8. 定量分析测量方式

（1）建立标准曲线。

即建立吸光度 A 与浓度 C 的关系曲线：$C=K1*A*A+K2*A+B$。一条标准曲线建立后，仪器会自动保存该曲线的计算公式。

有两种建立标准曲线的方法可供选择：

①自定义系数法。

进入定量分析主界面后，按[F1]键，进入参数设置（图Ⅱ－55），其中方法选择为选择型参数，按左右箭头键选择即可。其余为输入需确认型参数。一般使用单波长法。

根据已知公式，直接修改 $K1$（二次项系数），$K2$（一次项系数或斜率）及 B（常数项或截距）的值，当 $K1$ 输入口时，为一次曲线（线性）。然后输入测量波长值。输入时数值在右上角显示，输入完成后按[RETURN]键返回测量界面。用上下箭头键选择光标停留处，然后按[ENTER]键选中要测的样池，打"√"表示选中。将参比液放入参比位和样品位，按[ZERO]键，进行基线校正，校正完成后，将未知浓度样品依次放入样池中，按[F2]键，测量浓度。

②键入标样浓度法。

该法可对最多24个标样进行一次或二次回归，来建立标准曲线。

a. 在定量分析主界面下按[F3]键，进入标样测量界面如图Ⅱ－56所示。用上下箭头键选择光标停留处，然后按[ENTER]键选中要测的样池，打"√"表示选中。首先将参比液放入参比位和样品位，按[ZERO]键进行基线校正，完成后，将待测标样依次放入样品位，按[F2]键开始测量吸光度。仪器根据测量次数自动计算校样数。

参数设置

方法选择	单波长法
自定义 $K1$	0.000
自定义 $K2$	0.000
自定义 B	0.000
换灯点	340.0
波长 0	440.0

$C=K1*A*A+K2*A+B$

图Ⅱ－55　参数设置界面

标样数据

池号	$A0.\lambda0$	$A1.\lambda1$	$A2.\lambda2$	Conc	
—1					数据
2					
3					测量
4					
5					回归
6					
7					打印
8					

标样数 0

图Ⅱ－56　标样测量界面

b. 按[F1]键进入浓度输入界面，用上下箭头键选择光标停留处，然后按[ENTER]键选中要输入浓度的标样号，打"√"表示选中。右键为横向光标移动键，当光标停留在"Conc"前时，输入每一标样的浓度（右上角屏显）。输入完成后，按[F3]键进行回归，按左右箭头键选择一次回归或二次回归。然后按[F2]键，建立回归曲线。

c. 按两次[RETURN]键，返回到定量分析界面，用上下箭头键选择光标停留处，然后按[ENTER]键选中要测的样池，打"√"表示选中。将参比液置于参比位和样品位，按[ZERO]键进行基线校正，然后将未知浓度样品依次放入样品位，按[F2]键，测量其浓度。

（2）清除标样数。

进入浓度输入界面,即在定量分析界面下按[F3]键,然后按[F1]键。要一次删除全部标样,按[CE]键,屏幕右上角提示"清除标样数据?",按[ENTER]键确定删除。若不清除,再次按[CE]键取消删除;若选择性删除标样,用上下箭头键选择光标停留处,然后按[ENTER]键即可删除或恢复单点标样数据。

9. 使用注意事项

(1)仪器一定要有可靠的接地。

(2)若电源波动,应将仪器接至可靠的交流稳压器上。

(3)不要随意拆卸仪器。

(4)不能用酒精、汽油、乙醚等溶液洗擦仪器。

(5)高湿、高温环境要注意防潮,久置不用,应定期通电驱潮。

(6)注意保护液晶显示屏。

(7)若不用350nm以下波长,可在仪器自检后关闭氘灯(系统设置界面),以延长其寿命。

附Ⅱ.13 原子吸收光度计

一、原理

原子是由带有一定数目正电荷的核和相同数目的核外电子组成,核外电子以一定的规律在不同的轨道中运动,每一轨道都具有确定的能量,称为原子能级。核外电子排布具有最低能级时的能量状态叫基态,具有较高能级时的能量状态叫激发态。当原子的外层电子在基态和激发态之间跃迁时,会产生相应的吸收谱线或发射谱线。由于各种元素的原子结构和外层电子的排布不同,它们的原子能级具有各自的特征性,因此会产生各不相同的特征吸收谱线或特征发射谱线。

当光源发射出的具有待测元素的特征谱线的光,通过试样蒸气时,被蒸气中的待测元素的基态原子所吸收,在实验条件一定的情况下,仪器测得的吸光度 A 与试样中待测元素的浓度 c 成正比。因此,可以采用标准曲线法、标准加入法和浓度直读法等,对试样中的待测元素进行定量分析。

二、WYX－402型原子吸收光度计的结构

原子吸收光度计由以下四个基本系统组成:

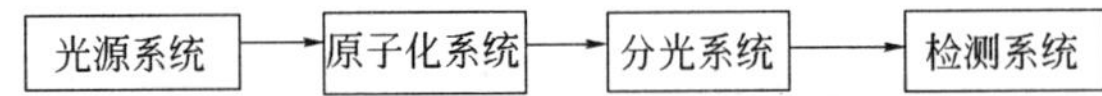

图Ⅱ－57为WYX－402型仪器的结构示意图。方波电源点燃光源空心阴极灯后,阴极区发射出具有待测元素的特征谱线的光,经过原子化器,进入单色器后,分离出该元素的特征谱线。通过光电倍增管转变为电信号,由电容器耦合至放大器放大,再由相敏检波器变成直流信号,然后经过对数转换、曲线校直、标尺扩展等,最后在表头上显示出来。

三、WYX－402型原子吸收光度计的使用方法

WYX－402型仪器的外形及主要操作部件名称见图Ⅱ－58。

(一)WYX－402型仪器的操作程序

(1)检查仪器各主要操作部件是否正常,是否处于应在的位置。

(2)安好空心阴极灯,将灯电流调至最低位置,让"状态选择开关"置于"*T*"位,"负高压开关"处于断开状态,然后才可打开"总电源开关"及"灯电流开关"。选择适当的灯电流,然后调整空心阴极灯右侧的"灯位置调节旋钮"(其中的小旋钮可调节灯的上下位置,大旋钮可调节灯的左右位置),使空心阴极灯发射的光斑大致对准燃烧器两端凸视镜的中部,预热约15～30min。

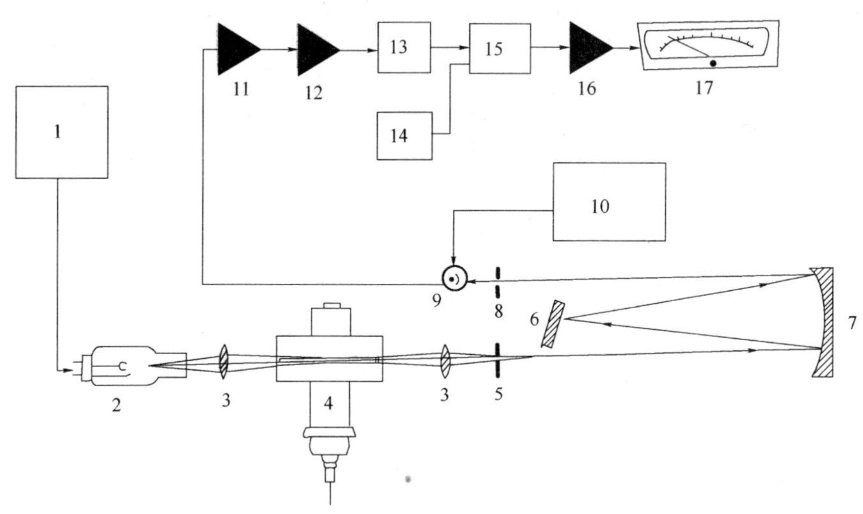

图Ⅱ-57　WYX-402 型原子吸收光度计结构示意图

1—空心阴极灯电源;2—空心阴极灯;3—凸透镜;4—火焰原子化器;5—入射狭缝;6—光栅;7—凹面镜;8—出射狭缝;9—光电倍增管;10—负高压电源;11—前置放大器;12—主放大器;13—相敏检波器;14—曲线校直:15—对数转换;16—标尺扩展;17—表头

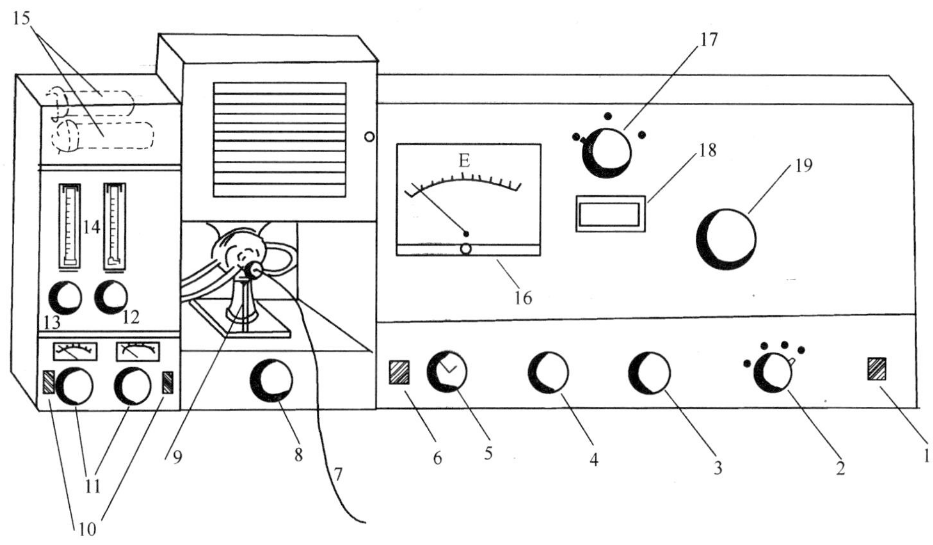

图Ⅱ-58　WYX-402 型原子吸收仪的外形及主要操作部件

1—总电源开关;2—状态选择开关(用于选择透光度 T 和阻尼不同的吸光度 A 等工作状态);3—标尺扩展旋钮(向右旋可使 A 的值连续扩展 1~10 倍);4—曲线校直旋钮(可对弯曲的标准曲线校直,但一般情况下不使用,这时应左旋,使该装置不工作);5—增益调节旋钮(调节负高压大小);6—负高压开关;7—毛细管;8—燃烧器高度旋钮;9—火焰原子化器;10—灯电流开关;11—灯电流调节旋钮;12—燃气流量调节旋钮;13—助燃气流量调节旋钮;14—转子流量计;15—空心阴极灯(对准光路的为工作灯,另一灯为预热灯);16—表头;17—狭缝选择旋钮(可选择不同的光谱通带);18—波长计数器;19—波长选择手轮

(3)如果仪器的电气零点正常,即可打开“负高压开关”。

(4)调节“狭缝选择旋钮”,选择适当的光谱通带。

(5)转动“波长选择手轮”,选取所需谱线。注意波长计数器上显示的数字不一定正好是所造波长数。因此要用手轻轻左右转动“波长选择手轮”,使表头指针向透光度 T 最大的方向偏转,若超过 100% 刻度,可适当调小“增益”或“灯电流”。最后,使指针偏转最大为止。这时单色器输出的谱线才是所需的谱线,其真实波长与显示值往往有一定的偏差。

若指针偏转太小,可适当增大“增益”或“灯电流”(注意应缓慢增大,切忌猛增),或者用左手轻轻转动“灯位置调节旋钮”,使灯位对准入射狭缝,这时指针偏转增大,然后再按上述方法选好波长。

(6)再轻轻调节“灯位置调节旋钮”,使灯上下左右微微移动,同时观察表头指针,使指针向右偏转最大为止。若超过 100%,可适当减小“增益”或“灯电流”。

(7)打开通风装置,检查废液管的“水封”是否良好,然后再启动空气压缩机,调节“助燃气流量调节旋钮”,将助燃气调至所需流量。

(8)依次开启乙炔钢瓶总阀及减压阀,调节“燃气流量调节旋钮”,使燃气流量调至刚好能点燃火焰,将点火枪对准燃烧器缝口,点燃火焰,然后将燃气调至所需流量。

(9)点燃火焰后立即将毛细管插入纯水中,用纯水喷雾,继续预热燃烧器。此后,除吸喷试样溶液外,空白纯水喷雾不应中断。

(10)调节“增益调节旋钮”,使纯水喷雾时表头指针为 $T=100\%$,然后将“状态选择开关”置于吸光度 A 档,这时指针应回到 $A=0$ 位置。

(11)用同一标准溶液,作燃助比调节,雾化器调节,燃烧器高度和角度调节,使测得的吸光度值最大。

(12)选定分析条件后,依次完成对标准系列及样品的测定,从表头读取相应的吸光度值,注意每次测定前都必须用空白喷雾调零($A=0$)。

(13)测定完毕后,应立即将“状态选择开关”从 A 档转至 T 档,将“增益调节旋钮”和“灯电流调节旋钮”都旋至最小位置,然后先关闭“负高压开关”,再关闭“灯电流开关”,最后关闭“总电源开关”。

(14)首先关闭燃气,熄灭火焰,让纯水继续喷雾洗净原子化器,然后才关闭助燃气。

(15)离开实验室前,应逐一检查水、电、气的所有开关是否完全关好。

(二)WYX-402 型原子吸收光度计操作要点

(1)打开主机电源,仪器显示“402C”。按[确定],显示“y,t ×·×××”。

(2)按[电流],显示“0.00 ×·×××”,输入电流值(如 3.00 等),按“确定”。再按[灯 1/灯 2]键,显示输入的电流值(如 3.00 等)。按[确定],回到“y,t ×·×××”。

(3)按[高压],显示“150”。输入高压值(如 230 等),按[确定],显示输入的高压值(如 230 等)。

(4)调波长选择手轮至测定元素的理论波长值,然后轻微调节手轮,直到“能量”(即“×·×××”值)显示最大值为止;再调节“灯位旋钮”,直至“能量”显示最大值为止。如果“能量”在“0.9000”以下,可按[↑]键升高负高压;若“能量”超过“1.000”,可按[↓]键降低负高压,使“能量”值在“0.900~1.000”之间,然后按[确定]回到“y,t ×·×××”状态。

(5)按[A/T]键,切换至吸光度状态,显示“y,A ×·×××”。

(6)按[积分]键,显示“y,c,1.00”,按数字键“1.5”,再按[确定],显示“y,A ×·×××”。

(7)打开空气阀门,然后再打开乙炔阀门,将主机燃气流量调至接近“0.1”刻度,点火。

(8)将毛细管插入纯水或空白溶液中,然后按[基准]键调零,显示“y,A 0.000”。

(9)将毛细管插入待测溶液中,待显示的吸光度值稳定后,记录该溶液的吸光度值。

(10)重复“(8)”、“(9)”,依次测定并记录其他待测溶液的吸光度值。

(三)注意

(1)开启空气压力不允许大于 0.2MPa,乙炔压力不能超过 0.1MPa。

(2)点燃火焰时,应先开空气开关,后开乙炔开关;熄灭火焰时,必须先关乙炔开关,后关空气开关。

(3)应定期对气路进行检漏,以防意外事故。

(4)每次使用后,应及时清洗原子化器,防止锈蚀。

(5)应及时更换单色器上盖上的干燥剂,以免光学元件受损。

(6)不可用手摸空心阴极灯的窗口玻璃,也不要用手摸燃烧器两端的两个透镜,若有沾污,可用镜头纸轻轻揩擦干净。

(7)工作结束后,应罩好仪器,防止灰尘沾污。

附Ⅱ.14　汞和水的纯化

一、汞的纯化

汞中通常含有三种类型的杂质:(1)可过滤除去的固形物;(2)溶于汞中的贱金属,它们在氧化后常使汞表面蒙上一层灰色氧化物;(3)溶于汞中的贵金属。贵金属只能用蒸馏法与汞分离,但通常它们对汞的使用不产生严重危害,因而只需除去前两类杂质即能满足一般实验要求。

通常可用直径为3~4cm,长约1m的玻璃管做成洗汞器(见图Ⅱ-59)。用含有5% $Hg_2(NO_3)_2$ 的稀硝酸(约10%)作为洗汞液,这时多数易氧化的贱金属均可除去。为了使汞在洗汞器中分散成很细的颗粒,在洗汞器上置一漏斗,漏斗锥部拉成毛细管,它同时可起到过滤固体杂质的作用。将汞反复洗数次,再换用蒸馏水洗数次。汞表面的水可用滤纸吸干,然后放入装有干燥剂的干燥器中干燥。

当汞中含有较多贱金属时,可用电解法精制。这时以稀硫酸作电解液,以浸埋于汞中的铂丝作阳极,悬于硫酸中的铂丝作阴极,电压5~6V,电流0.2A左右,进行电解。过程中不断搅拌,直到汞面上有白色 $HgSO_4$ 析出时即可结束电解,洗去硫酸溶液,再将汞在洗汞器中用蒸馏水洗涤。

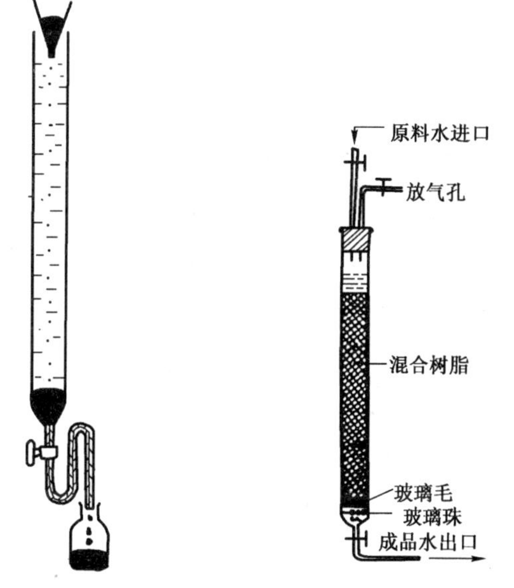

图Ⅱ-59　洗汞器　　图Ⅱ-60　离子交换柱

二、水的纯化

目前广泛采用离子交换法制备纯水。作为制备纯水的原料水,必须不含腐殖质、细菌和一些非离子杂质,因为它们都不能被离子交换树脂除去。自来水含离子性杂质较多,氯含量也高,会使树脂再生频繁,树脂寿命缩短,不宜作为实验室制备纯水的原料。用蒸气锅炉的凝结水作原料最好,也可用大型离子交换柱生产的纯水作原料,使它们再通过实验室的小型混合树脂交换柱,不但可使实验室的树脂柱再生周期长,且能保证获得高纯度的纯水。

实验室交换柱可用一根长约80cm,直径约4.5cm的玻璃管做成(见图Ⅱ-60)。管底垫好玻璃珠和玻璃毛。另备两根尺寸稍小的玻璃管做再生柱。

(1)树脂的预处理。将强酸性阳离子树脂与强碱性阴离子树脂分别用约与树脂同体积的2mol·L^{-1}HCl和2mol·L^{-1}NaOH浸泡半天,并不时搅拌。然后用倾注法以蒸馏水洗涤几次,分别装入两再生柱中,注意不要有气泡存在。再分别用2mol·L^{-1}HCl和2mol·L^{-1}NaOH以2~3cm·s^{-1}及1~1.5cm·s^{-1}的线速度通过再生柱,流过3~4倍树脂体积的再生液即可。然后用纯水按上述流速通过树脂。阳离子树脂约需6倍树脂体积的水即能洗到pH值为6.6,阴离子树脂约需14倍树脂体积的水才能洗到pH值接近7。

将处理好的树脂从再生柱倒入烧杯内,按2份重阴离子树脂加1份重阳离子树脂的比例在大烧杯中混合均匀。将混合好的树脂加水，用倾注法倒入交换柱中，注意不要有气泡存在。

混合柱净水的效率比其他方式要高得多，所得纯水质量也好得多。

(2)交换。原料水通过交换柱的流量控制在 $150 \sim 250mL \cdot min^{-1}$ 之间，到流出水的 pH 值接近 7，或电导率达到一定指标即可开始收集纯水。当交换柱停用后重新使用时，也要等水质合格后才开始收集纯水。

(3)交换柱的再生。当交换柱经过一定时间的使用，发现成品水不符合要求时，可将树脂倒入大烧杯中，滗出残余的水，加入 $2 \sim 3mol \cdot L^{-1}$ NaOH 溶液，这时可见阴离子树脂上浮，阳离子树脂下沉(如果分离得不好，可适当调整碱液浓度)。让树脂静置分层后，用倾注法将二者分开，此时阴离子树脂已基本转变为 OH^- 型，阳离子树脂则转变为 Na^+ 型。再用前述树脂预处理的方法，使阴阳离子树脂分别再生。

(4)水质检验：使交换柱流出的水先经过一个电导池，以便随时用电导仪测定其电导率。产品的电导率达到 $10^{-4} S \cdot m^{-1}$，即符合物理化学和分析化学实验对纯水的要求。

附Ⅱ.15　气体钢瓶和减压阀

(一)气体钢瓶的颜色标记

实验室中常使用容积 40L 左右的气体钢瓶。为避免各种钢瓶混淆，瓶身需按规定涂色和写字(见表Ⅱ-7)。

表Ⅱ-7　钢瓶的涂色和字样

气体类型	瓶身颜色	标字颜色	字　样
氮　气	黑	黄	氮
氧　气	天蓝	黑	氧
氢　气	深绿	红	氢
压缩空气	黑	白	压缩空气
二氧化碳	黑	黄	二氧化碳
氦	棕	白	氦
液氨	黄	黑	氨
氯	草绿	白	氯
氟氯烷	铝白	黑	氟氯烷
石油气体	灰	红	石油气
粗氩气瓶	黑	白	粗氩
纯氩气瓶	灰	绿	纯氩

(二)气体钢瓶的安全使用

(1)钢瓶应存放在阴凉、干燥、远离电源和热源(如阳光、暖气、炉火等)的地方。可燃气体瓶必须与氧气钢瓶分开存放。

(2)搬运钢瓶要戴上瓶帽、橡皮腰圈。要轻拿轻放，不要在地上滚动，避免撞击。使用钢瓶要用架子把它固定，避免突然摔倒。

(3)使用钢瓶中的气体时，一般都要装置减压阀。可燃气体钢瓶的螺纹一般是反扣的(如氢、乙炔)，其余则是正扣的。各种减压阀不得混用。开启气阀时应站在减压阀的另一侧，以便保证安全。

(4)氧气瓶的瓶嘴、减压阀严禁沾染油脂。

(5)钢瓶内气体不能全部用尽，应保持 0.05MPa 表压以上的残留压力。

(6)钢瓶须定期送交检验,合格钢瓶才能充气使用。

(三)气体减压阀

气体减压阀的结构原理如图Ⅱ-61所示。当顺时针旋转手柄1时,压缩主弹簧2,作用力通过弹簧垫块3、薄膜4和顶杆5使活门9打开,高压气体进入低压气体室,其压力由低压表10指示。当达到所需压力时,停止旋转手柄,开节流阀输气至受气系统。当停止用气时,逆时针旋松手柄,使主弹簧恢复自由状态,活门由于弹簧8的作用而密闭。当调节压力超过一定许用值或减压阀故障时,安全阀6会自动开启放气。

每种减压阀只能用于规定的气体物质,切勿混用。安装减压阀时应首先检查连接螺纹是否符合。用手拧满全部螺纹后再用扳手上紧。

在打开钢瓶总阀之前,应检查减压阀是否已关好(手柄1松开),否则由于高压气的冲击会使减压阀失灵。打开钢瓶总阀后,再慢慢打开减压阀,直到低压表达所需压力为止。然后打开节流阀向受气系统供气。停止用气时先关钢瓶总阀,到压力表下降到零,再关减压阀。

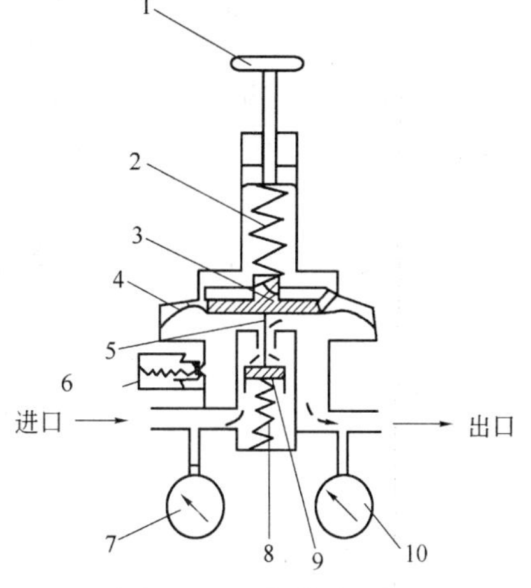

图Ⅱ-61　气体减压阀

1—手柄;2—主弹簧;3—弹簧垫块;4—薄膜;5—顶杆;6—安全阀;7—高压表;8—弹簧;9—活门;10—低压表

附Ⅱ.16　固体物质密度的测定

由颗粒状固体堆积起来的外观体积($V_{堆}$)是颗粒之间的空隙($V_{隙}$)、颗粒内部孔所占的体积($V_{孔}$)及颗粒骨架所具有的体积($V_{真}$)之和,即:

$$V_{堆} = V_{隙} + V_{孔} + V_{真}$$

因此对质量 m 的颗粒状固体,有以下三种密度的定义:

堆密度:$\rho_b = m/V_{堆}$;

假密度:$\rho_p = m/(V_{孔} + V_{真})$;

真密度:$\rho_t = m/V_{真}$。

测得多孔吸附剂或催化剂的真、假密度及比表面数据后,即可算得下列重要物性:

比孔容:
$$V_g = \left(\frac{1}{\rho_p} - \frac{1}{\rho_t}\right);$$

孔隙率:
$$\theta = \frac{(1/\rho_p - 1/\rho_t)}{1/\rho_p};$$

平均孔半径:
$$\bar{r} = \frac{2V_g}{S_g} \times 10^4(\text{Å})(1\text{Å} = 0.1\text{nm})$$

式中　S_g——比表面,$m^2 \cdot g^{-1}$。

一、真密度的测定[1]

真密度测定所用仪器如图Ⅱ-62所示,操作步骤如下:

(1)在分析天平上精确称得比重瓶质量 A(比重瓶1、连接管2及瓶塞3的总质量)。

(2)使比重瓶装满水,如果被测物质遇水会膨胀或溶解,则使用有机溶剂,如甲苯。把比重瓶放入恒温浴中恒温后,用吸管吸去或加入少量液体,使液面维持在刻度。然后取出用布擦干,称得质量 B。

---

[1] 如果需要精确测定真密度,则应用氦置换法。

(3)将液体倾出,使瓶干燥,装入烘干的颗粒试样,塞好瓶塞,称得质量 C。

(4)把比重瓶1与双向旋塞4如图Ⅱ-62(b)装好,旋转旋塞使与真空系统相通,继续抽20~30min后(必要时可加热),转动旋塞,由漏斗5慢慢加入液体(注意不要漏入空气),待试样全部被液体浸没后,取走旋塞,接上连接管,添加液体至刻度,置恒温浴中恒温后,调准液面恰至刻度,再称得质量 D。

由测得结果按下式计算真密度:

$$\rho_t = \rho(C - A)/(B + C - A - D)$$

式中　ρ——所用液体在实验温度下的密度。

二、假密度的测定

假密度测定所用仪器如图Ⅱ-63所示,操作步骤如下:

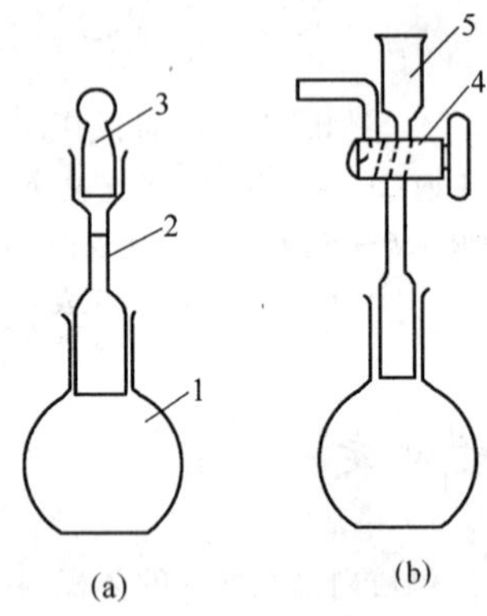

图Ⅱ-62　比重瓶

1—比重瓶;2—连接管;3—瓶塞;4—旋塞;5—漏斗

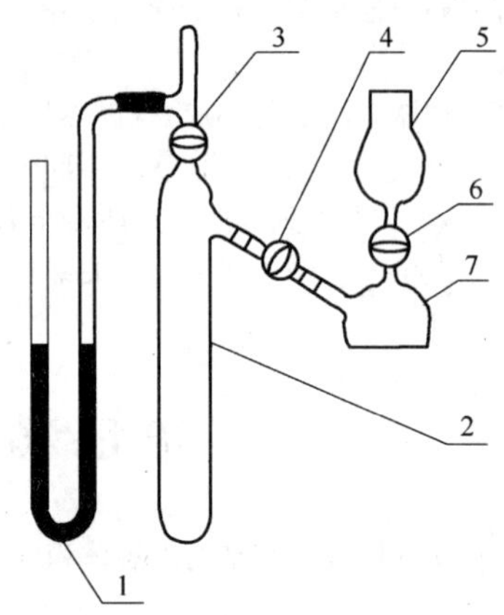

图Ⅱ-63　假密度测定仪

1—汞压计;2—缓冲器;3—旋塞;4—连接旋塞;5—漏斗;6—旋塞;7—比重瓶

(1)比重瓶及连接旋塞在天平上称得质量 A。

(2)将干净的汞从漏斗充满比重瓶及连接旋塞,然后关连接旋塞及旋塞6,将连接旋塞和旋塞6上部多余的汞倒出(旋塞孔中仍充满汞),称得质量 B。

(3)将比重瓶中的汞全部倒出,取出连接旋塞,装入烘干的样品,其堆体积约为比重瓶的1/4~1/3,装上连接旋塞后称得质量 C。

(4)使连接旋塞与缓冲器连接,关旋塞6、开旋塞3和连接旋塞,然后与真空系统连接,抽空15min以上。在漏斗中装入较比重瓶体积略多的汞。关旋塞3、开旋塞6,待汞刚超过连接旋塞的孔后及时关连接旋塞及旋塞6(这时漏斗中必须有多余的汞,比重瓶中不能有气泡)。

(5)从旋塞3缓缓放入空气达大气压,取开缓冲器,倒出连接旋塞和旋塞6上部的汞,称得质量 D。

样品的假密度按下式计算:

$$\rho_p = \frac{\rho_{Hg}(C - A)}{B - D + (C - A)}$$

式中　ρ_{Hg}——实验温度下汞的密度。